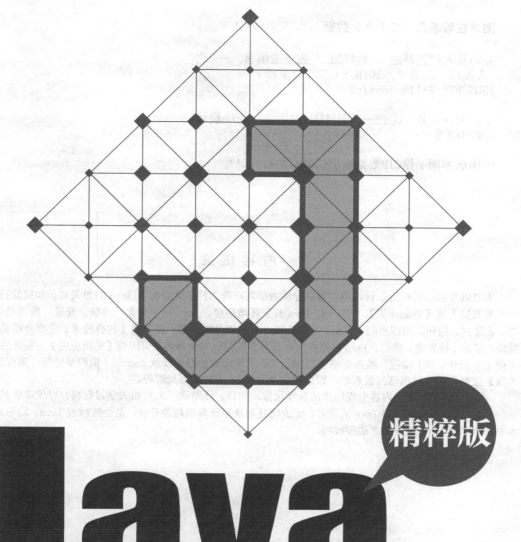

Java
精粹版
从入门到精通

◎ 张玉宏 编著

U0223932

人民邮电出版社
北　京

图书在版编目（CIP）数据

Java从入门到精通：精粹版 / 张玉宏编著. -- 北京：人民邮电出版社，2018.8（2022.7重印）
ISBN 978-7-115-48547-2

Ⅰ. ①J… Ⅱ. ①张… Ⅲ. ①JAVA语言—程序设计
Ⅳ. ①TP312.8

中国版本图书馆CIP数据核字(2018)第111561号

内 容 提 要

本书以零基础讲解为宗旨，用实例引导读者学习，深入浅出地介绍了 Java 的相关知识和实战技能。

本书第Ⅰ篇【基础知识】主要讲解 Java 开发环境搭建、Java 程序要素、常量、变量、数据类型、运算符、表达式、语句、流程控制、数组、枚举、类、对象以及方法等；第Ⅱ篇【核心技术】主要介绍类的封装、继承、多态、抽象类、接口、Java 常用类库以及异常的捕获与处理等；第Ⅲ篇【高级应用】主要介绍多线程、文件 I/O 操作、GUI 编程、数据库编程、Java Web、常用设计框架以及 Android 编程基础等；第Ⅳ篇【项目实战】主要介绍智能电话回拨系统、饭票网以及 Hadoop 下的数据处理等。

本书提供了与图书内容全程同步的教学录像。此外，还赠送了大量相关学习资料，以便读者扩展学习。

本书适合任何想学习 Java 的读者，无论您是否从事计算机相关行业，是否接触过 Java，均可通过学习本书快速掌握 Java 的开发方法和技巧。

◆ 编　著　张玉宏

责任编辑　张　翼

责任印制　马振武

◆ 人民邮电出版社出版发行　　北京市丰台区成寿寺路 11 号

邮编　100164　电子邮件　315@ptpress.com.cn

网址　https://www.ptpress.com.cn

涿州市京南印刷厂印刷

◆ 开本：787×1092　1/16

印张：35.75　　　　　　　2018 年 8 月第 1 版

字数：900 千字　　　　　2022 年 7 月河北第 11 次印刷

定价：79.80 元

读者服务热线：(010)81055410　印装质量热线：(010)81055316
反盗版热线：(010)81055315
广告经营许可证：京东市监广登字 20170147 号

　　"从入门到精通"系列是专为初学者量身打造的一套编程学习用书，由知名计算机图书策划机构"龙马高新教育"精心策划而成。

　　本书主要面向 Java 初学者和爱好者，旨在帮助读者掌握 Java 基础知识、了解开发技巧并积累一定的项目实战经验。

为什么要写这样一本书

　　荀子曰：不闻不若闻之，闻之不若见之，见之不若知之，知之不若行之。

　　实践对于学习的重要性由此可见一斑。纵观当前编程图书市场，理论知识与实践经验的脱节，是某些 Java 图书中经常出现的情况。为了避免这一现象，本书立足于实战，从项目开发的实际需求入手，将理论知识与实际应用相结合。目标就是让初学者能够快速成长为初级程序员，并拥有一定的项目开发经验，从而在职场中拥有一个高起点。

Java 的学习路线

　　本书总结了作者多年的教学实践经验，为读者设计了学习路线。

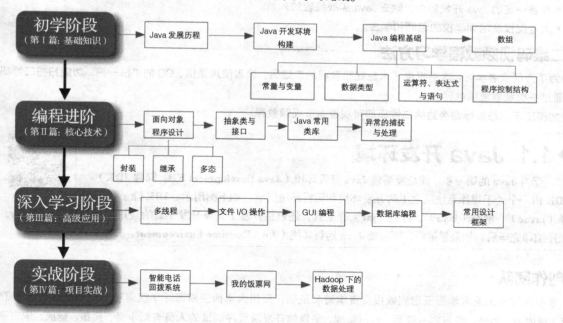

本书特色

● 零基础、入门级的讲解

无论读者是否从事计算机相关行业，是否接触过 Java，是否使用 Java 开发过项目，都能从本书中获益。

● 超多、实用、专业的范例和项目

本书结合实际工作中的范例，逐一讲解 Java 的各种知识和技术。最后，还以实际开发项目来总结本书所学内容，帮助读者在实战中掌握知识，轻松拥有项目经验。

● 随时检测自己的学习成果

每章首页给出了"本章要点"，以便读者明确学习方向。每章最后的"实战练习"则根据所在章的知识点

精心设计而成，读者可以随时自我检测，巩固所学知识。

● 细致入微、贴心提示

本书在讲解过程中使用了"提示""注意""技巧"等小栏目，帮助读者在学习过程中更清楚地理解基本概念、掌握相关操作，并轻松获取实战技巧。

超值电子资源

● 32 小时全程同步教学录像

涵盖本书所有知识点，详细讲解每个范例及项目的开发过程与关键点。帮助读者更轻松地掌握书中所有的 Java 程序设计知识。

● 超多资源大放送

赠送大量资源，包括 Java 和 Oracle 项目实战教学录像、Java SE 类库查询手册、Eclipse 常用快捷键说明文档、Eclipse 提示与技巧电子书、Java 常见面试题、Java 常见错误及解决方案、Java 开发经验及技巧大汇总、Java 程序员职业规划、Java 程序员面试技巧。

读者可以申请加入编程语言交流学习群（QQ：829094243），可在群中获得本书的学习资料，并和其他读者进行交流，帮助你无障碍地快速阅读本书。

读者对象

- 没有任何 Java 基础的初学者。
- 已掌握 Java 的入门知识，希望进一步学习核心技术的人员。
- 具备一定的 Java 开发能力，缺乏 Java 实战经验的人员。
- 大专院校及培训学校的老师和学生。

二维码视频教程学习方法

为了方便读者学习，本书提供了大量视频教程的二维码。读者使用微信、QQ 的"扫一扫"功能扫描二维码，即可通过手机观看视频教程。

如图所示，扫描标题旁边的二维码即可观看本节视频教程。

▶ 1.1 Java 开发环境

学习 Java 的第一步，就是要搭建 Java 开发环境（Java Development Kit，简称 JDK）。JDK 由一个处于操作系统层之上的开发环境和运行环境组成，如下图所示。JDK 除了包括编译（javac）、解释（java）、打包（jar）等工具，还包括开发工具及开发工具的应用程序接口等。当 Java 程序编译完毕后，如果想运行，还需要 Java 运行环境（Java Runtime Environment，JRE）。

创作团队

本书由河南工业大学张玉宏副教授负责编著和统稿，郑州大学西亚斯国际学院周喜平副教授参与编写了第 1~ 第 7 章内容。另外，参与本书编写、资料整理、多媒体开发及程序调试的人员有刘永锋、吴银、杨庆、宋志豪、孙龙、刘文生、韩宇文、孔万里、周奎奎、张田田、常俊杰、黄月、谢洋洋、刘江涛、张芳、江百胜、尚梦娟、张会锋、王金丽、贾祥铎、陈小杰、左琨、邓艳丽、崔姝怡、侯蕾、左花苹、刘锦源、普宁和王常吉等。

在此书的编写过程中，我们竭尽所能地将最好的讲解呈现给读者，但书中也难免有疏漏和不妥之处，敬请广大读者不吝指正。若读者在阅读本书时遇到困难或疑问，或有任何建议，可发送邮件至 zhangyi@ptpress.com.cn。

编者

目录
CONTENTS

第 III 篇
高级应用

第 IV 篇
项目实战

第19章 Android 项目实战 ——智能电话回拨系统

第20章 Java Web 项目实战 ——我的饭票网

第21章 大数据项目实战 ——Hadoop 下的数据处理

赠送资源
Free resources

❶ Java和Oracle项目实战教学录像

❷ Java SE类库查询手册

❸ Eclipse常用快捷键说明文档

❹ Eclipse提示与技巧电子书

❺ Java常见面试题

❻ Java常见错误及解决方案

❼ Java开发经验及技巧大汇总

❽ Java程序员职业规划

❾ Java程序员面试技巧

第 0 章

Java 学习指南

Java 是一门面向对象的语言，它简洁高效，具有高度的可移植性。
本章介绍 Java 的来源、基本思想、技术体系、应用领域和前景以及学
习 Java 的技术路线。

本章要点（已掌握的在方框中打钩）

- ☐ 了解 Java 的来源
- ☐ 了解 Java 的基本思想
- ☐ 了解 Java 的技术体系、应用前景

▶ 0.1 Java 为什么重要

目前，常用的编程语言就有数十种，令人应接不暇，到底哪一种语言最值得我们学呢？要知道，学习任何一种语言，都需付出昂贵的时间成本（甚至金钱成本），如何选择一种真正需要的编程语言来学，就是一门学问了。

在现实生活中，有个很有意思的经验。当我们来到一个陌生的城市，自然想找一家比较有特色的饭馆打打牙祭，但面对矗立街头、琳琅满目的饭馆，该选择哪家最好呢？有人说，哪家人少去哪家，因为这样不用等啊！但有经验的"吃货"会告诉你，哪家人多，特别是等的人多，就去哪家。为什么呢？逻辑很简单，之所以人多，是因为好吃，才会吃的人多。之所以等的人多，是因为它值得人等。一句话，大样本得出的推荐建议，总还是比较信得过的。

对于初学者来说，编程语言的选择，犹如饭馆的挑选——追随前辈多数人的选择，纵然可能没有满足你个性化的需求，但绝对不会让你错得离谱。目前，我们既然正处于大数据的时代，就要善于"让数据发声"。

May 2018	May 2017	Change	Programming Language	Ratings	Change
1	1		Java	16.380%	+1.74%
2	2		C	14.000%	+7.00%
3	3		C++	7.668%	+2.92%
4	4		Python	5.192%	+1.64%
5	5		C#	4.402%	+0.95%
6	6		Visual Basic .NET	4.124%	+0.73%
7	9	⌃	PHP	3.321%	+0.63%
8	7	⌄	JavaScript	2.923%	-0.15%
9	-	⌃⌃	SQL	1.987%	+1.99%
10	11	⌃	Ruby	1.182%	-1.25%

根据 TIOBE 统计的数据，在 2018 年 5 月编程语言前 10 名排行榜中，Java 名列榜首。虽然在不同的年份，Java 与 C 和 C++ 的前 3 名地位可能有所互换，但多年来，Java 在整个编程领域前三甲的地位，基本是没有动摇的。

从上表反映的情况可以看出，Java 作为一门编程语言，其关注度长期高居各种编程语言流行榜的榜首，这也间接说明了 Java 应用领域的广泛程度。事实上，Java 的开放性、安全性和庞大的社会生态链以及其跨平台性，使得 Java 技术成为很多平台事实上的开发标准。在很多应用开发中，Java 都是作为底层代码的操作功能的调用工具。

当下，不论是桌面办公还是网络数据库，不论是 PC 还是嵌入式移动平台，不论是 Java 小应用程序（Applet）还是架构庞大的 J2EE 企业级解决方案，处处都有 Java 的身影。

目前，随着云计算（Cloud Computing）、大数据（Big Data）时代的到来以及人们朝着移动领域的扩张，越来越多的企业考虑将其应用部署在 Java 平台上。无论是面向智能手机的 Android 开发，还是支持高并发的大型分布式系统开发，无论是面向大数据批量处理的 Hadoop 开发，还是解决公共云 / 私有云的部署，都和 Java 密不可分，Java 已然形成一个庞大的生态系统。

此外，Java 的开放性，也对打造其健壮的生态系统贡献非凡。基本上，无论我们有什么新的想法，都可以在 Java 的开源世界中找到对应的实现，而且其中很多解决方案还非常靠谱。例如服务器相关的 Tomcat、计算框架相关的 Hibernate、Spring 和 Struts，大数据处理相关的 ZooKeeper、Hadoop 和 Cassandra，等等。有了基于 Java 开发的开源软件，开发者们就可以不用从零开始"重造轮子"，这样就大大减轻了开发组的负担，提高了解决问题的效率。

坦率来说，对于很多计算机相关领域的从业人员，找份好工作是学习某门编程语言本质的驱动力。而

Java 应用领域之广泛，也势必促使面向 Java 开发者的就业市场，呈现欣欣向荣之态势。根据国际数据公司（International Data Corporation，IDC）的统计数据，在所有软件开发类人才的需求中，对 Java 工程师的需求，达到全部需求量的 60% ~ 70%。这一高分数字，足以让 Java 语言初学者，跃跃欲试。

一言蔽之，学好用好 Java，可以解决诸多领域的问题，这就是 Java 如此重要的原因。

▶ 0.2　Java 简史——带给我们的一点思考

著名人类学家费孝通先生曾指出，我们所谓的"当前"，其实包含着从"过去"历史中拔萃出来的投影和时间选择的积累。历史对于我们来说，并不是什么可有可无的点缀之饰物，而是实用的、不可或缺的前行之基础。

Java 从诞生（1995 年）发展到现在，已经度过了 20 多年。了解 Java 的一些发展历史，有助于我们更好地认识 Java，看清这纷杂的编程语言世界，进而用好 Java。

说到 Java 的发展历程，就不能不提到它的新老两个东家——Sun（太阳）公司和 Oracle（甲骨文）公司。先说 Sun 公司，事实上，Sun 的本意并非"太阳"，而是斯坦福大学校园网（Stanford University Network）的首字母缩写，跟"太阳"并没有关系。不过，由于这个缩写的蕴意不错，"太阳"就这样叫开了。

1982 年，Sun 公司从斯坦福大学产业园孵化而成，后来成为一家大名鼎鼎的高科技 IT 公司，其全称是太阳微系统公司（Sun Microsystems）。Sun 的主要产品是服务器和工作站，产品极具竞争力，自然市场表现斐然。在硬件方面，他们于 1985 年研制出了自己的 SPARC 精简指令（RISC）处理器，能将服务器的性能提高很多，在软件方面，他们引以为傲的操作系统 Solaris（UNIX 的一个变种）比当时的 Windows NT 能更好地利用计算机资源，特别是在用户数急剧上升，计算机系统变得非常庞大的情况下，Solaris 表现更佳。

20 世纪 90 年代，互联网兴起。Sun 公司就站在那个时代的潮流之上，所以它的服务器和工作站销量极佳，以至于这家公司在自己的广告中宣称："我们就是 .com 前面的关键一点 (We are the dot in the .com)"。言外之意，没有我们这画龙点睛的一点（服务器＋操作系统），互联网公司就难以开起来。其得意之情，溢于言表。

Sun 公司之所以敢于高抬自己，也不是吹嘘出来的，它实力的确非常雄厚，在当时足以傲视群雄。其重要的软实力，就是人才济济。在任何年代，人才都是稀缺的（不光是 21 世纪）。

Sun 公司创始人之一史考特·麦克尼里（Scott McNealy），可谓是一代"枭雄"，他非常重视研发。在他的主持下，Sun 公司先后开发了基于 SPARC 系列的处理器、工作站和 Solaris 操作系统，这些产品为 Sun 公司带来了丰厚的利润。

但如果我们把格局放大一些的话，从科技史的角度来看，可能 Sun 公司给人类带来的最有意义的产品，并不是前面提及软件和硬件，而是我们即将要介绍的重要内容——Java 编程语言。

现在，让我们简单地回顾一下 Java 诞生的背景。在 20 世纪 90 年代，世界上的计算机多处于两种状态：要么孤零零地"宅着"——不联网，要么小范围地"宅着"——企业内部局域网互联，那时可供公众分享的资源是非常有限的。

后来，互联网蓬勃发展，不同类型的计算机系统需要连接、信息需要共享的需求就产生了，亟需一种跨越不同硬件和不同操作系统的新平台——这就是那个时代的"痛点"。任何时候，能解决时代的痛点，就会出现划时代的产品。能解决时代的痛点，就抓住了时代的发展方向。

Sun 公司的创始人麦克尼里，对网络计算有着超前的洞察力。在他的带领下，Sun 公司的网络视野，并未仅仅定格于计算机之间的互联，它还看得更远——计算机与非计算机彼此也是隔断的，它们也需要彼此连接！

在 Sun 公司，麦克尼里一直在推行"网络即计算机（The Network is the computer）"的理念。这个关于无限连通世界观念的表述，推动着 Sun 公司参与时代的发展。事实上，这个理念和现在火热的云计算理念，也是一脉相承的。

2016 年 4 月 28 日，全球移动互联网大会（GMIC）在北京举行，当时的腾讯副总裁程武发表了《共享连接的力量》主题演讲。他提到，3 年前，腾讯就提出"连接一切"。无论连接人与人、服务、设备，互联网根本上是在满足人的延伸，让网络中的个体获得更多的资源和能力，去实现更大的价值。

这样的认知，其实是梅特卡夫定律（Metcalfe's Law）的体现，其内容是：网络的价值等于网络节点数的平方，网络的价值与联网的用户数的平方成正比。梅特卡夫认为，"连接"革命后，网络价值会飙升，网络中的个体有望实现更大的价值。

回顾起来，不论是现在流行的物联网（Internet of things，IoT）概念，还是腾讯的"连接一切"理念，其实和 Sun 公司 30 多年前的理念相差无几。因此可以说，Sun 公司在那个时代的视角，不可谓不"高瞻远瞩"。

Sun 公司认为，如果能把计算机和非计算机（主要指的是电子消费品，如家电等）系统这两者连接起来，将会带来一场计算机革命，这是一个巨大的机遇，而连接二者的媒介自然就是网络。

无限连通的世界，令人怦然心跳。但心动不如行动。Sun 公司行动的结果，就是 Java 语言的诞生。

后来被称为 Java 之父的詹姆斯·高斯林（James Gosling）说："放眼当时的市场，两个领域的厂家各自为政，没有形成统一的网络。因此很多时候不得不重复大量的实验，但这些其实早在 30 年前的计算机科学中已得到解决。"

那么核心问题在于，当时的电子消费品制造者，压根并没有考虑使用网络，例如没有哪家生产商想生产一台会上网的冰箱。一流的企业，如苹果公司，是引导用户需求，而不是满足用户需求。因为有时候，用户压根也不能明确知道自己的需求。

为了解决计算机与计算机之间、计算机与非计算机之间的跨平台连接，麦克尼里决定组建一个名叫 Green 的、由詹姆斯·高斯林领衔的项目团队。其目的在于开发一种新的语言，并基于这种语言，研制专为下一代数字设备（如家电产品）和计算机使用的网络系统，这样就可以将通信和控制信息通过分布式网络，发给电冰箱、电视机、烤面包机等家用电器，对它们进行控制和信息交流。想一想，这不正是当下很热门的物联网思维吗？

最初 Green 项目的工程师们准备采用 C++ 实现这一网络系统。但 C++ 比较复杂，最后经过裁剪、优化和创新，1990 年，高斯林的研发小组基于 C++ 开发了一种与平台无关的新语言 Oak（即 Java 的前身）。Oak 的取名，缘于高斯林办公室外有一棵枝繁叶茂的橡树，这在硅谷是一种很常见的树。

Oak 主要用于为各种家用电器编写程序，Sun 公司曾以 Oak 语言投标一个交互式电视项目，但结果被 SGI（硅图公司，1982 年成立于美国）打败。由于当时智能化家电的市场需求比较低迷，Oak 的市场占有率并没有当初预期的高，于是"见风使舵"的 Sun 公司放弃了该项计划（事实上，"见风使舵"在市场决策中并不是一个贬义词，而是一种灵活的市场策略）。就这样，Oak 几近"出师未捷身先死"。其实也不能全怪 Sun 公司，想一想，即使在 30 多年后的今天，物联网、智能家居的概念虽然很火，但接地气、成气候的项目，至今也屈指可数。

恰逢这时，Mark Ardreesen（美国软件工程师，曾创办网景通讯公司）开发的 Mosaic 浏览器（互联网历史上第一个获普遍使用且能够显示图片的网页浏览器）和 Netscape 浏览器（网页浏览器，市占率曾位居主导地位）启发了 Oak 项目组成员，让他们预见 Oak 可能会在互联网应用上"大放异彩"，于是他们决定改造 Oak。

及时地调整战略，把握住了时代的需求，Oak 于是又迎来了自己的"柳暗花明又一村"。也就是说，计算机与非计算机之间的连接，由于太超前而失败了，但是计算机与计算机之间的连接需求（更加接近那个时代的地气）又救活了 Oak。

Java标志　　　　　Java之父James Gosling

1995 年 5 月 23 日，Oak 改名为 Java。至此，Java 正式宣告诞生。Oak 之所以要改名，其实也是情非得已，因为 Oak 作为一个商标，已早被一家显卡制造商注册了。Oak 若想发展壮大，在法律层面上，改头换面，势在必行。

其实 Java 本身也韵意十足，它是印度尼西亚"爪哇"（注：Java 的音译）岛的英文名称，该岛因盛产咖啡而闻名。这也是 Java 官方商标为一杯浓郁咖啡的背后原因，而咖啡也是"爱"加班、"爱"熬夜的程序员们提神的最佳饮品之一。

当时，Java 最让人着迷的特性之一，就是它的跨平台性。在过去，计算机程序在不同的操作系统平台（如 UNIX、Linux 和 Windows 等）上移植时，程序员通常不得不重新调试与编译这些程序，有时甚至需要重写。

Java 的优点在于，在设计之初就秉承了"一次编写，到处运行"（"Write Once, Run Everywhere"，WORE；有时也写成"Write Once, Run Anywhere"，WORA）思想，这是 Sun 公司为宣传 Java 语言的跨平台特性而提出的口号。

传统的程序，通过编译，可以得到与各种计算机平台紧密耦合（Coupling）的二进制代码。这种二进制代码可以在一个平台运行良好，但是换一个平台就"水土不服"，难以运行。

而 Java 的跨平台性，是指在一种平台下用 Java 语言编写的程序，在编译之后，不用经过任何更改，就能在其他平台上运行。比如，一个在 Windows 环境下开发出来的 Java 程序，在运行时，可以无缝地部署到 Linux、UNIX 或 Mac OS 环境之下。反之亦然，在 Linux 下开发的 Java 程序，同样可在 Windows 等其他平台上运行。Java 是如何实现跨平台性的呢？我们可用下面的图来比拟说明。

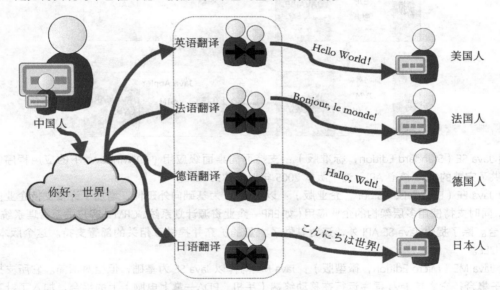

比如说，中国人（一个平台）说了一句问候语："你好，世界！"美国人、法国人、德国人及日本人（其他平台）都能理解中国人的"问候"。之所以能这样，这得益于英语、法语、德语及日语翻译们的翻译。

类似的，Java 语言的聪明之处在于，它用一个名为 Java 虚拟机（Java Virtual Machine，JVM）的机制屏蔽了这些"翻译"的细节。各国人尽管尽情地表达（编写 Java 代码），通过编译，形成各个平台通用的字节码（Byte Code），然后 JVM"看平台下菜"，在背后默默地干起了"翻译沟通"的活。正是因为有 JVM 的存在，Java 程序员才可以做到"一次编写，到处运行"——这也是 Java 的精华所在。

在经过一段时间的 Java 学习后，读者就会知道由 Java 源代码编译出的二进制文件叫 .class（类）文件，如果使用十六进制编辑器（如 UltraEdit 等）打开这个 .class 文件，你会发现这个文件最前面的 32 位将显示为"CA FE BA BE"，连接起来也就是词组"CAFE BABE"（咖啡宝贝），如下图所示。每个 Class 文件的前 4 个字节，都是这个标识，它们被称为"魔数"，主要用来确定该文件是否为一个能被虚拟机接受的 Class 文件。其另外一个作用就是，让诸如 James Gosling 等这类具有黑客精神的编程天才尽情表演，他们就是这样，在这些不经意的地方"雁过留声，人过留名"。

或许，正是麦克尼里看到了 Java 的这一优秀特性，在 Java 推出以后，Sun 公司便赔钱做了大量的市场推广。仅 3 个月后，当时的互联网娇子之一——网景（Netscape）公司，便慧眼识珠，决定采用 Java。

由于 Java 是新一代面向对象的程序设计语言，不受操作系统限制，对网络支持很强，加之对终端用户是免费的，Java 一下子就火了。很快，很多大公司诸如甲骨文、Borland、SGI、IBM、AT&T 和英特尔等都纷纷加入了 Java 阵营。当 Java 逐渐成为 Sun 的标志时，Sun 公司索性就把它的股票代码 "SUNW"直接改为了"JAVA"。Sun 公司对 Java 的重视程度，可见一斑。

Java class 文件中的"咖啡宝贝"

1997 年，Sun 公司推出 64 位处理器，同年推出 Java 2，Java 渐渐风生水起，市场份额也越做越大。1998 年，Java 2 按适用的环境不同，被分化为 4 个派系（见下图）：Java 2 Micro Edition（J2ME）、Java 2 Standard Edition（J2SE）、Java 2 Enterprise Edition（J2EE）以及 Java Card。ME 的意思是小型设备和嵌入系统，这个小小的派系，其实是 Java 诞生的"初心"。

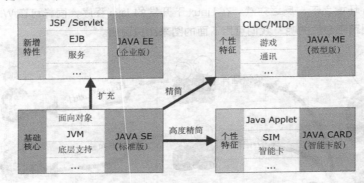

（1）Java SE（Standard Edition，标准版）：支持面向桌面级应用（如 Windows 下的应用程序）的 Java 平台，提供了完整的 Java 核心 API，这个版本 2005 年以前称为 J2SE。

（2）Java EE（Enterprise Edition，企业版）：以 Java SE 为基础向外延伸，增加了许多支持企业内部使用的扩充类，同时支持使用多层架构的企业应用（如 ERP—企业资源计划系统、CRM—客户关系管理系统的应用）的 Java 平台。除了提供 Java SE API 外，还对其做了大量的扩充并提供了相关的部署支持。这个版本 2005 年以前称为 J2EE。

（3）Java ME（Micro Edition，微型版）：Java ME 同样以 Java SE 为基础，但相对精简。它所支持的只有核心类的子集合，它支持 Java 程序运行在移动终端（手机、PDA—掌上电脑）上的平台，加入了针对移动终端的支持。这个版本 2005 年以前称为 J2ME。Java 的微型版主要是进行嵌入式开发，目前渐渐被 Android 开发所替代。

（4）Java Card（智能卡版）：由于服务对象定位更加明确化，Java Card 版本比 Java ME（微型版）更加精简。它支持一些 Java 小程序（Applets）运行在小内存设备（如容量小于 64KB 的智能卡）的平台上。

但是，Java 的技术平台不管如何划分，都是以 Java SE 为核心的，所以掌握 Java SE 十分重要，这也是本书的主要讲解范围。如果想进行 Java EE 的开发，Java SE 是其中必要的组成部分，这也是为什么在学习 Java EE 之前要求读者一定要有扎实的 Java SE 基础。

当时专为连接智能家电而开发的 Java，不曾想"有心栽花花不开，无心插柳柳成荫"，在家电市场毫无起色，却因其"一次编程，到处运行"的跨平台特性，赶上了互联网的高速发展时机，在企业级市场上大放异彩。

Java ME 一度在翻盖手机应用上得到极大推广，成为当时的标配。但后来，随着安卓（Android）的兴起，也慢慢中落。Java 之父高斯林后来也说，"ME 已经做得足够好了，在当时是最强大的智能电话开发平台之一。不过现在渐渐被遗忘，因为 Android 太耀眼了。"

有起有落，螺旋上升，是事物发展的常态。Java 的发展历程，也不例外。Oracle Java 平台开发副总裁、OpenJDK 管理委员会核心成员 Georges Saab 曾经这样说道："在 20 世纪 90 年代，大多数开发者都把精力投入到桌面应用的编写之上。到了 2000 年，Pet.com（一家美国宠物网站）的成功吸引了大批的跟风者。业界又把焦点从桌面转移到了 HTML 应用。随着智能电话和平板电脑的到来，基于触摸屏的移动应用又站在了潮流前端。所以对于下一个流行趋势是很难把握的，这涉及天时、地利、人和。"

然而，Java 对于 Sun 来说，是"华而不实"的资产。因为，除了带来日渐高涨的声誉外，Java 并没有直接给 Sun 带来与其声誉对等的回报。用华尔街的话来说，Java 是赔钱赚吆喝。吆喝 Java 是赚到了，但赚钱盈利才是生存之道。

现在具备互联网思维的公司都知道，"免费"的目的是不免费，不免费的对象要发生转移，其实是要让"羊毛出在猪身上"，最后"让狗来买单"。但那是 30 多年前，Sun 公司还没有很强的互联网赚钱思维，它到"死"（直到被甲骨文收购）都没有想明白，为什么抱着一个金饭碗，却要不到饭。

事实上，除了生产处理器、服务器和操作系统之外，Sun 还开发了办公软件 OpenOffice。1995 年到 2000 年，是 Sun 公司高速增长的时期。这期间互联网飞速发展，它曾经和甲骨文共同提出了网络计算机（Network computer，NC）的概念，主要就是指没有硬盘的计算机，其实也就是低价台式机，是瘦客户机（或称无盘工作站）。

但在 2000 年之后，网络泡沫破碎，绝大多数的".com"公司都关门了，苟延残喘活下来的公司，也急刹车般地停止了扩张采购。服务器市场一下子低迷起来，Sun 公司这个当初意气风发誓言成为互联网公司的"关键的一点的"公司，已经不再关键了。老的盈利点（服务器市场）不盈利了，新的盈利点（如 Java 市场）又找不到，Sun 公司突然陷入风雨飘摇的境地。

有道是"月满则亏，水满则溢"。Sun 公司从 1982 年成立，到 2000 年达到顶峰，用了将近 20 年，而走下坡路只用了仅仅一年。这种断崖式的毁灭，足以让今天的创业者引以为戒。

2008 年爆发的金融危机，让持续亏损的 Sun 公司，更加雪上加霜。到了 2009 年，由于业绩不佳，Sun 公司的市值又比 2007 年下降了一半，终于跌到了对它期盼已久的甲骨文公司可以买得起的价格。2009 年 4 月，这个市值曾经超过 2000 亿美元的 Sun 公司，在最低潮的时候，以 74 亿美元的便宜价被甲骨文（Oracle）收购，这个价格仅仅为 Sun 公司顶峰市值的 3%。作为 Sun 公司的核心资产之一的 Java，自然也换了新东家——Oracle。

按照甲骨文老板拉里·埃里森（Larry Ellison）的话讲，Sun 公司有很好的技术，也有很好的工程师，但它们的管理层实在是太烂了（Astonishingly bad managers），而且做了很多错误的决策，这样才导致甲骨文能以很便宜的价格捡了漏①。

2015 年 5 月 23 日，在北京中关村 3W 咖啡屋，作者参加了由甲骨文（中国）举办的 Java 诞生 20 周年庆典。在概括 Java 成功的原因时，甲骨文开发人员关系团队总监 Sharat Chander 总结了三点：社区排在第一，这是 Java 成功的基础；Java 技术的不断进步排在第二；而排在第三位的，才是甲骨文对 Java 的管理。

在收购 Sun 后，甲骨文一方面继续积极推动 Java 社区发展，另一方面及时将社区成果反馈、集成到新版本产品中。甲骨文承诺，大型版本的更新每 2 年一次发布，小型版本的更新每 6 个月一次。

在版本推新上，甲骨文极大尊重 Java 社区的意见，Java 7 就是在与社区深入交流的基础上推出的，尽管当时并非推出 Java 7 的最好时机，其后续功能在 Java 8 里进行了补全。

对于 Java 的发展，的确不能忽视 Java 社区的重要性。甲骨文认为自己并非 Java 的管家，他们是在与 Java 社区一起来管理 Java，而 Java 社区也被誉为 Java 成功的基础。对此 Sharat Chander 介绍，Java 社区拥有 314 个 Java 用户组、900 多万 Java 开发人员、超过 150 个 Java Champion（技术领袖）。

2009 年 12 月，企业版的升级版 Java EE 6 发布。2011 年 7 月 28 日，Java SE 7 发布。

CPU 多核（many-core）时代的兴起，让程序员们纷纷探索起怎么编写并行代码。一番折腾后，大家发现很多编程的好思想，都来自一个叫函数式编程的程序范式。这个曾束之高阁的好理念又被人重拾起来。2014 年 3 月 19 日，Oracle 公司发布 Java 8.0 正式版，提供了大家望眼欲穿的 Lambda。

2017 年 9 月 22 日，Java 9 正式发布。Java 9 带来了众多特性，其中比较引人注目的有两条：（1）jshell（Java

---

① 原话是：Sun's management "made some very bad decisions that damaged their business and allowed us to buy them for a bargain price."

脚本运行环境）。这是 Java 9 新增的一个脚本工具，有了这个工具，类似于 shell 或 Python，用户可以在命令行里直接运行 Java 的代码，而无需创建 Java 文件，然后再编译、运行。（2）modularity（模块化）。模块化是 Java 9 的一个新特性。模块的实质就是在 package（包）之上再提炼一层，即用模块来管理各种 package，从而可以让代码更加安全，因为它可以指定哪些部分隐藏起来，哪些部分暴露给外部。

Java 9 发布之后，为了更快地迭代以及及时跟进社区的反馈，Oracle 公司决定 Java 的版本发布周期变更为每六个月一次。2018 年 3 月 20 日，Java 10 如约正式发布。如果按照这个发布节奏，Java 11、Java12 等也会陆续面世。

当然，Java 也不是没有缺点的。曾经，有人采访 C++ 之父 Bjarne Stroustrup，问他如何看待 Java 的简洁，他的回答却是，时间不够长。大师之见，果然深邃。Java 之美，早已不是简洁，而是开发高效。其为之付出的代价是，各种类库、框架的异常复杂与臃肿。通常，即使一个专业级的 Java 程序员，也需耗费不菲的（包括时间上或金钱上的）学习成本。但这符合事物的发展规律，就像我们不能期望一个横纲级的相扑运动员力大无穷，却又期望他身轻如燕。

这就是我们的 Java！它不甚完美，却非常能干！

▶ 0.3 Java 应用领域和前景

Java 作为 Sun 公司推出的新一代面向对象程序设计语言，特别适于互联网应用程序的开发，但它的平台无关性直接威胁到了 Wintel（即微软的 Windows 操作系统与 Intel CPU 所组成的个人计算机）的垄断地位，这表现在以下几个方面。

信息产业的许多国际大公司购买了 Java 许可证，这些公司包括 IBM、Apple、DEC、Adobe、Silicon Graphics、HP、TOSHIBA 以及 Microsoft 等。这一点说明，Java 已得到了业界的高度认可，众多的软件开发商开始支持 Java 软件产品，例如 Inprise 公司的 JBuilder、Oracle 公司自己维护的 Java 开发环境 JDK 与 JRE。

Intranet 正在成为企业信息系统最佳的解决方案，而其中 Java 将发挥不可替代的作用。Intranet 的目的是将 Internet 用于企业内部的信息类型，它的优点是便宜、易于使用和管理。用户不管使用何种类型的机器和操作系统，界面都是统一的 Internet 浏览器，而数据库、Web 页面、Applet、 Servlet、JSP 等则存储在 Web 服务器上，无论是开发人员、管理人员还是普通用户，都可以受益于该解决方案。

从桌面办公到网络数据库，从 PC 到嵌入式移动平台，从 Java 小应用程序（Applet）到架构庞大的 J2EE 企业级解决方案，处处都有 Java 的身影，就连美国 NASA 的太空项目当中，也使用了 Java 来开发控制系统和相关软件。

Java 技术的开放性、安全性和庞大的社会生态链以及其跨平台性，使得 Java 技术成为智能手机软件平台的事实性标准。在未来发展方向上，Java 在 Web、移动设备以及云计算等方面的应用前景也非常广阔。虽然面对来自网络的类似于 Ruby on Rails 这类编程平台的挑战，但 Java 依然还是事实上的企业 Web 开发标准。随着云计算（Cloud Computing）、移动互联网、大数据（Big Data）的扩张，更多的企业考虑将其应用部署在 Java 平台上，那么无论是本地主机，还是公共云，Java 都是目前最合适的选择之一。Java 应用领域之广，也势必促使 Java 开发者的就业市场呈现欣欣向荣的发展态势。

学习 Java 不仅是学习一门语言，更多的是学习一种思想，一种开发模式。对于从事软件行业的工作人员，掌握了 Java 语言，可以让自己日后的事业发展得更加顺利。Java 语言的内容相对完整，因此 Java 开发人员可以轻松转入到手机开发、.NET、PHP 等语言的开发上，以后也可以更快地跨入到项目经理的行列之中。

目前，Java 人才的需求量旺盛，根据国际数据公司（International Data Corporation，IDC）的统计数字，在所有软件开发类人才的需求中，对 Java 工程师的需求达到全部需求量的 60%～70%。同时，企业提供的薪水也不菲，通常来说，具有 3 年以上开发经验的工程师，年薪 10 万元以上是一个很正常的薪酬水平。但 IT 企业却很难招聘到合格的 Java 人才。所以读者朋友如果想让自己成为合格的受企业欢迎的 Java 程序员，需要做好自己的职业发展规划。

首先，要定位自己的目标，然后再有的放矢地进行自我提升。对于 Java 工程师来说，大致可以从 3 个大方向来规划自己的职业蓝图。

（一）继续走技术工作之路

从技术发展方向来看，Java 工程师可以由最初的初级软件工程师（即程序员）逐渐晋升至中级软件工程师（高级程序员）、高级软件工程师及架构师等。走这条路，通常可进入电信、银行、保险等相关软件开发公司从事软件设计和开发工作。在信息时代，越来越多的公司重视信息化，而信息化落实起来离不开软件开发，而软件开发中 Java 当属挑大梁者。如果选择这个方向，程序员要脚踏实地，一步一个脚印地练好 Java 的基本功。对于初（中）级程序员来说首先掌握 Java 的基本语法（如类与对象、构造方法、引用传递、内部类、异常、包、Java 常用类库、Java IO 及 Java 类集等）。如果读者定位高级程序员以上的目标，那么目标的实现主要依赖三点：一是前期扎实的 Java 基础，二是后期对软件开发的持续性热爱，三是靠程序员个人的领悟。

（二）定位成为技术类管理人员

此类管理人员通常包括产品研发经理、技术经理、项目经理及技术总监职位等。如果选择管理方向，首先要有一定的"基层"经验，即你至少要有几年的 Java 开发经验。否则，即使偶然因素让你"擢升"至管理层，那么也会因为"外行指导内行"而饱受诟病。所以如果定位管理人员，那么成功的第一步就是至少成为一名中级以上的 Java 程序员，前面所言的 Java 基础也是需要掌握的。想成为技术类管理人员，还要深谙 Java 设计模式及软件工程的思想，从而能把控软件开发的全局。一个好的技术类管理人员，不仅要自身具有很强的技术管理能力，同时也要有很强的技术体系建设和团队管理的能力，对自己所处的行业技术发展趋势和管理现状具有准确的判断。统筹全局、集各个层次的技术人员之合力，高质量完成软件项目，是成为技术类管理人员的挑战。

（三）在其他领域成就大业

Java 软件开发发展前景好，运用范围也广，具备 Java 基础的工程师，还可以尝试着在其他领域成就一番大业。例如，Java 工程师可以从事 JSP 网站开发、移动领域应用开发、电子商务开发等工作。如果从事 Web 开发，那么在此之前一定要熟练掌握 HTML、JavaScript、XML。Web 开发的核心就是进行数据库的操作，先从 JSP（Java Server Pages）学习，并可以使用 JSP + JDBC（Java Data Base Connectivity，Java 数据库连接）或者是 JSP + ADO（ActiveX Data Objects）完成操作。JSP 技术是以 Java 语言作为脚本语言的。之后再学习 MVC 设计模式，它是软件工程中的一种软件架构模式，把软件系统分为 3 个基本部分：模型（Model）、视图（View）和控制器（Controller）。掌握了 MVC 设计，读者也就可以轻松地掌握 AJAX（Asynchronous JavaScript and XML）和 Struts 技术。AJAX 是在不重新加载整个页面的情况下与服务器交换数据并更新部分网页的手段。Struts 是 Apache 软件基金会（ASF）赞助的一个开源项目。使用 Struts 机制可以帮助开发人员减少在运用 MVC 设计模型来开发 Web 应用的时间。

之后，再学习 Hibernate 和 Spring 等轻量级实体层开发方法等。Hibernate 是一个开放源代码的 Java 语言下的对象关系映射框架，它对 JDBC 进行了非常轻量级的对象封装，使得 Java 程序员可便利地使用对象编程思维来操纵数据库。Spring Framework 是一个开源的 Java/Java EE 全功能栈，其应用程序框架内包含了一些基于反射机制写的包，有了它以后程序员便可以将类的实例化写到一个配置文件里，由相应的 Spring 包负责实例化。

以上 3 条与 Java 相关的职业发展规划之路，都以夯实 Java 基础为根本。每一条路要走到顶层，都需要重视基础，一步一个脚印，做事由浅入深，由简入繁，循序渐进。《礼记·中庸》有言："君子之道，辟如行远必自迩，辟如登高必自卑。"这句话告诉我们，君子行事，就像走远路一样，必定要从近处开始；就像登高山一样，必定要从低处起步。

▶0.4 Java 学习路线图

本书主要面向初、中级水平的读者。针对本书，Java 学习可以大致分为 3 个阶段。

● 初级阶段：学习 Java 基础语法和类的创建与使用，基础 I/O（输入 / 输出）操作、各种循环控制、运算符、数组的定义、方法定义格式、方法重载等，并熟练使用一种集成开发工具（如 Eclipse 等）。

● 中级阶段：掌握面向对象的封装、继承和多态，学习常用对象和工具类，深入 I/O 操作，异常处理、抽象类与接口等。

● 高级阶段：掌握 Java 的反射机制、GUI 开发、并发多线程、Java Web 编程、数据库编程、Android 开发等。

对于读者来说，Java 学习的路线在整体上需遵循：初级阶段 ➢ 中级阶段 ➢ 高级阶段。循序渐进地学习（见下图），不建议读者一开始就"越级"学习，需知"欲速则不达"。在这三个阶段各自内部的知识点，没有必然的先后次序，读者可根据自己的实际情况"有的放矢"地学习。不管处于哪个学习阶段，读者都要重视 Java 的实战练习。等学习到高级阶段后，还要用一些项目实训来提升自己。

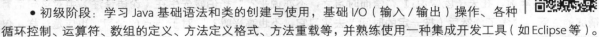

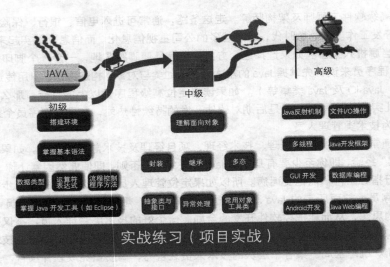

成为一名 Java 高手，可能需要经历多年的时间。一些读者担心，自己可能等不到成为高手那一天，就无力开发 Java 了。其实，Java 相关的开发行业也如陈年美酒，愈陈愈香。想一想，前面提到 Java 的核心设计者 James Gosling，发鬓皆白，却依然意气风发，时常给比他年轻很多的软件开发精英们讲解 Java 发展之道，那种指点江山的气势，是何等的豪迈！Java 软件开发行业职业寿命很长，能提供给从业人员更广阔的发展方向。如果想在 Java 开发相关的领域有所建树，多一份持久的坚持是必需的。

从一个 Java 的初学者，升级为一个编程高手，从来都没有捷径。其必经的一个成长路线正如下图所示：编写代码→犯错（发现问题）→纠错（解决问题）→自我提升→编写代码→犯错（发现问题）→纠错（解决问题）→自我提升……积累了一定的感性认识后，才会有质的突变，提升至新的境界。总之，想成为一个高水平的 Java 程序员，一定要多动手练习，多思考。

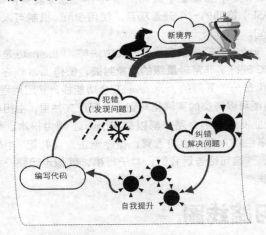

2000 多年前，孔夫子就曾说过，"学而时习之，不亦说乎？"杨伯峻先生在《论语译注》中对这句话有精辟的注解："学了，然后（按一定的时间）去实习它，不也高兴吗？"对于 Java 的学习，也应是这样，仅仅懂得一堆 Java 语法，毫无意义，我们必须亲自动手实践它。

最后需要说明的是，Java 高手绝对没有什么捷径可走，也绝不是一本书就能成就的，需要学习者不断地自我迭代，在理论上提升自己（如在读完本书后，还可以接着读读《编程之美》《设计模式之禅》《企业应用构架模式》《97 things software architec should know》等），并在实战中反复地练习。只要这样，才能让自己操作代码的"动作"收放自如，才能让自己的"招式"炉火纯青。

各位 Java 爱好者，想在这个计算为王的大千世界放马驰骋吗？赶快动手吧（Just do IT）！

第 I 篇

基础知识

第 **1** 章

Java 开发环境搭建

本章介绍如何在 Windows 中下载与安装 JDK，并详细描述 Windows 下开发环境的配置。最后介绍如何编译和运行第一个 Java 程序，再简要介绍 Eclipse 环境下如何开发 Java 程序。

本章要点（已掌握的在方框中打钩）

☐ 掌握下载、安装 Java 开发工具箱
☐ 掌握开发环境变量的配置
☐ 学会编写第一个 Java 程序
☐ 学会在 Eclipse 下编写 Java 程序

▶ 1.1　Java 开发环境

　　学习 Java 的第一步，就是要搭建 Java 开发环境（Java Development Kit，简称 JDK）。JDK 由一个处于操作系统层之上的开发环境和运行环境组成，如下图所示。JDK 除了包括编译（javac）、解释（java）、打包（jar）等工具，还包括开发工具及开发工具的应用程序接口等。当 Java 程序编译完毕后，如果想运行，还需要 Java 运行环境（Java Runtime Environment，JRE）。

　　JRE 是运行 Java 程序所必需的环境的集合，包含 JVM 标准实现及 Java 核心类库。如果仅仅想运行 Java 程序，安装 JRE 就够了。也就是说，JRE 是面向 Java 程序的使用者的。但如果想进一步开发 Java 程序，那就需要安装 JDK，它是面向 Java 程序的开发者的。Java 程序的开发者自然也是 Java 程序的应用者。从下图也容易看出，JDK 包含 JRE。

　　由上图可以看出，Java 程序开发的第一步就是编写 Java 语言的源代码。而编写源代码的工具，可以是任何文本编辑器，如 Windows 下的记事本、Linux 下的 Vim 等。这里推荐读者使用对编程语言支持较好的编辑器，如 Notepad++、UltraEdit、Editplus 等，这类代码编辑器通常有较好的语法高亮等特性，特别适合开发程序代码。

　　Java 源文件编写完毕后，就可以在命令行下，通过 javac 命令将 Java 源程序编译成字节码（Byte Code，Java 虚拟机执行的一种二进制指令格式文件），然后通过 java 命令，来解释执行编译好的 Java 类文件（文件扩展名为 .class）。但如果想正确使用 javac 和 java 等命令，用户必须自己搭建 Java 开发环境。在后续章节，我们将详细介绍相关的配置步骤。

▶ 1.2　安装 Java 开发工具箱

　　Oracle 公司提供多种操作系统下的不同版本的 JDK。本节主要介绍在 Windows 操作系统下安装 JDK 的过程。

1.2.1　下载 JDK

　　❶ 在浏览器地址栏中输入 Oracle 官方网址，打开 Oracle 官方网站，如下图所示，映入我们眼帘的是 Java 10 的下载界面。

　　但需要提醒读者的是，对于软件开发而言，过度"最新"并非好事，如果你不是有特殊需求，Java 8 足够用了。为什么说过度"最新"并非好事呢？这是因为 Java 9 和 Java 10 虽然有很多好的新特性，但它依附的生态还没有建立起来。比如说，如果你想学习基于 Hadoop 的大数据编程，很可能 Hadoop 的最新版还是由 Java 8 编译而成，你用 Java 10 编译出来的程序，难以在 Hadoop 上运行。所以对于学习编程软件，特别是初学者，我们的建议是保守的，暂时还采用业界广泛使用的 Java 来编程。事实上，Java 8、Java 7 甚至 Java 6，仍在企业界有着广泛应用。作为初级用户，实在没有必要跟风，一定要下载最新的 Java 版本，因为很多新特性，初学者根本没有机会用到。

　　或许 Oracle 公司也知道 Java 9 和 Java 10 的更新幅度太大，而 Java 8 依然是业界开发的主流，于是，在 Java 10 同一个下载网页的下方，Oracle 给出了 Java 8 的下载界面，如下图所示。

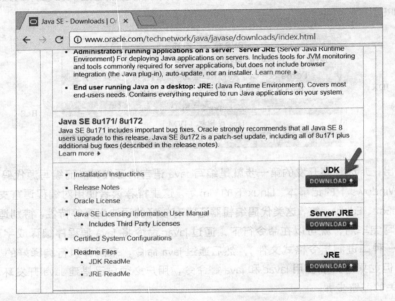

　　单击 JDK 的下载（DOWNLOAD）按钮，出现如下图的下载界面。目前 Java SE Development Kit 8u172 是 Java 8 的最高版本。

　　❷ 如前面的章节介绍，Java 技术体系可以分为 4 个平台：Java SE、Java EE、Java ME 和 Java Card。后面 3 个版本都是以 Java SE 为核心的，所以掌握 Java SE 十分重要，这也是本书的主要讲解范围。

　　在 Java 的发展过程中，由于 Sun 公司的市场推广部门，举棋不定，导致其版本编号一定的"混乱"，容易让用户产生某种程度的困扰。比如，有的时候读者（特别是初学者）可能在阅读一些 Java 书籍时，发现版本为 Java 2，如 J2EE。有时又发现一些书籍说自己代码编译的平台是 Java 6 或 Java 7，那 Java 3 或 Java 4 去哪里了？因此这里有必要解释一下。下面简要地介绍一下 Java 版本号的命名规则。

在 Java 1.1 之前，其命名方式和传统的方式一样。但当 Java 1.1 升级到 Java1.2 时，Sun 公司的 Java 市场推广部门觉得，Java 的内涵发生很大的变化，应给予 Java 一个"新"的名称——Java 2，而它内部的发行编号仍是 Java 1.2。当 Java 内部发行版从 1.2 过渡到 1.3 和 1.4 时，Sun 公司对外宣称的版本依然是 Java 2。Sun 公司从来没有发布过 Java 3 和 Java 4。从 Java 内部发行版的 1.5 开始，Java 的市场推广部门又觉得 Java 已经变化很大，需要给予一个"更新"的称呼，以便在市场中"博得眼球"，于是 Java 1.5 直接对外宣称 Java 5，依此类推，Java 1.6 对外宣称 Java 6，而目前我们即将学习的 Java 8，其内部版本是 Java 1.8，如下表所示。

Java 内部发行版本	发布时间	Java 对外推广版本号
JDK 1.0	1996 年 1 月	Java 1.0
JDK 1.1	1997 年 2 月	Java 1.1
JDK 1.2	1998 年 12 月	Java 2
JDK 1.3	2000 年 5 月	
JDK 1.4	2002 年 2 月	
JDK 1.5	2004 年 9 月	J2SE 5.0
JDK 1.6	2006 年 12 月	Java SE 6
JDK 1.7	2011 年 7 月	Java SE 7
JDK 1.8	2014 年 3 月	Java SE 8
JDK 1.9	2017 年 9 月	Java SE 9
JDK 2.0	2018 年 3 月	Java SE 10

为了避免混淆，Oracle 公司宣布改变 Java 版本号命名方式，自 JDK 5.0 起，Java 以两种方式发布更新：（1）Limited Update（有限更新）模式，其包含新功能和非安全修正。（2）Critical Patch Updates（CPUs，重要补丁更新）只包含安全的重要修正。举例来说，Java SE 8u172 的解释如下图所示。

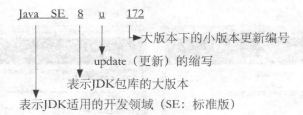

❸ 由于 Oracle 的 Java 实施的是"许可证（License）"，所以需要选择"Accept License Agreement（接受许可证协议）"，然后选择与自己的操作系统匹配的 SDK 版本，如下图所示。

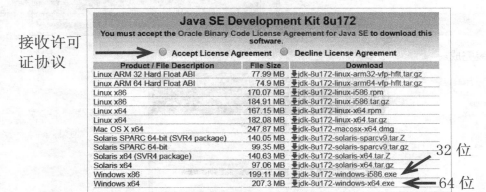

读者朋友可以根据自己的操作系统类型以及位数（32 位还是 64 位），下载所对应的 Java JDK。Java 8 的 JDK 软件包通常在 100MB 以上，下载需要一定的时间。下面介绍 JDK 在 Windows 下的详细安装流程。

1.2.2 安装 JDK

在下载过程中，有个小问题需要读者注意：如何识别自己所使用的 Windows 操作系统版本号？在 Windows 7 下，按下"Windows 键 " + "Pause " 组合键，或在桌面上右键单击"计算机"图标，选择"属性"命令，在弹出的"属性"窗口中（见下图），"系统类型"处即可显示读者所用的操作系统版本信息。

本书使用的 Java 8 版本号是 Java SE 8u172，但编程语言趋势是一直向上升级，只要大版本"8"不变，"u"后面的小版本号有所变化，都属于 Java 8 范畴，基本上不会影响普通用户的学习和工作。

安装环境如下。

- 操作系统：64 位 Windows 7
- 安装软件：jdk-8u172-windows-x64.exe

❶开始安装。

下载完成后，就可以安装 Java JDK 了。双击"jdk-8u172-windows-x64.exe"，弹出欢迎界面，如下图（左）所示。

❷选择安装路径，确定是否安装公共 JRE。

公共 JRE 提供了一个 Java 运行环境。JDK 默认自带了 JRE。可单击【Cancel】，选择不安装公共 JRE，并不会对 Java 运行造成影响。单击【下一步】按钮，如下图（左）所示，再单击【下一步】按钮，正在安装 JDK，如下图（右）所示。

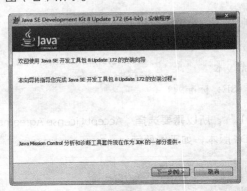

❸JDK 安装完成。

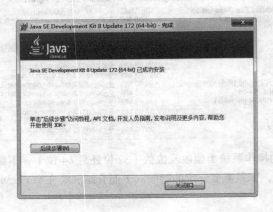

❹ 查看 JDK 安装目录（C:\Program Files\Java\jdk1.8.0_172）。

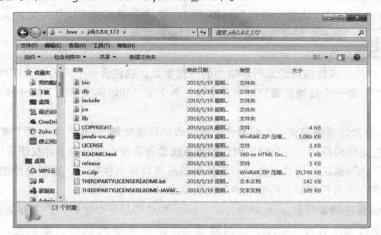

▶ 1.3 Java 环境变量的配置

1.3.1 理解环境变量

本书主要以 Windows 7 操作系统为平台来讲解 Java。而在开发 Java 程序之前，通常需要先在 Windows 操作系统中配置好有关 Java 的系统环境变量（Environment Variable）。

在介绍环境变量的含义之前，我们先举一个形象的例子，给读者一个感性的认识。比如我们喊一句："张三，你妈妈喊你回家吃饭！"可是"张三"为何人？他在哪里呢？对于我们人来说，认不认识"张三"都能给出一定的响应：如认识他，可能就会给他带个话；而不认识他，也可能帮忙吆喝一声"张三，快点回家吧！"

然而，对于操作系统来说，假设"张三"代表的是一条命令，它不认识"张三"是谁，也不知道"它"来自何处，它会"毫无情趣"地说，不认识"张三"——not recognized as an internal or external command（错误的内部或外部命令），然后拒绝继续服务。

为了让操作系统"认识"张三，我们必须给操作系统有关张三的精确信息，如"XXX 省 YYY 县 ZZZ 乡 QQQ 村张三"。但其他的问题又来了，如果"张三"所代表的命令是用户经常用到的，每次使用"张三"，用户都在终端敲入"XXX 省 YYY 县 ZZZ 乡 QQQ 村张三"，这是非常繁琐的，能不能有简略的办法呢？

聪明的系统设计人员想出了一个简易的策略——环境变量。把"XXX 省 YYY 县 ZZZ 乡 QQQ 村"设置为常见的"环境"，当用户在终端仅仅敲入"张三"时，系统自动检测环境变量集合里有没有"张三"这个人，如果在"XXX 省 YYY 县 ZZZ 乡 QQQ 村"找到了，就自动替换为一个精确的地址"XXX 省 YYY 县 ZZZ 乡 QQQ 村张三"，然后继续为用户服务。如果整个环境变量集合里都没有"张三"，那么再拒绝服务，如下图所示。

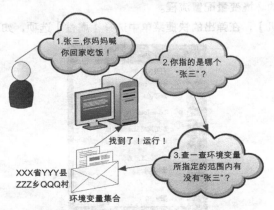

操作系统里没有上 / 下行政级别的概念，但却有父 / 子文件夹的概念，二者有"异曲同工"之处。对"XXX 省 YYY 县 ZZZ 乡 QQQ 村"这条定位"路径"，操作可以用"/"来区分不同级别文件夹，即"XXX 省 /YYY 县 /ZZZ 乡 /QQQ 村"，而"张三"就像这个文件夹下的可执行文件。

下面我们给出环境变量的正式定义。

环境变量是指在操作系统指定的运行环境中的一组参数，它包含一个或者多个应用程序使用的信息。环境变量一般是多值的，即一个环境变量可以有多个值，各个值之间以英文状态下的分号";"（即半角的分号）分隔开来。

对于 Windows 等操作系统来说，一般有一个系统级的环境变量"Path"。当用户要求操作系统运行一个应用程序，却没有指定应用程序的完整路径时，操作系统首先会在当前路径下寻找该应用程序，如果找不到，便会到环境变量"Path"指定的路径下寻找。若找到该应用程序则执行它，否则会给出错误提示。用户可以通过设置环境变量来指定自己想要运行的程序所在的位置。

例如，编译 Java 程序需要用到 javac 命令，其中 javac 中的最后一个字母"c"，就来自于英文的"编译器"（compiler）。而运行 Java 程序（.class），则需要 java 命令来解释执行。事实上，这两个命令都不是 Windows 系统自带的命令，所以用户需要通过设置环境变量（JDK 的安装位置）来指定这两个命令的位置。设置完成后，就可以在任意目录下使用这两个命令，而无需每次都输入这两个命令所在的全路径（如 C:\Program Files\Java\jdk1.8.0_172）。javac 和 java 等命令都放在 JDK 安装目录的 bin 目录下。基于类似于环境变量"Path"相同的理由，我们需要掌握 JDK 中比较重要的 3 个环境变量，下面一一给予介绍。

1.3.2 JDK 中的 3 个环境变量

对于环境变量中相关变量的深刻理解极为重要，特别是 ClassPath，在日后的 Java 学习开发过程中会发现，很多问题的出现都与 ClassPath 环境变量有关。在学习如何配置这些环境变量之前，很有必要深刻理解下面 3 个环境变量代表的含义。

（1）JAVA_HOME：顾名思义，"JAVA 的家"，该变量是指安装 Java 的 JDK 路径，它告知操作系统在哪里可以找到 JDK。

（2）Path：前面已经有所介绍。该变量是告诉操作系统可执行文件的搜索路径，即可以在哪些路径下找到要执行的可执行文件，请注意它仅对可执行文件有效。当运行一个可执行文件时，用户仅仅给出该文件名，操作系统首先会在当前目录下搜索该文件，若找到则运行它；若找不到，则根据 Path 变量所设置的路径，逐条到 Path 目录中，搜索该可执行文件所在的目录（这些目录之间，是以分号";"隔开的）。

（3）ClassPath：该变量是用来告诉 Java 解释器（即 java 命令）在哪些目录下可找到所需要执行的 class 文件（即 javac 编译生成的字节码文件）。

对于初学者来说，Java 的运行环境的配置比较麻烦，请读者按照以下介绍实施配置。

01 JAVA_HOME 的配置

下面我们详细说明 Java 的环境变量配置流程。

❶ 在桌面中右击【计算机】，在弹出的快捷菜单中选择【属性】选项，如下图所示。

❷ 在弹出的界面左上方，选择【高级系统设置】选项，如下图所示。

❸ 弹出【系统属性】对话框，然后单击【高级】➤【环境变量】，如下图所示。

❹ 在【环境变量】对话框中，单击【系统变量】下的【新建】按钮，显示如下图所示。

❺ 在【编辑系统变量】对话框中设置变量名为 "JAVA_HOME"，变量值为 "C:\Program Files\Java\jdk1.8.0_172"。需要读者特别注意的是，这个路径的具体值根据读者安装 JDK 的路径而定，读者把 Java 安装在哪里，就把对应的安装路径放置于环境变量之内，不可拘泥于本书演示的这个路径值。然后，单击【确定】按钮，如下图所示。

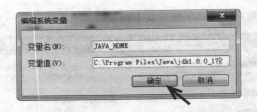

>**注意**

　　假设 JDK 安装在"C:\Program Files\Java\jdk1.8.0_112",在设置完毕对应的环境变量 JAVA_HOME 后,以后再要用到这个变量时,需用两个 % 将其包括起来。例如,要设置另外一个环境变量值为"C:\Program Files\Java\jdk1.8.0_112\bin"(javac、javadoc 及 java 等命令在该目录下),那么我们可以简单地用"%JAVA_HOME%\bin"代替。

02 Path 的配置

❶ 选中系统环境变量中的 Path,单击【编辑】按钮,如下图所示。

　　❷ 在弹出的【编辑系统变量】对话框的【变量值】文本框中,在文本框的末尾添加";%JAVA_HOME%\bin",特别注意不要忘了前面的分号";",然后单击【确定】按钮,返回【系统属性】对话框,如下图所示。这里的"%JAVA_HOME%"就是指代前面设置的"C:\Program Files\Java\jdk1.8.0_172"。这样的设定是为了避免每次引用这个路径都输入很长的字符串。如果不怕麻烦,";%JAVA_HOME%\bin"完全可以用全路径";C:\Program Files\Java\jdk1.8.0_172\bin"代替。这个路径务必设置正确,因为诸如 Java 语言的编译命令 javac 和解释命令 java 等都是在这个路径下,一旦设置失败,这些命令将无法找到。

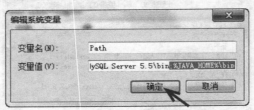

>**提示**

　　当 Path 有多个变量值时,一定要用半角(即英文输入法)下的";"将多个变量值区分开。初学者很容易犯错的地方:① 忘记在上一个 Path 路径值前面添加分号";";② 没有切换至英文输入法,误输入中文的分号";"(即全角的分号);中英文输入法下的分号,看似相同,实则"大相径庭",英文分号是 1 个字节大小,而中文的分号是 2 个字节大小。

❸ 在【系统属性】对话框中单击【确定】按钮，完成环境变量的设置，如下图所示。

请注意，要检测环境变量是否配置成功，可以进入命令行模式，在任意目录下输入"javac"命令，如果能输出 javac 的用法提示，则说明配置成功，如下图所示。

进入命令行模式的方法是，单击 Windows 7 的开始菜单，在搜索框中输入"CMD"命令，然后按【Enter】键即可。

03 ClassPath 的指定

对初学者来说，ClassPath 的设定有一定的难度，容易配错。如果说 JAVA_HOME 指定的是 java 命令的运行路径的话，那么 ClassPath 指定的就是 java 加载类的路径。只有类在 ClassPath 中，java 命令才能找到它，并解释它。

在 Java 中，我们可以使用"set classpath"命令，来临时指定 Java 类的执行路径。下面通过一个例子来了解一下 ClassPath 的作用，假设这里的"Hello.class"类位于"C:\"目录下。

在"D:\"目录下的命令行窗口执行下面的指令。

```
set classpath=c:
```

之后在"D:\"目录下执行"java Hello"命令，如下图所示。

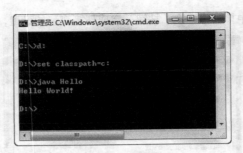

从上图所示的输出结果可以发现，虽然在"D:\"目录中并没有"Hello.class"文件，但是也可以用"java Hello"执行"Hello.class"文件。之所以会有这种结果，就是因为在"D:\"目录中使用了"set classpath"命令，它把类的查找路径指向了"C:\"目录。因此在运行时，Java会自动从 ClassPath 中查找这个 Hello 类文件，而 ClassPath 中包括了路径"C:\"，所以运行成功。

> **提示**
>
> 可能有些读者在按照上述的方法操作时，发现并不好用。这里要告诉读者的是，在设置 ClassPath 时，最好也将 ClassPath 指向当前目录，即所有的 class 文件都是从当前文件夹中开始查找"**set classpath=.**"。在 Windows 及 Linux 等操作系统下，一个点"**.**"代表当前目录，两个点"**..**"代表上一级目录。读者可以在命令行模式下，分别用"**cd .**"和"**cd ..**"感受一下。

但是这样的操作行命令操作模式，实际上又会造成一种局限：这样设置的 ClassPath，只对当前命令行窗口有效。一旦命令行窗口重新开启，或系统重启，原先 ClassPath 中设置的变量值都丢失了。如果想"一劳永逸"，可以将 ClassPath 设置为环境变量。

❶ 参照 JAVA_HOME 的配置，在【环境变量】对话框中，单击【系统变量】下的【新建】按钮，如下图所示。新建一个环境变量，变量名为"ClassPath"，变量值为"**.;%JAVA_HOME%\lib;%JAVA_HOME%\lib\tools.jar**"。注意不要忽略了前面的".",这里的小点"**.**",代表的是当前路径，既然是路径，自然也需要用分号";"隔开。JDK 的库所在包即 tools.jar，所以也要设置进 ClassPath 中。

> **提示**
>
> Windows 系统环境下，一般只要设置好 JAVA_HOME 就可以正常运行 Java 程序。默认的 ClassPath 是当前路径（即一个点"**.**"）。有些第三方的开发包，需要使用到环境变量 ClassPath，只有这样才能够使用 JDK 的各种工具。但是最好要养成一个良好的习惯，设置好 ClassPath。此外，需要注意的是，在 Windows 下不区分大小写，ClassPath 和 CLASSPATH 是等同的，读者可根据自己的习惯，选择合适的大小写。而在 Linux/UNIX/Mac 系统环境下，大小写是完全区分开的。

❷ 在按照❶步骤设置后，如果在 Java 类（即 .class）文件所存储的当前路径下，那么用"java 类名"方式解释执行用户类文件，这是没有问题的。但是如果用户更换了路径，现在的"当前路径"并没有包括 .class 文件的所在文件夹，那么"java"就无法找到这个类文件。

这时，即使在命令行下给出 .class 文件所在的全路径，java 依然会出错，这会让初学者很困惑。下面具体说明，假设 Java 文件 Hello.java 存在于"D:\src\chap01"路径下，由于 JAVA_HOME 和 Path 环境变量正确，用户可以正确编译、运行，使用 javac 和 java 命令无误，如下图所示。

但是如果用户切换了路径，比如使用 "cd" 命令切换至 "D:\src\"，再次用 Java 运行 Hello 类文件，就会得到错误信息 "Error: Could not find or load main class TestJava2_1"，如下图所示。这是因为 Java 在 ClassPath 里找不到 Hello.class，因为现在的这个当前路径（也就是那个 "." 代表的含义）已经变更为 "D:\src\"，而 "D:\src\" 路径下确实没有 Hello.class 这个文件。

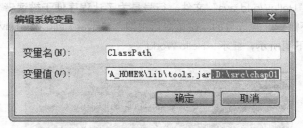

所以，如果想在任意路径下执行用户的类文件，就必须把用户自己编译出的类文件所在路径（这里指的是 "D:\src\chap01"），也加入到 ClassPath 中，并用分号 ";" 与前一个变量隔开，如下图所示。

❸ 参照环境变量 Path 的配置，将环境变量 ClassPath 添加到 Path 的最后，如下图所示。其中，ClassPath 是环境变量，在另外一个地方作为变量使用时，要用两个 % 将该变量前后包括起来——%ClassPath%，如下图所示。

需要注意的是，如果用户原来的命令行窗口一直开启着，则需要关闭再重启命令行窗口，这是因为只有重启窗口才能更新环境变量。之后，就可以在任意路径下执行用户自己的类文件，如下图所示。

▶1.4 享受安装成果——开发第一个 Java 程序

"Hello World"基本上是所有编程语言的经典起始程序。在编程史上，它占据着无法撼动的历史地位。将"Hello"和"World"一起使用的程序，最早出现于 1972 年由贝尔实验室成员 **Brian Kernighan** 撰写的内部技术文件《**Introduction to the Language B**》。这里，我们也要向"经典"致敬，就让我们第一个 Java 小程序也是"Hello World"吧，从中感受一下 Java 语言的基本形式。

📝 范例 1-1	编写HelloWorld.java程序

```
01  public class HelloWorld
02  {
03    // main 是程序的起点，所有程序由此开始运行
04    public static void main(String args[])
05    {
06      // 下面语句表示向屏幕上打印输出"Hello World !"字符串
07      System.out.println（"Hello World"）;
08    }
09  }
```

将上面的程序保存为"HelloWorld.java"文件。行号是为了让程序便于被读者（或程序员）理解而人为添加的，真正 Java 源代码是不需要这些行号的。在命令行中输入"javac HelloWorld.java"，没有错误后输入"java HelloWorld"。运行结果如下图所示，显示"Hello World"。

Java 程序运行的流程可用下图来说明：所有的 Java 源代码（以 .java 为扩展名），通过 Java 编译器 javac 编译成字节码，也就是以.class 为扩展名的类文件。然后利用命令java 将对应的字节码，通过 Java 虚拟机（JVM）解释为特定操作系统（如 Windows、Linux 等）能理解的机器码，最终 Java 程序得以执行。

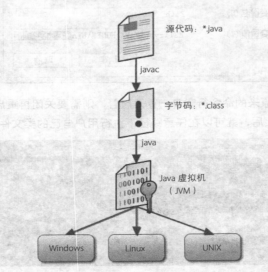

这里需要注意的是，此处的 java 命令在 Windows 操作系统下，不区分大小写，诸如 java 和 JavA 都是等同的。而在诸如 Linux/Mac 等类 UNIX(UNIX-like) 系统下，由于区分大小写，javac 和 java 等所有命令的字符都必须小写。

对于上面的程序，如果暂时不明白也没有关系，读者只要将程序在任意纯文本编辑器（如 Windows 下的记事本、Notepad++ 等，Linux 下的 vim 等，Mac 下的 TextMate 等均可）里敲出来，然后按照步骤编译、执行就可以了。

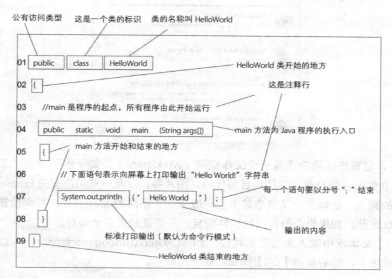

下面，让我们来解读一下这个 Java 小程序，让读者对 Java 程序有个初步的认知。更为详细的知识点读者可以参考后续相关章节进行学习。

第 01 行，public 是一个关键字，用于声明类的权限，表明这是一个公有类（class），其他任何类都可以直接访问它。class 也是 Java 的一个关键字，用于类的声明，其后紧跟的就是类名，这里的类名称是 HelloWorld。

第 02 和第 09 行，这一对大括号 { } 标明了类的区域，在这个区域内的所有内容都是类的一部分。

第 03 和第 06 行，这两行为注释行，可以提高程序的可读性。注释部分不会被执行。这种注释属于单行注释，要求以双斜线（//）开头，后面的部分均为注释。

第 04 行，这是一个 main 方法，它是整个 Java 程序的入口，所有的程序都是从 public static void main(String[ ] args) 开始运行的，该行的代码格式是固定的。String[ ] args 不能漏掉，如果漏掉，在一些编辑器中（如 Eclipse），该类不能被识别执行。另外，String[] args 也可以写作 String args[]，前者是 Java 推荐的写法，而后者是类似于 C/C++ 数组的定义，String 为参数类型，表示为字符串型，args 是 arguments(参数) 的缩写。public 和 static 都是 Java 的关键词，它们一起表明 main 是公有的静态方法。void 也是 Java 的关键词，表明该方法没有返回值。对于这些关键词，读者可以暂时不用深究，在后面的章节中会详细讲解 main 方法的各个组成部分。

第 05 和第 08 行是 main 方法的开始和结束标志，它们声明了该方法的区域，在 { } 之内的语句都属于 main 方法。

第 07 行，System.out.println 是 Java 内部的一条输出语句。引号内部的内容 "Hello World" 会在控制台中打印出来。

▶ 1.5 Eclipse 的使用

1.5.1 ▶ Eclipse 概述

Eclipse 是一个开放源代码的、基于 Java 的可扩展开发平台，它为程序开发人员提供了卓越的程序开发环境。

Eclipse 的安装非常简单，下载 Eclipse 安装器，双击安装器（Eclipse Installer），选择"Eclipse IDE for Java Developers（Java 开发者专用 Eclipse 集成开发环境）"，如下图所示。

启动 Eclipse 后，它首先让用户选择一个工作空间（WorkSpace），如下图所示。"工作空间"实际上是一个存放 Eclipse 建立的项目的目录，包括项目源代码、图片等，以及一些用户有关 Eclipse 个性化的设置（如用于语法高亮显示的颜色、字体大小及日志等）。一般来说，不同的 Java 项目，如果设置不同，需要使用不同的工作空间来彼此区分。如果想备份自己的软件项目，只要复制该目录即可。

在【Workspace】文本框中输入你指定的路径，如"C:\Users\Yuhong\workspace"（这个路径可以根据读者自己的喜好重新设定），然后单击【OK】按钮，如下图所示。

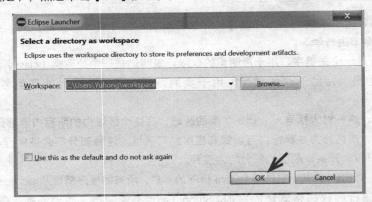

然后就可成功启动 Eclipse。Eclipse 安装器会自动在桌面创建一个快捷方式，下次启动直接用鼠标双击快捷方式即可。下面我们就介绍一下，如何利用 Eclipse 完成前面的 HelloWorld 程序，从而让读者对 Eclipse 的使用有个初步的感性认识。

1.5.2 创建 Java 项目

在 Eclipse 中编写应用程序时，需要先创建一个项目。在 Eclipse 中有多种项目（如 CVS 项目、Java 项目及 Maven 项目等），其中 Java 项目是用于管理和编写 Java 程序的，这类项目是我们目前需要关注的。其他项目属于较为高级的应用，读者在有一定的 Java 编程基础后，可参阅相关资料来学习它们的应用。创建 Java 项目的具体步骤如下。

❶ 选择【File】（文件）➤【New】（新建）➤【Java Project】（Java 项目）命令，打开【New Java Project】（新建 Java 项目）对话框。

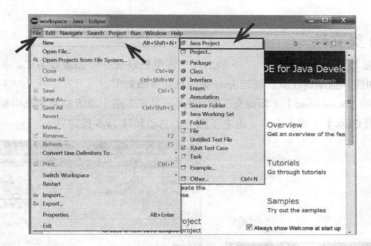

❷ 在弹出的【New Java Project】（新 Java 项目）对话框的【Project Name】（工程名称）文本框中输入工程名称"HelloWorld"。

❸ 单击【Finish】（完成）按钮，完成 Java 项目的创建。在【Package Explorer】（包资源管理器）窗口中便会出现一个名称为【HelloWorld】的 Java 项目，如下图所示。

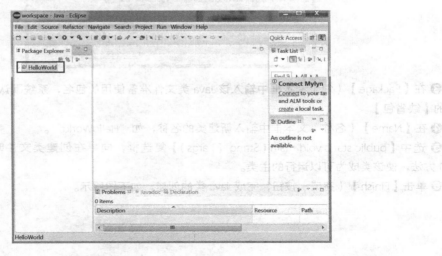

1.5.3 创建 Java 类文件

通过前面创建 Java 项目的操作，在 Eclipse 的工作空间中已经有一个 Java 项目了。构建 Java 应用程序的下一个操作，就是要创建 HelloWorld 类。创建 Java 类的具体步骤如下。

❶ 单击工具栏中的【New Class】（新建类）按钮 （见左下图）或者在菜单栏中执行【File】（文件）➤【New】（新建）➤【Class】（类）命令（见右下图），启动新建 Java 类向导。

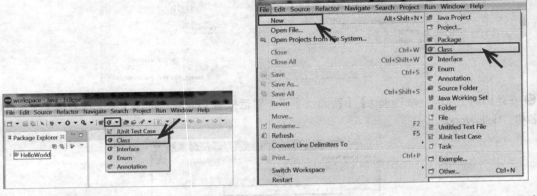

❷ 在【Source folder】（源文件夹）文本框中输入 Java 项目源程序的文件夹位置。通常系统向导会自动填写，如无特殊情况，不需要修改。

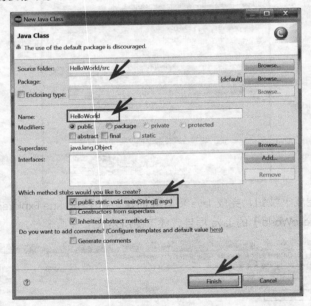

❸ 在【Package】（包）文本框中输入该 Java 类文件准备使用的包名，系统默认为空，这样会使用 Java 项目的【缺省包】。

❹ 在【Name】（名称）文本框中输入新建类的名称，如 "HelloWorld"。

❺ 选中【public static void main（String［］args）】复选框，向导在创建类文件时，会自动为该类添加 main() 方法，使该类成为可以运行的主类。

❻ 单击【Finish】（完成）按钮，完成 Java 类的创建，如下图所示。

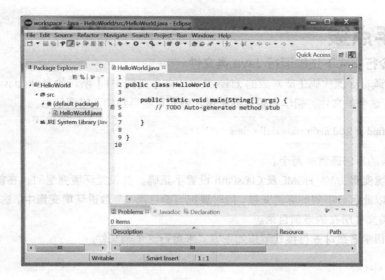

1.5.4 运行 Java 程序

前面所创建的 HelloWorld 类是包含 main() 主方法的，它是一个可以运行的主类。具体运行方法如下。

❶ 单击工具栏中的三角小按钮 ⊙ ，在弹出的【Save and Launch】（保存并启动）对话框中单击【OK】按钮，保存并启动应用程序。如果选中【Always save resources before launching】（在启动前始终保存资源）复选框，那么每次运行程序前将会自动保存文件内容，从而就会跳过下图的对话框。

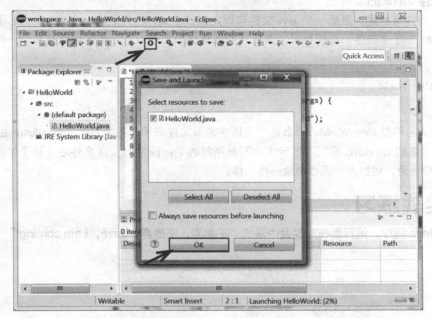

❷ 单击【OK】按钮后，程序的运行结果便可在控制台中显示出来，如下图所示。

▶ 1.6 高手点拨

1. 如何在命令行模式下正确运行 Java 类文件

使用 javac 编译 java 源代码生成对应的 .class 文件（如【范例 1-1】所示的 Hello.class），然后用 java 来运行这个类文件，初学者很容易犯错，很有可能得到如下错误信息。

Error: Could not find or load main class Hello.class

产生这种错误的原因通常有两个。

（1）Java 环境变量 JAVA_HOME 及 ClassPath 设置不正确。在设置环境变量时，在前一个环境变量前一定要用分号 "；"，以此区分不同的环境变量。同时要把当前目录 "."放进环境变量中。这里的一个小点 "."，代表的就是 class 类文件所在的当前目录。

（2）有可能初学者在命令行模式下按如下方式来运行这个类文件。

---

java HelloWorld.class

而正确的方式如下。

---

java HelloWorld

也就是说，java 操作的对象虽然是类文件，但是却无需类文件的扩展名 .class。加上这个扩展名，就属于画蛇添足，反而让编译器不能识别。

2. 正确保存 Java 的文件名

需要初学者注意的是，虽然一个 .java 文件可以定义多个类，但只能有一个 public 类。而且对于一个包括 public 类名的 Java 源程序，在保存时，源程序的名称必须要和 public 类名称保持完全一致，如下所示的一个类。

---

public class HelloWorld
{ }

这个公有类名称是 HelloWorld，那么这个类所在的源文件必须保存为 HelloWorld.java，由于 Java 语言是区分大小写的（这和 Windows 系统不区分大小写是不同的），保存的 Java 文件名（除了扩展名 .java）必须和公有类的名称一致，包括大小写也必须一模一样。

▶ 1.7 实战练习

编写一个 Java 程序，运行后在控制台中输出"**不抛弃，不放弃**，Java，I am coming!"

第 **2** 章

Java 程序要素概览

麻雀虽小，五脏俱全。本章的实例虽然非常简单，但基本涵盖了
本篇所讲的内容。可通过本章来了解 Java 程序的组成及内部部件（如
Java 中的标识符、关键字、变量、注释等）。同时，本章还涉及 Java
程序错误的检测及 Java 编程风格的注意事项。

本章要点（已掌握的在方框中打钩）

□ 掌握 Java 程序的组成
□ 掌握 Java 程序注释的使用
□ 掌握 Java 中的标识符和关键字
□ 了解 Java 中的变量及其设置
□ 了解程序的检测
□ 掌握提高程序可读性的方法

▶2.1　一个简单的例子

从本章开始，我们正式开启学习 Java 程序设计的旅程。在本章，除了认识程序的架构外，我们还将介绍标识符、关键字以及一些基本的数据类型。通过简单的范例，让读者了解检测与提高程序可读性的方法，以培养读者良好的编程风格和正确的程序编写习惯。

下面来看一个简单的 Java 程序。在介绍程序之前，读者先简单回顾一下第 1 章讲解的例子，之后再来看下面的这个程序，在此基础上理解此程序的主要功能。

📝 **范例 2-1**　　Java程序简单范例（代码TestJava.java）

```
01   /**
02
03    * @ClassName: TestJava
04
05    * @Description: 这是 Java 的一个简单范例
06
07    * @author: YuHong
08
09    * @date: 2016 年 11 月 15 日
10
11    */
12   public class TestJava
13   {
14     public static void main(String args[ ])
15     {
16       int num ;                // 声明一个整型变量 num
17       num = 5 ;                // 将整型变量赋值为 5
18       // 输出字符串，这里用 "+" 号连接变量
19       System.out.println(" 这是数字 " + num);
20       System.out.println(" 我有 " + num + " 本书！ ");
21     }
22   }
```

保存并运行程序，结果如下图所示，注意该图是由 Eclipse 软件输出的界面。

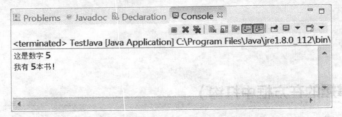

如果读者现在暂时看不懂上面的这个程序，也没有关系，先把这些Java 代码在任意文本编辑器里（Eclipse 编辑器、微软的写字板、Notepad++ 等均可）手工敲出来（尽量不要用复制 + 粘贴的模式来完成代码输入，每一次编程上的犯错，纠正之后，都是进步），然后存盘、编译、运行，就可以看到输出结果。

【代码详解】

首先说明的是，【范例 2-1】中的行号是为了读者（程序员）便于理解而人为添加的，真正的 Java 源代码是没有这些行号的。

第 01 ~ 第11 行为程序的注释，会被编译器自动过滤。但通过注释可以提高 Java 源码的可读性，使得

Java 程序条理清晰。需要说明的是，第 01 ～ 第 11 行有部分空白行，空白行同样会被编译器过滤，在这里的主要功能是为了代码的美观。编写程序到了一定的境界，程序员不仅要追求程序功能的实现，还要追求源代码外在的"美"。这是一种编程风格，"美"的定义和理解不同，编程风格也各异。

在第 12 行中，public 与 class 是 Java 的关键字，class 为"类"的意思，后面接上类名称，本例取名为 TestJava。public 用来表示该类为公有，也就是在整个程序里都可以访问到它。

需要特别注意的是：如果将一个类声明成 public，那么就需保证文件名称和这个类名称完全相同，如下图所示。本例中 public 访问权限下的类名为 TestJava，那么其文件名即为 TestJava.java。在一个 Java 文件里，最多只能有一个 public 类，否则 .java 的文件便无法命名。

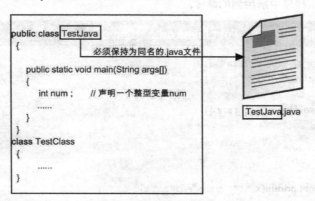

第 14 行，public static void main(String args[ ]) 为程序运行的起点。第 15 ～ 第21 行（｛｝之内）的功能类似于一般程序语言中的"函数"（function），但在 Java 中称为"方法"（method）。因此，在 C/C++ 中的 main() 函数（主函数），在 Java 中，则被称为 main() 方法（或主方法）。

main() 方法的主体（body）从第 15 行的左大括号"{"开始，到第 21 行的右大括号"}"为止。每一个独立的 Java 程序一定要有 main() 方法才能运行，因为它是程序开始运行的起点。

第 16 行"int num"的目的是，声明 num 为一个整数类型的变量。在使用变量之前，需先声明，后使用。这非常类似于，我们必须先定房间（申请内存空间），然后才能住到房间里（使用内存）。

第 17 行，"num = 5"为一赋值语句，即把整数 5 赋给存放整数的变量 num。

第 19 行的语句如下。

19　　System.out.println(" 这是数字 " + num);

程序运行时会在显示器上输出一对括号（ ）所包含的内容，包括"这是数字"和整数变量 num 所存放的值。

System.out 是指标准输出，通常与计算机的接口设备有关，如打印机、显示器等。其后续的 println，是由 print 与 line 所组成的，意思是将后面括号中的内容打印在标准输出设备——显示器上。因此第 19 行的语句执行完后会换行，也就是把光标移到下一行的开头继续输出。

第 21 行的右大括号告诉编译器 main() 方法到这儿结束。

第 22 行的右大括号告诉编译器 class TestJava 到这儿结束。

这里只是简单地介绍了一下 TestJava 这个程序，相信读者已经对 Java 语言有了一个初步的了解。TestJava 程序虽然很短，却是一个相当完整的 Java 程序。在后面的章节中，将会对 Java 语言的细节部分做详细的讨论。

▶ 2.2　认识 Java 程序

在本节，我们将探讨 Java 语言的一些基本规则及用法。

2.2.1 Java 程序的框架

01 大括号、段及主体

将类名称定出之后，就可以开始编写类的内容。左大括号 "{" 为类的主体开始标记，而整个类的主体至右大括号 "}" 结束。每个命令语句结束时，都必须以分号 ";" 做结尾。当某个命令的语句不止一行时，必须以一对大括号 "{}" 将这些语句包括起来，形成一个程序段（segment）或是块（block）。

下面以一个简单的程序为例来说明什么是段与主体（body）。若暂时看不懂 TestJavaForLoop 这个程序，也不用担心，以后会讲到该程序中所用到的命令。

📝 **范例 2-2**　　　简单的Java程序（TestJavaForLoop.java）

```
01  //TestJavaForLoop，简单的 Java 程序
02  public class TestJavaForLoop
03  {
04    public static void main(String args[])
05    {
06      int x;
07      for(x = 1;x < 3;x++)
08      {
09        System.out.println(x + "*" + x + "=" + x * x);
10      }
11    }
12  }
```

运行程序并保存，结果如下图所示。

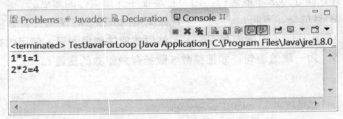

【范例分析】

在上面的程序中，可以看到 main() 方法的主体以左右大括号 {} 包围起来；for 循环中的语句不止一行，所以使用左右大括号 {} 将属于 for 循环的段内容包围起来；类 TestJavaForLoop 的内容又被第 03 和第 12 行的左右大括号 {} 包围，这个块属于 public 类 TestJavaForLoop 所有。此外，应注意到每个语句结束时，都是以分号（;）作为结尾。

02 程序运行的起始点 —— main() 方法

Java 程序是由一个或一个以上的类组合而成，程序起始的主体也是被包含在类之中。这个起始的地方称为 main()，用左右大括号将属于 main() 段的内容包围起来，称为 "方法"。

main() 方法为程序的主方法，如同中国的古话 "家有千口，主事一人"。类似地，在一个 Java 程序中，不论它有千万行，执行的入口只能有一个，而这个执行的入口就是 main() 方法，它有且仅有一个。通常看到的 main() 方法如下面的语句片段所示。

```
public static void main(String args[])    // main() 方法，主程序开始
{
```

```
        ...
    }
```

如前一节所述，main() 方法之前必须加上 public static void 这 3 个标识符。public 代表 main() 公有的方法；static 表示 main() 是个静态方法，可以不依赖对象而存在，也就是说，在没有创建类的对象情况下，仍然可以执行；void 英文本意为"空的"，这里表示 main() 方法没有返回值。main 后面括号（）中的参数 String args[]表示运行该程序时所需要的参数，这是固定的用法，我们会在以后的章节介绍这个参数的使用细节。

2.2.2 标识符

Java 中的包（package）、类、方法、参数和变量的名称，可由任意顺序的大小写字母、数字、下划线（_）和美元符号（$）等组成，但这些名称的标识符不能以数字开头，也不能是 Java 中保留的关键字。

下面是合法的标识符。

yourname	your_name	_yourname	$yourname

比如，下面的 4 个标识符是非法的。

class	6num23	abc@sina	x+y

非法的原因分别是：class 是 Java 的保留关键字；6num23 的首字母为数字；abc@sina 中不能包含 @ 等特殊字符；x+y 不能包含运算符。

此外，读者应该注意，在 Java 中，标识符是区分大小写的，也就是说，A123 和 a123 是两个完全不同的标识符。

2.2.3 关键字

和其他语言一样，Java 中也有许多关键字（Keywords，也叫保留字），如 public、static、int 等，这些关键字不能当做标识符使用。下表列出了 Java 中的关键字。这些关键字并不需要读者现在把它们死记硬背住，因为在程序开发中一旦使用了这些关键字做标识符，编译器在编译时就会报错，而智能的编辑器（如 Eclipse等）会在编写代码时自动提示这些语法错误。在后续的章节中，我们会慢慢学习它们的内涵和用法。

abstract	assert ***	bollean	break	byte	case
catch	char	class	const *	continue	default
do	double	else	enum ****	extends	false
final	finally	float	for	goto *	if
implements	import	instanceof	int	interface	long
native	new	null	package	private	protected
public	return	short	static	stricfp **	synchronized
super	this	throw	transient	true	try
void	volatile	while			

注：* 表示该关键字尚未启用；** 表示在 Java 1.2 添加的；*** 表示在 Java 1.3 添加的；**** 表示在 Java 5.0添加的。

2.2.4 注释

注释在源代码中的地位非常重要，虽然注释在编译时被编译器自动过滤掉，但为程序添加注释可以解释程序的某些语句的作用和功能，提高程序的可读性。特别当编写大型程序时，多人团队合作，A 程序员写的程序 B 程序员可能很难看懂，而注释能起到非常重要的沟通作用。所以本书强烈建议读者朋友养成写注释的好习惯。

Java 里的注释根据不同的用途分为以下 3 种类型。

（1）单行注释。

（2）多行注释。

（3）文档注释。

单行注释，就是在注释内容的前面加双斜线（//），Java 编译器会忽略这部分信息，如下所示。

---

int num；　//定义一个整数

多行注释，就是在注释内容的前面以单斜线加一个星形标记（/*）开头，并在注释内容末尾以一个星形标记加单斜线（*/）结束。当注释内容超过一行时，一般可使用这种方法，如下所示。

```
/*
int c = 10；
int x = 5；
*/
```

值得一提的是，文档注释是以单斜线加两个星形标记（/**）开头，并以一个星形标记加单斜线（*/）结束。用这种方法注释的内容会被解释成程序的正式文档，并能包含进如 javadoc 之类的工具生成的文档里，用以说明该程序的层次结构及其方法。

【范例 2-1】中的第 01 ～ 第11 行对源代码的注释属于第（3）类注释，通常在程序开头加入作者，时间，版本，要实现的功能等内容注释，方便后来的维护以及程序员的交流。本质上注释类别（3）是（2）的一个特例，（3）中的第 2 个星号 * 可看作注释的一部分。由于文档注释比较费篇幅，在后面的范例中，我们不再给出此类注释，读者可在配套资源中看到注释更为全面的源代码。

需要注意的是，第 03 ～ 第 06 行的注释中，每一行前都有一个 *，其实这不是必需的，它们是注释区域的一个 "普通" 字符而已，仅仅是为了注释部分看起来更加美观。前文我们已提到，实现一个程序的基本功能是不够的，优秀的程序员还会让自己的代码看起来很 "美"。

2.2.5　变量

在 Java 程序设计中，变量（Variable）在程序语言中扮演着最基本的角色之一，它是存储数据的载体。计算机中的变量是实际存在的数据。变量的数值可以被读取和修改，它是一切计算的基础。

与变量相对应的就是常量（Constant），顾名思义，常量是固定不变的量，一旦被定义并赋初值后，它的值就不能再被改变。

本节主要关注的是对变量的认知，接下来看看 Java 中变量的使用规则。Java 变量使用和其他高级计算机语言一样：先声明，后使用。即必须事先声明它想要保存数据的类型。

01 变量的声明

声明一个变量的基本方式如下。

数据类型 变量名；

另外，在定义变量的同时，给予该变量初始化，建议读者使用下面这种声明变量的风格。

数据类型 变量名 = 数值或表达式；

举例来说，想在程序中声明一个可存放整型的变量，这个变量的名称为 num。在程序中即可写出如下所示的语句。

---

int num;　//声明 num 为整数变量

---

int 为 Java 的关键字，代表基本数据类型——整型。若要同时声明多个整型的变量，可以像上面的语句一样分别声明它们，也可以把它们都写在同一个语句中，每个变量之间以逗号分开。下面的变量声明的方式都是合法的。

```
int num1, num2, num3;   // 声明 3 个变量 num1，num2，num3，彼此用英文逗号 "," 隔开
int num1; int num2; int num3; // 用 3 个语句声明上面的 3 个变量，彼此用英文分号 ";" 隔开
```

虽然上面两种定义多个变量的语句都是合法的，但对它们添加注释不甚方便，特别是后一种同一行有多个语句，由于可读性不好，建议读者不要采纳此种编程风格。

02 变量名称

读者可以依据个人的喜好来决定变量的名称，但这些变量的名称不能使用 Java 的关键字。通常会以变量所代表的意义来取名。当然也可以使用 a、b、c 等简单的英文字母代表变量，但是当程序很大时，需要的变量数量会很多，这些简单名称所代表的意义就比较容易忘记，必然会增加阅读及调试程序的困难度。变量的命名之美在于：在符合变量命名规则的前提下，尽量对变量做到"见名知意"，自我注释（Self Documentation），例如，用 num 表示数字，用 length 表示长度等。

03 变量的赋值

给所声明的变量赋予一个属于它的值，用赋值运算符（=）来实现。具体可使用如下所示的 3 种方法进行设置。

（1）在声明变量时赋值。

举例来说，在程序中声明一个整数的变量 num，并直接把这个变量赋值为 2，可以在程序中写出如下的语句。

```
int num = 2 ;   // 声明变量，并直接赋值
```

（2）声明后再赋值。

一般来说也可以在声明后再给变量赋值。举例来说，在程序中声明整型变量 num1、num2 及字符变量 ch，并且给它们分别赋值，在程序中即可写出下面的语句。

```
int num1,num2 ;        // 声明 2 整型变量 num1 和 num2
char  ch ;             // 声明 1 字符变量 ch
num1 = 2 ;             // 将变量 num1 赋值为 2
num2 = 3 ;             // 将变量 num2 赋值为 3
ch = 'z';              // 将字符变量 ch 赋值为字母 z
```

（3）在程序的任何位置声明并设置。

以声明一个整数的变量 num 为例，可以等到要使用这个变量时再给它赋值。

```
int num ;     // 声明整型变量 num
…
num = 2 ;     // 用到变量 num 时，再赋值
```

2.2.6 数据类型

除了整数类型之外，Java 还提供有多种数据类型。Java 的变量类型可以是整型（int）、长整型（long）、短整型（short）、浮点型（float）、双精度浮点型（double），或者字符型（char）和字符串型（String）等。下面对 Java 中的基本数据类型给予简要介绍，读者可参阅相关章节获得更为详细的介绍。

整型是取值为不含小数的数据类型，包括 byte 类型、short 类型、int 类型及 long 类型，默认情况下为

int 类型，可用八进制、十进制及十六进制来表示。另一种存储实数的类型是浮点型数据，主要包括 float 型（单精度浮点型，占 4 字节）和 double 型（双精度浮点型，占 8 字节）。用来表示含有小数点的数据，必须声明为浮点型。在默认情况下，浮点数是 double 型的。如果需要将某个包括小数点的实数声明为单精度，则需要在该数值后加字母 "F"（或小写字母 "f"）。

下面的语句是主要数据类型的定义说明。

```
01    int num1 = 10;          // 定义 4 字节大小的整型变量 num1，并赋初值为 10
02    byte age = 20;          // 定义 1 个字节型变量 age，并赋初值为 20
03    byte age2 = 129;        // 错误：超出了 byte 类型表示的最大范围（-128 ～ 127）
04    float price = 12.5f;    // 定义 4 字节的单精度 float 型变量 price，并赋初值为 12.5
05    float price = 12.5;     // 错误：类型不匹配
06    double weight = 12.5;   // 定义 8 字节的双精度 double 变量 weight，并赋初值为 12.5
```

定义数据类型时，要注意两点。

（1）在定义变量后，对变量赋值时，赋值大小不能超过所定义变量的表示范围。例如，本例第 03 行是错误的，给 age2 赋值 129，已超出了 byte 类型（一个字节）所能表示的最大范围（-128 ～ 127）。这好比某人在宾馆定了一个单人间（声明 byte 类型变量），等入住的时候，说自己太胖了，要住双人间，这时宾馆服务员（编译器）是不会答应的。解决的办法很简单，需要重新在一开始就定双人间（重新声明 age2 为 short 类型）。

（2）在定义变量后，对变量赋值时，运算符（=）左右两边的类型要一致。例如，本例第 05 行是错误的，因为在默认情况下，包含小数点的数（12.5）是双精度 double 类型的，而 "=" 左边定义的变量 price 是单精度 float 类型的，二者类型不匹配！这好比一个原本定了双人间的顾客，非要去住单人间，刻板的宾馆服务员（编译器）一般也是不答应的，因为单人间可能放不下双人间客人的那么多行李，丢了谁负责呢？如果住双人间的顾客非要去住单人间，那需要双人间的顾客显式声明，我确保我的行李在单人间可以放得下，或即使丢失点行李，我也是可以承受的（即强制类型转换），强制类型转换的英文是 "cast"，而 "cast" 的英文本意就是 "铸造"，铸造的含义就包括了 "物是人非" 内涵。下面的两个语句都是合法的。

```
float price = 12.5f;          // 中规中矩的定义，一开始就保证 "=" 左右类型匹配
float price = (float)12.5;    // 通过强制类型转换后，"=" 左右类型匹配
```

2.2.7 运算符和表达式

计算机的英文为 Computer，顾名思义，它存在的目的就是用来做计算（Compute）的。而要运算就要使用各种运算符，如加（+）、减（-）、乘（*）、除（/）、取余（%）等。

表达式则由操作数与运算符所组成，操作数可以是常量、变量，甚至可以是方法。下面的语句说明了这些概念的使用。

```
int result = 1 + 2;
```

在这个语句中，1+2 为表达式，运算符为 "+"，计算结果为 3，通过 "=" 赋值给整型变量 result。

对于表达式，由于运算符是有优先级的，所以即使有计算相同的操作数和相同的运算符，其结果也是有可能不一样的，例如，

```
c = a + b / 100; // 假设变量 a，b，c 为已定义的变量
```

在上述的表达式中 "a + b /100"，由于除法运算符 "/" 的优先级比加法运算符 "+" 高，所以 c 的值为 b 除以 100 后的值再加上 a 之和，这可能不是程序员的本意，如果希望是 a+b 之和一起除以 100，那么就需要加上括号（）来消除这种模糊性，如下所示。

```
c = (a + b) /100;  // a+b 之和除以 100
```

2.2.8 类

Java 程序是由类（class）所组成。类的概念在以后会详细讲解，读者只要记住，类是一种用户自定义的类型就可以了， Java 程序都是由类组成的。下面的程序片段即为定义类的典型范例。

```
public class Test                          // 定义 public 类  Test
{
  …
}
```

程序定义了一个新的 public 类 Test，这个类的原始程序的文件名称应取名为 Test.java。类 Test 的范围由一对大括号所包含。public 是 Java 的关键字，指的是对于该类的访问方式为公有。

需要注意的是：由于 Java 程序是由类所组成，因此在一个完整的 Java 程序里，至少需要有一个类。在前面我们曾提到，Java 程序的文件名不能随意命名，必须和 public 类名称一样（大小写也必须保存一致）。因此，在一个独立的源码程序里，只能有一个 public 类，却可以有许多 non-public（非公有）类。若是在一个 Java 程序中没有一个类是 public，那么对该 Java 程序的文件名就可以随意命名了。

Java 提供了一系列的访问控制符来设置基于类（class）、变量（variable）、方法（method）及构造方法（constructor）等不同等级的访问权限。Java 的访问权限主要有 4 类：default（默认模式）、private（私有）、public（公有）和 protected（保护）。对类和接口概念的深度理解，读者可参阅后面的章节，这里仅需读者了解，在 Java 中有这么 4 种访问控制方式即可。

▶ 2.3 程序的检测

学习到本节，相信读者大概可以依照前面的例子"照猫画虎"，写出几个类似的程序了。而在编写程序时，不可避免地会遇到各种编译时（语法上的）或运行时（逻辑上的）错误，接下来我们做一些小检测，看看读者能否准确地找出下面的程序中存在的错误。

2.3.1 语法错误

通过下面的范例应学会怎样找出程序中的语法错误。

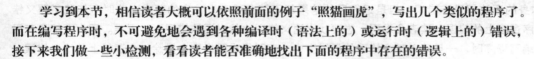
范例 2-3　找出下面程序中的语法错误（代码SyntaxError.java）

```
01  // 下面程序的错误属于语法错误，在编译的时候会自动检测到
02  public class SyntaxError
03  {
04    public static void main(String args[])
05    {
06      int num1 = 2 ;  // 声明整数变量 num1，并赋值为 2
07      int num2 = 3 ;  声明整数变量 num2，并赋值为 3
08
09      System.out.println(" 我有 "+num1" 本书！ ");
10      System.out.println(" 你有 "+num2+" 本书！ ")
11    )
12  }
```

【范例分析】

程序 SyntaxError 在语法上犯了几个错误，若是通过编译器编译，便可以把这些错误找出来。事实上，在 Eclipse 中，语法错误的部分都会显示红色的下划线，对应的行号处会有红色小叉（×），当鼠标指针移动到小叉处，会有相应的语法错误信息显示，如下图所示。

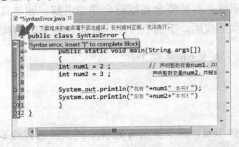

首先，可以看到第 4 行，main() 方法的主体以左大括号"{"开始，应以右大括号"}"结束。所有括号的出现都是成双成对的，因此，第 11 行 main() 方法主体结束时，应以右大括号"}"做结尾，而这里却以右括号")"结束。

注释的符号为"//"，但是在第 7 行的注释中，没有加上"//"。在第 9 行，字符串"本书！"前面，少了一个加号"+"来连接。最后，还可以看到在第 10 行的语句结束时，少了分号"；"作为结束。

上述的 3 个错误均属于语法错误。当编译程序发现程序语法有错误时，会把这些错误的位置指出来，并告诉程序设计者错误的类型，程序设计者可根据编译程序所给予的信息加以更正。

程序员将编译器（或 IDE 环境）告知的错误更改之后，重新编译，若还是有错误，再依照上述的方法重复测试，这些错误就会被一一改正，直到没有错误为止。

2.3.2 语义错误

若程序本身的语法都没有错误，但是运行后的结果却不符合程序设计者的要求，此时可能犯了语义错误，也就是程序逻辑上的错误。读者会发现，想要找出语义错误比找出语法错误更加困难。因为人都是有思维盲点的，在编写程序时，一旦陷入某个错误的思维当中，有时很难跳出来。排除一个逻辑上的语义错误，糟糕时可能需要经历一两天，才突然"顿悟"错误在哪里。

举例来说，想在程序中声明一个可以存放整数的变量，这个变量的名称为 num。在程序中即可写出如下所示的语句。

📝 范例 2-4   程序语义错误的检测（SemanticError.java）

```
01  // 下面这段程序原本是要计算一共有多少本书，但是由于错把加号写成了减号，
    // 所以造成了输出结果不正确，这属于语义错误
02  public class SemanticError
03  {
04    public static void main(String args[])
05      {
06      int num1 = 4 ; // 声明一整型变量 num1
07      int num2 = 5 ; // 声明一整型变量 num2
08
09      System.out.println(" 我有 " + num1 +" 本书！");
10      System.out.println(" 你有 " + num2 +" 本书！");
11      // 输出 num1-num2 的值 s
12      System.out.println(" 我们一共有 " + (num1 - num2) +" 本书！");
13      }
14  }
```

保存并运行程序，结果如下图所示，显然不符合设计的要求。在纠正 12 行的语义错误之后的输出结果如下图所示。

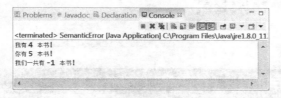

【范例 2-4】的输出结果图

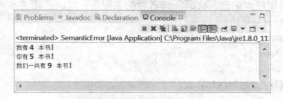

纠正语义错误的输出结果图

【范例分析】

可以发现，在程序编译过程中并没有发现错误，但是运行后的结果却不正确，这种错误就是语义错误。在第 12 行中，因失误将"num1+num2"写成了"num1-num2"，虽然语法是正确的，但是却不符合程序设计的要求，只要将错误更正后，程序的运行结果就是想要的了。

▶2.4 提高程序的可读性

能够写出一个功能正确的程序，的确很让人兴奋。但如果这个程序除了本人之外，其他人都很难读懂，那这就不算是一个好的程序。所以，程序的设计者在设计程序的时候，除了完成程序必需的功能，也要学习程序设计的规范格式。除了前面所说的加上注释之外，还应当保持适当的缩进，保证程序的逻辑层次清楚。

我们前面的范例程序都是按缩进的方法来编写的，"美的东西都是丑的东西衬托出来的"。读者可以比较下面的两个范例，相信看完之后，就会明白程序中使用缩进的好处了。

📝 范例 2-5   缩进格式的程序（SemanticError）

```
01  //以下这段程序是有缩进的样例，可以发现这样的程序看起来比较清楚
02  public class IndentingCode
03  {
04    public static void main(String args[])
05    {
06      int x ;
07
08      for(x=1;x<=3;x++)
09      {
10        System.out.print("x = " + x + ", ");
11        System.out.println("x * x = " + (x * x));
12      }
13    }
14  }
```

保存并运行程序，【范例 2-5】结果如下图所示。

```
Problems  Javadoc  Declaration  Console
<terminated> IndentingCode [Java Application] C:\Program Files\Java\jre1.8.0_1
x = 1, x * x = 1
x = 2, x * x = 4
x = 3, x * x = 9
```

范例 2-6　非缩进格式的程序（代码等同【范例2-5】）

```
01   // 下面的程序与【范例 2-5】程序的输出结果是一样的，但不同的是，
02   // 这个程序没有采用任何缩进，代码阅读者看起来很累，代码逻辑关系不明显，不易排错
03   public class IndentingCode{
04   public static void main(String args[]){
05   int x ; for(x=1;x<=3;x++){
06   System.out.print("x = "+x+", ");
07   System.out.println("x * x = "+(x*x));}}}
```

【范例分析】

　　这个案例很简短，而且也没有语法错误，但是因为编写风格（Programming Style）的关系，阅读起来肯定没有前面一个案例容易读懂，所以建议读者尽量使用缩进，养成良好的编程习惯。良好的代码编写风格，是优秀程序员需要达到的境界，在满足程序基本的功能和性能目标的前提下，还要满足代码的"雅致"之美。

▶2.5　高手点拨

注意 Java 源代码中的字符半角和全角之分

　　Java 的初学者，在使用中文输入法输入英文字符时，很容易在中文输入模式下输入全角的分号"；"、左右花括号"｛""｝"、左右括号"（""）"及逗号"，"，而 Java 的编译器在语法识别上仅仅识别这些字符对应的半角。因此建议初学者在输入 Java 语句（不包括注释和字符串的内容）时，在中文输入模式下，要么按【Ctrl+Shift】组合键切换至英文模式，要么将中文输入法转变为半角模式，如下图所示，中文输入法中的"●"标记为全角模式，单击该图标可以切换为"🌙"标记——半角模式。

▶2.6　实战练习

用 float 型定义变量：float f = 3.14; ，是否正确？（Java 面试题）

　　解析：不正确。赋值运算符（=）左右两边的精度类型不匹配。在默认情况下，包含小数点的实数，如本题中的 3.14，被存储为 double 类型（即双精度），而 float 类型定义的变量，如本题中的 f，是单精度的。如果想让上面的语句编译正确，应该对赋值运算符（=）右边的值做强制类型转换，即把常量 3.14 强制转换为单精度（即 float 类型），如下所示。

　　float f = (float)3.14; // 正确

　　或者，一开始就把 3.14 存储为单精度类型，在 3.14 后加上小写字母"f"或大写字母"F"，如下所示。

　　float f = 3.14f; // 正确

　　float f = 3.14F; // 正确

第 3 章

3

Java 编程基础
——常量、变量与数据类型

本章讲解 Java 中的基础语法，包括常量和变量的声明与应用、变量的命名规则、Java 的基本数据类型等。本章内容是后面章节的基础，初学者应该认真学习。

本章要点（已掌握的在方框中打钩）

☐ 掌握常量和变量的声明方法
☐ 掌握变量的命名规则
☐ 掌握变量的作用范围
☐ 掌握基本数据类型的使用

Java 语言强大灵活，与 C++ 语言语法有很多相似之处。但要想熟练使用 Java 语言，就必须从了解 Java 语言基础开始。接下来我们主要讨论 Java 的基础语法，包括常量与变量，基本数据类型等。

▶ 3.1 常量与变量

一般来说，所有的程序设计语言都需要定义常量（Constant），在 Java 开发语言平台中也不例外。所谓常量，就是固定不变的量，其一旦被定义并赋初值后，它的值就不能再被改变。

3.1.1 常量的声明与使用

在 Java 语言中，主要是利用关键字 final 来定义常量的，声明常量的语法为：

---

final 数据类型 常量名称 [= 值];

常量名称通常使用大写字母，例如 PI、YEAR 等，但这并不是硬性要求，仅是一个习惯而已，在这里建议读者养成良好的编码习惯。值得注意的是，虽然 Java 中有关键词 const，但目前并没有被 Java 正式启用。const 是 C++ 中定义常量的关键字。

常量标识符和前面讲到的变量标识符规定一样，可由任意顺序的大小写字母、数字、下划线（ _ ）和美元符号（ $ ）等组成，标识符不能以数字开头，亦不能是 Java 中的保留关键字。

此外，在定义常量时，需要注意以下两点。

（1）必须要在常量声明时对其进行初始化，否则会出现编译错误。常量一旦被初始化后，就无法再次对这个常量进行赋值。

（2）final 关键字不仅可用来修饰基本数据类型的常量，还可以用来修饰后续章节中讲到的"对象引用"或者方法。

当常量作为一个类的成员变量时，需要给常量赋初值，否则编译器是会"不答应"的。

📝 **范例 3-1   声明一个常量用于成员变量（TestFinal.java）**

```
01    //@Description: Java 中定义常量
02    public class TestFinal
03    {
04        static final int YEAR = 365;        // 定义一个静态常量
05        public static void main(String[] args)
06        {
07            System.out.println(" 两年是： " + 2 * YEAR + " 天 ");
08        }
09    }
```

保存并运行程序，结果如下图所示。

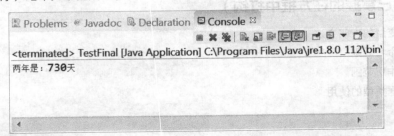

【范例分析】

请读者注意，在第 04 行中首部出现 static，它是 Java 的关键字，表示静态变量。在这个例子中，只有被

static 修饰的变量，才能被 main 函数引用。有关 static 关键字使用的知识，将在后续章节中进行介绍。

3.1.2 变量的声明与使用

变量是利用声明的方式，将内存中的某个内存块保留下来以供程序使用，其内的值是可变的。可声明的变量数据类型有整型（int）、字符型（char）、浮点型（float 或 double），也可以是其他的数据类型（如用户自定义的数据类型——类）。在英语中，数据类型的"type"和类的"class"本身就是一组同义词，所以二者在地位上是对等的。

01 声明变量

声明变量通常有两个作用。

（1）指定在内存中分配空间大小。

变量在声明时，可以同时给予初始化（即赋予初始值）。

（2）规定这个变量所能接受的运算。

例如，整数数据类型 int 只能接受加、减、乘、除等运算符。

虽然，我们还没有正式讲到"类"的概念，其实在本质上，"类"就是在诸如整型、浮点型等基本数据"不够用"时，用户自定义的一种数据类型（User-Defined Type，UDT）。那么，如果张三是属于"Human"这个类所定义的变量，在一般情况下，他就不能使用另一个类"Cow"中的"吃草"——EatGrass() 这个操作。也就是说，正是有了类型的区分，各个不同类型的变量才可以根据其类型所规定的操作范围"各司其职"。

因此，任何一个变量在声明时必须给予它一个类型，而在相同的作用范围内，变量还必须有个独一无二的名称，如下图所示。

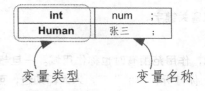

下面先来看一个简单的实例，以便了解 Java 的变量与常量之间的关系。在下面的程序里声明了两种 Java 经常使用到的变量，分别为整型变量 num 与字符变量 ch。为它们赋值后，再把它们的值分别在控制台上显示。

📝 范例 3-2　声明两个变量，一个是整型，另一个是字符型（TestJavaIntChar.java）

```
01   //Description: 声明整型变量和字符变量
02
03   public class TestJavaIntChar
04   {
05
06     public static void main(String[] args)
07     {
08
09       int num = 3;// 声明一整型变量 num，赋值为 3
10       char ch = 'z'; // 声明一字符变量 ch，赋值为 z
11
12       System.out.println(num + " 是整数！ ");   // 输出 num 的值
13       System.out.println(ch + " 是字符！ ");    // 输出 ch 的值
14
15     }
16
17   }
```

保存并运行程序，结果如下图所示。

【范例分析】

在 TestJavaIntChar 类中，第 09 和第 10 行分别声明了整型（int）和字符型（char）的变量 num 与 ch，并分别将常量 3 与字符 "z" 赋值给这两个变量，最后将它们显示在控制台上（第 12 和第 13 行）。

声明一个变量时，编译程序会在内存中开辟一块足以容纳此变量的内存空间给它。不管该变量的值如何改变，都永远使用相同的内存空间。因此，善用变量是一种节省内存的方式。

常量是不同于变量的一种类型，它的值是固定的，如整数常量、字符串常量。通常给变量赋值时，会将常量赋值给变量。如在类 TestJavaIntChar 中，第 09 行 num 是整型变量，而 3 则是常量。此行的作用是声明 num 为整型变量，并把常量 3 这个值赋给它。与此相同，第 10 行声明了一个字符变量 ch，并将字符常量 "z" 赋给它。

02 变量的命名规则

变量也是一种标识符，所以它也遵循标识符的命名规则。

（1）变量名可由任意顺序的大小写字母、数字、下划线（_）和美元符号（$）等组成。

（2）变量名不能以数字开头。

（3）变量名不能是 Java 中的保留关键字。

03 变量的作用范围

变量是有作用范围（Scope）的，作用范围有时也称作用域。一旦超出变量的作用范围，就无法再使用这个变量。例如张三在 A 村很知名。你打听 A 村的张三，人人都知道，可你到 B 村打听，就没人知道。也就是说，在 B 村是无法访问张三的。就算碰巧 B 村也有个叫张三的，但此张三已经非彼张三了。所以，这里的 A 村是张三的"作用（活动）范围"。

按作用范围进行划分，变量分为成员变量和局部变量。

（1）成员变量

在类体中定义的变量为成员变量。它的作用范围为整个类，也就是说在这个类中都可以访问到定义的这个成员变量。

📝 范例 3-3　　探讨成员变量的作用范围（TestMemVar.java）

```
01    //@Description: 定义类中的成员变量
02    public class TestMemVar
03    {
04      static int var = 1;              //定义一个成员变量
05
06      public static void main(String[] args)
07      {
08        System.out.println(" 成员变量 var 的值是： "+var);
09      }
10
11    }
```

保存并运行程序，结果如下图所示。

```
Problems  @ Javadoc  Declaration  Console ✕
■ ✕ ✖ | ▣ ▢ ▣ ▣ | ⬚ ▢ ▾ ▢ ▾
<terminated> TestMemVar [Java Application] C:\Program Files\Java\jre1.8.0_112\
成员变量var的值是：1
```

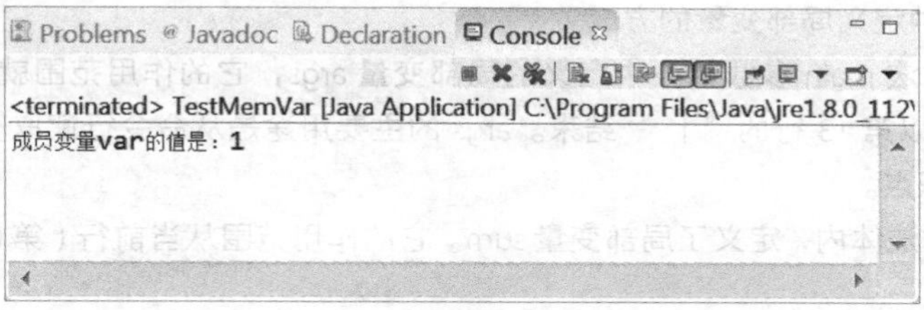

（2）局部变量

在一个函数（或称方法）或函数内代码块（code block）中定义的变量称为局部变量，局部变量在函数或代码块被执行时创建，在函数或代码块结束时被销毁。局部变量在进行取值操作前必须被初始化或赋值操作，否则会出现编译错误！

Java 存在块级作用域，在程序中任意大括号包装的代码块中定义的变量，它的生命仅仅存在于程序运行该代码块时。比如在 for（或 while）循环体里、方法或方法的参数列表里等。在循环里声明的变量只要跳出循环，这个变量便不能再使用。同样，方法或方法的参数列表里定义的局部变量，当跳出方法体（method body）之外，该变量也不能使用了。下面用一个范例来说明局部变量的使用方法。

📋 **范例 3-4**　　局部变量的使用（TestLocalVar.java）

```java
01    //@Description: 局部变量的作用域
02
03    public class TestLocalVar
04    {
05      public static void main(String[] args)  //main 方法参数列表定义的局部变量 args
06      {
07        int sum = 0;                    //main 方法体内定义的局部变量 sum
08        for (int i = 1; i <= 5; i++)        // for 循环体内定义的局部变量 i
09        {
10          sum = sum + i;
11          System.out.println("i = " + i + ", sum = " + sum);
12        }
13      }
14    }
```

保存并运行程序，结果如下图所示。

```
Problems  @ Javadoc  Declaration  Console ✕  Map/Reduc...
■ ✕ ✖ | ▣ ▢ ▣ ▣ | ⬚ ▢ ▾ ▢ ▾
<terminated> TestLocalVar [Java Application] C:\Program Files\Java\jre1.8.0_152\bin
i = 1, sum = 1
i = 2, sum = 3
i = 3, sum = 6
i = 4, sum = 10
i = 5, sum = 15
```

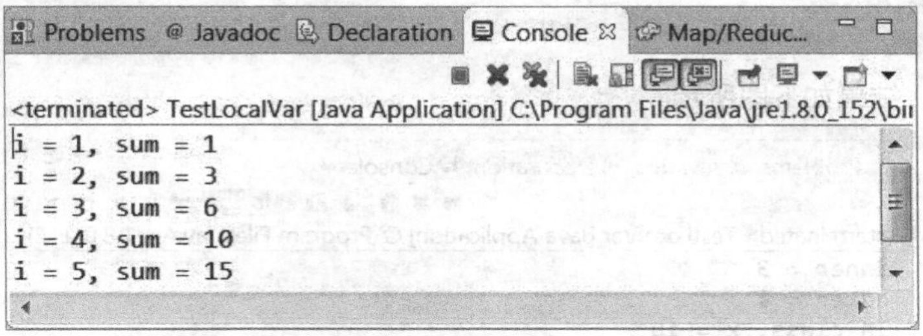

【代码详解】

在本例中，就有 3 种定义局部变量的方式。

第 05 行，在静态方法 main 参数列表中定义的局部变量 args，它的作用范围就是整个 main 方法体：以第 06 行的"｛"开始，以第 13 行的"｝"结束。args 的主要用途是从命令行读取输入的参数，在后续的章节中会讲到这方面的知识点。

第 07 行，在 main 方法体内，定义了局部变量 sum。它的作用范围从当前行（第 07 行）到第 13 行的"｝"为止。

第 08 行，把局部变量 i 声明在 for 循环里，它的有效范围仅在 for 循环内（第 09～第 12 行），只要一离开这个循环，变量 i 便无法使用。相对而言，变量 sum 的有效作用范围从第 07 行开始到第 13 行结束，for 循环也属于变量 sum 的有效范围，因此 sum 在 for 循环内也是可用的。

下面我们再用一个案例说明局部变量在块（block）作用范围的应用。

📝 范例 3-5　变量的综合应用（TestLocalVar.java）

```
01    // @Description: 变量的综合使用
02
03    public class TestLocalVar
04    {
05        public static void main(String[] args)
06        {
07           int outer = 1;
08
09           {
10              int inner = 2;
11              System.out.println("inner = " + inner);
12              System.out.println("outer = " + outer);
13           }
14           //System.out.println("inner = " + inner);
15           int inner = 3;
16           System.out.println("inner = " + inner);
17           System.out.println("outer = " + outer);
18
19           System.out.println("In class level, x = "+x);
20        }
21
22        static int x = 10;
23    }
```

保存并运行程序，结果如下图所示。

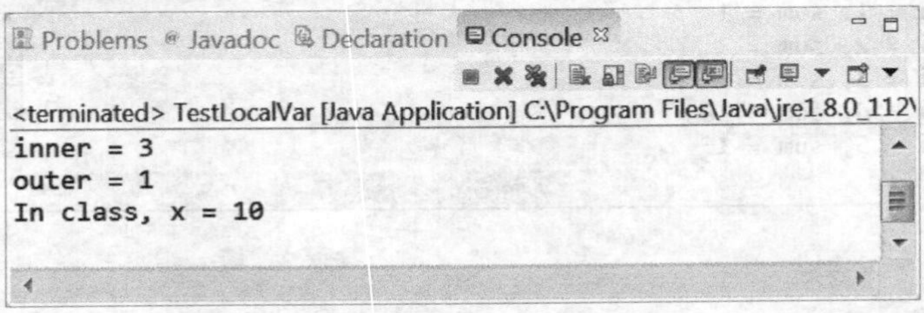

```
Problems  @ Javadoc  Declaration  Console ⊠
                               ■ ✖ ✖ | ▣ ▤ ▣ | ▣ 圖 | ▣ ▣ ▾ ▭ ▾
<terminated> TestLocalVar [Java Application] C:\Program Files\Java\jre1.8.0_112\
inner = 3
outer = 1
In class, x = 10
```

【代码详解】

块（block）作用范围除了用 for（while）循环或方法体的左右花括号（｛｝）来界定外，还可以直接用花括号（｛｝）来定义"块"，如第 09～第 13 行，在这个块内，inner 等于 2，出了第 13 行，就是出了它的作用范围，也就是说出了这个块，inner 生命周期就终结了。因此，如果取消第 14 行的注释符号"//"，会出现编译错误，因为这行的 System.out.println() 方法不认识这个名叫 inner 的陌生的变量。

第 15 行，重新定义并初始化一个新的 inner，注意这个 inner 和第 09～第13 行块内的 inner 完全没有任何关系。因此第 16 行，可以正常输出，但输出的值为 3。第 09～第 13 行中的局部变量 inner，就好比 A 村有个"张三"，虽然他在 A 村很知名，人人都知道他，但是出了他的"势力（作用）范围"，就没有人认识他。而第 15 行出现同名变量 inner，他就是 B 村的张三，他的"势力（作用）范围"是第 15～第 20 行。A 村的张三和 B 村的张三没有任何关系，他们不过是碰巧重名罢了。第 10 和第 15 行定义的变量 inner 也是这样，它们之间没有任何联系，不过是碰巧重名而已。

一般来说，所有变量都遵循"先声明，后使用"的原则。这是因为变量只有"先声明"，它才能在内存中"存在"，之后才能被其他方法所"感知"并使用，但是存在于类中的成员变量（不在任何方法内），它们的作用范围是整个类范围（class level），在编译器的"内部协调"下，变量只要作为类中的数据成员被声明了，就可以在类内部的任何地方使用，无需满足"先声明，后使用"的原则。比如类成员变量 x 是在第 22 行声明的，由于它的作用范围是整个 TestLocalVar 类，所以在第 19 行也可以正确输出 x 的值。

▶ 3.2 基本数据类型

3.2.1 数据类型的意义

为什么要有数据类型？在回答这个问题之前，我们先温习下先贤孔子在《论语•阳货》里的一句话。

"子之武城，闻弦歌之声。夫子莞尔而笑，曰：'割鸡焉用牛刀。'"

据此，衍生了中国一个著名的成语——"杀鸡焉用宰牛刀"，这是疑问句式。是的，杀鸡的刀用来杀鸡，宰牛的刀用来宰牛，用宰牛的刀杀鸡，岂不大材小用？

杀鸡的刀和宰牛的刀虽然都是刀，但属于不同的类型，如果二者混用，要么出现"大材小用"，要么出现"不堪使用"的情况。由此，可以看出，正是有了类型的区分，我们才可以根据不同的类型，确定其不同的功能，然后"各司其职"，不出差错。

杀鸡焉用宰牛刀？

——类型不匹配！

除了不同类型的"刀"承担的功能不一样，而且如果我们给"杀鸡刀"和"宰牛刀"各配一个刀套，刀套的大小也自然是不同的。"杀鸡刀"放到"宰牛刀"的刀套里，势必空间浪费，而"宰牛刀"放到"杀鸡刀"的刀套里，势必放不下。在必要时，"宰牛刀"经过打磨，可以做成"杀鸡刀"。

从哲学上来看，很多事物的表象千变万化，而其本质却相同。类似的，在 Java 语言中，每个变量（常量）都有其数据类型。不同的数据类型可允许的操作也是不尽相同的。比如，对于整型数据，它们只能进行加减乘除和求余操作。此外，不同的数据占据的内存空间大小也是不尽相同的。而在必要时，不同的数据类型也是可以做到强制类型转换的。

程序，本质上就是针对数据的一种处理流程。那么，针对程序所能够处理的数据，就是程序语言的各个数据类型划分。正是有了各种数据类型，程序才可以"有的放矢"进行各种不同的数据操作。

在 Java 之中数据类型一共分为两大类：基本数据类型、引用数据类型。由于引用数据类型较为难理解，所以针对此部分的内容，本章暂不作讨论，本章讨论的是基本数据类型。在 Java 中规定了 8 种基本数据类型变量来存储整数、浮点数、字符和布尔值，如下图所示。

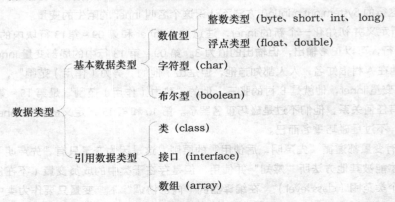

一个变量，就如同一个杯子或一个容器，用于装载某个特定的数值（如同杯子里可盛水或咖啡等）。杯子有大有小，杯子里装的水（咖啡）也有多有少。同样，不同类型的变量，其能表示的数据范围也是不同的。Java 的基本数据类型占用内存位数及可表示的数据范围如下表所示。

数据类型	位数（bit）	可表示的数据范围
long（长整型）	64 位	-9223372036854775808 ~ 9223372036854775807
int（整型）	32 位	-2147483648 ~ 2147483647
short（短整型）	16 位	-32768 ~ 32767
char（字符）	16 位	0 ~ 65535
byte（字节）	8 位	-128 ~ 127
boolean（布尔）	1 位	ture 或 false
float（单精度）	32 位	-3.4E38（-3.4×10^{38}）~ 3.4E38（3.4×10^{38}）
double（双精度）	64 位	-1.7E308（-1.7×10^{308}）~ 1.7E308（1.7×10^{308}）

3.2.2　整数类型

整数类型（Integer），简称整型，表示的是不带有小数点的数字。例如，数字 10、20 就表示一个整型数据。在 Java 中，有 4 种不同类型的整型，按照占据空间大小的递增次序，分别为 byte（位）、short（短整型）、int（整数）及 long（长整数）。在默认情况下，整数类型是指 int 型，那么下面先通过代码来观察一下。举例来说，想声明一个短整型变量 sum 时，可以在程序中做出如下的声明。

short sum ;　// 声明 sum 为短整型

经过声明之后，Java 即会在可使用的内存空间中，寻找一个占有 2 个字节的块供 sum 变量使用，同时这个变量的范围只能在 -32768 到 32767。

01 byte 类型

在 Java 中，byte 类型占据 1 字节内存空间，数据的取值范围为 -128 ~ 127。

Byte 类将基本类型 byte 的值包装在一个对象中。一个 Byte 类型的对象只包含一个类型为 byte 的字段。Byte 类常见的静态属性如下表所示。

属性名称	属性值
MAX_VALUE	最大值：$2^7-1=127$
MIN_VALUE	最小值：$-2^7=-128$
SIZE	所占的内存位数（bit）：8 位
TYPE	数据类型：byte

02 short 和 int 类型

整型分为两小类，一类是 short 类型，数据占据 2 个字节内存空间，取值范围为 -32768 ～ 32767。另一类是 int 类型，数据占据 4 个字节内存空间，取值范围为 -2147483648 ～ 2147483647。

📝 范例 3-6　　整数类型的使用（ByteShortIntdemo.java）

```
01  public class ByteShortIntdemo
02  {
03     public static void main(String args[])
04     {
05        byte byte_max = java.lang.Byte.MAX_VALUE ;   // 得到 Byte 型的最大值
06        System.out.println("BYTE 类型的最大值： " + byte_max);
07
08        short short_min = Short.MIN_VALUE ;   // 得到短整型的最小值
09        System.out.println("SHORT 类型的最小值： " + short_min);
10
11        int int_size = Integer.SIZE ;   // 得到整型的位数大小
12        System.out.println("INT 类型的位数： " + int_size);
13     }
14  }
```

程序运行结果如下图所示。

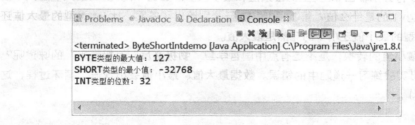

```
🕮 Problems  @ Javadoc  🔍 Declaration  📟 Console ✖
                              ■ ✖ ✖ | 🔒 🗐 🗗 💽 🖃 | 🗗 ▾ 📑 ▾
<terminated> ByteShortIntdemo [Java Application] C:\Program Files\Java\jre1.8.0
BYTE类型的最大值： 127
SHORT类型的最小值： -32768
INT类型的位数： 32
```

【范例分析】

代码 05 行的功能是，获得 byte 型所能表达的最大数值（Byte.MAX_VALUE）。

代码 08 行的功能是，获得短整型所能表达的最小数值（Short. MIN_VALUE）。

代码 11 行的功能是，获得整型位数大小（Integer.SIZE）。

由于 java.lang 包是 Java 语言默认加载的，所以第 05 行等号 "=" 右边的语句可以简化为 "Byte.MAX_VALUE"。这里 lang 是 language（语言）的简写。代码 08 行和代码 11 行使用的就是这种简写模式。

由于每一种类型都有其对应范围的最大或最小值，如果在计算的过程之中超过了此范围（大于最大值或小于最小值），那么就会产生数据的溢出问题。

范例 3-7　整型数据的溢出（IntOverflowDemo.java）

```
01  public class IntOverflowDemo
02  {
03    public static void main(String args[])
04    {
05      int max = Integer.MAX_VALUE ;    // 取得 int 的最大值
06      int min = Integer.MIN_VALUE ;    // 取得 int 的最小值
07
08      System.out.println(max) ;        // 输出最大值：2147483647
09      System.out.println(min) ;        // 输出最小值：-2147483648
10
11      System.out.println(max + 1) ;    // 得到最小值：-2147483648
12      System.out.println(max + 2) ;    // 相当于最小值 +1：-2147483647
13      System.out.println(min - 1) ;    // 得到最大值：2147483647
14    }
15  }
```

运行结果如下图所示。

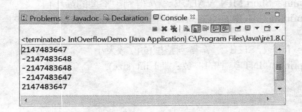

【范例分析】

代码第 08 和第 09 行分别输出 int 类型的最大值和最小值。那么比 int 类型的最大值还大 1 的是什么值？比 int 类型的最小值还小 1 的是什么值？第 11 和第 13 行分别给出了答案，比 int 类型的最大值还大 1 的竟然是最小值，而比 int 类型的最小值还小 1 的竟然是最大值。

这里的最大值、最小值的转换，是不是有点中国哲学里"物极必反，否极泰来"的味道呢？悟到这个道理，读者朋友就能找出实战练习一道题中的错误。数据最大值、最小值会出现一个循环过程，这种情况就称为数据溢出（overflow）。

03 long 类型

在【范例 3-7】中，我们演示了整型数据的数据溢出问题，要想解决数据的溢出问题，可以扩大数据的操作范围，比 int 整型表示范围大的就是 long 类型，long 类型数据占据 8 个字节内存空间，取值范围为 -9223372036854775808 ～ 9223372036854775807。

long 类型数据的使用方法，除了直接定义之外，还有两种直接的表达方式。

（1）直接在数据前增加一个"(long)"。

（2）直接在数据后增加一个字母"L"。

范例 3-8　long 类型数据的使用（LongDemo.java）

```
01  public class LongDemo
02  {
03    public static void main(String args[])
```

```
04    {
05        long long_max = Long.MAX_VALUE ;// 得到长整型的最大值
06        System.out.println("LONG 的最大值： "+ long_max);
07
08        int max = Integer.MAX_VALUE ; // 取得 int 的最大值
09        int min = Integer.MIN_VALUE ; // 取得 int 的最小值
10
11        System.out.println(max) ; // 最大值：2147483647
12        System.out.println(min) ; // 最小值：-2147483648
13
14        System.out.println(max + (long)1) ; // int 型 + long 型 = long 型，2147483648
15        System.out.println(max + 2L) ; // int 型 + long 型 = long 型，2147483649
16        System.out.println(min - 1L) ; // int 型 - long 型 = long 型，-2147483649
17    }
18 }
```

程序运行结果如下图所示。

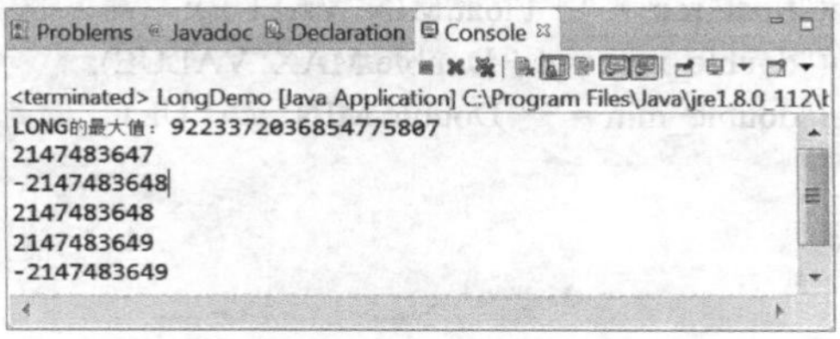

```
<terminated> LongDemo [Java Application] C:\Program Files\Java\jre1.8.0_112\...
LONG的最大值：9223372036854775807
2147483647
-2147483648
2147483648
2147483649
-2147483649
```

【范例分析】

代码的第 05 行定义长整型 long_max，并将系统定义好的 Long.MAX_VALUE 赋给这个变量，并在第 06 行输出这个值。

第 14 行，在数字 1 前面加上关键词 long，表示把 1 强制转换为长整型（因为在默认情况下 1 为普通整型 int），为了不丢失数据的精度，低字节类型数据与高字节数据运算，其结果自动转变为高字节数据，因此，int 型与 long 型运算的结果是 long 型数据。

在第 15 和第 16 行中，分别在整型数据 2 和 1 后面添加字母"L"，也达到把 2 和 1 转变为长整型的效果。

3.2.3 浮点类型

Java 浮点数据类型主要有双精度（double）和单精度（float）两个类型。

- double 类型：共 8 个字节，64 位，第 1 位为符号位，中间 11 位表示指数，最后 52 位为尾数。
- float 类型：共 4 个字节，32 位，第 1 位为符号位，中间 8 位表示指数，最后 23 位表示尾数。

需要注意的是，含小数的实数默认为 double 类型数据，如果定义的是 float 型数据，为其赋值的时候，必须要执行强制转型，有两种方式。

（1）直接加上字母"F"，或小写字母"f"，例如："float data = 1.2F ;"或"float data = 1.2f"。

（2）直接在数字前加强制转型为"float"，例如："float data2 = (float) 1.2 ;"。

当浮点数的表示范围不够大的时候，还有一种双精度（double）浮点数可供使用。双精度浮点数类型的长度为 64 个字节，有效范围为 -1.7×10^{308} 到 1.7×10^{308}。

Java 提供了浮点数类型的最大值与最小值的代码，其所使用的类全名与所代表的值的范围，可以在下表中查阅。

类别	float	double
使用类全名	java.lang.Float	java.lang.Double
最大值	MAX_VALUE	MAX_VALUE
最大值常量	3.4028235E38	107976931348623157E308
最小值	MIN_VALUE	MIN_VALUE
最小值常量	1.4E-45	4.9E-324

下面举一个简单的例子，来说明浮点数的应用。

📋 **范例 3-9**　取得单精度和双精度浮点数类型的最大、最小值（doubleAndFloatDemo.java）

```
01   public class doubleAndFloatDemo
02   {
03   public static void main(String args[])
04   {
05       float num = 3.0f ;
06       System.out.println(num + " *" + num+" = " + (num * num));
07
08       System.out.println("float_max = " + Float.MAX_VALUE);
09       System.out.println("float_min = " + Float.MIN_VALUE);
10       System.out.println("double_max = " + Double.MAX_VALUE);
11       System.out.println("double_min = " + Double.MIN_VALUE);
12   }
13   }
```

程序运行结果如下图所示。

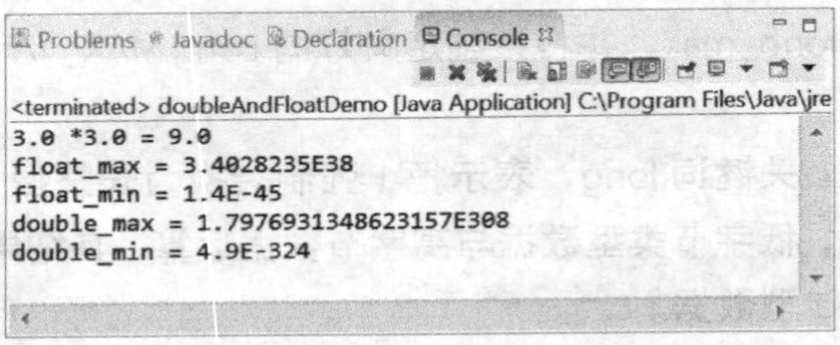

```
📋 Problems  📄 Javadoc  📖 Declaration  🖥 Console ⏹
                              ■ ✖ 🔧 | 📑 📑 🔠 🔲 ⬛ | 🔲 ▾ 🔲 ▾
<terminated> doubleAndFloatDemo [Java Application] C:\Program Files\Java\jre
3.0 *3.0 = 9.0
float_max = 3.4028235E38
float_min = 1.4E-45
double_max = 1.7976931348623157E308
double_min = 4.9E-324
```

首先在【范例 3-9】中，声明一个 float 类型的变量 num，并赋值为 3.0（第 05 行），将 num*num 的运算结果输出到控制台上（第 06 行）。然后，输出 float 与 double 两种浮点数类型的最大与最小值（第 08～第 11 行），读者可以将下面程序的输出结果与上表一一进行比较。

下列为声明和设置 float 和 double 类型的变量时应注意的事项。

```
double num1 = -6.3e64 ; // 声明 num1 为 double，其值为 -6.3*10^64
double num2 = -5.34E16 ;         // e 也可以用大写的 E 来取代
float num3 = 7.32f ;             // 声明 num3 为 float，并设初值为 7.32f
float num4 = 2.456E67 ; // 错误，因为 2.456*10^67 已超过 float 可表示的范围
```

3.2.4 字符类型

字符（character），顾名思义，就是字母和符号的统称。在 Java 中，字符类型变量在内存中占有 2 个字节，定义时语法为：

```
char a ='字'; // 声明 a 为字符型，并赋初值为‘字’
```

我们知道，在 C 语言中，字符类型变量仅为 1 个字节，而一个汉字至少占据两个字节。因此，如果把上

面的语句放到 C 语言中编译运行，在语法上没有问题，但 a 是无法正确输出的，因为仅仅会把"字"的第一个字节输出，也就是说，这半个汉字的输出结果，可能就是一个乱码。

需要注意的是：字符变量的赋值，在等号"="的右边，要用一对单引号（' '）将所赋值的字符括起。但如果我们想把一个单引号"'"，也就是说，把一个界定字符边界的符号赋值给一个字符变量，就会出问题。

因此，就有了转义字符的概念。所谓转义字符（escape character），就是改变其原始意思的字符，比如说，"\f"，它的本意是一个反斜杠"\"和字符"f"，但是它们放在一起，编译器就"心领神会"地知道，它们的意思转变（escape）了，表示"换页"。转义字符主要用于使用特定的字符来代替那些敏感字符，它们都是作为一个整体来使用。

下表为常用的转义字符。

转义字符	所代表的意义	转义字符	所代表的意义
\f	换页	\\	反斜线
\b	倒退一格	\'	单引号
\r	归位	\"	双引号
\t	跳格	\n	换行

以下面的程序为例，将 ch 赋值为 \"（要以单引号（'）包围），并将字符变量 ch 输出在显示器上，同时在打印的字符串里直接加入转义字符，读者可自行比较一下两种方式的差异。

📝 范例 3-10　字符及转义字符的使用（charDemo.java）

```
01  public class charDemo
02  {
03      public static void main(String args[])
04      {
05          char ch1 = 97 ;
06          char ch2 = 'a' ;
07          //char ch3 = "a";  // 错误：类型不匹配
08          System.out.println("ch1 = " + ch1);
09          System.out.println("ch2 = " + ch2);
10
11          char ch ='\"';
12          System.out.println(ch + " 测试转义字符！  " + ch);
13          System.out.println("\"hello world！  \"");
14      }
15  }
```

程序运行结果如下图所示。

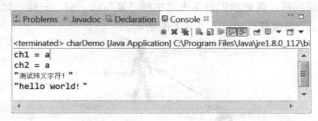

【范例分析】

在本质上，字符类型实际上就是两个字节长度的短整型。所以，第 05 和第 06 行是等价的，因为字符"a"的 ASCII 码值，就是整数 97。

需要特别注意的是，被注释掉的第 07 行，是不会被编译通过的，因为虽然字母 a 只是一个字符，但一旦被双引号括起来，就变成了一个字符串，严格来说，是字符串对象。因此，等号"="左边是基本数据类型 char，而等号"="右边是复合数据类型 String，二者类型不匹配，是不能赋值的。

代码第 11 行，是一个转义字符双引号的半边。第 12 和第 13 行，分别输出了这个引号。由此可以得知，不管是用变量存放转义字符，还是直接使用转义字符的方式来输出字符串，程序都可以顺利运行。

但是需要注意的是，Java 之中默认采用的编码方式为 Unicode 编码，此编码是一种采用十六进制编码方案，可以表示出世界上的任意的文字信息。所以在 Java 之中单个字符里面是可以保存中文字符的，一个中文字符占据 2 个字节。这点与 C/C++ 对字符型的处理有明显区别，在 C/C++ 中，中文字符只能当作长度为 2 的字符串处理。

📝 **范例 3-11　　单个中文字符的使用（ChineseChar.java）**

```
01   public class ChineseChar
02   {
03     public static void main(String args[])
04     {
05       char c = '中';// 单个字符变量 c，存储单个中文字母
06       System.out.println(c) ;
07     }
08   }
```

程序运行结果如下图所示。

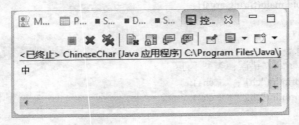

【范例分析】
在第 05 行，占据两个字节的汉字"中"，被赋值给字符变量 c。在第 06 行给出正确输出。

3.2.5 布尔类型

布尔（Boolean）本是一位英国数学家的名字，在 Java 中使用关键字 boolean 来声明布尔类型。被声明为布尔类型的变量，只有 true（真）和 false（假）两种。除此之外，没有其他的值可以赋值给这个变量。

布尔类型主要用于逻辑判断，就如我们日常生活中的"真"和"假"一样。比如，我们可以用布尔类型来表示某人的性别，"张三"是否是"男人"？如下图所示。

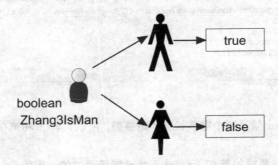

若想声明名称为 Zhang3IsMan 的变量为布尔类型，并设置为 true 值，可以使用下面的语句。

```
boolean Zhang3IsMan = true ;        // 声明布尔变量 Zhang3IsMan，并赋值为 true
```

经过声明之后，布尔变量的初值即为 true，当然如果在程序中需要更改 status 的值，即可随时更改。将上述的内容写成了程序 booleanDemo，读者可以先熟悉一下布尔变量的使用。

📝 **范例 3-12**   布尔值类型变量的声明（booleanDemo.java）

```
01    // 下面的程序声明了一个布尔值类型的变量
02  public class booleanDemo
03  {
04    public static void main(String args[])
05    {
06      // 声明一布尔型的变量 zhang3IsMan，布尔型只有两个取值：true、false
07      boolean Zhang3IsMan = true ;
08      System.out.println("Zhang3 is man? = "+ Zhang3IsMan);
09    }
10  }
```

程序运行结果如下图所示。

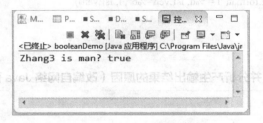

【范例分析】

第 07 行定义一个布尔变量 Zhang3IsMan，并赋值为 true。第 08 行输出这个判断。

特别注意的是，Zhang3IsMan 不能赋值为 0 或者 1，或者其他整数，编译器将不予通过。

布尔值通常用来控制程序的流程，读者可能会觉得有些抽象，本书会在后面的章节中陆续介绍布尔值在程序流程中所起的作用。

▶ 3.3 高手点拨

整型数的除法的注意事项

由于整数与整数运算，其结果还是整数，除法也不例外，而很多初学者受到数学上的惯性思维影响，没有能充分注意，导致在一些考试题（面试题）中失利，请参见下面的实例，写出程序的输出结果。

```
public class Demo
{
  public static void main(String args[])
  {
    int x = 10 ;
    int y = 3 ;
    int result = x / y ;
    System.out.println(result) ;
  }
}
```

　　分析：由于 x 和 y 均是整数，在数据类型上，int 型 / int 型 = int 型，所以 x / y=10/3=3，而不是 3.3333。本题的输出为 3，即 3.3333 的整数部分。

▶ 3.4　实战练习

　　1. 编写一个程序，定义局部变量 sum，并求出 1+2+3+...+99+100 之和，赋值给 sum，并输出 sum 的值。

　　2. 编写程序，要求运行后要输出 long 类型数据的最小数和最大数。

　　3. 改错题：指出错误之处并对其进行修改（本题改编自 2013 年巨人网络的 Java 程序员笔试题）。

　　程序功能：输出 int 类型最小值与最大值之间的所有数是否是偶数（能被 2 整除的数），运算符 % 为求余操作。

```
public class FindEvenNumber
{
  public static void main(String[] args)
  {
    for(int i=Integer.MIN_VALUE;i<=Integer.MAX_VALUE;++i)
    {
      boolean isEven = (I % 2 == 0);
      System.out.println(String.format("i = %d, isEven=%b", i, isEven));
    }
  }
}
```

　　4. 请运行下面一段程序，并分析产生输出结果的原因（改编自网络 Java 面试题）。

```
01    public class CTest
02    {
03      public static void main (String [] args)
04      {
05
06        int x = 5;
07        int y = 2;
08        System.out.println(x + y + "K");
09        System.out.println(6 + 6 + "aa"+ 6 + 6);
10      }
11    }
```

第 **4** 章

编程元素详解
——运算符、表达式、语句与流程控制

本章介绍 Java 运算符的用法、表达式与运算符之间的关系，以及程序的流程控制等。学完本章，读者能对 Java 语句的运作过程有更深一层的认识。

本章要点（已掌握的在方框中打钩）

☐ 掌握各种运算符的用法
☐ 掌握各种表达式的用法
☐ 掌握表达式与运算符的关系
☐ 掌握程序结构的 3 种模式

▶ 4.1 运算符

设计程序的目的，简单来说，就是让机器实施运算，而程序语言中提供运算功能的就是运算符（Operator）。在最底层，Java 中的数据都是通过这些运算符来完成计算的。

程序是由许多语句（statement）组成的，语句组成的基本单位就是表达式与运算符。在 Java 中，运算符可分为 4 类：算术运算符、关系运算符、逻辑运算符和位运算符。

Java 中的语句有多种形式，表达式就是其中的一种。表达式由操作数与运算符所组成，操作数可以是常量、变量，也可以是方法，而运算符就是数学中的运算符号，如 "+" "-" "*" "/" "%" 等。例如，下面的表达式（X+100）中，"X" 与 "100" 都是操作数，而 "+" 就是运算符。

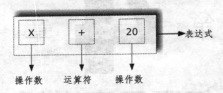

4.1.1 赋值运算符

若为各种不同类型的变量赋值，就需要用到赋值运算符（Assignment Operator）。简单的赋值运算符由等号（=）实现，只是把等号右边的值赋予等号左边的变量。例如，

```
int num = 22 ;
```

需要初学者注意的是，在 Java 中的赋值运算符 "="，并不是数学意义上的 "相等"。例如，

```
num = num + 1 ; // 假设 num 是前面定义好的变量
```

这句话的含义是，把变量 num 的值加 1，再赋（=）给 num。而在数学意义上，通过约减处理（等式左右两边同时约去 num），可以得到 "0 = 1"，这显然是不对的。

当然，在程序中也可以将等号后面的值赋给其他的变量，例如，

```
int sum = num1 + num2 ;// num1 与 num2 相加之后的值再赋给变量 sum 存放
```

num1 与 num2 的值经过运算后仍然保持不变，sum 会因为 "赋值" 的操作而更改内容。

4.1.2 一元运算符

对于很多表达式而言，运算符前后都会有操作数。但有一类运算符比较特别，它只需要一个操作数。这类运算符称为一元运算符（或单目运算符，Unary Operator）。下表列出了一元运算符的成员。

一元运算符	意义
+	正号
–	负号
!	NOT，非
~	按位取反运算符
++	变量值自增 1
--	变量值自减 1

举例说明这些符号的含义。

```
+5;       // 表示正数 5
y = -x;       // 表示负 x 的值赋给变量 y
```

~x;　　　// 表示取变量 x 的按位取反，即变量 x 的二进制串，0 变 1，1 变 0
!x;　　　　//x 的 NOT 运算，若 x 为 true，则 ! x 返回 false。若 x 为 false，则 ! x 返回 true
x = ~x　　// 表示将 x 的值取反，并赋给自己

对于上表中"++"和"--"运算符，后面的小节会专门介绍。下面的示例程序说明了一元运算符的应用。

📝 **范例 4-1**　　**一元运算符的使用（UnaryOperator.java）**

```
01  //下面这段程序说明了一元运算符的使用
02  public class UnaryOperator
03  {
04    public static void main(String args[])
05    {
06      boolean  a = false ;          // 声明布尔变量 a 并赋值为 false
07      int  b = 2;
08
09      System.out.println("a = " + a +", !a = " + (!a));// NOT 运算，非操作
10      System.out.println("b = " + b +", ~ b = " + ( ~ b));// 按位取反
11    }
12  }
```

程序运行结果如下图所示。

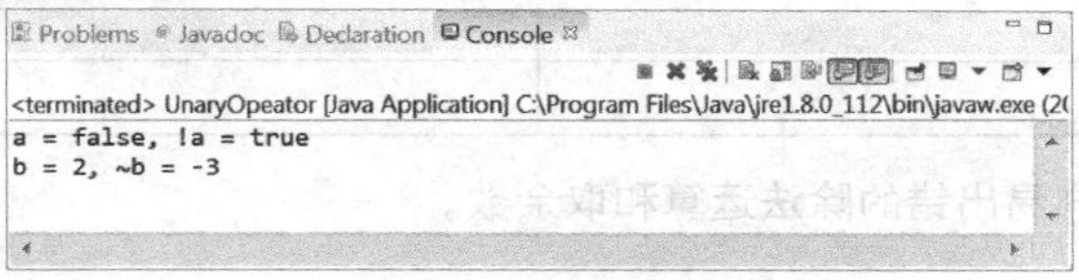

```
Problems  Javadoc  Declaration  Console
<terminated> UnaryOpeator [Java Application] C:\Program Files\Java\jre1.8.0_112\bin\javaw.exe (2(
a = false, !a = true
b = 2, ~b = -3
```

【代码详解】

第 06 行声明了 boolean 变量 a，赋值为 false。程序第 07 行声明了整型变量 b，赋值为 2。可以看到这两个变量分别进行了非操作"！"与取反"~"运算。

第 09 行输出 a 与 !a 的运算结果。因为 a 的初始值为 flase，因此进行"！"运算后，a 的值自然就变成了 true。

第 10 行输出 b 与 ~b 的运算结果。b 的初值为 2，~b 的值输出 -3。为什么不是"-2"呢？下面我们简单地解释一下。

为了理解"~"运算符的工作原理，我们需要将某个操作数转换成一个二进制数，并将所有二进制位按位取反。在 Java 中，整数占用 4 个字节，所以整数"2"的二进制形式是：

0000 0000 0000 0000 0000 0000 0000 0010

它的按位取反是：

1111 1111 1111 1111 1111 1111 1111 1101

这恰好就是整数"-3"的表示形式。这是因为在 Java 中，负数的表示方法是用补码来表示的，也就是说，对负数的表示方式是绝对值按位取反，然后再对结果 +1。例如，"-3"的绝对值是"3"，那么其绝对值对应的二进制是：

0000 0000 0000 0000 0000 0000 0000 0011

然后对上述的二进制串按位取反得到：

1111 1111 1111 1111 1111 1111 1111 1100

然后再加 1，得到：

1111 1111 1111 1111 1111 1111 1111 1101

这个二进制串，恰好和整数"2"的按位取反"～"操作得到的二进制串是一致的。

而要解码一个负数，有点类似于上述过程的逆向操作，也是对某个负数的所有二进制位按位取反，然后再对结果加 1。例如，对于"2"按位取反"～"，操作后得到的二进制字符串是：

1111 1111　1111 1111　1111 1111　1111 1101

由于最高位（即符号位）为 1，说明它是一个负数，这就决定了在"System.out.println()"输出时，要在这个整数前面添加一个负号"-"。对上述二进制串按位取反，得到：

0000 0000　0000 0000　0000 0000　0000 0010

再加 1，得到：

0000 0000　0000 0000　0000 0000　0000 0011

上面的二进制串对应的整数值就是"3"，再考虑到解析二进制串的过程中，已经说明这是一个负数，所以最终的输出结果为"-3"。从上面的分析可知，在进行位运算时，Java 编译器在幕后做了很多转换工作。

4.1.3 算术运算符

算术运算符（Arithmetic Operator）用于量之间的运算。算术运算符在数学上经常会用到，下表列出了它的成员。

算术运算符	意义
+	加法
−	减法
*	乘法
/	除法
%	余数

下面我们简要介绍一下容易出错的除法运算和取余数。

（1）除法运算符

将除法运算符"/"前面的操作数除以后面的操作数，如下面的语句。

```
a = b / 5 ;      // 将 b / 5 运算之后的值赋给 a 存放
c = c / d ;      // 将 c / d 运算之后的值赋给 c 存放
15 / 4 ;         // 运算 15 / 4 的值，得 3
```

使用除法运算符时，要特别注意数据类型的问题。当被除数和除数都是整型，且被除数不能被除数整除时，输出的结果为整数（即整型数 / 整型数 = 整型数）。例如，上面举例中的"15 / 4"结果为 3，而非 3.75。

（2）取余运算符

将取余运算符"%"前面的操作数除以后面的操作数，取其得到的余数。下面的语句是取余运算符的使用范例。

```
num = num % 3 ;     // 将 num%3 运算之后赋值给 num 存放
a = b % c ;         // 将 b%c 运算之后赋值给 a 存放
100 % 7 ;           // 运算 100%7 的值为 2
```

以下面的程序为例，声明两个整型变量 a、b，并分别赋值为 5 和 3，再输出 a%b 的运算结果。

📝 **范例 4-2　取余数（也称取模）操作（ModuloOperation.java）**

```
01  // 在 Java 中用 % 进行取模操作
02  public class ModuloOperation
03  {
```

```
04      public static void main(String[] args)
05      {
06        int a = 5 ;
07        int b = 3 ;
08
09        System.out.println(a + " % "+ b +" = " + (a % b));
10        System.out.println(b + " % "+ a +" = " + (b % a));
11      }
12    }
```

程序运行结果如下图所示。

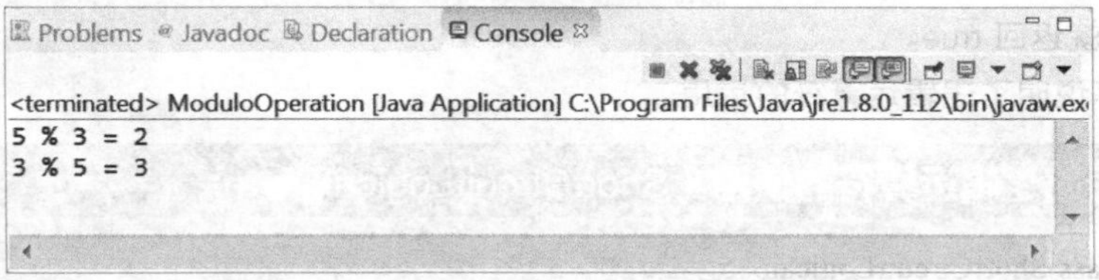

【代码详解】

设 a 和 b 为两个变量，取余运算的规则是：

$$a\%b = a - \left\lfloor \frac{a}{b} \right\rfloor \times b$$

其中 $\left\lfloor \dfrac{a}{b} \right\rfloor$ 是 a 除以 b 的向下取整。

根据上述的公式，对于程序第 09 行，a%b = 5-1*3 = 2，而对于第 10 行，b%a= 3 - 0 * 5 =3。这里之所以把这个公式专门说明一下，是因为这里需要初学者注意，Java 中的取余操作数也可以是负数和浮点数，而在 C/C++ 中，取余运算的操作数只能是整数。例如，在 Java 中，下面的语句是合法的。

```
5%-3 = 2          //5 对负 3 取余等于 2
5.2%3.1 = 2.1      // 根据上述公式，余数为 5.2-1 * 3.1 = 2.1
```

4.1.4 逻辑运算符

逻辑运算符只对布尔型操作数进行运算，并返回一个布尔型数据。也就是说，逻辑运算符的操作数和运行结果只能是真（true）或者假（false）。常见的逻辑运算符有 3 个，即与（&&）、或（||）、非（！），如下表所示。

运算符	含义	解释
&&	与（AND）	两个操作数皆为真，运算结果才为真
&		
||	或（OR）	两个操作数只要一个为真，运算结果就为真
|		
！	非（NOT）	返回与操作数相反的布尔值

下面是使用逻辑运算符的例子。

```
1>0 && 3>0    // 结果为 true
1>0 || 3>8    // 结果为 true
！（1>0）      // 结果为 false
```

在第 1 个例子中，只有 1>0（true）和 3>0（true）两个都为真，表达式的返回值为 true，即表示这两个条件必须同时成立才行；在第 2 个例子中，只要 1>0（true）和 3>8（false）有一个为真，表达式的返回值即为 true。第 3 个例子中，1>0（true），该结果的否定就是 false。

在逻辑运算中，"&&" 和 "||" 属于所谓的短路逻辑运算符（Short-Circuit Logical Operators）。对于逻辑运算符 "&&"，要求左右两个表达式都为 true 时才返回 true，如果左边第一个表达式为 false，它立刻就返回 false，就好像短路了一样立刻返回，省去了一些不必要的计算开销。

类似的，对于逻辑运算符 "||"，要求左右两个表达式有一个为 true 时就返回 true，如果左边第一个表达式为 true，它立刻就返回 true。

下面的这个程序说明了逻辑运算符的运用。

范例 4-3　短路逻辑运算符的使用（ShortCircuitLogical.java）

```
01   public class ShortCircuitLogical6_5
02   {
03       public static void main(String[] args)
04       {
05           int i = 5;
06           boolean flag = (i < 3) && (i < 4);    // && 短路，(i < 4) 系统不做运算
07           System.out.println(flag);
08
09           flag = (i > 4) || (i > 3);            //|| 短路，(i > 3) 系统不做运算
10           System.out.println(flag);
11       }
12   }
```

程序运行结果如下。

```
Problems  Javadoc  Declaration  Console
<terminated> ShortCircuitLogical [Java Application] C:\Program Files\Java\jre1.8.0_112\bin\javaw.ex
false
true
```

【代码详解】

在第 06 行，由于 i =5，所以 (i < 3) 为 false，对于 && 逻辑运算符，其操作数之一为 false，其返回值必然为 false，故再确定其左边的操作数为 false，对于后一个运算操作数 (i < 4) 无需计算，也就是 "&&" 短路。

类似的，对于 "||" 运算符，在第 09 行中，由于 i =5，所以 (i >4) 为 true，对于 || 逻辑运算符，其操作数之一为 true，整体返回值必然为 true，故再确定其左边的操作数为 true，对于后一个运算操作数 (i > 3) 无需计算，也就是 "||" 短路。

有的时候，我们想让逻辑"与"操作和"或"操作的两个操作数均需要运算，这时就需要使用避免短路的逻辑运算符—"&"和"|"，它们分别是可短路的逻辑运算符（&& 和 ||）一半的字符。

下面的程序说明了短路逻辑运算符和非短路逻辑运算符的区别。

范例 4-4　　短路逻辑运算符（"&&"和"||"）和非短路逻辑运算符（"&"和"|"）的对比

```
01    public class ShortCircuitLogical
02    {
03
04            public static void main(String args[])
05            {
06                    if (1 == 2 && 1 / 0 == 0) {    // false && 错误 = false
07                            System.out.println("1: 条件满足！ ");
08                    }
09
10                    /*
11                    if (1 == 2 & 1 / 0 == 0) {      // false & 错误 = 错误
12                            System.out.println("2: 条件满足！ ");
13                    }
14                    */
15
16                    if (1 == 1 || 1 / 0 == 0) {       // true || 错误 = true
17                            System.out.println("3: 条件满足！ ");
18                    }
19
20                    /*
21                    if (1 == 1 | 1 / 0 == 0) {        // true | 错误 = 错误
22                            System.out.println("4: 条件满足！ ");
23                    }
24                    */
25
26            }
27    }
```

程序运行结果如下。

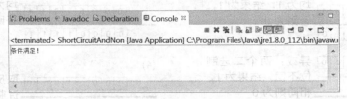

【代码详解】

我们知道，在计算机中，0 是不能作为除数的。但代码的第 06 和第 16 行却可以编译通过。这是因为，第 06 行逻辑运算符"&&"的第 1 个操作数是（1 == 2）的运算结果，它的值为 false，这样第 2 个操作数直接被短路了，也就是不被系统"理睬"，故此第 2 个表达式（1/0），即使除数为零，会带来运行时错误，也"侥幸蒙混过关"。

此外，第 06 ~ 第 08 行，由于逻辑判断值永远为假（false），if 判断体 { } 中的代码永远都不会执行，所以也被称为"死码（dead code）"。

而被注释起来的第 11 行的代码，因为没有语法错误，编译依然会通过。又因为非短路逻辑运算符"&"左右两边的操作数均需要运算，因此，任何一个操作数不符合运算规则（这里除数为 0），都会运行时报错（会在运行时抛出异常）。

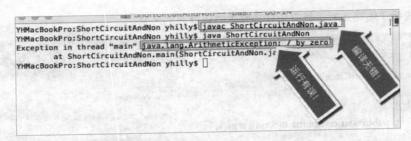

　　类似的，第 17 行可以编译通过，其中含有非法运算符（1/0），但由于短路运算符"||"的第 1 个操作数为（1==1）为 true，所以第 2 个操作数直接被 Java 解释器"忽略"，最终 if 语句内逻辑判断值为 true，所以第 17 行打印输出"条件满足"。

　　但是同样的事情，并没有发生在第 22 行语句上，这是因为非短路逻辑或运算符"|"，它的左右两个运算数都被强制运算，因此任何一个操作数不符合运算规则（如除数为 0），都不行。

4.1.5 位运算符

　　位运算是指对操作数以二进制位（bit）为单位进行的运算。其运算的结果为整数。位运算的第一步是把操作数转换为二进制的形式，然后按位进行布尔运算，运算的结果也为二进制数。位运算符（bitwise operators）有 7 个，如下表所示。

位运算符	含义
&	按位与（AND）
|	按位或（OR）
^	按位异或（XOR）
~	按位取反（NOT）
<<	左移位（Signed left shift）
>>	带符号右移位（Signed right shift）
>>>	无符号右移位（Unsigned right shift）

　　我们用图例来说明上述运算符的含义，如下图所示。

(1)
```
0 0 0 0 0 1 1 0
0 0 0 0 1 0 1 1
```
&
```
0 0 0 0 0 0 1 0
```
与：两个二进制位均为 1，结果为 1，否则为 0

(2)
```
0 0 0 0 0 1 1 0
0 0 0 0 1 0 1 1
```
|
```
0 0 0 0 1 1 1 1
```
或：两个二进制位均为 0，结果为 0，否则为 1

(3)
```
0 0 0 0 0 1 1 0
0 0 0 0 1 0 1 1
```
^
```
0 0 0 0 1 1 0 1
```
异或：两个二进制位不同，结果为 1，相同则为 0

(4)
~
```
0 0 0 0 1 0 1 1
```
```
1 1 1 1 0 1 0 0
```
取反：结果与原来二进制位相反，1 变 0，0 变 1

(5)
>>
```
1 1 1 1 0 1 0 1
```
```
1 1 1 1 1 1 0 1
```
有符号右移：高位负数补 1 正数补 0，低位抛弃。如 -11>>2=-3

(6)
<<
```
0 0 0 0 1 0 1 1
```
```
0 0 1 0 1 1 0 0
```
左移：高位抛弃低位补零。如 11<<2=44

(7)
>>>
```
1 0 0 0 1 0 1 1
```
```
0 0 1 0 0 0 1 0
```
无符号右移：低位抛弃，高位补零。如 139>>>2=34

下面的程序演示了"按位与"和"按位或"的操作。

范例 4-5 　　"按位与"和"按位或"操作（BitwiseOperator.java）

```
01    public class BitwiseOperator
02    {
03            public static void main(String args[]) {
04                    int x = 13 ;
05                    int y = 7 ;
06
07                    System.out.println(x & y) ;        // 按位与，结果为 5
08
09                    System.out.println(x | y) ;          // 按位或，结果为 15
10            }
11    }
```

程序运行结果如下。

```
Problems   Javadoc   Declaration   Console ✕

<terminated> BitwiseOperator [Java Application] C:\Program Files\Java\jre1.8.0_112\bin\javaw.exe (
5
15
```

【代码详解】

第 07 行，实现与操作，相"与"的两位，如果全部为 1 结果才是 1，有一个为 0 结果就是 0。

13 的二进制：　　00000000 00000000 00000000 00001101

7 的二进制：　　00000000 00000000 00000000 00000111

"与"的结果：　　00000000 00000000 00000000 00000101

所以输出的结果为 5。

第 09 行，实现或操作，位"或"的两位，如果全为 0 才是 0，有一个为 1 结果就是 1。

13 的二进制：　　00000000 00000000 00000000 00001101

7 的二进制：　　　00000000 00000000 00000000 00000111

"或"的结果：　　　00000000 00000000 00000000 00001111

所以输出的结果为 15。

4.1.6 **三元运算符**

三元（Ternary）运算符也称三目运算符，它的运算符是"?:"，有三个操作数。操作流程如下：首先判断条件，如果条件满足，就会赋予一个变量一个指定的内容（冒号之前的），不满足会赋予变量另外的一个内容（冒号之后的），其操作语法如下。

数据类型 变量 = 布尔表达式 ? 条件满足设置内容 : 条件不满足设置内容 ；

下面的程序说明了三元运算符的使用。

范例 4-6   三元运算符的使用（TernaryOperator.java）

```
01    public class TernaryOperator
02    {
03            public static void main(String args[])
04            {
05                    int x = 10 ;
06                    int y = 20 ;
07
08                    int result = x > y ? x : y ;
09                    System.out.println("1st result = " + result) ;
10
11                    x = 50;
12                    result = x > y ? x : y ;
13                    System.out.println("2nd result = "+ result) ;
14
15            }
16
17    }
```

程序运行结果如下。

```
🔲 Problems  @ Javadoc  🔍 Declaration   🖥 Console ✕
                                          ■ ✖ ✖ | 🖪 🗐 🖷 🗗 🗐 | 🗗 🖵 ▾ 🗖 ▾
<terminated> TernaryOperator [Java Application] C:\Program Files\Java\jre1.8.0_112\bin\javaw.exe
1st result = 20
2nd result = 50
```

【代码详解】

result = x > y ? x : y 表示的含义是：如果 x 的内容大于 y，则将 x 的内容赋值给 result，否则将 y 的值赋值给 result。对于第 08 行，x = 10 和 y = 20，result 的值为 y 的值，即 20。而对于第 12 行，x = 50 和 y = 20，result 的值为 x 的值，即 50。

本质上来讲，三元运算符是简写的 if…else 语句。以上的这种操作完全可以利用 if…else 代替（在随后的章节里，我们会详细描述有关 if…else 的流程控制知识）。

4.1.7 ▶ 关系运算符与 if 语句

if 语句通常用于某个条件进行真（true）、假（false）识别。if 语句的格式如下。

if (判断条件)
  语句；

如果括号中的判断条件成立，就会执行后面的语句；若是判断条件不成立，则后面的语句就不会被执行。如下面的程序片段。

if (x > 0)
System.out.println("I like Java ! ");

当 x 的值大于 0 时，判断条件成立，就会执行输出字符串 "I like Java！" 的操作；相反，当 x 的值为 0

或是小于 0 时，if 语句的判断条件不成立，就不会进行上述输出操作。下表列出了关系运算符的成员，这些运算符在数学上也是经常使用的。

关系运算符	意义
>	大于
<	小于
>=	大于等于
<=	小于等于
==	等于
!=	不等于

在 Java 中，关系运算符的表示方式和在数学中类似，但是由于赋值运算符为 "="，为了避免混淆，当使用关系运算符 "等于" 时，就必须用 2 个等号（==）表示；而关系运算符 "不等于" 的形式则有些特别，用 "!=" 表示，这是因为想要从键盘上取得数学上的不等于符号较为困难，同时 "!" 有 " 非 " 的意思，所以就用 "!=" 表示不等于。

当使用关系运算符（Relational Operator）去判断一个表达式的成立与否时，若是判断式成立，则会产生一个响应值 true，若是判断式不成立，则会产生响应值 false。

4.1.8 递增与递减运算符

递增与递减运算符在 C / C++ 中就已经存在了，Java 中将它们保留了下来，这是因为它们具有相当大的便利性。下表列出了递增与递减运算符的成员。

递增与递减运算符	意义
++	递增，变量值加 1
--	递减，变量值减 1

📝 **范例 4-7**　　**"++" 运算符的两种使用方法**（IncrementOperator.java）

```
01  // 下面这段程序说明了 "++" 的两种用法
02  public class IncrementOperator
03  {
04    public static void main(String args[])
05    {
06      int a = 3 , b = 3 ;
07
08      System.out.print("a = " + a);          // 输出 a
09      System.out.println(" , a++ = " + (a++)+" , a= "+a);        // 输出 a++ 和 a
10      System.out.print("b = "+ b);          // 输出 b
11      System.out.println(" , ++b = "+(++b)+" , b= "+b);        // 输出 ++b 和 b
12    }
13  }
```

程序运行结果如下图所示。

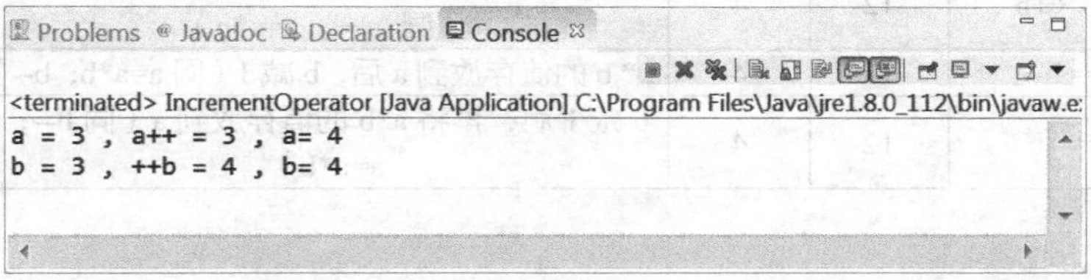

```
Problems @ Javadoc  Declaration  Console ⊠
<terminated> IncrementOperator [Java Application] C:\Program Files\Java\jre1.8.0_112\bin\javaw.e
a = 3 , a++ = 3 , a= 4
b = 3 , ++b = 4 , b= 4
```

【代码详解】

在第 09 行中，输出 a++ 及运算后的 a 的值，后缀加 1 的意思是先执行对该数的操作，再执行加 1 操作，因此先执行 a 输出操作，再将其值自加 1，最后输出，所以第 1 次输出 3，第 2 次输出 4。在第 11 行中，输出 ++b 运算后 b 的值，先执行自加操作，再执行输出操作，所以两次都输出 4。

同样，递减运算符 "–" 的使用方式和递增运算符 "++" 是相同的，递增运算符 "++" 用来将变量值加 1，而递减运算符 "–" 则是用来将变量值减 1。

▶4.2　表达式

表达式是由常量、变量或是其他操作数与运算符所组合而成的语句。如下面的例子，均是表达式正确的使用方法。

-49 // 表达式由一元运算符 "-" 与常量 49 组成
sum + 2 　　 // 表达式由变量 sum、算术运算符与常量 2 组成
a + b–c / (d * 3 – 9) 　　 // 表达式由变量、常量与运算符所组成

此外，Java 还有一些相当简洁的写法，是将算术运算符和赋值运算符结合成为新的运算符。下表列出了这些运算符。

运算符	范例用法	说明	意义
+=	a += b	a + b 的值存放到 a 中	a = a + b
-=	a-= b	a-b 的值存放到 a 中	a = a-b
*=	a *= b	a * b 的值存放到 a 中	a = a * b
/=	a /= b	a / b 的值存放到 a 中	a = a / b
%=	a %= b	a % b 的值存放到 a 中	a = a % b

下面的几个表达式，皆是简洁的写法。

a++ 　　 // 相当于 a = a + 1
a-= 5 　　 // 相当于 a = a – 5
b %= c 　　 // 相当于 b = b % c
a /= b-- 　　 // 相当于计算 a = a / b 之后，再计算 b--

这种独特的写法虽然看起来有些怪异，但它却可减少程序的行数，提高编译或运行的速度。

下表列出了一些简洁写法的运算符及其范例说明。

运算符	范例	执行前		说明	执行后	
		a	b		a	b
+=	a += b	12	4	a + b 的值放到 a 中（同 a = a + b）	16	4
-=	a-= b	12	4	a-b 的值存放到 a 中（同 a = a – b）	8	4
*=	a *= b	12	4	a * b 的值存放到 a 中（同 a = a * b）	48	4
/=	a /= b	12	4	a / b 的值存放到 a 中（同 a = a / b）	3	4
%=	a %= b	12	4	a % b 的值存放到 a 中（同 a = a % b）	0	4
b++	a *= b++	12	4	a * b 的值存放到 a 后，b 加 1（同 a = a * b; b++）	48	5
++b	a *= ++b	12	4	b 加 1 后，再将 a*b 的值存放到 a（同 b++; a=a*b）	60	5
b--	a *= b--	12	4	a * b 的值存放到 a 后，b 减 1（同 a=a*b; b--）	48	3
--b	a *=--b	12	4	b 减 1 后，再将 a*b 的值存放到 a（同 b--; a=a*b）	36	3

在程序设计里，有个著名的 KISS（Keep It Simple and Stupid）原则，KISS 并非"亲吻"之意，而是说让代码保持简单，返璞归真。KISS 中的"Stupid"，并不是愚蠢的意思，而是表示一目了然。一目了然的代码，易于理解和维护。上述简洁表达式的使用方便了编译器，于人而言，却不易理解，有违"KISS"原则之嫌，所以不太提倡使用。

4.2.1　算术表达式与关系表达式

算术表达式用于数值计算。它是由算术运算符和变量或常量组成，其结果是一个数值，如"a + b""x * y -3"等。关系表达式常用于程序判断语句中，由关系运算符组成，其运算结果为逻辑数值型（即 true 或 false）。

范例 4-8　简单的关系表达式的使用（RelationExpression.java）

```
01    public class RelationExpression
02    {
03
04            public static void main(String[] args)
05            {
06                    int a = 5 , b = 4;
07                    boolean t1 = a > b;
08                    boolean t2 = a == b;
09                    System.out.println("a > b : " + t1);
10                    System.out.println("a == b : " + t2);
11            }
12    }
```

程序运行结果如下图所示。

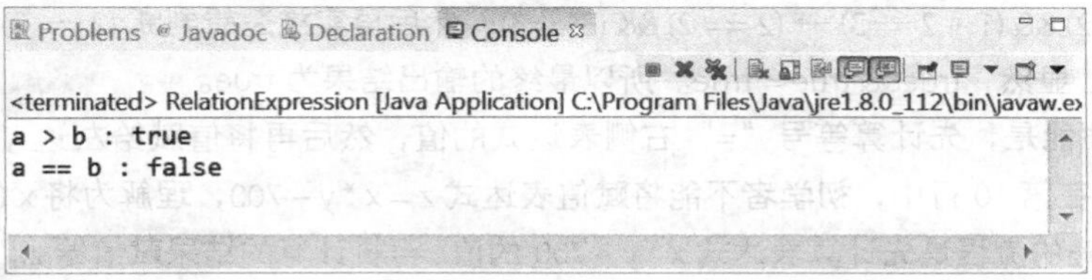

```
Problems  Javadoc  Declaration  Console ⊠
<terminated> RelationExpression [Java Application] C:\Program Files\Java\jre1.8.0_112\bin\javaw.e
a > b : true
a == b : false
```

【代码详解】

在第 07 行，先进行 a > b 的逻辑判断，由于 a=5，b=4，所以返回 true，并赋值给布尔变量 t1。

在第 08 行，先进行 a == b 的逻辑判断，由于 a=5，b=4，二者不相等，所以返回 false，并赋值给布尔变量 t2。第 09 和第 10 行分别把对应的布尔值输出。

4.2.2　逻辑表达式与赋值表达式

用逻辑运算符将关系表达式或逻辑量连接起来的有意义的式子称为逻辑表达式，如 1 + 1 == 2 等。逻辑表达式的值也是一个逻辑值，即"true"或"false"。而赋值表达式由赋值运算符（=）和操作数组成，如 result = num1 * num2 – 700，赋值表达式主要用于给变量赋值。

范例 4-9　简单的赋值表达式的使用（AssignExpress.java）

```
01   public class LogicAssignExpression
02   {
03     public static void main (String args[])
04     {
05       boolean LogicExp = (1 + 1 == 2) && (1 + 2 == 3);
06       System.out.println("(1 + 1 ==2) && (1 + 2 ==3) : " + LogicExp);
07
08       int num1 = 123;
09       int num2 = 6;
10       int result = num1 * num2 - 700;
11       System.out.println("Assignment Expression :num1 * num2 - 700 = "+ result);
12     }
13   }
```

程序运行的结果如下图所示。

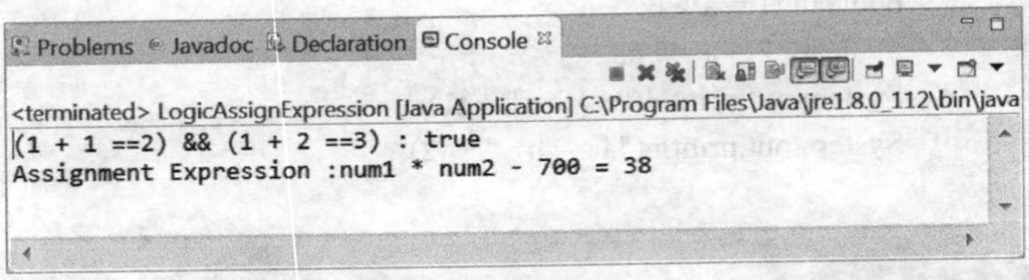

```
Problems  Javadoc  Declaration  Console
<terminated> LogicAssignExpression [Java Application] C:\Program Files\Java\jre1.8.0_112\bin\java
(1 + 1 ==2) && (1 + 2 ==3) : true
Assignment Expression :num1 * num2 - 700 = 38
```

【代码详解】

在第 05 行，由于加号（+）运算符的优先级高于逻辑等号（==），所以先进行的操作是加法运算，因此可以得到，(1 + 1 == 2) && (1 + 2 ==3) → (2 == 2) && (3 ==3)，然后再实施逻辑判断 (2 == 2) 返回 true，与逻辑判断 (3 ==3) 返回 true，显然，true && true = true。所以最终的输出结果为 true。

赋值表达式的功能是，先计算等号"="右侧表达式的值，然后再将值赋给左边。赋值运算符"="具有右结合性。所以，在第 10 行中，初学者不能将赋值表达式 z = x * y – 700，理解为将 x 的值或 x*y 赋值给 z，然后再减去 700。正确的流程是先计算表达式 x * y – 700 的值，再将计算的结果赋值给 z。

4.2.3　表达式的类型转换

在前面的章节中，我们曾提到过数据类型的转换。除了强制类型转换外，当 int 类型遇上了 float 类型，到底谁是"赢家"，运算的结果是什么数据类型呢？在这里，要再一次详细讨论表达式的类型转换。

Java 是一种很有弹性的程序设计语言，当上述情况发生时，只要坚持"以不流失数据为前提"的大原则，即可进行不同的类型转换，使不同类型的数据、表达式都能继续存储。依照大原则，当 Java 发现程序的表达式中有类型不相符的情况时，就会依据下列规则来处理类型的转换。

（1）占用字节较少的数据类型转换成占用字节较多的数据类型。

（2）字符类型会转换成 int 类型。

（3）int 类型会转换成 float 类型。

（4）表达式中若某个操作数 km 的类型为 double，则另一个操作数也会转换成 double 类型。

（5）布尔类型不能转换成其他类型。

（1）和（2）体现"大鱼（占字节多的）吃小鱼（占字节少的）"思想。（3）和（4）体现"精度高者优先"思想，占据相同字节的类型向浮点数（float、double）靠拢。（5）中体现了 Java 对逻辑类型坚决"另起炉灶"的原则，布尔类型变量的值只能是 true 或 false，它们和整型数据无关。而在 C/C++ 中，逻辑类型和整型变量之间的关系是"剪不断，理还乱"，即所有的非零整数都可看作为逻辑"真"，只有 0 才看作"假"。

下面的范例说明了表达式类型的自动转换。

📝 **范例 4-10 表达式类型的自动转换（TypeConvert.java）**

```
01  // 下面的程序说明了表达式类型的自动转换问题
02  public class TypeConvert6_17
03  {
04      public static void main(String[] args)
05      {
06          char ch = 'a' ;
07          short a = -2 ;
08          int b = 3 ;
09          float f = 5.3f ;
10          double d = 6.28 ;
11
12          System.out.print("(ch / a) - (d / f) - (a + b) = ");
13          System.out.println((ch / a) - (d / f) - (a + b));
14      }
15  }
```

程序运行的结果如下图所示。

```
Problems  Javadoc  Declaration  Console
<terminated> TypeConvert [Java Application] C:\Program Files\Java\jre1.8.0_112\bin\javaw.exe (201
(ch / a) - (d / f) - (a + b) = -50.18490561773532
```

【代码详解】

先别急着看结果，在程序运行之前可先思考一下，这个复杂的表达式（ch / a）－（d / f）－（a + b）最后的输出类型是什么？它又是如何将不同的数据类型转换成相同的呢？读者可以参考下图的分析过程。

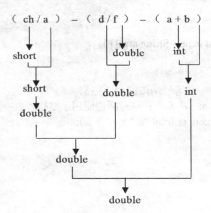

第 12 和第 13 行分别用了 System.out.print 和 System.out.println 方法。二者的区别在于，前者输出内容后不换行，而后者输出内容后换行。println 中最后两个字符"ln"实际上是英文单词"line"的简写，表明一个新行。

我们知道，转义字符"\n"也有换行的作用，所以，"System.out.print("我要换行！\n");"和语句"System.out.println("我要换行！");"是等效的，都能达到输出内容后换行的效果。

▶4.3 语句

在学会使用运算符和表达式后，就可以写出基本的 Java 程序语句了。表达式由运算符和操作数组成，语句（statement）则由表达式组成。例如 a + b 是一个表达式，加上分号后就成了下面的形式。

```
a + b;
```

这就是一条语句。计算机执行程序就是由若干条语句进行的。每条语句后用分号（ ; ）隔开。多条语句只要用分号隔开，可以处于同一行，如下面的语句是合法的。

```
char ch = 'a'; short a = -2; int b = 3;
```

但为了让程序有良好的可读性，并且方便添加注释，我们推荐读者遵循一条语句占据一行的模式，例如：

```
char ch = 'a';     //定义字符型变量 ch, 并赋值为 'a'
short a = -2;      //定义短整型变量 a, 并赋值为 -2
int b = 3;         //定义整型变量 b, 并赋值为 3
```

4.3.1 语句中的空格

在 Java 程序语句中，空格是必不可少的。一方面，所有的语言指令都需要借助空格来分割标注。例如下面的语句。

```
int a;     //变量类型（int）和变量（a）之间需要空格隔开
```

另一方面，虽然在编译的过程中，Java 编译器会把所有非必需的空格过滤掉，但空格可以使程序更具有可读性，更加美观。

例如下面的程序使用了空格，程序的作用很容易看懂。

📝 范例 4-11　语句中的空格使程序易懂（SpaceDemo.java）

```
01    public class SpaceDemo
02    {
03         public static void main ( String args[] )
04         {
05              int a;
06              a = 7;       //等号两边使用了空格
07              a = a * a;   //等号和乘号两边使用了空格
08              System.out.println( "a * a = " + a );
09         }
10    }
```

程序运行结果如下。

```
📑 Problems  @ Javadoc  🔍 Declaration  🖥 Console ✕
                                    ■ ✕ ✖ | 🔖 🗗 🗗 🗗 🗗 | 🗗 🗐 ▾ 🗗 ▾
<terminated> SpaceDemo [Java Application] C:\Program Files\Java\jre1.8.0_112\bin\javaw.exe (201
a * a = 49
```

【代码详解】

在有了一定的编程经验之后，读者可以体会到，源程序除了要实现基本的功能，还要体现出"编程之美"。笔者推荐，在所有可分离的运算符中间都加上一个空格，这样让代码更加舒展，例如：

对于第 07 行，一般的编程风格为：

```
a=a+a;    // 风格 1
```

而笔者推荐的风格，每个运算符（如这个语句的"="和"+"）左右两边都手工地多敲一个空格，即：

```
a = a + a;    // 风格 2
```

上述两个语句在功能上（对于编译器来说）是完全相同的，但后者（所有运算符后面有个空格）更具有美感。当然，对于编程风格，"仁者见仁，智者见智"，这里仅仅是一种推荐，而不是一种必需。

但是，对于逻辑判断的等号"=="、"&&"、"||"、简写运算符"+="、" - ="等，左右移符号"<<"、">>"及">>>"等，不可以用空格隔开。如果这些符号中间添加空格的话，编译器就会不"认识"它们，从而无法编译通过。

4.3.2 空语句

前面所讲的语句都要进行一定的操作，但是 Java 中有一种语句什么也不执行，这就是空语句。空语句是由一个分号（；）组成的语句。

空语句是什么也不执行的语句。在程序中空语句常用来作空循环体。例如，

```
while((char) System.in.read()!='\n')
{        // 为了突出空语句，特地加了一个大括号
;
}
```

该语句的功能是，只要从键盘输入的字符（System.in.read() 方法）不是回车则重新输入。一般来说，while 的条件判断体后不用添加分号，后面紧跟一个循环体，而这里的循环体为空语句。上述语句可以用下面更加简洁的语句来描述：while(getchar()!='\n');

关于 while 循环的知识点，我们会在后面详细描述，这里读者仅需知道这个概念即可。

空语句还可以用于在调试时留空以待以后添加新的功能。如果不是出于这种目的，一般不建议使用空语句，因为空语句不完成任何功能，但同样会额外占用计算机资源。

4.3.3 声明语句与赋值语句

前面已经多次用到了声明语句。其格式一般如下。

```
<声明数据类型 > < 变量 1> …< 变量 n>;
```

使用声明语句可以在每一条语句中声明一个变量，也可以在一条语句中声明多个变量。还可以在声明变量的同时，直接与赋值语句连用为变量赋值。例如，

```
int a;        // 一条语句中声明一个变量
int x, y;     // 一条语句中声明多个变量
int t = 1;    // 声明变量的同时，直接为变量赋值
```

如果对声明的成员变量没有赋值，那么将赋为默认的值。默认初始值：整型的为 0；布尔类型变量默认值为 false；引用数据类型和字符串类型默认都为 null。

除了可以在声明语句中为变量赋初值外，还可以在程序中为变量重新赋值，这就用到了赋值语句。例如，

```
pi = 3.1415;
r = 25;
s = pi*r*r;
```

在程序代码中，使用赋值语句给变量赋值，赋值符号右边可以是一个常量或变量，也可以是一个表达式。程序在运行时先计算表达式的值，然后将结果赋给等号左边的变量。

▶ 4.4 程序的控制逻辑

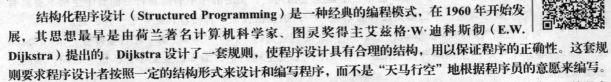

结构化程序设计（Structured Programming）是一种经典的编程模式，在 1960 年开始发展，其思想最早是由荷兰著名计算机科学家、图灵奖得主艾兹格·W·迪科斯彻（E.W. Dijkstra）提出的。Dijkstra 设计了一套规则，使程序设计具有合理的结构，用以保证程序的正确性。这套规则要求程序设计者按照一定的结构形式来设计和编写程序，而不是"天马行空"地根据程序员的意愿来编写。

结构化程序设计语言，强调用模块化、积木式的方法来建立程序。采用结构化程序设计方法，可使程序的逻辑结构清晰、层次分明、可读性好、可靠性强，从而提高了程序的开发效率，保证了程序质量，提高了程序的可靠性。

不论是顺序结构、选择结构，还是循环结构，这 3 种结构都有一个共同点，就是它们都只有一个入口，也只有一个运行出口。在程序中，使用了这些结构到底有什么好处呢？答案是，这些单一的入口、出口可让程序可控、易读、好维护。下面我们分别介绍。

4.4.1 顺序结构

顺序结构是结构化程序中最简单的结构之一。所谓顺序结构程序就是按书写顺序执行的语句构成的程序段，其流程如下图（a）所示。

通常情况下，顺序结构是指按照程序语句出现的先后顺序一句一句地执行。前几个章节的范例，大多数都属于顺序结构程序。有一些程序并不按顺序执行语句，这个过程称为"控制的转移"，它涉及另外两类程序的控制结构，即选择结构和循环结构。

4.4.2 选择结构

选择结构也称为分支结构，在许多实际问题的程序设计中，根据输入数据和中间结果的不同，需要选择不同的语句组执行。在这种情况下，必须根据某个变量或表达式的值作出判断，以决定执行哪些语句和不执行哪些语句，其流程如下图（b）所示。

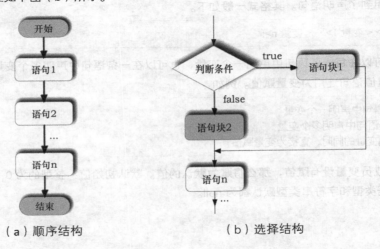

（a）顺序结构　　　　　　　　（b）选择结构

选择结构是根据给定的条件进行判断，决定执行哪个分支的程序段。条件分支不是我们常说的"兵分两路"，"兵分两路"是两条路都有"兵"，而这里的条件分支，在执行时"非此即彼"，不可兼得，主要用于两个分支的选择，由 if 语句和 if … else 语句来实现。下面介绍一下 if…else 语句。

if…else 语句可以依据判断条件的结果，来决定要执行的语句。当判断条件的值为真时，就运行"语句1"；当判断条件的值为假时，则执行"语句2"。不论执行哪一个语句，最后都会再回到"语句3"继续执行。

4.4.3 循环结构

循环结构的特点是，在给定条件成立时，反复执行某个程序段。通常我们称给定条件为循环条件，称反复执行的程序段为循环体。循环体可以是复合语句、单个语句或空语句。在循环体中也可以包含循环语句，实现循环的嵌套。循环结构的流程如下图所示。

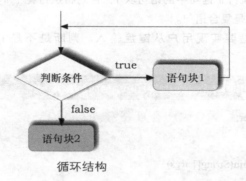

循环结构

4.5 选择结构

Java 语言中的选择结构提供了以下两种类型的分支结构。

- 条件分支：根据给定的条件进行判断，决定执行某个分支的程序段。
- 开关分支：根据给定整型表达式的值进行判断，然后决定执行多路分支中的一支。

条件分支主要用于两个分支的选择，由 if 语句和 if … else 语句来实现。开关分支用于多个分支的选择，由 switch 语句来实现。在语句中加上了选择结构之后，就像是十字路口，根据不同的选择，程序的运行会有不同的结果。

4.5.1 if 语句

if 语句（if-then Statement）用于实现条件分支结构，它在可选动作中做出选择，执行某个分支的程序段。if 语句有两种格式在使用中供选择。要根据判断的结构来执行不同的语句时，使用 if 语句是一个很好的选择，它会准确地检测判断条件成立与否，再决定是否要执行后面的语句。

if 语句的格式如下。

```
if ( 判断条件 )
{
  语句 1
…
  语句 n
}
```

若是在 if 语句主体中要处理的语句只有 1 个，可省略左、右大括号。但是不建议读者省略，因为这样更易于阅读和不易出错。当判断条件的值不为假时，就会逐一执行大括号里面所包含的语句。if 语句的流程如下图所示。

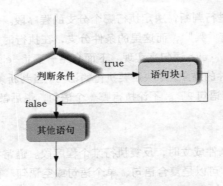

如果表达式的值为真，则执行 if 语句中的语句块 1；否则将执行整个 if 语句下面的其他语句。if 语句中的语句可以是一条语句，也可以是复合语句。

下面的一个小案例，就是要实现用户从键盘输入，判断是不是 13，如果是，则输出 "No Lucky Number!"

范例 4-12   if条件语句的使用（simulateElevator.java）

```
01    import java.util.Scanner;
02    public class Elevator
03    {
04      public static void main(String[] args)
05      {
06        @SuppressWarnings("resource")
07            Scanner in = new Scanner(System.in);
08        System.out.print("Floor:");
09        int floor = in.nextInt();
10
11        if (floor == 13)
12        {
13            System.out.println("No Lucky Number!");
14        }
15      }
16    }
```

程序运行结果如下图所示。

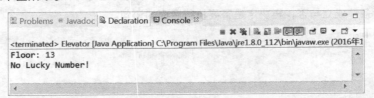

【代码详解】

第 01 行，导入 java.util.Scanner，Scanner 类的主要功能是获取控制台输入。

第 06 行，是一条注解（annotation）信息，这里主要用于告诉编译器忽略一些警告信息（如资源泄露等），这里删除亦不影响运行效果。

第 07 行，通过 new Scanner(System.in) 创建一个 Scanner 对象 in，这里 System.in 是 System 类中的静态输入对象 in，作为实参提供给 Scanner 的构造方法。读者暂时不必理会其中的含义，知道如何用就可以了。在后面的章节中，我们会逐步讲解相关的知识点。

有了 Scanner 对象 in，控制台就会一直等待输入，直到输入内容，当按【Enter】键表示输入内容结束，然后再把所输入的文本内容传给 Scanner，作为其扫描分析的对象。

第 07 行，输出提示信息，请读者注意的是，这里用的方法是"System.out.print"，而非"System.out.println"，其主要区别在于，前者输出信息后不换行，而后者换行。

第 09 行，通过 in 对象的方法"nextInt()"，读入键盘输入的整数，并赋值给整型变量 floor。

第 11 ~ 第 14 行，则实现的是 if 语句。

【范例分析】

这个范例很简单，但有 2 个知识点却值得注意。

（1）if 语句的逻辑判断，仅仅对其后的"一条"语句有效，这里的"一条"，既可以是一条简单语句，也可以是用花括号｛｝括起来的复合语句。所以对初学者来说，容易犯的第一类错误是，在 if 语句后面加上分号"；"，例如第 11 行写成如下所示。

```
11        if (floor == 13) ;
12        {
13              System.out.println("No Lucky Number!");
14        }
```

事实上，上述语句在编译上没有任何问题，但是不论用户在键盘输入什么数字，都会输出"No Lucky Number!"，如下图所示。

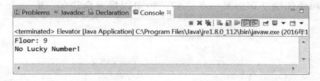

其实，原因很简单。分号"；"在 Java 中有两个作用：就是一条语句的终结符；作为一条空语句。

如果在 if 语句后面添加分号"；"，实际上，就等效为如下形式。

```
11  if (floor == 13)
12    ;
13  {
14      System.out.println("No Lucky Number!");
15    }
```

请注意，代码的第 12 行所示的语句，是一条合法的空语句"；"。别小看这个"空语句"，它的语法地位和由第 13 ~ 第 15 行组成的复合语句完全等效，都是一条语句，不过前者是特殊的单条空语句，后者是一条由花括号括起来的复合语句。

由于 if 语句仅仅对其后的一条语句有效，所以第 11 ~ 第 12 行代表的含义是，如果 floor 的值是 13 的话，则执行空语句（即空操作）。而第 13 ~ 第 15 行变成了一个由花括号｛｝括起来的局域代码块，它不受任何条件约束。所以，必然会输出"No Lucky Number!"。

（2）初学者第二个容易犯的错是，可能受思维盲点的局限，容易在逻辑等（==）判断时，少写了一个等号（=），就变成了如下所示的代码。

```
11  if (floor = 13)
12    {
```

```
13      System.out.println("No Lucky Number!");
14  }
```

这样，if 语句的括号"()"内不再是逻辑判断，而是变成了赋值语句，即将 floor 赋值为 13，在 C/C++ 中的逻辑判断中，"非零即为真"，所以"if（13）"这个逻辑判断，条件为真（因为 13 不是零），因此，"No Lucky Number!"肯定会输出。

但是，在 Java 中，一切都不一样了。Java 的逻辑判断只接纳布尔值，也就是说，只接纳"true"和"false"，除此之外的值，编译器都不会答应，这样就避免了在 C/C++ 中容易犯的错误。假设我们在第 11 行 if 语句的括号内少写了一个"="，就会得到如下类型失配的错误（Type mismatch: cannot convert from int to boolean），编译器没有办法把一个整型（即 13）转换成为布尔类型（真或假）。

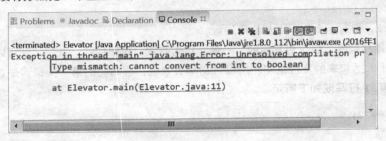

4.5.2　if…else 语句

if…else 语句（if-then-else Statement）是根据判断条件是否成立来执行的。如下图所示，如果条件表达式的值为真，则执行 if 中的语句块 1，判断条件不成立时，则会执行 else 中的语句块 2，然后继续执行整个 if 语句后面的语句。语句块 1 和语句块 2 可以是一条语句，也可以是复合语句。if…else 语句的格式如下。

```
if( 条件表达式 )
{
    语句块 1
}
else
{
    语句块 2
}
```

若在 if 语句体或 else 语句体中要处理的语句只有一条，可以将左、右大括号去除。但是建议读者养成良好的编程习惯，不管 if 语句或 else 语句体中有几条语句，都加左、右大括号。

if…else 语句的流程如下图所示。

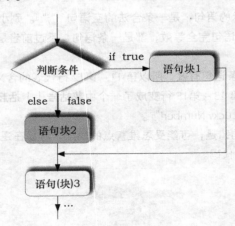

由于忌讳"13"这个数字，西方人就千方百计地避免和"13"接触。例如，很多大楼是"没有"第13层电梯的。但大楼不可能构建"空中楼阁"，所以第13层楼作为物理实体，还是的的确确存在的。现在假设你是一名为电梯写控制代码的程序员，产品经理要求不能出现13层的电梯按钮，你该怎么办呢？

其实，完成这项任务的核心技巧就是，迎合人们的"掩耳盗铃"心理：当楼层小于13层时，电梯按钮数字就对应实际楼层数，而当楼层大于等于13时，电梯按钮数字统统虚高一层，也就是说，如果用户按的是14层，实际对应13层，如果用户按的是15层，实际对应14层，以此类推。那么该如何编写这样的代码呢？

这时，本小节学到的 if…else 选择结构就派到了用场，请参见如下范例。

📝 范例 4-13　if…else条件语句的使用（simulateElevator.java）

```
01   import java.util.Scanner;
02   public class simulateElevator
03   {
04     public static void main(String[] args)
05     {
06       @SuppressWarnings("resource")
07           Scanner in = new Scanner(System.in);
08       System.out.print("Floor:");
09       int floor = in.nextInt();
10
11       int actualFloor;
12       if (floor > 13) // 按需调整电梯按钮
13       {
14         actualFloor = floor - 1;
15       }
16       else
17       {
18         actualFloor = floor;
19       }
20       System.out.println(" 电梯将达到实际楼层为：" + actualFloor);
21     }
22   }
```

程序运行结果如下图所示。

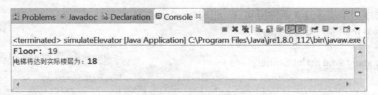

【代码详解】

代码的前面部分，和【范例4-12】完全一致，就是在第12～第20行，展示了逻辑判断语句 if…else 的使用。

【范例分析】

针对上面的范例，请读者注意两点：（1）当 if…else 语句后面仅仅跟有一条语句时，其后的一对花括号并不是必需的，例如在代码第12～第19行，可以简化为：

```
12   if (floor > 13)
13       actualFloor = floor - 1;
14   else
15       actualFloor = floor;
```

甚至还可以进一步简化为两条语句：

```
12   if (floor > 13) actualFloor = floor - 1;
13   else actualFloor = floor;
```

虽然，后面两种写法和【范例4-13】所示的代码，在功能上完全等效，但是，从编程风格的美观上，我们还是推荐，即使if…else语句后面仅跟一条语句，也要用花括号{}括起来，因为这让代码更具有可读性，而且在后期维护时，添加新的语句也不担心花括号的匹配问题。

4.5.3　if…else if…else 语句

由于if语句体或else语句体可以是多条语句，所以如果需要在if…else里判断多个条件，可以"随意"嵌套。比较常用的是if…else if…else语句，其格式如下所示。

```
if ( 条件判断 1)
{
…// 语句块 1
}
else if ( 条件判断 2)
{
…// 语句块 2
}
…// 多个 else if() 语句
else
{
    语句块 n
}
```

这种方式用在含有多个判断条件的程序中，请看下面的范例。

📝 范例 4-14　多分支条件语句的使用（multiplyIfElse.java）

```
01   // 以下程序演示了多分支条件语句 if…else if …else 的使用
02   public class multiplyIfElse
03   {
04       public static void main( String[] args )
05       {
06         int a = 5;
07         // 判断 a 与 0 的大小关系
08         if( a > 0 )
09         {
10           System.out.println( "a > 0!" );
11         }
12         else if( a < 0 )
13         {
14           System.out.println( "a < 0!" );
15         }
```

```
16        else
17        {
18          System.out.println( "a == 0!" );
19        }
20    }
21  }
```

程序运行结果如下图所示。

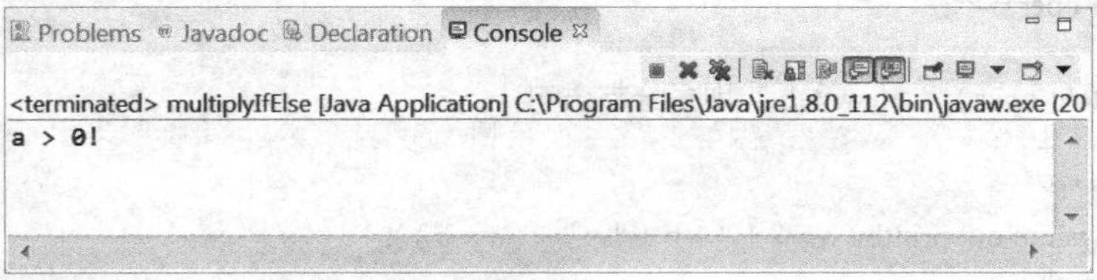

可以看出，if…else if…else 比单纯的 if…else 语句含有更多的条件判断语句。可是如果有很多条件都要判断的话，这样写是一件很头疼的事情，下面介绍的多重选择 switch 语句就可以解决这一问题。

4.5.4 多重选择—— switch 语句

虽然嵌套的 if 语句可以实现多重选择处理，但语句较为复杂，并且容易将 if 与 else 配对错误，从而造成逻辑混乱。在这种情况下，可使用 switch 语句来实现多重选择情况的处理。switch 结构称为"多路选择结构"，switch 语句也叫开关语句，在许多不同的语句组之间做出选择。

switch 语句的格式如下，其中 default 语句和 break 语句并不是必需的。

```
        switch ( 表达式 )
{
case 常量选择值 1 :  语句体 1 {break ;}
case 常量选择值 2 :  语句体 2 { break;}
……
case 常量选择值 n :  语句体 n { break ;}
default :  默认语句体 { break;}
}
```

需要说明的是，switch 的表达式类型为整型（包括 byte、short、char、int 等）、字符类型及枚举类型。在 JDK 1.7 之后，switch 语句增加了对 String 类型的支持。我们会在后续的章节中讲到它们的具体应用。case（情况）后的常量选择值要和表达式的数据类型一致，并且不能重复。break 语句用于转换程序的流程，在 switch 结构中使用 break 语句可以使程序立即退出该结构，转而执行该结构后面的第 1 条语句。

接下来看看 switch 语句执行的流程。

（1）switch 语句先计算括号中表达式的结果。

（2）根据表达式的值检测是否符合 case 后面的选择值，若是所有 case 的选择值皆不符合，则执行 default 后面的语句，执行完毕即离开 switch 语句。

（3）如果某个 case 的选择值符合表达式的结果，就会执行该 case 所包含的语句，直到遇到 break 语句后才离开 switch 语句。

（4）若是没有在 case 语句结尾处加上 break 语句，则会一直执行到 switch 语句的尾端才会离开 switch 语句。break 语句在下面的章节中会介绍，读者只要先记住 break 是跳出语句就可以了。

（5）若是没有定义 default 该执行的语句，则什么也不会执行，而是直接离开 switch 语句。

下面的程序是一个简单的赋值表达式，利用switch语句处理此表达式中的运算符，再输出运算后的结果。

📝 范例 4-15　多分支条件语句的使用（switchDemo.java）

```
01  //以下程序演示了多分支条件语句的使用
02  public class switchDemo
03  {
04      public static void main( String[] args )
05      {
06          int a = 100;
07          int b = 7;
08          char oper = '*';
09
10          switch( oper ) // 用 switch 实现多分支语句
11          {
12          case '+':
13              System.out.println( a + " + " + b + " = " + ( a + b ) );
14              break ;
15          case '-':
16              System.out.println( a + " - " + b + " = " + ( a - b ) );
17              break ;
18          case '*':
19              System.out.println( a + " * " + b + " = " + ( a * b ) );
20              break ;
21          case '/':
22              System.out.println( a + " / " + b + " = " + ( (float)a / b ) );
23              break ;
24          default:
25              System.out.println( " 未知的操作！ " );
26              break;
27          }
28      }
29  }
```

程序运行结果如下图所示。

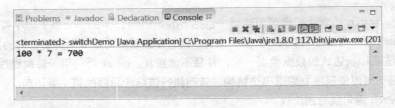

【代码详解】

第 08 行，利用变量存放一个运算符号。

第 10 ～ 第 27 行为 switch 语句。当 oper 为字符 +、−、*、/ 时，输出运算的结果后离开 switch 语句；若所输入的运算符皆不是这些，即执行 default 所包含的语句，输出"未知的操作！"，再离开 switch。

选择值为字符时，必须用单引号将字符包围起来。

读者朋友可以试着把程序中的 break 语句删除，再运行，看看结果是什么，想一想为什么？

▶4.6 循环结构

循环结构是程序中的另一种重要结构。它和顺序结构、选择结构共同作为各种复杂程序的基本构造部件。循环结构的特点是在给定条件成立时，反复执行某个程序段。通常我们称给定条件为循环条件，称反复执行的程序段为循环体。循环体可以是复合语句、单个语句或空语句。

循环结构包括 while 循环、do…while 循环、for 循环，还可以使用嵌套循环完成复杂的程序控制操作。

4.6.1 while 循环

while 循环语句的执行过程是先计算表达式的值，若表达式的值为真，则执行循环体中的语句，继续循环；否则退出该循环，执行 while 语句后面的语句。循环体可以是一条语句或空语句，也可以是复合语句。while 循环的格式如下。

```
while (判断条件)
{
    语句 1；
    语句 2；
    …
    语句 n
}
```

当 while 循环主体有且只有一个语句时，可以将大括号去掉，但同样不建议这样做。在 while 循环语句中，只有一个判断条件，它可以是任何逻辑表达式。在这里需要注意的是，while 中的判断条件必须是布尔类型值（不同于 C/C++，可以是有关整型数运算的表达式）。下面列出了 while 循环执行的流程。

（1）第 1 次进入 while 循环前，必须先对循环控制变量（或表达式）赋起始值。

（2）根据判断条件的内容决定是否要继续执行循环，如果条件判断值为真（true），则继续执行循环主体。

（3）条件判断值为假（false），则跳出循环执行其他语句。

（4）重新对循环控制变量（或表达式）赋值（增加或减少）。由于 while 循环不会自动更改循环控制变量（或表达式）的内容，所以在 while 循环中对循环控制变量赋值的工作要由设计者自己来做，完成后再回到步骤（2）重新判断是否继续执行循环。

while 循环流程如下图所示。

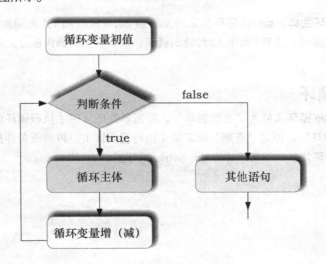

下面这个范例是循环计算 1 累加至 10。

范例 4-16　while循环的使用（whileDemo.java）

```
01  // 以下程序演示了 while 循环的使用方法
02  public class whileDemo
03  {
04      public static void main( String[] args )
05      {
06          int i = 1 ;
07          int sum = 0 ;
08
09          while( i < 11 )
10          {
11              sum += i ;   // 累加计算
12              ++i ;
13          }
14
15          System.out.println( "1 + 2 + ...+ 10 = " +sum );        // 输出结果
16      }
17  }
```

程序运行结果如下图所示。

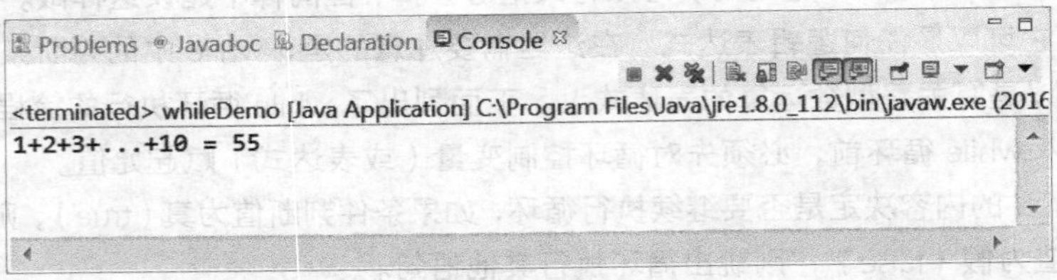

```
Problems  Javadoc  Declaration  Console

<terminated> whileDemo [Java Application] C:\Program Files\Java\jre1.8.0_112\bin\javaw.exe (2016
1+2+3+...+10 = 55
```

【代码详解】

在第 06 行中，将循环控制变量 i 的值赋值为 1。

第 09 行进入 while 循环的判断条件为 i<11。第 1 次进入循环时，由于 i 的值为 1，所以判断条件的值为真，即进入循环主体。

第 10 ~ 第 13 行为循环主体，sum+i 后再指定给 sum 存放，i 的值加 1，再回到循环起始处，继续判断 i 的值是否仍在所限定的范围内，直到 i 大于 10 即跳出循环，表示累加的操作已经完成，最后再将 sum 的值输出 即可。

4.6.2　do···while 循环

上一小节介绍的 while 循环又称为"当型循环"，即当条件成立时才执行循环体，该小节介绍与"当型循环"不同的"直到型循环"，即先"直到"循环体（执行循环体），再判断条件是否成立，所以"直到型循环"至少会执行一次循环体。该循环又称为 do···while 循环。

```
do {
语句 1 ;
语句 2 ;
…
语句 n ;
} while ( 判断条件 );
```

　　do…while 循环的执行过程是先执行一次循环体，然后判断表达式的值，如果是真，则再执行循环体，继续循环；否则退出循环，执行下面的语句。循环体可以是单条语句或是复合语句，在语法上它也可以是空语句，但此时循环没有什么实际意义。

　　下面列出 do…while 循环执行的流程。

　　（1）在进入 do…while 循环前，要先对循环控制变量（或表达式）赋起始值。

　　（2）直接执行循环主体，循环主体执行完毕，才开始根据条件的内容，判断是否继续执行循环：条件判断值为真（true）时，继续执行循环主体；条件判断值为假（false）时，则跳出循环，执行其他语句。

　　（3）执行完循环主体内的语句后，重新对循环控制变量（或表达式）赋值（增加或减少）。由于 do…while 循环和 while 循环一样，不会自动更改循环控制变量（或表达式）的内容，所以在 do…while 循环中赋值循环控制变量的工作要由自己来做，再回到步骤 2 重新判断是否继续执行循环。

　　do…while 循环流程如下图所示。

　　把 whileDemo.java 的程序稍加修改，用 do…while 循环重新改写，就是下面的范例。

📝 范例 4-17　do…while循环语句的使用（doWhileDemo.java）

```
01  // 演示 do…while 循环的用法
02  public class doWhileDemo
03  {
04      public static void main( String[] args )
05      {
06          int i = 1;
07          int sum = 0;
08          // do.while 是先执行一次，再进行判断，即循环体至少会被执行一次
09          do
10          {
11              sum += i;   // 累加计算
12              ++i;
13          }while( i <= 10 );
14
15          System.out.println( "1 + 2 + ...+ 10 = " + sum );        //输出结果
16      }
17  }
```

程序运行结果如下图所示。

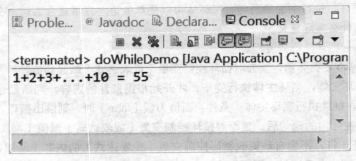

首先，声明程序中要使用的变量 i（循环记数及累加操作数）及 sum（累加的总和），并将 sum 的初值设为 0；由于要计算 1+2+…+10，因此在第 1 次进入循环的时候，将 i 的值设为 1，接着判断 i 是否小于 11，如果 i 小于 11，则计算 sum+i 的值后再指定给 sum 存放。i 的值已经不满足循环条件时，即会跳出循环，表示累加的操作已经完成，再输出 sum 的值，程序即结束运行。

【代码详解】

第 09 ~ 第 13 行利用 do…while 循环计算 1 ~ 10 的数累加。

第 15 行输出 1 ~ 10 的数的累加结果：1 + 2 + …+ 10 = 55。

do…while 循环重要特征是，不管条件是什么，都是先做再说，因此循环的主体最少会被执行一次。在日常生活中，如果能够多加注意，并不难找到 do…while 循环的影子。例如，在利用提款机提款前，会先进入输入密码的画面，允许使用者输入 3 次密码，如果皆输入错误，即会将银行卡吞掉，其程序的流程就可以利用 do…while 循环设计而成。

4.6.3　for 循环

在 for 循环中，赋初始值语句、判断条件语句、增减标志量语句均可有可无。循环体可以是一条语句或空语句，也可以是复合语句。其语句格式如下。

```
for ( 赋初始值；判断条件；增减标志量 )
{
语句 1 ；
…
….语句 n ；
}
```

若是在循环主体中要处理的语句只有 1 个，可以将大括号去掉，但是不建议省略。下面列出 for 循环的流程。

（1）第 1 次进入 for 循环时，对循环控制变量赋起始值。

（2）根据判断条件的内容检查是否要继续执行循环，当判断条件值为真（true）时，继续执行循环主体内的语句；判断条件值为假（false）时，则会跳出循环，执行其他语句。

（3）执行完循环主体内的语句后，循环控制变量会根据增减量的要求，更改循环控制变量的值，再回到步骤 2 重新判断是否继续执行循环。

for 循环流程如下图所示。

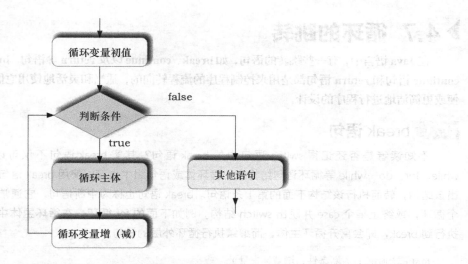

通过下面的范例，利用 for 循环来完成由 1 至 10 的数的累加运算，帮助读者熟悉 for 循环的使用方法。

范例 4-18　for 循环的使用（forDemo.java）

```
01    // 演示 for 循环的用法
02    public class forDemo
03    {
04        public static void main( String[] args )
05        {
06            int i = 0;
07            int sum = 0 ;
08            // 用来计算数字累加之和
09            for( i = 1; i < 11; i++ )
10            {
11                sum += i ;   // 计算 sum = sum+i
12            }
13            System.out.println( "1 + 2 + ... + 10 = " + sum );
14        }
15    }
```

程序运行结果如下图所示。

```
Problems  @ Javadoc  Declaration  Console
<terminated> forDemo [Java Application] C:\Program Files\Java\jre1.8.0_112\bin\javaw.exe (2016年
1+2+3+...+10 = 55
```

【代码详解】

第 06 和第 07 行声明两个变量 sum 和 i，i 用于循环的记数控制。

第 09 ~ 第 12 行做 1 ~ 10 之间的循环累加，执行的结果如上图所示。

事实上，当循环语句中又出现循环语句时，就称为循环嵌套。如嵌套 for 循环、嵌套 while 循环等。当然读者也可以使用混合嵌套循环，也就是循环中又有其他不同种类的循环。

▶ 4.7 循环的跳转

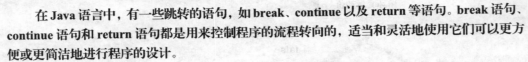

在 Java 语言中，有一些跳转的语句，如 break、continue 以及 return 等语句。break 语句、continue 语句和 return 语句都是用来控制程序的流程转向的，适当和灵活地使用它们可以更方便或更简洁地进行程序的设计。

4.7.1 break 语句

不知读者是否还记得 switch 语句中的 break 语句？其实 break 语句不仅可以用在 switch 语句中，在 while、for、do…while 等循环语句结构中的循环体或语句组中也可以使用 break 语句，其作用是使程序立即退出该结构，转而执行该结构下面的第 1 条语句。break 语句也称为中断语句，它通常用来在适当的时候退出某个循环，或终止某个 case 并跳出 switch 结构。例如下面的 for 循环，在循环主体中有 break 语句时，当程序执行到 break，即会离开循环主体，而继续执行循环外层的语句。

```
for ( 赋初始值；判断条件；增减标志量 )
{
  语句 1；
  语句 2；
  …
  break；
  …          // 若执行 break 语句，则此块内的语句将不会被执行
  语句 n；
}
```

break 语句有两种用法，较常见的是不带标签的 break 语句。另外一种情况是带标签的 break 语句，它可以协助跳出循环体，接着运行指定位置的语句。下面分别给予介绍。

（1）不带标签的 break

以下面的程序为例，利用 for 循环输出循环变量 i 的值，当 i 除以 3 所取的余数为 0 时，即使用 break 语句的跳离循环，并于程序结束前输出循环变量 i 的最终值。

📋 范例 4-19　break语句的使用（breakDemo.java）

```
01  // 演示不带标签的 break 语句的用法
02  public class breakDemo
03  {
04    public static void main( String[] args )
05    {
06      int i = 0;
07      // 预计循环 9 次
08      for( i=1; i<10; ++i )
09      {
10        if( i%3 == 0 )
11          break；  // 当 i%3 == 0 时跳出循环体。注意此处通常不使用大括号
12
13        System.out.println( "i = " + i);
14      }
15      System.out.println( " 循环中断：i = " + i);
16    }
17  }
```

程序运行结果如下图所示。

【代码详解】

第 09 ~ 第14 行为循环主体，i 为循环的控制变量。

当 i%3 为 0 时，符合 if 的条件判断，即执行第 11 行的 break 语句，跳离整个 for 循环。此例中，当 i 的值为 3 时，3%3 的余数为 0，符合 if 的条件判断，离开 for 循环，执行第 15 行：输出循环结束时循环控制变量 i 的值3。

通常设计者都会设定一个条件，当条件成立时，不再继续执行循环主体。所以在循环中出现 break 语句时，if 语句通常也会同时出现。

另外，或许读者会问，为什么第 10 行的 if 语句没有用大括号包起来，不是要养成良好的编程风格吗？其实习惯上如果 if 语句里只含有一条类似于 break 语句、continue 语句或 return 语句的跳转语句，我们通常会省略 if 语句的大括号。

（2）带标签的 break

不带标签的 break 只能跳出包围它的最小代码块，如果想跳出包围它的更外层的代码块，可以使用带标签的 break 语句。

带标签的 break 语句格式如下。

```
break 标签名;
```

当这种形式的 break 执行时，控制被传递出指定的代码块。标签不需要是直接的包围 break 块，因此可以使用一个加标签的 break 语句退出一系列的嵌套块。要为一个代码块添加标签，只需要在该语句块的前面加上 " 标签名： " 格式代码即可。标签名可以是任何合法有效的 Java 标识符。给一个块加上标签后，就可以使用这个标签作为 break 语句的对象。

范例 4-20　带标签的break语句的使用（breakLabelDemo.java）

```java
01  // 演示带标签 break 语句的用法
02  public class breakLabelDemo
03  {
04     public static void main( String[] args )
05     {
06       for(int i = 0 ;i< 2;i++) // 最外层 for 循环
07       {
08         System.out.println(" 最外层循环 " + i);
09         loop:  // 中间层 for 循环标签
10         for(int j = 0;j< 2; j++) // 中间层 for 循环
11         {
12           System.out.println(" 中间层循环 " + j);
13           for(int k = 0; k < 2; k++) // 最内层 for 循环
14           {
15             System.out.println(" 最内层循环 " + k);
16             break loop;  // 跳出中间层 for 循环
```

```
17              }
18             }
19           }
20          }
21        }
```

程序运行结果如下图所示。

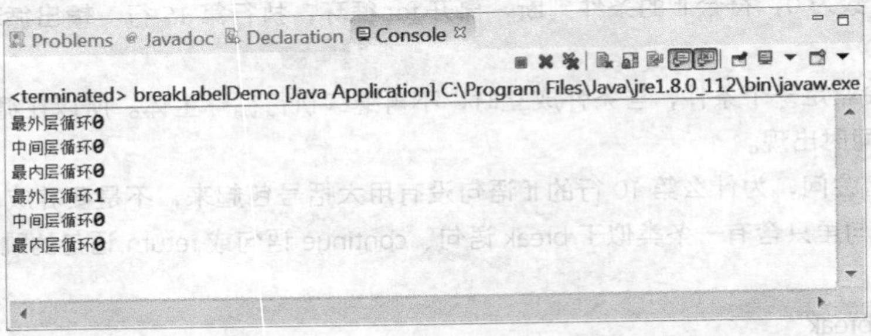

【代码详解】

带标签的 break 语句，在本质上是作为 goto 语句的一种"文明"形式来使用。具体到本例，在代码第 16 行，loop 就是 break 所要跳出的标签。如果不加 break loop 这个语句，该程序运行结果有 14 行，但是加上 break loop 后，程序运行结果只有 6 行（如上图所示）。其原因如下：当程序由最外层循环向内层循环执行并输出"最外层循环 0 中间层循环 0 最内层循环 0"到达"break loop"时，程序跳出中间层循环，执行最外层循环中剩余的代码——i 的自增操作，通过判断 i 仍然符合循环条件，所以再一次从最外层循环向内层循环执行并输出"最外层循环 1 中间层循环 0 最内层循环 0"再次到达"break loop;"语句，再次跳转到最外层循环，i 再次加 1，已不符合最外层循环控制条件，跳出最外层循环。结束该嵌套循环程序段。

4.7.2 continue 语句

在 while、do…while 和 for 语句的循环体中，执行 continue 语句将结束本次循环而立即测试循环的条件，以决定是否进行下一次循环。例如下面的 for 循环，在循环主体中有 continue 语句，当程序执行到 continue，会执行设增减量，然后执行判断条件，也就是说会跳过 continue 下面的语句。

```
for ( 初值赋值；判断条件；设增减量 )
{
语句 1；
语句 2；
…
continue
…  // 若执行 continue 语句，则此处将不会被执行
语句 n；
}
```

类似于 break 语句有两种用法，continue 语句也有两种用法：一种是常见的不带标签的 continue 语句；另一种情况是带标签的 continue 语句，它可以协助跳出循环体，接着运行指定位置的语句。下面分别介绍。

（1）不带标签的 continue 语句

break 语句是跳出当前层循环，终结的是整个循环，也不再判断循环条件是否成立；相比而言，continue 语句则是结束本次循环（即 continue 语句之后的语句不再执行），然后重新回到循环的起点，判断循环条件

是否成立，如果成立，则再次进入循环体，若不成立，跳出循环。

范例 4-21　continue语句的使用（continueDemo.java）

```
01  //演示不带标签的 continue 语句的用法
02  public class continueDemo
03  {
04      public static void main( String[] args )
05      {
06          int i = 0;
07          //预计循环 9 次
08          for( i=1; i<10; ++i )
09          {
10              if( i % 3 == 0 )  //当 i%3 == 0 时跳过本次循环，直接执行下一次循环
11                  continue;
12
13              System.out.println( "i = " + i );
14          }
15          System.out.println( " 循环结束：i = " + i );
16      }
17  }
```

程序运行结果如下图所示。

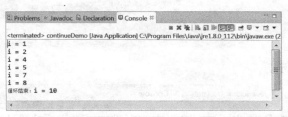

【代码详解】

第 09 ~ 第14 行为循环主体，i 为循环控制变量。

当 i%3 为 0 时，符合 if 的条件判断，即执行第 11 行的 continue 语句，跳离目前的 for 循环，不再执行循环体内的其他语句，而是先执行 ++i，再回到 i<10 处判断是否执行循环。此例中，当 i 的值为 3、6、9 时，取余数为 0，符合 if 判断条件，离开当前层的 for 循环，回到循环开始处继续判断是否执行循环。

当 i 的值为 10 时，不符合循环执行的条件，此时执行程序第 15 行，输出循环结束时循环控制变量 i 的值 10。

当判断条件成立时，break 语句与 continue 语句会有不同的执行方式。break 语句不管情况如何，先离开循环再说；而 continue 语句则不再执行此次循环的剩余语句，而是直接回到循环的起始处。

（2）带标签的 continue 语句

continue 语句和 break 语句一样可以和标签搭配使用，其作用也是用于跳出深度循环。其格式为：

continue 标签名；

continue 后的标签，必须标识在循环语句之前，使程序的流程在遇到 continue 之后，立即结束当次循环，跳入标签所标识的循环层次中，进行下一轮循环。

📋 **范例** 4-22　　带标签的continue语句的使用（continueLabelDemo.java）

```
01   // 演示带标签的 continue 语句的用法
02   public class ContinueLabelDemo
03   {
04
05    public static void main(String[] args)
06    {
07     for(int i = 0 ;i< 2;i++)
08     {
09        System.out.println(" 最外层循环 " + i);
10        loop:
11        for(int j = 0;j< 2; j++)
12        {
13          System.out.println(" 中间层循环 " + j);
14          for(int k = 0; k < 2; k++)
15          {
16            System.out.println(" 最内层循环 " + k);
17            continue loop;   // 进入中层循环的下一次循环
18          }
19        }
20     }
21    }
22
23   }
```

程序运行结果如下图所示。

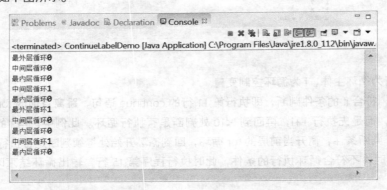

【代码详解】

在程序第 17 行，continue 语句带有标签 loop，程序的输出结果有 10 行之多（见上图）。假设将 continue 语句后的标签 loop 删除，整个程序的输出结果为 14 行。原因在于：从最外层 for 循环向内层 for 循环执行并先后输出 "最外层循环 0 ⏎ 中间层循环 0 ⏎ 最内层循环 0 ⏎"（这里的 "⏎" 表示回车换行），到达 "continue loop;"，然后程序跳出最内层 for 循环至标签处（第 10 行），再在中间层 for 循环体内执行 j 自加操作，判断 j 仍然符合循环条件，从而从中间层 for 循环向内层执行并输出 "中间层循环 1 ⏎ 最内层循环 0 ⏎"，再次执行到 "continue loop："，然后程序再次从最内层 for 循环跳至标签处（第 10 行），再次进入中间层 for 循环，执行 j 自加操作，此时 j 已不符合循环条件，跳出中间层循环，进入最外层循环，在 i=1 时重复以上操作，从而输出 10 行。

4.7.3 return 语句

return 语句可以使程序的流程离开 return 语句所在的方法体，到目前为止我们所写的程序都只有一个 main 方法，所以，读者目前可以简单认为，return 语句的功能就是使程序结束。

return 语句的语法为：

```
return 返回值；
```

其中返回值根据方法的定义不同以及我们的需求不同而不同，目前我们的程序使用 return 语句的形式为：

```
return；
```

范例 4-23　return语句的使用（returnDemo.java）

```
01  // 演示 return 语句的用法
02  public class returnDem
03  {
04      public static void main( String[] args )
05      {
06          int i = 0;
07          // 预计循环 9 次
08          for( i=1; i<10; ++i )
09          {
10              if( i%3 == 0 )
11                  return ;  // 当 i%3 == 0 时结束程序
12
13              System.out.println( "i = " + i );
14          }
15          System.out.println( " 循环结束：i = " + i );
16      }
17  }
```

程序运行结果如下图所示。

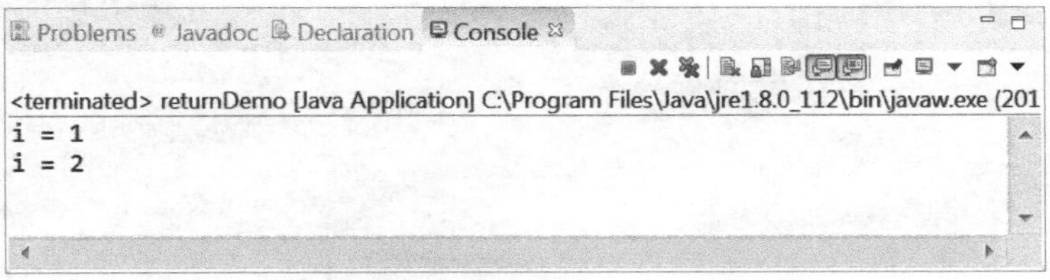

【代码详解】

程序的大体构架与前面一样，这里不再赘述。需要读者注意的是，运行结果并没有输出"循环结束：　i = 10"之类的字样。return 语句的作用是结束本方法，对于这个程序而言，相当于结束程序，所以当执行 return 语句之后程序就结束了，自然无法输出那串字符串了。

▶ 4.8 高手点拨

1. & 和 &&、| 和 || 的关系是什么（Java 面试题）

对于"与操作"，有一个条件不满足，结果就是 false。普通与（&），所有的判断条件都要执行；短路与（&&），如果前面有条件已经返回了 false，不再向后判断，那么最终结果就是 false。

对于"或操作"，有一个条件满足，结果就是 true。对于普通或（|），所有的判断条件都要执行；短路或（||），如果前面有条件返回了 true，不再向后判断，那么最终结果就是 true。

2. switch 中并不是每个 case 后都需要 break 语句

在某些情况下，在 switch 结构体中，可以有意地减少一些特定位置的 break 语句，这样可以简化程序。

3. 三种循环的关系

在 4.6 节讲到的三种循环结构，其实是可以互相转化的，通常我们只是使用其中一种结构，因为这样可以使程序结构更加清晰。

▶ 4.9 实战练习

1. 编写程序，计算表达式"（（12345679*9）>（97654321*3））? true : false"的值。
2. 编写程序，实现生成一随机字母（a-z，A-Z），并输出。

【拓展知识】

（1）Math.random() 返回随机 double 值，该值大于等于 0.0 且小于 1.0。

例如：double rand = Math.random();　　　　　　　　// rand 储存着 [0,1) 之间的一个小数

（2）大写字母 A～Z 对应整数 65～90、小写字母 a～z 对应整数 97～122。

3. 编写程序，实现产生（或输入）一随机字母（a-z，A-Z），转为大写形式并输出。请分别使用三元运算和位运算实现。

4. 编写程序，使用循环控制语句计算"1+2+3+…+100"的值。

5. 编写程序，使用程序产生 1～12 之间的某个整数（包括 1 和 12），然后输出相应月份的天数（注：2 月按 28 天算）。

6. 编写程序，判断某一年是否是闰年。

第 **5** 章

数组与枚举

本章将介绍在 Java 中使用数组和枚举的相关知识，包括数组的声明和定义、枚举的定义和使用等。

本章要点（已掌握的在方框中打钩）

□ 掌握一维数组的使用
□ 掌握二维数组的使用
□ 了解数组越界的风险
□ 熟悉多维数组的使用
□ 掌握枚举的概念
□ 熟悉枚举的作用

▶5.1 理解数组

数组（Array），顾名思义就是一组数据。在 Java 中，数组也可以视为一种数据类型。它本身是一种引用类型，引用数据类型我们会在后续的章节中详细介绍，这里仅仅给读者介绍一个基本的概念。

引用类型（reference type），非常类似于 C/C++ 的指针。而所谓指针，就是变量在内存中的地址。任何变量只要存在于内存中，就需要有个唯一的编号标识这个变量在内存中的位置，而这个唯一的内存编号就是内存地址，它就是所谓的指针（pointer）。

在现实生活中，作为感性的人，比较容易记住一个具体的人名，却难以记住这个人的一长串身份证号码。类似地，对于一个 32 位或 64 位的内存地址，我们也是难以记忆的，为了方便操作，我们就需要给这个 32 位或 64 位的地址，取一个好记的名称，这个名称在 C/C++ 中就叫指针变量。

这样的指针变量放到 Java 中，就叫引用类型变量。透过现象看本质，其实它们二者在哲学的地位对等，但处理的细节上，这两种语言还是有所区别的。在讲这些区别之前，让我们回顾一下《唐伯虎点秋香》里的一个有趣的桥段。

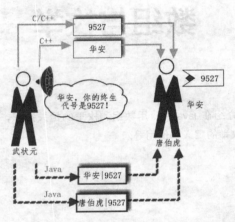

才子唐伯虎化名"华安"，在华府做了一名仆人，试图创造一切条件，去追求华府的丫鬟秋香。而华府的大管家武状元，给"华安"分配了一个终身代号—— 9527。

假设"武状元"想找到"唐伯虎"，利用 C/C++ 的机制，他既可以用代号"9527"（相当于指针）找到"唐伯虎"，他也可以用"华安"找到唐伯虎。因为"华安"就是"唐伯虎"的别名，找到"华安"，就是找到"唐伯虎"。在 C++ 中，引用的概念，就是给某个变量取了个别名（alias）。

在 Java 中，"武状元"想找到"唐伯虎"，他需要利用"华安"或者"唐伯虎"这两个引用名称，这里 Java 中的"引用"和 C++ 中的"引用"是不同的，Java 中的"引用"类型，非常类似于 C/C++ 中的地址指针，但所不同的是，Java 为了方便用户，做了二次包装。当用户"武状元"喊出"华安"或"唐伯虎"时，在 Java 内部，把这两个名称都转换成华安的编号"9527"，只不过这个内部转换过程，对用户是"透明"的罢了。也就是说，为了安全起见，Java 屏蔽了用户直接利用"9527"这样的编号找到"唐伯虎"的能力，而是通过"指针代理"的模式，间接帮我们找到目标变量所在的内存位置。

现在回到 Java 数组概念的讨论上来。Java 的数组，既可以存储基本类型（primitive type）的数据，也可以存储"引用"类型（reference type）的数据。例如，int 是一个基本类型，但 int[]（把"int[]"当成一个整体）就是一种引用数据类型。在本质上，Java 的引用数据类型就是对象。下面简明描述了这两种变量定义的方式，二者在地位上是对等的。

int	x；// 基本数据类型
变量类型	变量
int[ ]	x；// 引用数据类型
变量类型	变量

也就是说，把"int[ ]"整体当做一种数据类型，它的用法就与 int、float 等基本数据类型类似，同样可以使用该类型来定义变量，也可以使用该类型进行类型转换等。在使用 int[ ] 类型来定义变量、进行类型转换时，与使用其他基本数据类型的方式没有任何区别。

下面，我们先来通过一个简单的例子来感性认识一下数组。例如，我们需要存储 12 个月份的天数。我们可按照如下范例所示的模式去做。

📋 范例 5-1　　一维数组的使用(ArrayDemo.java)

```
01  // 使用 12 个月份的天数简单演示一下数组的使用方法
02  public class ArrayDemo
03  {
04    public static void main( String[] args )
05    {
06      // 定义一个长度为 12 的数组，并使用 12 个月份的天数初始化
07      int[ ] month = { 31, 28, 31, 30, 31, 30, 31, 31, 30, 31, 30, 31 };
08
09      // 注意：数组的下标（索引）从 0 开始
10      // month.length 里存储着 month 的长度
11      for( int i = 0; i < month.length; ++i )
12      {
13        // 输出第 i 月的天数
14        System.out.println( "第 " + ( i + 1 ) + " 月有 " + month[i] + " 天 " );
15      }
16    }
17  }
```

保存并运行程序，结果如下图所示。

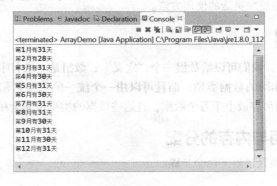

【代码详解】

第 07 行定义了一个整型数组 month，并使用 12 个月份的天数初始化。注意，从 C/C++ 过渡到 Java 的初学者需要注意的是，在 C 和 C++ 中定义数组的格式如下所示。

int month[ ] = { 31, 28, 31, 30, 31, 30, 31, 31, 30, 31, 30, 31 };

这种格式，在 Java 中，也可以获得完全一致的结果。然而，Java 提供了更为"地方特色"的语法（如【范例 5-1】所示），因为它把"int[ ]"整体当做一种类型，再有这个类似定义变量（数组变量，实际上就是对象），这样更符合传统的变量定义模式："变量类型　变量；"。

另外，在 Java 中，如下两种数组定义方式：

int month[12] = { 31, 28, 31, 30, 31, 30, 31, 31, 30, 31, 30, 31 };

int[12] month = { 31, 28, 31, 30, 31, 30, 31, 31, 30, 31, 30, 31 };

这两种写法都是错误的，在定义数组时，不能在方括号中写下数组的长度，这点尤其需要初学者注意。如果我们把"int[]"在整体上当做一种数据类型（即整数数组类型），而数据类型是不能用数字打断的，这样理解，就会更容易些。

第11～第15行，利用for循环输出数组的内容。在Java中，由于"int[]"在整体上被视为一个类型，那么这个数组类型定义的变量（或称实例），就叫做对象（object）。那么这个对象就可以有一些事先定义好的方法或属性为我所用。

例如，如果想取得数组的长度（也就是数组元素的个数），我们可以利用数组对象的".length"完成。记住，在Java中，一切皆为对象。length实际上就是这个数组对象的一个公有数据成员而已，自然就可以通过对象的点运算符"."来访问。在后续的章节中，我们会详细讲解面向对象的知识点，这里读者朋友仅做了解即可。

因此，在范例ArrayDemo中，若想取得所定义的数组month的元素个数，只要在数组month的名称后面，加上".length"即可，如下面的程序片段。

month.length;   // 取得数组的长度

另外数组是从0开始索引的。也就是说，数组month的第一个元素是：

month[0];   // 取得下标为0的数，也就是第1个数

或许细心的读者已经注意到，在第14行的输出语句中，有"(i+1)"这样的表达式，为什么需要括号呢？去了括号又会怎样？这是个简单而又有趣的小问题，请读者自行验证并思考原因。

在程序的第07行中，我们有这样的语句表达：

int[] month = { 31, 28, 31, 30, 31, 30, 31, 31, 30, 31, 30, 31 };

其功能非常简单，就是初始化这个month数组，也就是说，在声明这个数组对象的同时，给出了这个数组的初始数据。

但这样做还是比较麻烦，回到扑克牌游戏的案例上，难道我们需要这样写54个数据，来初始化扑克牌游戏？那对更大维度数组的初始化，有没有简便的方法呢？

下面我们来学习一下数组更加灵活的使用方法。

▶ 5.2 一维数组

通过【范例5-1】的介绍，我们可以给数组一个"定义"：**数组是一堆有序数据的集合，数组中的每个元素，必须是相同的数据类型，而且可以用一个统一的数组名和下标来唯一地确定数组中的元素**。一维数组可存放上千万个数据，且这些数据的类型是完全相同的。

5.2.1 一维数组的声明与内存的分配

要使用Java的数组，必须经过以下两个步骤。

（1）声明数组。

（2）分配内存给该数组。

这两个步骤的语法如下。

数据类型 [] 数组名;   // 声明一维数组

数组名 = new 数据类型 [个数];   // 分配内存给数组

在数组的声明格式里，"数据类型"是声明数组元素的数据类型，常见的类型有整型、浮点型与字符型等，当然其类型也可是我们用户自己定义的类（class）。

"数组名"是用来统一这组相同数据类型的元素的名称，其命名规则和变量相同，建议读者使用有意义的名称为数组命名。数组声明后，接下来便要配置数组所需的内存，其中"个数"是告诉编译器，所声明的数组要存放多少个元素，而关键字"new"则是命令编译器根据括号里的个数，在内存中分配一块内存供该数组使用。例如，

```
01   int[ ] score;          // 声明整型数组 score
02   score = new int[3];    // 为整型数组 score 分配内存空间，其元素个数为 3
```

上面例子中的第 01 行，声明一个整型数组 score 时，可将 score 视为数组类型的对象，此时这个对象并没有包含任何内容，编译器仅会分配一块内存给它，用来保存指向数组实体的地址，如下图所示。

数组对象声明之后，接着要进行内存分配的操作，也就是上面例子中的第 02 行。这一行的功能是，开辟 3 个可供保存整数的内存空间，并把此内存空间的参考地址赋给 score 变量。其内存分配的流程如下图所示。

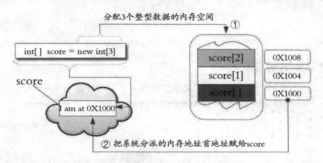

图中的内存参考地址 0x1000 是一个假设值，该值会因环境的不同而不同。由于数组类型并非属于基本数据类型，因此数组对象 score 所保存的并非是数组的实体，而是数组实体的参考地址。

除了用两行来声明并分配内存给数组之外，也可以用较为简洁的方式，把两行缩成一行来编写，其格式如下。

数据类型 [ ] 数组名 = new 数据类型 [个数]

例如，下面的例子是声明整型数组 score，并开辟可以保存 11 个整数的内存给 score 变量。

int[ ] score = new int[11] ;

5.2.2 数组中元素的表示方法

要想使用数组里的元素，可以利用索引来完成。Java 的数组索引编号从 0 开始，以一个名为 score 长度为 11 的整型数组为例，score[0] 代表第 1 个元素，score[1] 代表第 2 个元素，以此类推，score[10] 为数组中的第 11 个元素（也就是最后一个元素）。下图为 score 数组中元素的表示及排列方式。

接下来看一个范例。在下面的程序里声明了一个一维数组，其长度为 3，利用 for 循环输出数组的元素个数后，再输出数组的个数。

范例 5-2　　一维数组的使用（createArrayDemo.java）

```
01  // 创建一个数组，并输出其默认初始值
02  public class CreateArrayDemo
03  {
04      public static void main( String args[] )
05      {
06          int[ ] a = null;
07          a = new int[3];              // 开辟内存空间供整型数组 a 使用，其元素个数为 3
08
09          System.out.println( " 数组长度是：  " + a.length );   // 输出数组长度
10          for( int i = 0; i < a.length; ++i )                // 输出数组的内容
11          {
12              System.out.prinlnt( "a [" + i + " ] = " + a[ i ] );
13          }
14      }
15  }
```

保存并运行程序，结果如下图所示。

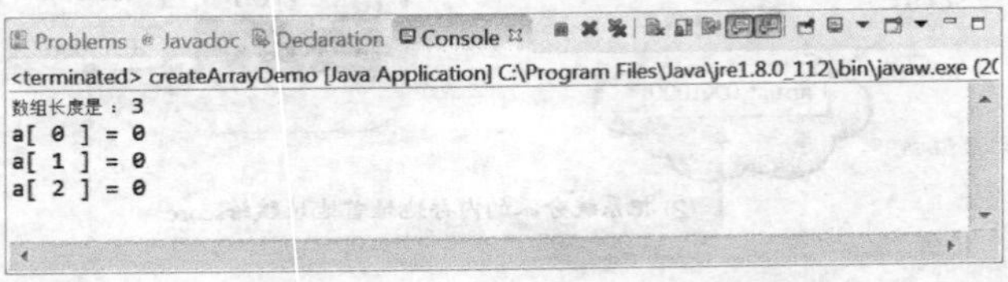

```
Problems  Javadoc  Declaration   Console
<terminated> createArrayDemo [Java Application] C:\Program Files\Java\jre1.8.0_112\bin\javaw.exe (20
数组长度是：  3
a[ 0 ] = 0
a[ 1 ] = 0
a[ 2 ] = 0
```

【代码详解】

第 06 行声明整型数组 a，并将空值 null 赋给 a。

第 07 行开辟了一块内存空间，以供整型数组 a 使用，其元素个数为 3。

第 09 行输出数组的长度。此例中数组的长度是 3，即代表数组元素的个数为 3。

第 10 ~ 第 13 行，利用 for 循环输出数组的内容。由于程序中并未对数组元素赋值，因此输出的结果都是 0。也就是说整型数组中的数据默认为零。

5.2.3　数组元素的使用

静态初始化在第 5.1 节里已经介绍过了，只要在数组的声明格式后面加上初值的赋值即可，如下面的格式。

数据类型 [ ] 数组名 = { 初值 0，初值 1…初值 n}

下面我们看看更加灵活的赋值方法。

范例 5-3　　一维数组的赋值（arrayAssignment.java）

```
01  // 演示数组元素的更加灵活的赋值方法
02  import java.util.Random;              // 引用 java.util.Random 包
03  public class arrayAssignment
04  {
05      public static void main( String args[] )
```

```
06    {
07        Random rand = new Random();     // 创建一个 Random 对象
08        int[] a = null;                // 声明整型数组 a
09        // 开辟内存空间，rand.nextInt( 10 ) 返回一个 [0,10) 的随机整型数
10        a = new int[ rand.nextInt( 10 ) ];
11
12        System.out.println( " 数组的长度为： " + a.length );
13
14        for( int i = 0; i < a.length; ++i )
15        {   // rand.nextInt( 100 ) 返回一个 [0, 100) 的随机整型数
16            a[i] = rand.nextInt( 100 );
17            System.out.print( "a[" + i + "] = " + a[i] );
18        }
19    }
20 }
```

保存并运行程序，结果如下图所示。

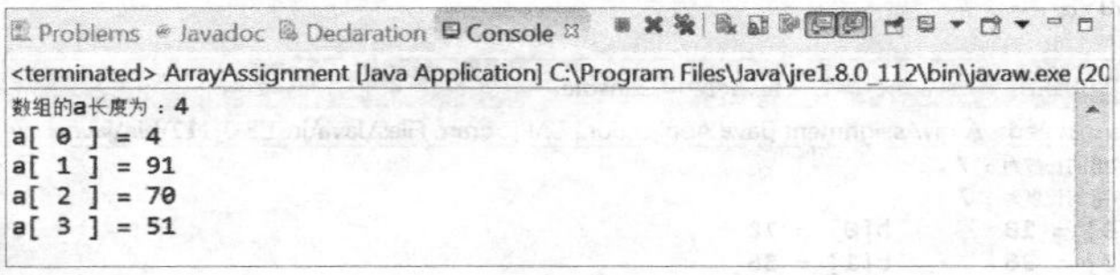

```
🔲 Problems  @ Javadoc  🔓 Declaration  🔲 Console 🔀   ■ ✕ 💥 | 🗟 🖭 🖭 🗐 | 🖅 🖅 ▾ 🗂 ▾ ▾ 🗖
<terminated> ArrayAssignment [Java Application] C:\Program Files\Java\jre1.8.0_112\bin\javaw.exe (20
数组的a长度为：4
a[ 0 ] = 4
a[ 1 ] = 91
a[ 2 ] = 70
a[ 3 ] = 51
```

【代码详解】

第 02 行，将 java.util 包中的 Random 类导入到当前文件，这个类的作用是产生伪随机数。导入之后，在程序中才可以创建这个类以及调用类中的方法和对象（如第 07 行的 rand 对象）。

第 07 行，创建了一个 Random 类型的对象 rand，Random 对象可以更加灵活地产生随机数。

第 10 行，为数组 a 开辟内存空间，数组的长度为 0 ~ 10（包含 0，不包含 10）的随机数。rand.nextInt(10) 返回一个 [0,10) 区间的随机整型数。nextInt() 是类型 Random 中产生随机整数的一个方法。

第 16 行为数组元素赋值，同样是使用 Random 中的 nextInt() 产生随机数，所不同的是，随机整数的取值区间是 [0,100)。第 17 行接着输出数组元素。

将上述程序稍微修改，就可以得到如下程序（增加了黑体字部分）。

范例 5-4　　数组对象的引用

```
01  import java.util.Random;
02
03  public class ArrayAssignment
04  {
05      public static void main( String[] args )
06      {
07          Random rand = new Random();   // 创建一个 Random 对象
08          int[ ] a = null;              // 声明整型数组 a
09          int[ ] b = null;
10          // 动态申请内存，rand.nextInt( 10 ) 返回一个 [0,10) 的随机整型数
11          a = new int[ rand.nextInt( 10 ) ];
```

```
12          b = a;                      //请读者思考，这个语句是什么含义
13
14          System.out.println( "a 数组的长度为： " + a.length );
15          System.out.println( "b 数组的长度为： " + b.length + "\n" );
16
17          for( int i = 0; i < a.length; ++i )
18          {
19              // rand.nextInt( 100 ) 返回一个 [0, 100) 的随机整型数
20              a[i] = rand.nextInt( 100 );
21              System.out.print( "a[ " + i + " ] = " + a[ i ] + "\t" );
22              System.out.println( "b[ " + i + " ] = " + b[ i ] );
23          }
24
25      }
26
27  }
```

程序运行结果如下所示。

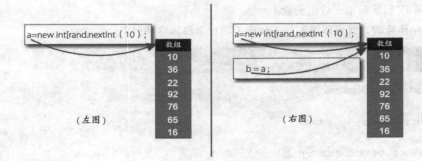

【代码详解】

假设代码第 10 行给出的随机数是 7，那么第 11 行，就开辟了一个包括 7 个整型数的数组，如下左图所示，不过此时数组还没有数据，虚位以待。然后，最关键的代码就是第 12 行："b = a;"，这行代码的含义是将 a 数组的引用（也就是数组的内存地址），赋值给数组对象 b，如下右图所示。

这样一来，此时的 a 和 b，实际上指向的就是同一个数组对象，即 a 和 b 就是别名关系。换句话说，此时的 a 和 b 是"一套数组，两套名字"，这就涉及 Java 中广泛使用的概念——引用（reference）。

▶5.3 二维数组

虽然用一维数组可以处理一般简单的数据，但是在实际应用中仍显不足，所以 Java 也提供有二维数组以及多维数组供程序设计人员使用。学会了如何使用一维数组后，再来看看二维数组的使用方法。

5.3.1 二维数组的声明与赋值

二维数组声明的方式和一维数组类似，内存的分配也一样是用 new 这个关键字。其声明与分配内存的格式如下所示。

数据类型 [ ][ ] 数组名；
数组名＝new 数据类型 [行的个数][列的个数]；

同样，可以用较为简洁的方式来声明数组，其格式如下所示。

数据类型 [ ][ ] 数组名＝new 数据类型 [行的个数][列的个数]；

如果想直接在声明时就对数组赋初值，可以利用大括号完成。只要在数组的声明格式后面再加上所赋的初值即可，如下面的格式。

数据类型 [ ][ ] 数组名＝{
　　{ 第 0 行初值 }，
　　{ 第 1 行初值 }，
　　…
　　{ 第 n 行初值 }，
}；

需要特别注意的是，用户不需要定义数组的长度，因此在数组名后面的中括号里不必填入任何的内容。此外，在大括号内还有几组大括号，每组大括号内的初值会依序指定给数组的第 0、1…n 行元素。下面是关于数组 num 声明及赋初值的例子。

int[ ][ ] num = {
{23,45,21,45},　　　　// 二维数组第 0 行的初值赋值
{45,29,46,28}　　　　　// 二维数组第 1 行的初值赋值
}；

语句中声明了一个整型二维数组 num，它有 2 行 4 列，共 8 个元素，大括号内的初值会依序给各行里的元素赋值，例如，num[0][0] 赋值为 23，num[0][1] 赋值为 45…num[1][3] 赋值为 28。

01 每行的元素个数不同的二维数组

值得一提的是，Java 定义二维数组更加灵活，允许二维数组中每行的元素个数均不相同，这点与其他编程语言不同。例如，下面的语句是声明整型数组 num 并赋初值，而初值的赋值指明了 num 具有 3 行元素，其中第 1 行有 4 个元素，第 2 行有 3 个元素，第 3 行则有 5 个元素。

int[ ][ ] num = {
{42,54,34,67},
{33,34,56},
{12,34,56,78,90}
}；

下面的语句是声明整型数组 num 并分配空间，其中第 1 行有 4 个元素，第 2 行有 3 个元素，第 3 行则有 5 个元素。

int[ ][ ] num = null;
num = new int[3][ ];
num[0] = new int[4];
num[1] = new int[3];
num[2] = new int[5];

上述定义的二维数组 num 的内存分布图如下所示。

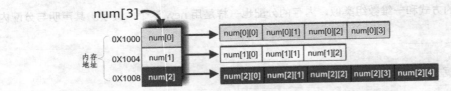

02 取得二维数组的行数与特定行的元素的个数

在二维数组中，若想取得整个数组的行数，或者是某行元素的个数，则可利用 ".length" 来获取。其语法如下。

```
数组名 .length                    // 取得数组的行数
数组名 [ 行的索引 ].length         // 取得特定行元素的个数
```

也就是说，如要取得二维数组的行数，只要用数组名加上 ".length" 即可；如要取得数组中特定行的元素的个数，则须在数组名后面加上该行的索引值，再加上 ".length"，如下面的程序片段。

```
num.length;        // 计算数组 num 的行数，其值为 3
num[0].length;     // 计算数组 num 的第 1 行元素的个数，其值为 4
num[2].length;     // 计算数组 num 的第 3 行元素的个数，其值为 5
```

5.3.2 二维数组元素的引用及访问

二维数组元素的输入与输出方式和一维数组相同，看看下面这个范例。

📝 **范例 5-5**　　**二维数组的静态赋值（twoDimensionArray.java）**

```
01  // 演示二维数组的使用，这里采用静态赋值的方式
02  public class twoDimensionArray
03  {
04    public static void main( String args[] )
05    {
06      int sum = 0;
07      int[][] num = {
08              { 30, 35, 26, 32 },
09              { 33, 34, 30, 29 }
10          };             // 声明数组并设置初值
11
12      for( int i = 0; i < num.length; ++i ) // 输出销售量并计算总销售量
13      {
14        System.out.print( " 第 " + (i + 1) + " 个人的成绩为："  );
15        for( int j = 0; j < num[ i ].length; ++j )
16        {
17          System.out.print( num[ i ] [ j ] + " " );
18          sum += num[ i ][ j ];
19        }
20        System.out.println();
21      }
22      System.out.println( "\n 总成绩是 " + sum + " 分！  " );
23    }
24  }
```

保存并运行程序，结果如下图所示。

```
🔲 Problems  🔝 Javadoc  🔝 Declaration  🔲 Console ✕        ✕ ✕ % | 🔝 🔝 🔝 🔝 | 🔝 🔝 🔝 ▾ 🔝 ▾ ▭ ▾
<terminated> twoDimensionArray [Java Application] C:\Program Files\Java\jre1.8.0_112\bin\javaw.exe
第 1 个人的成绩为：30 35 26 32
第 2 个人的成绩为：33 34 30 29

总成绩是 249 分！
```

【代码详解】

第 06 行声明整数变量 sum 用来存放所有数组元素值的和，也就是总成绩。

第 07 行声明一整型数组 num，并对数组元素赋初值，该整型数组共有 8 个元素。

第 12 ~ 第 21 行输出数组里各元素的内容，并进行成绩汇总。

第 22 行输出 sum 的结果，即总成绩。

事实上，在 Java 中，要想提高数组的维数，也是很容易的。只要在声明数组的时候，将索引与中括号再加一组即可，假设数组对象名为 A，那么三维数组的声明为 int[][][] A，四维数组为 int[][][][] A，以此类推。

▶ 5.4 枚举简介

目前，计算机程序的功能已经非常强大，不再仅仅局限于加减乘除等数值计算，还被拓展至非数值数据的处理，例如，天气、性别、星期儿、颜色、职业等这些都不是数值的数据。

在程序设计中，往往存在着这样的"数据集"，它们的数值在程序中是稳定的，而且元素的个数是有限的，通常可以用一个数组元素代替一种状态。例如，用 0 代表红色（red），用 1 代表绿色（green），用 2 代表蓝色（blue），但这种以数值表示非数值状态的处理方式不够直观，可读性不强。因此，问题来了，能不能用一种接近自然语言含义的单词，来代表某一种状态呢？

自 JDK 1.5 以后，Java 引入的一种新类型——枚举类型（Enumerated Type），就是来解决此类问题的。在定义时，它使用 enum 关键字标识。例如，表示一周的星期几，用 SUNDAY、MONDAY、TUESDAY、WEDNESDAY、THURSDAY、FRIDAY、SATURDAY 就可表示为一个枚举。而在本质上，在底层，SUNDAY 就表示 0，MONDAY 就表示 1……SATURDAY 就表示 6。但相比于那些"无明确含义"的纯数字"0，1，2……6"，枚举所用的自然表示法让程序更具有可读性。

▶ 5.5 Java 中的枚举

在 JDK 1.5 以前，Java 并不支持枚举数据类型，想实现类似于枚举的功能，非常繁琐。但 JDK 1.5 之后，Java 推出了诸如枚举等一系列新的类型数据，这些类型的出现表明 Java 日趋完善，编程语言日益人性化。下面介绍 Java 中枚举的定义和举例说明使用方法。

5.5.1 常见的枚举定义方法

在枚举类型中，一般的定义形式如下。

enum 枚举名 { 枚举值表 };

其中 enum 是 Java 中的关键字。在枚举值表中应罗列出所有的可用值，这些值也称为枚举元素。例如，

enum WeekDay {Mon, Tue, Wed, Thu, Fri, Sat,Sun };

这里定义了一个枚举类型 WeekDay，枚举值共有 7 个，即一周中的 7 天。凡被说明为 WeekDay 类型变量

的取值，只能是这 7 天中的某一天。

枚举变量也可用不同的方式说明，如先定义后说明、定义的同时说明或直接说明。

设有变量 a、b、c 被定义为上述的枚举类型 WeekDay，可采用下述任意一种方式。

```
enum WeekDay { Mon, Tue, Wed, Thu, Fri, Sat,Sun };        // 先定义
enum WeekDay a, b, c;                    // 后说明
或者为：
enum WeekDay { Mon, Tue, Wed, Thu, Fri, Sat,Sun } a, b, c;    // 定义的同时说明
或者为：
enum { Mon, Tue, Wed, Thu, Fri, Sat,Sun } a, b, c        // 直接说明，即定义无名枚举
```

5.5.2　在程序中使用枚举

当创建了一个枚举类型之后，就意味着可在今后的代码中进行调用。调用先前定义的枚举类型，同其他的调用语句一样，需要声明该类的一个对象，并通过对象对枚举类型进行操作。

范例 5-6　在Java中使用枚举（EnumColor.java）

```
01    enum  MyColor { 红色 , 绿色 , 蓝色 };
02    public class  EnumColor
03    {
04      public static void main(String[] args)
05      {
06
07        MyColor  c1 = MyColor. 红色 ;        // 获取红色
08        System.out.println(c1) ;
09
10        MyColor  c2 = MyColor. 绿色 ;        // 获取绿色
11        System.out.println(c2) ;
12
13        MyColor  c3 = MyColor. 蓝色 ;        // 获取蓝色
14        System.out.println(c3) ;
15      }
16    }
```

保存并运行程序，结果如下图所示。

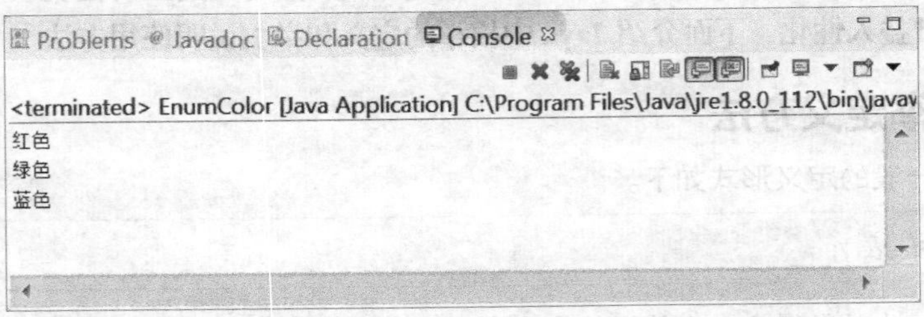

【代码详解】

在第 01 行中，定义 enum 数据类型 MyColor，其中设置的枚举值表分别为"红色、绿色、蓝色"。第 07、第 10 和第 13 行分别定义了枚举变量 c1、c2 和 c3，而 c1、c2 和 c3 只能是 MyColor 枚举元素中的 3 个值的一个，它们通过"枚举名 . 枚举值"的方法获得。第 08、第 11 和第 14 行分别输出获得的枚举值。由上面的分析可以得知，通过 Java 提供的枚举类型，用户可以很轻松地调用枚举中的每一种颜色。

5.5.3 在 switch 语句中使用枚举

使用 enum 关键字创建的枚举类型，也可以直接在多种控制语句中使用，如 switch 语句等。在 JDK 1.5 之前，switch 语句只能用于判断字符或数字，它并不能对在枚举中罗列的内容进行判断和选择。而在 JDK 1.5 之后，通过 enum 创建的枚举类型，也可以被 switch 判断使用。

范例 5-7 在switch中使用枚举。（EnumSwitch.java）

```
01   enum MyColor { 红色 , 绿色 , 蓝色 };
02   public class EnumSwitch
03   {
04     public static void main(String[] args)
05     {
06       MyColor c1 = MyColor. 绿色 ; // 定义 MyColor 枚举变量 c1，并赋值为"绿色"
07       switch (c1)              // 用 switch 方式来比较枚举对象
08       {
09         case 红色 :
10         {
11           System.out.println(" 我是红色！ ");
12           break ;
13         }
14         case 绿色 :
15         {
16           System.out.println(" 我是绿色！ ");
17           break ;
18         }
19         case 蓝色 :
20         {
21           System.out.println(" 我是蓝色！ ");
22           break ;
23         }
24       }
25     }
26   }
```

保存并运行程序，结果如下图所示。

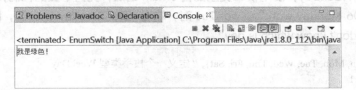

【代码详解】

本例中通过 switch 调用枚举类型 MyColor 完成对枚举类型的筛选。第 07 ~ 第 24 行均是对 switch 语句的使用。由于 Java 采用的是 Unicode 的字符串编码方式，所以枚举值也可支持中文。

由本例可以看出，在 JDK 1.5 之后，switch 同样可以用来判断一个枚举类型，并对枚举类型做出有效选择。这样在今后的程序写作过程中，就能够避免枚举类型多而繁琐的选择问题。这有助于增加代码的可读性和延伸性。

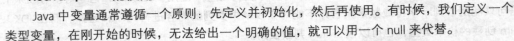

▶ 5.6　高手点拨

1.Java 中 null 的使用

Java 中变量通常遵循一个原则：先定义并初始化，然后再使用。有时候，我们定义一个类型变量，在刚开始的时候，无法给出一个明确的值，就可以用一个 null 来代替。

但是有一点需要注意的是，不可以将 null 赋给基本类型变量（如 int、float、double 等）。

比如：

int a = null;

是错误的。

Object a = null;

是正确的，这里 Object 是一个 class 类型。

2. 枚举使用时的注意事项

Java 为枚举扩展了非常强大的功能，但是在使用过程中，常会错用枚举，下面 2 点是使用过程中的注意事项。

（1）枚举类型不能用 public 和 protected 修饰符修饰构造方法。它的构造方法权限只能是 private 或者 friendly，friendly 是当没有修饰符时的默认权限。因为枚举的这种特性，所以枚举对象是无法在程序中通过直接调用其构造方法来初始化的。

（2）定义枚举类型时，如果是简单类型，那么最后一个枚举值后可以不加分号。但是如果枚举中包含有方法，那么最后一个枚举值后面代码必须要用分号 ";" 隔开。

▶ 5.7　实战练习

1. 编写程序，对 int[] a = {25, 24, 12, 76, 98, 101, 90, 28} 数组进行排序。排序算法有很多种，读者可先编写程序实现冒泡法排序，运行结果如下所示。（注：冒泡排序也可能有多种实现版本，本题没有统一的答案。）

2. 编写程序，将上述算法稍加改写，将排序算法改成"乱序算法"。两次运行结果分别如下所示。（提示：所谓"乱序"，是跟"排序"相反，乱序为了增加随机性，乱序在模拟生活中随机出现的事件中有很大的应用价值。编程时，需要使用导入 import java.util.Random，而且每次运行的结果都一样，这才体现出随机性）。

3. 定义枚举类型 WeekDay，使用枚举类型配合 switch 语法，完善下面的代码，尝试完成如下功能：wd=Mon 时，输出 "Do Monday work"，wd=Tue 时，输出 "Do Tuesday work"，以此类推，当 wd 不为枚举元素值时输出 "I don't know which is day"。

```
enum WeekDay {Sun, Mon, Tue, Wed, Thu, Fri, Sat}; // 定义一个枚举类型 WeekDay
public class Exercise1
{
    public static void main(String[] args)
    {
        WeekDay wd = WeekDay.Mon;              // 定义 WeekDay 枚举变量 wd，并赋值
        switch (wd)                    // 用 switch 方式来比较枚举对象
        {
        // 请补充其他实现语句
        }
    }
}
```

第 **6** 章

类和对象

　　类和对象是面向对象编程语言的重要概念。Java 是一种面向对象的语言，所以要想熟练使用 Java 语言，就一定要掌握类和对象的使用。本章介绍面向对象基本的概念，面向对象的三个重要特征（封装性、继承性、多态性），以及声明创建类和对象（数组）的方法。

本章要点（已掌握的在方框中打钩）

□ 了解类和对象的相关概念
□ 掌握声明以及创建类和对象的方法
□ 掌握对象的比较方法

　　到目前为止，前面介绍的语法都属于编程语言的基本功能，其中包括数据类型和程序控制语句等。随着计算机的发展，面向对象的概念产生了。类（class）和对象（object）是面向对象程序设计的重要概念。要深入了解 Java 程序语言，一定要树立面向对象程序设计的观念。从本章开始学习 Java 程序中类的设计以及对象的使用。

▶6.1　理解面向对象程序设计

　　面向对象程序（**Object Oriented Programming，OOP**）设计是继面向过程又一具有里程碑意义的编程思想，是现实世界模型的自然延伸。

▌6.1.1　面向对象程序设计简介

　　面向对象的思想主要基于抽象数据类型（Abstract Data Type，ADT）。在结构化编程过程中，人们发现，把某种数据结构和专用于操纵它的各种操作，以某种模块化方式绑定到一起会非常方便，做到"特定数据对应特定处理方法"，使用这种方式进行编程时数据结构的接口是固定的。如果对抽象数据类型进一步抽象，就会发现把这种数据类型的实例，当作一个具体的东西、事物、对象，就可以引发人们对编程过程中怎样看待所处理的问题的一次大的改变。

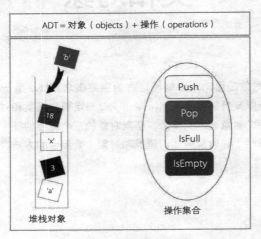

　　例如，抽象数据类型——堆栈（stack）由 4 个操作定义：压栈 Push，出栈 Pop 以及查看堆栈是否满了（IsFull）还是空的（IsEmpty）。实现于程序时，抽象数据类型仅仅显现出其接口，并将其具体的实现细节加以隐藏。这表明，抽象数据类型可以用各种方法来实现它的每一个操作，只要遵循其接口，就不会影响到用户。而对于用户而言，他只需关心它的接口，而不是如何实现，这样一来，便可支持信息隐藏，或保护程序免受变化的冲击。

　　面向对象方法直接把所有事物都当作独立的对象，处理问题过程中所思考的，不再是怎样用数据结构来描述问题，而是直接考虑重现问题中各个对象之间的关系。可以说，面向对象革命的重要价值就在于，它改变了人们看待和处理问题的方式。

　　例如，在现实世界中桌子代表了所有具有桌子特征的事物，人类代表了所有具有人特征的生物。这个事物的类别映射到计算机程序中，就是面向对象中"类（class）"的概念。可以将现实世界中的任何实体都看作是对象。例如，在人类中有个叫张三的人，张三就是人类中的实体，对象之间通过消息相互作用，比如，张三这个对象和李四这个对象通过说话的方式，相互传递消息。现实世界中的对象均有属性和行为，例如张三有属性：手、脚、脸等，行为有：说话、走路、吃饭等。

　　类似的，映射到计算机程序上，属性表示对象的数据，行为（或称操作）则表示对象的方法（其作用是处理数据或同外界交互）。现实世界中的任何实体都可归属于某类事物，任何对象都是某一类事物的实例。所以，在面向对象的程序设计中一个类可以实例化多个相同类型的对象。面向对象编程达到了软件工程的 3

个主要目标：重用性、灵活性和扩展性。

6.1.2 面向对象程序设计的基本特征

下面，我们简述面向对象的程序设计的 3 个主要特征：封装性、继承性、多态性。在后面的章节里，我们还会详细讲解这 3 个特征的应用。

● 封装性（Encapsulation）：封装是一种信息隐蔽技术，它体现于类的说明，是对象的重要特性。封装把数据和加工该数据的方法（函数）打包成为一个整体，以实现独立性很强的模块，使得用户只能见到对象的外特性（对象能接受哪些消息，具有哪些处理能力），而对象的内特性（保存内部状态的私有数据和实现加工能力的算法）对用户是隐蔽的。封装的目的在于把对象的设计者和对象的使用者分开，使用者不必知晓其行为实现的细节，只需用设计者提供的消息来访问该对象。

● 继承性（Inheritance）：继承性是子类共享其父类数据和方法的机制。它由类的派生功能体现。一个类直接继承其他类的全部描述，同时可修改和扩充。继承具有传递性。继承分为单继承（一个子类有一父类）和多重继承（一个类有多个父类，在 C++ 中支持，而 Java 不支持）。类的对象是各自封闭的，如果没继承性机制，则类中的属性（数据成员）、方法（对数据的操作）就会出现大量重复。继承不仅支持系统的可重用性，而且还促进系统的可扩充性。

● 多态性（Polymorphism）：对象通常根据所接收的消息而做出动作。当同一消息，被不同的对象接受而产生完全不同的行动，这种现象称为多态性。利用多态性，用户可发送一个通用的信息，而将所有的实现细节都留给接受消息的对象自行决定，于是同一消息即可调用不同的方法。例如，同样是 run 方法，飞鸟调用时是飞，野兽调用时是奔跑。

多态性的实现受到继承性的支持，利用类继承的层次关系，把具有通用功能的协议存放在类层次中尽可能高的地方（父类），而将实现这一功能的不同方法置于较低层次（子类），这样，在这些低层次上生成的对象，就能给通用消息以不同的响应。

综上可知，在面向对象方法中，对象和传递消息，分别表现为事物及事物间的相互联系。方法是允许作用于该类对象上的各种操作。这种面向对象程序设计范式的基本要点，在于对象的封装性和类的继承性。通过封装，能将对象的定义和对象的实现分开，通过继承能体现类与类之间的关系，以及由此实现动态联编和实体的多态性，从而构成了面向对象的基本特征。

▶ 6.2 面向对象的基本概念

6.2.1 类

广义来讲，具有共同性质的事物的集合就称为类（class）。在面向对象程序设计中，类是一个独立的单位，它有一个类名，其内部包括成员变量，用于描述对象的属性；还包括类的成员方法，用于描述对象的行为。在 Java 程序设计中，类被认为是一种抽象的数据类型，这种数据类型不但包括数据，还包括方法，这大大地扩充了数据类型的概念。

类是一个抽象的概念，要利用类的方式来解决问题，还必须用类创建一个实例化的对象，然后通过对象去访问类的成员变量，去调用类的成员方法来实现程序的功能。就如同"汽车"本身是一个抽象的概念，只有使用了一辆具体的汽车，才能感受到汽车的功能。

一个类可创建多个类对象，它们具有相同的属性模式，但可以具有不同的属性值。Java 程序为每一个对象都开辟了内存空间，以便保存各自的属性值。

6.2.2 对象

对象（object）是类的实例化后的产物。对象的特征分为静态特征和动态特征两种。静态特征是指对象的外观、性质、属性等。动态特征指对象具有的功能、行为等。人们将对象的静态特征抽象为属性，用数据来描述，在 Java 语言中称为类成员变量，而将对象的动态特征抽象为行为，用一组代码来表示，完成对数据的操作，在 Java 语言中称为方法（method）。一个对象，是由一组属性和一系列对属性进行的操作（即方法）构成的。

　　在现实世界中，所有事物都可视为对象，对象就是客观世界里的实体。而在 Java 里，"一切皆为对象"。Java 是一门纯粹的面向对象编程语言，而面向对象（Object Oriented）的核心就是对象。要学好 Java，读者就需要学会使用面向对象的思想来考虑问题和解决问题。

6.2.3　类和对象的关系

　　类是对某一类事物的描述，是抽象的、概念上的定义；对象是实际存在的该类事物的个体，因而也称作实例（instance）。下图所示是一个说明类与对象关系的示意图。

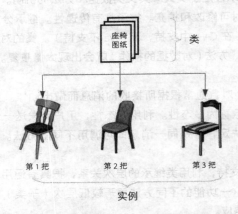

　　在上图中，座椅设计图就是"类"，由这个图纸设计出来的若干的座椅，就是按照该类产生的"对象"。可见，类描述了对象的属性和对象的行为，类是对象的模板。

　　对象是类的实例，是一个实实在在的个体，一个类可以对应多个对象。可见，如果将对象比做座椅，那么类就是座椅的设计图纸，所以面向对象程序设计，重点是类的设计，而不是对象的设计，如上图所示。

　　一个类按同种方法产生出来的多个对象，其初始状态都是一样的，但是修改其中一个对象的属性时，其他对象并不会受到影响的。例如，修改第 1 把座椅（如锯短椅子腿）的属性时，其他的座椅不会受到影响。

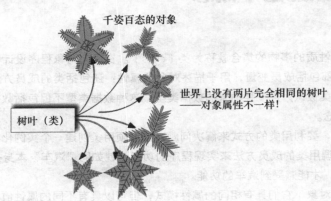

　　再举一个例子来说明类与对象的关系。17 世纪德国著名的哲学家、数学家莱布尼茨（Leibniz，1646 年—1716 年）曾有个著名的哲学论断："世界上没有两片完全相同的树叶。"这里，我们用"类"与"对象"的关系来解释：类相同——它们都叫树叶，而对象各异——树叶的各个属性值（品种、大小、颜色等）是有区别的，如上图所示。从这个案例也可以得知，类（树叶）是一个抽象的概念，它是从所有对象（各片不同的树叶）提取出来的共有特征描述。而对象（各片具体的不同树叶）则是类（树叶这个概念）的实例化。

▶ 6.3 类的声明与定义

6.3.1 ▶ 类的声明

在使用类之前，必须先声明它，然后才可以声明变量，并创建对象。类声明的语法如下。

```
[ 标识符 ] class 类名称
{
  // 类的成员变量
  // 类的方法
}
```

可以看到，声明类使用的是 class 关键字。声明一个类时，在 class 关键字后面加上类的名称，这样就创建了一个类，然后在类的里面定义成员变量和方法。

在上面的语法格式中，标识符可以是 public、private、protected 或者完全省略这个修饰符，类名称只要是一个合法的标识符即可，但从程序的可读性方面来看，类名称建议是由一个或多个有意义的单词连缀而成，形成自我注释（Self Documenting），每个单词首字母大写，单词间不要使用其他分隔符。

Java 提供了一系列的访问控制符，来设置基于类（class）、变量（variable）、方法（method）及构造方法（constructor）等不同等级的访问权限。Java 的访问权限主要有 4 类。

（1）default（默认模式）。在默认模式下，不需为某个类、方法等不加任何访问修饰符。这类方式声明的方法和类，只允许在同一个包（package）内是可访问的。

（2）private（私有）。这是 Java 语言中对访问权限控制较严格的修饰符。如果一个方法、变量和构造方法被声明为"私有"访问，那么它仅能在当前声明它的类内部访问。需要说明的是，类和接口（interface）的访问方式，是不能被声明为私有的。

（3）public（公有）。这是 Java 语言中访问权限控制较宽松的修饰符。如果一个类、方法、构造方法和接口等被声明为"公有"访问，那么它不仅可以被跨类访问，而且允许跨包访问。如果需要访问其他包里的公有成员，则需要事先导入（import）包含所需公有类、变量和方法等的那个包。

（4）protected（保护）。介于 public 和 private 之间的一种访问修饰符。如果一个变量、方法和构造方法在父类中被声明为"保护"访问类型，只能被类本身的方法及子类访问，即使子类在不同的包中也可以访问。类和接口（interface）的访问方式是不能声明为保护类型的。

有关类的访问标识符，除了上述的 4 个访问控制符，还可以是 final。关键字"final"，有"无法改变的"或者"一锤定音"的含义。一旦某个类被声明为 final，那这个 final 类不能被继承，因此 final 类的成员方法是没有机会被覆盖的。在设计类时，如果这个类不需要有子类，类的实现细节不允许改变，并且确信这个类不会再被扩展，那么就设计为 final 类。

下面举一个 Person 类的例子，以使读者清楚地认识类的组成。

📝 范例 6-1　　类的组成使用（Person.java）

```
01  class Person
02  {
03    String name ;
04    int age ;
05    void talk()
06    {
07      System.out.println( " 我是： " + name + "，今年： " + age + " 岁 " );
08    }
09  }
```

【代码详解】

程序首先用 class 声明了一个名为 Person 的类，在这里 Person 是类的名称。

第 03 和第 04 行先声明了两个属性（即描述数据的变量）name 和 age，name 为 String（字符串类型），age 为 int（整型）。

第 05～第 08 行声明了一个 talk() 方法——操作数据（如 name 和 age）的方法，此方法用于向屏幕打印信息。为了更好地说明类的关系，请参看下图。因为这个 Person.java 文件并没有提供主方法（main），所以是不能直接运行的。

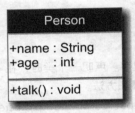

6.3.2 类的定义

在声明一个类后，还需要对类进行定义。定义类的语法如下。

```
class 类名称
{
数据类型 属性；        //0 到多个属性

类名称（参数...）       //0 个到多个构造方法
{

}

返回值的数据类型 方法名称（参数 1，参数 2...） //0 到多个方法
{
    程序语句；
    return 表达式；
}
}
```

对一个类而言，构造方法（constructor，又称构造器或构造函数）、属性和方法，是其常见的 3 种成员，它们都可以定义零个或多个。如果 3 种成员都只定义零个，那实际上是定义了一个空类，也就失去了定义类的意义了。

类中各个成员之间，定义的先后顺序没有任何影响。各成员可相互调用，但值得注意的是，static 修饰的成员，是不能被非 static 修饰的成员访问。

属性，是用于定义该类实例所能访问的各种数据。方法，则是用于定义类中的行为特征或功能实现（即对数据的各种操作）。构造方法是一种特殊的方法，专用于构造该类的实例（如实例的初始化、分配实例内存空间等）。

定义一个类后，就可以创建类的实例了。创建类实例，是通过 new 关键字完成的。下面通过一个实例讲解如何定义并使用类。

范例 6-2	类的定义使用（ColorDefine.java）

```
01  class ColorDefine
02  {
03      String color = " 黑色 ";
04
05      void getMes()
06      {
07          System.out.println( " 定义类 " );
08      }
09
10      public static void main( String args[] )
11      {
12          ColorDefine b = new ColorDefine ();
13          System.out.println( b.color );
14          b.getMes();
15      }
16
17  }
```

程序运行结果如下图所示。

【范例分析】

在 ColorDefine 这个类中，在第 03 行定义了一个 String 类型的属性 color，并赋初值"黑色"。在第 05 ~ 第 08 行，定义了一个普通的方法 getMes()，其完成的功能是向屏幕输出字符串"定义类"。第 10 ~ 第15 行，定义了一个公有访问的静态方法——main 方法。在 main 方法中，代码第 12 行中，定义了 ColorDefine 的对象 b，第 13 行输出了对象 b 的数据成员 color，第 14 行调用了对象的方法 getMes()。

可以看出，在类 ColorDefine 中，并没有构造方法（即与类同名的方法）。但事实上，如果用户没有显式定义构造方法，Java 编译器会自动提供一个默认的无参构造方法。

▶6.4 类的属性

通过前面章节的学习，相信读者对"方法"这个概念，已经不再陌生了。例如，在前面章节中，基本上每个范例都使用了 System.out.println() 语句，那么它代表什么含义呢？事实上，**System 是系统类（class），out 就是标准的静态输出对象（object），而 println() 是对象 out 中的一个方法（method）。这句话的完整含义就是，调用系统类 System 中的标准输出对象 out 中的方法 println()。**

一言蔽之，方法就是操作一系列数据而解决某个问题的有序指令集合。由于它涉及的概念很多，我们会在第 7 章详细探讨这个概念。这里仅做简单地提及，让读者有个初步的认知。

下面，我们先来谈谈类的属性。类的属性也称为字段（field）或成员变量（member variable），不过习惯上，将它称为属性居多。

6.4.1 属性的定义

类的属性是变量。定义属性的语法如下。

[修饰符] 属性类型 属性名 [= 默认值]

属性语法格式的详细说明如下。

（1）修饰符：修饰符可省略，使用默认的访问权限 default，也可是显式的访问控制符 public、protected、private 及 static、final，其中三个访问控制符 public、protected 和 private 只能使用其中之一，而 static 和 final 则可组合起来修饰属性。

（2）属性类型：属性类型可以是 Java 允许的任何数据类型，包括基本类型（int、float 等）和引用类型（类、数组、接口等）。

（3）属性名：从语法角度来说，属性名则只要是一个合法的标识符即可。但如果从程序可读性角度来看，属性名应该由一个或多个有意义的单词（或能见名知意的简写）连缀而成，推荐的风格是第一个单词应以小写字母作为开头，后面的单词则用大写字母开头，其他字母全部小写，单词间不使用其他分隔符。如：String studentNumber。

（4）默认值：定义属性时还可以定义一个可选的默认值。

6.4.2　属性的使用

下面通过一个实例来讲解类的属性的使用，通过下面的实例，可以看出在 Java 中类属性和对象属性的不同使用方法。

范例 6-3　类的属性组使用（usingAttribute.java）

```java
01  public class usingAttribute
02  {
03      static String str1 = "string-1";
04      static String str2;
05
06      String str3 ="string-3";
07      String str4;
08
09      // static 语句块用于初始化 static 成员变量，是最先运行的语句块
10      static
11      {
12          printStatic( "before static" );
13          str2 = "string-2";
14          printStatic( "after static" );
15      }
16      // 输出静态成员变量
17      public static void printStatic( String title )
18      {
19          System.out.println( "---------" + title + "---------" );
20          System.out.println( "str1 = \"" + str1 + "\"" );
21          System.out.println( "str2 = \"" + str2 + "\"" );
22      }
23      // 打印一次属性，然后改变 d 属性，最后再打印一次
24      public usingAttribute()
25      {
26          print( "before constructor" );
27          str4 = "string-4";
28          print( "after constructor" );
29      }
```

```
30       // 打印所有属性，包括静态成员
31       public void print( String title )
32       {
33          System.out.println( "--------" + title + "--------" );
34          System.out.println( "str1 = \"" + str1 + "\"" );
35          System.out.println( "str2 = \"" + str2 + "\"" );
36          System.out.println( "str3 = \"" + str3 + "\"" );
37          System.out.println( "str4 = \"" + str4 + "\"" );
38       }
39
40       public static void main( String[] args )
41       {
42          System.out.println( );
43          System.out.println( "-------- 创建 usingAttribute 对象 --------" );
44          System.out.println( );
45          new usingAttribute( );
46       }
47   }
```

保存并运行程序，结果如下图所示。

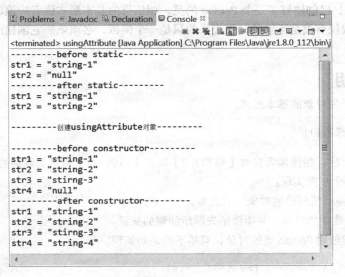

【范例分析】

代码第 03 ~ 第 04 行，定义了两个 String 类型的属性 str1 和 str2，由于它们是静态的，所以它们是属于类的，也就是属于这个类定义的所有对象共有，对象看到的静态属性值都是相同的。

代码第 06 ~ 第 07 行，定义了两个 String 类型的属性 str3 和 str4，由于它们是非静态的，所以它们是属于这个类所定义的对象私有的，每个对象都有这个属性，且各自的属性值可不同。

代码第 10 ~ 第 15 行，定义了静态方法块，它没有名称。使用 static 关键字加以修饰并用大括号 "{}" 括起来的代码块称为静态代码块，用来初始化静态成员变量。如静态变量 str2 被初始化为 "string-2"。

代码第 24 ~ 第 29 行，定义了一个构造方法 usingAttribute ()，在这个方法中，使用了类中的各个属性。构造方法与类同名，且无返回值（包括 void），它的主要目的是创建对象。这里仅是为了演示，才使用了若干输出语句。实际使用过程中，这些输出语句不是必需的。

代码第 31 ~ 第 38 行，定义了公有方法 print()，用于打印所有属性值，包括静态成员值。

代码第 40～第46 行，定义了常见的主方法 main()，在这个方法中，第 45 行使用关键字 new 和构造方法 usingAttribute () 来创建一个匿名对象。

由输出结果可以看出，Java 类属性和对象属性的初始化顺序如下。

（1）类属性（静态变量）定义时的初始化，如范例中的 static String str1 ="string-1"。

（2）static 块中的初始化代码，如范例中的 static {} 中的 str2 ="string-2"。

（3）对象属性（非静态变量）定义时的初始化，如范例中的 String str3 ="string-3"。

（4）构造方法（函数）中的初始化代码，如范例构造方法中的 str4 ="string-4"。

当然，这里只是为了演示 Java 类的属性和对象属性的初始化顺序。在实际的应用中，并不建议在类中定义属性时实施初始化，如例子中的字符串变量"str1"和"str3"。

请读者注意，被 static 修饰的变量称为类变量（class's variables），它们被类的实例所共享。也就是说，某一个类的实例改变了这个静态值，其他这个类的实例也会受到影响。而成员变量（member variable）则是没有被 static 修饰的变量，为实例所私有，也就是说，每个类的实例都有一份自己专属的成员变量，只有当前实例才可更改它们的值。

static 是一个特殊的关键字，其在英文中直译就是"静态"的意思。它不仅用于修饰属性（变量）、成员，还可用于修饰类中的方法。被 static 修饰的方法，同样表明它是属于这个类共有的，而不是属于该类的单个实例，通常把 static 修饰的方法也称为类方法。

▶ 6.5 对象的声明与使用

在【范例 6-1】中，已创建好了一个 **Person** 的类，相信类的基本形式读者应该已经很清楚了。但是在实际中仅仅有类是不够的，类提供的只是一个模板，必须依照它创建出对象之后才可以使用。

6.5.1 对象的声明

下面定义了由类产生对象的基本形式。

类名 对象名 = new 类名 ();

了解上述的概念之后，相信读者会对【范例 6-2】以及【范例 6-3】有更加深刻的理解。创建属于某类的对象，需要通过下面两个步骤实现。

（1）声明指向"由类所创建的对象"的变量。

（2）利用 new 创建新的对象，并指派给先前所创建的变量。

举例来说，如果要创建 Person 类的对象，可用下列语句实现。

Person p1 ;　　　　　　// 先声明一个 Person 类的对象 p1
p1 = new Person();　　　// 用 new 关键字实例化 Person 的对象 p1

当然也可以用下面的这种形式来声明变量，一步完成。

Person p1 = new Person() ;　　　// 声明 Person 对象 p1 并直接实例化此对象

> 📖 提示
>
> 对象只有在实例化之后才能被使用，而实例化对象的关键字就是 new。

对象实例化的过程如下图所示。

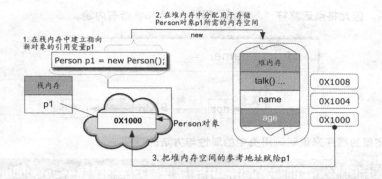

从图中可以看出，当语句执行到 Person p1 的时候，只是在"栈内存"中声明了一个 Person 对象 p1 的引用（reference），但是这个时候 p1 并没有在"堆内存"中开辟空间。对象的"引用"，在本质上就是一个对象在堆内存的地址，所不同的是，在 Java 中，用户无法像 C/C++ 那样直接操作这个地址，可以把这个"引用"，理解为一个经过 Java 二次包装的智能指针。

本质上，"new Person()"就是使用 new 关键字，来调用构造方法 Person()，创建一个真实的对象，并把这个对象在"堆内存"中的占据的内存首地址赋予 p1，这时 p1 才能称为一个实例化的对象。

这里，我们做个类比来说明"栈内存"和"堆内存"的区别。在医院里，为了迎接一个新生命的诞生，护士会先在自己的登记本上留下一行位置，来记录婴儿床的编号，一旦婴儿诞生后，就会将其安置在育婴房内的某个婴儿床上。然后护士就在登记本上记录下婴儿床编号，这个编号不那么好记，就给这个编号取个好记的名称，例如 p1，那么这个 p1（本质上就为婴儿床编号）就是这个婴儿"对象"的引用，找到这个引用，就能很方便地找到育婴房里的婴儿。这里，护士的登记表就好比是"栈内存"，它由护士管理，无需婴儿父母费心。而育婴房就好比是"堆内存"，它由婴儿爸妈显式申请（使用 new 操作）才能有床位，但一旦使用完毕，会由一个专门的护工（编译器）来清理回收这个床位——在 Java 中，有专门的内存垃圾回收（Garbage Collection，GC）机制来负责回收不再使用的内存。

6.5.2 对象的使用

如果要访问对象里的某个成员变量或方法，可以通过下面的语法来实现。

```
对象名称 . 属性名        // 访问属性
对象名称 . 方法名 ()      // 访问方法
```

例如，想访问 Person 类中的 name 和 age 属性，可用如下方法来访问。

```
p1.name ;      // 访问 Person 类中的 name 属性
p1.age ;       // 访问 Person 类中的 age 属性
```

因此若想将 Person 类的对象 p 中的属性 name 赋值为"张三"，年龄赋值为 25，则可采用下面的写法。

```
p1.name = " 张三 ";
p1.age = 25 ;
```

如果想调用 Person 中的 talk() 方法，可以采用下面的写法。

```
p1.talk() ;      // 调用 Person 类中的 talk() 方法
```

对于取对象属性和方法的点运算符"."，笔者建议读者直接读成"的"。例如，p1.name = " 张三 "，可以读成"p1 的 name 被赋值为张三"。再例如，"p1.talk()"可以读成"p1 的 talk() 方法"。这样读是有原因的：点运算符"."对应的英文为"dot [dɒt]"，通常"t"的发音弱化而读成"[dɒ]"（读者可以尝试用英文读一下 sina.com 来体会一下），而"[dɒ]"的发音很接近汉语"的"的发音 [de]，如下图所示。此外，"的"在含义上也有"所属"关系。因此将点运算符"."读成"的",音和意皆有内涵。

$$p1 \quad . \quad name \quad = \quad "张三";$$

英文 → dot → t音弱化 → do → 中文 → 的

下面，我们用完整的程序来说明调用类中的属性与方法的过程。

范例 6-4   使用Person类的对象调用类中的属性与方法的过程（ObjectDemo.java）

```
// 下面这个范例说明了使用 Person 类的对象调用类中的属性与方法的过程
01   public class ObjectDemo
02   {
03     public static void main( String[] args )
04     {
05       Person p1 = new Person() ;
06       p1.name = " 张三 ";
07       p1.age = 25 ;
08       p1.talk();
09     }
10   }
11
12   class Person
13   {
14     String name ;
15     int age ;
16     void talk()
17     {
18       System.out.println( " 我是： " + name + ", 今年： " + age + " 岁 ");
19     }
20   }
```

保存并运行程序，结果如下图所示。

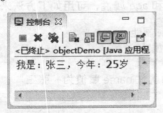

【代码详解】

第 05 行声明了一个 Person 类的实例对象 p1，并通过 new 操作，调用构造方法 Person()，直接实例化此对象。

第 06和第07 行，对 p1 对象中的属性（name 和 age）进行赋值。

第 08 行调用 p1 对象中的 talk() 方法，实现在屏幕上输出信息。

代码第 12～第20 行，是 Person 类的定义。

对照上述程序代码与下图的内容，即可了解到 Java 是如何对对象成员进行访问操作的。

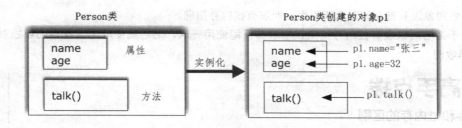

6.5.3 匿名对象

　　匿名对象是指没有名字的对象。实际上，根据前面的分析，对于对象实例化的操作来讲，对象真正有用的部分是在堆内存里面，而栈内存只是保存了一个对象的引用名称（严格来讲是对象在堆内存的地址），所以所谓的匿名对象就是指，只开辟了堆内存空间，而没有栈内存指向的对象。在【范例6-3】中的第45行，实际上就创建了一个匿名对象。

　　为了更为详细地了解匿名对象，请观察下面的代码。

范例 6-5   创建匿名对象

```
01    public class NoNameObject
02    {
03      public void say()
04      {
05          System.out.println(" 面朝大海，春暖花开！ ");
06      }
07
08      public static void main(String[] args)
09      {
10          // 这是匿名对象，没有被其他对象所引用
11           new NoNameObject().say();
12      }
13    }
```

保存并运行程序，结果如下图所示。

【代码详解】

　　代码第11行，创建匿名对象，没有被其他对象所引用。如果第11行定义一个有名对象，如：

NoNameObject newObj = new NoNameObject( );

　　那么调用类中的方法 say()，可很自然地写成：

newObj. say();

　　但是由于"new NoNameObject( )"创建的是匿名对象，所以就用"NoNameObject()"整体来作为新构造匿名对象的引用，它访问类中的方法，就如同普通对象一样，使用点运算符（.）。

NoNameObject().say();

　　匿名对象有以下两个特点。

（1）匿名对象没有被其他对象所引用，即没有栈内存指向。

（2）由于匿名对象没有栈内存指向，所以其只能使用一次，之后就变成无法找寻的垃圾对象，故此会被垃圾回收器收回。

▶ 6.6　高手点拨

栈内存和堆内存的区别

在 Java 中，栈（stack）是由编译器自动分配和释放的一块内存区域，主要用于存放一些基本类型（如 int、float 等）的变量、指令代码、常量及对象句柄（也就是对象的引用地址）。

栈内存的操作方式，类似于数据结构中的栈（仅在表尾进行插入或删除操作的线性表）。栈的优势在于，它的存取速度比较快，仅次于寄存器，栈中的数据还可以共享。其缺点表现为，存在栈中的数据大小与生存期必须是确定的，缺乏灵活性。

堆（heap）是一个程序运行动态分配的内存区域。在 Java 中，构建对象时所需要的内存从堆中分配。这些对象通过 new 指令"显式"建立，放弃分配方式类似于数据结构中的链表。堆内存在使用完毕后，是由垃圾回收（Garbage Collection，GC）器"隐式"回收的。在这一点上，是和 C/C++ 有显著不同的，在 C/C++ 中，堆内存的分配和回收都是显式的，均由用户负责，如果用户申请了堆内存，而在使用后忘记释放，则会产生"内存溢出"问题——可用内存存在，而其他用户却无法使用。

堆的优势是在于，可以动态地分配内存大小，可以"按需分配"，其生存期也不必事先告诉编译器，在使用完毕后，Java 的垃圾收集器会自动收走这些不再使用的内存块。其缺点为，由于要在运行时才动态分配内存，相比于栈内存，它的存取速度较慢。

由于栈内存比较小，如果栈内存不慎耗尽，就会产生著名的堆栈溢出（stack overflow）问题，这能导致整个运行中的程序崩溃（crash）。

▶ 6.7　实战练习

1. 定义一个包含 name、age 和 like 属性的 Person 类，实例化并给对象赋值，然后输出对象属性。

2. 定义一个 book 类，包括属性 title（书名）和 price（价格），并在该类中定义一个方法 printInfo()，来输出这 2 个属性。然后再定义一个主类，其内包括主方法，在主方法中，定义 2 个 book 类的实例 bookA 和 bookB，并分别初始化 title 和 price 的值。然后将 bookA 赋值给 bookB，分别调用 printInfo()，查看输出结果并分析原因。

3. 定义一个 book 类，包括属性 title（书名）、price（价格）及 pub（出版社），pub 的默认值为"天天精彩出版社"，并在该类中定义方法 getInfo( )，来获取这 3 个属性。再定义一个公共类 BookPress，其内包括主方法。在主方法中，定义 3 个 book 类的实例 b1、b2 和 b3，分别调用各个对象的 getInfo() 方法，如果"天天精彩出版社"改名为"每日精彩出版社"，请在程序中实现实例 b1、b2 和 b3 的 pub 改名操作。完成功能后，请读者思考一下，如果 book 类的实例众多，有没有办法优化这样的批量改名操作。

第 **7** 章

重复调用的代码块
——方法

　　在面向对象的程序设计中，方法是一个很重要的概念，体现了面向对象三大要素中"封装"的思想。"方法"又被称为"函数"，在其它的编程语言中都有类似的概念，其重要性是不言而喻的。在本章读者将会学到如何定义和使用方法，以及学会使用方法的再一次抽象——代码块。除此之外，方法中对数组的应用也是本章讨论的重点。

本章要点（已掌握的在方框中打钩）

☐ 掌握方法的定义和使用
☐ 掌握构造方法的使用
☐ 掌握普通代码块、构造代码块、静态块的意义和基本使用
☐ 掌握在方法中对数组的操作

通过对前面章节的学习，读者应该了然，在本质上，一个类其实就描述了两件事情：（1）一个对象知道什么（What's an object knows）？（2）一个对象能做什么（What's an object does）？第（1）件事情，对应于对象的属性（或状态）。第2件事情对应于对象的行为（或方法）。下面用【范例7-1】来说明类的这两个层面。

📝 **范例 7-1**　　Person类（Person.java）

```java
01    class Person
02    {
03        String name ;
04        int age ;
05        void talk()
06        {
07            System.out.println( " 我是： " + name + "， 今年： " + age + "岁 " ) ;
08        }
09        void setName(String name)
10        {
11            this.name = name ;
12        }
13        void setAge(int age )
14        {
15            this.age = age ;
16        }
17    }
```

针对【范例7-1】的 Person 类，有如下的示意图。

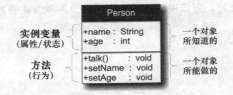

【范例分析】

请读者注意，这里的 Person 类，仅是为了说明问题，本例的程序由于没有主方法 main()，并不能单独运行。在 Person 类中，有实例变量 name 和 age，它们描述了该类定义的对象所能感知的状态（或属性），关于类属性的使用，在第6章中我们已经详细地讨论了。而针对类的属性，如何操作这些属性，就是指该类定义的对象所能实施的行为，或者说，该对象所具备的方法，本章将重点讨论类中方法的使用规则。

▶7.1 方法的基本定义

在前面章节的范例中，我们经常需要用到某两个整数之间的随机数，有没有想过把这部分代码写成一个模块——将常用的功能封装在一起，不必再"复制和粘贴"这些代码，然后直接采用这个功能模块的名称，就可以达到相同的效果。其实使用 Java 中的"方法"机制，就可以解决这个问题的。

方法（method）用来实现类的行为。一个方法，通常是用来完成一项具体的功能（function），所以方法在 C++ 中也称为成员函数（member function）。英文"function"的这两层含义（函数与功能）在这里都能得到体现。

在 Java 语言中，每条指令执行，都是在某个特定方法的上下文中完成的。一般方法的运用原理大致如下图所示。可以把方法看成完成一定功能的"黑盒"，方法的使用者（对象）只要将数据传递到方法体内（要么通过方法中的参数传递，要么通过对象中的数据成员共享），就能得到结果，而无需关注方法的具体实现细节。当我们需要改变对象的属性（状态）值时，就让对象去调用对应的方法，方法通过对数据成员（实例变量）一系列的操作后，再将操作的结果返回。

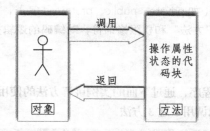

在 Java 中，方法定义在类中，它和类的成员属性（数据成员）一起构建一个完整的类。构成方法有四大要素：返回值类型、方法名称、参数、方法体。这是一种标准，在大多数编程语言中都是通用的。

所有方法均在类中定义和声明。一般情况下，定义一个方法的语法如下所示。

```
修饰符 返回值类型 方法名 ( 参数列表 )
{
  // 方法体
  return 返回值 ;
}
```

方法包含一个方法头（method header）和一个方法体。下图以一个 max 方法来说明一个方法的组成部分。

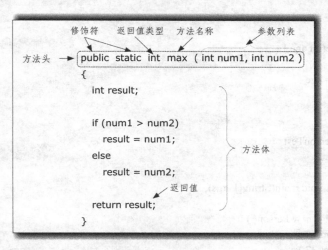

方法头包括修饰符、返回值类型、方法名和参数列表等，下面一一给予解释。

修饰符（modifier）：定义了该方法的访问类型。这是可选的，它告诉编译器以什么形式调用该方法。

返回值类型（return type）：指定了方法返回的数据类型。它可以是任意有效的类型，包括构造类型（类就是一种构造类型）。如果方法没有返回值，则其返回类型必须是 void。方法体中的返回值类型，要与方法头中声明时的返回值类型一致。

方法名（method name）：方法名称的命名规则遵循 Java 标识符命名规范，但通常方法名以英文中的动词开头。这个名字可以是任意合法标识符。

参数列表（parameter list）：参数列表是由类型、标识符对组成的序列，除了最后一个参数外，每个参数之间用逗号（","）分开。实际上，参数就是方法被调用时接收传递过来的参数值的变量。如果方法没有参数，那么参数表为空，但是圆括号不能省略。参数列表可将该方法需要的一些必要的数据传给该方法。方法名和参数列表共同构成方法签名，一起来标识方法的身份信息。

方法体（body）：方法体中存放的是封装在 ｜｜ 内部的逻辑语句，用以完成一定的功能。

"方法（或称函数）"在任何一种编程语言中都很重要。它们的实现方式大同小异。"方法"是对逻辑代码的封装，使程序结构完整条理清晰，便于后期的维护和扩展。面向对象的编程语言将这一特点进一步放大，通过对"方法"加以权限修饰（如 private、public、protected 等），我们可以控制"方法"能够以什么方式、在何处被调用。灵活地运用"方法"和权限修饰符，对编码的逻辑控制非常有帮助。

▶ 7.2　方法的使用

下面我们继续深化范例 7-1 的程序，通过下面的实例讲解方法的使用。在 Person 类中有 3 个方法，在主函数中分别通过对象调用了这 3 方法。

📝 **范例 7-2**　　方法的使用（PersonTest.java）

```
01  class Person
02  {
03      String name ;      // 没有封装
04      int age ;          // 没有封装
05      void talk()
06      {
07          System.out.println("我是："+ name +"，今年："+ age +"岁");
08      }
09      void setName(String name)
10      {
11          this.name = name ;
12      }
13      void setAge(int age )
14      {
15          this.age = age ;
16      }
17  }
18
19  public class PersonTest
20  {
21
22      public static void main(String[] args)
23      {
24          Person p1 = new Person( ) ;
25          p1.setName("张三");
26          p1.setAge( 32 );
27          p1.talk( );
28      }
29
30  }
```

保存并运行程序，结果如下图所示。

```
 Problems @ Javadoc  Declaration  Console ☒
                               ■ ✖ ✖ |  ▦ ▦ | ▦ ▦  ▦ □ ▼ □ ▼
<terminated> PersonTest [Java Application] C:\Program Files\Java\jre1.8.0_112\bin\java
我是：张三，今年：32岁
```

【代码详解】

第 05 ~ 第08 行定义了 talk( ) 方法，用于输出 Person 对象的 name 和 age 属性。

第 09 ~ 第12 行定义了 setName( ) 方法，用于设置 Person 对象的 name 属性。

第 13 ~ 第16 行定义了 setAge( ) 方法，用于设置 Person 对象的 age 属性。

从上面描述3 个方法所用的动词"输出""设置"，就可以印证我们前面的论述，方法是操作对象属性（数据成员）的行为。这里的"操作"可以广义地分为两大类：读和写。读操作的主要目的是"获取"对象的属性值，这类方法可统称为 Getter 方法。写操作的主要目的是"设置"对象的属性值，这类方法可统称为 Setter 方法。因此，在 Person 类中，talk( ) 方法属于 Getter 类方法，而 setName( ) 和 setAge( ) 方法属于 Setter 类方法。

代码第 24 行，声明了一个 Person 类的对象 p1。第 25 ~ 第27 行，分别通过点运算符调用了对象 p1 的 setName( )、setAge( ) 及 talk( ) 方法。

事实上，由于类的属性成员 name 和 age 前并没有访问权限控制符（第 03 ~ 第04 行），由前面章节讲解的知识可知，变量和方法前不加任何访问修饰符，属于默认访问控制模式。在这种模式下的方法和属性，在同一个包（package）内是可访问的。因此，在本例中，setName( )、setAge( ) 其实并不是必需的，第 25 ~ 第 26 行的代码完全可以用下面的代码代替，而运行的结果是相同的。

```
25    p1.name =" 张三 ";
26    p1.age = 32;
```

这样看来，新的操作方法似乎更加便捷，但是上述的描述方式，违背了面向对象程序设计的一个重要原则—数据隐藏（data hiding），也就是封装性，这个概念我们会在下一章详细讲解。

▶7.3 方法中的形参与实参

　　如果有传递消息的需要，在定义一个方法时，参数列表中的参数个数至少为 1 个，有了这样的参数，才有将外部传递消息传送本方法的可能。这些参数被称为形式参数，简称形参（ parameter ）。

而在调用这个方法时，需要调用者提供与原方法定义相匹配的参数（类型、数量及顺序都一致），这些实际调用时提供的参数，称为实际参数，简称实参（ argument ）。下图以一个方法 max(int,int) 为例说明了形参和实参的关系。

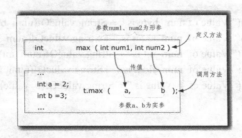

形参和实参的关系如下。

（1）形参变量隶属于方法体，也就是说它们是方法的局部变量，只在被调用时才被创建，才被临时性地分配内存，在调用结束后，立即释放所分配的内存单元。也就是说，当方法调用返回后，就不能再使用这些形式参数。

（2）在调用方法时，实参和形参在数量、类型、顺序上，应严格保证——对应的关系，否则就会出现参数类型不匹配的错误，从而导致调用方法失败。例如，假设 t 为包含 max 方法的一个对象，下面调用 max 方法时，提供的实参是不合法的。

```
t.max（12.34, 56.78）; // 与形参类型不匹配：形参类型为 int，而实参为 double
```

t.max（12）；　　　// 与形参个数不匹配：形参个数是 2 个，而实参个数为 1 个

▶7.4　方法的重载

　　假设有这样的场景，需要设计一系列方法，它们的功能相似：都是输入某基本数据类型数据，返回对应的字符串，例如，若输入整数 12，则返回长度为 2 的字符串 "12"，若输入单精度浮点数 12.34，则返回长度为 5 的字符串 "12.34"，输入布尔类型值为 false，则返回字符串 "false"。

　　由于基本数据类型有 8 个（byte、short、int、long、char、float、double 及 boolean），那么就需要设计 8 个有着类似功能的方法。因为这些方法的功能类似，如果它们都叫相同的名称，例如 valueOf()，对用户而言，就非常方便——方便取名、方便调用及方便记忆，但这样编译器就会 "糊涂" 了，因为它不知道该如何区别这些方法。就好比，一个班级里有 8 个人重名，都叫 "张三"，授课老师无法仅从姓名上区别这 8 个同学，为了达到区分不同同学的目的，老师需要用到这些同学的其他信息（如脸部特征、声音特征等）。

　　同样，编译器为了区分这些函数，除了用方法名这个特征外，还会用到方法的参数列表区分不同的方法。方法的名称及其参数列表（参数类型 + 参数个数）一起构成方法的签名（method signature）。

　　就如同在正式文书上，人们通过签名来区分不同人一样，编译器也可通过不同的方法签名，来区分不同的方法。这种使用方法名相同，但参数列表不同的方法签名机制，称为方法的重载（method overload）。

　　在调用的时候，编译器会根据参数的类型或个数不同来执行不同的方法体代码。下面的范例演示了 String 类下的重载方法 valueOf 的使用情况。

📝 范例 7-3　重载方法valueOf的使用演示（OverloadValueOf.java）

```
01  import java.lang.String ;
02  public class OverloadValueOf
03  {
04    public static void main(String args[]){
05
06      byte num_byte  = 12;
07      short num_short = 34;
08      int num_int = 12345;
09      float num_float = 12.34f;
10      boolean b_value = false;
11
12      System.out.println(" Value of num_byte is " + String.valueOf(num_byte));
13      System.out.println(" Value of num_short is " + String.valueOf(num_short));
14      System.out.println(" Value of num_int is "+ String.valueOf(num_int));
15      System.out.println(" Value of num_float is " + String.valueOf(num_float));
16      System.out.println(" Value of b_value is " + String.valueOf(b_value));
17
18    }
19  }
```

　　保存并运行程序，结果如下图所示。

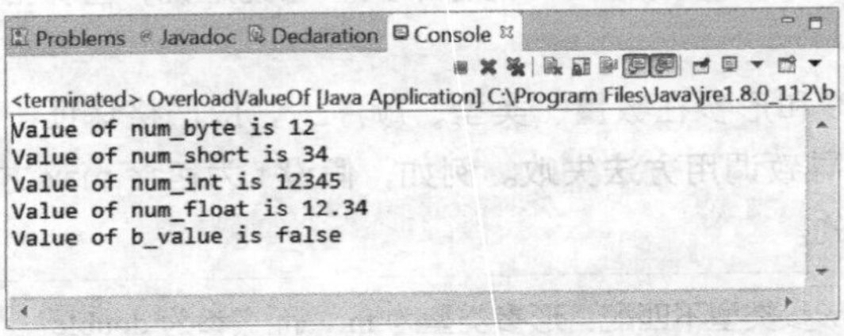

```
Problems  Javadoc  Declaration  Console
<terminated> OverloadValueOf [Java Application] C:\Program Files\Java\jre1.8.0_112\b
Value of num_byte is 12
Value of num_short is 34
Value of num_int is 12345
Value of num_float is 12.34
Value of b_value is false
```

【代码详解】

代码第12~第16行，分别使用了String类下静态重载方法valueOf()。这些方法虽然同名，都叫valueOf()，但它们的方法签名是不一样的，因为方法的签名不仅仅限于方法名称的区别，还包括方法参数列表的区别。第12行调用的valueOf()方法，它的形参类型是byte。第13行调用的valueOf()方法，它的形参类型是short，第16行调用的valueOf()方法，它的形参类型是boolean。读者可以看到，使用了方法重载机制，在进行方法的调用时就省了不少的麻烦，对于相同名称的方法体，由编译器根据参数列表的不同，去区分调用哪一个方法体。

范例 7-4　　重载方法println的使用（ShowPrintlnOverload.java）

```
01    public class ShowPrintlnOverload
02    {
03      public static void main(String args[])
04      {
05        System.out.println(123) ;  // 输出整型 int
06        System.out.println(12.3) ; // 输出双精度型 double
07        System.out.println('A') ;  // 输出字符型 char
08        System.out.println(false) ; // 输出布尔型 boolean
09        System.out.println("Hello Java!") ;// 输出字符串类型 String
10      }
11    }
```

输出结果如下图所示。

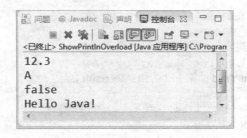

【范例分析】

现在，我们来重新解读一下"System.out.println()"的含义。System是在java.lang包中定义了一个内置类，在该类中定义了一个静态对象out，由于静态成员是属于类成员的，所以它的访问方式是"类名.成员名"——System.out。在本质上，out是PrintStream类的实例对象，println()则是PrintStream类中定义的方法。请读者回顾上面的一段程序，就会发现，在前面章节中广泛使用的方法println()也是重载而来，因为第05~第09行的"System.out.println()"可以输出不同的数据类型，相同的方法名+不同的参数列表是典型的方法重载特征。

在读者自定义设计重载方法时，读者需要注意以下3点，这些重载方法之间：

（1）方法名称相同。

（2）方法的参数列表不同（参数个数、参数类型、参数顺序，至少有一项不同）。

（3）方法的返回值类型和修饰符不做要求，可以相同，也可以不同。

下面以用户自定义的方法add()范例说明了方法重载的设计。

范例 7-5　加法方法的重载（MethodOverload.java）

```java
01   public class MethodOverload
02   {
03       // 计算 2 个整数之和
04       public int add( int a, int b )
05       {
06           return a + b;
07       }
08
09       // 计算 2 个单精度浮点数之和
10       public float add( float a, float b )
11       {
12           return a + b;
13       }
14
15       // 计算 3 个整数之和
16       public int add( int a, int b, int c )
17       {
18           return a + b + c;
19       }
20
21       public static void main( String[] args )
22       {
23           int result;
24           float result_f;
25           MethodOverload test = new MethodOverload();
26
27           // 调用计算 2 个整数之和 add 函数
28           result = test.add( 1, 2 );
29           System.out.println( "add 计算 1+2 的和：" + result );
30
31           // 调用计算 2 个单精度之和 add 函数
32           result_f = test.add( 1.2f, 2.3f );
33           System.out.println( "add 计算 1.2+2.3 的和：" + result_f );
34
35           // 调用计算 3 个整数之和 add 函数
36           result = test.add( 1, 2, 3 );
37           System.out.println( "add 计算 1+2+3 的和：" + result );
38       }
39
40   }
```

保存并运行程序，结果如下图所示。

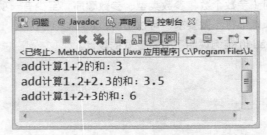

【代码详解】

第 04 ~ 第 07 行，定义了方法 add，其参数列表类型为 "int, int "，用于计算 2 个 int 类型数之和。第 10 ~ 第 13 行，定义了方法 add，其参数列表类型为 "float, float "，用于计算 2 个 float 类型数之和。第 16 ~ 第 19 行，定义了 1 个同名方法 add，其参数列表类型为 "int, int, int"，用于计算 3 个 int 类型数之和。这 3 个同名的 add 方法，由于参数列表不同而构成方法重载。

第 25 行，实例化 1 个本类对象。

第 28 行，调用第 1 个 add 方法，计算 2 个整型数 1 和 2 之和。

第 32 行，调用第 2 个同名 add 方法，计算 2 个浮点数 float 类型数 1.2 和 2.3 之和。

第 36 行，调用第 3 个同名 add 方法，计算 3 个整型数 1、2、3 的和，并在下一行输出计算结果。

【范例分析】

Java 方法重载，是通过方法的参数列表的不同来加以区分实现的。虽然方法名称相同，它们都叫 add，但是对于 add(int a, int b)、add(float a, float b) 及 add(int a, int b, int c) 这 3 个方法，由于它们的方法签名不同（方法签名包括函数名及参数列表），在本质上，对于编译器而言，它们是完全不同的方法，所以可被编译器无二义性地加以区分。本例仅仅给出了 3 个重载方法，事实上，add(int a, float b)、add(float a, int b)、add(double a, double b) 等，它们和范例中的 add 方法彼此之间都是重载的方法。

需要注意的是，方法的签名仅包括方法名称和参数，因此方法重载不能根据方法的不同返回值来区分不同方法，因为返回值不属于方法签名的一部分。例如，int add(int, int) 和 void add(int, int) 的方法签名是相同的，编译器会 "认为" 这两个方法完全相同而无法区分，故此它们无法达到重载的目的。

方法重载是在 Java 中随处可见的特性，本例中演示的是该特性的常见用法。与之类似的还有 "方法覆盖"，该特性是基于 "继承" 的。

▶7.5 构造方法

"构造" 一词来自于英文 "Constructor"，中文常译为 "构造器"，又称为构造函数（C++ 中）或构造方法（Java 中）。构造方法与普通方法的差别在于，它是专用于在构造对象时初始对象成员的，其名称和其所属类名相同。下面将会详细介绍构造方法的创建和使用。

7.5.1 构造方法的概念

在讲解构造方法的概念之前，首先来回顾一下声明对象并实例化的格式。

① 类名称　② 对象名称 =　③ new　④ 类名称 ( )；

下面分别来观察这一步的 4 层作用。

① 类名称：表示要定义变量的类型，只是有了类之后，变量的类型是由用户自己定义的。

② 对象名称：表示变量的名称，变量的命名规范与方法相同，例如：studentName。

③ new：是作为开辟堆内存的唯一方法，表示实例化对象。

④ 类名称 ( )：这就是一个构造方法。

所谓构造方法，就是在每一个类中定义的，并且是在使用关键字 new 实例化一个新对象时默认调用的方法。在 Java 程序里，构造方法所完成的主要工作，就是对新创建对象的数据成员赋初值。可将构造方法视为一种特殊的方法，其定义方式如下。

```
class 类名称
{
    访问权限 类名称 ( 类型 1 参数 1，类型 2 参数 2… )   // 构造方法
    {
        程序语句；
```

```
        … // 构造方法没有返回值
    }
}
```

在使用构造方法的时候需注意以下几点。

（1）构造方法名称和其所属的类名必须保持一致。

（2）构造方法没有返回值，也不可以使用 void。

（3）构造方法也可以像普通方法一样被重载（参见 7.4 节）。

（4）构造方法不能被 static 和 final 修饰。

（5）构造方法不能被继承，子类使用父类的构造方法需要使用 super 关键字。

构造方法除了没有返回值，且名称必须与类的名称相同之外，它的调用时机也与普通方法有所不同。普通方法是在需要时才调用，而构造方法则是在创建对象时就自动"隐式"执行。因此，构造方法无需在程序中直接调用，而是在对象产生时自动执行一次。通常用它来对对象的数据成员进行初始化。下面的范例说明了构造方法的使用。

📝 范例 7-6　　Java中构造方法的使用（TestConstruct.java）

```java
01  public class TestConstruct
02  {
03      public static void main( String[] args )
04      {
05          Person  p = new Person (12);
06          p.show( "Java 构造方法的使用演示 !" );
07      }
08  }
09
10  class Person
11  {
12      public Person(int x)
13      {
14          a = x;  // 用构造方法的参数 x 来初始化私有变量 a
15          System.out.println( " 构造方法被调用 ..." );
16          System.out.println( "a = " + a );
17      }
18
19      public void show( String msg )
20      {
21          System.out.println( msg );
22      }
23
24      private int a;
25  }
```

保存并运行程序，结果如下图所示。

```
问题  @ Javadoc  声明  控制台 ☒
<已终止> TestConstruct [Java 应用程序] C:\Program Files\Java\jre
构造方法被调用...
a = 12
Java 构造方法的使用演示！
```

【代码详解】

第 10 ~ 第 25 行声明了一个 Person 类，为了简化起见，此类中只有 Person 的构造方法 Person( ) 和显示信息的方法 show( )。

第 12 ~ 第 17 行声明了一个 Person 类的构造方法 Person( )，此方法含有一个对私有变量 b 赋初值的语句（第 14 行）和两个输出语句（第 15 和第 16 行）。事实上，输出语句并不是构造方法必需的功能，这里它们主要是为了验证构造方法是否被调用了及初始化是否成功了。

观察 Person( ) 这个方法，可以发现，它的名称和类名称一致，且没有任何返回值（即使 void 也不被允许）。

第 05 行实例化了一个 Person 类的对象 p，此时会自动调用 Person 类的构造方法 Person()，在屏幕上打印出："构造方法被调用 ..."。

第 06 行调用了 Person 中的 show 方法，输出指定信息。

【范例分析】

从这个程序中，读者不难发现，在类中声明的构造方法，会在实例化对象时自动调用且只被调用一次。

读者可能会问，在之前的程序中用同样的方法来产生对象，但是在类中并没有声明任何构造方法，而程序不也一样可以正常运行吗？实际上，读者在执行 javac 编译 Java 程序的时候，如果在程序中没有明确声明一个构造方法的话，那么编译器会自动为该类添加一个无参数的构造方法，类似于下表所示的代码。

定义一个 Book 类	编译器会为 Book 类做一些"幕后"工作
```\nclass Book\n{\n// 用户没有定义任何构造方法\n}\n```	```\nclass Book\n{\n public Book()\n{\n// 这是系统自动添加一个无参构造方法\n}\n}\n```

这样一来，就可以保证每一个类中至少存在一个构造方法（也可以说没有构造方法的类是不存在的），所以在之前的程序之中虽然没有明确地声明构造方法，也是可以正常运行的。

> **提示**
>
> 既然构造方法上不能有返回值，那么为什么不能写上 void 呢？对于一个构造方法 public Book() {} 和一个普通方法 public void Book() {}，二者的区别在于，如果构造方法上写上 void，那么其定义的形式就与普通方法一样了，请读者记住，构造方法是在一个对象实例化的时候只调用一次的方法，而普通方法则可通过一个实例化对象调用多次。正是因为构造方法的特殊性，它才有特殊的语法规范。

7.5.2 构造方法的重载

在 Java 里，普通方法是可以重载的，而构造方法在本质上也是方法的一种特例而已，因此它也可以重载。构造方法的名称是固定的，它们必须和类名保持一致，那么构造方法的重载，自然要体现参数列表的不同。也就是说，多个重载的构造方法彼此之间，参数个数、参数类型和参数顺序至少有一项是不同的。只要构造方法满足上述条件，便可定义多个名称相同的构造方法。这种做法在 Java 中是常见的，请看下面的程序。

范例 7-7　构造方法的重载（ConstructOverload.java）

```java
01  class Person
02  {
03      private String name;
04      private int age;
05      // 含有一个整型参数的构造方法
06      public Person(int age)
07      {
08          name = "Yuhong";  // 只提供一个参数，则用 Yuhong 初始化 name
09          this.age = age;
10      }
11      // 含有一个字符串型的参数和一个整型参数的构造方法
12      public Person(String name, int age)
13      {
14          this.name = name;
15          this.age = age;
16      }
17      public void talk( )
18      {
19          System.out.println(" 我叫：" + name + " 我今年：" + age +" 岁 ");
20      }
21  }
22  public class ConstructOverload
23  {
24      public static  void main(String[] args)
25      {
26          Person p1 = new Person(32);
27          Person p2 = new Person("Tom", 38);
28          p1.talk();
29          p2.talk();
30      }
31  }
```

保存并运行程序，结果如下图所示。

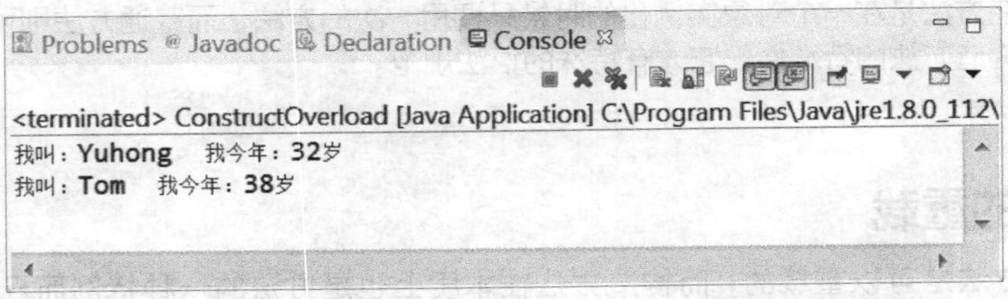

```
🔲 Problems  @ Javadoc  🔲 Declaration  🖥 Console ☒        🔳 ✖ 💥 | 🗐 🗗 | 🗐🗐🗐 | 🛋 ▾ 🗂 ▾ 🗂 ▾
<terminated> ConstructOverload [Java Application] C:\Program Files\Java\jre1.8.0_112\
我叫：Yuhong    我今年：32岁
我叫：Tom    我今年：38岁
```

【代码详解】

第 01 ~ 第 21 行声明了一个名为 Person 的类，类中有两个私有属性 name 与 age、一个 talk( ) 方法以及两个构造方法 Person( )，它们彼此的参数列表不同，因此所形成的方法签名也是不一致的，这两个方法名称都叫 Person，故构成构造方法的重载。

前者（第 06 ~ 第 10 行）只有一个整型参数，只够用来初始化一个私有属性（age），故此用默认值 "Yuhong" 来初始化另外一个私有属性（name）（第 08 行）。后者（第 12 ~ 第 16 行）的构造方法中有两个形参，刚好够用来初始化类中的两个私有属性 name 和 age 属性。

但为了区分构造方法中的形参 name 和 age 与类中的两个同名私有变量，在第 14～第 15 行中，用关键字 this，来表明赋值运算符（"="）的左侧变量，是来自于本对象的成员变量（在第 03～第 04 行定义），而等号 "=" 右侧的变量，则是来自于构造方法的形参，它们是作用域仅限于构造方法的局部变量。构造方法中两个 this 引用表示"对象自己"。

在本例中，即使删除 "this." 不影响运行结果，但可读性比较差，容易造成理解混淆。事实上，为了避免这种同名区分上的困扰，构造方法中的参数名称，可以是任何合法的标识符（如 myName，myAge 等），不一定非要"凑热闹"，整得和类中的属性变量相同。

第 26 行，创建一个 Person 类对象 p1，并调用 Person 类中含有一个参数的构造方法：Person(int age)，并给 age 初始化为 32，而 name 的值采用默认值 "Yuhong"。

第 27 行，再次创建一个 Person 类对象 p2，调用 Person 类中含有两个参数的构造方法：Person（String name, int age），给 name 和 age 分别初始化为 "Tom" 和 "38"。

第 28 和第 29 行调用对象 p1 和 p2 的 talk() 方法，输出相关信息。

【范例分析】

从本程序可以发现，构造方法的基本功能就是对类中的属性初始化，在程序产生类的实例对象时，将需要的参数由构造方法传入，之后再由构造方法为其内部的属性进行初始化，这是在一般开发中经常使用的技巧。但是有一个问题需要读者注意，就是无参构造方法的使用，请看下面的程序。

📋 范例 7-8　　使用无参构造方法时产生的错误（ConstructWithNoPara.java）

```
01    public class ConstructWithNoPara
02    {
03      public static void main( String[] args )
04      {
05        Person p = new Person(); // 此行有错误，不存在无参数的构造方法
06        p.talk();
07      }
08    }
09
10    class Person
11    {
12      private String name;
13      private int age;
14
15      public Person( int age )
16      {
17        name = "Yuhong";
18        this.age = age;
19      }
20
21      public Person( String name, int age )
22      {
23        this.name = name;
24        this.age = age;
25      }
26
27      public void talk()
28      {
```

```
29          System.out.println( " 我叫: " + name + " 我今年: " + age + " 岁 " );
30     }
31  }
```

保存并运行程序, 结果如下图所示。

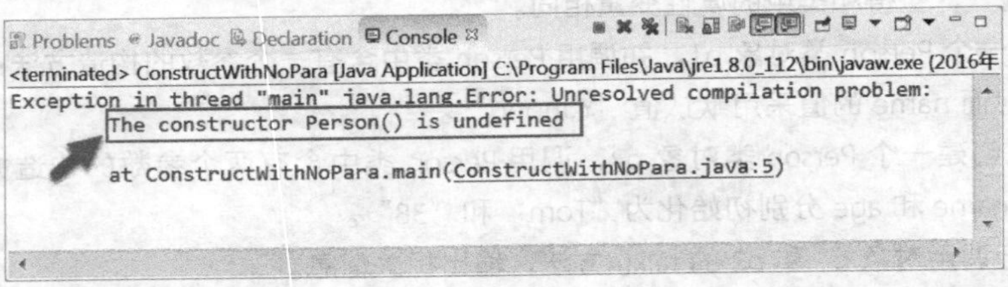

【范例分析】

可以发现, 在编译程序第 05 行时发生了错误, 这个错误说找不到 Person 类的无参数的构造方法 (The constructor Person() is undefined)。在前面的章节中, 我们曾经提过, 如果程序中没有声明构造方法, 程序就会自动声明一个无参数的构造方法, 可是现在却发生了找不到无参数构造方法的问题, 这是为什么?

读者可以发现第 15 ~ 第 19 行和第 21 ~ 第 25 行声明了两个有参的构造方法。在 Java 程序中, 一旦显式声明了构造方法, 那么默认的 "隐式的" 构造方法, 就不会被编译器生成。而要解决这一问题, 只需要简单地修改一下 Person 类, 就可以达到目的——即在 Person 类中明确地声明一个无参数的构造方法, 如下例所示。

范例 7-9　正确使用无参构造方法 (ConstructOverload.java)

```
01  public class ConstructOverload
02  {
03  public static void main( String[] args )
04  {
05          Person p = new Person();
06          p.talk();
07  }
08  }
09
10  class Person
11  {
12  private String name;
13  private int age;
14
15  public Person()
16  {
17          name = "Yuhong";
18          age = 32;
19  }
20
21  public Person( int age )
22  {
23          name = "Yuhong";
24          this.age = age;
25  }
```

```
26
27    public Person( String name, int age )
28    {
29            this.name = name;
30            this.age = age;
31    }
32
33    public void talk()
34    {
35            System.out.println( " 我叫：" + name + " 我今年：" + age + " 岁 " );
36    }
37    }
```

保存并运行程序，结果如下图所示。

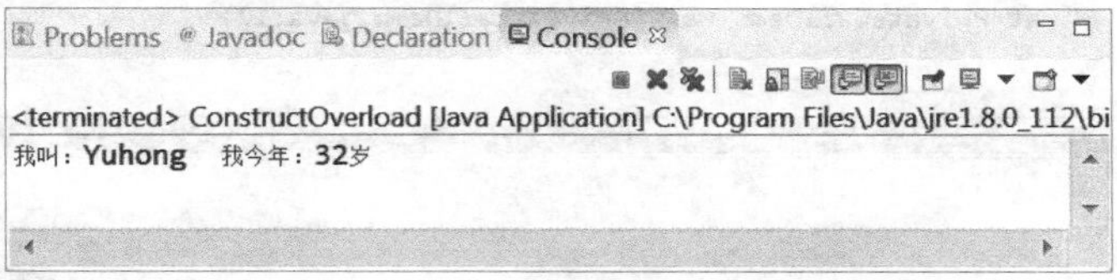

可以看见，在程序的第 15 ～ 第 19 行声明了一无参的构造方法，此时再编译程序的话，就可以正常编译，而不会出现错误了。无参构造方法由于无法从外界获取赋值信息，就用默认值（ "Yuhong" 和 32 ）初始化了类中的数据成员 name 和 age（ 第 17 ～ 第 18 行 ）。第 05 行定义了一个 Person 类对象 p，p 使用了无参的构造方法 Person() 来初始化对象中的成员，第 06 行输出的结果就是默认的 name 和 age 值。

7.5.3　构造方法的私有化

由上面的分析可知，一个方法可根据实际需要，将其设置为不同的访问权限——public（ 公有访问 ）、private（ 私有访问 ）或默认访问（ 即方法前没有修饰符 ）。同样，构造方法也可以有 public 与 private 之分。

到目前为止，前面的范例所使用的构造方法均属于 public，它可在程序的任何地方被调用，所以新创建的对象也都可以自动调用它。但如果把构造方法设为 private，那么其他类中就无法调用该构造方法。换句话说，在本类之外，就不能通过 new 关键字调用该构造方法创建该类的实例化对象。请观察下面的代码。

📝 范例 7-10　构造方法的私有化（ PrivateCallDemo.java ）

```
01    public class PrivateDemo
02    {
03    // 构造方法被私有化
04    private PrivateDemo() {}
05    public void print()
06    {
07      System.out.println("Hello Java!") ;
08    }
09    }
10
11    // 实例化 PrivateDemo 对象
12    public class PrivateCallDemo
13    {
```

```
14      public static void main(String args[])
15      {
16         PrivateDemo demo = null ;
17         demo = new PrivateDemo() ; // 出错，因该构造方法在外类中是不可见的
18
19         demo.print() ;
20      }
21   }
```

保存上述程序，编译时会出现如下图所示的错误。

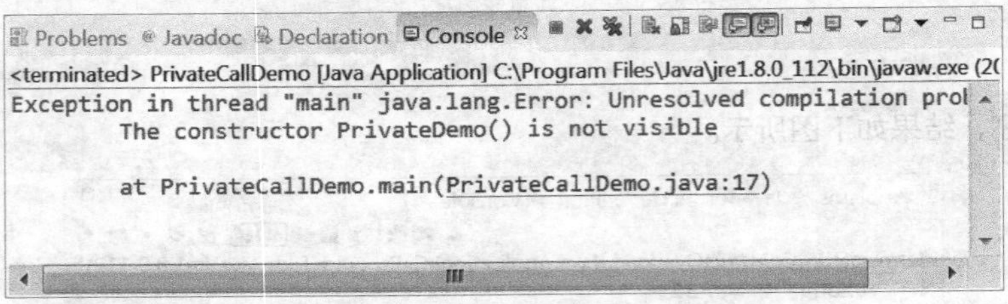

```
 Problems  @ Javadoc  Declaration  Console ☒  ✖ ✖ ✖ 🔖 📑 🔲 🔳 🔻 🔻 ▼ ▼
<terminated> PrivateCallDemo [Java Application] C:\Program Files\Java\jre1.8.0_112\bin\javaw.exe (20
Exception in thread "main" java.lang.Error: Unresolved compilation prol
        The constructor PrivateDemo() is not visible

        at PrivateCallDemo.main(PrivateCallDemo.java:17)
```

【范例分析】

在第 04 行中，由于 PrivateDemo 类的构造方法 PrivateDemo() 被声明为 private（私有访问），该构造方法在外类是不可访问的，或者说它在其他类中是不可见的（The constructor PrivateDemo() is not visible）。所以在第 17 行，试图使用 PrivateDemo() 方法，来构造一个 PrivateDemo 类的对象是不可行的。故此才有上述的编译错误。

读者可能会问，如果将构造函数私有化会导致一个类不能被外类使用，从而不能实例化构造新的对象，那为什么还要将构造方法私有化呢，私有化构造方法有什么用途？事实上，构造方法虽然被私有了，但并不一定是说此类不能产生实例化对象，只是产生这个实例化对象的位置有所变化，即只能在私有构造方法所属类中产生实例化对象。例如，在该类的 static void main() 方法中使用 new 来创建。请读者观察下面的范例代码。

📝 范例 7-11　构造方法的私有使用范例（PrivateConstructor.java）

```
01   public class PrivateConstructor
02   {
03
04      private PrivateConstructor()
05      {
06         System.out.println("Private Constructor \n 构造方法已被私有化 !");
07      }
08
09      public static void main( String[] args )
10      {
11         new PrivateConstructor();
12      }
13   }
```

保存并运行程序，结果如下图所示。

【范例分析】

从此程序可以看出，第 04 行将构造方法声明为 private 类型，则此构造方法只能在本类内被调用。同时可以看出，本程序中的 main 方法也在 PrivateConstructor 类的内部（第 09～第 12 行）。在同一个类中的方法均可以相互调用，不论它们是什么访问类型。

第 11 行，使用 new 调用 private 访问类型的构造方法 PrivateConstructor()，用来创建一个匿名对象。由此输出结果可以看出，在本类中可成功实施实例化对象。

读者可能又会疑问，如果一个类中的构造方法被私有化了，就只能在本类中使用，这岂不是大大限制了该类的使用？私有化构造方法有什么好处呢？请读者考虑下面的特定需求场景：如果要限制一个类对象产生，要求一个类只能创建一个实例化对象，该怎么办？

我们知道，实例化对象需要调用构造方法，但如果将构造方法使用 private 藏起来，则外部肯定无法直接调用，那么实例化该类对象就只能有一种途径——在该类内部用 new 关键字创建该类的实例。通过这个方式，我们就可以确保一个类只能创建一个实例化对象。

📝 范例 7-12　构造方法的私有使用范例2（TestSingleDemo.java）

```
01   public class TestSingleDemo
02   {
03      public static void main(String[] args)
04      {
05        // 声明一个 Person 类的对象
06         Person p;
07        // 虽私有化 Person 类的构造方法，但可通过 Person 类公有接口获得 Person 实例化对象
08         p = Person.getPerson();
09         System.out.println(" 姓名： " + p.name);
10      }
11   }
12   class Person
13   {
14      String name;
15      // 在本类声明 Person 对象 PERSON，注意此对象用 final 标记，表示该对象不可更改
16      private static final Person PERSON = new Person();
17      private Person()
18      {
19        name = "Yuhong";
20      }
21      public static Person getPerson()
22      {
23        return PERSON;
24      }
25   }
```

保存并运行程序，结果如下图所示。

```
Problems  @ Javadoc  Declaration  Console ☒   ■ ✕ ✖ │ ▣ ▣ ▣ ▣ ▼ ▫ ▼ ▫ ▼
<terminated> TestSingleDemo [Java Application] C:\Program Files\Java\jre1.8.0_112\bin\javaw.exe (20
姓名：Yuhong
```

【代码详解】

第 06 行声明一个 Person 类的对象 p，但并未实例化，仅是在栈内存中为对象引用 p 分配了空间存储，p 所指向的对象并不存在。

第 08 行调用 Person 类中的 getPerson() 方法，由于该方法是公有的，因此可以借此方法返回 Person 类的实例化对象，并将返回对象的引用赋值给 p。

第 17 ~ 第 20 行将 Person 类的构造方法通过 private 关键字私有化，这样外部就无法通过其构造方法来产生实例化对象。

第 16 行在类声明了一个 Person 类的实例化对象，此对象是在 Person 类的内部实例化，所以可以调用私有构造方法。此关键字表示对象 PERSON 不能被重新实例化。

【范例分析】

由于 Person 类构造方法是 private，所以如 Person p = new Person () 已经不再可行了（第 06 行）。只能通过 "p = Person.getPerson();" 来获得实例，而由于这个实例 PERSON 是 static 的，全局共享一个，所以无论在 Person 类的外部声明多少个对象，使用多少个 "p = Person.getPerson();"，最终得到的实例都是同一个。

也就是说，此类只能产生一个实例对象。这种做法就是上面提到的单态设计模式。所谓设计模式也就是在大量的实践中总结和理论化之后优选的代码结构、编程风格以及解决问题的思考方式。

▶7.6　在方法内部调用方法

通过前面的几个范例，读者应该可以了解到，在一个 Java 程序中可以通过对象去调用类中的各种方法。当然，类的内部也能互相调用彼此的方法，比如在下面的程序中，修改了以前的程序代码，新增加了一个 **public**（公有的）**say()** 方法，并用这个方法去调用私有的 **talk()** 方法。

范例 7-13　在类的内部调用方法（TestPerson.java）

```
01  class Person
02  {
03      private String name;
04      private int age;
05      private void talk()
06      {
07          System.out.println(" 我是： " + name + " 今年： " + age + " 岁 ");
08      }
09      public void say()
10      {
11          talk();
12      }
13      public String getName()
14      {
15          return name;
16      }
17      public void setName(String name)
```

```
18    {
19        this.name = name;
20    }
21    public int getAge()
22    {
23        return age;
24    }
25    public void setAge(int age)
26    {
27        this.age = age;
28    }
29 }
30 public class TestPerson
31 {
32    public static void main(String[] args)
33    {
34        // 声明并实例化一个 Person 对象 p
35        Person p = new Person();
36        // 给 p 中的属性赋值
37        p.setName("Yuhong");
38        // 在这里将 p 对象中的年龄属性赋值为 22 岁
39        p.setAge(22);
40        // 调用 Person 类中的 say() 方法
41        p.say();
42    }
43 }
```

保存并运行程序，结果如下图所示。

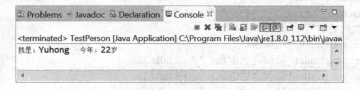

【代码详解】

第 09 ~ 第 12 行，声明一个公有方法 say( )，此方法用于调用类内部的私有方法 talk( )。

在第 41 行，调用 Person 类中的公有方法 say( )，本质上，通过 say 方法调用了 Person 类中的私有方法 talk( )。如果某些方法不方便公开，就可以这种二次包装的模式来屏蔽不想公开的实现细节（如本例的 talk() 方法），这在某些应用背景下是有需求的。

▶**7.7 static 方法**

7.7.1 自定义 static 方法

在前面的章节中，我们知道，可以用 static 声明一个静态属性变量，其实，也可以用其来声明方法，用它声明的方法有时也被称为"类方法"。使用 static 定义的方法可以由类名称直接调用。

范例 7-14　静态方法的声明（StaticMethod.java）

```
01  class Person
02  {
03      String name;                    // 定义 name 属性
04      private static String nation = " 中国 ";        // 定义静态属性 nation
05      int age;                        // 定义 age 属性
06      public Person(String name, int age)    // 声明一个有参的构造方法
07      {
08          this.name = name;
09          this.age = age;
10      }
11      public String talk( )           // 声明了一个 talk( ) 方法
12      {
13          return " 我是： " + this.name + "， 今年： " + this.age + " 岁， 来自： " + nation;
14      }
15      public static void setNation (String nat)// 声明一个静态方法，给静态变量赋值
16      {
17          nation = nat;
18      }
19  }
20  public class StaticMethod
21  {
22      public static void main(String[] args)
23      {
24          Person p1 = new Person(" 张三 ", 25);
25          Person p2 = new Person(" 李四 ", 30);
26          Person p3 = new Person(" 王五 ", 35);
27          System.out.println(" 修改之前信息： " + p1.talk( ));
28          System.out.println(" 修改之前信息： " + p2.talk( ));
29          System.out.println(" 修改之前信息： " + p3.talk( ));
30          System.out.println("   ************** 修改之后信息 **************");
31          // 修改后的信息
32          Person. setNation(" 美国 ");
33          System.out.println(" 修改之后信息： " + p1.talk( ));
34          System.out.println(" 修改之后信息： " + p2.talk( ));
35          System.out.println(" 修改之后信息： " + p3.talk( ));
36      }
37  }
```

保存并运行程序，结果如下图所示。

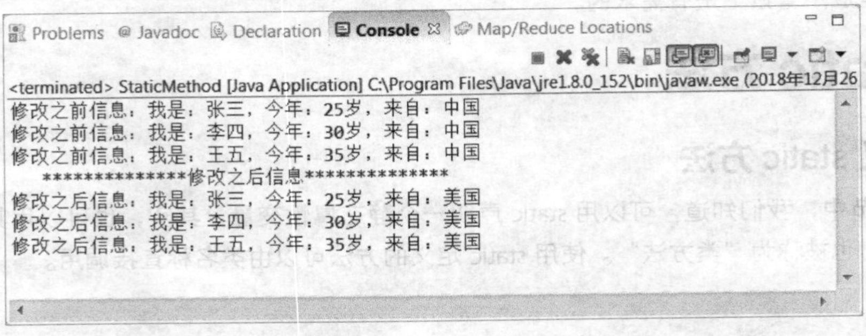

【代码详解】

第 01 ~ 第19 行声明了一个名为 Person 的类，类中含有一个 static 类型的变量 setNation，并进行了封装。

第 15 ~ 第18 行声明了一个 static 类型的方法，此方法也可以用类名直接调用，用于修改 nation 属性的内容。

第 32 行由 Person 调用 setNation 方法，对 nation 的内容进行修改。

【范例分析】

在使用 static 类型声明的方法时，需要注意的是：如果在类中声明了一个 static 类型的属性，则此属性既可以在非 static 类型的方法中使用，也可以在 static 类型的方法中使用。但若要用 static 类型的方法调用非 static 类型的属性，就会出现错误。

7.7.2 static 主方法（main）

在前面的章节中，我们已经提到，如果一个类要被 Java 解释器直接装载运行，那么这个类中必须有 main() 方法。有了前面所学的知识，现在读者可以理解 main() 方法的含义了。

由于 Java 虚拟机需要调用类的 main() 方法，所以该方法的访问权限必须是 public，又因为 Java 虚拟机在执行 main() 方法时不必创建对象，所以该方法必须是 static 的，该方法接收一个 String 类型的数组参数，该数组中保存执行 Java 命令时传递给所运行的类的参数。

向 Java 中传递参数可以使用如下的命令。

java 类名称 参数 1 参数 2 参数 3

可通过运行程序 TestMain.java 来了解如何向类中传递参数，以及程序是如何取得这些参数的。

📝 范例 7-15　　向主方法中传递参数（TestMain.java）

```
01  public class TestMain
02  {
03    /*
04     * public：表示公共方法
05     * static：表示此方法为一静态方法，可以由类名直接调用
06     * void：表示此方法无返回值 main，系统定义的方法名称
07     * String args[]：接收运行时参数
08     */
09    public static void main(String[] args)
10    {
11      // 取得输入参数的长度
12      int len = args.length;
13      System.out.println(" 输入参数个数：" + len);
14
15      if (len < 2)
16      {
17        System.out.println(" 输入参数个数有错误！ ");
18        // 退出程序
19        System.exit(1);
20      }
21      for (int i = 0; i < args.length; i++)
22      {
23        System.out.println( args[ i ] );
24      }
```

```
25    }
26 }
```

保存并运行程序，结果如下图所示。

```
[YHMacBookPro:Desktop yhilly$ javac TestMain.java
[YHMacBookPro:Desktop yhilly$ java TestMain
输入参数个数：0
输入参数个数有错误！
[YHMacBookPro:Desktop yhilly$ java TestMain 123 Hello World!
输入参数个数：3
123
Hello
World!
```

【代码详解】

第 09 行，对 main 方法有如下修饰符，其中 public 表示公共方法，static 表示此方法为一个静态方法，可以由类名直接调用，而 void 表示此方法无返回值。 main 是系统定义的方法名称，为程序执行的入口，名称不能修改。在这个 main 方法中，定义了 String 字符串数组 args，用以接收运行时命令行参数。

在第 12 行中，由于 args 是一个数组，而数组在 Java 中是一个对象，这个对象有一个很好用的属性——length，可以直接被采用，表示数组的长度，即数组元素的个数。

第 15 ~ 第20 行，判断输入参数的个数是否为两个参数，如果不是，则退出程序。

第 21 ~ 第24 行，由于所有接收的参数都已经被存放在 args[ ] 字符串数组之中，所以用 for 循环输出全部内容。输入的参数以空格分开，通常，我们更习惯参数的计数从 1 开始，但是对于数组而言，其下标却是从 0 开始的，因此， args[0]、args[1] 和 args[2] 的值分别是 "123" "Hello" 和 "World！"。在运行结果图里，在命令行模式，java 是解析器，TestMain 是可执行程序（实际上是一个编译好的类），后面空格分隔开的，才是所谓的命令行参数。

▶7.8 高手点拨

1. 构造方法在本质上实现了对象初始化流程的封装。方法封装了操作对象的流程。此外，在 Java 类的设计中，还可使用 private 封装私有数据成员。封装的目的在于隐藏对象细节，把对象当作黑箱来进行操作。

2. 如果在定义类的时候，程序员没有主动撰写任何构造方法，编译器会为这个类配备一个无参、内容为空的构造方法，称为默认构造方法，类中的数据成员被初始化为默认值。如果定义多个构造方法，只要参数类型或个数不同，形成不同的方法签名，就形成重载构造方法。

▶7.9 实战练习

1. 编程实现，现在有如下的一个数组：

int oldArr[ ]={1,3,4,5,0,0,6,6,0,5,4,7,6,7,0,5} ;

要求将以上数组中值为 0 的项去掉，将不为 0 的值存入一个新的数组，生成的新数组为：

int newArr[ ]={1,3,4,5,6,6,5,4,7,6,7,5} ;

2. 编程实现，要求程序输出某两个整数之间的随机数（提示: 输出随机数需要用到Math.random()方法 ）。

3. 编写一段程序，声明一个包，在另一个包中使用 import 语句访问使用，要求：

（1）声明一个包 point，其中定义 Point 类，包含 x,y 坐标，构造方法，获取 x,y 坐标及设置。

（2）声明另一个包，导入包 point，其中在新包中定义 Circle 类，半径，构造方法，获取、设置半径。设计程序实现圆的实例化，并输出半径和圆心。

第 II 篇

核心技术

第 **8** 章

第 **8** 章

类的封装、继承与多态

类的封装、继承和多态是面向对象程序的三大特性。类的封装相当于一个黑匣子，放在黑匣子中的东西你什么也看不到。继承是类的另一个重要特性，可以从一个简单的类继承出相对复杂高级的类，通过代码重用，可使程序编写的工作量大大减轻。多态通过单一接口操作多种数据类型的对象，可动态地对对象进行调用，使对象之间变得相对独立。

本章要点（已掌握的在方框中打钩）

☐ 掌握封装的基本概念和应用
☐ 掌握继承的基本概念和应用
☐ 掌握多态的基本概念和应用
☐ 掌握 super 关键字的使用
☐ 熟悉对象的多态性

面向对象有三大特点：封装性、继承性和多态性，它们是面向对象程序设计的灵魂所在，下面一一给予简介。

▶8.1　封装

下面我们先来具体讨论面向对象的第一大特性——封装性。

封装（Encapsulation）是将描述某类事物的数据与处理这些数据的函数封装在一起，形成一个有机整体，称为类。类所具有的封装性可使程序模块具有良好的独立性与可维护性，这对大型程序的开发是特别重要的。

类中的私有数据在类的外部不能直接使用，外部只能通过类的公共接口方法（函数）来处理类中的数据，从而使数据的安全性得到保证。封装的目的是增强安全性和简化编程，使用者不必了解具体的实现细节，而仅需要通过外部接口，特定的访问权限来使用类的成员。

一旦设计好类，就可以实例化该类的对象。我们在形成一个对象的同时，也界定了对象与外界的内外界限。至于对象的属性、行为等实现的细节则被封装在对象的内部。外部的使用者和其他的对象只能经由原先规划好的接口和对象交互。

我们可用一个鸡蛋的三重构造来比拟一个对象，如下图所示。

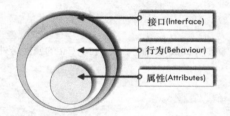

- 属性好比蛋黄，它隐藏于中心，不能直接接触，它代表对象的状态（State）。
- 行为好比蛋白，它可以经由接口与外界交互而改变内部的属性值，并把这种改变通过接口呈现出来。
- 接口好比蛋壳，它可以与外界直接接触。外部也只能通过公开的接口方法来改变对象内部的属性（数据）值，从而使类中数据的安全性得到保证。

8.1.1　Java 访问权限修饰符

在讲解 Java 面向对象的三大特性之前，有必要先介绍一下关于 Java 访问权限修饰符的知识。在 Java 中有 4 种访问权限：公有（public）、私有（private）、保护（protected）、默认（default）。但访问权限修饰符只有 3 种，因为默认访问权限没有访问权限修饰符。默认访问权限是包访问权限，即在没有任何修饰符的情况下定义的类，属性和方法在一个包内都是可访问的。具体访问权限的规定如下表所示。

	私有（private）	默认（default）	保护（protected）	公有（public）
类	只有内部类允许私有，只能在当前类中被访问	可以被当前包中的所有类访问	只有内部类可以设为保护权限，相同包中的类和其子类可以访问	可以被所有类访问
属性	只能被当前类访问	可以被相同包中的类访问	可以被相同包中的类和当前类的子类访问	可以被所有的类访问
方法	只能被当前类访问	可以被相同包中的类访问	可以被相同包中的类和当前类的子类访问	可以被所有的类访问

8.1.2　封装问题引例

在 8.1.1 节中，我们给出类封装性的本质，但对读者来说，这个概念可能还是比较抽象。我们要"透过现象看本质"，现在本质给出了，如果还不能理解的话，其实是我们没有落实"透过现象"这个流程。下面我们给出一个实例（现象）来说明上面论述的本质。

假设我们把对象的属性（数据）暴露出来，外界可以任意接触到它甚至能改变它。读者可以先看下面的程序，看看会产生什么问题。

📝 范例 8-1　类的封装性使用引例——一只品质不可控的猫（TestCat.Java）

```
01   public class TestCat
02   {
03     public static void main(String[] args)
04     {
05        MyCat aCat = new MyCat();
06        aCat.weight = -10f;          // 设置 MyCat 的属性值
07
08        float temp = aCat.weight;    // 获取 MyCat 的属性值
09        System.out.println("The weight of a cat is : " + temp);
10     }
11   }
12
13   class MyCat
14   {
15     public float weight;   // 通过 public 修饰符，开放 MyCat 的属性给外界
16     MyCat()
17     {
18
19     }
20   }
```

保存并运行程序，运行结果如下图所示。

```
📋 Problems  @ Javadoc  🔒 Declaration  💻 Console ☒
                                            ■ ✖ 💥 | 🔛 🔜 🔲 🖭 | 🔗 🔐 🔻 🗂 🔻 🗀 🔻
<terminated> TestCat [Java Application] C:\Program Files\Java\jre1.8.0_112\bin\javaw.exe (2016年
The weight of a cat is : -10.0
```

【代码详解】

首先我们来分析一下 MyCat 类。第 15 行，通过 public 修饰符，开放 MyCat 的属性（weight）给外界，这意味着外界可以通过"对象名.属性名"的方式来访问（读或写）这个属性。第 16 行声明一个无参构造方法，在本例中无明显含义。

第 05 行，定义一个对象 aCat。第 08 行通过点运算符获得这个对象的值。第 09 行输出这个对象的属性值。我们需要重点关注第 06 行，它通过点运算符设置这个对象的值（-10.0 f）。一般意义上，"-10.0f"是一个普通的合法的单精度浮点数，因此在纯语法上，它给 weight 赋值没有任何问题。

但是对于一个真正的对象（猫）来说，这是完全不能接受的，一个猫的重量（weight）怎么可能为负值？这明显是"一只不合格的猫"，但是由于 weight 这个属性开放给外界，"猫的体重值"无法做到"独立自主"，因为它的值可被任何外界的行为所影响。那么如何来改善这种状况呢？这时，类的封装就可以取得很好的作用。请参看下节的案例。

8.1.3　类的封装实例

读者可以看到，前面列举的程序都是用对象直接访问类中的属性，在面向对象编程法则里，这是不允许

的。所以为了避免发生这样类似的错误，通常要将类中的属性封装，用关键词"private"声明为私有，从而保护起来。对范例 TestCat.Java 做了相应的修改后，就可构成下面的程序。

📝 **范例 8-2**　　**类的封装实例——一只难以访问的猫（TestCat.Java）**

```
01  public class TestCat
02  {
03      public static void main(String[] args)
04      {
05          MyCat aCat = new MyCat();
06          aCat.weight = -10.0f;          // 设置 MyCat 的属性值
07
08          int temp = aCat.weight;        // 获取 MyCat 的属性值
09          System.out.println("The weight of a cat is : " + temp);
10      }
11  }
12
13  class MyCat
14  {
15      private float weight;          // 通过 private 修饰符，封装属性
16      MyCat()
17      {
18
19      }
20  }
```

【**代码详解**】

第 13 ~ 第 19 行声明了一个新的类 MyCat，类中有属性 weight，与前面范例不同的是，这里的属性在声明时，前面加上了访问控制修饰符 private。

【**范例分析**】

可以看到，本程序与【范例 8-1】相比，在声明属性 weight 前，多了个修饰符 private（私有）。但就是这一个小小的关键字，却使得下面同样的代码连编译都无法通过。

```
MyCat  aCat = new MyCat();
aCat.weight = -10;          // 设置 MyCat 的属性值，非法访问
int temp = aCat.weight;     // 获取 MyCat 的属性值，非法访问
```

其所提示的错误如下图所示。

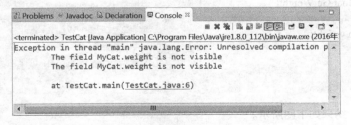

这里的"字段（Field）"就是 Java 里的"数据属性"。由于 weight 为私有数据类型，所以对外界是不可见的（The field MyCat.weight is not visible），换句话说，对象不能通过点操作（.）直接访问这些私有属性，因此代码第 06 和第 08 行是无法通过编译的。

这样虽然可以通过封装，达到外界无法访问私有属性的目的，但如果的确需要给对象的属性赋值该怎么办呢？

问题的解决方案是，在类的设计时，程序设计人员都设计或存或取这些私有属性的公共接口，这些接口的外在表现形式都是公有（public）方法，而在这些方法里，我们可以对存或取属性的操作实施合理的检查，以达到保护属性数据的目的。

通常，对属性值设置的方法被命名为SetXxx()，其中 Xxx 为任意有意义的名称，这类方法可统称为 Setter 方法。而对取属性值的方法通常被命名为GetYyy，其中 Yyy 为任意有意义的名称，这类方法可统称为 Getter 方法。请看下面的范例。

📝 范例 8-3   类私有属性的Setter和Getter方法——一只品质可控的猫（TestCat.java）

```
01    public class TestCat
02    {
03      public static void main(String[] args)
04      {
05        MyCat aCat = new MyCat( );
06        aCat.SetWeight(-10);        // 设置 MyCat 的属性值
07
08        float temp = aCat.GetWeight( );   // 获取 MyCat 的属性值
09        System.out.println("The weight of a cat is : " + temp);
10
11      }
12    }
13
14    class MyCat
15    {
16      private float weight;          // 通过 private 修饰符，封装 MyCat 的属性
17      public void SetWeight( float wt)
18      {
19        if (wt > 0)
20        {
21          weight = wt;
22        }
23        else
24        {
25          System.out.println("weight 设置非法 ( 应该 >0). \n 采用默认值 ");
26          weight  = 10.0f;
27        }
28      }
29      public float GetWeight( )
30      {
31        return weight;
32      }
33    }
```

保存并运行程序，结果如下图所示。

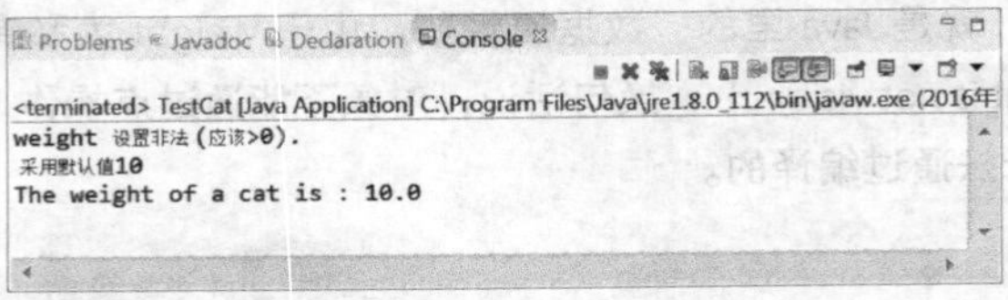

```
🔲 Problems * Javadoc 🔲 Declaration 🔲 Console ☒
<terminated> TestCat [Java Application] C:\Program Files\Java\jre1.8.0_112\bin\javaw.exe (2016年
weight 设置非法 (应该>0).
采用默认值10
The weight of a cat is : 10.0
```

【代码详解】

第 17～第 28 行，添加了 SetWeight(float wt) 方法，第 29～第32 行添加了 GetWeight() 方法，这些方法都是公有类型的（public），外界可以通过这些公有的接口来设置和取得类中的私有属性 weight。

第 06 行调用了 SetWeight() 方法，同时传进一个 "-10f" 的不合理体重值。

在 SetWeight(float wt) 方法中，在设置体重时，程序中加了些判断语句，如果传入的数值大于 0，则将值赋给 weight 属性，否则给出警告信息，并采用默认值。通过这个方法可以看出，经由公有接口来对属性值实施操作，我们可以在这些接口里对这些值实施"管控"，从而能更好地控制属性成员。

【范例分析】

可以看到在本程序中，由于 weight 传进了一个 "-10" 的不合理的数值 (-10 后面的 f 表示这个数是 float 类型)，这样在设置 MyCat 属性时，因不满足条件而不能被设置成功，所以 weight 的值采用自己的默认值（10）。这样在输出的时候可以看到，那些错误的数据并没有被赋到属性上去，而只输出了默认值。

由此可知，用 private 可将属性封装起来，当然也可用 private 把方法封装起来，封装的形式如下。

封装属性：private 属性类型属性名
封装方法：private 方法返回类型方法名称（参数）

下面的这个范例添加了一个 MakeSound() 方法，通过修饰符 private（私有）将其封装了起来。

范例 8-4　　方法的封装使用（TestCat.Java）

```
01    public class TestCat
02    {
03      public static void main(String[] args)
04      {
05        MyCat aCat = new MyCat();
06        aCat.SetWeight(-10f);        // 设置 MyCat 的属性值
07
08        float temp = aCat.GetWeight(); // 获取 MyCat 的属性值
09        System.out.println("The weight of a cat is : " + temp);
10        aCat.MakeSound();
11
12      }
13    }
14
15    class MyCat
16    {
17      private float weight;        // 通过 private 修饰符，封装 MyCat 的属性
18      public void SetWeight( float wt)
19      {
20        if (wt > 0)
21        {
22          weight = wt;
23        }
24        else
25        {
26          System.out.println("weight 设置非法 ( 应该 >0). \n 采用默认值 10");
27          weight  = 10.0f;
28        }
```

```
29       }
30       public float GetWeight()
31       {
32          return weight;
33       }
34
35       private void MakeSound()
36       {
37          System.out.println( "Meow meow, my weight is " + weight );
38       }
39  }
```

保存并运行程序，结果如下图所示。

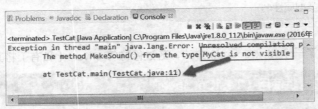

【代码详解】

第 35 行将 MakeSound() 方法用 private 来声明。第 10 行，想通过对象的点运算符 "." 来尝试调用这个私有方法。由于私有方法是不对外公开的，因此得到上述的编译错误："The method MakeSound() from the type MyCat is not visible"（在类 MyCat 中的方法 MakeSound() 不可见）。

【范例分析】

一旦方法的访问权限被声明为 private（私有），那么这个方法就只能被类内部方法所调用。如果想让上述代码编译成功，其中一种方法是，将 10 行的代码删除，而在 GetWeight() 中添加调用 MakeSound() 方法的语句，如下所示。

```
public float GetWeight()
{
    MakeSound();    // 方法内添加的方法调用
    return weight;
}
```

访问权限控制符是对类外而言的，而在同一类中，所有的类成员属性及方法都是相互可见的，也就是说，它们之间是可以相互访问的。在改造 GetWeight() 后，程序成功运行的结果如下图所示。

```
Problems  Javadoc  Declaration  Console ☒
<terminated> TestCat [Java Application] C:\Program Files\Java\jre1.8.0_112\bin\javaw.exe (2016年
weight 设置非法 (应该>0).
采用默认值10
Meow meow, my weight is 10.0
The weight of a cat is : 10.0
```

如果类中的某些数据在初始化后，不想再被外界修改，则可以使用构造方法配合私有化的 Setter 函数来实现该数据的封装，如下例所示。

范例 8-5　使用构造函数实现数据的封装（TestEncapsulation.Java）

```java
01  class MyCat
02  {
03      // 创建私有化的属性 weight，height
04      private float weight;
05      private float height;
06      // 在构造函数中初始化私有变量
07      public MyCat( float height, float weight )
08      {
09          SetHeight( height );// 调用私有方法设置 height
10          SetWeight( weight );// 调用私有方法设置 weight
11      }
12
13      // 通过 private 修饰符，封装 MyCat 的 SetWeight 方法
14      private void SetWeight( float wt)
15      {
16          if (wt > 0) {  weight = wt;  }
17          else      {
18              System.out.println("weight 设置非法 ( 应该 >0). \n 采用默认值 10");
19              weight  = 10.0f;
20          }
21      }
22      // 通过 private 修饰符，封装 MyCat 的 SetHeight 方法
23      private void SetHeight(float ht)
24      {
25          if (ht > 0)  {  height = ht;    }
26          else     {
27              System.out.println("height 设置非法 ( 应该 >0). \n 采用默认值 20");
28              height  = 20.0f;
29          }
30      }
31      // 创建公有方法 GetWeight() 作为与外界通信的接口
32      public float GetWeight()    {      return weight;   }
33      // 创建公有方法 GetHeight() 作为与外界通信的接口
34      public float GetHeight()   {      return height;    }
35  }
36
37  public class TestEncapsulation
38  {
39      public static void main( String[] args )
40      {
41          MyCat aCat = new MyCat( 12, -5 ); // 通过公有接口设置属性值
42
43          float ht = aCat.GetHeight();      // 通过公有接口获取属性值 height
44          float wt = aCat.GetWeight();      // 通过公有接口获取属性值 weight
45          System.out.println("The height of cat is " + ht);
46          System.out.println("The weight of cat is " + wt);
47      }
48  }
```

保存并运行程序，结果如下图所示。

```
圖 Problems  * Javadoc  圈 Declaration  □ Console ☒
                                    ■ ✖ ✖ | 圈 圈 圈 圈 圈 圈 | ♂ 圈 ▾ 圈 ▾ □ ▾
<terminated> TestEncapsulation [Java Application] C:\Program Files\Java\jre1.8.0_112\bin\javaw.e
weight 设置非法（应该>0）.
  采用默认值10
  The height of cat is 12.0
  The weight of cat is 10.0
```

【代码详解】

在第 07 ~ 第 11 行中的 MyCat 类的构造方法，通过调用私有化 SetHeight() 方法（在第 23 ~ 第30 行定义）和私有化 SetWeight() 方法（在第 14 ~ 第21 行定义）来对 height 和 weight 进行初始化。

这样类 MyCat 的对象 aCat 一经实例化（第 41 行），name 和 age 私有属性便不能再进行修改，这是因为，构造方法只能在实例化对象时自动调用一次，而 SetHeight() 方法和 SetWeight() 方法的访问权限为私有类型，外界又不能调用，所以就达到了封装的目的。

【范例分析】

通过构造函数进行初始化类中的私有属性，能够达到一定的封装效果，但是也不能过度相信这种封装，有些情况下即使这样做，私有属性也有可能被外界修改。例如，在下面的小节中就会讲到封装带来的问题。

在 Java 中，类是基本的封装单元，类是基于面向对象思想编程的基础，程序员可以把具有相同业务性质的代码，封装在一个类里，然后通过共有接口方法，向外部提供服务，同时向外部屏蔽类中的具体实现方式。

▶ 8.2 继承

继承（Inheritance）是面向对象程序设计中软件复用的关键技术，通过继承，可以进一步扩充新的特性，适应新的需求。这种可复用、可扩充技术在很大程度上降低了大型软件的开发难度，从而提高软件的开发效率。

继承的目的在于实现代码重用，对已有的成熟的功能，子类从父类执行"拿来主义"。而派生的目的则在于，当出现新的问题，原有代码无法解决（或不能完全解决）时，需要对原有代码进行全部（或部分）改造。对于 Java 程序而言，设计孤立的类是比较容易的，难的是如何正确设计好的类层次结构，以达到代码高效重用的目的。

在前面我们已经了解了类的基本使用方法，对于面向对象的程序而言，它的精华还在于类的继承。继承能以既有的类为基础，进而派生出新的类。通过这种方式，便能快速地开发出新的类，而不需编写相同的程序代码，这就是程序代码复用（reuse）的概念。

8.2.1 Java 中的继承

在 Java 中，通过继承可以简化类的定义，扩展类的功能。在 Java 中支持类的单继承和多层继承，但是不支持多继承，即一个类只能继承一个类而不能继承多个类。

实现继承的格式如下。

---

class 子类名 extends 父类

---

extends 是 Java 中的关键词。Java 继承只能直接继承父类中的公有属性和公有方法，而隐含地（不可见地）继承了私有属性。

现在假设有一个 Person 类，里面有 name 与 age 两个属性，而另外一个 Student 类，需要有 name、age、school 等 3 个属性，如下图所示。由于 Person 中已存在有 name 和 age 两个属性，所以不希望在 Student 类中重新声明这两个属性，这时就需考虑是否可将 Person 类中的内容继续保留到 Student 类中，这就引出了接下来要介绍的类的继承概念。

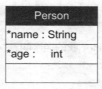

在这里希望 Student 类能够将 Person 类的内容继承下来后继续使用，可用下图表示，这样就可以达到代码复用的目的。

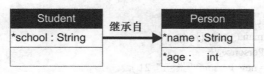

Java 类的继承可用下面的语法来表示。

```
class 父类
{
    // 定义父类
}
class 子类 extends 父类
{
    // 用 extends 关键字实现类的继承
}
```

8.2.2 继承问题的引入

首先，我们观察一下下面的例子，其中包括 Person 和 Student 两个类。

📝 **范例 8-6　　继承的引出（LeadInherit.Java）**

```
01    class Person {
02        String name;
03        int age;
04        Person( String name, int age ) {
05            this.name = name;
06            this.age = age;
07        }
08
09        void speak() {
10            System.out.println( " 我的名字叫： " + name + " 我 " + age + " 岁 " );
11        }
12    }
13
14    class Student {
15        String name;
16        int age;
17        String school;
18        Student( String name, int age, String school ) {
19            this.name = name;
20            this.age = age;
21            this.school = school;
22        }
```

```
23    void speak() {
24        System.out.println( " 我的名字叫： " + name + " 我 " + age + " 岁 " );
25    }
26    void study() {
27        System.out.println( " 我在 " + school + " 读书 " );
28    }
29 }
30
31 public class LeadInherit {
32    public static void main( String[] args ) {
33        // 实例化一个 Person 对象
34        Person person = new Person( " 张三 ", 21 );
35        person.speak();
36        // 实例化一个 Student 对象
37        Student student = new Student( " 李四 ", 20, "HAUT" );
38        student.speak();
39        student.study();
40    }
41 }
```

保存并运行程序，结果如下图所示。

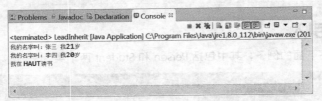

【代码详解】

上面代码的功能很简单，在第 01 ~ 第 12 行定义了 Person 类，其中第 04 ~ 第 07 行为 Person 类的构造方法。第 14 ~ 第 29 行定义了 Student 类，并分别定义了其属性和方法。第 34 和第 37 行分别实例化 Person 类和 Student 类，定义了两个对象 person 和 student（首字母小写，别于类名）。

通过具体的代码编写，我们可以发现，这两个类中有很多的相同部分，例如两个类中都有 name、age 属性和 speak() 方法。这就造成了代码的臃肿。软件开发的目标是：软件复用，尽量没有重复，因此，有必要对【范例 8-6】实施改造。

8.2.3 继承实现代码复用

为了简化【范例 8-6】，我们使用继承来完成相同的功能，请参见下面的范例。

📝 范例 8-7   类的继承演示程序（InheritDemo.Java）

```
01 class Person {
02    String name;
03    int age;
04    Person( String name, int age ){
05        this.name = name;
```

```
06          this.age = age;
07      }
08      void speak(){
09        System.out.println( " 我的名字叫: " + name + ", 今年我 " + age + " 岁 ");
10      }
11  }
12
13  class Student extends Person {
14      String school;
15      Student( String name, int age, String school ){
16          super(name, age);
17          this.school = school;
18      }
19      void study(){
20          System.out.println( " 我在 " + school + " 读书 ");
21      }
22  }
23  public class InheritDemo
24  {
25          public static void main( String[] args )
26          {
27                  // 实例化一个 Student 对象
28                  Student  s = new Student(" 张三 ",25," 工业大学 ");
29                  s.speak();
30                  s.study();
31          }
32  }
```

保存并运行程序，结果如下图所示。

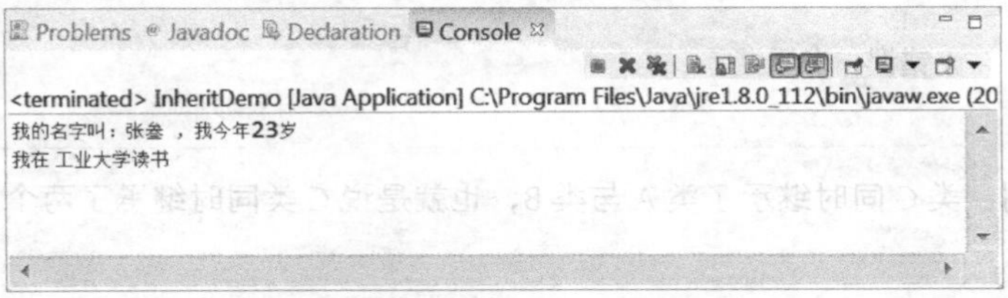

【代码详解】

第 01 ~ 第11 行声明了一个名为 Person 的类，里面有 name 和 age 两个属性和一个方法 speak()。其中，第 04 ~ 第07 行定义了 Person 类的构造方法 Person()，用于初始化 name 和 age 两个属性。为了区分构造方法 Person() 中同名的形参和类中属性名，赋值运算符 "=" 左侧的 "this."，用以表明左侧的 name 和 age 是来自类中。

第 13 ~ 第22 行声明了一个名为 Student 的类，并继承自 Person 类（使用了 extends 关键字）。在 Student 类中，定义了 school 属性和 study() 方法。其中，第 15 ~ 第18 行定义了 Student 类的构造方法 Student()。虽然在 Student 类中仅定义了 school 属性，但由于 Student 类直接继承自 Person 类，因此 Student 类继承了 Person 类中的所有属性，也就是说，此时在 Student 类中有 3 个属性成员，如下图所示。两个（name 和 age）来自于父类，一个（school）来自于当前子类。

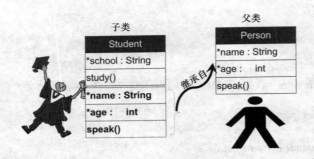

构造方法用于数据成员的初始化，但要"各司其职"，对来自于父类的数据成员，需要调用父类的构造方法，例如，在第 16 行，使用 super 关键字加上对应的参数，就是调用父类的构造方法。而在第 17 行，来自本类的 school 属性，直接使用"this.school = school;"来实施本地初始化。

同样的，由于 Student 类直接继承自 Person 类，Student 类中"自动"拥有父类 Person 类中的方法 speak()，加上本身定义的 study() 方法和 Student() 构造方法，其内共有 3 个方法，而不是第 15 ~ 第21 行表面看到的 2 个方法。

第 28 行声明并实例化了一个 Student 类的对象 s。第 29 行调用了继承自父类的 speak() 方法。第 30 行调用了 Student 类中的自己添加的 study() 方法。

8.2.4　继承的限制

以上实现了继承的基本要求，但是对于继承性而言实际上也存在着若干限制，下面一一对这些限制进行说明。

• 限制 1：Java 之中不允许多重继承，但是却可以使用多层继承。

所谓的多重继承指的是一个类同时继承多个父类的行为和特征功能。以下通过对比进行说明。

范例：错误的继承 —— 多重继承

```
class A
{ }
class B
{ }
class C extends A,B        // 错误：多重继承
{ }
```

从代码中可以看到，类 C 同时继承了类 A 与类 B，也就是说 C 类同时继承了两个父类，这在 Java 中是不允许的，如下图所示。

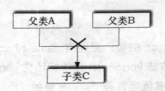

虽然上述语法有错误，但是在这种情况下，如果不考虑语法错误，以上这种做法的目的是：希望 C 类同时具备 A 和 B 类的功能，所以虽然无法实现多重继承，但是却可以使用多层继承的方式来表示。所谓多层继承，是指一个类 B 可以继承自某一个类 A，而另外一个类 C 又继承自 B，这样在继承层次上单项继承多个类，如下图所示。

```
class A
{ }
class B extends A
{ }
```

```
class C extends B          // 正确：多层继承
{  }
```

从继承图及代码中可以看到，类 B 继承了类 A，而类 C 又继承了类 B，也就是说类 B 是类 A 的子类，而类 C 则是类 A 的孙子类。此时，C 类就将具备 A 和 B 两个类的功能，但是一般情况下，在我们编写代码时，多层继承的层数不宜超过 3 层。

● 限制 2：从父类继承的私有成员，不能被子类直接使用。

子类在继承父类的时候会将父类之中的全部成员（包括属性及方法）继承下来，但是对于所有的非私有成员属于显式继承，而对于所有的私有成员采用隐式继承（即对子类不可见）。子类无法直接操作这些私有属性，必须通过设置 Setter 和 Getter 方法间接操作。

● 限制 3：子类在进行对象实例化时，从父类继承而来的数据成员需要先调用父类的构造方法来初始化，然后再用子类的构造方法来初始化本地的数据成员。

子类继承了父类的所有数据成员，同时子类也可以添加自己的数据成员。但是，需要注意的是，在调用构造方法实施数据成员初始化时，一定要"各司其职"，即来自父类的数据成员，需要调用父类的构造方法来初始化，而来自子类的数据成员初始化，要在本地构造方法中完成。在调用次序上，子类的构造方法要遵循"长辈优先"的原则：先调用父类的构造方法（生成父类对象），然后再调用子类的构造方法（生成子类对象）。也就是说，当实例化子类对象时，父类的对象会先"诞生"——这符合我们现实生活中对象存在的伦理。

● 限制 4：被 final 修饰的方法不能被子类覆写实例，被 final 修饰的类不能再被继承。

Java 的继承性确实在某些时候提高了程序的灵活性和代码的简洁度，但是有时我们定义了一个类但是不想让其被继承，即所有继承关系到此为止，如何实现这一目的呢？为此，Java 提供了 final 关键字来实现这个功能。final 在 Java 之中称为终结器（terminator）：（1）在基类的某个方法上加 final，那么在子类中该方法被禁止二次"改造"（即禁止被覆写）；（2）通过在类的前面添加 final 关键字，便可以阻止基类被继承。

📝 范例 8-8　　final标记的方法不能被子类覆写实例（TestFinalDemo.java）

```
01  class Person {
02    // 此方法声明为 final 不能被子类覆写
03    final public String talk(){
04      return "Person：talk()";
05    }
06  }
07  class Student extends Person {
08    public String talk()
09    {
10      return "Student：talk()";
11    }
12  }
13  public class TestFinalDemo {
14    public static void main(String args[]) {
```

```
15        Person S1 = new Student();
16        System.out.println(S1.talk());
17    }
18  }
```

保存并运行程序，程序并不能正确运行，会提示如下错误。

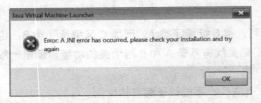

【代码详解】

第 03 行，在 Person 类定义了一个由 final 修饰的 talk( ) 方法。

第 07 ~ 第12 行声明了一个 Student 类，该类使用关键字 extends 继承了 Person 类。在 Student 类中覆写了 talk( ) 方法。第 15 行新建一个对象，并在第 16 行调用该对象的 talk( ) 方法。

【范例分析】

在运行错误界面图中，发生了 JNI 错误（ A JNI has occurred ），这里的 JNI 指的是 "Java Native Interface (Java 本机接口)"，由于在第 03 行，talk( ) 方法用了 final 修饰，用它修饰的方法，在子类中是不允许覆写改动的，这里 final 有 "一锤定音" 的意味。而子类 Student 中，尝试推翻终局（ final ），改动由从父类中继承而来的 talk() 方法，于是 Java 虚拟机就 "罢工" 报错了。

📝 范例 8-9　　用final继承的限制（ InheritRestrict.java ）

```
01  // 定义被 final 修饰的父类
02  final class SuperClass
03  {
04      String name;
05      int age;
06  }
07  // 子类 SubClass 继承 SuperClass
08  class SubClass extends SuperClass
09  {
10      //do something
11  }
12  public class InheritRestrict
13  {
14      public static void main(String[] args)
15      {
16          SubClass subClass = new SubClass();
17      }
18  }
```

保存并编译程序，得到的编译错误信息如下图所示。

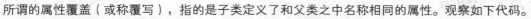

【代码详解】

由于在第 02 行创建的父类 SuperClass 前用了 final 修饰，所以它不能被子类 SubClass 继承。通过上面的编译信息结果也可以看出："The type SubClass cannot subclass the final class SuperClass（类型 SubClass 不能成为终态类 SuperClass 的子类）"。

▶ 8.3 覆写

8.3.1 属性的覆盖

所谓的属性覆盖（或称覆写），指的是子类定义了和父类之中名称相同的属性。观察如下代码。

📝 范例 8-10　　属性（数据成员）的覆写（OverrideData.java）

```
01   class Book
02   {
03       String info = "Hello World." ;
04   }
05   class ComputerBook extends Book
06   {
07       int info = 100 ;    // 属性名称与父类相同
08       public void print()
09       {
10           System.out.println(info) ;
11           System.out.println(super.info) ;
12       }
13   }
14
15   public class OverrideData
16   {
17       public static void main(String args[])
18       {
19           ComputerBook cb = new ComputerBook() ; // 实例化子类对象
20           cb.print() ;
21       }
22   }
```

保存并运行程序，结果如下图所示。

【代码详解】

第01～第04行，定义了类 Book，其中第03行定义了一个 String 类型的属性 info。

第05～第13行，定义了类 ComputerBook，它继承于类 Book。在类 ComputerBook 中，定义了一个整型的变量 info，它的名称与从父类继承而来的 String 类型的属性 info 相同（第07行）。从运行结果可以看出，在默认情况下，在不加任何标识的情况下，第10行输出的 info 是子类中整型的 info，即100。第10行代码等价于如下代码：

System.out.println(this.info)；

由于在父类 Book 中，info 的访问权限为默认类型（即其前面没有任何修饰符），那么在子类 ComputerBook 中，从父类继承而来的字符串类型的 info，子类是可以感知到的，可以通过"super. 父类成员"的模式来处理，如第11行所示。

从开发角度来说，为了满足类的封装性，类中的属性一般都需要使用 private 封装，一旦封装之后，子类压根就"看不见"父类的属性成员，子类定义的同名属性成员，其实就是一个"全新的"数据成员，所谓的覆写操作就完全没有意义了。

8.3.2　方法的覆写

"覆写（Override）"的概念与"重载（Overload）"有相似之处。所谓"重载"，即方法名称相同，方法的参数不同（包括类型不同、顺序不同和个数不同），也就是它们的方法签名（包括方法名 + 参数列表）不同。重载以表面看起来一样的方式——方法名相同，却通过传递不同形式的参数，来完成不同类型的工作，这样"一对多"的方式实现"静态多态"。

当一个子类继承一个父类，如果子类中的方法与父类中的方法的名称、参数个数及类型且返回值类型等都完全一致时，就称子类中的这个方法"覆写"了父类中的方法。同理，如果子类中重复定义了父类中已有的属性，则称此子类中的属性覆写了父类中的属性。

```
class Super        // 父类
{
    返回值类型 方法名（参数列表）
    { }
}
class Sub extends Super // 子类
{
    返回值 方法名（参数列表）// 与父类的方法同名，覆写父类中的方法
    { }
}
```

📝 范例 8-11　子类覆写父类的实现（Override.Java）

```
01    class Person
02    {
03        String name;
04        int age;
05        public String talk()
06        {
07            return "I am ： " + this.name + ", I am " + this.age + " years old";
08        }
09    }
10    class Student extends Person
11    {
```

```
12      String school;
13      public Student( String name, int age, String school )
14      {
15          // 分别为属性赋值
16          this.name = name;   //super.name = name;
17          this.age = age;     //super.age = age;
18          this.school = school;
19      }
20
21      // 此处覆写 Person 中的 talk() 方法
22      public String talk()
23      {
24          return "I am from " + this.school ;
25      }
26  }
27
28  public class Override
29  {
30      public static void main( String[] args )
31      {
32          Student s = new Student( "Jack ", 25, "HAUT" );
33          // 此时调用的是子类中的 talk() 方法
34          System.out.println( s.talk() );
35      }
36  }
```

保存并运行程序，结果如下图所示。

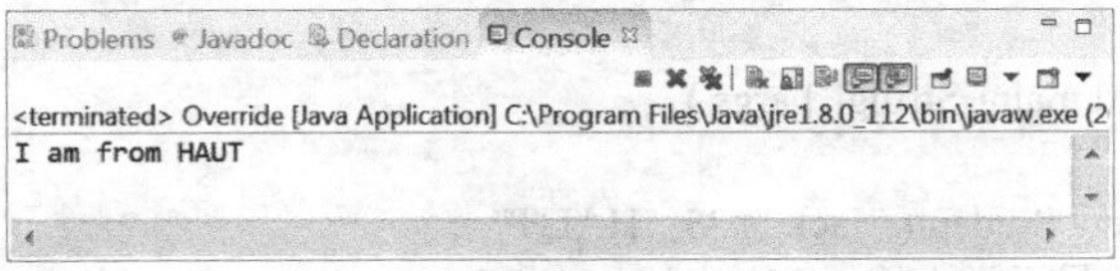

```
Problems  Javadoc  Declaration  Console
                                        ×  ×  |      |          |    ▼  ▼
<terminated> Override [Java Application] C:\Program Files\Java\jre1.8.0_112\bin\javaw.exe (2
I am from HAUT
```

【代码详解】

第 01 ~ 第 09 行声明了一个名为 Person 的类，里面定义了 name 和 age 两个属性，并声明了一个 talk() 方法。

第 10 ~ 第 26 行声明了一个名为 Student 的类，此类继承自 Person 类，也就继承了 name 和 age 属性，同时声明了一个与父类中同名的 talk() 方法，此时 Student 类中的 talk() 方法覆写了 Person 类中的同名 talk() 方法。

第 32 行实例化了一个子类对象，并同时调用子类构造方法为属性赋初值。注意到 name 和 age 在父类 Person 中的访问权限是默认的（即没有访问权限的修饰符），那么它们在子类中是可视的，也就是说，在子类 Student 中，可以用"this. 属性名"的方式来访问这些来自父类继承的属性成员。如果想分得比较清楚，也可以用第 16 和第 17 行注释部分的表示方式，即用"super. 属性名"的方式来访问。

第 34 行用子类对象调用 talk() 方法，但此时调用的是子类中的 talk() 方法。

从输出结果可以看到，在子类 Student 中覆写了父类 Person 中的 talk() 方法，所以子类对象在调用 talk() 方法时，实际上调用的是子类中定义的方法。另外可以看到，子类的 talk() 方法与父类的 talk() 方法在声明权限时，都声明为 public，也就是说这两个方法的访问权限都是一样的。

从【范例 8-11】程序中可以看出，第 34 行调用 talk() 方法，实际上调用的只是子类的方法，那如果的确需要调用父类中的方法，又该如何实现呢？请看下面的范例，此范例修改自上一个范例。

范例 8-12   super调用父类的方法（Override2.Java）

```
01    class Person
02    {
03       String name;
04       int age;
05       public String talk( )
06       {
07          return "I am " + this.name + ", I am " + this.age + " years old";
08       }
09    }
10    class Student extends Person
11    {
12       String school;
13       public Student( String name, int age, String school )
14       {
15          // 分别为属性赋值
16          this.name = name;    //super.name = name;
17          this.age = age;       //super.age = age;
18          this.school = school;
19       }
20
21       // 此处覆写 Person 中的 talk() 方法
22       public String talk( )
23       {
24          return super.talk( )+ ", I am from " + this.school ;
25       }
26    }
27
28    public class Override2
29    {
30       public static void main( String[ ] args )
31       {
32          Student s = new Student( "Jack ", 25, "HAUT" );
33          // 此时调用的是子类中的 talk( ) 方法
34          System.out.println( s.talk( ) );
35       }
36    }
```

保存并运行程序，结果如下图所示。

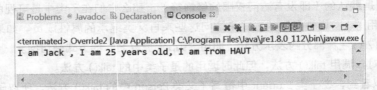

```
🔲 Problems  ◎ Javadoc  🔲 Declaration  🔲 Console ✕                      ▱ ▱
                               ▪ ✕ ⬚ | 🔲 🔲 🔲 | 🔲 🔲 ▾ 🔲 ▾
<terminated> Override2 [Java Application] C:\Program Files\Java\jre1.8.0_112\bin\javaw.exe (
I am Jack , I am 25 years old, I am from HAUT
```

【代码详解】

第 01 ~ 第 09 行声明了一个 Person 类，里面定义了 name 和 age 两个属性，并声明了一个 talk() 方法。第
10 ~ 第26 行声明了一个 Student 类，此类继承自 Person，因此也继承了来自 Person 类的 name 和 age 属性。
其中第 13 ~ 第 19 行定义了 Student 类的构造方法，并对数据成员实施了初始化。

　　由于声明了一个与父类中同名的 talk() 方法，因此 Student 类中的 talk() 方法覆写了 Person 类中的 talk() 方法，但在第 24 行通过 super.talk() 方式，调用了父类中的 talk() 方法。由于父类的 talk( ) 方法返回的是一个字符串，因此可以用连接符 "+" 连接来自子类的字符串: ""，I am from " + this.school""，这样拼接的结果一起又作为子类的 talk() 方法的返回值。

　　第 32 行实例化了一个子类对象，并同时调用子类构造方法为属性赋初值。

　　第 34 行用子类对象调用 talk() 方法，但此时调用的是子类中的 talk() 方法。由于子类的 talk() 方法返回的是一个字符串，因此可以作为 System.out.println() 的参数，将字符串输出到屏幕上。

　　从程序中可以看到，在子类中可以通过 super. 方法 ( ) 调用父类中被子类覆写的方法。

　　有时，我们可在方法覆写时增加上 "@Override" 注解。@Override 用在方法之上，就是显式告诉编译器，这个方法是用来覆写来自父类的同名方法，如果父类没有这个所谓的 "同名" 方法，就会发出警告信息。

▶ 8.4 多态

　　在前面已经介绍了面向对象的封装性和继承性。下面就来看一下面向对象中的第 3 个重要的特性——多态性。

8.4.1 多态的基本概念

　　多态（Polymorphisn），从字面上理解，多态就是一种类型表现出多种状态。这也是人类思维方式的一种直接模拟，可以利用多态的特征，用统一的标识来完成这些功能。在 Java 中，多态性分为两类。

　　（1）方法多态性，体现在方法的重载与覆写上。

　　方法的重载是指同一个方法名称，根据其传入的参数类型、个数和顺序的不同，所调用的方法体也不同，即同一个方法名称在一个类中由不同的功能实现。

　　方法的覆写是指父类之中的一个方法名称，在不同的子类有不同的功能实现，而后依据实例化子类的不同，同一个方法，可以完成不同的功能。有关方法的覆写，我们将在 8.5 节中详细讨论。

　　（2）对象多态性，体现在父、子对象之间的转型上。

　　在这个层面上，多态性是允许将父对象设置成为与一个或更多的子对象相等的技术，通过赋值之后，父对象就可以根据当前被赋值的不同子对象，以子对象的特性加以运作。多态意味着相同的（父类）信息，发送给不同的（子）对象，每个子对象表现出不同的形态。

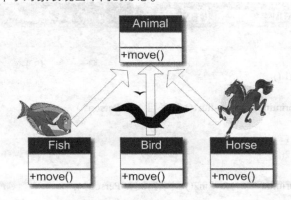

　　多态中的一个核心概念就是，子类（派生类）对象可以视为父类（基类）对象。这是容易理解的，如上图所示的继承关系中，鱼（Fish）类、鸟（Bird）类和马（Horse）类都继承于父类——动物（Animal），对于这些实例化对象，我们可以说，鱼（子类对象）是动物（父类对象）；鸟（子类对象）是动物（父类对象）；同样的，马（子类对象）是动物（父类对象）。

　　在 Java 编程里，我们可以用下图来描述。

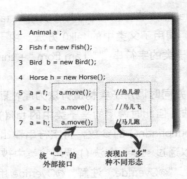

```
1  Animal a ;
2  Fish f = new Fish();
3  Bird  b = new Bird();
4  Horse h = new Horse();
5  a = f;    a.move();      //鱼儿游
6  a = b;    a.move();      //鸟儿飞
7  a = h;    a.move();      //马儿跑
```

统"一"的   表现出"多"
外部接口   种不同形态

在上述代码中，第 1～第 4 行，分别定义父类对象 a，并以子类对象 f、b 和 h 分别赋值给 a。由于 Fish 类、Bird 类和 Horse 类均继承于父类 Animal，所以子类均继承了父类的 move() 方法。由于父类 Animal 的 move() 过于抽象，不能反映 Fish、Bird 和 Horse 等子类中 "个性化" 的 move() 方法，这样，势必需要在 Fish、Bird 和 Horse 等子类中重新定义 move() 方法，这样就 "覆写" 了父类的同名方法。在第 2～第 4 行完成定义后，我们自然可以做到：

f.move();   // 完成鱼类对象 f 的移动：鱼儿游
b.move();   // 完成鸟类对象 b 的移动：鸟儿飞
h.move();   // 完成马类对象 h 的移动：马儿跑

这并不是多态的表现，因为三种不同的对象，对应了三种不同的移动方式，"三对三" 平均下来就是 "一对一"，何 "多" 之有呢？当子对象很多时，这种描述方式非常繁琐。

我们希望达到如上述代码第 5～第 7 行所示的效果，统一用父类对象 a 来接收子类对象 f、b 和 h，然后用统一的接口 "a.move()"，展现出不同的形态。

当 "a = f" 时，"a.move()" 表现出的是子类 Fish 的 move() 方法——鱼儿游，而非父类的 move() 方法。类似的，当 "a = b" 时，"a.move()" 表现出的是子类 Bird 的 move() 方法——鸟儿飞，而非父类的 move() 方法。当 "a = h" 时，"a.move()" 表现出的是子类 Horse 的 move() 方法——马儿跑，而非父类的 move() 方法。这样，就达到了 "一对多" 的效果——多态就在这里。

下面用一个范例简单地介绍一下多态的概念。

范例 8-13　了解多态的基本概念（Poly.Java）

```
01   class Person
02   {
03     public void fun1 ()
04     {
05        System.out.println( "*****--fun1() 我来自父类 Person" );
06     }
07
08     public void fun2( )
09     {
10        System.out.println( "*****--fun2() 我来自父类 Person" );
11     }
12   }
13
14   // Student 类扩展自 Person 类，也就继承了 Person 类中的 fun1()、fun2() 方法
15   class Student extends Person
16   {
17     // 在这里覆写了 Person 类中的 fun1() 方法
```

```
18      public void fun1( )
19      {
20          System.out.println( "#####--fun1() 我来自子类 Student" );
21      }
22
23      public void fun3( )
24      {
25          System.out.println( "#####--fun3() 我来自子类 Student" );
26      }
27  }
28
29  public class Poly
30  {
31      public static void main( String[] args )
32      {
33          // 此处，父类对象由子类实例化
34          Person p = new Student();
35          // 调用 fun1() 方法，观察此处调用的是哪个类里的 fun1() 方法
36          p.fun1();
37          p.fun2();
38      }
39  }
```

保存并运行程序，结果如下图所示。

```
🔲 Problems  @ Javadoc  🔍 Declaration  🖥 Console  ⌗
                                          ■ ✖ ⁘ | 🔒 💷 🗗 🗗 | 🔲 ▾ 🗂 ▾ ▭ ▾
<terminated> Poly [Java Application] C:\Program Files\Java\jre1.8.0_112\bin\javaw.exe (2016
#####--fun1() 我来自子类 Student
*****--fun2() 我来自父类 Person
```

【代码详解】

第 01 ～ 第12 行声明了一个 Person 类，此类中定义了 fun1()、fun2() 两个方法。

第 15 ～ 第27 行声明了一个 Student 类，此类继承自 Person 类，也就继承了 Person 类中的 fun1()、fun2() 方法。在子类 Student 中重新定义了一个与父类同名的 fun1() 方法，这样就达到覆写父类 fun1() 的目的。

第 34 行声明了一个 Person 类（父类）的对象 p，之后由子类对象去实例化此对象。

第 36 行由父类对象调用 fun1() 方法。第 37 行由父类对象调用 fun2() 方法。

从程序的输出结果中可以看到，p 是父类 Person 的对象，但调用 fun1() 方法的时候并没有调用 Person 的 fun1() 方法，而是调用了子类 Student 中被覆写了的 fun1() 方法。

对于第 34 行的语句：Person p = new Student( )，我们分析如下：在赋值运算符 "=" 左侧，定义了父类 Person 对象 p，而在赋值运算符 "=" 右侧，用 "new Student( )" 声明了一个子类无名对象，然后将该子类对象赋值为父类对象 p，事实上，这时发生了向上转型。本例中，展示的是一个父类仅有一个子类，这种 "一对一" 的继承模式，并没有体现出 "多" 态来。在后续章节的范例中，读者就会慢慢体会到多态中的 "多" 从何而来。

8.4.2 方法多态性

在 Java 中，方法的多态性体现在方法的重载，在这里我们再用多态的眼光复习一下这部分内容，相信你会有更深入的理解。方法的多态即是通过传递不同的参数来令同一方法接口实现不同的功能。下面我们通过一个重载的例子来了解 Java 方法多态性的概念。

范例 8-14　对象多态性的使用（FuncPoly.Java）

```
01    public class FuncPoly {
02            // 定义了两个方法名完全相同的方法，该方法实现求和的功能
03            void sum(int i){
04                    System.out.println(" 数字和为： " + i);
05            }
06            void sum(int i , int j ){
07                    System.out.println(" 数字和为： " + ( i + j));
08            }
09            public static void main(String[] args){
10                    FuncPoly demo = new FuncPoly();
11                    demo.sum(1);// 计算一个数的和
12                    demo.sum(2, 3);// 计算两个数的和
13            }
14    }
```

保存并运行程序，结果如下图所示。

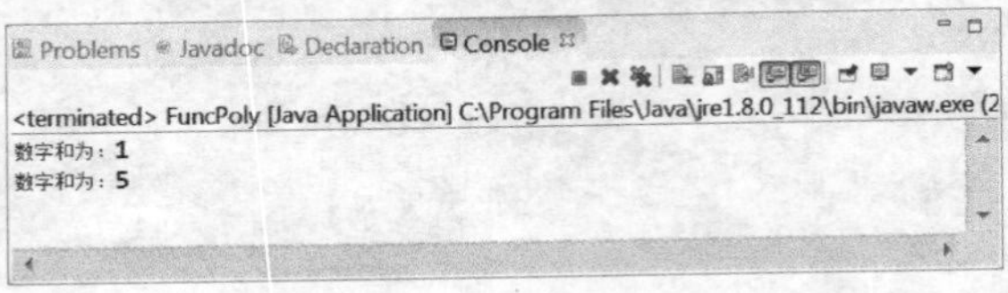

【代码详解】

在 FuncPoly 类中定义了两个名称完全一样的方法 sum()（第 03 ~ 第08 行），该接口是为了实现求和的功能，在第 11 和第 12 行分别向其传递了一个和两个参数，让其计算并输出求和结果。同一个方法（方法名是相同的）能够接受不同的参数，并完成多个不同类型的运算，因此体现了方法的多态性。

8.4.3　对象多态性

在讲解对象多态性之前首先需要了解两个概念：向上转型和向下转型。

（1）向上转型。父类对象通过子类对象去实例化，实际上就是对象的向上转型。向上转型是不需要进行强制类型转换的，但是向上转型会丢失精度。

（2）向下转型。与向上转型对应的一个概念就是"向下转型"，所谓向下转型，也就是说父类的对象可以转换为子类对象，但是需要注意的是，这时必须要进行强制的类型转换。

以上内容可以概括成下面的两句话。

（1）向上转型可以自动完成。

（2）向下转型必须进行强制类型转换。

下面我们通过编程实现在 8.4.1 节提及的例子，来说明多态在面向对象编程中不可替代的作用。

范例 8-15　使用多态（ObjectPoly.Java）

```
01    class Animal{
02      public void move(){
03        System.out.println(" 动物移动！ ");
04      }
```

```
05    }
06    class Fish extends Animal{
07        // 覆写了父类中的 move 方法
08        public void move(){
09            System.out.println(" 鱼儿游！ ");
10        }
11    }
12    class Bird extends Animal{
13        // 覆写了父类中的 move 方法
14        public void move(){
15            System.out.println(" 鸟儿飞！ ");
16        }
17    }
18    class Horse extends Animal{
19        // 覆写了父类中的 move 方法
20        public void move(){
21            System.out.println(" 马儿跑！ ");
22        }
23    }
24    public class ObjectPoly {
25        public static void main(String[] args){
26            Animal a;
27            Fish f = new Fish();
28            Bird b = new Bird ();
29            Horse h = new Horse();
30            a = f;    a.move(); // 调用 Fish 的 move() 方法，输出 " 鱼儿游！ "
31            a = b;    a.move(); // 调用 Bird 的 move() 方法，输出 " 鸟儿飞！ "
32            a = h;    a.move(); // 调用 Horse 的 move() 方法，输出 " 马儿跑！ "
33        }
34    }
```

保存并运行程序，结果如下图所示。

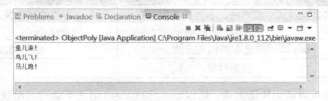

【代码详解】

在第 01 ~ 第05 行，定义了 Animal 类，其中定义了动物的一个公有的行为 move（移动），子类 Fish、Bird、Horse 分别继承 Animal 类，并覆写了 Animal 类的 move 方法，实现各自独特的移动方式：鱼儿游；鸟儿飞；马儿跑。

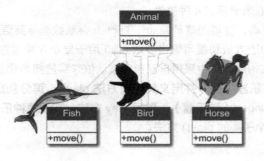

第 26 行声明了 1 个父类 Animal 的对象 a，但没有真正实例化 a。在第 27～第 29 行分别实例化了 3 个子类对象：f、b 和 h。

第 30～第 32 行，通过赋值操作，将这些子类对象向上类型转换为 Animal 类型。然后经过父类对象 a 调用其 move 方法，这时我们发现，实际调用的却是各个子类对象的 move 方法。

父类对象依据被赋值的每个子类对象的类型，做出恰当的响应（即与对象具体类别相适应的反应），这就是对象多态性的关键思想。同样的消息或接口（在本例中都是 move）在发送给不同的对象时，会产生多种形式的结果，这就是多态性本质。利用对象多态性，我们可以设计和实现更具扩展性的软件系统。

简单来说，继承是子类使用父类的方法，而多态则是父类使用子类的方法。更为确切地来说，多态是父类使用被子类覆盖的同名方法，如果子类的方法是全新的，不存在与父类同名的方法，那么父类也不可能使用子类自己独有的"个性化"方法。

▶ 8.5 高手点拨

1. 方法重载（Overload）和覆写（Override）的区别（本题为常见的 Java 面试题）。

　　重载是指在相同类内定义名称相同但参数个数或类型或顺序不同的方法，而覆写是在子类当中定义名称、参数个数与类型均与父类相同的方法，用于覆写父类中的方法。具体的区别如下表所示。

区别	重载	覆写
英文单词	Overload	Override
定义	方法名称相同、参数的类型及个数和顺序至少 1 个不同	方法名称、参数的类型及个数、返回值类型完全相同
范围	只发生在 1 个类之中	发生在类的继承关系中
权限	不受权限控制	被覆写的方法不能拥有比父类更严格的访问控制权限

　　在重载的关系之中，返回值类型可以不同，语法上没有错误，但是从实际的应用而言，建议返回值类型相同。

2. this 和 super 的区别（本题为常见的 Java 面试题）。

区别	this	super
查找范围	先从本类找到属性或方法，本类找不到再查找父类	不查询本类的属性及方法，直接由子类调用父类的指定属性及方法
调用构造	this 调用的是本类构造方法	由子类调用父类构造
特殊	表示当前对象	—

　　由于 this 和 super 都可以调用构造方法，所以 this() 和 super() 语法不能同时出现，两者是二选一的关系。

▶ 8.6 实战练习

1. 建立一个人类（Person）和学生类（Student），功能要求如下。

　　a. Person 中包含 4 个数据成员 name、addr、sex 和 age，分别表示姓名、地址、类别和年龄。设计 1 个输出方法 talk() 来显示这 4 种属性。

　　b. Student 类继承 Person 类，并增加成员 Math、English 存放数学与英语成绩。用 1 个六参构造方法、1 个两参构造方法、1 个无参构造方法和覆写输出方法 talk() 用于显示 6 种属性。对于构造方法参数个数不足以初始化 4 个数据成员时，在构造方法中采用自己指定默认值来实施初始化。

　　2. 定义一个 Instrument（乐器）类，并定义其公有方法 play()，再分别定义其子类 Wind（管乐器），Percussion（打击乐器），Stringed（弦乐器），覆写 play 方法，实现每种乐器独有的 play 方式。最后在测试类中使用多态的方法执行每个子类的 play() 方法。

第 **9** 章

抽象类与接口

抽象类和接口，为我们提供了一种将接口与实现分离的更加结构化的方法。正是由于这些机制的存在，才赋予 Java 强大的面向对象的能力。本章讲述抽象类的基本概念和具有多继承特性的接口。

本章要点（已掌握的在方框中打钩）

☐ 熟悉抽象类的使用
☐ 掌握抽象类的基本概念
☐ 掌握抽象类实例的应用
☐ 掌握接口的基本概念
☐ 熟悉接口实例的应用

在前面的章节中，我们反复强调一个概念：在 Java 面向对象编程领域，一切都是对象，并且所有的对象都是通过"类"来描述的。但是，并不是所有的类，都是来描述对象的。如果一个类没有足够的信息来描述一个具体的对象，还需要其他具体的类来支撑它，那么这样的类我们称为抽象类。比如 new Person()，但是这个"人类"——Person() 具体长成什么样子，我们并不知道。他 / 她没有一个具体人的概念，所以这就是一个抽象类，需要一个更为具体的类，如学生、工人或老师类，来对它进行特定的"具体化"，我们才知道这人长成啥样。

▶ 9.1 抽象类

9.1.1 **抽象类的定义**

Java 中有一种类，派生出很多子类，而自身是不能用来生产对象的，这种类称为"抽象类"。抽象类的作用有点类似"模板"，其目的是要设计者依据它的格式，来修改并创建新的子类。

抽象类实际上也是一个类，只是与之前的普通类相比，内部新增了抽象方法。

所谓抽象方法，就是只声明而未实现的方法。所有的抽象方法，必须使用 abstract 关键字声明，而包含抽象方法的类，就是抽象类，也必须使用 abstract class 声明。

抽象类定义规则如下。

（1）抽象类和抽象方法都必须用 abstract 关键字来修饰。

（2）抽象类不能直接实例化，也就是不能直接用 new 关键字去产生对象。

（3）在抽象类中，定义时抽象方法只需声明，而无需实现。

（4）含有抽象方法的类必须被声明为抽象类，抽象类的子类必须实现所有的抽象方法后，才能不叫抽象类，从而可以被实例化，否则这个子类还是个抽象类。

```
abstract class 类名称              // 定义抽象类
{
   声明数据成员 ;
   访问权限 返回值的数据类型 方法名称（参数…）
   {
      // 定义一般方法
   }
   abstract 返回值的数据类型 方法名称（参数…）；
   // 定义抽象方法，在抽象方法里没有定义方法体
}
```

例如：

```
abstract class Book              // 定义一个抽象类
{
   private String title = "Java 开发 " ; // 属性
   public void print()
   {                    // 普通方法，用 "{}" 表示有方法体
      System.out.println(title) ;
   }
   public abstract void fun() ;         // 没有方法体，是一个抽象方法
}
```

由上例知，抽象类的定义，就是比普通类多了一些抽象方法的定义而已。虽然定义了抽象类，但是抽象类却不能直接使用。

```
Book book = new Book() ;           // 错误：Book 是抽象的；无法实例化
```

9.1.2 抽象类的使用

如果一个类可以实例化对象，那么这个对象可以调用类中的属性或方法，但是抽象类中的抽象方法没有方法体，没有方法体的方法无法使用。

所以，对于抽象类的使用原则如下。

- 抽象类必须有子类，子类使用 extends 继承抽象类，一个子类只能够继承一个抽象类。
- 生产对象的子类，则必须实现抽象类之中的全部抽象方法。也就是说，只有所有抽象方法不再抽象了，做实在了，才能依据类（图纸），生产对象（具体的产品）。
- 如果要想实例化抽象类的对象，则可以通过子类进行对象的向上转型来完成。

范例 9-1　抽象类的用法案例（代码AbstractClassDemo.java）

```
01  abstract class Person        // 定义一抽象类 Person
02  {
03      String name ;
04      int age;
05      String occupation ;
06      public abstract String talk( ) ; // 声明一抽象方法 talk( )
07  }
08  class Student extends Person    // Student 类继承自 Person 类
09  {
10      public Student(String name,int age,String occupation)
11      {
12       this.name = name ;
13       this.age = age ;
14       this.occupation = occupation ;
15      }
16
17      @Override
18      public String talk( )  // 实现 talk( ) 方法
19      {
20        return " 学生——> 姓名："+ name+"，年龄： "+ age+"，职业： "+ occupation ;
21      }
22  }
23  class Worker extends Person    // Worker 类继承自 Person 类
24  {
25      public Worker(String name,int age,String occupation)
26      {
27       this.name = name ;
28       this.age = age ;
29       this.occupation = occupation ;
30      }
31      public String talk()     // 实现 talk( ) 方法
32      {
33        return " 工人——> 姓名："+ name +"，年龄： "+ age +"，职业 :"+ occupation ;
34      }
35  }
36  public class AbstractClassDemo
37  {
```

```
38    public static void main(String[] args)
39    {
40        Student s = new Student(" 张三 ",20," 学生 "); // 创建 Student 类对象 s
41        Worker w = new Worker(" 李四 ",30," 工人 "); // 创建 Worker 类对象 w
42        System.out.println(s.talk( )) ;        // 调用被实现的方法
43        System.out.println(w.talk( )) ;
44    }
45  }
```

程序运行结果如下图所示。

```
Problems  @ Javadoc  Declaration  Console

<terminated> AbstractClassDemo [Java Application] C:\Program Files\Java\jre1.8.0_112\bin\ja
学生——>姓名：张三，年龄：20，职业：学生
工人——>姓名：李四，年龄：30，职业：工人
```

【代码详解】

第 01 ~ 第07 行声明了一个名为 Person 的抽象类，在 Person 中声明了 3 个属性和一个抽象方法—talk( )。

第 08 ~ 第22 行声明了一个 Student 类，此类继承自 Person 类，因为此类不为抽象类，所以需要"实现" Person 类中的抽象方法—talk( )。

类似的，第 23 ~ 第35 行声明了一个 Worker 类，此类继承自 Person 类，因为此类不为抽象类，所以需要"实现" Person 类中的抽象方法—talk( )。

第 40 和第 41 行分别实例化 Student 类与 Worker 类的对象，并调用各自的构造方法初始化类属性。由于 Student 类与 Worker 类继承自 Person 类，所以 Person 类的数据成员 name、age 和 occupation，也会自动继承到 Student 类与 Worker 类。因此这两个类的构造方法，需要初始化这 3 个数据成员。

第 42 和第 43 行分别调用各自类中被实现的 talk( ) 方法。

【范例分析】

可以看到两个子类 Student、Worker 都分别按各自的要求，在子类实现了 talk( ) 方法。上面的程序可由下图表示。

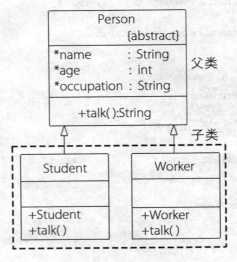

抽象类的特征如下所示。

与一般类相同，抽象类也可以拥有构造方法，但是这些构造方法必须在子类中被调用，并且子类实例化对象的时候依然满足类继承的关系，先默认调用父类的构造方法，而后再调用子类的构造方法，毕竟抽象类之中还是存在属性的，但抽象类的构造方法无法被外部类实例化对象调用。

范例 9-2　抽象类中构造方法的定义使用（代码AbstractConstructor.java）

```
01    abstract class Person              // 定义一抽象类 Person
02    {
03      String name ;
04      int age ;
05      String occupation ;
06      public Person(String name,int age,String occupation) // 定义构造函数
07      {
08        this.name = name ;
09        this.age = age ;
10        this.occupation = occupation ;
11      }
12      public abstract String talk() ;   // 声明一个抽象方法
13    }
14    class Student extends Person     // 声明抽象类的子类
15    {
16      public Student(String name,int age,String occupation)
17      { // 在这里必须明确调用抽象类中的构造方法
18        super(name,age,occupation);
19      }
20      public String talk()            // 实现 talk() 方法
21      {
22      return " 学生——> 姓名： " + name + "，年龄： " + age + "，职业： " + occupation;
23      }
24    }
25    class AbstractConstructor
26    {
27      public static void main(String[] args)
28      {
29        Student s = new Student(" 张三 ",18," 学生 ") ; // 创建对象 s
30        System.out.println(s.talk()) ; // 调用实现的方法
31      }
32    }
```

保存并运行程序，结果如下图所示。

学生——>姓名：张三，年龄：18，职业：学生

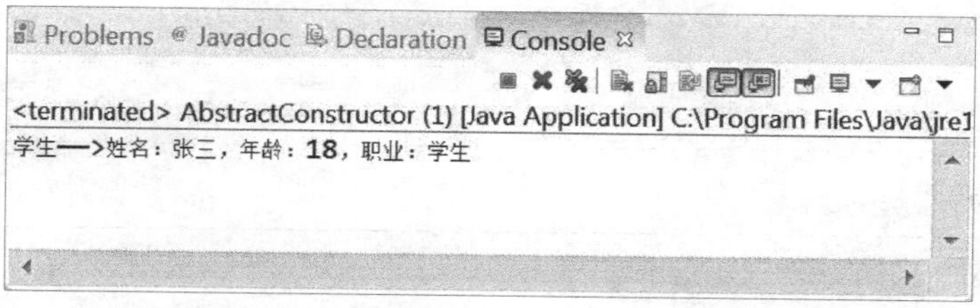

【代码详解】

第 01～第13 行声明了 1 个名为 Person 的抽象类，在 Person 中声明了 3 个属性、1 个构造函数和 1 个抽象方法—talk( )。

第 14～第24 行声明了 1 个 Student 类，此类继承自 Person 类，因为此类不为抽象类，所以需要在子类中实现 Person 类中的抽象方法—talk( )。

第 18 行，使用 super( ) 方法，显式调用抽象类中的构造方法。

第 29 行实例化 Student 类，建立对象 s，并调用父类的构造方法初始化类属性。

第 30 行调用子类中实现的 talk( ) 方法。

【范例分析】

从程序中可以看到，抽象类也可以像普通类一样，有构造方法、一般方法和属性，更重要的是还可以有一些抽象方法，需要子类去实现，而且在抽象类中声明构造方法后，在子类中必须明确调用。

抽象类不能够使用 final 定义，因为使用 final 定义的类不能有子类，而抽象类使用的时候必须有子类，这是一个矛盾的问题，所以抽象类上不能出现 final 定义。

抽象类之中可以没有抽象方法，但即便没有抽象方法的抽象类，其"抽象"的本质不会发生变化的，所以也不能够直接在外部通过关键字 new 实例化。

▶9.2 接口

9.2.1 ▶ 接口的基本概念

对 C 语言有所了解的读者就会知道，在 C 语言中，有种复合的数据类型——structure（结构体），结构体可视为纯粹是把一系列相关数据汇集在一起（the collections of data），比如说，我们可以把"班级""学号""姓名""性别""成绩"等数据属性，构成一个名为"学生"的结构体。

在 Java 中，提供了一种机制，把对数据的通用操作（也就是方法），汇集在一起（the collections of common operation），形成一个接口（interface），以形成对算法的复用。所谓算法，就是一系列相关操作指令的集合。

接口，是 Java 所提供的另一种重要技术，它可视为一种特殊的类，其结构和抽象类非常相似，是抽象类的一种变体。

在 Java 8 之前，接口的一个关键特征是，它既不包含方法的实现，也不包含数据。换句话说，接口内定义的所有方法，都默认为 abstract，即都是"抽象方法"。现在，在 Java 8 中，接口的规定有所松动，它内部允许包括数据成员，但这些数据必须是常量，其值一旦被初始化后，是不允许更改的，这些数据成员通常为全局变量。

所以，当我们在一个接口定义一个变量时，系统会自动把"public static final"这 3 个关键字添加在变量前面，如下代码所示。

```
public interface faceA
{
    int NORTH = 1;
}
```

上面的代码等效为：

```
public interface faceA
{
    public static final int NORTH = 1;
```

}

接口的设计宗旨在于，定义由多个继承类共同遵守的"契约"。所以接口中所有成员，其访问类型都必须为 public，否则不能被继承，就失去了"契约"内涵。

为了避免在接口中添加新方法后还要修改所有实现类，同时也是为了支持 Lambda 新特性的引入，从 JDK 8 开始，Java 的接口也放宽一些限制，接口中还可以"有条件"地对方法进行实现。例如，允许定义默认方法（即 default 方法），也可称为 Defender 方法。

9.2.2 使用接口的原则

使用接口时，注意遵守如下原则。

·接口必须有子类，子类依靠 implements 关键字可以同时实现多个接口。
·接口的子类（如果不是抽象类）必须实现接口之中的全部抽象方法，才能实例化对象。
·利用子类实现对象的实例化，接口可以实现多态性。

接口与一般类一样，本身也拥有数据成员与方法，但数据成员一定要赋初值，且此值不能再更改，方法也必须是"抽象方法"或 default 方法。也正因为接口内的方法，除 default 方法外必须是抽象方法，而没有其他一般的方法，所以在接口定义格式中，声明抽象方法的关键字 abstract 是可以省略的。

同理，因接口的数据成员必须赋初值，且此值不能再被更改，所以声明数据成员的关键字 final 也可省略。简写的接口定义如下。

```
interface A  // 定义一个接口
{
    public static String INFO = "Hello World .";          // 全局常量
    public void print();                    // 抽象方法
    default public void otherprint()
    {                    // 带方法体的默认方法
        System.out.println("default methods!");
    }
}
```

在 Java 中，由于禁止多继承（通俗来讲，就好比一个"儿子"只能认一个"老爸"），而接口做了一点变通，一个子类可以"实现"多个接口，实际上，这是"间接"实现多继承的一种机制，这也是 Java 设计中的一个重要环节。

既然接口中除了 default 方法，只能有抽象方法，所以这类方法只需声明，而无需定义具体的方法体，于是自然可以联想到，接口没有办法像一般类一样，用它来创建对象。利用接口创建新类的过程，称为接口的实现（implementation）。

以下为接口实现的语法。

```
class 子类名称 implements 接口 A, 接口 B…          // 接口的实现
{
    …
}
```

📝 范例 9-3　带default方法接口的实现（代码Interfacedefault.java）

```
01  interface InterfaceA                      // 定义一个接口
02  {
03      public static String INFO = "static final.";  // 全局常量
04      public void print();                    // 抽象方法
```

```
05
06    default public void otherprint( )          //带方法体的默认方法
07    {
08        System.out.println("print default1 methods InterfaceA!");
09    }
10 }
11
12 class subClass implements InterfaceA        //子类 InterfaceA 实现接口 InterfaceA
13 {
14    public void print( )                     //实现接口中的抽象方法 print( )
15    {
16        System.out.println("print abstract methods InterfaceA!");
17        System.out.println(INFO);
18    }
19 }
20 public class Interfacedefault
21 {
22    public static void main(String[ ] args)
23    {
24        subClass subObj = new subClass( );       //实例化子类对象
25        subObj.print( );                         //调用"实现"过的抽象方法
26        subObj.otherprint( );                    //调用接口中的默认方法
27        System.out.println(InterfaceA.INFO);     //输出接口中的常量
28    }
29 }
```

保存并运行程序，结果如下图所示。

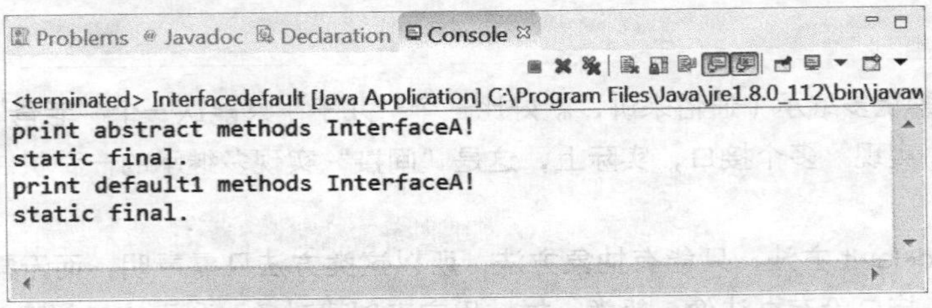

```
Problems @ Javadoc Declaration Console ☒
<terminated> Interfacedefault [Java Application] C:\Program Files\Java\jre1.8.0_112\bin\javaw
print abstract methods InterfaceA!
static final.
print default1 methods InterfaceA!
static final.
```

【代码详解】

第 01～第 10 行定义接口 InterfaceA，其中定义全局静态变量 INFO、抽象方法 print() 及默认方法 otherprint()。

第 12～第 19 行定义子类 subClass，实现接口 InterfaceA，"实现"从接口 InterfaceA 继承而来的方法 print()。

第 24 行实例化子类对象，并调用在子类实现的抽象方法（第 25 行）和默认方法（第 26 行），输出接口 InterfaceA 的常量 INFO（第 27 行）。

【范例分析】

上例中定义了一个接口，接口中定义常量 INFO，省略了关键词 final，定义抽象方法 print()，也省略了

abstract，定义带方法体的默认方法。

　　第 17 和第 27 行分别引用接口中的常量。

　　在 Java 8 中，允许在一个接口中只定义默认方法，而没有一个抽象方法，下面举例说明。

范例 9-4　仅有default方法接口的使用（代码Interfacedefaultonly.java）

```
01  interface InterfaceA                    // 定义一个接口
02  {
03    default public void otherprint( )      // 带方法体的默认方法
04    {
05       System.out.println("print default1 methods only in InterfaceA!");
06    }
07  }
08  class subClass implements InterfaceA      // 子类 subClass 实现接口 InterfaceA
09  {
10    //do nothing
11  }
12  public class InterfaceDefaultOnly
13  {
14    public static void main(String[ ] args)
15    {
16       subClass subObj = new subClass( );   // 实例化子类对象
17       subObj.otherprint();                 // 调用接口中的默认方法
18    }
19  }
```

保存并运行程序，结果如下图所示。

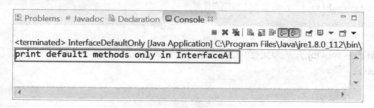

【**代码详解**】

第 01 ~ 第07 行定义接口 InterfaceA，其中定义默认方法 otherprint()。

第 08 ~ 第10 行定义子类 subClass 实现接口 InterfaceA。

第 16 ~ 第17 行实例化子类对象 subObj，并调用由接口 InterfaceA 继承而来的默认方法 otherprint()。

【**范例分析**】

　　由于接口 InterfaceA 中并无抽象方法，因此无抽象方法需要在子类中"实现"，所以子类 subClass 的主体部分什么也没有做，但这部分的工作是必需的，因为接口是不能（通过 new 操作）实例化对象的，即使子类 subClass 什么也没有做，其实也实现了一个功能，即由 subClass 可以实例化对象。

　　接口与抽象类相比，主要区别就在于子类上，子类的继承体系中，永远只有一个父类，但子类却可以同时实现多个接口，变相完成"多继承"，如下例所示。

📝 范例 9-5 　　子类继承多个接口的应用（代码InterfaceDemo.java）

```
01   interface faceA    // 定义一个接口
02   {
03       public static final String INFO = "Hello World!" ; // 全局常量
04       public abstract void print( ) ; // 抽象方法
05   }
06   interface faceB     // 定义一个接口
07   {
08       public abstract void get( ) ;
09   }
10   class subClass implements faceA,faceB
11   {  // 一个子类同时实现了两个接口
12       public void print( )
13       {
14          System.out.println( INFO ) ;
15       }
16       public void get( )
17       {
18          System.out.println(" 你好！ ") ;
19       }
20   }
21   public class InterfaceDemo
22   {
23       public static void main(String args[])
24       {
25          subClass subObj = new subClass() ; // 实例化子类对象
26
27          faceA fa = subObj ;  // 为父接口实例化
28          fa.print() ;
29
30          faceB fb = subObj ;  // 为父接口实例化
31          fb.get() ;
32       }
33   }
```

保存并运行程序，结果如下图所示。

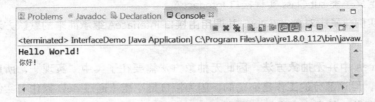

【代码详解】

第 01 ~ 第05 行定义接口 faceA，其中定义全局变量 INFO 和抽象方法 print()。

第 06 ~ 第09 行定义接口 faceB，并定义了抽象方法 get()。

第 10 ~ 第20 行定义子类 subClass，同时实现接口 faceA 和 faceB，并分别对接口 faceA 和 faceB 中的抽象方法进行实现。

【范例分析】

　　由上例可以发现接口与抽象类相比，主要区别就在于子类上，子类可以同时实现多个接口。

　　但在 Java 8 中，如果一个类实现两个或多个接口，即"变相"的多继承，但是若其中两个接口中都包含一个名字相同的 default 方法，如下例中的 faceA，faceB，有同名的默认方法 DefaultMethod()，但方法体不同。

范例 9-6　同时实现含有两个相通默认方法名的接口（代码Interfacsamedefaults.java）

```
01  interface faceA                    // 定义接口 faceA
02  {
03      void someMethod( );
04      default public void DefaultMethod( )// 定义接口中默认方法
05      {
06          System.out.println("Default method in the interface A");
07      }
08  }
09  interface faceB                    // 定义接口 faceB
10  {
11      default public void DefaultMethod( )// 定义接口 faceB 中同名的默认方法
12      {
13          System.out.println("Default method in the interface B");
14      }
15  }
16  class DefaultMethodClass implements faceA,faceB  // 子类同时实现接口 faceA, faceB
17  {
18      public void someMethod( )              // 实现接口 faceA 的抽象方法
19      {
20          System.out.println("Some method in the subclass");
21      }
22  }
23  public class Interfacsamedefaults
24  {
25      public static void main(String[] args)
26      {
27          DefaultMethodClass def = new DefaultMethodClass( );
28          def.someMethod();         // 调用抽象方法
29          def.DefaultMethod();        // 调用默认方法
30      }
31  }
```

　　保存程序并运行，编译并不能通过，如下图所示。

```
Problems * Javadoc * Declaration * Console *
<terminated> Interfacsamedefaults [Java Application] C:\Program Files\Java\jre1.8.0_112\bin\javaw.exe (2016年11月23日 下午4:15:58)
Exception in thread "main" java.lang.Error: Unresolved compilation problem:
Duplicate default methods named DefaultMethod with the parameters () and () are inherited from the types faceB and faceA

    at DefaultMethodClass.<init>(Interfacsamedefaults.java:17)
    at Interfacsamedefaults.main(Interfacsamedefaults.java:27)
```

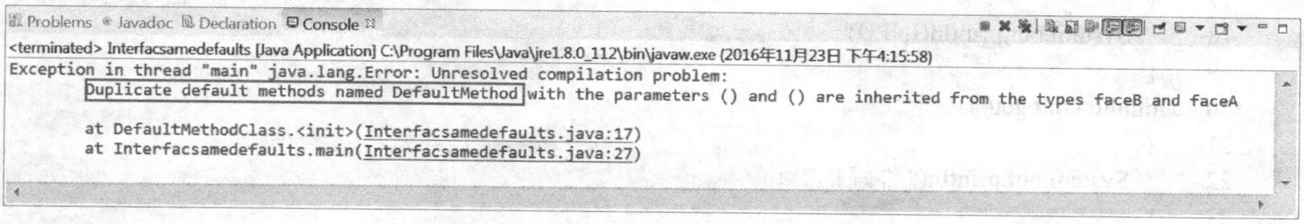

【代码详解】

代码第 01 ~ 第 08 行定义了一个接口 faceA，其中定义抽象方法 someMethod( ) 和默认方法 DefaultMethod( )，请注意，someMethod( ) 前面的 public 和 abstract 关键词可以省略，这是因为在接口内的所有方法（除了默认类型方法），都是"共有的"和"抽象的"，所以这两个关键词即使省略了，"智能"的编译器也会替我们把这两个关键词加上。

代码第 09 ~ 第 15 行定义了另外一个接口 faceB，其中定义了一个和接口 faceA 同名的默认方法 DefaultMethod( )，其实这两个默认方法的实现部分并不相同。

第 16 ~ 第22 行定义了子类 DefaultMethodClass，同时实现接口 faceA 和 faceB，并对接口 faceA 中的抽象方法 someMethod( ) 给予实现。

代码第 27 行，实例化子类 DefaultMethodClass 的对象。

【范例分析】

如果编译以上代码，编译器会报错，因为在实例化子类 DefaultMethodClass 的对象时，编译器不知道应该在两个同名的 default 方法 DefaultMethod 中选择哪一个（Duplicate default methods named DefaultMethod），因此产生了二义性。因此，一个类实现多个接口时，若接口中有默认方法，不能出现同名默认方法。

事实上，Java 之所以禁止多继承，就是想避免类似的二义性。但在接口中允许实现默认方法，似乎又重新开启了"二义性"的灾难之门。

在"变相"实现的多继承中，如果说在一个子类中既要实现接口又要继承抽象类，则应该采用先继承后实现的顺序完成。

📝 范例 9-7　　子类同时继承抽象类，并实现接口（代码ExtendsInterface.java）

```
01  interface faceA
02  {   // 定义一个接口
03      String INFO = "Hello World." ;
04      void print( ) ; // 抽象方法
05  }
06  interface faceB
07  {   // 定义一个接口
08      public abstract void get( ) ;
09  }
10  abstract class abstractC
11  { // 抽象类
12      public abstract void fun( ) ;   // 抽象方法
13  }
14  class subClass extends abstractC implements faceA,faceB
15  { // 先继承后实现
16      public void print( )
17      {
18          System.out.println(INFO) ;
19      }
20      public void get( )
21      {
22          System.out.println(" 你好！ ") ;
23      }
24      public void fun( )
25      {
```

```
26        System.out.println(" 你好！ JAVA") ;
27    }
28 }
29 public class ExtendsInterface
30 {
31    public static void main(String args[])
32    {
33      subClass subObj = new subClass( ) ; // 实例化子类对象
34      faceA fa = subObj ;  // 为父接口实例化
35      faceB fb = subObj ;  // 为父接口实例化
36      abstractC ac = subObj ;  // 为抽象类实例化
37
38      fa.print() ;
39      fb.get() ;
40      ac.fun();
41    }
42 }
```

保存并运行程序，结果如下图所示。

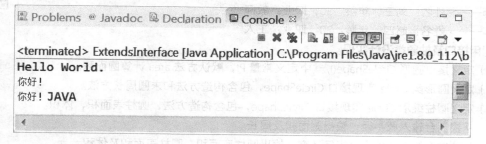

【代码详解】

第 01 ~ 第 05 行声明了一个接口 faceA，并在里面声明了 1 个常量 INFO 且赋初值 "Hello World."，同时定义了一个抽象方法 print()。

第 06 ~ 第 09 行声明了一个接口 faceB，在其内定义了一个抽象方法 get()。

第 10 ~ 第 13 行声明抽象类 abstractC，在其内定义了抽象方法 fun()。

第 14 ~ 第 28 行声明子类 subClass，它先继承（extends）抽象类 B，随后实现（implements）接口 faceA 和 faceB。

第 33 行实例化了子类 subClass 的对象 subObj。

第 34 ~ 第 35 行实现父接口实例化。第 36 行实现抽象类实例化。

【范例分析】

如果我们非要 "调皮地" 把第 14 行代码，从原来的 "继承在先，实现在后"，如下所示。

class subClass extends abstractC implements faceA,faceB

改成 "实现在先，继承在后"，如下所示。

class subClass implements faceA,faceB extends abstractC

编译器是不会答应的，它会报错，如下图所示。

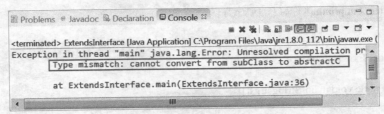

▶9.3 高手点拨

继承一个抽象类和继承一个普通类的主要区别（Java 面试题）。

（1）在普通类之中所有的方法都是有方法体的，如果说有一些方法希望由子类实现的时候，子类即使不实现，也不会出现错误。而如果重写改写了父类的同名方法，就是构成了"覆写"。

（2）如果使用抽象类的话，那么抽象类之中的抽象方法在语法规则上就必须要求子类给予实现，这样就可以强制子类做一些固定操作。

▶9.4 实战练习

1. 设计一个限制子类的访问的抽象类实例，要求在控制台输出如下结果。

教师——> 姓名：刘三，年龄：50，职业：教师

工人——> 姓名：赵四，年龄：30，职业：工人

2. 利用接口及抽象类设计实现。

（1）定义接口圆形 CircleShape()，其中定义常量 PI，默认方法 area 计算圆面积。

（2）定义圆形类 Circle 实现接口 CircleShape，包含构造方法和求圆周长方法。

（3）定义圆柱继承 Circle 实现接口 CircleShape，包含构造方法，圆柱表面积，体积。

（4）从控制台输入圆半径，输出圆面积及周长。

（5）从控制台输入圆柱底面半径及高，输出圆柱底面积、圆柱表面积及体积。

第 **10** 章

Java 常用类库

Java 类库是系统提供的已实现的标准类集合，使用 Java 类库可以完成涉及字符串处理、图形、网络等多方面的操作。本章将讲解基本数据类型和包装类、字符串类以及其他几种常见类使用的相关知识。

本章要点（已掌握的在方框中打钩）

☐ 掌握 Java 类库的相关概念
☐ 熟悉 System 类和 Runtime 类
☐ 掌握 String 类
☐ 熟悉 Math 和 Random 类

▶10.1 类库的概念

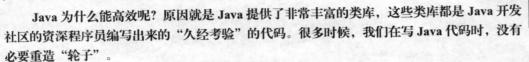

Java 为什么能高效呢？原因就是 Java 提供了非常丰富的类库，这些类库都是 Java 开发社区的资深程序员编写出来的"久经考验"的代码。很多时候，我们在写 Java 代码时，没有必要重造"轮子"。

不重造"轮子"，至少有两层含义，一是代码复用，别人开发好的类库，采用"拿来主义"就好，没有必要自己再花大量时间重写了。二是别人提供的类库，特别是收录进 Java 类库的，通常都是"牛"程序员写出来的，我们站在这些资深程序员的肩膀上，可以更加高效地开发出更好的 Java 应用。

这正是本章的学习目的。Java 的类库非常丰富，在下面的章节中，我们挑选几个常用类库给予说明。

▶10.2 基本数据类型的包装类

在 Java 中，本质上，就存在两种类型系统，一种是基本数据类型（即包括 int、double、float 等 8 种原生态的数据类型），另外一种是类（class）类型。使用基本数据类型的目的，自然在于它们非常高效，可以改善系统的性能，也能够满足大多数的应用需求。

但是，在很多时候，我们也需要使用类来创建实例，因为对象可以携带更多的信息，对象本身还可以附着更多方便的方法，为我所用。

由于基本数据类型不具有对象的特性，不能满足某些特殊的需求。在 Java 中，很多类的方法的参数类型都是对象。也就是说，这些方法接收的参数都是对象，同时，又需要用这些方法来处理基本数据类型的数据，这时就要用到包装类。

如果想让基本数据类型的数据，也能像使用对象一样操作，这就需要使用 Integer、Double、Float 等类，来"包装打扮"这些基本类型，使其成为对象。

诸如 Integer、Double、Float 等类，就是所谓的打包器（Wrapper）。正如这些类的名称所蕴义，这些类的主要目的就是提供对象实例作为外壳，将基本数据类型打包在对象之中，这样就可以操作这些对象。例如，可以用 Integer 类打包一个 int 类型的数据。Double 类可以打包一个 double 类型的数据，以此类推。

从前面的章节中，读者应该已经了解到 Java 中的基本数据类型共有 8 种，那么与之相对应的基本数据类型包装类，也同样有 8 种，表中列出了其对应关系。

基本数据类型	基本数据类型包装类
int	Integer
char	Character
float	Float
double	Double
byte	Byte
long	Long
short	Short
boolean	Boolean

基本类型打包器所用到的类，都归属于 java.lang 包中，由于这个类包是 Java 默认加载的，所以无需显式的"import"。下面举一个具体的例子学习如何去使用这些包装类。

📋 **范例 10-1**　**使用包装类（IntegerDemo.java）**

```
01   class IntegerDemo
02   {
03       public static void main(String[] args)
04       {
```

```
05        String a = "123";          //定义一个字符串
06        int i = Integer.parseInt(a); //将字符串转换成整型
07        i++;                      //将 i 在原有数值上加 1
08        System.out.println("i = " + i);    //输出 i 的值
09    }
10 }
```

保存并运行程序，结果如下图所示。

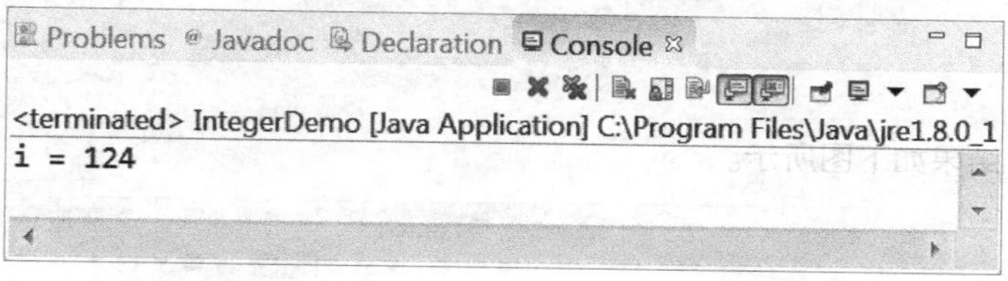

【代码详解】

第 05 行定义一个字符串 "123"。请注意，在 Java 中，字符串是一个对象。这句语句的含义是，把字符串 "123" 这个无名对象的引用，赋值给字符对象 a。

第 06 行声明了一个整型数 i，请注意，此处的 i 是基本数据类型，而字符串对象 a，是不能给一个基本数据类型的变量 i 赋值的。因为它们分属于不同维度的世界。所以想赋值，必须通过转换。这里调用的是 Integer 类中的 parseInt 方法。这个方法中 "parse" 一词就代表语法分析的意思。这个方法的目的就是把一个字符串（确切来说，是含数字 ASCII 码的字符串），转换为一个普通整型，然后，赋值给运算符 "=" 左右两边，类型一致了，"地位" 平等了，才能相互赋值。

第 07 行，i 是一个值为 "123" 普通的整型数据（占 4 个字节），可以做普通的四则运算，i++ 就表示在原有数值的基础上加 1，因此，第 08 行输出 i 的值：124。

10.2.1 装箱与拆箱

如果想要把 int 类型的数据打包成 Integer 对象，方法之一就是使用 new 来创建新对象，而把 int 类型的数据，作为构造方法的参数传进去。进去的是基本数据类型，出来的就是对象。

除此之外，Java 还提供了另外一种打包技术，那就是装箱（Autoboxing）。所谓装箱，就是把基本类型用它们相对应的引用类型包起来，使它们可以具有对象的特质，例如，我们可以把 int 型包装成 Integer 类的对象，或者把 double 包装成 Double 等。

有装箱，就有反操作——拆箱。所谓拆箱，将 Integer 及 Double 这样的引用类型的对象重新简化为值类型的数据。JDK 1.5 之前使用手动方式进行装箱和拆箱的操作，JDK 1.5 之后，使用自动进行的装箱（Autoboxing）和拆箱（Auto Unboxing）的操作。下面举例说明。

范例 10-2　使用包装类（boxingAndUnboxing.java）

```
01  public class boxingAndUnboxing
02  {
03    public static void main(String args[])
04    {
05      Integer intObj = new Integer(10);   //基本类型变为包装类，装箱
06      int temp = intObj.intValue();      //包装类变为基本类型，拆箱
07      System.out.println(" 乘法结果为：" + temp * temp);
```

```
08
09          int temp2 = 20;
10          intObj = temp2;         // 自动装箱
11          int foo = intObj;       // 自动拆箱
12          System.out.println(" 乘法结果为：  " + foo * foo);
13
14          Boolean foo = true;          // 自动装箱
15          System.out.println(foo && false);  // 自动拆箱
16      }
17  }
```

保存并运行程序，结果如下图所示。

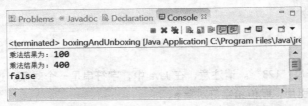

【代码详解】

第 05 行将基本类型数据 "10" ，通过 new 操作，手动通过包装类 Integer 的构造方法，将其变为 Integer 类的对象 intObj，整个过程为装箱操作。

第 06 行实施反操作，将包装类 Integer 的对象 intObj，还原为基本类型，并赋值整型变量 temp，整个过程为拆箱操作。

第 07 行输出 temp 与 temp 的乘积。

第 10 行，有意思的是，赋值运算符（ = ）左右两侧的类型，并不匹配，左侧是 Integer 类对象 intObj，而右侧则是基本数据类型—int 类型，二者不匹配，为什么还能相互赋值呢？这就涉及 Java 的自动装箱技术。

类似的，第 11 行使用了自动拆箱技术，把 Integer 类对象 intObj，还原为基本数据类型。

第 14 行，也使用了自动装箱技术。而在第 15 行，在进行 && 操作时，&& 右边的 flase 是普通数据类型—布尔类型，而左边是 Boolean 对象，这时又涉及自动拆箱，将 Boolean 对象还原为普通布尔类型。

【范例分析】

装箱操作：将基本数据类型变为包装类，利用各个包装类的构造方法完成。

拆箱操作：将包装类变为基本数据类型，利用 Number 类的 xxxValue() 方法完成（xxx 表示基本数据类型名称）。

事实上，自动装箱和自动拆箱功能，在编译上，使用了编译蜜罐（Compiler Sugar）技术。这项技术在本质上，是让程序员编写程序时吃点甜头，而编译器在幕后做了大量的技术支持。比如说，在第 10 行中，"intObj = temp2;"，遇到这个语句，在编译阶段，编译器会自动将这条语句扩展为：

```
intObj = Integer.valueOf(temp2);
```

类似的，第 11 行，编译器在编译时，会自动替换为：

```
int foo = intObj.intValue();
```

也就是说，不经意间，我们程序员使用的 "便利" ，其实是编译器的 "辛苦" 换来的。这世界上哪有什么免费的午餐，不过是看谁来买单罢了。

10.2.2 基本数据类型与字符串的转换

使用包装类的操作特点是可以将字符串变为指定的基本类型，使用的方法如下（以部分为例）。

Integer 为例：public static int parseInt(String s);
Double 为例：public static double parseDouble(String s);
Boolean 为例：public static Boolean parseBoolean(String s);

但是以上的操作方法形式对于字符类型（Character）是不存在的，因为 String 类有一个 charAt() 方法可以取得指定索引的字符。下面的范例说明的是字符串和基本数据类型的装箱与转换。

范例 10-3　将字符串变为double型数据（BoxingString.java）

```
01  public class BoxingString
02  {
03    public static void main(String args[])
04    {
05      String str = "123.6";          //定义一个字符串
06      double x = Double.parseDouble(str); // 将字符串变为 double 型
07      System.out.println(x);
08
09      int num = 100;
10      str = num + ""; // 任何类型与字符串相加之后就是字符串
11      System.out.println(str);
12
13      str = "true";               // 定义一个字符串
14      boolean flag = Boolean.parseBoolean(str); // 将字符串转化为 boolean 型数据
15      if (flag)                 //如果条件为真输出相应提示
16      {
17        System.out.println(" 条件满足！  ");
18      } else                   //如果条件为假输出相应提示
19      {
20        System.out.println(" 条件不满足！  ");
21      }
22    }
23  }
```

保存并运行程序，结果如下图所示。

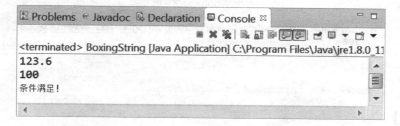

【代码详解】

第 05 行定义一个字符串 "123.6"。第 06 行通过 Double 类中的 parseDouble 方法将字符串 str 转换为 double 型，并赋值变量 x。第 07 行输出 x 的值。需要注意的是，在将字符串变为数值型数据时，字符串必须全部由数字组成。

第 09 行定义整型数 num。

第 10 行，通过将 num 与空字符串相加（这里的相加，实际上是连接操作），从而将 num 转换为字符串类型。

第 11 行将 str 输出。需要注意的是，这种方式将其他数值型的数据，转换为必须使用一个字符串，所以一定会产生垃圾，并不建议使用。

第 13 行定义一个字符串"true"，包括 4 个字符，但整体上，这个字符串是一个对象。

第 14 行通过 Boolean 类中的 parseBoolean 方法，将字符串 str 还原为普通布尔类型，并赋值给 flag。第 15～第21 行判断 flag 的逻辑值是 true 还是 false，并输出相应的提示信息。

【范例分析】

请注意，如果第13行的字符串内容，不是"true"或"false"，那么程序也不会出错，会按照默认值"false"的情况进行处理。读者可以尝试把"true"，改成"true1"，来尝试一下运行结果。

通过以上的操作可以将字符串变为基本数据类型，那么反过来，如何将一个基本类型变为字符串呢？为此在 Java 之中提供了两种做法。

（1）任何的基本数据类型遇见 String 之后自动变为字符串。

（2）利用 String 类之中提供的一系列 valueOf() 方法完成。

范例 10-4 　将基本类型变为字符串（BasicTypeToStr.java）

```
01    public class BasicTypeToStr
02    {
03      public static void main(String args[])
04      {
05        int intValue = 100;
06        String str = String.valueOf(intValue); // int 变为 String
07        System.out.println(str);
08
09        double Pi = 3.1415926;
10        str = String.valueOf(Pi); // double 变为 String
11        System.out.println(str);
12
13      }
14    }
```

保存并运行程序，结果如下图所示。

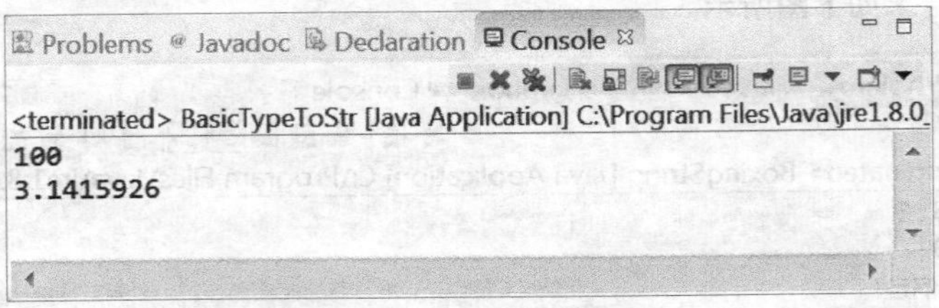

```
Problems  Javadoc  Declaration  Console
<terminated> BasicTypeToStr [Java Application] C:\Program Files\Java\jre1.8.0
100
3.1415926
```

【代码详解】

第 05 行定义整型数 intValue。第 06 行通过 String.valueOf(intValue)，将整型变量 intValue 转换成字符串型。第 07 行将 str 输出。

类似的，第 09 行定义双精度类型 Pi。第 10 行通过 String.valueOf(intValue)，将 double 变量 Pi 转换成字符串型。第 11 行将 str 输出。

【范例分析】

很明显，该例中的做法更方便使用，所以日后开发之中，遇见基本类型变为 String 的操作建议使用本例呈现的方式来完成。

▶ 10.3 String 类

　　String 类是 Java 最常用的类之一。在 Java 中，通过程序中建立 String 类可以轻松地管理字符串。什么是字符串呢？简单地说，字符串就是一个或多个字符组成的连续序列（如"How do you do!""有志者事竟成"等）。程序需要存储的大量文字、字符都使用字符串进行表示、处理。

　　Java 中定义了 String 和 StringBuffer 两个类来封装对字符串的各种操作，它们都被放到了 java.lang 包中，import java.lang 是默认加载的，所以不需要显式地用"import java.lang"导入这个包。

　　String 类用于比较两个字符串，查找和抽取串中的字符或子串，进行字符串与其他类型之间的相互转换等。String 类对象的内容一旦被初始化就不能再改变，对于 String 类的每次改变（如字符串连接等）都会生成一个新的字符串，比较浪费内存。

　　StringBuffer 类用于内容可以改变的字符串，可以将其他各种类型的数据增加、插入到字符串中，也可以转置字符串中原来的内容。一旦通过 StringBuffer 生成了最终想要的字符串，就应该使用 StringBuffer.toString() 方法将其转换成 String 类，随后，就可以使用 String 类的各种方法操纵这个字符串了。StringBuffer 每次都改变自身，不生成新的对象，比较节约内存。

10.3.1 字符串类的声明

字符串声明常见方式如下。

String 变量名；

String str；

　　声明一个字符串对象 str，分配了一个内存空间，因为没有进行初始化，所以没有存入任何对象。str 作为局部变量是不会自动初始化的，必须显式地赋初始值。如果没有赋初始值，在用 System.out.println(s1) 时会报错。

　　在 Java 中，用户可以通过创建 String 类来创建字符串，String 对象既可以隐式地创建，也可以显式地创建，具体创建形式取决于字符串在程序中的用法，为了隐式地创建一个字符串，用户只要将字符串字符放在程序中，Java 则会自动地创建 String 对象。

　　（1）使用字符串常量直接初始化，String 对象名称 =" 字符串 "。

例： String s=" 有志者事竟成 "；

　　（2）使用构造方法创建并初始化（public String(String str)），String 对象名称 = new String(" 字符串 ")。

例： String s = new String(" 有志者事竟成 ")；

📖 范例 10-5 　下面通过一个范例来讲解String类实例化方式（NewString.java）

```
01   public class NewString
02   {
03     public static void main(String args[])
04     {
05       String str1= "Hello World!";          // 直接赋值建立对象 str1
```

```
06          System.out.println("str1:" + str1) ;        // 输出
07
08          String str2 = new String(" 有志者事竟成！ ") ;         // 构造法创建并初始化对象 str2
09          System.out.println("str2:" + str2) ;
10
11          String str3 = "new" + "string";        // 采用串联方式生成新的字符串 str3
12          System.out.println("str3:" + str3) ;
13      }
14  }
```

程序运行结果如下图所示。

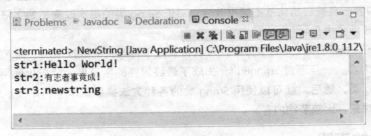

【代码详解】

程序第 05 行使用直接赋值的方式建立并初始化对象，第 08 行采用构造法创建并初始化对象，第 11 行采用串联方式产生新的对象，三种方式都完成了 String 对象的创建及初始化。

【范例分析】

对于 String 对象也可以先声明再赋值。例如：

```
String str1;         // 声明字符串对象 str1
str1="Hello World!";   // 字符串对象 str1 赋值为 "Hello!"
```

构造法也可先建立对象，再赋值。

```
String str2 = new String() ; // 构造法创建一个字符串对象 str2，内容为空字符串
                // 等同于 String str2 = new String("") ;
str2=" 有志者事竟成！ ";   // 字符串对象 str2 赋值为 "有志者事竟成！ "
```

10.3.2 String 类中常用的方法

用户经常需要判断两个字符串的大小或是否相等，比如可能需要判定输入的字符串和程序中另一个编码字符串是否相等。

序号	方法名称	类型	描述
1	public boolean equals(String anObject)	普通	区分大小写比较
2	public boolean equalsIgnoreCase(String anotherString)	普通	不区分大小写比较
3	public int compareTo(String anotherString)	普通	比较字符串大小关系

Java 中判定字符串一致的方法有两种，下面分别进行简介。

（1）调用 equals(object) 方法

string1.equals(string2) 的含义是，比较当前对象（string1）包含的字符串值与参数对象（string2）所包含

的字符值是否相等，若相等则 equals( ) 方法返回 true，否则返回 false，equals( ) 比较时考虑字符中字符大小写的区别。

当然，也可以忽略大小写进行两个字符串的比较，这时，就需要使用一个新的方法 equalsIgnoreCase( )，例如：

```
String str1="Hello Java!";                      // 直接赋值实例化对象 str1
Boolean result=str1.equals("Hello Java!");       // result=true
Boolean result=str1.equals("Hello java!");       // result=false
Boolean result=str1.equalsIgnoreCase("Hello java!"); //  result=true
```

（2）使用比较运算符 ==

运算符 == 比较两个对象是否引用同一个实例，如果把 Java 中的"引用"理解为一个"智能指针"，这里的逻辑判断，实际上，就是判断某两个对象在内存中的位置是否一样，例如：

```
String str1="Hello World!";         // 直接赋值实例化对象 str1
String str2="Hello World!";         // 直接赋值实例化对象 str2
Boolean result1= (str1==str2);      // result=true
String str3 = new String("Hello World!") ;   // 构造方法赋值
Boolean result2= (str1==str3);      //result=false
```

str1 和 str3 不相等，原因需要结合内存图进行分析。

由于 String 是一个类，str1 就是这个类的对象，对象名称一定要保存在栈内存之中，那么字符串"Hello World!"一定保存在堆内存之中（见图（a））。栈内存和堆内存的区别，可以看作"老师的点名册"和"上课的学生"来类比，老师通过点名册的学号（即学生的引用），来找到学生本身（对象）。"老师的点名册"和"上课的学生"，作为物理实体，都占空间，但所占的空间是完全不同的。一个胖胖的同学和一个瘦瘦的同学，他（她）们在教室里（"堆内存"），所占据的空间大小是不同的。但是他（她）们在老师的点名册上（"栈内存"）都是一行，毫无大小的区别。

如果两个字符串完全一样，为了节省内存，编译器会"智能"地把它们归属到一起，如图（b）所示。这就好比同一个同学有两个名一样，一个是大名，另一个是绰号。老师不会给同一个同学分两个座位一样。

在任何情况下，使用关键字 new，一定会开辟一个新的堆内存空间，如图（c）所示。这就好比，一个教室里"新"来了一个同学，哪怕他和别人长得一样。由于"new"这个关键词做保证，也得重新给他（她）分一个新位置。

String 类的对象是可以进行引用传递的，引用传递的最终结果是不同的栈内存将保存同一块堆内存空间的地址。

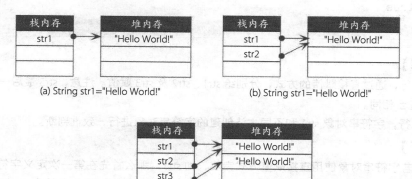

(a) String str1="Hello World!"　　　　　　　　(b) String str1="Hello World!"

(c) String str2=new String("Hello World!")

根据上例可发现，针对"=="在本次操作之中实际上是完成了它的相等判断功能，只是它完成的是两个对象的堆内存地址（好比教师的点名册学号）的相等判断，属于地址的数值相等比较，并不是真正意义上的字符串内容的比较。如果现在要想进行字符串内容的比较，可以使用 equals()，如下面的范例所示。

范例 10-6　下面通过一个范例来分析字符串对象相等判断（StringEquals.java）

```
01    public class StringEquals
02    {
03        public static void main(String args[])
04        {
05            String str1 = "Hello World!" ; // 直接赋值
06            String str2 = "Hello World!" ; // 直接赋值
07            String str3 = "Hello World1" ; // 直接赋值
08
09            String str4 = new String("Hello World!") ; // 构造方法赋值
10            String str5 = str2 ;   // 引用传递
11
12            System.out.println(str1 == str2) ; // true
13            System.out.println(str1 == str3) ; // false
14            System.out.println(str1 == str4) ; // false
15            System.out.println(str2 == str5) ; // true
16
17            System.out.println(str1.equals(str2)) ; // true
18            System.out.println(str1.equals(str3)) ; // false
19            System.out.println(str2.equals(str5)) ; // true
20        }
21    }
```

程序运行结果如下图所示。

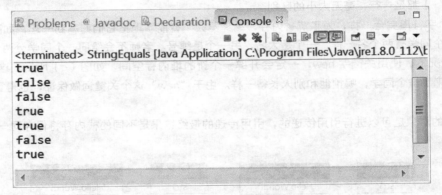

【代码详解】

第 05 ~ 第 07 行，通过直接赋值的方式，分别给 str1、str2 及 str3 赋值。注意，str3 最后一个字符是 "1"，而前两个字符则完全相同。

第 12 ~ 第14 行，字符串对象 str1 和不同方法创建的字符串对象进行一致性判断。

【范例分析】

在 Java 中，若字符串对象使用直接赋值方式完成，如 str1，那么首先在第一次定义字符串的时候，会自动在堆内存之中定义一个新的字符串常量 "Hello World!"，如果后面还有其他字符串的对象（如 str2），采用的也是直接赋值的方式实例化，并且此内容已经存在，那么 Java 编译器就不会开辟新的字符串常量，而是让 str2 指向了已有的字符串内容，即 str1，str2 指向同一块内存，所以第 12 行（str1 == str2）比较的结果是 true。这样的设计在开发模式上，称为共享设计模式。

第 **10** 章 | Java常用类库　197

相比而言，str3 和前面两个字符对象 str1 和 str2 的内容有所差别，哪怕差一个字符，编译器也会在对象池中给 str3 分配一个新对象，不同的对象，对应不同的地址，自然 str3 的引用值，也是不同于 str1 和 str2，故第 13 行的"（str1 == str3）"判断，返回值为假，故此输出为"false"。

第 09 行，通过关键词 new 创建了一个新的字符对象 str4，由于 new 的作用就是创建全新的对象，所以哪怕 str4 的内容和 str1 及 str2 完全相同，也会在堆内存中开辟一块新空间。所以 str1 和 str4 的地址是不同的，故此第 14 行输出为"flase"。

第 10 行，通过"str5 = str2"的引用传递，让 str5 也指向与 str2 相同的位置，换句话说，此时，str1、str2 及 str5 指向的都是同一个字符串。

由于 equals( ) 方法用于判断字符串对象的内容（而非引用值）是否相等，结果很明显，因为 str1，str2，str5 内容相同，它们之间的判断全为 true（第 17 和第 19 行），而 str3 的内容是不同的字符串，str1 和 str5 之间的内容相比较，输出为"false"（第 18 行）。

我们知道，String 是在 Java 开发中最常用的类之一，基本上所有的程序都会包含字符串的操作，因此，String 也定义了大量的操作方法，这些方法均能在 Oracle 的官网文档中查询到。就如同我们没有必要把一本字典中的所有字都认识一样，只要懂得在用的时候，会查会用即可。

▶ 10.4 Math 与 Random 类

10.4.1 Math 类的使用

在 Math 类中提供了大量的数学计算方法，所以涉及数学相关的处理时，读者朋友应该首先查查这个类是不是已经提供了相关的方法，而不是重造"轮子"。

Math 类包含了所有用于几何和三角的浮点运算方法，但是，这些方法都是静态的，也就是说 Math 类不能定义对象，例如下面的代码就是错误的。

```
Math mathObject = new Math(); // 静态类不能定义对象
```

Math 类中的数学方法很多，下表仅仅列举出部分常用的数学计算方法。

方法名	功能描述
static double abs(double a)	此方法返回一个 double 值的绝对值。基于重载技术，方法内的参数还可以是 int、float 等
static double acos(double a)	此方法返回一个值的反余弦值，返回的角度范围从 0.0 到 π
static double asin(double a)	此方法返回一个值的反正弦，返回的角度范围在 $-\pi/2$ 到 $\pi/2$
static double atan(double a)	此方法返回一个值的反正切值，返回的角度范围在 $-\pi/2$ 到 $\pi/2$
static double cos(double a)	此方法返回一个角的三角余弦
static double ceil(double a)	此方法返回最小的（最接近负无穷大）double 值，大于或等于参数，并等于一个整数
static double floor(double a)	此方法返回最大的（最接近正无穷大）double 值，小于或相等于参数，并相等于一个整数
static double log(double a)	此方法返回一个 double 值的自然对数（以 e 为底）
static double log10(double a)	此方法返回一个 double 值以 10 为底
static double max(double a, double b)	此方法返回两个 double 值较大的那一个。基于重载技术，方法内的参数类型可以说是 int、float 等
static double min(double a, double b)	此方法返回两个较小的 double 值。基于重载技术，方法内的参数类型可以说是 int、float 等
static double pow(double a, double b)	此方法返回第一个参数的值，提升到第二个参数的幂
static double random()	该方法返回一个无符号的 double 值，大于或等于 0.0 且小于 1.0
static double sqrt(double a)	此方法返回正确舍入的一个 double 值的正平方根

下面的范例使用表中的几个方法，来说明这些方法的使用。

范例 10-7　Math类中的数学方法的使用（MathDemo.java）

```
01   public class MathDemo
02   {
03       public static void main(String args[])
04       {
05           //abs 求绝对值
06           System.out.println(" 绝对值： " + Math.abs(-10.4));
07           //max 两个数中返回最大值
08           System.out.println(" 最大值： " + Math.max(-10.1, -10));
09           // 两个数中返回最小值
10           System.out.println(" 最小值： " + Math.max(1, 100));
11
12           //random 取得一个大于或者等于 0.0 小于不等于 1.0 的随机数
13           System.out.println("0 ~ 1 的随机数 1： " + Math.random());
14           System.out.println("0 ~ 1 的随机数 2： " + Math.random());
15
16           //round 四舍五入，float 时返回 int 值，double 时返回 long 值
17           System.out.println(" 四舍五入值为： " + Math.round(10.1));
18           System.out.println(" 四舍五入值为： " + Math.round(10.51));
19
20           System.out.println("2 的 3 次方值为： " + Math.pow(2,3));
21           System.out.println("2 的平方根为： " + Math.sqrt(2));
22       }
23   }
```

保存并运行程序，结果如下图所示。

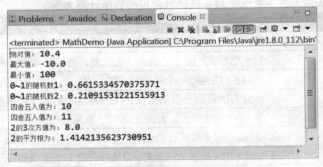

【范例分析】

由于 Math 中的方法都是静态的，不能定义对象，所以只能通过 "类名 . 方法名 ()" 的模式来使用。比如说产生一个随机数，就是 Math.random()（第 13 ~ 第 14 行），这两行的随机数值肯定是不一样的。但如果为了操作方法，我们需要产生一个随机对象，又该怎么办呢？ 这时候就需要用到下一个小节讲到的 Random 类了。

10.4.2 Random 类的使用

Random 类是一个随机数产生器，随机数是按照某种算法产生的，一旦用一个初值（俗称种子）创建 Random 对象，就可以得到一系列的随机数。但如果用相同的 "种子" 创建 Random 对象，得到的随机数序列是相同的，这样就起不到 "随机" 的作用。针对这个问题，Java 设计者在 Random 类的 Random() 构造方法中，使用当前的时间来初始化 Random 对象，因为时间是单纬度地一直在流逝，多次运行含有 Random 对象

的程序，在不考虑并发的情况下，程序中调用 Random 对象的时刻是不相同的，这样就可以最大程度上避免产生相同的随机数序列。

为了产生一个随机数，需要先构造一个 Random 类的对象，然后利用如下方法。

方法名	功能
nextInt(n)	返回一个大于等于 0，小于 n（不包括 n）的随机整数
nextDouble()	返回一个大于等于 0，小于 1（不包括 1）的随机浮点数

比如说，如果我们要模拟掷骰子，就需要随机产生 1~6 的随机整数（simuDie），代码如下。

```
Random generator = new Random();
int simuDie = 1 + generator.nextInt(6);
```

注意，方法 nextInt(6) 产生随机整数的范围是 0~5，所以对于产生 1~6 的随机整数，上面第 2 行代码要"+1"操作。下面的程序就是利用 Random 类来模拟掷骰子。

📝 **范例 10-8**　利用Random类来模拟掷骰子（RandomDemo.java）

```java
01  import java.util.Random;
02  class RandomDie
03  {
04    private int sides;
05    private Random generator;
06    public RandomDie(int s)
07    {
08      sides = s;
09      generator = new Random( );
10    }
11    public int cast( )
12    {
13      return 1 + generator.nextInt(sides);
14    }
15  }
16  public class RandomDieSimulator
17  {
18    public static void main(String[] args)
19    {
20      int Num;
21      RandomDie die = new RandomDie(6);
22      final int TRIES = 15;
23
24      for (int i = 1; i <= TRIES; i++)
25      {
26        Num = die.cast();
27        System.out.print(Num + "");
28      }
29      System.out.println();
30    }
31  }
```

保存并运行程序，结果如下图所示。

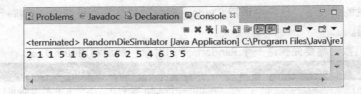

【代码详解】

第 05 行声明了一个私有的随机类对象引用 generator（此时这个引用的值为 null），第 09 行，利用 new 操作产生一个真正的 Random 对象，赋值给 generator，用于生成随机数（第 13 行）。在类 RandomDie 中，以公有接口的形式，例如，RandomDie(int s) 方法，其参数 s 作为输入信息——指定随机数的范围，而 cast( ) 方法，则直接给用户返回一个合格的随机整数。整个流程的细节无需外漏给用户，采用工厂模式，封装在一个类中。

第 21 行指定随机整数的范围为 6，第 24 ~ 第 28 行利用 for 循环输出 15 个随机正数。

【范例分析】

利用 Random 随机产生一组数列，这种方式得到的结果事先是未知的。每次运行的结果都和上一次不同。

此外，我们一直强调，程序员编写的代码要能自我注释（self-documentating code），在这个程序中的命名中，英文"die"除了有常规的"死亡"含义外，作为名词，它还有"骰子"的含义，请读者注意这点。

▶10.5 高手点拨

字符串对象的本质

```
String str = new String("Java");
```

上面这条语句，实际上，创建 String 对象有两个：一个是在堆内存的"Java"字符串对象，而另一个是指向"Java"这个对象的引用 str。读者可以把对象的引用，理解为一个智能指针（也就是内存地址）。

这个语句的理解，可以用一个比喻来说明。比如我们来一个宾馆住宿，宾馆管理人员（好比编译器），会同时给你发一个房间号，与此同时，也会给你分配一个真正的房间（堆内存）供你使用。这里，房间号就好比对象的引用，而你就是住在房间内的对象。宾馆管理人员是通过房间号来感知和操作对象的。

▶10.6 实战练习

1. 编写一个 Java 程序，完成以下功能。

（1）声明一个名为 name 的 String 对象，内容是"Java is a general-purpose computer programming language that is concurrent, class-based, object-oriented."。

（2）输出字符串的长度。

（3）输出字符串的第一个字符。

（4）输出字符串的最后一个字符。

（5）输出字符串的第一个单词。

（6）输出字符串 object-oriented 的位置（从 0 开始编号的位置）。

2. 使用蒙特·卡罗方法估算 π 值（提示：利用 Random 类产生随机数的方法完成）。

📄 提示

　　1777 年，法国数学家布丰提出用投针实验的方法求圆周率 π，这被认为是蒙特·卡罗方法的起源。本题中的蒙特·卡罗方法求 π 的思想是：在一个单位正方形内随机投点，因为面是由点构成的，随机投射大量的点，当投点数量足够大的时候，单位正方形的面积和 1/4 圆的面积的比值，应该等于面积之比。

第 **11** 章
异常的捕获与处理

不管使用的是哪种计算机语言进行程序设计，都会产生各种各样的错误。Java 提供有强大的异常处理机制。在 Java 中，所有的异常被封装到一个类中，程序出错时会将异常抛出。本章讲解 Java 中异常的基本概念、对异常的处理、异常的抛出，以及怎样编写自己的异常类。

本章要点（已掌握的在方框中打钩）

☐ 掌握异常的基本概念
☐ 掌握对异常的处理机制
☐ 熟悉如何在程序和方法中抛出异常
☐ 了解如何编写自己的异常类

应用程序能在正常情况下正确地运行，这是程序的基本要求。但一个健壮的程序，还需要考虑很多会使程序失效的因素，即它要在非正常的情况下，也能进行必要的处理。

程序是由程序员编写的，而程序员是存在思维盲点的，一个合格的程序员能保证 Java 程序不会出现编译错误，但却无法"考虑完备"，确保程序在运行时一定不发生错误，而这些运行时发生的错误，对 Java 而言就是一种"异常"。

有了异常，就应有相应的手段来处理这些异常，这样才能确保这些异常不会导致丢失数据或破坏系统运行等灾难性后果。

▶ 11.1　异常的基本概念

所谓异常（Exception），是指所有可能造成计算机无法正常处理的情况，如果事先没有做出妥善安排，严重的话会使计算机宕机。

异常处理，是一种特定的程序错误处理机制，它提供了一种标准的方法，用以处理错误，发现可预知及不可预知的问题，及允许开发者识别、查出和修改错漏之处。

处理错误的方法有如下几个特点。

（1）不需要打乱原有的程序设计结构，如果没有任何错误产生，那么程序的运行不受任何影响。

（2）不依靠方法的返回值，来报告错误是否产生。

（3）采用集中的方式处理错误，能够根据错误种类的不同来进行对应的错误处理操作。

下面列出的是 Java 中几个常见的异常，括号内所注的英文是对应的异常处理类名称。

算术异常（ArithmeticException）：当算术运算中出现了除以零这样的运算就会出现这样的异常。

空指针异常（NullPointerException）：没有给对象开辟内存空间却使用该对象时会出现空指针异常。

文件未找到异常（FileNotFoundException）：当程序试图打开一个不存在的文件进行读写时将会引发该异常。经常是由于文件名错读，或者要存储的磁盘、CD-ROM 等被移走，没有放入等原因造成。

数组下标越界异常（ArrayIndexOutOfBoundsException）：对于一个给定大小的数组，如果数组的索引超过上限或低于下限都造成越界。

内存不足异常（OutOfMemoryException）：当可用内存不足以让 Java 虚拟机分配给一个对象时抛出该错误。

Java 通过面向对象的方法，来处理异常。在一个方法的运行过程中，如果发生了异常，这个方法就会生成代表这异常的一个对象，并把它交给运行时系统，由运行时系统（Runtime System）再寻找一段合适的代码，来处理这一异常。

我们把生成异常对象并把它提交给运行时系统的过程，称为异常的抛出（throw）。运行时系统在方法的调用栈中查找，并从生成异常的方法开始进行回溯，直到找到包含相应异常处理的方法为止，这一过程称为异常的捕获（catch）。

11.1.1　简单的异常范例

Java 本身已有较为完善的机制来处理异常的发生。下面我们先来"牛刀小试"，看看 Java 是如何处理异常的。下面所示的 TestException，是一个错误的程序，它在访问数组时，下标值已超过了数组下标所容许的最大值，因此会有异常发生。

📝 范例 11-1　数组越界异常范例（TestException.java）

```
01  public class TestException
02  {
03      public static void main( String args[] )
04      {
```

```
05          int[] arr = new int[5];     // 容许 5 个元素
06          arr[10] = 7;     // 下标值超出所容许的范围
07          System.out.println( "end of main() method !!" );
08      }
09  }
```

【代码详解】

在编译的时候，这个程序不会发生任何错误。但是，在执行到第 06 行时，因为它访问的数组的下标为 10，超过了 arr 数组所能允许的最大下标值 4（数组下标从 0 开始计数）。于是，就会产生如下图所示的错误信息。

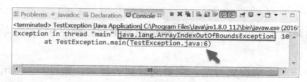

异常产生的原因在于，数组的下标值超出了最大允许的范围。Java 虚拟机在检测到这个异常之后，便由系统抛出 "ArrayIndexOutOfBoundsException"，用来表示错误的原因，并停止运行程序。如果没有编写相应的处理异常的程序代码，Java 的默认异常处理机制会先抛出异常，然后停止运行程序。

需要读者注意的是，所谓的异常，都是发生在运行时的。凡是能运行的，自然都是没有语法错误的。在命令行模式下（见下图），能更清楚地看到这个情况，我们使用 javac 命令编译代码时，并没有发现错误。比如说，"100/0"，即使是除数为 0，但这个语句本身也是没有语法错误的，因此在编译阶段，不会出错。但是到了运行阶段，Java 虚拟机就不干了，它会抛出异常。

在出现异常之后，异常语句之后的代码（如果不使用 finally 处理的话），将不再执行，而是直接结束程序的运行，那么这种状态，就表示该程序处于一种"不健康"的状态。这好比有一个人，如果偶尔发生点不可预测的"感冒发烧肚子痛"，就要把整个人"宣布死亡"，这是非常不合理的。对于一个大型程序，也是这样，我们不能因为软件运行过程出现一点点小问题，就把整个系统关掉。为了保证程序出现异常之后，依然可以"善始善终"地运行，就需要引入异常处理机制。

11.1.2 异常的处理

在【范例 11-1】的异常发生后，Java 便把这个异常抛了出来，可是抛出来之后，并没有相应的程序代码去捕捉它，所以程序到第 06 行便结束，因此第 07 行根本就没有机会执行。

如果加上捕捉异常的代码，则可针对不同的异常，做出妥善的处理，这种处理的方式称为异常处理。

异常处理是由 try、catch 与 finally 等 3 个关键字所组成的程序块，其语法如下所示（方括号内的部分是可选部分）。

```
try{
   要检查的程序语句    ;
 …
}
catch( 异常类 对象名称 ){
   异常发生时的处理语句 ;
}
[
catch( 异常类 对象名称 ){
   异常发生时的处理语句 ;
}
```

```
catch( 异常类 对象名称 ){
    异常发生时的处理语句；
}
……
]
[ finally{
    一定会运行到的程序代码；
} ]
```

Java 提供了 try（尝试）、catch（捕捉）及 finally（最终）这 3 个关键词来处理异常。这 3 个动作描述了异常处理的 3 个流程。

（1）我们把所有可能发生异常的语句，都放到一个 try 之后由花括号 {} 所形成的区块，称为 "try 区块"（try block）。程序通过 try{} 区块准备捕捉异常。try 程序块若有异常发生，则中断程序的正常运行，并抛出 "异常类所产生的对象"。

（2）抛出的对象，如果属于 catch() 括号内欲捕获的异常类，则这个 catch 块就会捕捉此异常，然后进入 catch 的块里继续运行。

（3）无论 try { } 程序块是否捕捉到异常，或者捕捉到的异常，是否与 catch() 括号里的异常相同，最终一定会运行 finally { } 块里的程序代码。这是一个可选项。finally 代码块运行结束后，程序能再次回到 try-catch-finally 块之后的代码，继续执行。

由上述的过程可知，在异常捕捉的过程中至少做了两个判断：第 1 个是 try 程序块是否有异常产生，第 2 个是产生的异常是否和 catch() 括号内欲捕捉的异常相同。

值得一提的是，finally 块是可以省略的。如果省略了 finally 块，那么在 catch() 块运行结束后，程序将跳到 try-catch 块之后继续执行。

根据这些基本概念与运行的步骤，可绘制出下图所示的流程。

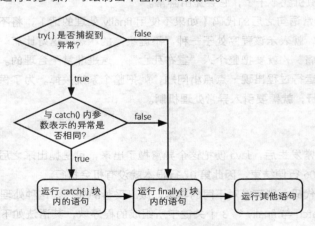

从上面的流程图可以看出，异常处理格式可以分为 3 类。

- try { } …catch { } 。
- try { } …catch { } …finally { } 。
- try { } …finally { } 。

处理各种异常，需要用到对应的 "异常类"，"异常类" 指的是由程序抛出的对象所属的类。这个异常类如果是通用的，则会由 Java 系统提供。如果是非常个性化的，则需要程序员自己提供。例如，【范例 11-1】中出现的 "ArrayIndexOutOfBoundsException（数组索引越界异常）" 就是众多异常类的一种，是由 Java 提供的异常处理类。

下面的程序代码是对【范例 11-1】的改善，其中加入了 try 与 catch，使得程序本身具有了捕捉异常与处理异常的能力，因此，当程序发生数组越界异常，也能保证程序以可控的方式运行。

范例 11-2　异常处理的使用（DealException.java）

```
01  public class DealException
02  {
03    public static void main( String[] args )
04    {
05      try
06      // 检查这个程序块的代码
07      {
08        int arr[] = new int[5];
09        arr[10] = 7;   // 在这里会出现异常
10      }
11      catch( ArrayIndexOutOfBoundsException  ex )
12      {
13        System.out.println( " 数组超出绑定范围！ " );
14      }
15      finally
16      // 这个块的程序代码一定会执行
17      {
18        System.out.println( " 这里一定会被执行！ " );
19      }
20
21      System.out.println( "main() 方法结束！ " );
22    }
23  }
```

保存并运行程序，结果如下图所示。

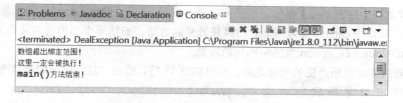

【**代码详解**】

第 08 行声明了一个名为 arr 的数组，并开辟了一个包含 5 个整型数据的内存空间，由于数组的下标是从 0 开始计数的，显然，数组 arr 能允许的最大合法下标为 4。

第 09 行尝试为数组中的下标为 10 的元素赋值，此时，这个下标值已经超出了该数组所能控制的范围，所以在运行时会发生数组越界异常。发生异常之后，程序语句转到 catch 语句中去处理，最后程序通过 finally 代码块统一结束。

【**范例分析**】

程序的第 05 ~ 第10 行的 try 块是用来检查花括号 { } 内是否会有异常发生。若有异常发生，且抛出的异常是属于 ArrayIndexOutOfBoundsException 类型，则会运行第 11 ~ 第14 行的代码块。因为第 09 行所抛出的异常正是 ArrayIndexOutOfBoundsException 类，因此第 13 行会输出 "数组超出绑定范围！" 字符串。由本例可看出，通过异常处理机制，即使程序运行时发生问题，只要能捕捉到异常，程序便能顺利地运行到最后，而且还能适时地加入对错误信息的提示。

在【范例 11-2】里的第 11 行，如果程序捕捉到了异常，则在 catch 括号内的异常类 ArrayIndexOutOfBoundsException 之后生成一个对象 ex，利用此对象可以得到异常的相关信息。下例说明了异常类对象 ex 的应用。

📝 范例 11-3　异常类对象ex的使用（excepObject.java）

```
01  public class excepObject
02  {
03    public static void main( String args[] )
04    {
05      try
06      {
07        int[] arr = new int[5];
08        arr[10] = 7;
09      }
10      catch( ArrayIndexOutOfBoundsException  ex ){
11        System.out.println( "数组超出绑定范围！" );
12        System.out.println( "异常：" + ex );           // 显示异常对象 ex 的内容
13      }
14      System.out.println( "main() 方法结束！" );
15    }
16  }
```

保存并运行程序，结果如下图所示。

【代码详解】

本例代码基本上和【范例 11-2】类似，所不同的是，在第 12 行，输出了所捕获的异常对象 ex。

在第 10 行中，可以把 catch() 视为一个专门捕获异常的方法，而括号中的内容可视为方法的参数，而 ex 就是 ArrayIndexOutOfBoundsException 类所实例化的对象。

对象 ex 接收到由异常类所产生的对象之后，就进到第 11 行，输出"数组超出绑定范围！"这一字符串，然后在第 12 行输出异常所属的种类——java.lang.ArrayIndexOutOfBoundsException，其中 java.lang 是 ArrayIndexOutOfBoundsException 类所属的包。

值得注意的是，如果想得到详细的异常信息，则需要使用异常对象的 printStackTrace() 方法。例如，如果我们在第 12 行后增加如下代码：

```
ex.printStackTrace();
```

则运行的结果如下所示。

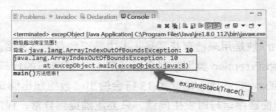

由运行结果可以看出，printStackTrace() 方法给出了更为详细的异常信息，不仅包括异常的类型，还包括异常发生在哪个所属包、哪个所属类、哪个所属方法以及发生异常的行号。

【范例分析】

需要说的是，finally｛｝代码块的本意是，无论是否发生异常，这段代码最终（finally）都是要执行的。注意到在本例中，由于逻辑简单，finally{}代码块属于非必需的，所以省略了这部分代码块。

但在一些特殊情况下，这样做是危险的。比如说，假设某个程序前面的代码申请了系统资源，在运行过程中发生异常，然后整个程序都跳转去执行异常处理的代码，异常处理完毕后，就终止程序。这样就会导致一种非常不好的后果，即后面释放系统资源的代码，就没有机会执行，于是就发生"资源泄露"（即占据资源，却没有使用，而且其他进程也没有机会使用，就好像资源减少了一样）。例如，

```
01  PrintWriter out = new PrintWriter(filename);
02  writeData(out);
03  out.close();      // 可能永远都无法执行这里
```

在上述代码中，第 01 行首先开辟一个有关文件的打印输出流（这是需要系统资源的），第 02 行，开始向这个文件写入数据，假设在这个过程中，发生异常，整个程序被异常处理器接管，那么第 03 行，可能永远都没有机会去执行，系统的资源也就没有办法释放。解决的方法就是使用 finally 块。

```
01  PrintWriter out = new PrintWriter(filename);
02  try
03  {
04      writeData(out); // 输出文件信息
05  }
06  finally
07  {
08      out.close(); // 关闭输出文件流
09  }
```

这样一来，即使 try{} 语句块发生异常（如第 04 行），异常处理照样去做，但 finally{} 中的代码也必须执行完毕。

【范例 11-3】示范的是如何操作一个异常处理，而事实上，在一个 try 语句之后，可以跟上多个异常处理 catch 语句，来处理多种不同类型的异常。请观察下面的范例。

范例 11-4　通过初始化参数传递操作数字，使用多个catch捕获异常（arrayException.java）

```
01  public class arrayException
02  {
03      public static void main(String args[])
04      {
05          System.out.println("-----A、计算开始之前 ");
06          try {
07              int arr[] = new int[5];
08              arr[0] = 3;
09              arr[1] = 6;
10              //arr[1] = 0; // 除数为 0，有异常
11              //arr[10] = 7; // 数组下标越界，有异常
12              int result = arr[0] / arr[1];
13              System.out.println("------B、除法计算结果：" + result);
14          } catch (ArithmeticException ex)
15          {
16              ex.printStackTrace();
17          } catch (ArrayIndexOutOfBoundsException ex)
18          {
```

```
19          ex.printStackTrace();
20      } finally {
21          System.out.println("----- 此处不管是否出错，都会执行！！！");
22      }
23      System.out.println("-----C、计算结束之后。");
24  }
25 }
```

保存并运行程序，结果如下图所示。

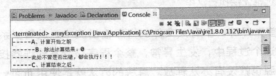

【代码详解】

第 14 ~ 第 20 行，使用了两个 catch 块来捕捉算术运算异常和数组越界异常，并使用异常对象的 printStackTrace() 将对异常的堆栈跟踪信息全部显示出来，这对调试程序非常有帮助，也是常见的编程语言的集成开发环境（如 Eclipse 等）常用的手段。

一开始，我们将导致异常的两行语句注释起来（第 10 和第 11 行），这样程序运行起来就没有任何问题，运行结果如上图所示。但是我们也可看到，即使没有任何异常，finally { } 块内的语句还是照样运行了，其实这并非是必需的模块，这就告诉我们，要有取舍地决定是否使用 finally { } 块。

如果我们取消第 10 行开始处的单行注释符号 "//"，然后重新运行这个程序，其运行结果如下所示。

运行结果表明，如果令 arr[1] = 0，那么第 12 行就会产生 "除数为 0" 的异常，但即使出现了异常，从第 23 行输出结果可以看到，程序仍能正常全部运行。如果没有异常处理程序，程序运行到第 12 行，就会终止，第 12 行前运行的中间结果就不得不全部抛弃（如果读者把第 12 行想象成第 120 行、第 1200 行……就更能理解在某些情况下，这种被迫放弃中间计算结果可能是一种浪费）。

如果注释第 10 行，而取消第 11 行开始处的单行注释符号 "//"，然后重新运行这个程序，其运行结果如下所示。

运行结果表明，如果令 arr[10] = 7，10 超过了数组的下标上限（4），因此也发生异常，但程序也能正确运行完毕。由此，我们可以看到，范例程序使用了多个 catch，根据不同的异常分类，有的放矢地处理它们。

▶ 11.2 异常类的处理流程

在 Java 中，异常可分为两大类：**java.lang.Exception** 类与 **java.lang.Error** 类。这两个类均继承自 **java.lang.Throwable** 类。下图为 **Throwable** 类的继承关系图。

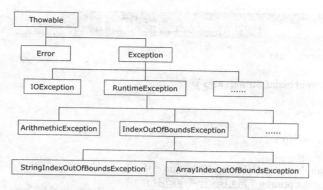

习惯上将 Error 类与 Exception 类统称为异常类，但二者在本质上还是有不同的。Error 类通常指的是 Java 虚拟机（JVM）出错了，用户在程序里无法处理这种错误。

不同于 Error 类的是，Exception 类包含了一般性的异常，这些异常通常在捕捉到之后便可做妥善的处理，以确保程序继续运行。如【范例 11-2】所示的"ArrayIndexOutOfBoundsException"就是属于这种异常。在日后进行异常处理的操作之中，默认是针对 Exception 进行处理，而对于 Error 而言，无需普通用户关注。为了更好地说明 Java 之中异常处理的操作特点，下面给出异常处理的流程。

（1）如果程序之中产生了异常，那么会自动地由 JVM 根据异常的类型，实例化一个指定异常类的对象；如果这个时候程序之中没有任何的异常处理操作，则这个异常类的实例化对象将交给 JVM 进行处理，而 JVM 的默认处理方式就是进行异常信息的输出，而后中断程序执行。

（2）如果程序之中存在了异常处理，则会由 try 语句捕获产生的异常类对象；然后将该对象与 try 之后的 catch 进行匹配，如果匹配成功，则使用指定的 catch 进行处理，如果没有匹配成功，则向后面的 catch 继续匹配，如果没有任何的 catch 匹配成功，则这个时候将交给 JVM 执行默认处理。

（3）不管是否有异常都会执行 finally 程序，如果此时没有异常，执行完 finally，则会继续执行程序之中的其他代码，如果此时有异常没有能够处理（没有一个 catch 可以满足），那么也会执行 finally，但是执行完 finally 之后，将默认交给 JVM 进行异常的信息输出，并且程序中断。

▶11.3　throws 关键字

在 Java 标准库中的方法中，通常并没有处理异常，而是交由使用者自行来处理，如判断整数数据格式是否合法的 Integer.parseInt() 方法就会抛出 NumberFormatException 异常。这是怎么做到的？看一下 API 文档中的方法原型。

```
public static int parseInt(String s)
            throws NumberFormatException
```

就是这个"throws"关键字，如果字符串 s 中没有包含可解析的整数，就会"抛出"异常。使用 throws 声明的方法，表示此方法不处理异常，而由系统自动将所捕获的异常信息"抛给"上级调用方法。throws 使用格式如下。

```
访问权限 返回值类型 方法名称（参数列表）throws 异常类
{
  // 方法体；
}
```

上面的格式包括两个部分：一个普通方法的定义，这个部分和以前学习到的方法定义，在模式上没有任何区别；方法后紧跟"throws 异常类"，它位于方法体 {} 之前，用来检测当前方法是否有异常，若有，则将该异常提交给直接使用这个方法的方法。

📝 范例 11-5　关键字throws的使用（throwsDemo.java）

```
01    public class throwsDemo
02    {
03      public static void main( String[] args )
04      {
05        int[ ] arr = new int[5];
06        try{
07          setZero( arr, 10 );
08        }
09        catch( ArrayIndexOutOfBoundsException e ){
10          System.out.println( " 数组超出绑定范围！" );
11          System.out.println( " 异常：" + e ); // 显示异常对象 e 的内容
12        }
13        System.out.println( "main() 方法结束！" );
14      }
15      private static void setZero( int[ ] arr, int index )
16      throws ArrayIndexOutOfBoundsException
17      {
18        arr[ index ] = 0;
19      }
20    }
```

保存并运行程序，结果如下图所示。

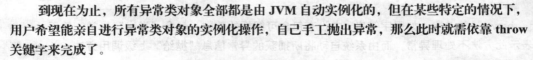

【范例分析】

在第 15 ~ 第19 行，定义了私有化的静态方法 setZero()，用于将指定的数组的指定索引赋值为 0，由于没有检查下标是否越界（当然，并不建议这样做，这里只是显示一个抛出方法异常的例子），所以使用 throws 关键字抛出异常，"ArrayIndexOutOfBoundsException" 表明 setZero() 方法可能存在的异常类型。

一旦方法出现异常，setZero() 方法自己并不处理，而是将异常提交给它的上级调用者 main() 方法。而在 main 方法中，有一套完善的 try-catch 机制来处理异常。第 07 行中，调用 setZero() 方法，并有意使下标越界，用来验证异常检测与处理模块的运行情况。

▶11.4　throw 关键字

到现在为止，所有异常类对象全部都是由 JVM 自动实例化的，但在某些特定的情况下，用户希望能亲自进行异常类对象的实例化操作，自己手工抛出异常，那么此时就需依靠 throw 关键字来完成了。

与 throws 不同的是，throw 可直接抛出异常类的实例化对象。throw 语句的格式为：

throw 异常类型的实例；

执行这条语句时，将会 "引发" 一个指定类型的异常，也就是抛出异常。

📝 范例 11-6　关键字throw的使用（throwDemo.java）

```
01    public class throwDemo
02    {
03      public static void main( String[] args )
```

```
04      {
05        try{
06          // 抛出异常的实例化对象
07          throw new ArrayIndexOutOfBoundsException( "\n我是个性化的异常信息：\n 数组下标越界" );
08        }
09        catch( ArrayIndexOutOfBoundsException ex )
10        {
11          System.out.println( ex );
12        }
13      }
14    }
```

保存并运行程序，结果如下图所示。

【范例分析】

第 07 行，通过 new 关键字，创建一个匿名的 ArrayIndexOutOfBoundsException 类型的异常对象，并使用 throw 关键字抛出。引发运行期异常，用户可以给出自己个性化的提示信息。

第 09 ~ 第12 行，捕获产生的异常对象，并输出异常信息。

这里首先要说明的是，throw 关键字的使用完全符合异常的处理机制。但是，一般来讲，用户都在避免异常的发生，所以不会手工抛出一个新的异常类型的实例，而往往会抛出程序中已经产生的异常类实例。这点可以从下一节异常处理的标准格式中发现。

▶11.5 异常处理的标准格式

通过上面的学习，我们可以看到，throw 和 throws 虽然都是抛出异常，但是有差别的。

throw 语句用在方法体内部，表示抛出异常对象，由方法体内的 catch 语句来处理异常对象。

对比而言，throws 语句用在方法声明的后面，表示一旦抛出异常，由调用这个方法的上一级方法中的语句来处理。throw 抛出异常，内部消化；throws 抛出异常，领导（调用者）解决。

实际上，try…catch…finally、throw 及 throws 经常联合使用。例如，现在要设计一个将数组指定下标的元素置零的方法，同时要求在方法的开始和结束处都输出相应信息。

📝 范例 11-7　关键字throws与throw的配合使用（throwDemo02.java）

```
01    public class throwDemo02
02    {
03      public static void main( String[] args )
04      {
05        int[] arr = new int[5];
06        try{
07          setZero( arr, 10 );
08        }
09        catch( ArrayIndexOutOfBoundsException e ){
10          System.out.println( " 异常： " + e ); // 显示异常对象 e 的内容
11        }
```

```
12
13        System.out.println( "main() 方法结束！" );
14    }
15
16    private static void setZero( int[] arr, int index )
17              throws ArrayIndexOutOfBoundsException
18    {
19        System.out.println( "------- 方法 setZero 开始 -------" );
20
21        try{
22          arr[index] = 0;
23        }
24        catch( ArrayIndexOutOfBoundsException ex ){
25          throw ex;
26        }
27        finally{
28          System.out.println( "------- 方法 setZero 结束 -------" );
29        }
30      }
31    }
```

保存并运行程序，结果如下图所示。

```
🔲 Problems  🔲 Javadoc  🔲 Declaration  🔲 Console ☒
                                      ■ ✕ ✖ | 🔲 🔲 🔲 🔲 | 🔲 🔲 ▾ 🔲 ▾
<terminated> throwDemo02 [Java Application] C:\Program Files\Java\jre1.8.0_112\bin\javaw.e
-------方法setZero开始-------
-------方法setZero结束-------
异常：java.lang.ArrayIndexOutOfBoundsException: 10
main()方法结束！
```

【范例分析】

第 16 ~ 第30 行定义了私有化的静态方法 setZero()，定义为静态方法的原因在于，这个方法可以不用生成对象即可调用，这样是为了简化代码，更清楚地说明当前问题。在第 17 行使用 throws 关键字，将 setZero() 方法中的异常，传递给它的"上级"——调用者 main() 方法，由 main() 方法提供解决异常的方案。事实上，从 main 方法中的第 09 行开始，的确就有一个专门的异常处理模块。

第 25 行使用 throw 抛出异常。throw 总是出现在方法体中，一旦它抛出一个异常，程序会在 throw 语句后立即终止，后面的语句就没有机会再接着执行，然后在包含它的所有 try 块中（也可能在上层调用方法中）从里向外，寻找含有与其异常类型匹配的 catch 块，然后加以处理。

第 19 和第 28 行分别输出了方法开始和方法结束。

▶ 11.6 高手点拨

1. 异常类型的继承关系

异常类型的最大父类是 Throwable 类，其分为两个子类，分别为 Exception、Error。Exception 表示程序可处理的异常，而 Error 表示 JVM 错误，一般无需程序开发人员自己处理。

2. RuntimeException 和 Exception 的区别

RuntimeException 类是 Exception 类的子类，Exception 定义的异常必须处理，而 RuntimeException 定义的异常，可以选择性地进行处理。

▶ 11.7 实战练习

编写应用程序，从命令行输入两个整数参数，求它们的商。要求从程序中捕获可能发生的异常。

第 **III** 篇

高级应用

第**12**章

多线程

在 Java 中，采用多线程机制可以使计算机资源得到更充分的使用，多线程可以使程序在同一时间内完成很多操作。本章讲解进程与线程的共同点和区别、实现多线程的方法、线程的状态、对线程操作的方法、多线程的同步、线程间的通信，以及线程生命周期的控制等内容。

本章要点（已掌握的在方框中打钩）

☐ 了解进程与线程
☐ 掌握实现多线程的方法
☐ 熟悉线程的状态
☐ 熟悉线程操作的方法
☐ 熟悉线程同步的方法
☐ 熟悉线程间通信的方法

　　1995 年，在 Java 诞生之初，诸如 James Gosling 等 Java 的主要设计者，就非常明智地选择让 Java 内置支持 "多线程"，这使得 Java 相比于同一时期的其他编程语言，有着非常明显的优势。

　　线程是操作系统任务调度的最小单位。多线程可让更多任务并发执行，从而让程序的运行性能显著提升，特别是在多核（muti-core）或众核（many-core）环境下，表现得就更加抢眼。

▶12.1　感知多线程

　　任何抽象的理论（本质）都离不开具体的现象。通过现象比较容易看清楚本质，在讲解 Java 的多线程概念之前，我们先从现实生活中体会一下 "多线程"。

　　在高速公路收费匝道上，经常会看到排成长龙的车队。如果让你来缓解这一拥塞的交通状况，你的方案是什么？很自然地，你会想到多增加几个收费匝道，这样便能同时通过更多的车辆。如果把进程比作一个高速公路的收费站，那么这个地点的多个收费匝道就可以比作线程。

　　再举一个例子，在一个行政收费大厅里，如果只有一个办事窗口，等待办事的客户很多。如果排队序列中前面的一个客户没有办完事情，后面的客户再着急也无济于事，一个较好的方案就是在行政大厅里多开放几个窗口，更一般的情况是，每个窗口可以办理不同的事情，这样客户可以根据自己的需求来选择服务的窗口。如果把行政大厅比喻为一个进程，那么每一个办事窗口都是一个线程。

　　由此我们可以发现，多线程技术就在我们身边，且占据着非常重要的地位。多线程是实现并发机制的一种有效手段，其应用范围很广。Java 的多线程是一项非常基本和重要的技术，在偏底层和偏技术的 Java 程序中不可避免地要使用到它，因此，我们有必要学习好这一技术。

▶12.2　体验多线程

　　在传统的编程语言里，运行的顺序总是顺着程序的流程走，遇到 if 语句就加以判断，遇到 for 等循环就会多反复执行几次，最后程序还是按着一定的流程走，且一次只能执行一个程序块。

　　Java 中的 "多线程"，打破了这种传统的束缚。所谓的线程（Thread）是指程序的运行流程，可以看作进程的一个执行路径。"多线程" 的机制则是指，可以同时运行多个程序块（进程的多条路径），可克服传统程序语言所无法解决的问题。例如，有些循环可能运行的时间比较长，此时便可让一个线程来做这个循环，另一个线程做其他事情，比如与用户交互。

📝 **范例 12-1**　单一线程的运行流程（ThreadDemo_1.java）

```
01    public class ThreadDemo_1
02    {
03      public static void main( String args[] )
04      {
05        new TestThread().run();
06        // 循环输出
07        for( int i = 0; i < 5; ++i )
08        {
09          System.out.println( "main 线程在运行 " );
10        }
11      }
12    }
13
14    class TestThread
15    {
16      public void run()
17      {
```

```
18          for( int i = 0; i < 5; ++i )
19          {
20              System.out.println( "TestThread 在运行 " );
21          }
22      }
23  }
```

保存并运行程序，结果如下图所示。

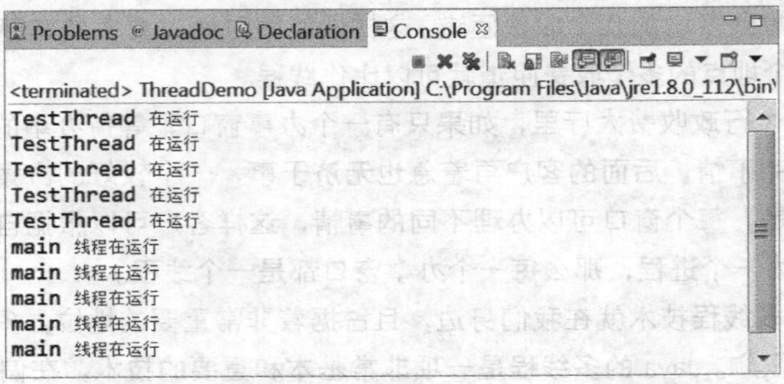

```
Problems  Javadoc  Declaration  Console ✕
■ ✕ ✖ | ▣ ▣ ▣ ▣ | ▣ ▣ ▼ ▣ ▼
<terminated> ThreadDemo [Java Application] C:\Program Files\Java\jre1.8.0_112\bin\
TestThread 在运行
TestThread 在运行
TestThread 在运行
TestThread 在运行
TestThread 在运行
main 线程在运行
main 线程在运行
main 线程在运行
main 线程在运行
main 线程在运行
```

【代码详解】

第 16 ～ 第22 行定义了 run() 方法，用于循环输出 5 个连续的字符串。

在第 05 行中，使用 new 关键词，创建了一个 TestThread 类的无名对象，之后这个类名通过点操作符 "."
调用这个无名对象的 run() 方法，输出 "TestThread 在运行"，最后执行 main 方法中的循环，输出 "main 线
程在运行"。

【范例分析】

从本例中可看出，要想运行 main 方法中的 for 循环（第 06 ～ 第10 行），必须要等 TestThread 类中的
run() 方法执行完，假设 run() 方法不是一个简单的 for 循环，是一个运行时间很长的方法，那么即使后面的代
码块（例如 main 方法后面的 for 循环块），不依赖于前面的代码块的计算结果，它也 "无可奈何" 地必须等待。
这便是单一线程的缺陷。

在 Java 里，是否可以并发运行第 09 和第 20 行的语句，使得字符串 "main 线程在运行" 和 "TestThread
在运行" 交替输出呢？答案是肯定的，其方法是在 Java 里激活多个线程。下面我们就开始学习 Java 中如何激
活多个线程。

12.2.1　通过继承 Thread 类实现多线程

Thread 类存放于 java.lang 类库里。java.lang 包中提供常用的类、接口、一般异常、系统等编程语言的核
心内容，如基本数据类型、基本数学函数、字符串处理、线程、异常处理类等，正因为这个类库非常常用，
所以 Java 系统默认加载（import）这个包，我们可以直接使用 Thread 类，而无需显式加载。

由于在 Thread 类中，已经定义了 run() 方法，因此，用户要想实现多线程，必须定义自己的子类，该子
类继承于 Thread 类，同时要覆写 Thread 类的 run 方法。也就是说要使一个类可激活线程，必须按照下面的语
法来编写。

```
class 类名称 extends Thread      // 从 Thread 类扩展出子类
{
    属性…
    方法…
    修饰符 run()// 覆写 Thread 类里的 run() 方法
```

```
    {
        程序代码; // 激活的线程，将从 run 方法开始执行
    }
}
```

然后再使用用户自定义的线程类，生成对象，并调用该对象的 start() 方法，从而来激活一个新的线程。下面我们按照上述的语法来重新编写 ThreadDemo，使它可以同时激活多个线程。

📝 **范例 12-2**　**同时激活多个线程（ThreadDemo.java）**

```
01  public class ThreadDemo
02  {
03      public static void main( String args[] )
04      {
05          new TestThread().start();   // 激活一个线程
06          // 循环输出
07          for( int i = 0; i < 5; ++i )
08          {
09              System.out.println( "main 线程在运行 " );
10              try {
11                  Thread.sleep(1000);              // 睡眠 1 秒
12              } catch( InterruptedException e ) {
13                  e.printStackTrace( );
14              }
15          }
16      }
17  }
18  class TestThread extends Thread
19  {
20      public void run( )
21      {
22          for( int i = 0; i < 5; ++i )
23          {
24              System.out.println( "TestThread 在运行 " );
25              try {
26                  Thread.sleep(1000);              // 睡眠 1 秒
27              }  catch( InterruptedException e ) {
28                  e.printStackTrace( );
29              }
30          }
31      }
32  }
```

保存并运行程序，结果如下图所示。

```
📊 Problems  @ Javadoc  🔍 Declaration  🖥 Console ⌗
<terminated> ThreadDemo [Java Application] C:\Program Files\Java\jre1.8.0_112\bin\
main 线程在运行
TestThread 在运行
main 线程在运行
TestThread 在运行
main 线程在运行
TestThread 在运行
main 线程在运行
TestThread 在运行
main 线程在运行
TestThread 在运行
```

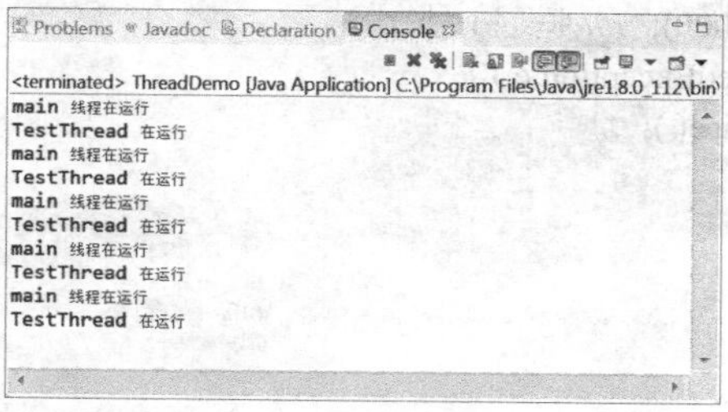

【代码详解】

第 18～第 32 行定义了 TestThread 类，它继承自父类 Thread，并覆写了父类的 run( ) 方法（第 20 行）。因此，可以使用这个类创建一个新线程对象。在 run( ) 方法中，使用了 try-catch 模块，用来捕获可能产生的异常。

在第 27 行中的 InterruptedException，表示中断异常类，Thread.sleep() 和 Object.wait()，都可能抛出这类中断异常。一旦发生异常，printStackTrace( ) 方法会输出详细的异常信息。

第 05 行创建了一个 TestThread 类的匿名对象，并调用了 start( ) 方法创建了一个新的线程。

第 11 和第 26 行使用 Thread.sleep(1000) 方法使两个线程休眠 1000 毫秒，以模拟其他的耗时操作。如果省略了这两条语句，这个程序的运行结果可能和【范例 12-1】一样（类似），具体的原因会在 12.3 节讲解。

需要注意的是，读者运行本例程的结果，可能和书中提供的运行结果不一样，这是容易理解的，因为多线程的执行顺序存在不确定性。

12.2.2 通过实现 Runnable 接口实现多线程

从前面的章节中，我们已经学习到，在 Java 中不允许多继承，即一个子类只能有一个父类，因此如果一个类已经继承了其他类，那么这个类就不能再继承 Thread 类。此时，如果一个其他类的子类又想采用多线程技术，那么这时就要用到 Runnable 接口，来创建线程。我们知道，一个类是可以继承多个接口的，而这就间接实现了多继承。

通过实现 Runnable 接口，实现多线程的语法如下。

```
class 类名称 implements Runnable            // 实现 Runnable 接口
{
    属性…
    方法…
    public void run()   // 实现 Runnable 接口里的 run 方法
    {   // 激活的线程将从 run 方法开始运行
      程序代码…
    }
}
```

需要注意的是，激活一个新线程，需要使用 Thread 类的 start( ) 方法。

范例 12-3　用Runnable接口实现多线程使用实例（RunnableThread.java）

```
01   public class RunnableThread
02   {
03     public static void main( String args[] )
04     {
05       TestThread newTh = new TestThread( );
06       new Thread( newTh ).start( );   // 使用 Thread 类的 start 方法启动线程
07       for( int i = 0; i < 5; i++ )
08       {
09         System.out.println( "main 线程在运行 " );
10         try {
11           Thread.sleep(1000);     // 睡眠 1 秒
12         } catch( InterruptedException e ) {
13           e.printStackTrace( );
14         }
15       }
```

```
16        }
17    }
18    class TestThread implements Runnable
19    {
20        public void run( ) //覆写 Runnable 接口中的 run( ) 方法
21        {
22            for( int i = 0; i < 5; i++ )
23            {
24                System.out.println( "TestThread 在运行 " );
25                try
26                {
27                    Thread.sleep(1000);    // 睡眠 1 秒
28                }
29                catch( InterruptedException e )
30                {
31                    e.printStackTrace( );
32                }
33            }
34        }
35    }
```

保存并运行程序，结果如下图所示。

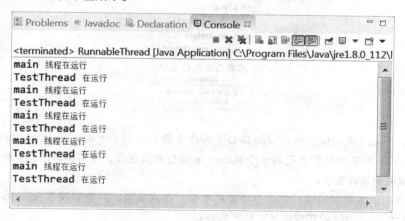

【**代码详解**】

第 18 行中的 TestThread 类实现了 Runnable 接口，同时覆写了 Runnable 接口之中的 run( ) 方法（第 20 ~ 第 34 行），也就是说，TestThread 类是一个多线程 Runnable 接口的实现类。

第 05 行实例化了一个 TestThread 类的对象 newTh。

第 06 行实例化一个 Thread 类的匿名对象，然后将 TestThread 类的对象 newTh，作为 Thread 类构造方法的参数，之后再调用这个匿名 Thread 类对象的 start( ) 方法启动多线程。

【**范例分析**】

可能读者会不理解，为什么 TestThread 类已经实现了 Runnable 接口，还需要调用 Thread 类中的 start( ) 方法，才能启动多线程呢？查找 Java 开发文档就可以发现，在 Runnable 接口内，仅仅只有一个 run 方法，如下表所示。

方法摘要	
void run()	实现 **Runnable** 接口的具体类，它定义一个线程对象时，通过线程的 **start()** 方法启动线程，运行的线程内容是在 run() 方法定义的

也就是说，在 Runnable 接口中，run() 方法代表的是算法，它是程序员想让某个线程执行的功能，并不是现在就让线程运行起来，读者千万不要被这个单词本身的含义迷惑了。

正在让线程运行起来，进入 CPU 队列中执行，则需要调用 Thread 类的 start() 方法。对于这一点，我们通过查找 JDK 文档中的 Thread 类可以看到，在 Thread 类之中有这样一个构造方法。

```
public Thread( Runnable  target )
```

由此构造方法可以看到，可以将一个 Runnable 接口（或其子类）的实例化对象。可以这么理解，Runnable（严格来说，是 Runnable 的实现子类）只负责线程的功能设计，从 "Runnable" 的字母意思来看，它表示 "可运行的" 部分，这还仅仅是一个 "算法" 层面的设计。如果想让它运行起来，还必须把算法，以参数的形式传递给 Thread 类。在这里，Thread 更像一个提供运行环境的舞台，而 Runnable 是登台表演的大戏。大戏的设计主要在 Runnable 中的 run() 方法里完成。

12.2.3 两种多线程实现机制的比较

从前面的分析得知，不管实现了 Runnable 接口，还是继承了 Thread 类，其结果都是一样的，那么这两者之间到底有什么关系？

通过查阅 JDK 文档可知，Runnable 接口和 Thread 类二者之间的联系如下图所示。

```
java.lang
类 Thread
java.lang.Object
|_ java.lang.Thread

所有已实现的接口:
Runnable

public class Thread
extends Object
implements Runnable
```

由上图可知，Thread 类实现了 Runnable 接口。即在本质上，Thread 类是 Runnable 接口众多的实现子类中的一个，它的地位，其实和我们自己写一个 Runnable 接口的实现类，没有多大区别。所不同的是，Thread 不过是 Java 官方提供的设计罢了。

通过前面章节的学习可以知道，接口是功能的集合，也就是说，只要实现了 Runnable 接口，就具备了可执行的功能，其中 run() 方法的实现就是可执行的表现。

Thread 类和 Runnable 接口都可以实现多线程，那么两者之间除了上面这些联系之外，还有什么区别呢？下面通过编写一个应用程序来比较分析。范例是一个模拟铁路售票系统，实现 4 个售票点发售某日某次列车的车票 5 张，一个售票点用一个线程来模拟，每卖出一张票，总票数减 1。下面，首先用继承 Thread 类来实现上述功能。

📝 范例 12-4　使用Thread实现多线程模拟铁路售票系统（ThreadDemo.java）

```
01   public class ThreadDemo
02   {
03     public static void main( String[] args )
04     {
05       TestThread newTh = new TestThread( );
```

```
06        // 一个线程对象只能启动一次
07        newTh.start( );
08        newTh.start( );
09        newTh.start( );
10        newTh.start( );
11      }
12  }
13  class TestThread extends Thread
14  {
15      private int tickets = 5;
16      public void run( )
17      {
18        while( tickets > 0 )
19        {
20          System.out.println( Thread.currentThread().getName( ) + " 出售票 " + tickets );
21          tickets -= 1;
22        }
23      }
24  }
```

保存并运行程序，结果如下图所示。

【代码详解】

第 05 行创建了一个 TestThread 类的实例化对象 newTh，之后调用了 4 个此对象的 start() 方法（第 07 ~ 第 10 行）。但从运行结果可以看到，程序运行时出现了"异常（Exception）"，之后却只有一个线程在运行。这说明了一个类继承了 Thread 类之后，这个类的实例化对象（如本例中的 newTh），无论调用多少次 start( ) 方法，结果都只有一个线程在运行。

另外，在第 20 行可以看到这样一条语句"Thread.currentThread().getName()"，此语句表示取得当前运行的线程名称（在本例中为"Thread-0"），此方法还会在后面讲解，此处仅作了解即可。

下面修改【范例 12-4】程序，让 main 方法这个进程产生 4 个线程。

📝 范例 12-5   修改【范例12-4】，使main方法里产生4个线程（ThreadDemo.java）

```
01  public class ThreadDemo
02  {
03      public static void main(String[]args)
04      {
```

```
05        // 启动了 4 个线程，分别执行各自的操作
06        new TestThread( ).start( );
07        new TestThread( ).start( );
08        new TestThread( ).start( );
09        new TestThread( ).start( );
10    }
11  }
12  class TestThread extends Thread
13  {
14      private int tickets = 5;
15      public void run( )
16      {
17        while (tickets > 0)
18        {
19          System.out.println(Thread.currentThread().getName() + " 出售票 " + tickets);
20          tickets -= 1;
21        }
22      }
23  }
```

保存并运行程序，结果如下图所示。

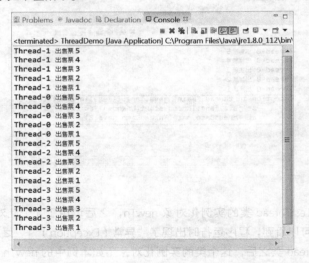

【代码详解】

第 06 ~ 第09 行，使用 4 次 new TestThread()，创建 4 个 TestThread 匿名对象，然后分别调用这4个匿名对象的 start()，终于成功创建 4 个线程对象。

从输出结果可以看到，这4个线程对象各自占有自己的资源。例如，这4个线程的每个线程都有自己的私有数据 tickets（第14行）。但我们的本意是，车站一共有 5 张票（即这 4 个线程的共享变量 tickets），每个线程模拟一个售票窗口，它们相互协作把这 5 张票卖完。

但从运行结果可以看出，每个线程都卖了 5 张票（tickets 成为每个线程的私有变量），这样就卖出了 4×5=20 张票，这不是我们所需要的。因此，用线程的私有变量难以达到资源共享的目的。变通的方法是，把私有变量 tickets 变成静态（static）成员变量，即可达到资源共享。

那么如果我们实现 Runnable 接口会如何呢？下面的这个范例也是修改自【范例 12-4】，读者可以观察输出的结果。

范例 12-6　使用Runnable接口实现多线程，并实现资源共享（RunnableDemo.java）

```
01  public class RunnableDemo
02  {
03      public static void main( String[] args )
04      {
05          TestThread newTh = new TestThread( );
06          // 启动了 4 个线程，并实现了资源共享的目的
07          new Thread( newTh ).start( );
08          new Thread( newTh ).start( );
09          new Thread( newTh ).start( );
10          new Thread( newTh ).start( );
11      }
12  }
13  class TestThread implements Runnable
14  {
15      private int tickets = 5;
16      public void run( )
17      {
18          while( tickets > 0 )
19          {
20              System.out.println( Thread.currentThread().getName() + " 出售票 "+ tickets );
21              tickets -= 1;
22          }
23      }
24  }
```

保存并运行程序，结果如下图所示。

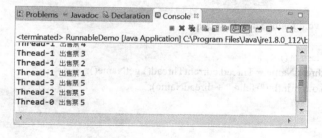

【代码详解】

第 07 ~ 第10 行启动了 4 个线程。从程序的输出结果来看，尽管启动了 4 个线程对象，但结果它们共同操纵同一个资源（即 tickets=5），也就是说，这 4 个线程协同把这 5 张票卖完了，达到了资源共享的目的。

可见，实现 Runnable 接口相对于继承 Thread 类来说，有如下几个显著的优势。

（1）避免了由于 Java 的单继承特性带来的局限。

（2）可使多个线程共享相同的资源，以达到资源共享的目的。

【范例分析】

细心的读者如果多运行几次本程序，就会发现，程序的运行结果不唯一，事实上，就是产生了与时间有关的错误。这是"共享"付出的代价，比如在上面的运行结果中，第 5 张票就被线程 0、线程 2 和线程 3 卖了 3 次，出现"一票多卖"的现象。这是当 tickets=1 时，线程 0、线程 2 和线程 3 都同时看见了，满足条件 tickets > 0，当第一个线程把票卖出去了，tickets 理应减 1（参见第 21 行），当它还没有来得及更新，当前的线程的运行时间片就到了，必须退出 CPU，让其他线程执行，而其他线程看到的 tickets 依然是旧状态

（tickets=1），所以，依次也把那张已经卖出去的票再次"卖"出去了。

事实上，在多线程运行环境中，tickets 属于典型的临界资源（Critical resource），而第 13 ~ 第17 行就属于临界区（Critical Section）。

12.2.4　Java 8 中运行线程的新方法

在 Java 8 新引入了 Lambda 表达式，使得创建线程的形式亦有所变化。这里提到的 Lambda 表达式，相当于大多数动态语言中常见的闭包、匿名函数的概念。使用方法有点类似于 C/C++ 语言中的一个函数指针，这个指针可以把一个函数名作为一个参数传递到另外一个函数中。

利用 Lambda 表达式，创建新线程的示范代码如下。

```
Thread  thread = new Thread(() -> {System.out.println("Java 8");}).start();
```

可以看到，这段代码比前面章节学习到的创建线程的代码精简多了，也有较好的可读性，下面对这个语句分析如下。

() -> {System.out.println("Java 8");} 就是 Lambda 表达式，这个语句就等同于创建了 Runnable() 接口的一个匿名子类，并用 new 操作创建了这个子类的匿名对象，然后再把这个匿名对象当作 Thread 类的构造方法中的一个参数。

由此可见，Lambda 表达式的结构可大体分为 3 部分。

（1）最前面的部分是一对括号，里面是参数，这里无参数，就是一对空括号。

（2）中间的是 -> ，用来分割参数和主体部分。

（3）主体部分可以是一个表达式或者一个语句块，用花括号括起来。如果是一个表达式，表达式的值会被作为返回值返回。如果是语句块，需要用 return 语句指定返回值。

📝 范例 12-7　利用Lambda表达式创建新线程（LambdaDemo.java）

```
01   public class LamdaDemo
02   {
03     public static void main( String[] args )
04     {
05       Runnable task = () -> {
06         String threadName = Thread.currentThread().getName();
07         System.out.println("Hello " + threadName);
08       };
09
10       task.run();
11       Thread thread = new Thread(task);
12       thread.start();
13
14       System.out.println( "Done!" );
15     }
16   }
```

保存并运行程序，结果如下图所示。

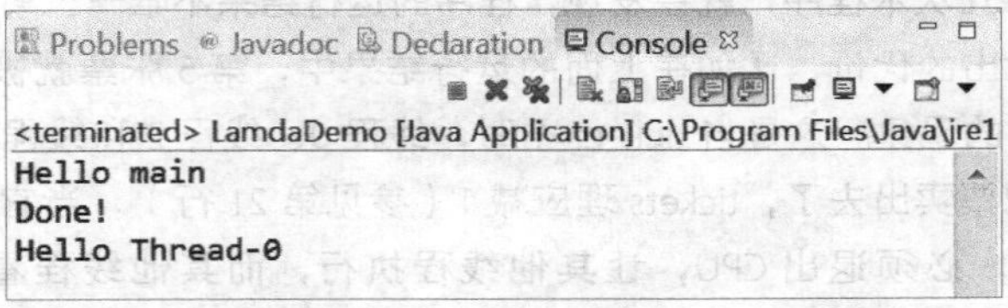

```
<terminated> LamdaDemo [Java Application] C:\Program Files\Java\jre1
Hello main
Done!
Hello Thread-0
```

【代码详解】

第 05 ~ 第 08 行，用 Lambda 表达式实现了 Runnable，同时定义了 run( ) 方法，并定义了一个 Runnable 接口的对象 task。其中，用花括号 { } 括起来的第 06 和第 07 行，就是 run( ) 方法的内容。第 10 行，调用了这个 run( ) 方法。请读者注意的是，此时只有一个 main 线程在运行，在第 10 行调用 run( ) 方法，和调用其他对象的方法，没有任何区别，它的作用就是显示 "Hello" 加上当前线程的名字，而当前的线程就是 main。

第 11 行是 Runnable 的对象 task，以参数传递的形式，传递给一个 Thread 对象 thread。然后通过 start( ) 启动这个线程（第 12 行），从此刻开始，系统中有两个线程，一个是 main，一个就是刚刚创建的 thread，而这个 thread 的功能，就是由 task 决定的，确切来说，是由 task 的 run( ) 方法的功能决定的。而这个方法的作用就是显示 "Hello" 加上当前线程的名字，此时的当前线程，就是新线程 thread，它的名字，如果用户不显式指定，就是 "Thread-0"，如果再调用一次 start( ) 方法，这个新线程的名称就是 "Thread-0"，以此类推。

第 14 行，是主线程 main 输出 "Done"。上图输出的结果可能不唯一，这就取决于是 thread 线程还是 main 线程，哪个先运行完毕。事实上，我们可以在 12.4.4 小节学习线程联合 join( ) 方法，来控制线程的执行顺序。

▶12.3　线程的状态

每个 Java 程序都有一个默认的主线程，对于 Java 应用程序，主线程是 main 方法执行的线程。要想实现多线程，必须在主线程中创建新的线程对象。

正如一条公路会有它的生命周期，例如，规划、建造、使用、停用、拆毁等状态，而一个线程也有类似的这几种状态。线程具有创建、运行（包括就绪、运行）、等待（包括一般等待和超时等待）、阻塞、终止等 7 种状态。线程状态的转移与转移原因之间的关系如下图所示。

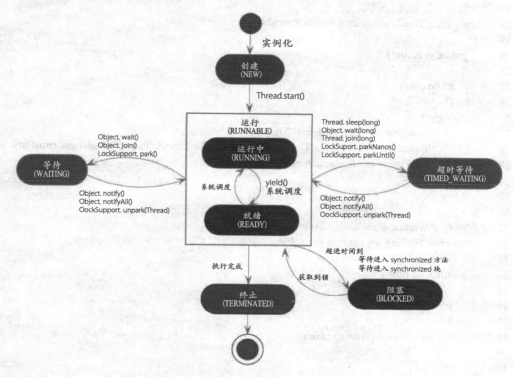

在给定时刻上，一个线程只能处于一种状态（详见 JDK 文档 Thread.State）。

（1）NEW（创建态）：初始状态，线程已经被构建，但尚未启动，即还没有被调用 start( ) 方法。

（2）RUNNABLE（运行态）：正在 Java 虚拟机中执行的线程处于这种状态。在 Java 的线程概念中，将操作系统中的 "就绪（READY）" 和 "运行（RUNNING）" 这两种状态，统称为 "可运行态（RUNNABLE）"。

（3）BLOCKED（阻塞态）：受阻塞，并等待于某个监视锁。

（4）WAITING（无限等待态）：无限期的等待，表明当前线程需要等待其他线程执行某一个特定操作（如通知或中断等）。

（5）TIMED_WAITING（超时等待态）：与 WAITING 状态不同，它可以在指定的等待时间后，自行返回。

（6）TERMINATED（终止态）：表示当前线程已经执行完毕。

范例 12-8   演示线程的生命周期（ThreadStatus.java）

```java
01  import java.util.concurrent.locks.Lock;
02  import java.util.concurrent.locks.ReentrantLock;
03  import java.util.concurrent.TimeUnit;
04  public class ThreadStatus
05  {
06      private static Lock lock = new ReentrantLock();
07      public static void main(String[] args)
08      {
09        new Thread(new TimeWaiting(), "TimeWaitingThread").start();
10        new Thread(new Waiting(), "WaitingThread").start();
11        // 使用两个 Blocked 线程，一个获取锁，一个被阻塞
12        new Thread(new Blocked(), "BThread-1").start();
13        new Thread(new Blocked(), "BThread-2").start();
14        new Thread(new Sync(), "SyncThread-1").start();
15        new Thread(new Sync(), "SyncThread-2").start();
16      }
17  // 该线程不断地进入睡眠
18      static class TimeWaiting implements Runnable
19      {
20        public void run()
21        {
22          while (true)
23          {
24            try {
25              TimeUnit.SECONDS.sleep(100);
26              System.out.println("I am TimeWaiting Thread: "+ Thread.currentThread().getName());
27            } catch (InterruptedException e) { }
28          }
29        }
30      }
31  // 该线程在 Waiting.class 实例上等待
32      static class Waiting implements Runnable
33      {
34        public void run( )
35        {
36          while (true)
37          {
38            synchronized (Waiting.class)
39            {
40              try {
41                System.out.println("I am Waiting Thread: "+ Thread.currentThread().getName());
42                Waiting.class.wait( );
43              } catch (InterruptedException e) {
44                e.printStackTrace( );
```

```
45                   }
46                 }
47               }
48             }
49           }
50    // 该线程在 Blocked.class 实例上加锁后，不会释放该锁
51    static class Blocked implements Runnable
52    {
53      public void run( )
54      {
55        synchronized (Blocked.class)
56        {
57          while (true)
58          {
59            try {
60                    System.out.println("I am Blocked Thread: "+ Thread.currentThread().getName());
61                    TimeUnit.SECONDS.sleep(100);
62            } catch (InterruptedException e) {}
63          }
64        }
65      }
66    }
67    // 该线程用于同步锁
68    static class Sync implements Runnable
69    {
70      public void run( ) {
71        lock.lock( );
72        try {
73          System.out.println("I am Sync Thread: "+ Thread.currentThread().getName());
74          TimeUnit.SECONDS.sleep(100);
75        } catch (InterruptedException e) {  }
76        finally {
77          lock.unlock();
78        }
79      }
80    }
81  }
```

保存并运行程序，结果如下图所示。

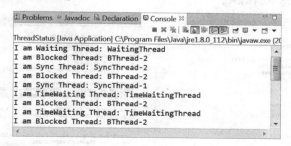

【代码详解】

第 01 ~ 第 03 行代码，导入 java.util 包下面的有关并发计时类和 ReentrantLock 锁类，如果想 "偷懒" 的话，

这3行代码可以用"import java.util.*"来代替，其中"*"通配符，表示 java.util 包下的所有类，全部导入，对于这个小程序，这样做，显然很"浪费"。

第06行，新建了一个 ReentrantLock 锁对象 lock。java.util.concurrent.lock 中的 Lock 框架是锁定的一个抽象，它允许把锁定的实现作为 Java 类。ReentrantLock 类实现了 Lock，它拥有与 synchronized 相同的并发性和内存语义，但是添加了类似锁投票、定时锁等候和可中断锁等候的一些特性。ReentrantLock 中的"reentrant"锁意味着什么呢？简单来说，它有一个与锁相关的获取计数器，如果拥有锁的某个线程再次得到锁，那么获取计数器就加1，然后锁需要被释放两次才能获得真正释放。

第 09～第15行，创建了 6 个不同功能的新线程。这里使用的 Thread 的构造方法原型为：

---

public Thread(Runnable target, String name)
这种构造方法与 Thread(null, target, name) 具有相同的作用。
参数：target 表示 当线程开启后，run 方法调用的对象。name 表示新线程的名称。

其中，new TimeWaiting()（第 09 行），new Waiting()（第 10 行），new Blocked()（第12和第13行）和 new Sync()（第 14和第15 行）分别创建了"超时等待"线程对象，"等待"对象，"阻塞"对象，"同步"（本质上还是阻塞）对象，这些线程刚创建出来时，都是匿名的，所以，后面分别给它们赋予一个名称，如"WaitingThread""BThread-1"及"SyncThread-1"等。最后利用各自线程的 start() 方法，开启这些线程。

随后的代码是分别实现不同功能的线程类，它们都是 ThreadStatus 类的内部类。例如，第 18～第30 行定义了 TimeWaiting 线程类，第 32～第49 行定义了 Waiting 线程类，第 51～第66 行定义了 Blocked 线程类，第 68～第80 行定义了 Sync 线程类，这些线程类都是接口 Runnable 的实现类。

在这些线程类中，为了显示各类线程的存在，分别在第 26、第 41、第 60 和第 73 行，加入了输出信息，但在实际应用环境中，这些输出语句并不是必需的。

为了模拟线程的耗时或延迟，代码中第 25、第 61 和第 74 行，分别使用了 TimeUnit.SECONDS.sleep() 方法，其实这个方法，和前面范例用到的方法 Thread.sleep() 的核心功能是类似的，都是让线程进入休眠若干时间。前者是后者的二次封装，封装后的方法"TimeUnit.SECONDS.sleep()"，多了时间单位转换和验证功能。

【范例分析】

从输出结果可以看出，线程创建以后（通过 new 操作），需要调用 start() 方法启动运行，当线程执行 wait() 方法，线程就进入等待状态。进入等待状态的线程需要依赖其他线程的通知，才能返回运行状态。相比而言，超时等待状态，则相当于在等待状态的基础上，又增加了超时限制，也就是说，超时时间达到后，会重新返回运行状态。

当线程调用同步方法时，在没有获取到锁的情况下，线程会进入阻塞状态。当线程执行 Runnable 的 run() 方法后，运行完毕，就会进入到终止状态。

在命令行可以显示更多信息，在 Linux 或 Mac 操作系统下，我们可以借助 jps 和 jstack 命令看到更多运行的细节，如下图左图显式的是用 javac 编译，并用所示 java 命令执行的界面，而下图右图显式的则是重新开启一个终端，用 jps 和 jstack 命令的结果。

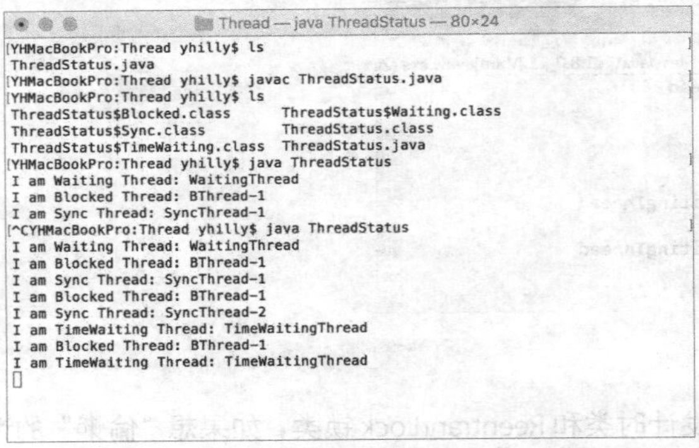

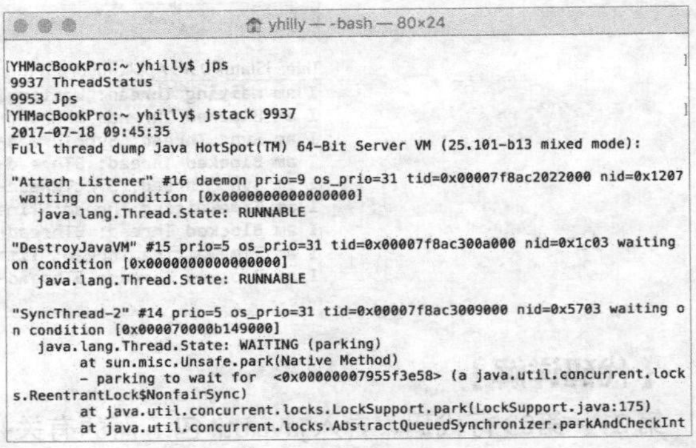

下面对图中的标号部分进行说明。

❶ 由于诸如 TimeWaiting、Waiting、Blocked 和 Sync 等线程类，都是 ThreadStatus 类的内部子类，所以编译通过后，会出现一堆带 "$" 符号的子类名称。

❷ 用 java 来解释已经编译好的类 ThreadStatus，注意此时不能用 java 来解释子类。

❸ 重新开启另外一个命令行窗口，用 jps 命令查看 Java 相关的进程状态。jps（Java Virtual Machine Process Status Tool）是一个显示当前所有 Java 进程 pid 的命令，适用于在 Linux/UNIX/Mac 平台上简单查看当前 Java 进程的一些情况。由上图可以看出，目前除了 jps 本身这个进程外，ThreadStatus 进程豁然在列，其进程号为 9937。

❹ 利用 "jstack 9937" 来跟踪编号为 9937 的 Java 进程内部运行情况。Jstack 可以用于打印出给定的 Java 进程 ID 堆栈信息（包括线程的状态、线程的调用栈及线程的当前锁住的资源等）。请读者注意，这里的 9937 是动态变化的，不同的运行环境，这个值是不同的，读者保证和自己在命令行键入 jps 得出的 Java 进程 ID 一致即可。

由上面的分析可见，线程在自身的生命周期中，并不是固定处于某个状态，而是随着程序的不断执行，在不同的状态之间进行切换。

▶ 12.4 线程操作的一些方法

在下面的章节中，我们介绍一些常用的线程处理方法。更多方法的使用细节，读者朋友可以查阅 SDK 文档获得更多线程方法的信息。

12.4.1 取得和设置线程的名称

在 Thread 类中，可以通过 getName() 方法取得线程的名称，还通过 setName() 方法设置线程的名称。线程的名称一般在启动线程前设置，但也允许为已经运行的线程设置名称。虽然也允许两个 Thread 对象有相同的名称，但为了清晰，应尽量避免这种情况的发生。如果程序并没有为线程制定名称，系统会自动为线程分配名称，此外，Thread 类中 currentThread() 也是个常用的方法，它是个静态方法，该方法的返回值是执行该方法的线程实例。

📝 **范例 12-9**   线程名称的操作（GetNameThreadDemo.java）

```
01    public class GetNameThreadDemo extends Thread{
02      public void run( ){
03        for( int i = 0; i < 3; ++i ){
04          printMsg();
05          try{
06            Thread.sleep(1000);    // 睡眠 1 秒
07          }catch( InterruptedException e ){
08            e.printStackTrace();
09          }
10        }
11      }
12
13      public void printMsg( ){
14        // 获得运行此代码的线程的引用
15        Thread  t = Thread.currentThread();
16        String name = t.getName();
17        System.out.println( "name = " + name );
18      }
```

```
19
20    public static void main( String[] args ){
21      GetNameThreadDemo t1 = new GetNameThreadDemo();
22      t1.start( );
23      for( int i = 0; i < 3; ++i ){
24        t1.printMsg();
25        try{
26          Thread.sleep(1000);    // 睡眠 1 秒
27        }catch( InterruptedException e ){
28          e.printStackTrace();
29        }
30      }
31    }
32  }
```

保存并运行程序，结果如下图所示。

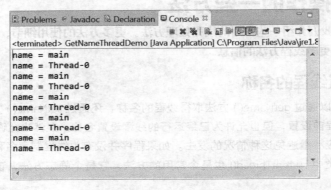

【代码详解】

第 01 行声明了一个 GetNameThreadDemo 类，此类继承自 Thread 类，之后第 02～第 11 行覆写（Override）了 Thread 类中的 run 方法。

第 13～第 18 行声明了一个 printMsg 方法，此方法用于取得当前线程的信息。第 15 行，通过 Thread 类中的 currentThread() 方法，返回一个 Thread 类的实例化对象。由于 currentThread() 是静态方法，所以它的访问方式是"类名 . 方法名"，此方法返回当前正在运行的线程及返回正在调用此方法的线程。第 16 行通过 Thread 类中的 getName() 方法，返回当前运行的线程的名称。

第 04 和第 24 行分别调用了 printMsg() 方法，但第 04 行是从多线程的 run() 方法中调用的，而第 24 行则是从 main() 方法中调用的。

为了捕获可能发生的异常，在使用线程的 sleep() 方法时，要使用 try{ } 和 catch{ } 代码块。try{ } 块内包括的是可能发生异常的代码，而 catch{ } 代码块包括的是一旦发生异常，捕获并处理这些异常的代码，其中 printStackTrace() 方法的用途是输出异常的详细信息。

有些读者可能不理解，为什么程序中输出的运行线程的名称中会有一个 main 呢？这是因为 main() 方法运行起来，本身也是一个线程，实际上在命令行中运行 java 命令时，就启动了一个 JVM 的进程，默认情况下，此进程会产生多个线程，如 main 方法线程，垃圾回收线程等。下面我们看一下如何在线程中设置线程的名称。

范例12-10　设置与获取线程名（GetSetNameThreadDemo.java）

```
01  public class GetSetNameThreadDemo implements Runnable
02  {
03    public void run()
04    {
05      Thread temp = Thread.currentThread();   // 获取执行这条语句的线程实例
06      System.out.println(" 执行这条语句的线程名字 :" + temp.getName());
07    }
08    public static void main(String[] args)
09    {
10      Thread  t = new Thread(new GetSetNameThreadDemo());
11      t.setName(" 线程 _ 范例演示 ");
12      t.start();
13    }
14  }
```

保存并运行程序，结果如下图所示。

```
Problems  Javadoc  Declaration  Console 

<terminated> GetSetNameThreadDemo [Java Application] C:\Program Files\Java\jre
执行这条语句的线程名字:线程_范例演示
```

【代码详解】

第 01 行，声明了一个 GetSetNameThreadDemo 类，它实现了 Runnable 接口，同时覆写了 Runnable 接口之中的 run() 方法（第 03 ~ 第07 行）。

在第 10 行，用 new GetSetNameThreadDemo() 创建一个 GetSetNameThreadDemo 类的无名对象，然后这个无名对象作为 Thread 类的构造方法中的参数，创建一个新的线程对象 t。

第 11 行，使用了 setName ( ) 方法，用以设置这个线程对象的名称为"线程 _ 范例演示"。

第 12 行，用 start() 方法开启了这个线程，新线程在运行状态时，会自动执行 run( ) 方法。

【范例分析】

这里，请注意区分 Thread 中的 start( ) 和 run( ) 方法的联系和不同。

（1）start( ) 方法

它的作用是启动一个新线程，有了它的调用，才能真正实现多线程运行，这时无需等待 run 方法体代码执行完毕，而是直接继续执行 start() 后面下面的代码。读者可以这样理解，start() 的调用，使得主线程"兵分两路"——创建了一个新线程，并使得这个线程进入"就绪状态"。"就绪状态"其实就是"万事俱备，只欠 CPU"。读者可参见第 12.3 节中的线程状态图。如果主线程执行完 start() 语句后，它的 CPU 时间片还没有用完，那么它就会很自然地接着运行 start() 后面的语句。

一旦新的线程获得到 CPU 时间片，就开始执行 run() 方法，这里 run() 方法称为线程体，它包含了这个线程要执行的内容，一旦 run() 方法运行结束，那么此线程随即终止。

此外，要注意 start() 不能被重复调用。例如，【范例 12-4】调用了多次 start()，除了得到一个异常中断外，并没有多创建新的线程。

（2）run( ) 方法

run() 方法只是类的一个普通方法而已，如果直接调用 run() 方法，程序中依然只有主线程这一个线程，其程序的执行路径依然只有一条，也就是说，一旦 run( ) 方法被调用，程序还要顺序执行，只有 run( ) 方法体执行完毕后，才可继续执行其后的代码，这样并没有达到多线程并发执行的目的。

由于 run( ) 方法和普通的成员方法一样，所以，很自然地，它可以被重复调用多次。每次单独调用 run( )，就会在当前线程中执行 run( )，而并不会启动新线程。

12.4.2 判断线程是否启动

在下面的程序中，我们可以通过 isAlive( ) 方法来测试线程是否已经启动而且仍然在运行。

范例12-11　判断线程是否启动（StartThreadDemo.java）

```
01    public class StartThreadDemo extends Thread{
02        public void run()    {
03            for( int i = 0; i < 5; ++i ){
04                printMsg();
05            }
06        }
07        public void printMsg()        {
08            // 获得运行此代码的线程的引用
09            Thread t = Thread.currentThread();
10            String name = t.getName();
11            System.out.println( "name = " + name );
12        }
13        public static void main( String[] args )    {
14            StartThreadDemo t = new StartThreadDemo();
15            t.setName( "test Thread" );
16            System.out.println( " 调用 start() 方法之前 , t.isAlive() = " + t.isAlive() );
17            t.start();
18            System.out.println( " 刚调用 start() 方法时 , t.isAlive() = " + t.isAlive() );
19            for( int i = 0; i < 5; ++i ){
20                t.printMsg();
21            }
22            // 下面语句的输出结果是不固定的，有时输出 false，有时输出 true
23            System.out.println( "main() 方法结束时 , t.isAlive() = " + t.isAlive() );
24        }
25    }
```

保存并运行程序，结果如下图所示。

```
Problems  Javadoc  Declaration  Console ✕
<terminated> StartThreadDemo [Java Application] C:\Program Files\Java\jre1.8.0_112\bin\
调用start()方法之前 , t.isAlive() = false
刚调用start()方法时 , t.isAlive() = true
name = main
name = main
name = main
name = main
name = main
main()方法结束时 , t.isAlive() = true
name = test Thread
name = test Thread
name = test Thread
name = test Thread
name = test Thread
```

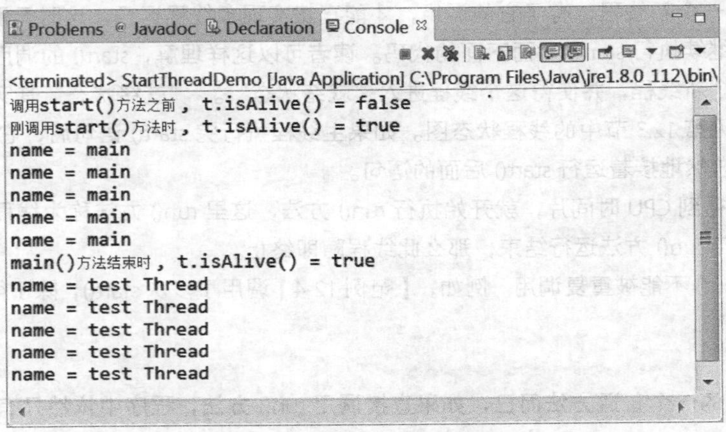

【代码详解】

在第 16 行中，在线程运行之前调用 isAlive() 方法，判断线程是否启动，但在此处并没有启动，所以返回 false。第 17 行，开启新线程。

第 18 行，在启动线程之后调用 isAlive() 方法，此时线程已经启动，所以返回 true。

第 23 行，在 main 方法快结束时调用 isAlive() 方法，此时的状态不再固定，有可能是 true，也有可能是 false。

12.4.3 守护线程与 setDaemon 方法

在 JVM 中，线程分为两类：用户线程和守护线程。用户线程也称作前台线程（一般线程）。对 Java 程序来说，只要还有一个用户线程在运行，这个进程就不会结束。

守护线程（Daemon）也称为后台线程。顾名思义，守护线程就是守护其他线程的线程，通常运行在后台，为用户程序提供一种通用服务（如后台调度、通信检测）的线程。例如，对于 JVM 来说，其中垃圾回收的线程就是一个守护线程。这类线程并不是用户线程不可或缺的部分，只是用于提供服务的"服务线程"。当线程中只剩下守护线程时，JVM 就会自动退出，反之，如果还有任何用户线程在，JVM 都不会退出。

查看 Thread 源码可以知道这么一句话：

```
private boolean daemon = false;
```

这就意味着，默认创建的线程，都属于普通的用户线程。只有调用 setDaemon(true) 之后，才能转成守护线程。下面看一下进程中只有后台线程在运行的情况。

范例12-12　setDaemon()方法的使用(ThreadDaemon.java)

```
01    public class ThreadDaemon{
02          public static void main( String args[] )
03          {
04                  ThreadTest t = new ThreadTest();
05                  Thread tt = new Thread( t );
06                  tt.setDaemon( true ); // 一定要在 start() 之前，设置为守护线程
07                  tt.start();
08                  try
09                  {        // 睡眠 10 毫秒，避免可能出现的没有输出的现象
10                          Thread.sleep( 10 );
11                  }catch( InterruptedException e ){
12                          e.printStackTrace();
13                  }
14          }
15    }
16    class ThreadTest implements Runnable{
17          public void run(){
18                  for( int i=0; true; ++i ){
19                          System.out.println( i + "  " + Thread.currentThread().getName()+ " is running." );
20                  }
21          }
22    }
```

保存并运行程序，结果如下图所示。

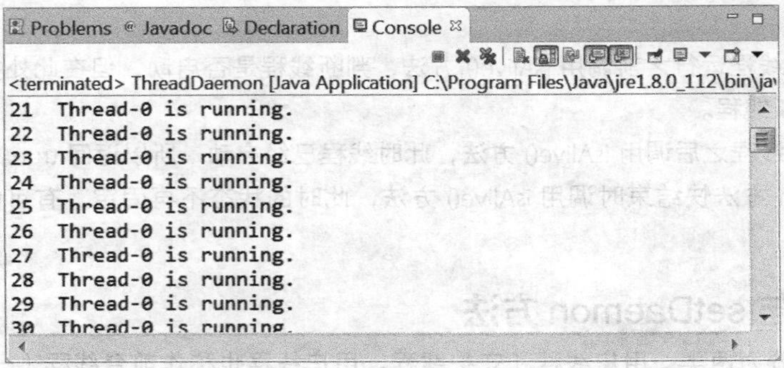

【代码详解】

第 06 行，一定要在 start( ) 之前，将线程 tt 设置为守护线程。

从程序和运行结果图中可以看到，虽然创建了一个无限循环的线程（第 18 行将 for 循环退出的条件设置为 true，即永远都满足 for 循环条件），但因为它是守护线程，当整个进程在主线程 main 结束时，没有线程需要它的"守护"，使命结束，它也就自动随之终止运行了。这验证了前面的说法：进程中在只有守护线程运行时，进程就会结束。

这里需要读者注意的是，设置某个线程为守护线程时，一定要在 start( ) 方法调用之前设置，也就是说在一个线程启动之前，设置其属性（参见代码第 06 和第 07 行）。

12.4.4　线程的联合

在 Java 中，线程控制提供了 join( ) 方法。该方法的功能是把指定的线程加入（join）到当前线程，从而实现将两个交替执行的线程，合并为顺序执行的线程。比如说，在线程 A 中调用了线程 B 的 join() 方法，线程 A 就会立刻挂起（suspend），一直等下去，直到它所联合的线程 B 执行完毕为止，A 线程才重新排队等待CPU 资源，以便恢复执行。这种策略，通常用在 main() 主线程内，用以等待其他线程完成后，再结束 main()主线程。

📝 范例12-13　　演示线程的联合运行（ThreadJoin.java）

```
01    public class ThreadJoin{
02      public static void main( String[] args ){
03        ThreadTest  t = new ThreadTest();
04        Thread  pp = new Thread( t );
05        pp.start();
06        int flag = 0;
07        for( int x = 0; x < 5; ++x ){
08          if(flag == 3 ){
09            try{
10              pp.join();        // 强制运行完 pp 线程后，再运行后面的程序
11            }
12            catch( Exception e ) // 会抛出 InterruptedException{
13              System.out.println( e.getMessage() );
14            }
15          }
16          System.out.println( "main Thread " + i );
17          flag += 1;
18        }
19      }
```

```
20      }
21    class ThreadTest implements Runnable{
22      public void run(){
23        int i = 0;
24        for( int x = 0; x < 5; ++x ){
25          try{
26            Thread.sleep( 1000 );
27          }
28          catch( InterruptedException e ){
29            e.printStackTrace();
30          }
31          System.out.println( Thread.currentThread().getName() + " ---->> " + i );
32          i += 1;
33        }
34      }
35    }
```

保存并运行程序，结果如下图所示。

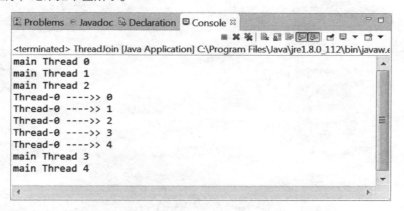

【代码详解】

本程序启动了两个线程，一个是 main 线程，另一个是 pp 线程。

在 main 线程中，如果 for 循环中的变量 flag=3，则在第 10 行调用了 pp 线程对象的 join() 方法，所以 main 线程暂停执行，直到 pp 线程执行完毕。所以输出结果和没有这句代码完全不一样。虽然 pp 线程需要运行 10 秒钟，但是它的输出结果还是在一起。也就是说 pp 线程没有运行完毕，main 线程是被挂起，不被执行的。由此可以看到，join 方法可以用来控制某一线程的运行。

【范例分析】

由此可见，pp 线程和 main 线程原本是两个交替执行的，执行 join 操作后（第 10 行），线程合并为顺序执行的线程，就好像 pp 和 main 是一个线程，也就是说 pp 线程中的代码不执行完，main 线程中的代码就只能一直等待。

查看 JDK 文档可以发现，除了无参数的 join 方法外，还有两个带参数的 join( ) 方法，分别是 join(long millis) 和 join(long millis, int nanos)，它们的作用是指定最长等待时间，前者精确到毫秒，后者精确到纳秒，意思是如果超过了指定时间，合并的线程还没有结束，就直接分开。读者可以把上面的程序修改一下，再看看程序运行的结果。

▶ 12.5 高手点拨

线程的特点

（1）同步代码块和同步方法锁的是对象，而不是代码。即如果某个对象被同步代码块或同步方法锁住了，那么其他使用该对象的代码必须等待，直到该对象的锁被释放。

（2）如果一个进程只有后台线程，则这个进程就会结束。

（3）每一个已经被创建的线程在结束之前均会处于就绪、运行、阻塞状态之一。

▶ 12.6 实战练习

编写一个多线程处理的程序，其他线程运行 10 秒后，使用 main 方法中断其他线程。

第

13 章

第

章

文件 I/O 操作

Java 提供的 I/O 操作可以把数据保存到多种类型的文件中或读取到
内存当中。本章讲解文件 I/O 操作的 File 类、各种流类、字符的编码以
及对象序列化的相关知识。

本章要点（已掌握的在方框中打钩）

☐ 掌握文件 I/O 操作的相关概念
☐ 熟悉 Java 中的各种流类
☐ 了解字符的编码

▶13.1　输入 / 输出的重要性

絶大多数的应用程序，都由三大逻辑块构成：输入数据（Input）、计算数据（Compute）和输出数据（Output）。所以，利用输入 / 输出（I/O），进行数据交换，基本上是所有程序不可或缺的功能之一。

在 Java 中，I/O 机制都是基于数据"流"方式进行输入输出。这些"数据流"可视为流动数据序列。如同水管里的水流一样，在水管的一端一点一滴地供水，而在水管的另一端看到的是一股连续不断的水流。

Java 把这些不同来源和目标的数据，统一抽象为"数据流"。当 Java 程序需要读取数据时，就会开启一个通向数据源的流，这个数据源可以是文件、内存，也可以是网络连接。而当 Java 程序需要写入数据时，也会开启一个通向目的地的流。这时，数据就可以想象为管道中"按需流动的水"。流为操作各种物理设备提供了一致的接口。通过打开操作将流关联到文件，通过关闭流操作将流和文件解除关联。

I/O 流的优势在于简单易用，缺点是效率较低。Java 的 I/O 流提供了读写数据的标准方法。Java 语言中定义了许多类专门负责各种方式的输入输出，这些类都被放在 java.io 包中。在 Java 类库中，有关 I/O 操作的内容非常庞大：有标准输入 / 输出、文件的操作、网络上的数据流、字符串流和对象流。

▶13.2　读写文本文件

13.2.1　File 文件类

尽管在 java.io 包这个大家族中，大多数类都是针对数据实施流式操作的，但 File 类是个例外，它仅仅用于处理文件和文件系统，是唯一一个与文件本身有关的操作类。也就是说，File 类没有指定数据怎样从文件读取或如何把数据存储到文件之中，它仅仅描述了文件本身的属性。

File 类定义了一些与平台无关的方法来操作文件，通过调用 File 类提供的各种方法，能够完成创建、删除文件，重命名文件，判断文件的读写权限及文件是否存在，设置和查询文件创建时间、权限等操作。File 类除了对文件操作外，还可以将目录当作文件进行处理——Java 中的目录当成 File 对象对待。

要想使用 File 类进行操作，就必须设置一个操作文件的路径。下面的 3 个构造方法都可以用来生成 File 对象。

```
File(String directoryPath)              // 创建指定文件或目录路径的 File 对象
File(String directoryPath,String filename) // 创建由 File 对象和指定文件名的 File 对象
File(File dirObj, String filename)       // 创建指定文件目录路径和文件名的 File 对象
```

在这里，"directoryPath"表示的是文件的路径名，filename 是文件名，而 dirObj 是一个指定目录的 File 对象。

Java 能正确处理 UNIX 和 Windows/DOS 约定路径分隔符。如果在 Windows 版本的 Java 下用斜线（/），路径处理依然正确。请注意：如果要在 Windows 系统下使用反斜线（\）来作为路径分隔符，则需要在字符串内使用它的转义序列（即两个反斜线"\\"）。Java 约定是用 UNIX 和 URL 风格的斜线"/"来做路径分隔符。

File 类中定义了很多获取 File 对象标准属性的方法。例如 getName( ) 用于返回文件名，getParent( ) 返回父目录名；exists( ) 方法在文件存在的情况下返回 true，反之返回 false。但 File 类的方法是不对称的，意思是说虽然存在可以验证一个简单文件对象属性的很多方法，但是没有相应的方法来改变这些属性。

下面的范例演示了 File 类的几个方法的使用。

📝 范例 13-1　　File类中方法的使用（FileDemo.java）

```
01  import java.io.File ;
02  import java.util.Date;
03  public class FileDemo
```

```
04  {
05    public static void main(String[] args)
06    {
07      File f = new File("C:\\Users\\Yuhong\\Desktop\\1.txt") ;
08      if (f.exists() == false)
09      {
10        try
11        {
12          f.createNewFile() ;
13        }
14        catch (Exception e)
15        {
16          System.out.println(e.getMessage()) ;
17        }
18      }
19      // getName() 方法，取得文件名
20      System.out.println(" 文件名: " + f.getName()) ;
21      // getPath() 方法，取得文件路径
22      System.out.println(" 文件路径: " + f.getPath()) ;
23      // getAbsolutePath() 方法，得到绝对路径名
24      System.out.println(" 绝对路径: " + f.getAbsolutePath()) ;
25      // getParent() 方法，得到父文件夹名
26      System.out.println(" 父文件夹名称: " + f.getParent()) ;
27      // exists(), 判断文件是否存在
28      System.out.println(f.exists() ? " 文件存在 " : " 文件不存在 ") ;
29      // canWrite(), 判断文件是否可写
30      System.out.println(f.canWrite() ? " 文件可写 " : " 文件不可写 ") ;
31      // canRead(), 判断文件是否可读
32      System.out.println(f.canRead() ? " 文件可读 " : " 文件不可读 ") ;
33      // / isDirectory(), 判断是否是目录
34      System.out.println(f.isDirectory() ? " 是 " : " 不是 " + " 目录 ") ;
35      // isFile(), 判断是否是文件
36      System.out.println(f.isFile() ? " 是文件 " : " 不是文件 ") ;
37      // isAbsolute(), 是否是绝对路径名称
38      System.out.println(f.isAbsolute() ? " 是绝对路径 " : " 不是绝对路径 ") ;
39      // lastModified(), 文件最后的修改时间
40      long millisec = f.lastModified();
41      // date and time
42      Date dt = new Date(millisec);
43      System.out.println(" 文件最后修改时间: " + dt ) ;
44      // length(), 文件的长度
45      System.out.println(" 文件大小: " + f.length() + " Bytes") ;
46    }
47  }
```

保存并运行程序，结果如下图所示。

【代码详解】

第 07 行，调用 File 的构造方法来创建一个 File 类对象 f。其中路径的分隔符用两个 "\\" 表示转义字符，这一句完全可用下面的语句代替：

File f = new File("c:/1.txt")；

第 08～第18 行来判断文件是否已经存在。如果不存在，则创建之，为了防止创建过程中发生意外，用了 try-catch 块来捕获异常。第 19～第47 行对文件的属性进行了操作，注释部分已经非常清楚地解释了。

需要特别注意的是，第 40 行的方法 lastModified()，它返回的是文件最后一次被修改的时间值。但这个值，并不是人类可读的（Human-readable），因为该值是用修改时间与历元（1970 年 1 月 1 日，00:00:00 GMT）的时间差来计算的（以毫秒为单位）。因此需要将该值用 Date 类加工处理一下（第 42 行）。

在 File 类中还有许多的方法，读者没有必要去死记这些用法，只要记住在需要的时候去查 Java 的 API 手册就可以了。

File 类只能对文件进行一些简单操作，如读取文件的属性、创建、删除和更名等，但并不支持文件内容的读 / 写。如果想对文件进行读写操作，就必须通过输入 / 输出流来达到这一目的。

【范例分析】

以上的程序完成了文件的基本操作，但是在本操作之中可以发现如下的问题。

问题一：在进行操作的时候出现了延迟，因为文件的管理肯定还是由操作系统完成的，那么程序通过 JVM（Java 虚拟机）与操作系统进行操作，凭空多了一层操作，所以势必会产生一定的延迟。

问题二：在 Windows 之中路径的分隔符使用 "\"，而在 Linux 中分隔符使用 "/"，而现在 Java 程序如果要想让其具备可移植性，就必须考虑分隔符的问题，所以为了解决这样的困难，在 File 类中提供了一个常量 public static final String separator。

File file = new File("c:" + File.separator + "1.txt"); // 要定义的操作文件路径

在日后的开发之中，只要遇见路径分隔符的问题，都可用 separator 常量来解决，separator 会自动根据当前运行的系统，确定使用何种路径分隔符，甚是方便。

13.2.2 文本文件的操作

在 Java 中，读入文本的方便的机制，莫过于使用 Scanner 类来完成。不过在前面的章节里，我们主要使用 Scanner 类来处理控制台的输入，比如说，使用 System.in 作为 Scanner 构建方法的参数。事实上，这种方法也可以适用于前面提及的 File 类对象。为了做到这一点，我们首先需要一个文件名（比如说 input.txt），来构造一个 File 文件对象。

File inputFile = new File("input.txt");

然后将这个文本文件当作参数，构建 Scanner 对象。

```
Scanner in = new Scanner(inputFile);
```

于是，Scanner 对象就可以把文件作为数据输入源，然后我们就可以使用 Scanner 的方法（比如说 nextInt( )，nextDouble( ) 和 next( ) 等方法）。例如，如果我们想读入 input.txt 中的所有浮点数，就可以使用如下模式。

```
while (in.hasNextDouble()) // 如果还有下一个 double 类型的值
{
    double value = in.nextDouble(); // 读入这个值
    // 处理这个数值
}
```

而对于将数据输出到一个文件中，有很多方法，其中使用 PrintWriter 类较为常见。例如：

```
PrintWriter out = new PrintWriter("output.txt");
```

这里 "output.txt" 就是这个输出文件的名称。如果这个文件已经存在，则会清空文件内容，再写入新内容。如果不存在，则创建一个名为 "output.txt" 的文件。

PrintWriter 是 PrintStream 的一个功能增强类，而 PrintStream 类，其实我们并不陌生，因为前面章节大量使用的 System.out 和 System.in 都算是这个类的对象。而我们熟悉的 print、println 和 printf 等方法，都适用于 PrintWriter 的对象，例如：

```
out.println("Hello Java!");
out.printf("value: %6.2f\n", value);
```

当我们处理完毕数据的输入和输出时，一定要记得关闭这两个对象，以免它们继续占据系统资源。

```
in.close();
out.close();
```

下面我们用一个完整的案例来说明对文本文件的操作。假设我们有一个文本文件 input.txt，其内有若干数据（说是数据，实际上是一个个以空格隔开的数字字符串），如下图所示。

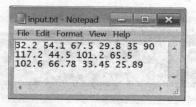

现在我们要做的工作是，将这些字符串数据以 double 类型的数据，分别读取出来，然后求这批数据的总和及平均值，并将这批数据一行一个地输出到文本文件 output.txt 当中，文件末端给出所求的总和及平均值。下面的代码示范了整个处理流程。

📝 **范例 13-2   对文本的操作（InputOutputDemo.java）**

```
01  import java.io.File;
02  import java.io.FileNotFoundException;
03  import java.io.PrintWriter;
04  import java.util.Scanner;
05  public class InputOutputDemo
```

```
06  {
07      public static void main(String[] args) throws FileNotFoundException
08      {
09          Scanner console = new Scanner(System.in);
10          System.out.print(" 输入文件名为 : ");
11          String inputFileName = console.next();
12          System.out.print(" 输出文件名为 : ");
13          String outputFileName = console.next();
14
15          // 创建 Scanner 对象和 PrintWriter 用以处理输入数据流和输出数据流
16          File inputFile = new File(inputFileName);
17          Scanner in = new Scanner(inputFile);
18          PrintWriter out = new PrintWriter(outputFileName);
19
20          int count = 0;
21          double value;
22          double total = 0.0;
23          while (in.hasNextDouble())
24          {
25              value = in.nextDouble();
26              out.printf("%6.2f\r\n", value);
27              total = total + value;
28              count++ ;
29          }
30          out.printf(" 总和为 : %8.2f\r\n", total);
31          out.printf(" 均值为 : %8.2f\r\n", total / count);
32          in.close();
33          out.close();
34      }
35  }
```

保存并运行程序，结果如下图所示。

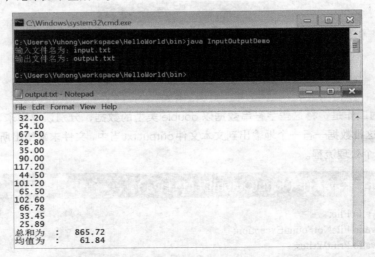

【代码详解】

第 09 行，依然用 System.in 作为 Scanner 的输入参数，代表输入的来源是键盘（控制台），这里用来读取用户的输入。

第 10 行用 Scanner 的 next() 方法，读取控制台输入的下一个字符串对象，这里表示输入文件名 inputFileName。

第 11 ~ 第12 行完成与第 09 ~ 第10 行类似的功能，读取输出的文件名。

第 16 行，创建一个文件名为 inputFileName 的文件对象 inputFile。

第 17 行，把 inputFile 作为输入对象，创建一个 Scanner 对象 in。之所以用 Scanner 创建对象，主要是 Scanner 能提供非常好用的方法，"Scanner" 本身含义就是"扫描器"，它对输入的数据进行"扫描"，或者说预处理，可以把字符串类型的数据变成数值型。比如说第 25 行的 nextDouble() 方法，就是把诸如"32.2"这个由 4 个字符构成的字符串，转换成为双精度的数值"32.20"。

第 18 行，创建了一个 PrintWriter 类对象 out。这个对象支持格式化输出，也就是使用诸如 printf() 等方法，这里"printf()"中的字符"f"，就是"format（格式）"的含义，这个方法的格式用百分号"%"加上对应的字母表示，比如"%6.2f"表示输出为浮点数，这个浮点数总宽度为 6 个字符，小数点后保留 2 位。而"%d"表示输出格式为整数。

这里特别需要注意的是，向文件输出"换行符"的操作。如果是在 Windows 操作系统，换行符是由两个不同的字符"\r\n"组成的，其中"\r"表示回到（return）行首，而"\n"表示换行（也就是回车符）。如果少了"\r"，在文件输出时，就达不到换行的目的。如果读者朋友使用的是 Windows 操作系统，可以把第 26、第 30 和第 31 行中的"\r"删除，再次运行，看看 output.txt 的输出效果是什么。

而在 Mac 操作系统里，换行符号就是一个"\n"，也就是说，在第 26、第 30 和第 31 行中仅仅用"\n"就可以完成在文件中的换行，运行结果如下图所示。相比而言，在 Linux 系统里是"\r"，请读者朋友注意这个细节，否则会困惑于为什么换行总是失败。

第 32 和第 33 行，分别关闭了 in 和 out 这两个对象，以免它们一致占据系统资源。

【范例分析】

需要说明的是，如果输入文件 input.txt 与 .class 文件不在同一个目录下，系统会抛出异常。或者在输入时，给出 input.txt 的绝对路径。

还需要注意的是，PrintWriter 类的输出对象 out，可以直接用文件名（比如说 output.txt）来构建，例如：

```
PrintWriter out = new PrintWriter("output.txt");   // 正确
```

但是用 Scanner 类构建的输入对象 in，则必须用文件 File 类的对象构建，例如，如下代码就是错误的。

```
Scanner in = new Scanner("input.txt");   // 语义错误
```

上面的代码在编译时是没有错误的，但是存在语义错误，也就是它并没有达到将一个文件名为"input.txt"当作数据输入来源的目的，而是相当于利用 in.next() 方法，简单地读入一个由"input.txt"这 9 个字符构成的字符串而已。如果想简便操作，可以创建一个 File 类的匿名对象，让这个匿名对象当作 Scanner 类的构造方法的参数，如下所示。

```
Scanner in = new Scanner(new File("input.txt"));    // 正确
```

13.2.3 字符编码问题

我们人类能识别的都是字符，所以，在输出设备上显示的或在输入设备输入的也都是人类可读的字符（比如说，英文字符'A'，中文字符的"中"，希腊字母'π'）等。但是，对于计算机来说，它能"感知"的或存储的都是一个个二进制数。这里，就存在字符和二进制数一一对应的问题。

由于历史原因，计算机最早是在美国发明并慢慢普及，当时美国人所能用到的字符，也就是现在目前普通键盘上的一些符号（比如说 A~Z，a~z，0~9 等）和少数几个特殊的符号（比如回车、换行等控制字符），如果一个字符用一个数字来表示，一个字节所能表示的数字范围内（0~255），足以容纳所有的字符，实际上表示这些字符的对应字节的最高位（bit）都为 0，也就是说这些数字都在 0 到 127 之间，如字符 a 对应数字 97，字符 b 对应数字 98 等，这种字符与数字对应的编码固定下来后，这套编码规则称为 ASCII 码（American Standard Code for Information Interchange，美国标准信息交换码），如下图所示。

字符	二进制	十进制
...	...	...
a	01100001	97
b	01100010	98
...	...	...

但随着计算机在其他国家的逐渐应用和普及，许多国家都把本地的字符集引入了计算机，这大大地扩展了计算机中字符的范围。一个字节所能表示的字符数量（仅仅 256 个字符），是远远不够的。比如说，在中文中，仅《汉语大字典》就收录 54678 个字，这还不包括一些生僻字。

每一个中文字符都由两个字节的数字来表示，这样在理论上可以表示 256×256=65536 个汉字。在这个编码机制里，原有的 ASCII 码字符的编码保持不变，仍用一个字节表示。

为了将一个中文字符与两个 ASCII 码字符区分开，中文字符的每个字节的最高位（bit）都为 1，每一个中文字符都有一个对应的数字。由于两个字节的最高位都被占用，所以两个字节所能表示的汉字数量理论数为：$2^7 \times 2^7 = 16384$（因此，有些生僻的汉字就没有被编码，从而计算机就无法显示和打印），这套编码规则称为 GBK（国标扩展码，GBK 就是"国标扩"的汉语拼音首字母），后来又在 GBK 的基础上对更多的中文字符（包括繁体）进行了编码，新的编码系统就是 GB2312，而 GBK 则是 GB2312 的子集（事实上，GB 2312 也仅仅收录 6763 个常用汉字，仅适用于简体中文字）。

使用中文的国家和地区很多，同样的一个字符，如"电子"的"子"字，在中国大陆地区的编码是十六进制的 5551，而在中国台湾地区的编码则是十六进制的 A46C，台湾地区对中文字符集的编码规则称为 BIG5（大五码），如下图所示。

字符	GB2312	BIG5
...	...	...
电（電）	2171	B971
子（子）	5551	A46C
...	...	...

在一个本地化系统中出现的一个正常可见字符，通过电子邮件传送到另外一个国家的本地化系统中，由于使用的编码机制不一样，对方看到的可能就是乱码。如果每个国家和地区都使用"各自为政"的本地化字符编码，那么就会严重制约国家和地区之间的计算机通信。

为了解决本地化字符编码带来的不便，人们很希望将全世界所有的符号进行统一编码。在 1987 年，这个编码被完成，称为 Unicode 编码。

在 Unicode 编码中，所有的字符不再区分国家和地区，都是人类共有的符号，如"中国"的"中"这个符号，在全世界的任何一个角落，始终对应的都是一个十六进制的编码"4E2D"。这样一来，在中国大陆的本地化系统中显示的"中"这个符号，发送到德国的本地化系统中，显示的仍然是"中"这个符号，至于德国人能不能认识这个符号，那就不是计算机所要解决的问题了。Unicode 编码的字符都占用两个字节的大小。Java 中的字符使用的都是 Unicode 编码，这就是 char 类型在 Java 中为什么占据两个字节的原因。

利用 Unicode 编码，在理论上，所能处理的字符个数不会超过 2^{16}（65536），很明显，这还是不够用的，但已经能处理绝大部分的常用字符。工程学不同于数学，数学追求完备性，而工程学追求实用性。Unicode 编码就是一个非常实用的工程问题。

但到目前为止，Unicode 一统天下的局面，还没有形成。因此，在相当长的一段时期内，人们看到的局面是，本地化字符编码与 Unicode 编码共存。

既然本地化字符编码与 Unicode 编码共存，那就少不了涉及两者之间的转换问题。

除了上面讲到的 GB2312/GBK 和 Unicode 编码外，常见的编码方式还有以下几种。

• ISO 8859-1 编码：国际通用编码，单一字节编码，理论上可以表示出任意文字信息，但对双字节编码的中文表示，需要转码。

• UTF-8 编 码：UTF 是 Unicode Transformation Format 的 缩 写，意 为 Unicode 转 换 格 式。它 结 合 了 ISO8859-1 和 UNICODE 编码所产生的适合于现在网络传输的编码。考虑到 Unicode 编码不兼容 ISO8859-1 编码，而且容易占用更多的空间：因为对于英文字母，Unicode 也需要两个字节来表示。因此，产生了 UTF 编码，这种编码首先兼容 ISO8859-1 编码，同时也可以用来表示所有语言的字符，但 UTF 编码是不等长编码，每 1 个字符的长度从 1 ~ 6 个字节不等。一般来说，英文字母还是用 1 个字节表示，而汉字则使用 3 个字节。此外，UTF 编码还自带了简单的校验功能。

在清楚了编码之后，就需要来解释什么叫乱码了。所谓乱码，就是"编码和解码不统一"。如果要想处理乱码，首先就需要知道在本机默认的编码是什么。通过下面的程序，来看一下到底什么是字符乱码问题。在这里使用 String 类中的 get Bytes() 方法，对字符进行编码转换。

范例 13-3   字符编码使用范例（EncodingDemo.java）

```
01   import java.io.* ;
02   public class EncodingDemo
03   {
04     public static void main(String args[]) throws Exception
05     {
06     // 在这里将字符串通过 getBytes() 方法，编码标准为 GB2312
07     byte b[] = " 大家一起来学 Java 语言 ".getBytes("GB2312") ;
08     OutputStream out = new FileOutputStream(new File("encoding.txt")) ;
09     out.write(b) ;
10     out.close() ;
11     }
12   }
```

保存并运行程序，打开 encoding.txt 文件，如下图所示。

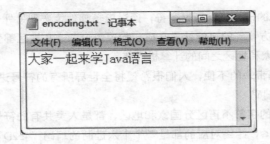

【代码详解】

第 07 行，使用 getBytes() 方法，将字符串转换成 byte 数组的时候，这里用到了 "GB2312" 编码。这里，我们再次强调一下，在 Java 中，字符串是作为一个对象存在的，所以 "大家一起来学 Java 语言" 这个字符串是一个匿名对象，所以可以通过点运算符 "."，使用 String 类的方法 getBytes()。

第 08 行，如果要通过程序把字节流输出内容到文件之中，则需要使用 OutputStream 类定义对象。这个类的构造方法，也需要一个文件类对象作为其参数，所以这里用 new File("encoding.txt") 创建一个匿名 File 对象。

看到这里，读者可能还是无法体会到字符编码问题，那么现在修改一下 EncodingDemo 程序，将字符编码转换成 ISO8859-1，形成【范例 13-4】。

📝 范例 13-4　字符编码使用范例（EncodingDemo.java）

```
01   import java.io.* ;
02   public class EncodingDemo
03   {
04     public static void main(String args[]) throws Exception
05     {
06       // 在这里将字符串通过 getBytes() 方法，编码成 ISO8859-1
07       byte b[] = " 大家一起来学 Java 语言 ".getBytes("ISO8859-1") ;
08       OutputStream out = new FileOutputStream(new File("encoding.txt")) ;
09       out.write(b) ;
10       out.close() ;
11     }
12   }
```

保存并运行程序，打开 encoding.txt，如下图所示。

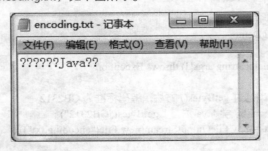

由上图可以看到，非英文部分的字符，输出结果出现了乱码，这是为什么？这就是本节要讨论的字符编码问题。之所以会产生这样的问题，是因为 ISO8859-1 编码规则属于单字节编码，所能表示的字符范围是 0～255，主要应用于西文字符系列，而对于双字节编码的汉字，当然就 "解码" 无力，因而出现中文字符乱码。

▶13.3 文本的输入和输出

　　在本小节，我们主要学习如何处理复杂文本，包括读入文本单词，读入单个字符，判断字符是不是数字、是不是字母、是不是大小写等。

13.3.1 读入文本单词

　　这里的文本单词，仅仅是指用空格隔开的字符串。为了读取这些单词，比较简便的方法就是使用 Scanner 的 next( ) 方法，它可以用来读取下一个字符串。在用这个方法前，建议用 hasNext( ) 判断一下是否还有下一个可读取的字符串，以免抛出异常。参见如下代码。

> 📝 **范例 13-5**　读取文本单词（InputWordsDemo）

```
01  import java.util.Scanner;
02  public class InputWordsDemo
03  {
04      public static void main(String[] args)
05      {
06          Scanner console = new Scanner(System.in);
07          while (in.hasNext())
08          {
09              String input = in.next();
10              System.out.println(input);
11          }
12          console.close();
13      }
14  }
```

　　保存并运行程序，再次打开 encoding.txt，如下图所示。

【代码详解】

　　第 01 行导入文件找到 Scanner 类所在的包。第 06 行用 System.in（控制台）作为数据来源。第 09 行读入下一个单词输入，第 10 行将这个单词输出。这里单词的分隔符是空格，由上图输入的参数可知，这对处理西方的文字来说，没有太大问题，但是对于中文来说，中文没有明显的分词手段（比如说，将"我爱 Java！"当作一个单词输出了），所以这种方式存在一定的局限性。

　　上面这段程序，还有一个小问题，那就是没有把紧跟单词后面的标点符号去掉，例如把"Java！"当作一个单词，其实我们仅仅想要"Java"，这时，就可以用到前面学到的正则表达式，比如说，我们可以在第 06 行之后，使用分隔符方法 useDelimiter( )。Delimiter 英文意思为分隔符；useDelimiter( ) 方法默认以空格作为分隔符的。现在我们将其修改为：

```
console.useDelimiter("[^A-Za-z]+");
```

这个语句的含义是，以所有非大小写字母组成的若干字符集（即反向字符集）作为分隔符。分词的结果，自然就不会有惊叹号了，但也把"无辜"的中文部分，当成非英文字母过滤掉了，如下图所示，请读者思考如何解决这个问题。

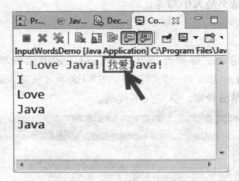

13.3.2 读入单个字符

在有些应用场景下，我们需要从文件中一次读入字符，而不是一次读入一个单词（以空格隔开的那种字符串），在这种情况下（比如说加密字符），我们该如何处理呢？这时，我们还是可以借助 useDelimiter() 方法，但是过滤参数是空字符串。

```
Scanner in = new Scanner(…);  //Scanner 中的参数对象可以是控制台，也可以是文件
in.useDelimiter("");
```

现在，我们再调用 Scanner 类的 next() 方法，返回的字符串就是仅仅包含 1 个字符的字符串。请读者注意，包含 1 个字符的字符串，它也是一个对象，也不是一个普通的字符（char）类型的普通变量，可以用点（.）运算符，使用相应的方法，比如说，charAt(0)，就表示返回这个字符串的第 0 个字符，这里的"0"，表示字符串从起始位置的偏移地址（offset），实际上，就是这个字符串的第一个字符。

```
while (in.hasNext())
{
    char ch = in.next().charAt(0);
    // 加工处理 ch 变量
}
```

13.3.3 判断字符分类的方法

当我们从控制台或从文件中读取一个字符时，我们可能会想知道某个字符串中的某个字符是哪一类字符，比如说是数字、字母，还是空白字符（WhiteSpace，即空格，TAB 和回车），是大写字母，还是小写字母。这时，我们就需要用到 Character 类中的一些静态方法，这些方法中的参数，就是一个普通的 char 类型字符，判断的结果返回一个 boolean，也就是 false 或 true。例如，

```
Character.isDigit(ch);
```

如果 ch 是数字 0～9 中间的一个，那么返回 true，否则就返回 false。这样的方法有 5 个，如下表所示。

方法名称	方法功能	返回为 true 的字符范例
isDigit(char)	判断指定的 char 值是否为数字	0, 1, 2, 3…9
isLetter(char)	判断指定的 char 值是否为字母	A, B, C, a, b, c
isUpperCase(char)	判断指定的 char 值是否为字母	A, B, C
isLowerCase(char)	判断指定的 char 值是否为字母	a, b, c
isWhiteSpace(char)	判断指定的 char 值是否为空白字符	空格，Tab 和回车

13.3.4 读入一行文本

上面我们学习了如何每次读入一个单词或一个字符，但有时我们需要一次读入一行，因为在很多文件中，一行文字才是一条完整的记录。这时，我们就需要用到 nextLine() 方法了，例如，

```
String line = in.nextLine(); // 这里的 in 表示事先定义好的处理控制台或文件输入的对象
```

为了确保每次都能读入一行，建议用 hasNextLine() 提前判断一下。当还能读入一行或多行字符时 hasNextLine() 方法返回 true，否则为 false，如下所示。

```
while (in.hasNextLine())
{
    String line = nextLine();
    // 处理这一行
}
```

假设某个文本文件中包含了某只股票的信息，如下所示。

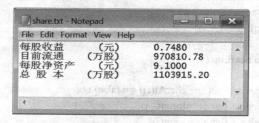

由于每一行的股票信息都不止一个单词（粗略空格分开），比如第一行的"每股收益　　（元）"，为了使文本对齐，这中间就包括很多空格，之后才是相应的数字信息。现在问题是，如何把这些数字提取出来呢？这时我们就用上一个小节表格中提及的方法找到第一个字符，代码如下。

```
int i = 0;
while (Character.isDigit(line.charAt(i)) == false)
{
    i++;
}
```

在找到这个数字的真实位置后，我们就可以用处理字符串的方法来处理了，如下。

```
String shareName = line.substring(0, i); // 从 0 到 i（包括 i）的子字符串为股票信息
String shareValue = line.substring(i); // 从 i 开始到字符串结束的子字符串为股票信息的值
```

我们可以看到，股票的分项信息和它的值之间，有若干空白字符（即空格、Tab 或回车），这个时候，我们就可以利用 trim() 方法，把一个字符串的前面或最后面的空白字符"剪掉"。

```
shareName = shareName.trim();
```

```
shareValue = shareValue.trim();
```

13.3.5 将字符转换为数字

我们注意到，前面提及的 shareValue，即使它的值抽取出来，例如"0.7480"，实际上还是一个长度为 6 的字符串，这是不能进行运算的。所以，我们需要把字符串转换为一个对应的数值（比如说 double 类型的值）。这时，在前面学习到的基本数据类型的包装类 Integer、Double 和 Float 等，就派上了用场。

使用 Integer.parseInt() 方法，就可以分析输入的字符是不是整型，如果是，就转换为对应的数值，例如，

```
int  aIntValue = Integer.parseInt("123");// 将字符串 "123" 转换为整数 123
double  shareValue =Double.parseDouble("0.7480"); // 将字符串 "0.7480" 转换为浮点数 0.748
```

综合前面讲解的知识点，下面给出一个综合的应用范例。

范例 13-6　分析读入文本文件的每一行（InputLineDemo.java）

```java
01  import java.io.File;
02  import java.io.FileNotFoundException;
03  import java.util.Scanner;
04  public class InputLineDemo
05  {
06    public static void main(String[] args) throws FileNotFoundException
07    {
08      File inputFile = new File("share.txt");
09      Scanner in = new Scanner(inputFile);
10
11      while (in.hasNextLine())
12      {
13        String line = in.nextLine();
14        int i = 0;
15        while (Character.isDigit(line.charAt(i)) == false) i++;
16        String shareName = line.substring(0, i);
17        String shareValue = line.substring(i);
18        shareName = shareName.trim();
19        shareValue = shareValue.trim();
20        double  share =Double.parseDouble(shareValue);
21        System.out.printf("%s\t:\t%-10.4f\n", shareName, share);
22      }
23      in.close();
24    }
25  }
```

保存并运行程序，结果如下图所示。

```
Problems · Javadoc · Declaration · Console ☒
<terminated> InputLineDemo [Java Application] C:\Program Files\Java\jre1.8.0_112\
每股收益 （元）     :      0.7480
目前流通 （万股）   :      970810.7800
每股净资产 （元）   :      9.1000
总股本 （万股）     :      1103915.2000
```

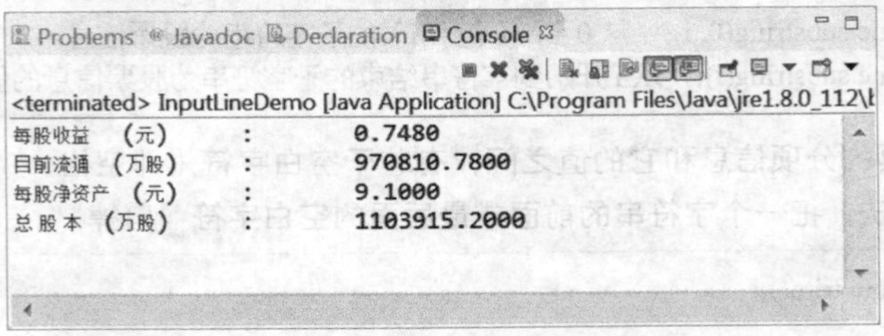

【代码详解】

由于大部分知识点，前面已经提及，不再赘言。这里需要读者注意的是第 21 行，System.out 对象中的 printf() 方法，其用法完全等同于在 C 语言中的 printf() 用法。其中，作为格式化输出的指示符 "-10.4f"，"f" 表示浮点数，"10.4" 表示输出的总宽度（包括整数、小数和小数点）为 10，其中小数点后保留 4 位，"-" 表示左对齐（默认是右对齐的）。

▶ 13.4 命令行参数的使用

13.4.1 System 类对 I/O 的支持

为了支持标准输入输出设备，Java 定义了 3 个特殊的流对象常量。

·错误输出：public static final PrintStream err。
·系统输出：public static final PrintStream out。
·系统输入：public static final InputStream in。

System.in 通常对应键盘，属于 InputStream 类型，程序使用 System.in 可以读取从键盘上输入的数据。System.out 通常对应显示器，属于 PrintStream 类型，PrintStream 是 OutputStream 的一个子类，程序使用 System.out 可以将数据输出到显示器上。键盘可以被当做一个特殊的输入流，显示器可以被当做一个特殊的输出流。System.err 则是专门用于输出系统错误的对象，它可视为特殊的 System.out。

按照 Java 原本的设计，System.err 输出的错误是不希望用户看见的，而 System.out 的输出是希望用户看见的。

观察下面的程序段。

```
01  public class SystemTest
02  {
03    public static void main(String[] args) throws Exception {
04      try {
05        Integer.parseInt("abc");
06      } catch (Exception e) {
07        System.err.println(e);
08        System.out.println(e);
09      }
10    }
11  }
```

【代码分析】

由于第 05 行，"abc" 是一个字符串，不是 Integer.parseInt() 方法的合法参数，因此会抛出异常，第 06 行则是捕获这个异常，第 07 和第 08 行则是输出这两个异常信息，用 Eclipse 调试，得到如下所示的调试结果图，从下图中可以发现，第 07 和第 08 行输出的结果是一样的。

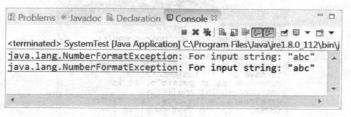

13.4.2 Java 命令行参数解析

根据操作系统和 Java 部署环境的不同，运行 Java 程序有多种方法。有双击图标的方法启动程序，也有利用命令行运行程序。在后一种方法中（特别是在类 UNIX 系统中），不可避免地要利用命令行输入一些用户指定的参数，这时，如何解析用户的参数，就不可避免了。例如，

java ProgramClass -v input.txt

这里，java 就是解释器，不能算是 Java 参数的一部分。ProgramClass 就是编译好的字节码（也就是 .class 文件，但在运行时，不能带 .class），"-v" 代表可选项，是这个程序的第 1 个参数，"input.txt" 是第 2 个参数。

从控制台输入这些参数时，由程序的哪部分来接收它们呢？这就离不开我们常见的一句代码。

public static void main(String[] args)

这些参数都分别存在 main 方法中的字符串数组 args 中。我们知道，args 作为数组，它的下标（也可以说是偏移量）是从 0 开始的，所以上述参数的存储布局为：

args[0]:"-v"
args[1]:"input.txt"

下面，我们考虑一下一个应用场景，2000 年的凯撒大帝，首次发明了密码，用于军队的消息传递。消息加密的办法是：对消息明文中的所有字母都在字母表上向后（或向前）按照一个固定数目（用变量 n 表示）进行偏移后，被替换成密文。例如，当偏移量是 n=3 的时候，所有的字母 A 将被替换成 D，B 变成 E，以此类推 X 将变成 A，Y 变成 B，Z 变成 C。解密过程，就是加密过程的反操作。由此可见，位数 n 就是恺撒密码加密和解密的密钥。

我们现在的任务就是，利用 Java 完成恺撒密码的加密和解密。这个程序有如下几个命令行参数。

-d: 如果有这个可选项，表示启动解密（decryption），否则就是加密。

输入文件名。

输出文件名。

比如说：

java CaesarCode input.txt encrypt.txt

表示加密 input.txt 中的信息，并将加密结果输出到 encrypt.txt 文件中。

java CaesarCode -d encrypt.txt output.txt

表示将加密 encrypt.txt 中的信息解密出来并存放于 output.txt。假设需要加密的数据文本如下图所示。

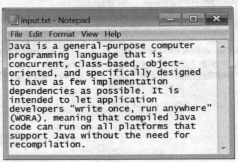

下面就是这个文本文件的加密和解密程序，加密和解密与否，取决于是否有 "-d" 选项。

范例 13-7   命令行参数的使用（CaesarCode.java）

```
01   import java.io.File;
02   import java.io.FileNotFoundException;
03   import java.io.PrintWriter;
04   import java.util.Scanner;
05   public class CaesarCode
06   {
07     public static void main(String[] args) throws FileNotFoundException
08     {
09       final int DEFAULT_KEY = 3;
10       int key = DEFAULT_KEY;
11       String inFile = "";
12       String outFile = "";
13       int files = 0;
14       for(String arg : args)
15       {
16         if(arg.charAt(0) == '-') {        // 命令行可选项判断
17           if(arg.charAt(1) == 'd') {
18             key = -key;
19           } else {
20             usage();
21             return;
22           }
23         } else {
24           files++;
25           if(files == 1){
26             inFile = arg;
27           } else if(files == 2) {
28             outFile = arg;
29           }
30         }
31       }
32       if(files == 1){
33         // 当只输入源文件参数时，自动生成默认输出文件名
34         String[] strs = inFile.split("\\.");          // 分割字符设置为扩展名之前的 "."，但 "." 之前需要
加 "\\"，否则系统理解为任意字符
35         if(strs.length == 1){
36           outFile = strs[0] + "_Caesar";
37         } else {
38           outFile = strs[0] + "_Caesar." + strs[1];
39         }
40       }
41       else if(files == 0) {
42         usage();
43         return;
44       }
45       Scanner in = new Scanner(new File(inFile));
46       in.useDelimiter("");  // 需要处理每一个字符，所以分隔符用空字符
47       PrintWriter out = new PrintWriter(outFile);
48       while(in.hasNext())
```

```
49        {
50            char from = in.next().charAt(0);
51            char to = encrypt(from, key);
52            out.print(to);
53        }
54        in.close();
55        out.close();
56    }
57
58    public static char encrypt(char ch, int key)
59    {
60        int base = 0;
61        if('A' <= ch && ch <= 'Z'){
62            base = 'A';
63        }
64        else if('a' <= ch && ch <= 'z'){
65            base = 'a';
66        } else {
67            return ch;
68        }
69        int offset = ch - base + key;
70        final int LETTERS = 26;
71        if(offset > LETTERS){
72            offset = offset - LETTERS;
73        }
74        else if(offset < 0)
75        {
76            offset = offset + LETTERS;
77        }
78        return (char) (base + offset);
79    }
80
81    public static void usage()
82    {
83        System.out.println("Usage: java CaesarCode [-d] infile outfile");
84    }
85 }
```

保存并运行程序，结果如下图所示。

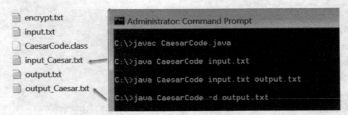

加密与解密的文件如下图所示。

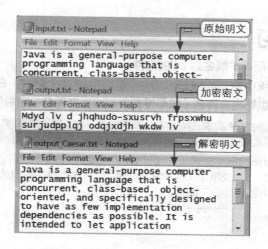

【代码详解】

第 09 行，设定加密和解密的偏移量为 3。

第 14 ~ 第 44 行，对命令行参数进行分析。其中第 17 行，读取第一个参数（事实上是 arg[0]）第 1 个字符（从 0 计数），看是否为字母 "d"，如果是，则说明是解密程序（key = -key），如果不是，这说明是加密程序。

第 32 ~ 第 40 行，如果命令行文件个数仅为 1 个，就用扩展名分隔符 "." 分隔输入文件名，提取扩展名前面的子字符串，这里 "." 之前需要加两个反斜杠 "//"，否则系统会理解为任意字符，然后确定的默认的输出文件名为：原文件名 _Caesar.txt。如果为 2 个，那么就采纳用户指定的文件名。

第 58 ~ 第 79 行，定义了一个加密 encrypt() 方法，采用凯撒循环移位加密，由于加密和解密的密钥是一样的，所以可以共用一个程序。

▶ 13.5 高手点拨

1. 使用缓冲流的作用

使用字节流对磁盘上的文件进行操作的时候，是按字节把文件从磁盘中读取到程序中来，或者是从程序写入到磁盘中。相比操作内存而言，操作磁盘的速度要慢很多。因此，我们可以考虑先把文件从硬盘读到内存里面，把它缓存起来，然后再使用一个缓冲流对内存里面的数据进行操作，这样就可以提高文件的读写速度。读者朋友可以同时比较 InputStream 与 BufferedInputStream 它们在速度上的差异，从而深入理解缓冲流的优势所在。此外，对文件的操作完成以后，不要忘了关闭流，否则会产生一些不可预测的问题。

2. 字节流和字符流的区别是什么？（面试题）

对于现在相同的功能发现有两组操作类可以使用，那么在开发之中到底该使用哪种会更好呢？

关于字节流和字符流的选择，没有一个明确的定义要求，但是有如下的选择参考。

- Java 最早提供的实际上只有字节流，而在 JDK 1.1 之后才增加了字符流。
- 字符数据可以方便诸如中文的双字节编码处理。
- 在网络传输或数据保存时，数据操作单位都是字节，而不是字符。
- 字节流和字符流在操作形式上都是类似的，只要掌握某一种数据流的处理方法，另外一种数据流的处理方式是类似的。
- 字节流操作时没有使用到缓冲区，但字符流操作时需要缓冲区。字符流会在关闭时，默认清空缓冲区。如果没有关闭，用户可用 flush() 方法手工清空缓冲区。

在开发之中，尽量使用字节流进行操作，因为字节流可以处理图片、音乐、文字，也可以方便地进行传输或者是文字的编码转换。如果在处理中文的时候可考虑字符流。

▶13.6 实战练习

1. 递归列出指定目录下的所有扩展名为 txt 的文件。

2. 模拟 Windows 操作系统中的 copy（Linux/Mac 系统中的 cp）命令，在命令行模式，实现文件复制，允许用户不提供输出文件名（如果没有复制输出文件名，则提供默认的文件名）。

> **目提示**
>
> 利用字节数组 byte[]、BufferedInputStream 和 BufferedOutputStream 两个缓冲区的输入或输出类，先从一个文件中读取，再写进另一个文件，完成单个文件的复制。例如，可复制图片、文本文件，复制后打开文件，对比两个文件是否内容一致，从而判断程序的正确性。

第

14

章

GUI 编程

本章讲解 Java 中的图形化编程，包含组件、容器、事件处理。Java
提供了功能强大的类包 awt 和 swing，它们为构建绚丽多彩的图形界面，
提供了强有力的支持，使人们能用简单的几行代码完成复杂的构图。

本章要点（已掌握的在方框中打钩）

☐ 掌握常用 awt 组件的使用
☐ 掌握 awt 事件处理机制
☐ 掌握 Graphics 类提供的基本绘图方法
☐ 掌握 swing 常用控件

▶14.1 GUI 概述

GUI（Graphics User Interface），是指使用图形方式显示的计算机操作用户界面，是计算机与其使用者之间的对话接口，是计算机系统的重要组成部分。

相比较而言，前些章节的程序都是基于控制台的。在早期，计算机给用户提供的都是单调、枯燥、出自控制台的"命令行界面（Command Line Interface，CLI）"。CLI 是在 GUI 得到普及之前，使用最为广泛的用户界面之一，它通常不支持鼠标，用户通过键盘输入指令，计算机接收到指令后，予以执行。

后来，取而代之的是通过窗口、菜单、按键等方式来进行更为方便地操作。20 世纪 70 年代，施乐帕罗奥多研究中心（Xerox Palo Alto Research Center，PARC）的研究人员，开发了第一个 GUI 图形用户界面，开启了计算机 GUI 的新纪元。在这之后，操作系统的界面设计经历了众多变迁，OS/2、Macintosh、Windows、Linux、Mac OS、Android、iOS 等各种操作系统，逐步将 GUI 的设计带进新时代。

现如今，在各个领域，都可以看到 GUI 的身影，如电脑操作平台、智能移动 App、游戏产品、智能家居、车载娱乐系统等。

▶14.2 GUI 与 AWT

在设计之初，Java 就非常重视 GUI 的实现。在 JDK 1.0 发布时，Sun 公司就提供了一个基本的 GUI 类库，希望这个 GUI 类库可在所有操作系统平台下都能运行，这套基本类库被称为"抽象窗口工具集（Abstract Window Toolkit，AWT）"，它为 Java 应用程序提供了基本的图形组件。

java.awt 包中提供了 GUI 设计所用的类和接口，下图描述了主要类库之间的关系。

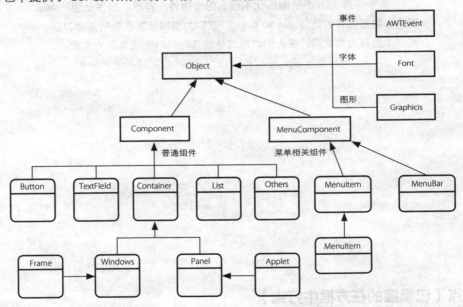

学习 GUI 编程，重点是学习掌握 Component 类的一些重要的子类，如 Button，Canvas，Dialog，Frame，Label，Panel，TextArea 等。下面是 GUI 开发的常用流程。

（1）Java 把 Component 类的子类或间接子类创建的对象，构成一个个组件。

（2）Java 把 Container 的子类或间接子类创建的对象，构成一个个容器。

（3）向容器添加组件。Container 类提供了一个 public 方法 add()，一个容器可以调用这个方法，将组件添加到该容器中。

（4）容器调用 remove（component c）方法移除置顶组件。也可以调用 removeAll() 方法，将容器中的全部组件移除。

（5）容器本身也是一个组件，因此可以把一个容器添加到另一个容器来实现容器嵌套。

接下来，介绍容器以及一些常用的组件，通过一些小例子、小项目，让大家对 GUI 编程有一定的认识，让 Java 程序真正绚丽多彩起来。

▶ 14.3　AWT 容器

首先介绍 **AWT** 中的容器，因为容器是放置组件的场所，是图形化用户界面的基础，没有它，各个组件就像一团散沙，无法呈现在用户面前，所以明白容器的创建与使用至关重要。

实际上，GUI 编程并不复杂，它有点类似于小朋友们爱玩的拼图游戏。容器就相当于拼图用的母版，其他普通组件，如 Button（按钮）、List（下拉列表）、Label（标签）、文本框等，就相当于形形色色的拼图小模块，创建图形用户界面的过程就是完成一幅拼图的过程。

AWT 主要提供了两种容器。

（1）Window（窗口）：可作为独立存在的顶级窗口。

（2）Panel（面板）：可作为容器容纳其他组件，但本身不能独立存在，必须被添加到其他容器之中，例如 Window、Panel 或 Applet（Java 小程序）。

下图显示了 AWT 容器的继承关系。其中，Frame、Dialog、Panel 及 ScrollPanel 等容器较为常用。Applet 是嵌套于网页的 Java 小程序，曾风靡一时，但其运行耗时、耗流量，随着移动互联网时代的来临，它便逐步淡出历史舞台。

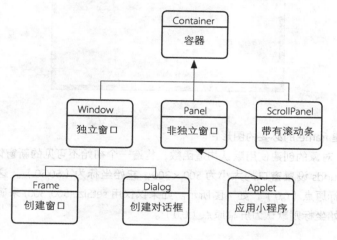

14.3.1 ▶ Frame 窗口

一个基于 GUI 的应用程序，应当提供一个能和操作系统直接交互的容器，该容器可以直接显示在操作系统所控制的平台上，比如显示器上。这样的容器，在 GUI 设计中属于非常重要的底层容器。

Frame 就是一个这样的底层容器，也就是我们通常所说的窗口，其他组件只有添加到底层容器中，才能方便地和操作系统进行交互。从前面的继承关系图可知，Frame 是 Window 类的子类，它具有如下几个特征。

（1）Frame 对象有标题，标题可在代码中用 setTitle() 设置，允许用户通过拖拉来改变窗口的位置、大小。

（2）Frame 窗口默认模式是不可见的，必须显式地通过 setVisible(true)，使其显示出来。

（3）默认情况下，使用 BorderLayout 作为它的布局管理器。

下面举例说明 Frame 的用法。

范例 14-1　创建一个Frame窗口（TestFrame.java）

```
01  import java.awt.Frame;
02  public class TestFrame
03  {
04      public static void main(String[] args)
05      {
06          Frame frame = new Frame();
07          //frame.setSize(500, 300);
08          frame.setBounds(50,50, 500,300);
09          frame.setTitle("Hello Java GUI");
10          frame.setVisible(true);
11      }
12  }
```

保存并运行程序，Windows 操作系统下运行结果如下图所示。

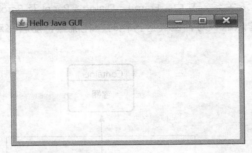

【代码详解】

第 01 行，导入创建 frame 的必要的图形包。

第 06 行，为 frame 对象的创建使用默认构造函数，构造一个初始不可见的新窗体。

第 08 行，用 setBounds 设置窗口的大小为 500×300，起始坐标为（50,50）。这里需要说明的是，通常是以屏幕的左上角为坐标原点（0,0），如下图所示。如果仅仅用 setSize(500, 300) 来确定窗口大小的话（第 07 行），那么该窗口的起始坐标则默认为屏幕原点（0,0）。

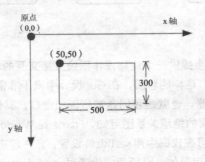

第 09 行，设置窗口的标题为"Hello Java GUI"。

第 10 行，设置窗口可见。

若将本范例在 Mac 和 Linux 下运行，从下图可以看出，在不同平台下运行，窗口的样式并不相同（包括窗口标题是居左还是居中，关闭窗口的"×"是居左还是居右等）。因为在 AWT 运行过程中，实际上调用的是所在操作系统平台的图形系统，因此，才会出现不同的窗口类型。

Mac 下运行结果

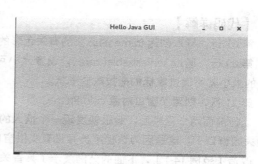

Linux 下运行结果

从本范例可以看出，第一个 Java 窗口创建只需简单地调用 java.awt.Frame 包。强大的 Java 已经编写好了复杂的创建窗口的方法，并可运行在不同平台上，而程序员要做的仅仅是调用它。有了 Frame，就可以在其上面自由发挥，将软件交互界面——实现。

如果 Java 提供的 Frame 不能满足需求，那么可以使用继承的方式，通过复用 Frame 中的方法或覆写部分方法创建窗口。下面的范例就是演示简单的继承模式。

📋 **范例 14-2**　　能设置背景色的窗口（TestFrameColor.java）

```java
01  import java.awt.Color;
02  import java.awt.Frame;
03  class TestFrameColor extends Frame
04  {
05    public TestFrameColor() {
06    // 设置标题
07    this.setTitle( "Hello Java GUI" );
08    // 设置大小可更改
09    this.setResizable( true );
10    // 设置大小
11    this.setSize(300,200);
12    // 设置大小及窗口顶点位置
13    this.setBounds(50,50,500,300);
14    // 设置背景颜色为绿色
15    this.setBackground(Color.green);
16    // 显示窗口
17    this.setVisible(true);
18    }
19    public static void main(String[] args)
20    {
21      TestFrameColor colorFrame = new TestFrameColor();
22    }
23  }
```

保存并运行程序，运行结果如下图所示。

【代码详解】

第 01 行，导入创建 frame 的必要的有关色彩的包，用于和第 15 行配合，设置窗口的背景色。

第 09 行，通过 setResizable(true)，设置大小可更改。如果将其中的参数由"true"改为"false"，那么窗口的大小就不通过鼠标的拖拉改变形状。

第 21 行，创建了窗口对象 colorFrame。

运行前面两个程序后，会很快发现一个恼人的问题——创建的窗口无法关闭（单击窗口上的"×"，并不能关闭窗口）。这是因为该程序员并没有提供窗口关闭功能的代码。

改造【范例 14-1】，下面的范例演示了具备关闭功能的窗口。

范例 14-3　能关闭的窗口

```java
01  import java.awt.Frame;
02  import java.awt.event.WindowAdapter;
03  import java.awt.event.WindowEvent;
04  public class CloseFrame
05  {
06    public static void main(String[] args)
07    {
08      Frame frame = new Frame();
09      frame.setSize(500, 300);
10      frame.setTitle("Hello Java GUI");
11      frame.addWindowListener(new WindowAdapter( )
12        {
13          public void windowClosing(WindowEvent e)
14          {
15            System.exit(0);
16          }
17        });
18      frame.setVisible(true);
19    }
20  }
```

保存并运行程序，运行结果如下图所示。

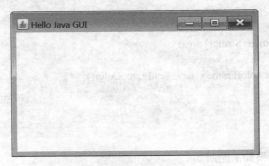

【代码详解】

本例运行的结果，与【范例 14-1】没有区别，但本例运行出来的窗口，单击关闭标识"×"，可以正常关闭程序。相比于【范例 14-1】，代码的区别在于，第 02 ~ 第 03 行，增加了 AWT 的事件处理 awt.event. WindowAdapter，这是接收窗口事件的抽象适配器类。此类存在的目的是方便创建侦听器对象。

使用扩展的类可以创建侦听器对象，然后使用窗口的 addWindowListener ( ) 方法向该窗口注册侦听器（第 11 行）。当通过打开、关闭、激活或停用、图标化或取消图标化而改变了窗口状态时，将调用该侦听器对象中的相关方法，并将 WindowEvent 传递给该方法。

第 12 ~ 第 17 行，实际上是定义了一个内部类 WindowAdapter，类中定义了一个对窗口关闭事件的处理方法 windowClosing ( )。

在第 15 行中，System 是一个 Java 类（常用的 out.println ( ) 就是来自这个类），调用 exit(0) 方法，表明要终止虚拟机，也就是退出正在运行的 Java 程序，括号里面的参数 0，是进程结束的返回值。

14.3.2 Panel 面板

Panel 也称为面板，它是 AWT 中的另一种常用的经典容器。与 Frame 不同的是，它是透明的，既没标题，也没边框。同时它不能作为外层容器单独存在，必须作为一个组件放置到其他容器中。

Panel 容器存在的主要意义，就是为其他组件提供空间，默认使用 FlowLayout 作为其布局管理器。下面的范例使用 Panel 作为容器来装一个按钮和一个文本框。

范例 14-4　创建一个包含文本框和按钮的Panel面板（TestPanel.java）

```
01  import java.awt.Frame;
02  import java.awt.Panel;
03  import java.awt.Button;
04  import java.awt.TextField;
05
06  public class TestPanel
07  {
08      public static void main(String[] args)
09      {
10          Frame frame = new Frame("Hello Java GUI");
11          Panel panel = new Panel();
12          // 向 Panel 中添加文本框和按钮
13          panel.add(new TextField(20));
14          panel.add(new Button("Click me!"));
15          // 将 Panel 添加到 Frame 中
16          frame.add(panel);
17          frame.setBounds(50, 50, 400, 200);
18          frame.setVisible(true);
19      }
20  }
```

保存并运行程序，结果如下图所示。

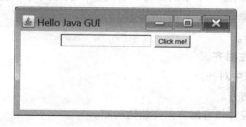

【代码详解】

第 01 ～ 第04 行，分别导入 Frame、Panel、按钮和文本框所在包。

第 11 行，使用默认构造方法创建 Panel 对象 panel。

第 13 ～ 第14 行，利用 add( ) 方法，向容器 panel 中添加两个对象：文本框（第 13 行）和标题为 "Click me！" 的按钮（第 14 行）。

由于 panel 作为容器不能独立存在，还需要把这个容器添加到能独立存在的窗口 Frame 中（第 16 行）。

第 17 行，设置 Frame 的起始坐标和长度、宽度。

第 18 行，让 Frame 可见（在默认情况下，Frame 对象是不可见的）。

14.3.3 布局管理器

通过【范例 14-1】在不同平台上的运行结果得知，跨平台运行时，Java 程序的界面样式也会有微妙的变化，那么当一个窗体中既有文本控件，又有标签控件，还有按钮等，我们该如何控制它们在窗体中的排列顺序和位置呢？ Java 的设计者们早已为我们准备了布局管理器这个工具，来帮助我们处理这个看似简单而又棘手的问题。

为什么说布局管理比较棘手呢？下面我们举例说明，假设我们通过下面的语句定义了一个标签（Label）。

```
Label MyLabel = new Label("Hello, GUI!");
```

为了让 Label 的宽度能刚刚好容纳 "Hello, GUI!"，可能需要程序员折腾一番。比如说在 Windows 操作系统下，MyLabel 的最佳尺寸长度可能为 60×20（单位：像素），可是同样的程序切换到 Mac 操作系统下，这个最佳尺寸可能就是 55×18，如此一来，Java 的宽平台特性就会大打折扣，因为程序员除了要确保功能在不同的平台上一致，还要费时费力地调整运行窗口的各个组件的大小、所在容器的位置。

各个组件的最佳尺寸，与 Java 应用程序运行在何种平台上，深度耦合。如何免除程序员的这种低效的工作呢？ Java 就提供了布局管理器来代替程序员完成类似的工作。

Java 提供了 FlowLayout、BorderLayout、CardLayout、GridLayout、GridBagLayout 等 5 个常用的布局管理器。下面，我们就从开发过程经常用到的 FlowLayout 开始，讨论布局管理器的用法。

01 FlowLayout（流式布局）

FlowLayout（流式布局）是 Panel 的默认布局管理方式。在流式布局中，组件按从左到右而后从上到下的顺序，如流水一般，碰到障碍（边界）就折回，重头排序，简单来说，一行放不下，则折到下一行。

其实，在我们撰写文档时，用到的就是流式布局。它把每个字符当作一个组件，当一行写不下时，文档编辑器就会自动换行。所不同的是，文档排列的是文字，而在 AWT 中，排列的是组件。

FlowLayout 有如下 3 个构造方法。

（1）FlowLayout( )：创建一个新的流布局管理器，该布局默认是居中对齐的，默认的水平和垂直间隙是 5 个像素。

（2）FlowLayout(int align)：创建一个新的流布局管理器，该布局可以通过参数 align 指定的对齐方式，默认的水平和垂直间隙是 5 个像素。

align 参数值及含义如下所示。

0 或 FlowLayout.LEFT，控件左对齐。

1 或 FlowLayout.CENTER ，居中对齐。

2 或 FlowLayout.RIGHT ，右对齐。

3 或 FlowLayout.LEADING，控件与容器方向开始边对应。

4 或 FlowLayout.TRAILING，控件与容器方向结束边对应。

如果是 0、1、2、3、4 之外的整数，则为左对齐。

（3）FlowLayout(int align,int hgap,int vgap)：创建一个新的流布局管理器，布局具有指定的对齐方式以及指定的水平和垂直间隙。

　　需要注意的是，当容器的大小发生变化时，用 FlowLayout 管理的组件大小是不会发生变化的，但是其相对位置会发生变化，请参见如下范例。

📝 范例 14-5　使用流式布局管理器设置组件布局（FlowLayoutDemo.java）

```java
01  import java.awt.Frame;
02  import java.awt.Button;
03  import java.awt.FlowLayout;
04  public class FlowLayoutDemo
05  {
06    public static void main(String[] args) {
07      Frame FlowoutWindow = new Frame();
08      FlowoutWindow.setTitle(" 流式布局 ");
09      FlowoutWindow.setLayout(new FlowLayout(FlowLayout.LEFT, 20, 5));
10      for (int count = 0 ; count < 11; count++)
11      {
12        FlowoutWindow.add (new Button(" 按钮 " + count));
13      }
14      // 依据放置的组件设定窗口的大小，使之正好能容纳放置的所有组件
15      FlowoutWindow.pack();
16      FlowoutWindow.setVisible(true);
17    }
18  }
```

保存并运行程序，结果如下图所示。

不用重新运行程序，用鼠标改变窗口的边界大小时，窗口内的组件会随之变化，如下图所示。

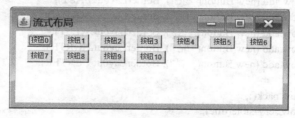

【代码详解】

第 03 行，导入流式布局管理的包。

第 10 ~ 第 13 行，用 for 循环在窗口中添加 11 个按钮。其中第 12 行，设置布局管理器的格式：左对齐。

值得注意的是第 15 行，使用了 pack() 方法，该方法依据放置的组件设定窗口的大小，自动调整窗口大小，使之正好能容纳放置的所有组件。在编写 Java 的 GUI 程序时，通常我们很少直接设置窗口的大小，而是通过 pack() 方法，将窗口大小自动调整到最佳配置。

02 BorderLayout（边界布局）

BorderLayout（边界布局）是 Frame 窗口的默认布局管理方式，它将版面划分成东（EAST）、西（WEST）、南（SOUTH）、北（NORTH）、中（CENTER）等 5 个区域，将添加的组件按指定位置放置，常用的 5 个布局静态变量是：

BorderLayout.EAST
BorderLayout.WEST
BorderLayout.SOUTH
BorderLayout.NORTH
BorderLayout.CENTER

使用边界布局时，需要注意以下几点。

（1）当向这 5 个布局部分添加组件时，必须明确指定要添加到这 5 个布局的哪个部分。这 5 个部分不必全部使用，如果没有指定布局部分，则采用中间布局。

（2）在中间部分的组件会自动调节大小（在其他部位则没有这个效果）。

（3）如果向同一个布局部分添加多个组件时，后面放入的组件会覆盖前面放入的组件。

（4）Frame、Dialog 和 ScrollPane 窗口，默认使用的都是边界布局。

边界布局有两个构造方法。

（1）BorderLayout(): 构造一个组件之间没有间距（默认间距为 0 像素）的新边框布局。

（2）BorderLayout(int hgap, int vgap)：构造一个具有指定组件（hgap 为横向间距，vgap 为纵向间距）间距的边框布局。

范例 14-6　使用边界布局管理器设置组件布局（BorderLayoutDemo.java）

```
01  import java.awt.Frame;
02  import java.awt.BorderLayout;
03  import java.awt.Button;
04  public class BorderLayoutDemo
05  {
06      public static void main(String[] args)
07      {
08          Frame BorderWindow = new Frame();
09          BorderWindow.setTitle(" 边界布局 ");
10          BorderWindow.setLayout(new BorderLayout( 40, 10));
11
12          BorderWindow.add (new Button(" 东 "), BorderLayout.EAST);
13          BorderWindow.add (new Button(" 南 "), BorderLayout.SOUTH);
14          BorderWindow.add (new Button(" 西 "), BorderLayout.WEST);
15          BorderWindow.add (new Button(" 北 "), BorderLayout.NORTH);
16          BorderWindow.add (new Button(" 中 "), BorderLayout.CENTER);
17
18          BorderWindow.pack();
19          BorderWindow.setVisible(true);
20      }
21  }
```

保存并运行程序，结果如下图所示。

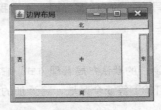

【代码详解】

第 02 行，导入边界布局管理的包。

第 10 行，设置窗口的边界布局管理器。BorderLayout(40, 10) 中的数字 40，代表水平间距为 40 个像素，10 代表垂直间距为 10 个像素。

第 12 ~ 第 16 行添加了东、南、西、北、中等 5 个布局组件，其实这 5 个组件并不需要全部添加，而是按需添加。

【范例分析】

通过分析这个范例，读者可能会困惑，如果 BorderLayout 最多可以容纳 5 个组件，而且位置还是那么固定，这不是太不实用了吗？

其实，情况并不完全是这样。的确，BorderLayout 最多可以容纳 5 个组件，但是如果某个组件是 Panel 呢，Panel 这个容器，其实也可以看作一个组件。要知道，Panel 里面可以容纳非常多的组件。BorderLayout 仅仅提供了一个大致的宏观布局，个性化的布局还是需要在 Panel 里面细化的。请参阅下面的改进版的案例。

📝 **范例 14-7**　可容纳多个组件的边界布局管理器（BorderLayoutDemo2.java）

```
01  import java.awt.Frame;
02  import java.awt.BorderLayout;
03  import java.awt.Panel;
04  import java.awt.Button;
05  import java.awt.TextField;
06  public class BorderLayoutDemo2
07  {
08      public static void main(String[] args)
09      {
10          Frame BorderWindow = new Frame();
11          BorderWindow.setTitle(" 边界布局 ");
12          BorderWindow.setLayout(new BorderLayout( 50, 30));
13
14          BorderWindow.add (new Button(" 南 "), BorderLayout.SOUTH);
15          BorderWindow.add (new Button(" 北 "), BorderLayout.NORTH);
16
17          Panel panel = new Panel();
18          panel.add(new TextField(25));
19          panel.add(new Button(" 我是按钮 1"));
20          panel.add(new Button(" 我是按钮 2"));
21          panel.add(new Button(" 我是按钮 3"));
22          BorderWindow.add(panel);
23
24          BorderWindow.pack();
25          BorderWindow.setVisible(true);
26      }
27  }
```

保存并运行程序，结果如下图所示。

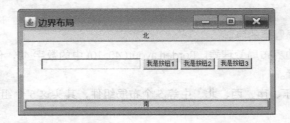

【代码详解】

第 14～第 15 行，添加了南和北两个布局按钮组件，实际上这里仅仅作为演示，并不是必需的。

第 17～第 21 行，添加了一个 Panel 容器，在这个容器里添加了一个文本框，3 个按钮。

第 22 行，将这个 Panel 容器作为一个组件添加到窗口中，这里并没有用到静态变量参数：BorderLayout. CENTER，因为这是组件的默认值，如果不明确指定，就会启用这个值。

综上可见，合理地利用 Panel，完全可以不受 BorderLayout 只能添加 5 个组件的限制。

03 GridLayout（网格布局）

GridLayout（网格布局）将容器非常规整地纵横分割成 M 行 ×N 列的网格（Grid），每个网格所占区域大小均等。各组件的排列方式是从上到下，从左到右。组件放入容器的次序，决定了它在容器中的位置。容器大小改变时，组件的相对位置不变，大小会改变。

网格布局有 3 个构造方法，分别如下。

（1）GridLayout()

创建具有默认值的网格布局，即每个组件占据一行一列。

（2）GridLayout(int rows,int cols)

创建具有指定行数和列数的网格布局。rows 为行数，cols 为列数。

（3）GridLayout(int rows,int cols,int hgap,int vgap)

创建具有指定行数 (rows)、列数 (cols) 以及组件水平（hgap）、纵向一定间距（vgap）的网格布局。

下面的范例就是结合 BorderLayout 和 GridLayout，开发的一个计算器的可视化窗口。

📋 范例 14-8   网格布局管理器（BorderLayoutDemo2.java）

```
01  import java.awt.Frame;
02  import java.awt.BorderLayout;
03  import java.awt.GridLayout;
04  import java.awt.Panel;
05  import java.awt.Button;
06  import java.awt.TextField;
07  class GridFrameDemo
08  {
09      public static void main(String[] args)
10      {
11          Frame frame = new Frame(" 网格布局之计算器 ");
12          Panel panel  =new Panel( );
13          panel.add(new TextField(40));
14          frame.add(panel, BorderLayout.NORTH);
15          // 定义面板
16          Panel gridPanel = new Panel( );
17          // 并设置为网格布局
```

```
18        gridPanel.setLayout(new GridLayout(4, 4, 3, 3));
19        String name[ ]={"7","8","9","/","4","5","6","*",
20                        "1","2","3","-","0",".","=","+"};
21        // 循环定义按钮，并将其添加到面板中
22        for(int i=0;i<name.length;i++)
23        {
24          gridPanel.add(new Button(name[i]));
25        }
26
27        frame.add(gridPanel, BorderLayout.CENTER);
28        frame.pack();
29        frame.setVisible(true);
30    }
31 }
```

保存并运行程序，结果如下图所示。

【代码详解】

第 01 ～ 第 06 行，导入必要的类包，其中第 03 行导入有关网格布局管理器的类包。其实这 6 行代码，可用"偷懒"的方式代替："import java.awt.*"，这里星号"*"是通配符，表示 awt 下所有的类包。

第 11 行声明一个 Frame 窗口，该窗口默认的布局管理器是 BorderLayout，于是我们在第 14 和第 27 行，分别添加了两个容器 Panel，第 1 个 Panel 在 NORTH 区域，第 2 个 Panel 在 CENTER 区域。在第 2 个 Panel 区中，我们利用 for 循序添加了 16 个按钮。需要说明的是，这里仅仅显示了计算器的布局，由于没有写关于计算的代码，所以无法实施正常的计算。

【范例分析】

由前面的代码分析可知，一个包含了多个组件的容器，其本身也可以作为一个组件，添加到另一个容器中去，容器再添加容器，这样就形成了容器的嵌套。我们可以将多种布局管理方式，通过容器的嵌套，整合到一种容器当中去。容器嵌套，让本来就丰富的布局管理方式变得更多种多样，千变万化的布局方式，不同的组合，可以满足我们多样的 GUI 设计需求。

▶14.4 AWT 常用组件

AWT 提供了基本的 GUI 组件，可用在所有的 Java 应用程序中。GUI 组件根据作用可以分为两种：基本组件和容器组件（如 Frame 和 Panel 等）。容器组件前面已经有所介绍，这里不再赘述。下面列出常见的 AWT 组件。

- Button：按钮，可接收单击操作。
- TextField：单行文本框。
- TextArea：多行文本域，它允许编辑多行文本。

- Label：标签，用于放置提示性文本。
- Checkbox：复选框，它可以在一个打开（真）或关闭（假）的状态进行切换。
- CheckboxGroup：用于将多个 Checkbox 组件组合成一组，一组 Checkbox 组件将只有一个可以被选中，即全部变成单选框组件。
- Choice：下拉式选择框组件。用于控制显示弹出菜单选择，所选选项将显示在顶部的菜单。
- List：列表框组件，可以添加多项条目，为用户提供一个滚动的文本项列表。
- Scrollbar：滑动条组件。如果需要用户输入位于某个范围的值，就可以使用滑动条组件。
- ScrollPane：带水平及垂直滚动条的容器组件。
- Canvas：主要用于绘图的画布。
- Dialog：对话框，是一个用于采取某种形式的用户输入的标题和边框的顶层窗口。
- File Dialog：代表一个对话框窗口，用户可以选择一个文件。
- Image：图像组件，是所有图形图像的超类。

下面我们选取几个常用的组件，说明其用法。其他组件和布局管理器的使用方法，读者可以查询 Java 的开发文档，来逐渐熟悉它们的用法，一旦掌握这些用法之后，就可以借助 IDE 工具，来更为便捷地设计 GUI 界面。

14.4.1 按钮与标签组件

按钮（Button）是 Java 图形用户界面的基本组件之一，前面的案例也多次用到按钮组件。

Button 有两个构造方法。

（1）public Button()：构造一个不带文字标签的按钮。

（2）public Button(String Label)：构造一个带文字标签的按钮。

Button 是一个主动型控制组件，当按下或释放按钮时，AWT 就会激发一个行为事件（ActionEvent）。如果要对这样的行为事件做出响应，就需要为这个组件注册一个新的侦听器（Listener），然后要利用 ActionListener 方法，做出合适的响应。

标签（Label）是一种被动型控制组件，因为它不会因用户的访问而产生任何事件。Label 组件就是一个对象标签，它只能显示一行文本。然而，这个文本内容可由应用程序改变。因此，我们可以用 Label 组件，方便地显示、隐藏、更新标签内容。

Label 有 3 个构造方法。

（1）Label()：构造一个不带文字的标签。

（2）Label(String text)：构造一个文字内容为 text、左对齐的标签。

（3）Label(String text, int alignment)：构造一个文字内容为 text、对齐方式为 alignment 的标签。

Label 类从 Component 继承而来，所以 alignment 的取值可以为 java.awt.Component 类的静态字段。

- static int CENTER——标签中心对齐。
- static int LEFT——标签左对齐。
- static int RIGHT——标签右对齐。

下面举例说明这两个组件的使用。

📝 **范例 14-9**　按钮与标签按钮的使用（AWTButtonLabel.java）

```
01  import java.awt.*;
02  import java.awt.event.*;
03  public class AWTButtonLabel
04  {
05      private Frame myFrame;
```

```
06      private Label headerLabel;
07      private Label statusLabel;
08      private Panel controlPanel;
09      private Font font;
10      public AWTButtonLabel()
11      {
12        myFrame = new Frame("Java 按钮与标签案例 ");
13        myFrame.setLayout(new GridLayout(3, 1));
14        myFrame.addWindowListener(new WindowAdapter() {
15          public void windowClosing(WindowEvent windowEvent){
16          System.exit(0);
17          }
18        });
19        font = new Font(" 楷体 ", Font.PLAIN, 30);
20        headerLabel = new Label();
21        headerLabel.setAlignment(Label.CENTER);
22        headerLabel.setFont(font);
23        statusLabel = new Label();
24        statusLabel.setAlignment(Label.CENTER);
25        statusLabel.setSize(200,100);
26        controlPanel = new Panel();
27        controlPanel.setLayout(new FlowLayout());
28
29        myFrame.add(headerLabel);
30        myFrame.add(controlPanel);
31        myFrame.add(statusLabel);
32        myFrame.setVisible(true);
33      }
34
35      private void showButtonDemo()
36      {
37        headerLabel.setText(" 按钮单击动作监控 ");
38        Button okButton = new Button(" 确定 ");
39        Button submitButton = new Button(" 提交 ");
40        Button cancelButton = new Button(" 取消 ");
41
42        font = new Font(" 楷体 ", Font.PLAIN, 20);
43        statusLabel.setFont(font);
44        okButton.addActionListener(new ActionListener() {
45          public void actionPerformed(ActionEvent e) {
46            statusLabel.setText(" 确定按钮被单击 !");
47          }
48        });
49        submitButton.addActionListener(new ActionListener() {
50          public void actionPerformed(ActionEvent e) {
51            statusLabel.setText(" 提交按钮被单击 !");
52          }
53        });
54        cancelButton.addActionListener(new ActionListener() {
55          public void actionPerformed(ActionEvent e) {
56            statusLabel.setText(" 取消按钮被单击 !");
```

```
57              }
58          });
59      controlPanel.add(okButton);
60      controlPanel.add(submitButton);
61      controlPanel.add(cancelButton);
62      myFrame.pack();
63      myFrame.setVisible(true);
64  }
65  public static void main(String[] args)
66  {
67      AWTButtonLabel  awtButtonDemo = new AWTButtonLabel();
68      awtButtonDemo.showButtonDemo();
69  }
70  }
```

保存并运行程序，结果如下图所示。

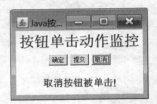
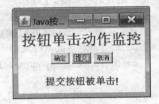

【代码详解】

第 02 行，把 AWT 有关事件处理的类包导入。

第 06 ~ 第07 行，构建两个 Label 对象。第 08 行创建一个 Panel 容器，它作为一个容器，负责装载后面声明的"确定""提交"和"取消"3 个按钮对象（第 59 ~ 第61 行）。

第 09 行，声明了一个关于字体（Font）的对象引用，用来设置"按钮点击动作监控"和诸如"取消按钮被点击"等标签的字体大小，因为这些标签没有采用默认字体大小。

这个案例并没有太难理解的部分，和前面范例有所差别的是，为 4 个对象添加了 4 个事件处理，它们分别是窗口的关闭（即单击"×"，第 14 ~ 第18 行）、"确定"按钮单击（第 4 ~ 第48 行）、"提交"按钮单击（第 49 ~ 第53 行）及"取消"按钮单击（第 54 ~ 第58 行）。

▌14.4.2 文本域

文本域（TextField）是一个单行的文本输入框，是允许用户输入和编辑文字的一种线性区域。文本域从文本组件继承了一些实用的方法，可以很方便地实现选取文字、设置文字，设置文本域是否可以编辑，设置字体等功能。

TextField 拥有 4 种构造方法。

（1）public TextField()：构造一个空文本域。

（2）public TextField(String text)：构造一个显示指定初始字符串的文本域，String 型参数 text 指定要显示的初始字符串。

（3）public TextField(int columns)：构造一个具有指定列数的空文本域，int 型参数指定文本域的列数。

（4）public TextField(String text, int columns)：构造一个具有指定列数、显示指定初始字符串的文本域，String 型参数指定要显示的初始字符串，int 型参数指定文本域的列数。

范例14-10　　**文本域测试（TestTextField.java）**

```java
01   import java.awt.*;
02   import java.awt.event.*;
03   public class TestTextField
04   {
05     public static void main(String[] args)
06     {
07       Frame frame = new Frame();
08       frame.addWindowListener(new WindowAdapter() {
09         public void windowClosing(WindowEvent windowEvent){
10         System.exit(0);
11         }
12       });
13
14       Label message = new Label(" 请输入信息 ");
15       TextField text = new TextField(10);
16       Panel centerPanel = new Panel();
17       Button enter = new Button(" 确认 ");
18       enter.addActionListener(new ActionListener()
19       {
20         public void actionPerformed(ActionEvent e)
21         {
22           message.setText(" 输入信息为："+text.getText());
23         }
24       });
25       frame.add(message, BorderLayout.NORTH);
26       centerPanel.add(text);
27       centerPanel.add(enter);
28       frame.add(centerPanel, BorderLayout.CENTER);
29       frame.setSize(300, 200);
30       frame.setTitle(" 文本域范例 ");
31       frame.pack( );
32       frame.setVisible(true);
33     }
34   }
```

保存并运行程序，结果如下图所示。

【代码详解】

第08～第12行，为窗口的关闭按钮"×"，添加了一个用匿名内部类实现的监听器，当单击"×"，就会关闭整个窗口（本质上，就是终止JVM运行本范例的进程），如果没有这个监听器，这个运行窗口的结束，只能在任务管理器中终止，于用户而言，非常不便。

第 15 行，用带参构造函数创建了一个宽度为 10 的文本域。

第 18 ～ 第 24 行，为 button 添加了一个行为监视器，当按下按钮，就会改变 Label 的文本值（将文本框输入的值和 Label 的值合并）。

第 22 行，通过 getText() 方法获取文本域内输入的文本，并通过标签类的 setText() 方法，传送给 Label。

14.4.3 图形控件

因为图片（图形）能更好地表达程序运行结果，因此，绘图是 GUI 程序设计中非常重要的技术。

Graphics 是所有图形控件的抽象基类，它允许应用程序在组件以上进行绘制。它还封装了 Java 支持的基本绘图操作所需的状态信息，主要包括颜色、字体、画笔、文本、图像等。它提供了绘图的常用方法，利用这些方法可以实现直线 drawLine()、矩形 drawRect()、多边形 drawPolygon t()、椭圆 drawOval t()、圆弧 drawArc t() 等形状和文本、图片的绘制操作。另外还可以使用相对应的方法，设置绘图的颜色、字体等状态属性。

📝 **范例14-11**　绘图测试-奥运五环（DrawCircle.java）

```
01  import java.awt.*;
02  public class DrawCircle
03  {
04      public DrawCircle()
05      {
06          Frame frame = new Frame("DrawCircle");
07          DrawCanvas draw = new DrawCanvas();
08          frame.add(draw);
09          frame.setSize(260, 250);
10          frame.setVisible(true);
11      }
12      public static void main(String[] args)
13      {
14          new DrawCircle();
15      }
16      class DrawCanvas extends Canvas
17      {
18          public void paint(Graphics g)
19          {
20              g.setColor(Color.BLUE);
21              g.drawOval(10, 10, 80, 80);
22              g.setColor(Color.BLACK);
23              g.drawOval(80, 10, 80, 80);
24              g.setColor(Color.RED);
25              g.drawOval(150, 10, 80, 80);
26              g.setColor(Color.YELLOW);
27              g.drawOval(50, 70, 80, 80);
28              g.setColor(Color.GREEN);
29              g.drawOval(120, 70, 80, 80);
30              g.setColor(Color.BLACK);
31              g.setFont(new Font(" 楷体 ", Font.BOLD, 20));
```

```
32          g.drawString(" 更高、更快、更强 ", 45, 200);
33        }
34      }
35    }
```

保存并运行程序，结果如下图所示。

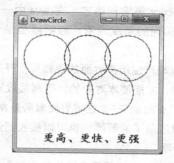

【代码详解】

第 07 行，创建了一个 Canvas 画布对象 draw，可在其上进行绘图。

第 08 行，将这个画布添加到窗口 frame 中。

第 18 行，覆写了 paint( ) 方法，创建画布时默认用此方法进行绘图。

第 18～第 33 行，设置画笔颜色并绘制 5 个圆环。其中第 23 行 drawOval( )，4 个参数分别为绘制的坐标和图形大小。

第 31～第 32 行，设置字体，画出字符。

【范例分析】

为了使代码更加间接，在本例中，我们并没有为窗口的关闭按钮 "×" 添加监听器，用于关闭窗口。读者可以模仿前面的案例，自行添加。

▶14.5 事件处理

通过前面几个小节的学习，我们能大致构建出丰富多彩的图形界面，但这些界面 "**徒有其表**"，大多还不能响应用户的任何操作。前面有些范例中的小程序，甚至都不能够关闭窗口，用户体验很差。究其原因，就是因为没有用到事件处理机制，程序并不知道我们单击了哪里，自然也就没有办法做出合适的响应了。在 AWT 编程模型中，所有事件的感知，必须由特定对象（事件监听器）来处理。Frame 窗口和各个组件本身是没有事件处理能力的。

14.5.1 事件处理的流程

我们把一个对象的状态变化，称为事件，即事件描述源状态的变化。呈现给用户丰富多彩的图形界面，这并不够。用户看到图形界面后，会据此和界面互动，例如，单击一个按钮，移动鼠标，从列表中选择一个项目，通过鼠标滑轮滚动页面，通过键盘输入一个字符，诸如此类，这些都能使一个事件发生。我们需要为每个 GUI 中的组件添加一个监听器，监控这样的事件，然后给出响应，只有这样，才能构造出与用户交互的效果。

在事件处理过程中，需要涉及 3 类对象。

（1）事件 (Event)——一个对象，它描述了发生什么事情。事件封装了 GUI 组件上发生的特定行为（通常是用户的某种操作，如单击某个按钮，滑动鼠标，按下某个键等）。

（2）事件源 (Event source)——产生事件的组件，这是事件发生的场所。这个场所通常是按钮、窗口、菜单等。

（3）事件监听器 (Event Listener)——也被称为事件处理程序。监听器接收、解析和处理事件类对象、实现和用户交互的方法。监听器一致处于"备战"状态——养兵千日，用兵一时，也就是说，当事件没有发生，它会一直等下去，直到它接收到一个事件。一旦收到事件，监听器进程的事件就能给出响应，于用户而言，就是有了交互效果。

需要注意的是，不同于 VB、JavaScript 等编程语言，在 Java 中一个事件通常就对应一个函数或方法，Java 是纯粹面向对象的编程语言，从实现的角度来看，监听器也是一个对象，被称为事件处理器（Event Handler）。

利用事件监听器的好处是，它可以与产生用户界面的逻辑解耦开来，独立生成该事件的逻辑。在这个模型中，事件源对象只有通过注册监听器，才能使本对象的侦听器接收事件通知。这是一个有效的方式事件处理模型，因为这样做，让事件响应更加"有的放矢"。这就好比教务处发个通知，如果学生对象注册了监听器，就可以接收到这个通知，如果老师对象注册了监听器，也可以接收到这个通知。但如果这个通知，仅仅有关老师，那学生就没有必要注册这个监听器。

AWT 的事件处理流程示意图如下所示。当外部用户发生某个行为，导致某一事件发生，例如单击鼠标，按下某个按钮等，我们要找到是哪个组件上所发生的这个事件，也就是找到事件源，然后通知该事件源的监视器，监视器再找到处理该事件的方法并执行它，这样一个简单的事件处理就完成了。

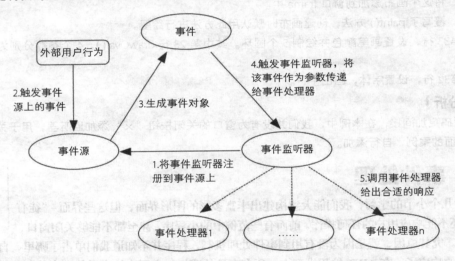

结合上图，我们把 AWT 事件机制中涉及的 3 个要素：事件源、事件和事件监听器，再次分别进行简要介绍。事件源是比较容易创建的，主要通过 new 创建诸如按钮、文本框等 AWT 组件，该组件就是事件产生的源头。事件是由系统自动创建的，程序员无需关注。所以实现事件机制的核心所在，就是实现事件的监听器。

事件监听器必须实现事件监听器接口。需要读者注意的是，在 AWT 中，提供了非常丰富的事件类接口，用以实现不同类型的事件监听器。例如，键盘敲击、鼠标移动、按钮单击等，分别对应不同的事件监听器接口，所以会有多种监听器。

14.5.2　常用的事件

在 AWT 中，所有相关事件类，都继承自 java.awt.AWTEvent 类，事件可分为两大类：低级事件和高级事件。

低级事件是指基于组件和容器的事件，当一个组件发生事件，如鼠标进入、单击、拖放或组件的窗口开关，当组件获得或失去焦点时，触发了组件事件。具体来说，有如下几大类。

• ComponentEvent：组件事件，当组件的尺寸发生变化、位置发生移动、显示或隐藏状态发生变化时，触发该类事件。

- ContainerEvent：容器事件，当容器内发生组件增加、删除或移动时，触发该类事件。
- WindowEvent：窗口事件，当窗口状态发生变化，如打开、关闭、最大化、最小化窗口时，触发该类事件。
- FocusEvent：焦点事件，当组件获得和丢失焦点时，触发该类事件。
- KeyEvent：键盘事件，当按键被按下、松开时，触发该类事件。
- MouseEvent：鼠标事件，当鼠标进行单击、按下、松开或移动时，触发该类事件。
- PaintEvent：组件绘制事件，这是一个特殊的事件类型，当 GUI 组件调用 update（更新）、paint（绘制）方法来呈现自身时，触发该类事件。该事件并不是专用于事件处理模型。

高级事件是基于语义的事件，它可以不和特定的动作相关联，而是依赖于触发此事件的类。比如，在 TextField 中按下 Enter 键，会触发 ActionEvent 事件。当滑动滚动条时，会触发 AdjustmentEvent 事件。选中列表的某一条就会触发 ItemEvent 事件。具体来说，有如下几类事件。

- ActionEvent：动作事件，当按钮按下，菜单项被单击或在文本框（TextField）中按下 Enter 键时，触发此类事件。
- AdjustmentEvent：调节事件，当滚动条上移动滑块以调节数值时，触发此类事件。
- TextEvent：文本事件，当文本框、文本域中的文本发生改变时，触发此类事件。
- ItemEvent：项目事件，当用户选择某个项目或取消某个项目时，触发此类事件。

接下来，我们就把几种常用的低级事件进行简要介绍，更为详细的介绍，请读者参阅 Java 开发文档。

01 键盘事件

当我们向文本框中输入内容时，将向键盘发出键盘事件（KeyEvent）。KeyEvent 类负责捕获键盘事件。监听器要完成对键盘事件的响应，可以实现 KeyListener 接口或者继承 KeyAdapter 类，实现操作方法的定义。KeyListener 接口中共有 3 个方法。

- public void keyTyped(KeyEvent e);   // 发生击键事件时触发
- public void keyPressed(KeyEvent e);   // 按键被按下时触发
- public void keyReleased(KeyEvent e);   // 按键被释放时触发

这里，还有一个非常重要的方法——public int getKeyCode()，该方法用来判断到底是哪一个按键被按下或释放，例如是否是空格键，我们用 e.getKeyCode() == KeyEvent.VK_SPACE，就可以完成判断，下面举例说明。

📝 范例14-12   键盘事件检测实现（TestKeyEvent.java）

```
01   import java.awt.*;
02   import java.awt.event.*;
03   public class TestKeyEvent
04   {
05     public static void main(String[] args)
06     {
07       Frame frame = new Frame("TestKeyEvent");
08       Label message = new Label(" 请按任意键 ", Label.CENTER);
09       Label keyChar = new Label("", Label.CENTER);
10       frame.setSize(300, 200);
11       frame.requestFocus();
12       frame.add(message, BorderLayout.NORTH);
13       frame.add(keyChar, BorderLayout.CENTER);
14       frame.addKeyListener(new KeyAdapter()
15         {
```

```
16              public void keyPressed(KeyEvent e)
17              {
18              keyChar.setText(KeyEvent.getKeyText(e.getKeyCode()) + " 键被按下 ");
19              }
20          });
21      frame.addWindowListener(new WindowAdapter()
22      {
23        public void windowClosing(WindowEvent e)
24        {
25          System.exit(0);
26        }
27      });
28      frame.setVisible(true);
29    }
30  }
```

保存并运行程序，结果如下图所示。

【代码详解】

有了事件处理机制，就有了 GUI 程序和用户操作的交互的能力。若想运用它，需要使用到 java.awt.event 这个包中的类，所以在第 02 行，添加了这个包的所有类（用通配符 "*" 表示这个包下的所有事件类）。

第 09 行，构建一个标题为空，居中对齐的标签组件。这是为后面显示用户按键信息做准备。

第 11 行，使用 requestFocus() 方法获取焦点，当打开 frame 窗口时就能捕获键盘事件。

第 14 ~ 第 20 行，为 frame 添加键盘监听器 addKeyListener。其中，第 16 ~ 第 19 行覆写 keyPressed() 方法，当某个按键（例如键盘的 "A"）被按下时，则执行此方法，获取按键名称并显示在标签上（第 18 行）。

第 21 ~ 第 27，行添加窗口事件监听器，响应关闭窗口按键 "×"，并退出程序。

【范例分析】

读者可能会注意到第 14 和第 21 行有 addxxxListener 字样的方法，在这样的方法中，创建了一个匿名内部类 xxxAdapter，这些都是什么意思呢？事实上，前者是为事件源（如按钮、窗口等）等增加一个监听器，不同的事件源，拥有不同类型的事件监听器，比如说，针对窗口的行为（如关闭、最大化或最小化等），其添加的监听器方法是 addWindowListener()，而对于按键，其添加的监听器方法是 addKeyListener ()。

有了这些监听器并不够，还需要与之配套的事件适配器（Adapter）。在本例中，使用匿名类的方法来实现一个新的事件适配器，用来真正响应监听器捕获的事件，其流程如下图所示。

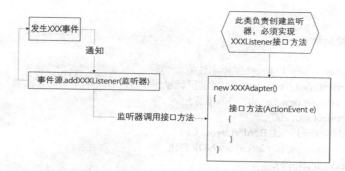

Java 为一些事件监听器接口提供了适配器类 (Adapter)。我们可以通过继承事件所对应的 Adapter 类，重写所需要的方法，无关的方法则不用实现。事件适配器为我们提供了一种简单的实现监听器的手段，可以缩短程序代码。

Java.awt.event 包中定义的事件适配器类包括以下 7 种。

- MouseAdapter（鼠标适配器）。
- MouseMotionAdapter（鼠标运动适配器）。
- KeyAdapter（键盘适配器）。
- WindowAdapter（窗口适配器）。
- ComponentAdapter（组件适配器）。
- ContainerAdapter（容器适配器）。
- FocusAdapter（焦点适配器）。

02 鼠标事件

所有组件都能发出鼠标事件（MouseEvent），MouseEvent 类负责获取鼠标事件。若想监听鼠标事件并响应，可以实现 MouseListener 接口或者继承 MouseAdapter 类，来实现操作方法的定义。

MouseListener 接口共有 5 个抽象方法，分别在光标移入（mouseEntered）或移出（mouseExited）组件时、鼠标按键被按下（mousePressed）或者释放（mouseReleased）时和发生单击事件（mouseClicked）时触发。所谓单击事件，就是按键被按下并释放。需要注意的是，如果按键是在移除组件之后才被释放，则不会触发单击事件。

MouseEvent 有 3 个常用方法，分别是 getSource() 用来获取触发此次事件的组件对象，返回值为 Object 类型。getButton() 用来获取代表触发此次按下、释放或者单击事件的按键的 int 型值（常量值为 1 代表鼠标左键，2 代表鼠标滚轮，3 代表鼠标右键）。getClickCount() 用来获取单击按键的次数，返回值为 int 类型，数值代表次数。

此外还有 MouseMotionListener 接口，实现对于鼠标移动和拖曳的捕捉，也称为鼠标运动监听器，因为许多程序不需要监听鼠标移动，把两者分开也可起到简化程序，提高性能的作用。

📝 **范例14-13** 　鼠标事件检测实现（TestMouseEvent.java）

```
01   import java.awt.*;
02   import java.awt.event.*;
03   public class TestMouseEvent
04   {
05       private int x, y;
06       public static void main(String[] args)
07       {
08           new TestMouseEvent();
09       }
```

```
10    public TestMouseEvent()
11    {
12      Frame frame = new Frame(" 鼠标事件演示 ");
13      Label actionLabel = new Label(" 当前鼠标操作 :");
14      Label location = new Label(" 当前鼠标位置 :");
15      frame.setSize(300, 200);
16      frame.add(actionLabel, BorderLayout.CENTER);
17      frame.add(location, BorderLayout.NORTH);
18      frame.setVisible(true);
19      frame.addWindowListener(new WindowAdapter()
20      {
21        public void windowClosing(WindowEvent e)
22        {
23          System.exit(0);
24        }
25      });
26      actionLabel.requestFocus();
27      actionLabel.addMouseListener(new MouseAdapter()
28      {
29        public void mouseEntered(MouseEvent e)
30        {
31          actionLabel.setText(" 当前鼠标操作 : 进入标签 ");
32        }
33        public void mousePressed(MouseEvent e)
34        {
35          actionLabel.setText(" 当前鼠标操作 : 按下按键 ");
36        }
37        public void mouseReleased(MouseEvent e)
38        {
39          actionLabel.setText(" 当前鼠标操作 : 按键释放 ");
40        }
41        public void mouseClicked(MouseEvent e)
42        {
43          actionLabel.setText(" 当前鼠标操作 : 单击按键 ");
44        }
45        public void mouseExited(MouseEvent e)
46        {
47          actionLabel.setText(" 当前鼠标操作 : 移出标签 ");
48        }
49      });
50      actionLabel.addMouseMotionListener(new MouseMotionAdapter()
51      {
52        public void mouseMoved(MouseEvent event)
53        {
54          x = event.getX();
55          y = event.getY();
56          location.setText(" 当前鼠标位置 :    X 坐标: " + x + ",  Y 坐标: " + y);
57        }
58      });
59    }
60  }
```

保存并运行程序，结果如下图所示。

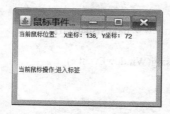

【代码详解】

第 26 行，通过 requestFocus() 方法，使 actionLabel 标签获取焦点，以捕获鼠标行为。

第 27 行，添加鼠标事件监听器。这个监听器的参数是一个鼠标适配器 MouseAdapter，用于接收鼠标事件。MouseAdapter 是一个抽象类，所以，这个类的所有方法都是空的。这里通过一个匿名内部类，分别实现里面的所有方法。

第 29 ~ 第 48 行，分别覆写 MouseListener 接口的 5 个抽象方法，告诉程序鼠标事件发生时该干什么。例如，第 29 ~ 第 32 行，mouseEntered() 方法，是当鼠标指针移动到 actionLabel 这个标签上，输出"当前鼠标操作：进入标签"。

第 50 行，添加鼠标运动监听器 addMouseMotionListener，用以感知鼠标在当前窗口的相对位置（X 和 Y 坐标）。

第 52 ~ 第57 行，通过 mouseMoved 方法捕获鼠标移动，并获取位置信息，然后通过 setText() 方法，将鼠标相应的坐标信息，显示在 location 标签上。

14.5.3 事件处理小案例——会动的乌龟

通过前面的学习，我们掌握了基本的 GUI 绘制方法。下面我们来完成综合小案例，在这个小案例里，我们首先绘制出一个小乌龟（这里需要用到图形绘制方法），然后让这个图形响应键盘方向键的操作（用到键盘响应事件），这样，这只小乌龟就可以随着方向键的指挥而动起来，这难道不是 GUI 小游戏的雏形吗？

范例14-14　绘制会动的小乌龟（DrawTurtle.java）

```java
01    import java.awt.*;
02    import java.awt.event.*;
03    public class DrawTurtle
04    {
05        private int x, y;
06
07        public static void main(String[] args)
08        {
09            new DrawTurtle();
10        }
11
12        public DrawTurtle()
13        {
14            x = 100;
15            y = 10;
16            Frame frame = new Frame("DrawTurtle");
17            DrawLittleTurtle  turtle = new DrawLittleTurtle();
18            frame.add(turtle);
19            frame.setSize(500, 500);
```

```
20        frame.setVisible(true);
21        frame.addWindowListener(new WindowAdapter()
22        {
23          public void windowClosing(WindowEvent e)
24          {
25            System.exit(0);
26          }
27        });
28        turtle.requestFocus();
29        turtle.addKeyListener(new KeyAdapter()
30        {
31          public void keyPressed(KeyEvent e)
32          {
33            if (e.getKeyCode() == KeyEvent.VK_UP)
34            {
35              y -= 10;
36            }
37            if (e.getKeyCode() == KeyEvent.VK_LEFT)
38            {
39              x -= 10;
40            }
41            if (e.getKeyCode() == KeyEvent.VK_RIGHT)
42            {
43              x += 10;
44            }
45            if (e.getKeyCode() == KeyEvent.VK_DOWN)
46            {
47              y += 10;
48            }
49            turtle.repaint();
50          }
51        });
52      }
53
54   class DrawLittleTurtle extends Canvas
55   {
56     public void paint(Graphics g)
57     {
58       g.setColor(Color.YELLOW);          // 绘制乌龟 4 条腿
59       g.fillOval(x + 0, y + 40, 30, 30);
60       g.fillOval(x + 90, y + 40, 30, 30);
61       g.fillOval(x + 0, y + 110, 30, 30);
62       g.fillOval(x + 90, y + 110, 30, 30);
63       g.fillOval(x + 50, y + 130, 20, 50);   // 绘制乌龟尾巴
64       g.fillOval(x + 40, y + 0, 40, 70);     // 绘制乌龟头
65       g.setColor(Color.BLACK);
66       g.fillOval(x + 50, y + 15, 5, 5);
67       g.fillOval(x + 65, y + 15, 5, 5);
68       g.setColor(Color.GREEN);          // 绘制乌龟壳
69       g.fillOval(x + 10, y + 30, 100, 120);
70       g.setColor(Color.BLACK);
```

```
71          g.drawLine(x + 24, y + 50, x + 40, y + 67);
72          g.drawLine(x + 97, y + 50, x + 80, y + 67);
73          g.drawLine(x + 24, y + 130, x + 40, y + 113);
74          g.drawLine(x + 97, y + 130, x + 80, y + 113);
75          g.drawLine(x + 40, y + 67, x + 80, y + 67);
76          g.drawLine(x + 40, y + 113, x + 80, y + 113);
77          g.drawLine(x + 10, y + 90, x + 110, y + 90);
78          g.drawLine(x + 60, y + 30, x + 60, y + 150);
79       }
80    }
81  }
```

保存并运行程序，结果如下图所示。

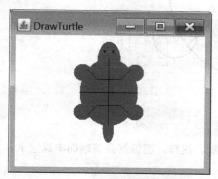 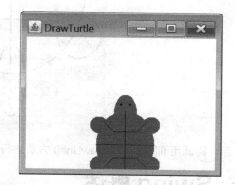

【代码详解】

第 17 行，创建了一个画小乌龟的对象 turtle，类 DrawLittleTurtle 是 Canvas（画布）类的子类。

第 54～第 80 行，给出了 DrawLittleTurtle 类的具体定义，它继承自 Canvas 类，实现画布的定义。

第 56 行，覆写了 Canvas 类的 paint() 方法，在主类 DrawTurtle 创建匿名对象时（第 09 行），会执行此方法用以绘制乌龟。需要注意的是，在这个 paint() 方法中，参数是一个 Graphics 类的对象 g，可以利用该对象进行绘图。

Graphics 类有很多绘图方法，主要有两类，一类是画，即以 draw 打头，另一类是填充，以 fill 打头。例如，drawLine（画线）、drawRect（画矩形）、drawString（画字符串）、drawImage（画位图）等；fillRect（填充矩形）、fillArc（填充圆弧）、fillOval（填充椭圆）等用事先设置的颜色，填充封闭的图形区域。

第 58 行，利用 setColor(Color c) 方法，设置画笔的颜色。YELLOW、GREEN 及 BLACK 等都是 Color 类中的静态常量。

在整个画布中，Graphics 类的对象 g，在画的时候，我们称之为画笔，在填充的时候，我们称之为画刷。

第 58～第 78 行中，多次调用 setColor()、fillOval()、drawLine() 等方法，分别用来换色、填充及绘制直线。

在第 28 行中，通过 requestFocus() 方法，让 DrawLittleTurtle 画布获取焦点，用以捕获键盘事件。

第 31～第 48 行判断键值，分别对坐标进行调整。

而后，在第 49 行调用 repaint() 进行图形重绘，实现乌龟的移动。这里需要注意的是，主动调用 repaint() 方法，就是程序控制重画的唯一手段。用户调用 repaint() 时，这个方法会主动调用 update() 方法。对于容器类组件，像 Panel、Canvas（画布）等的更新（或重画），首先需要将容器中的组件全部先擦除，然后再调用各个组件的 paint 重画其中的组件。

【范例分析】

　　在实现画乌龟的过程中，首先要明白怎么画，按照什么步骤画，可以在有标尺的软件（如 Visio 或 SmartDraw 等）中把这个图形的草图构思出来，我们把乌龟分成腿、头、尾巴、龟壳 4 个部分，尺寸和比例合理布局（如果图形复杂，则可能需要美工配合），如下图所示。

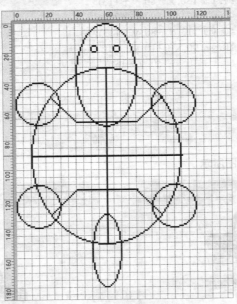

　　细分之后，再调用 fillOval() 和 drawLine() 方法进行绘制，这样，图像就会清晰而丰满起来。

▶14.6　Swing 概述

　　AWT 是 Java 早期的开发图形用户界面的技术。AWT 中的图形方法与操作系统提供的图形函数有着一一对应的关系。也就是说，当我们利用 AWT 组件绘制图形用户界面时，实际上是在利用本地操作系统的图形库来实现。

　　然而，不同的操作系统（如 Windows、Linux 或 Mac 等）的图形库的功能可能不一样，在一个平台上存在的图形功能，可能在另外一个平台上并不存在。为了实现 Java 语言所宣称的"一次编译，到处运行（Write Once，Run Anywhere）"的理念，AWT 不得不通过牺牲功能，来实现所谓的平台无关性。因此，实际上，AWT 的图形功能，是各类操作系统所提供图形功能的"交集"。由于 AWT 是依靠本地操作系统的内置方法来实现图形绘制功能的，所以它称 AWT 控件为"重量级控件"。

　　接下来，我们介绍一个新的轻量级的图形界面类库 Swing。Swing 是 AWT 的扩展，它不仅提供了 AWT 的所有功能，而且还用纯粹的 Java 代码对 AWT 的功能进行了大幅度的扩充。例如，除了前面我们已经介绍过的按钮，标签，文本框等功能外，Swing 还包含许多新的组件，如选项板、滚动窗口、树形控件、表格等。

　　Swing 作为 AWT 组件的"强化版"，它的产生主要是为了克服 AWT 构建的 GUI 无法在所有平台都通用的问题。允许编程人员跨平台时指定统一的 GUI 显示风格，也是 Swing 的一大优势。

　　但是，Swing 是 AWT 的补充，而非取代者，比如说，Swing 依然采用了 AWT 的事件处理模型，Swing 的很多类都是以 AWT 中的类为基类的，也就是说，某种程度上，AWT 是 Swing 的基石。

　　前面提到，Swing 为所有的 AWT 组件提供了对应实现（Canvas 组件除外），为了区分起见，Swing 组件名，基本上是在 AWT 组件名前面添加一个字母"J"。例如，JFrame（窗体）是 Swing 的窗体容器，而 Frame 是来自 AWT 的容器。再例如，JPanel 面板和 JScrollPane 带滚动条面板容器，其分别对应 AWT 的 Panel 面板和 ScrollPane 带滚动条面板，以此类推。

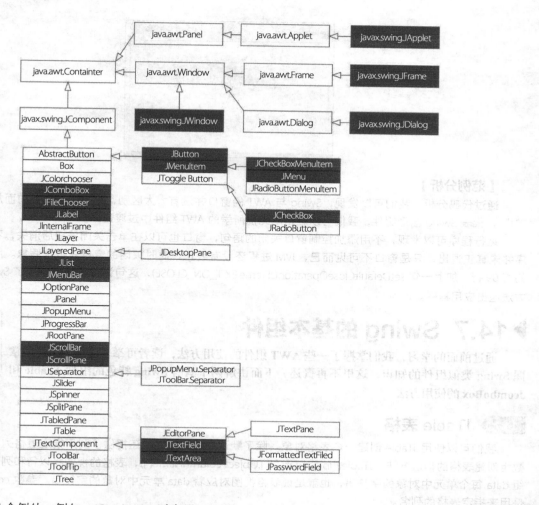

但也有几个例外，例如，JComboBox 对应于 AWT 的 Choice 组件，但比 Choice 组件功能更加丰富。再例如 JfileChooser 对应于 AWT 的 FileDialog，其实都是早期 Java 的设计者没有严格按照命名规范"遗留"下来的小问题。上图显示了 Swing 组件的继承层次图，从图中可以看出，绝大部分 Swing 组件类继承了 Container 类，而 Container 类来自于 AWT，图中黑底白字标识的 Swing 组件，都可以在 AWT 中找到对应的类。

📝 范例14-15　第一个Swing应用（TestSwing.java）

```
01  import javax.swing.JFrame;
02  public class TestSwing
03  {
04      public static void main(String[] args)
05      {
06          JFrame frame = new JFrame("Hello Swing");
07          frame.setSize(300, 200);
08          frame.setVisible(true);
09          frame.setDefaultCloseOperation(JFrame.EXIT_ON_CLOSE);
10      }
11  }
```

保存并运行程序，结果如下图所示。

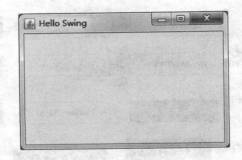

【范例分析】

通过代码分析，我们可以发现，Swing 与 AWT 的窗口并没有太大区别，只是在 Frame 前面加上一个字母"J"，代表 Swing 图形组件，我们可以轻松从先前所学的 AWT 组件中过渡过来。

运行程序可以发现，不用添加控制窗口关闭的语句，窗口也可以在单击关闭按钮后消失，不过此时，程序并未真正退出，只是窗口不可见而已，JVM 进程还没有终止，此时关闭的窗口只是个假象。所以，在程序的第 09 行，加上一句 setDefaultCloseOperation(JFrame.EXIT_ON_CLOSE)，这句语句实际上使用了 System 的 exit( ) 方法退出应用程序。

▶ 14.7　Swing 的基本组件

通过前面的学习，我们掌握了一些 **AWT** 组件的使用方法，读者可举一反三，迅速地掌握 Swing 类似组件的知识，这里不再赘述。下面讲解两个具有 Swing 特色的组件 **JTable** 和 **JcomboBox** 的使用方法。

14.7.1 JTable 表格

我们可以使用 JTable 创建一个表格对象。除了默认构造方法外，还提供了利用指定表格列名和表格数据数组创建表格的构造方法：JTable(Object data[ ][ ],Object columnName[ ])，表格的视图将以行和列的形式显示数组 data 每个单元中对象的字符串，也就是说表格视图对应着 data 单元中对象的字符串。参数 columnName 则是用来指定表格的列名。

表格 JTable 的常用方法如下。

- toString()：得到对象的字符串表示。
- repaint()：刷新表格的内容。

我们同样也可以对表格显示出来的外观做出改变，对其进行定制，下面列举一些常用的定制表格的方法。

- setRowHeight(int rowHeight); 　　　　　// 设置表格行高，默认为 16 像素
- setRowSelectionAllowed(boolean sa); 　// 设置表格是否允许被选中，默认为允许
- setSelectionMode(int sm); 　　　　　　// 设置表格的选择模式
- setSelectionBackground(Colr bc); 　　 // 设置表格选中行的背景色
- setSelectionForeground(Color fc); 　　// 设置表格选中行的前景色，通常为字体颜色

📝 **范例14-16　JTable应用（TestJTable.java）**

```
01  import java.awt.Color;
02  import javax.swing.*;
03  public class TestJTable
04  {
05      public static void main(String[] args)
06      {
07          Object[][] unit = {
```

```
08              { " 张三 ", "86", "94", "180" },
09              { " 李四 ", "92", "96", "188" },
10              { " 张三 ", "66", "80", "146" },
11              { " 张三 ", "98", "94", "192" },
12              { " 张三 ", "81", "83", "164" },
13          };
14      Object[ ] name = { " 姓名 ", " 语文 ", " 数学 ", " 总成绩 " };
15      JTable table = new JTable(unit, name);
16      table.setRowHeight(30);
17      table.setSelectionBackground(Color.LIGHT_GRAY);
18      table.setSelectionForeground(Color.red);
19      JFrame frame = new JFrame(" 表格数据处理 ");
20      frame.add(new JScrollPane(table));
21      frame.setSize(350, 200);
22      frame.setVisible(true);
23      frame.setDefaultCloseOperation(JFrame.EXIT_ON_CLOSE);
24   }
25 }
```

保存并运行程序，结果如下图所示。

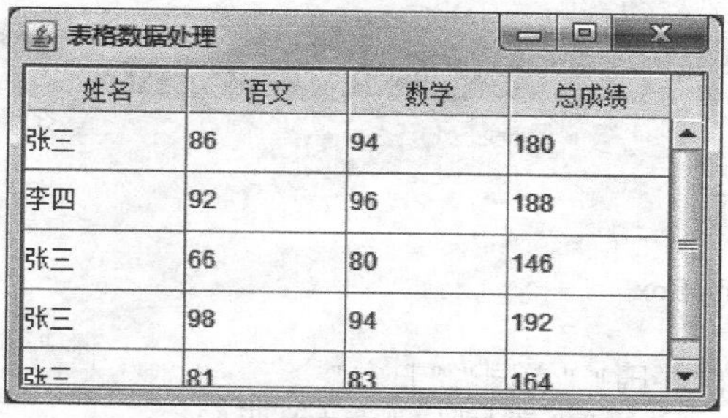

姓名	语文	数学	总成绩
张三	86	94	180
李四	92	96	188
张三	66	80	146
张三	98	94	192
张三	81	83	164

【代码详解】

第 06 ~ 第13 行，用一个字符串数组 unit，定义表格每个单元内容。

第 14 行，定义每一列的名称。

第 15 行，创建了一个 JTable 对象。

第 16 行，设置表格对象的行高为 30。

第 17 行，设置表格被选中后背景为灰色。

第 18 行，设置备选行前景颜色为红色，这里用到 Color 类的静态常量 Color.red，所以我们在第 01 行，导入这个类包，这个类包来自于 java.awt 下属的类包。

第 19 行，定义一个 Jframe 的窗体 frame。

第 20 行将表格添加进一个匿名的 JScrollPane 对象，它为表格提供了可选的垂直滚动条以及列标题显示。由于面板类容器不能作为独立窗口来显示，所以，再将这个匿名的面板容器对象，添加进能独立显示的窗口 frame 之中。

【范例分析】

通过上面的分析可知，Swing 提供了更为丰富的组件功能，但同时也需要 AWT 做一些辅助支持（比如说颜色类 Color），二者相互配合，相得益彰。

14.7.2　JComboBox 下拉列表框

Swing 中的下拉列表框（JComboBox）与 Windows 操作系统中的下拉框类似，它是一个带条状的显示区，具有下拉功能，在下拉列表框右方存在一个倒三角按钮，当单击该按钮时，其中的内容将会以列表的形式显示出来，供用户选择。

下拉列表框是 javax.swing.JCompoent 中的子类，其构造方法有如下 4 种类型。

- JComboBox( )：创建具有默认数据模型的 JComboBox。

- JComboBox(ComboBoxModel aModel)：创建一个 JComboBox，其可选项的值项取自现有的 ComboBoxModel 对象之中。

- JComboBox(Object[] items)：创建一个包含指定数组中的元素的 JComboBox。

- JComboBox(Vector<?> items)：创建包含指定 Vector 中的元素的 JComboBox。

我们可以获取下拉列表框当前选择元素的索引值，也可以为之添加监听器，用以及时更新信息，下拉列表框包含有如下常用方法。

- getSize()：返回列表的长度。

- getSelectedIndex()：返回列表中与给定项匹配的第一个选项。

- getElementAt(int index)：返回指定索引处的值。

- removeItem(Object anObject)：从项列表中移除项。

- addActionListener(ActionListener l)：添加 ActionListener。

- addItem(Object anObject)：为项列表添加项。

📝 **范例14-17**　JComboBox应用（TestJComboBox.java）

```
01  import java.awt.*;
02  import java.awt.event.*;
03  import javax.swing.*;
04  public class TestJComboBox
05  {
06    static String[] str = { " 中国 "," 美国 "," 日本 ",
07               " 英国 "," 法国 "," 意大利 "," 澳大利亚 " };
08    public static void main(String[] args)
09    {
10      JFrame frame = new JFrame("TestJComboBox");
11      JLabel message = new JLabel();
12      JComboBox combo = new JComboBox(str);
13      combo.setBorder(BorderFactory.createTitledBorder(" 你最喜欢去哪个国家旅游 ?"));
14      combo.addActionListener(new ActionListener() {
15      public void actionPerformed(ActionEvent e)
16        {
17          message.setText(" 你选择了 :" + str[combo.getSelectedIndex()]);
18        }
19      });
20      frame.setLayout(new GridLayout(1, 0));
21      frame.add(message);
22      frame.add(combo);
23      frame.setSize(400, 100);
24      frame.setVisible(true);
25      frame.setDefaultCloseOperation(JFrame.EXIT_ON_CLOSE);
26    }
27  }
```

保存并运行程序，结果如下图所示。

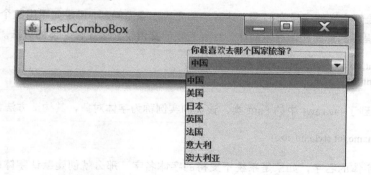

【代码详解】

第 06 ~ 第07 行，定义了下拉框的字符串内容。

第 10 行，创建了一个 JFrame 窗体对象 frame。

第 11 行，创建了一个 JLable 标签对象 message。

第 12 行，定义下拉框 JComboBox 对象 combo，并将字符串数组 str 的内容，当作 JComboBox 的构造方法的参数，这样一来，字符串数组 str 的各个字符串，分别作为 combo 的各个下列选项值。

第 13 行，设置下拉框 combo 的标题。

第 14 ~ 第19 行，为下拉列表框 combo，添加行为监听器，获取选择的信息，并通过 setText( ) 显示在标签 message 上。其中 getElementAt()，返回的是下拉列表选项的索引值，而这个索引值，恰好是字符串数组 str 的下标索引值，从而可以把这个值方便地提取出来。

14.7.3 组件的常用方法

在学习了一些不同组件的用法之后，细心的读者可能会发现其中的相似之处，例如，可以使用同样的方法设置组件大小，颜色等，其原因很简单，从前面的 Swing 继承关系图可以看出，就是基本上所有组件类的父类都是 JComponent，各个组件子类从 Jcomponent 继承很多相同功能的方法。为了更方便地使用各个组件，下面我们就来介绍一下 JComponent 类的几个常用方法。

01 组件的颜色

设置组件的前、后景颜色及获取组件的前、后景颜色的方法如下。

- **public void setBackground(Color c)**// 设置组件的背景
- **public void setForeground(Color c)**// 设置组件的前景
- **public Color getBackground()**// 获取组件的背景
- **public Color getForeground()**// 获取组件的前景

上面的方法都涉及 Color 类，其是 java.awt 中的类，该类创建的对象称为颜色对象。用 Color 的构造方法 public Color(int red,int green,int blue)，可以创建一个 RGB 值为传入参数的颜色对象。另外 Color 类中还有 RED、BLUE、GREEN、ORANGE、CYAN、YELLOW、PINK 等常用的静态常量。

02 组件的边框

组件默认的边框是一个黑边的矩形，我们可以自定义成自己想要的颜色与大小，常用的方法有：

- **public void setBorder(Border border)** // 设置组件的边框
- **public Border getBorder()**   // 获取组件的边框

组件调用 setBorder() 方法来设置边框，该方法的参数是一个接口，因此必须向该参数传递一个实现接口的 Border 类的实例，如果传递 null，组件则取消边框。可以使用 BorderFactory 类的方法来取得一个 Border 实例，例如用 BorderFactory.createLineBorder(Color.GRAY) 将会获得一个灰色的边框。

03 组件的字体

Swing组件默认显示文字的字号为11号。这对于英文显示毫无问题，但是如果用这个字号显示中文的话，这么小的字号就会使程序的界面显得难以辨认。Java为我们提供了修改组件字体的方法。

- public void setFont(Font f)   // 设置组件上的字体
- public Font getFont()   // 获取组件上的字体

上面的方法都用到了 java.awt 中的 Font 类，该类的实例称为字体对象，其构造方法如下。

public Font(String name,int style,int size)

其中，name 是字体的名字，如果是系统不支持的字体名字，那么就创建默认字体的对象。style 决定字体的样式，是一个整数，取值常用的有4种，分别是 Font.PLAIN（普通）、Font.BOLD（加粗）、Font.ITALIC（斜体）、Font.BOLD+Font.ITALIC（粗斜体）。参数 size 决定字体大小，单位是磅（pt）。

04 组件的大小与位置

组件可以通过布局管理器来指定其大小与位置，不过我们也可以手动精确设置，以确保组件所处位置完全符合自己的设计思路。常用的方法有：

- public void setSize(int width,int height) // 设置组件的大小，参数分别为宽和高，单位是像素
- public void setLocation(int x,int y) // 设置组件在容器中的位置，x 和 y 为坐标
- public Point getLocation() // 返回一个 Point 对象，Point 内包含该组件左上角在容器中的坐标
- public void setBounds(int x,int y,int width,int height) // 设置组件在容器中的坐标与大小

▶14.8 Swing 的应用小案例——简易学籍管理系统

在本书，我们比较推崇一种"不求甚解"的理念。陶渊明在《五柳先生传》中写到："好读书，不求甚解；每有会意，便欣然忘食。"在陶潜的认知中，"不求甚解"其实是个褒义词，不必责备求全，每每有所提高，有所感悟，都高兴得忘记吃饭。

其实，学习 Java 也是如此。Java 是个非常庞大的技术体系，如果试图一下子全部掌握，是非常困难的，也是没有必要的。就如同我们没有必要去一下子背会一整本字典一样。我们推荐的方式是，在掌握一个基础后，按需求"学"，在实践中学，项目驱动是最快的自我提升方式之一。

下面的案例是模拟一个简易的学籍管理系统。运行界面首先让用户在一个文本框中，输入管理的学生人数，比如8人，按【Enter】键后，据此生成一个8行的表格，双击表格的某一个单元格，就可以输入对应列的成绩，当全部成绩输入完毕后，单击"计算成绩"按钮，可以计算学生的总成绩。单击"保存学生信息"，就可以把表格中的数据，保存到一个文本文件中。

📝 范例14-18   模拟学生管理（TestStudentManager.java）

```
01   import java.awt.*;
02   import java.awt.event.*;
03   import java.io.*;
04   import javax.swing.*;
05   public class TestStudentManager
06   {
07       private int rows = 0;
```

```
08      private String[][] unit = new String[rows][5];
09      private String[] name = { " 姓名 "," 语文 "," 数学 "," 外语 "," 总分 " };
10      public static void main(String[] args)
11      {
12        new TestStudentManager();
13      }
14      TestStudentManager()
15      {
16        JFrame frame = new JFrame(" 模拟学生管理系统 ");
17        JTable table = new JTable(unit, name);
18        JPanel southPanel = new JPanel();
19        southPanel.add(new JLabel(" 添加学生数 "));
20        JButton calc = new JButton(" 计算成绩 ");
21        JButton save = new JButton(" 保存学生信息 ");
22        JTextField input = new JTextField(5);
23        southPanel.add(input);
24        southPanel.add(calc);
25        southPanel.add(save);
26        frame.add(new JLabel(" 欢迎访问学生管理系统 "), BorderLayout.NORTH);
27        frame.add(southPanel, BorderLayout.SOUTH);
28        frame.add(new JScrollPane(table), BorderLayout.CENTER);
29        frame.setSize(400, 400);
30        frame.setVisible(true);
31
32        frame.setDefaultCloseOperation(JFrame.EXIT_ON_CLOSE);
33        input.addActionListener(new ActionListener() {
34          public void actionPerformed(ActionEvent e)
35          {
36            rows = Integer.valueOf(input.getText());
37            unit = new String[rows][5];
38            table = new JTable(unit, name);
39            frame.getContentPane().removeAll();
40            frame.add(new JScrollPane(table), BorderLayout.CENTER);
41            frame.add(southPanel, BorderLayout.SOUTH);
42            frame.add(new JLabel(" 欢迎访问学生管理系统 "), BorderLayout.NORTH);
43            frame.validate();
44            table.setRowHeight(25);
45          }
46        });
47        calc.addActionListener(new ActionListener() {
48          public void actionPerformed(ActionEvent e)
49          {
50            for (int i = 0; i < rows; i++)
51            {
52              double sum = 0;
53              boolean flag = true;
54              for (int j = 1; j <= 3; j++)
55              {
56                try {
57                  sum += Double.valueOf(unit[i][j].toString());
58                } catch (Exception ee) {
```

```
59                    flag = false;
60                    table.repaint();
61                }
62              if (flag)
63              {
64                    unit[i][4] = "" + sum;
65                    table.repaint();
66              }
67            }
68          }
69        }
70      });
71      save.addActionListener(new ActionListener() {
72        public void actionPerformed(ActionEvent e)
73        {
74          try {
75            write();
76          } catch (IOException e1) {
77            e1.printStackTrace();
78          }
79        }
80      });
81    }
82    void write() throws IOException
83    {
84      File f = new File(" 学生信息 .txt");
85      FileWriter fw = new FileWriter(f);
86      for (int i = 0; i < 5; i++)
87      {
88        fw.write(name[i] + "\t");
89      }
90      fw.write("\r\n");
91      for (int i = 0; i < rows; i++)
92      {
93        for (int j = 0; j < 5; j++)
94        {
95          fw.write(unit[i][j] + "\t");
96        }
97
98        fw.write("\r\n");
99      }
100     fw.close();
101     JOptionPane.showMessageDialog(null, " 保存成功，存放至：学生信息 .txt");
102   }
103 }
```

保存并运行程序，结果如下图所示。

输入成绩

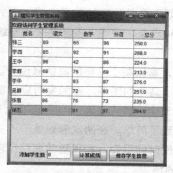

计算成绩

保存成绩

【代码详解】

第 03 行，导入有关输入输出的包，主要用于将学生信息成绩存储到文本文件中。

第 16 行，创建一个能独立显示的 JFrame 窗体 frame。

第 17 行，创建一个 JTable 对象，用于输入并显示学生的成绩。

第 18 行，创建一个 JPanel 对象 southPanel。

第 19 ~ 第 20 行，创建两个 JButton 对象，分别用于"计算成绩"和"保存学生信息"两个按钮。

第 22 行，创建一个 JTextField 对象 input，用于接纳"添加学生数"。JTextField 是一个轻量级组件，它允许编辑单行文本。JTextField(5) 的参数"5"，表示这个输入框的长度为 5 列（即只能显示 5 个字符）。

第 23 ~ 第 25 行，将 JButton 对象 calc 和 save 及 JTextField 对象 input，一起添加到容器 southPanel 中。

第 27 ~ 第 28 行，在窗体 frame 的北部（NORTH）、南部（SOUTH）及中部（CENTER）区域，分别添加匿名 JLabel 对象（用以显示字符串"欢迎访问学生管理系统"）、面板容器 southPanel 和一个以 table 为内嵌组件的带有滑动轴的匿名容器面板。这 3 个部分就构成了成绩管理系统的主体显示界面。

第 33 ~ 第 46 行，为文本输入框 input 配备一个事件监听器，用以感知用户的输入。并根据用户的输入，重新生成一个表格 table（第 38 行），然后将窗体 frame 的北部（NORTH）、南部（SOUTH）及中部（CENTER）区域重新添加一次。在添加之前，需要把旧的 GUI 组件删除（第 39 行）。

在前面的范例中，我们使用 pack() 这个方法，就是根据窗口里面的布局及组件推荐大小，来确定窗体的最佳大小。在第 43 行，我们使用 validate() 来验证 frame 中的所有组件，它并不会调整 frame 的大小。其目的在于，动态添加或者删除某些控件后，实时展现操作后的结果。如果使用不当，会导致容器重新布局时出现闪烁。

第 47 ~ 第 70 行，为按钮 calc 添加一个监听器，如果用户单击该按钮，则计算表格每一行的成绩总和，每次计算总成绩，需要 repaint（重绘）表格。

第 82 ~ 第102 行，利用第 14 章所学有关 I/O 操作的知识，将表格的数据写入到一个文本文件中。其中第 101 行，利用消息提示框组件 JOptionPane，弹出一个提示信息对话框。

【范例分析】

为了节省篇幅，本范例删去了与 GUI 无关的数据库管理部分（仅仅用文本文件存储了数据），算是一个模拟版本的学生管理系统，用 JTable 搭建了学生管理系统的主体，添加 JTextField，JButton，JLabel 等控件，添加事件监听器以进行程序控制，用到了 BorderLayout 布局管理，容器嵌套内容，对前面所学也是一个综合体，读者朋友可以发挥自己的想象力，再结合前面章节所学的知识，做出一个完全自己定制的可执行的学生管理系统。

▶**14.9 高手点拨**

GUI 中的双缓冲技术

在运行【范例 14-14】绘制会动的小乌龟时，我们发现，当快速移动乌龟时，乌龟的图像会有肉眼可见的闪烁，虽然这种闪烁不会给程序的效果造成太大的影响，但是给程序的使用者造成了些许不方便，视觉观感不太好。针对这种现象，我们大多都是采用双缓冲的方式来解决的。双缓冲是计算机动画处理中的传统技术。

那么画面的闪烁是如何产生的呢，拿绘制小乌龟的案例来说，当创建窗体对象后，显示窗口，程序首先会调用 paint() 方法，在窗口上绘制小乌龟的图案。在触发对应的键盘事件后，修改位置参数，然后调用 repaint() 方法实现重绘。在 repaint() 方法中，首先清除 Canvas 画布上已有的内容，然后调用 paint() 方法根据坐标重新绘制图像。正是这一过程导致了闪烁。在两次看到处于不同位置乌龟的中间时刻，存在一个在短时间内被绘制出来的空白画面。但即使时间很短，如果重绘面积比较大的话，花去的时间相对较长，这个时间足以让画面闪烁到人眼难以忍受的地步。

双缓冲技术就是先在内存中分配一个和我们动画窗口一样大的空间，然后利用 getGraphics() 方法获得双缓冲画笔，接着利用双缓冲画笔在缓冲区中绘制我们想要的东西，最后将缓冲区一次性地绘制到窗体中显示出来，这样在我们的动画窗口上面显示出来的图像就非常流畅了。

在 Swing 中，组件本身就提供了双缓冲的功能，我们只需要进行简单的方法调用就可以实现组件的双缓冲（重写组件的 paintComponent() 方法）。在 AWT 中，却没有提供此功能。

▶ 14.10 实战练习

1. 利用双缓冲技术，让【范例 14-14】消除屏幕闪动。

2. 利用所学知识，编写一个图形化的俄罗斯方块游戏，并实现计分功能（为了表明是自己写的程序，可以在方块加上自己的姓氏），运行的界面如下所示。

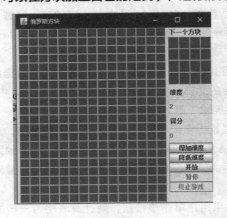 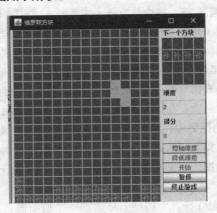

📋 **提示**

游戏画布的设计是整个游戏 UI 设计的核心，可以使用 **JPanel** 来作为容器，使用 20×15 个控件（如文本框）来填满交互界面的容器，为了美观，文本框设计为正方形，单个文字能够把这个方形的文本框填充满。循环创建 300 个文本框实例，使用布局管理器进行画布容器的布局（20 行 15 列），然后添上 300 个文本框即可。

第

15

章

数据库编程

数据库是数据管理的有效技术，诸如学籍管理系统、电子政务、电子商务等应用程序的有效运行，都离不开数据库。

本章除了为大家讲解数据库的基础知识，还通过实例分析 JDBC 在 SQLite 与 MySQL 中的基本使用方法。

本章要点（已掌握的在方框中打钩）

☐ 掌握关系数据库标准语言 SQL
☐ 掌握 Java 数据库连接的基本概念
☐ 掌握 Java 数据库的连接方法
☐ 熟悉 Java 数据库连接的相关类
☐ 熟悉 SQLite 数据库的使用
☐ 熟悉 MySQL 数据库的使用

▶15.1 数据库概述

数据库是数据管理的有效技术，是计算机科学的重要分支。无论是我们浏览的网页，还是各种常用的软件，或多或少都有数据库的后台支持。数据库作为一项重要的数据管理技术，已经成为一名合格的程序员必须掌握的基本技能。

数据库通常分为层次型数据库、网络型数据库和关系型数据库 3 种。层次型数据库系统和网状型数据库系统在使用和实现上都要涉及数据库物理层的复杂结构，现在已渐渐被关系型数据库取代。

现如今，数据库都已发展成为一门成熟的学科，如果真正想要熟练操作各种数据库，还需要"持续性"地多花点时间研究、实践很多知识点。下面我们结合 Java，实践一下 Java 环境下的数据库操作。

▶15.2 Java 数据库连接利器——JDBC

JDBC（Java DataBase Connectivity, Java 数据库连接）是一种用于执行 SQL 语句的 Java API，由一组用 Java 语言编写的类和接口组成，可以为多种关系数据库提供统一访问。

通过 JDBC，Java 工程师们可以利用这组 API，有效地访问各种形式的数据，包括关系型数据库、表格，甚至一般性的文本文件。

有了 JDBC，向各种关系数据库发送 SQL 请求就是一件比较容易的事。换言之，有了 JDBC API，就不必为访问 Oracle 数据库专门写一个程序，为访问 SQL Server 数据库又专门写一个程序，或为访问 MySQL 数据库又编写另一个程序等，程序员只需用 JDBC API 写一个程序就够了，它可向相应数据库发送 SQL 调用。

此外，将 Java 语言和 JDBC 结合起来，使程序员不必为不同的平台编写不同的应用程序，只需写一遍程序就可以让它在任何平台上运行，这也是 Java 语言"编写一次，处处运行"的优势体现。

▶15.3 轻量级数据库——SQLite

SQLite 是一个开源的嵌入式关系数据库，是一款轻型数据库，大小只有 5MB 左右，它占用的系统资源非常小，在嵌入式设备中，可能只需要几百 KB 的内存。支持 Windows、Linux、UNIX 等主流操作系统甚至手机操作系统，例如 Android、IOS 等。绝大多数的 Android 应用程序都使用 SQLite 数据库作为数据存储方案。

总的来说，SQLite 具有轻量级、独立性、跨平台、多语言接口等诸多优点，加上 SQLite 数据库的核心引擎不依赖第三方软件，使用时不需要安装配置，能够省去不少麻烦。

综上所述，我们首选 SQLite 数据库为读者讲解 JDBC 的用法。

15.3.1 SQLite 的准备工作

在使用 SQLite 之前，需要先下载 SQLite JDBC Driver 驱动程序。下载的方法是在浏览器地址栏中输入下载地址，打开 SQLite-JDBC 库。选择当前的最新版 sqlite-jdbc-3.15.1.jar，单击即可完成下载（事实上，对于普通的 JDBC 操作，下图所示的任意版本都能满足需求）。

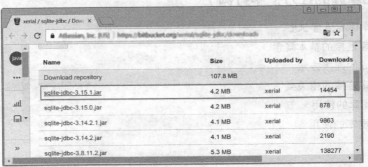

　　得到 SQLite JDBC Driver 驱动程序之后，还需要将这个 jar 包导入到我们的 Java 项目中，下面以集成开发环境 Eclipse 为例（事实上，Eclipse 并不是必需的），说明具体过程。

　　（1）新建一个 Java 项目（例如 SQLiteDemo），项目名可自己命名，只要符合命名规则即可，如下图所示。

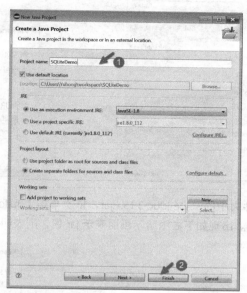

　　（2）右键新建的项目，选择新建文件夹，新建一个名为 lib 的文件夹。为什么 jar 包要放到 lib 文件夹呢？其实，如果不是使用服务器的话，jar 包放在哪个文件夹都是没有问题的，但是当你使用了 Web 服务器就要小心了，因为服务器只会寻找 lib 文件夹下的 jar 包，并将它们复制到服务器中，这不是我们所能控制的。所以建议大家养成良好的习惯，将 jar 包统一放在 lib 文件夹里。

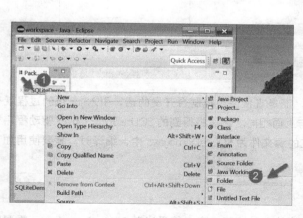

　　（3）复制下载的 sqlite-jdbc-3.15.1.jar，到 SQLiteDemo 项目所在的工作区中的 lib 文件夹中（单击鼠标右键粘贴），然后在 Eclipse 的资源管理器中，就会找到这个 jar 包。如果直接复制到 lib 文件夹，而在项目中没有出现 sqlite-jdbc-3.15.1.jar，请在项目资源管理器的空白处单击右键，选择刷新（Refresh）选项（或者直接按【F5】键刷新）。

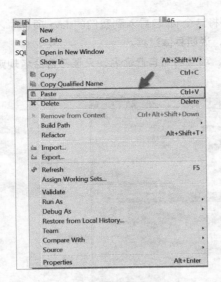

（4）鼠标右键单击 lib 文件夹中的 sqlite-jdbc-3.15.1.jar，依次单击【Build Path】（构建路径）➤【Add to Build Path】（添加至构建路径）。出现如下右图所示画面表示 jar 包，则表明这个 jar 包成功导入 java 项目。

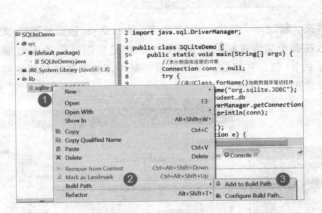

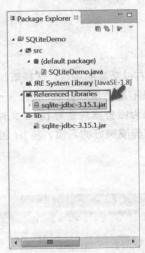

需要注意的是，如果不借助 Eclipse 等 IDE 环境，而是直接使用控制台开发的话，引入 jar 包的过程就有些不同了。下载 SQLite JDBC Driver 驱动程序的过程与上面相同。之后将得到的 SQLite JDBC Driver 驱动程序复制到 .java 文件的同目录下。假设我们 main 方法所在的源文件为 SQLiteDemo.java 中，编译时，需要使用如下命令进行编译。

```
javac -cp sqlite-jdbc-3.15.1.jar; SQLiteDemo.java
```

这里参数项 "-cp" 是 "class path（类路径）" 的首字母缩写，表示编译当前 SQLiteDemo.java，需要加载类 sqlite-jdbc-3.15.1.jar。

这里需要注意的是，javac –cp 后面指定多个路径 jar 包（class 类库），彼此之间需要用分号（;）隔开。

事实上，sqlite-jdbc-3.15.1.jar 可以放置在任意路径，如果在其他路径，需要使用绝对路径罢了。其中 "sqlite-jdbc-3.15.1.jar" 为自己下载的版本，版本不同，做对应修改即可。

运行时，也需要特殊对待，使用如下命令（也要用分号隔开多个类包）。

```
java -cp  sqlite-jdbc-3.15.1.jar; SQLiteDemo
```

15.3.2 用 Java 连接 SQLite

SQLite JDBC Driver 驱动程序导入 Java 项目之后，接下来需要在 JDBC 中建立与数据库之间的关联操作，也就是完成 Java 数据库的连接操作，这个过程主要是通过包含在 Java API 包下类中的方法进行。在 JDBC 的操作过程中，进行数据库连接的主要步骤如下。

（1）通过 Class.forName() 加载数据库的驱动程序。首先需要利用来自 Class 类中的静态方法 forName()，加载需要使用的 Driver 类。

（2）通过 DriverManager 类进行数据库 student.db 的连接，如果数据库不存在，将创建该数据库。成功加载 Driver 类以后，Class.forName() 会向 DriverManager 注册该类，此时可通过 DriverManager 中的静态方法 getConnection 创建数据库连接。

（3）通过 Connection 接口接收连接。当成功进行了数据库的连接之后，getConnection 方法会返回一个 Connection 的对象，而 JDBC 主要就是利用这个 Connection 对象与数据库进行沟通。

（4）此时输出的是一个对象，表示数据库已经连接上了。

📝 范例 15-1　通过 Java 指令进行实际数据库的连接（SQLiteDemo.java）

```java
01  import java.sql.Connection;
02  import java.sql.DriverManager;
03  public class SQLiteDemo {
04     public static void main(String[] args) {
05        // 表示数据库连接的对象
06        Connection conn = null;
07        try {
08           // 通过 Class.forName() 加载数据库驱动程序
09           Class.forName("org.sqlite.JDBC");
10           // 连接数据库 Student.db
11           conn = DriverManager.getConnection("jdbc:sqlite:Student.db");
12           System.out.println(conn);
13           // 关闭数据库
14           conn.close();
15        } catch (Exception e) {
16           System.exit(0);
17        }
18     }
19  }
```

保存并运行程序，结果如下图所示。

```
📋 Problems  @ Javadoc  🔍 Declaration  🖥 Console ☒
<terminated> SQLiteDemo [Java Application] C:\Program Files\Java\jre1.8.0_112\bin\java
org.sqlite.SQLiteConnection@65b3120a
```

【范例分析】

这个范例非常具有代表性，演示了 Java 使用 JDBC 连接 SQLite 数据库的过程。

第 01 行，导入关于 SQL 连接的包。第 02 行，导入数据库驱动管理器的包。

第 06 行，首先声明一个 Connection 对象 conn，该对象就代表一个数据库的连接。目前该对象的引用暂时为空。

第 09 行中 Class.forName() 中的参数，为数据库驱动程序的地址，一般在 Java 环境下的数据库驱动程序地址均类似于此，所以不需要特别记忆。如果连接的是 Oracle 或 MySQL 数据库，则使用类似的语句，如下所示。

```
Class.forName("oracle.jdbc.driver.OracleDriver"); //Oracle 数据库
Class.forName("com.MySQL.jdbc.Driver");        //MySQL 数据库
```

第 11 行中，通过 DriverManager 类进行数据库的连接。DriverManager 在 Java.sql 这个包里面，管理一组 JDBC 驱动程序的基本服务。

在第 11 行的参数 Student.db，是需要连接的数据库名称，驱动程序将自动搜索工程目录，DriverManager 中的静态方法 getConnection() 与找到的 Student.db 数据库创建连接，如果当前工程目录下没有 Student.db 数据库时，DriverManager 会自动创建该数据库。与 Oracle、MySQL 等数据库不同的是，SQLite 作为轻量级的数据库，并没有用户名、密码的概念。

成功建立连接后，将输出一个对象（第 12 行）。最后需要关闭数据库（第 14 行）。范例成功运行后，将在工程目录下创建" Student.db"文件，如下图所示。

15.3.3 创建数据表

在成功连接数据库后，就可以操作数据库了。对数据库的操作，在本质上来说，是对数据库里的表进行操作。因此，当我们首次使用这个数据库时，需要在这个数据库里创建我们需要的数据表，之后就可以在这个数据表上进行增、删、查、改等操作。

为了说明 JDBC 的基本操作，我们使用以下的数据表完成操作。

数据表类型结构如下图所示。

No.	列名称	类型	描述
1	ID	INT	学生学号，为主码，不可为空
2	NAME	CHAR(10)	学生姓名，不可为空
3	SEX	CHAR(10)	学生性别，不可为空
4	CLASS	CHAR(50)	学生班级，不可为空
5	SCORE	INT	Java 分数，不可为空
6	REMARK	CHAR(100)	备注，可为空

SQL 语言使用 CREATE TABLE 语句定义基本表，具体的用法前面已经介绍过了，这里通过一个范例来演示如何使用 Java 代码创建一个数据表。

范例 15-2   在数据库Student.db中建立一个数据表STUDENT (SQLiteCreate.java)

```
01  import java.sql.Connection;
02  import java.sql.DriverManager;
03  import java.sql.Statement;
04  public class SQLiteCreate {
05      public static void main(String[] args) {
06          // 表示数据库连接的对象
07          Connection conn = null;
08          //Statement 用于向数据库发送 SQL 语句
09          Statement stmt = null;
10          //SQL 语句，用于创建 STUDENT 表
11          String sql = "CREATE TABLE STUDENT " +
12              "(ID      INT       PRIMARY KEY   NOT NULL, " +
13              " NAME     CHAR(10)   NOT NULL, " +
14              " SEX      CHAR(10)   NOT NULL, " +
15              " CLASS    CHAR(50)   NOT NULL, " +
16              " SCORE    INT       NOT NULL, " +
17              " REMARK   CHAR(100))";
18          try {
19              // 通过 Class.forName() 加载数据库驱动程序
20              Class.forName("org.sqlite.JDBC");
21              // 连接数据库 student.db
22              conn = DriverManager.getConnection("jdbc:sqlite:Student.db");
23              //Statement 接口需要通过 Connection 接口进行实例化操作
24              stmt = conn.createStatement();
25              // 执行 SQL 语句，创建 STUDENT 表
26              stmt.executeUpdate(sql);
27              System.out.println("STUDENT 表创建成功 ");
28              // 关闭数据库
29              conn.close();
30          } catch (Exception e) {
31              System.exit(0);
32          }
33      }
34  }
```

保存并运行程序，结果如下图所示。

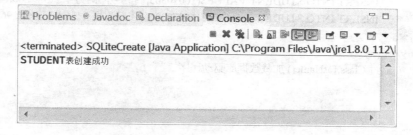

【代码详解】

特别说明，需要将 SQLite 的驱动程序导入我们新建的项目，具体过程参照【范例 15-1】。

相比于【范例 15-1】，这里多了一个创建 SQL 语句的包 Statement（第 03 行）。Statement 用于向数据库发送 SQL 语句，Statement 接口提供 3 种执行 SQL 语句的方法：executeQuery()、executeUpdate() 和 execute()。

executeQuery() 方法用于产生单个结果集的语句，例如查询语句 SELECT。

executeUpdate() 方法用于执行 INSERT、UPDATE、DELETE 以及包括 CREATE TABLE 等在内的 DDL（数据定义）语句。

execute() 方法用于执行返回多个结果集、多个更新计数或二者结合的语句。

这里使用 executeUpdate 方法创建 STUDENT 表（第 26 行），将查询语句 sql 作为它的参数（第 11 ~ 第17 行定义的字符串）。

【范例分析】

需要特别说明的是，数据表不能重复创建，当数据库中已有该数据表时，将不会创建新的数据表；也就是说，在本例中，只有第一次运行时才会输出"STUDENT 表创建成功"的提示，之后再次运行该程序将不会有任何输出。

15.3.4 更新数据表

数据表的更新操作包括插入、删除以及修改操作，下面将依次演示这些操作。

首先是插入操作，SQL 提供了 INSERT 语句进行插入操作，具体用法前文已经介绍过了，下面将通过一个范例来演示如何向 STUDENT 表插入数据。下面的代码都是在【范例 15-2】的基础上修改的。

📝 **范例 15-3**　通过Java指令向STUDENT表插入4条记录(SQLiteCreate.java)

```
01  import java.sql.Connection;
02  import java.sql.DriverManager;
03  import java.sql.Statement;
04
05  public class SQLiteCreate {
06    public static void main(String[] args) {
07      // 表示数据库连接的对象
08      Connection conn = null;
09      //Statement 用于向数据库发送 SQL 语句
10      Statement stmt = null;
11      //SQL 语句，插入 4 条记录
12      String[] sqlList = {
13          "INSERT INTO STUDENT VALUES(16070301,'达·芬奇','男','三班',92,'无');",
14          "INSERT INTO STUDENT VALUES(16070302,'米开朗琪罗','男','三班',85,'无');",
15          "INSERT INTO STUDENT VALUES(16070303,'拉斐尔','男','三班',88,'无');",
16          "INSERT INTO STUDENT VALUES(16070304,'多纳泰罗','男','三班',96,'无');"
17      };
18      try {
19          // 通过 Class.forName() 加载数据库驱动程序
```

```
20        Class.forName("org.sqlite.JDBC");
21        // 连接数据库 student.db
22        conn = DriverManager.getConnection("jdbc:sqlite:student.db");
23        //Statement 接口需要通过 Connection 接口进行实例化操作
24        stmt = conn.createStatement();
25        // 执行 SQL 语句，创建 STUDENT 表，特别说明 STUDENT 表只能创建一次
26        //stmt.executeUpdate(sql);
27        // 依次将 4 条记录插入 STUDENT 表
28        for(String sql: sqlList){
29            stmt.executeUpdate(sql);
30            System.out.println(sql);
31        }
32        stmt.close();
33        // 提交事物
34        conn.commit();
35        // 关闭数据库
36        conn.close();
37    } catch (Exception e) {
38        System.exit(0);
39    }
40   }
41 }
```

保存并运行程序，结果如下图所示。

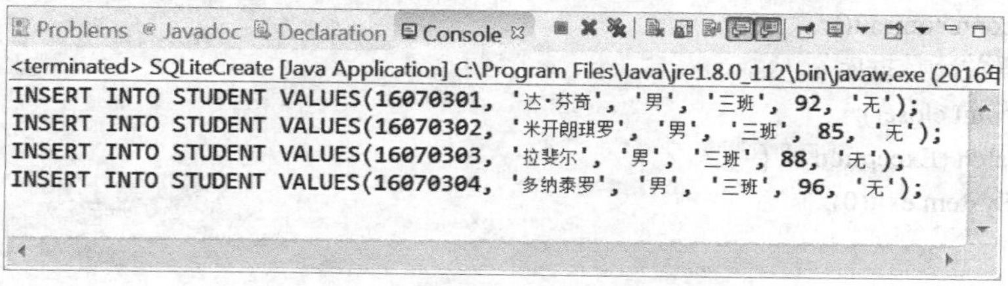

```
Problems  Javadoc  Declaration  Console 
<terminated> SQLiteCreate [Java Application] C:\Program Files\Java\jre1.8.0_112\bin\javaw.exe (2016年
INSERT INTO STUDENT VALUES(16070301, '达·芬奇', '男', '三班', 92, '无');
INSERT INTO STUDENT VALUES(16070302, '米开朗琪罗', '男', '三班', 85, '无');
INSERT INTO STUDENT VALUES(16070303, '拉斐尔', '男', '三班', 88, '无');
INSERT INTO STUDENT VALUES(16070304, '多纳泰罗', '男', '三班', 96, '无');
```

【代码详解】

这里将 SQL 语句定义为一个字符数组，可以更便捷地插入 4 条记录（第 11 ~ 第17 行）。

请注意，【范例 15-2】在创建过 STUDENT 表后，需要将用于创建 STUDENT 表的 SQL 语句删除。

之后用 foreach 语句（第 28 ~ 第31 行），依次执行 4 条 SQL 插入语句。这里用到了 Statement 接口的 executeUpdate 方法，sql 字符串作为它的参数。

第 34 行，Connection 接口的 commit 方法的作用是提交事务，使当前的更改成为持久的更改，并释放 Connection 对象当前持有的所有数据库锁。

第 36 行，关闭数据库。

范例 15-4   通过Java指令从STUDENT表中删除学号为16070304的学生记录，在上述代码的基础上修改即可(SQLiteCreate.java)

```java
01  import java.sql.Connection;
02  import java.sql.DriverManager;
03  import java.sql.Statement;
04
05  public class SQLiteCreate {
06      public static void main(String[] args) {
07          // 表示数据库连接的对象
08          Connection conn = null;
09          //Statement 用于向数据库发送 SQL 语句
10          Statement stmt = null;
11          //SQL 语句，删除学号为 16070304 的学生信息
12          String sql = "DELETE FROM STUDENT WHERE ID = 16070304";
13          try {
14              // 通过 Class.forName() 加载数据库驱动程序
15              Class.forName("org.sqlite.JDBC");
16              // 连接数据库 student.db
17              conn = DriverManager.getConnection("jdbc:sqlite:Student.db");
18              //Statement 接口需要通过 Connection 接口进行实例化操作
19              stmt = conn.createStatement();
20              // 执行 SQL 语句，删除学号为 16070304 的学生信息
21              stmt.executeUpdate(sql);
22              System.out.println(" 成功删除学号为 16070304 的学生信息！ ");
23              stmt.close();
24              conn.commit();
25              // 关闭数据库
26              conn.close();
27          } catch (Exception e) {
28              System.exit(0);
29          }
30      }
31  }
```

保存并运行程序，结果如下图所示。

【代码详解】

删除操作相对简单，只需要将相应的 SQL 删除语句（第 12 行定义），通过 Statement 接口的 executeUpdate 方法（第 21 行）执行即可。

最后，第 26 行关闭数据库。

范例 15-5　通过Java指令将STUDENT表中学号为16070302的学生记录Java成绩修改为98分，在上述代码的基础上修改即可(SQLiteCreate.java)

```java
01  import java.sql.Connection;
02  import java.sql.DriverManager;
03  import java.sql.Statement;
04
05  public class SQLiteCreate {
06    public static void main(String[] args) {
07      // 表示数据库连接的对象
08      Connection conn = null;
09      //Statement 用于向数据库发送 SQL 语句
10      Statement stmt = null;
11      //SQL 语句，将学号为 16070302 的学生 Java 成绩修改为 98
12      String sql = "UPDATE STUDENT SET SCORE = 98 WHERE ID = 16070302";
13      try {
14        // 通过 Class.forName() 加载数据库驱动程序
15        Class.forName("org.sqlite.JDBC");
16        // 连接数据库 student.db
17        conn = DriverManager.getConnection("jdbc:sqlite:student.db");
18        //Statement 接口需要通过 Connection 接口进行实例化操作
19        stmt = conn.createStatement();
20        // 执行 SQL 语句，将学号为 16070302 的学生 Java 成绩修改为 98
21        stmt.executeUpdate(sql);
22        System.out.println(" 将学号为 16070302 的学生 Java 成绩修改为 98");
23        stmt.close();
24        conn.commit();
25        // 关闭数据库
26        conn.close();
27      } catch (Exception e) {
28        System.exit(0);
29      }
30    }
31  }
```

保存并运行程序，结果如下图所示。

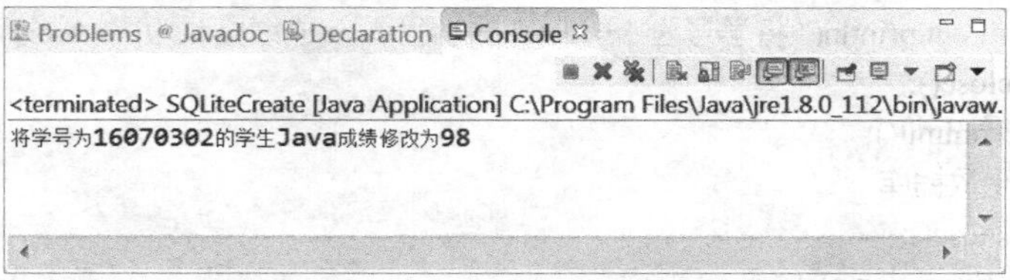

```
Problems  Javadoc  Declaration  Console
<terminated> SQLiteCreate [Java Application] C:\Program Files\Java\jre1.8.0_112\bin\javaw.
将学号为16070302的学生Java成绩修改为98
```

【范例分析】

修改操作与删除操作类似，将 SQL 语句修改成相应的修改操作（第 12 行），通过 Statement 接口的 executeUpdate 方法执行即可（第 21 行）。

最后关闭数据库。

上述几个范例演示了更新的相关操作，但是都是在数据已知的情况下，不具有复用性。下面将通过一个范例为大家演示如何将相关操作改成方法，并将数据作为参数传入。

<table>
<tr><td>📝 范例 15-6</td><td>写一个方法，用于对STUDENT表的修改操作，将需要修改的学生学号与新的Java成绩作为参数传入，并调用该方法，完成将学号为16070303的学生Java成绩改为91。在上述代码的基础上修改即可(SQLiteCreate.java)</td></tr>
</table>

```
01  import java.sql.Connection;
02  import java.sql.DriverManager;
03  import java.sql.PreparedStatement;
04
05  public class SQLiteCreate {
06      private String driver = "org.sqlite.JDBC";
07      private String name = "jdbc:sqlite:Student.db";
08      // 默认构造方法
09      public SQLiteCreate(){
10
11      }
12
13      public void updateScoreByID(int id, int score){
14          // 表示数据库连接的对象
15          Connection conn = null;
16          //PreparedStatement 继承自 Statement
17          PreparedStatement stmt = null;
18          //SQL 语句，学号与 Java 成绩为变量，用 "？" 表示变量位置
19          String sql = "UPDATE STUDENT SET SCORE = ? WHERE ID = ?;";
20          try {
21              // 通过 Class.forName() 加载数据库驱动程序
22              Class.forName(driver);
23              // 连接数据库 student.db
24              conn = DriverManager.getConnection(name);
25              //PreparedStatement 接口需要 SQL 语句作为参数
26              stmt = conn.prepareStatement(sql);
27              // 设置 SQL 语句中的成绩为 score 参数，1 表示第一个 "？"，这里不从 0 开始
28              stmt.setInt(1, score);
29              // 设置 SQL 语句中的 ID 为 id 参数，2 表示第二个 "？"
30              stmt.setInt(2, id);
31              // 执行 SQL 语句，与 Statement 不同的是，三个更新方法不需要 SQL 语句作为参数
32              stmt.executeUpdate();
33              System.out.println(" 将学号为 " + id + " 的学生 Java 成绩修改为 " + score);
34              stmt.close();
35              conn.commit();
36              // 关闭数据库
37              conn.close();
38          } catch (Exception e) {
39              System.exit(0);
40          }
41      }
42
43      public static void main(String[] args) {
```

```
44          SQLiteCreate sqlite = new SQLiteCreate();
45          sqlite.updateScoreByID(16070303, 91);
46     }
47 }
```

保存并运行程序，结果如下图所示。

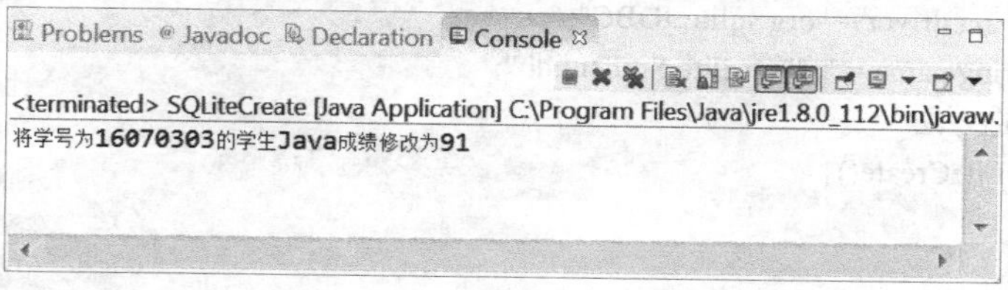

【代码详解】

本范例演示了如何将修改操作改成方法，并将学号与新的 Java 成绩作为参数传入方法，实现代码的可复用性，在实际使用中这样的方法是很必要的。代码的可复用性是将来程序设计时必须考虑的问题。

首先，第 03 行，导入 PreparedStatement 包。PreparedStatement 接口继承自 Statement 接口。该接口具有 Statement 接口的所有功能，不同的是 PreparedStatement 实例包含已编译的 SQL 语句，因此其执行速度要快于 Statement 对象。除此之外，PreparedStatement 还有许多特性优于 Statement，因此建议始终以 PreparedStatement 代替 Statement。

代码第 13 行，方法命名为 updateScoreByID，这是匈牙利命名法的命名方式，在代码编写中，有含义的命名是很重要的，这将有助于提高代码的可读性，同时还有利于团队协作。

代码第 17 行，声明一个 PreparedStatement 对象。

代码第 19 行的 SQL 语句与之前范例中的 SQL 语句不太相同，这里的两个等号后面改为问号（？），这些问号标明变量的位置，然后提供变量的值，执行语句变量值将在之后的代码给出。

代码第 28 行中出现了一个 setInt() 方法，在这里，该方法的作用是将参数放入 SQL 语句中的相应的问号中，这个方法有两个参数，第一个参数可以简单地理解为 SQL 语句中的第几个问号，第二个参数为实际的值。特别说明的是，该方法有多个类似的方法，setDouble()、setString() 等，不同的方法对应第二个参数值的类型。第 30 行的 setInt() 方法与之相同。

代码第 32 行中出现的 executeUpdate() 方法，与前几个范例中 Statement 接口的 executeUpdate() 方法有所不同，因为 PreparedStatement 实例已经包含已编译的 SQL 语句，因此其 executeUpdate() 方法不再需要 SQL 语句作为参数。

最后，操作完毕数据库，读者不要忘了关闭之（第 37 行）！

15.3.5 查询数据表

本小节介绍数据表的查询操作。查询是数据库应用中很重要的一个功能，SQL 提供了 SELECT 语句进行数据查询，具体用法上一节已经介绍过了，这里将通过范例演示如何通过 JDBC 使用 Java 代码查询数据库。

为方便起见，以下范例仍然在之前的代码基础上修改。

使用Java代码查询STUDENT表中所有的学生信息。在上述代码的基础上修改即可(SQLiteCreate.java)

```java
01  import java.sql.Connection;
02  import java.sql.DriverManager;
03  import java.sql.PreparedStatement;
04  import java.sql.ResultSet;
05  public class SQLiteCreate {
06      private String driver = "org.sqlite.JDBC";
07      private String name = "jdbc:sqlite:Student.db";
08      // 默认构造方法
09      public SQLiteCreate(){
10
11      }
12
13      public void showEveryOne(){
14          // 表示数据库连接的对象
15          Connection conn = null;
16          //PreparedStatement 继承自 Statement
17          PreparedStatement stmt = null;
18          // 结果集，用来存储与操作查询到的多个结果
19          ResultSet set = null;
20          //SQL 语句
21          String sql = "SELECT * FROM STUDENT;";
22          try {
23              // 通过 Class.forName() 加载数据库驱动程序
24              Class.forName(driver);
25              // 连接数据库 student.db
26              conn = DriverManager.getConnection(name);
27              //PreparedStatement 接口需要 SQL 语句作为参数
28              stmt = conn.prepareStatement(sql);
29              // 调用 PreparedStatement 的 executeQuery 方法，将结果存入 ResultSet 实例中
30              set = stmt.executeQuery();
31
32              while(set.next()){
33                  // 通过 getInt 方法查询结果集中的某条记录的值
34                  int id = set.getInt("ID");
35                  String name = set.getString("NAME");
36                  String sex = set.getString("SEX");
37                  String clas = set.getString("CLASS");
38                  int score = set.getInt("SCORE");
39                  String remark = set.getString("REMARK");
40                  // 显示单条记录
41                  System.out.println(" 学号： " + id + "\t 姓名： " + name + "\t 性别： "
42                  + sex + "\t 班级： " + clas + "\tJava 成绩： " + score + "\t 备注： " + remark);
43              }
44
45              set.close();
```

```
46          stmt.close();
47          conn.commit();
48          // 关闭数据库
49          conn.close();
50      } catch (Exception e) {
51          System.exit(0);
52      }
53  }
54
55  public static void main(String[] args) {
56      SQLiteCreate sqlite = new SQLiteCreate();
57      sqlite.showEveryOne();
58  }
59 }
```

保存并运行程序，如果是在范例基础上修改的话，结果将如下图所示。

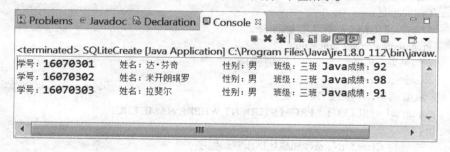

【代码详解】

第 04 行，我们又导入新的包 java.sql.ResultSet。对数据库的查询操作，一般需要返回查询结果，JDBC 提供了 ResultSet 接口来专门处理查询结果集。

代码第 19 行中用到了 ResultSet（结果集），将查询到的多个结果放入这个结果集中进行存储和操作。对 ResultSet 较为常用的遍历方法，形如第 32 行的 while 循环，set.next( ) 将指向下一个结果，直到其中的结果全部遍历完成。

代码第 30 行用到了 PreparedStatement 实例的 executeQuery 方法，该方法将返回查询结果，通过一个 ResultSet 实例接收。需要说明的是，这里"Query"的含义就是"查询"的意思。函数的返回类型是 ResultSet，但实际上，查询的数据并不存储在 ResultSet 里面，它们依然是在数据库里，ResultSet 中的 next() 方法类似于一个指针，指向查询的结果，然后不断遍历，指向下一条符合要求的记录，所以这就要求与数据库的连接不能断开。

代码第 34 行中的 getInt 方法查询结果集中的某条记录的整型值，参数为 Key 值，程序将根据这个 Key 值查询数据表中对应的属性列，并将当前记录的这个属性列的值返回。类似的有 getString()、getLong() 等方法，应根据返回的值类型选择对应的方法。

范例15-8　根据姓名查询STUDENT表中的学生信息，要求实现模糊查询功能 (SQLiteCreate.java)

```java
01  import java.sql.Connection;
02  import java.sql.DriverManager;
03  import java.sql.PreparedStatement;
04  import java.sql.ResultSet;
05
06  public class SQLiteCreate {
07      private String driver = "org.sqlite.JDBC";
08      private String name = "jdbc:sqlite:student.db";
09      // 默认构造方法
10      public SQLiteCreate(){
11
12      }
13
14      public void selectByName(String nameStr){
15          // 表示数据库连接的对象
16          Connection conn = null;
17          //PreparedStatement 继承自 Statement
18          PreparedStatement stmt = null;
19          // 结果集，用来存储与操作查询到的多个结果
20          ResultSet set = null;
21          //SQL 语句，学生姓名为变量
22          String sql = "SELECT * FROM STUDENT WHERE NAME LIKE ?;";
23          try {
24              // 通过 Class.forName() 加载数据库驱动程序
25              Class.forName(driver);
26              // 连接数据库 student.db
27              conn = DriverManager.getConnection(name);
28              //PreparedStatement 接口需要 SQL 语句作为参数
29              stmt = conn.prepareStatement(sql);
30              // "%" 的含义可以理解为任何字符串，即通配符
31              stmt.setString(1, "%" + nameStr + "%");
32              // 调用 PreparedStatement 实例的 executeQuery 方法，将结果存入 ResultSet 实例中
33              set = stmt.executeQuery();
34
35              while(set.next()){
36                  // 通过 getInt 方法查询结果集中的某条记录的值
37                  int id = set.getInt("ID");
38                  String name = set.getString("NAME");
39                  String sex = set.getString("SEX");
40                  String clas = set.getString("CLASS");
41                  int score = set.getInt("SCORE");
42                  String remark = set.getString("REMARK");
```

```
43              // 显示单条记录
44              System.out.println(" 学号：" + id + "\t 姓名：" + name + "\t 性别："
45              + sex + "\t 班级：" + clas + " Java 成绩：" + score + "\t 备注：" + remark);
46          }
47
48          set.close();
49          stmt.close();
50          conn.commit();
51          // 关闭数据库
52          conn.close();
53      } catch (Exception e) {
54          System.exit(0);
55      }
56  }
57
58  public static void main(String[] args) {
59      SQLiteCreate sqlite = new SQLiteCreate();
60      sqlite.selectByName(" 斐 ");
61  }
62 }
```

保存并运行程序，如果是在范例基础上修改的话，结果将如下图所示。

```
🔲 Problems @ Javadoc 🔍 Declaration 📮 Console ☒
                                        ■ ✖ ✖ | 🔳 🔳 🔳 📇 | 🖭 🖻 ▼ 📑 ▼
<terminated> SQLiteCreate [Java Application] C:\Program Files\Java\jre1.8.0_112\bin\javaw.
学号：16070303        姓名：拉斐尔        性别：男        班级：三班 Java 成绩：91
```

【范例分析】

本范例与【范例 15-7】查询所有学生信息的范例基本相同，不同之处在于修改了 SQL 语句，并将姓名作为变量（第 22 行，变量位置用问号 "?" 表示）。

代码第 31 行中的 "%" 可以理解为所有字符串的意思，表示一个通配字符串，在变量 nameStr 的前后都加上 "%"，表示所有名字中含有 nameStr 值的学生信息都将被查询到，从而起到模糊查询的功能。

第 60 行，指定查询字符串中确定的字符是 "斐"，其他为部分任意字符串。

▶ 15.4 SQLite 实战——简易学生信息管理系统

本节内容将演示如何使用 **SQLite** 数据库开发出一个简易的学生信息管理系统。出于篇幅限制，只实现其基本功能，主界面运行如下图所示（事实上，这是【范例 15-8】的升级版，在【范例 15-8】中，仅仅用文本文件来存储学生信息，而这里使用数据库来增删改查学生记录）。

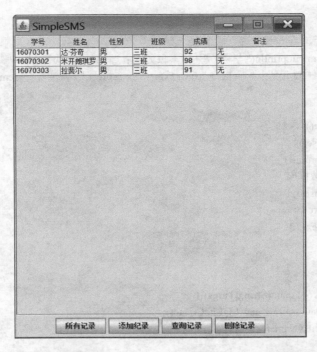

为便于添加数据，只定义了一个用于输入学生信息的对话框，界面如下图所示。

该简易系统具备查询功能，通过姓名模糊查询学生信息，将查询结果显示到主界面中。最后还可以根据学号删除指定学生信息。

接下来，我们将一步一步演示如何构建出这样一个基于 SQLite 数据库的简易学生信息管理系统。

特别说明，需要将之前范例中生成的 Student.db 数据库文件复制到新建工程中，另外，别忘了提前导入 SQLite 的驱动程序包。

15.4.1 基本数据结构

首先我们需要设计存储学生信息的数据结构，这里将该类命名为 Student，其数据结构如下表所示。

No.	列名称	类型	描述
1	id	int	学生学号，不可为空
2	nameStr	String	学生姓名，不可为空
3	sexStr	String	学生性别，不可为空
4	classStr	String	学生班级，不可为空
5	score	int	Java 分数，不可为空
6	remarksStr	String	备注，可为空

范例 15-9   学生信息的数据结构Student（Student.java）

```java
01   public class Student {
02     private int id;            // 学号
03     private String nameStr;    // 姓名
04     private String sexStr;     // 性别
05     private String classStr;   // 班级
06     private int score;         //Java 成绩
07     private String remarksStr; // 备注
08     // 默认构造方法
09     public Student() {
10        this.id = 0;
11        this.nameStr = "";
12        this.sexStr = " 男 ";
13        this.classStr = "";
14        this.score = 0;
15        this.remarksStr = "";
16     }
17     // 有参构造方法
18     public Student(int id, String nameStr, String sexStr,
19     String classStr, int score, String remarksStr)
20     {
21        this.id = id;
22        this.nameStr = nameStr;
23        this.sexStr = sexStr;
24        this.classStr = classStr;
25        this.score = score;
26        this.remarksStr = remarksStr;
27     }
28     public void setID(int id){
29        this.id = id;
30     }
31     public int getID(){
32        return this.id;
33     }
34     public void setName(String nameStr){
35        this.nameStr = nameStr;
36     }
37     public String getName(){
38        return this.nameStr;
39     }
40     public void setSex(String sexStr){
41        this.sexStr = sexStr;
42     }
43     public String getSex(){
44        return this.sexStr;
45     }
46     public void setClassStr(String classStr){
```

```
47          this.classStr = classStr;
48      }
49      public String getClassStr(){
50          return this.classStr;
51      }
52      public void setScore(int score){
53          this.score = score;
54      }
55      public int getScore(){
56          return this.score;
57      }
58      public void setRemarks(String remarksStr){
59          this.remarksStr = remarksStr;
60      }
61      public String getRemarks(){
62          return this.remarksStr;
63      }
64      public String toString(){
65          return this.id + "\t" + this.nameStr + '\t' + this.sexStr + '\t'
66              + this.classStr + '\t' + this.score + '\t' + this.remarksStr;
67      }
68  }
```

【范例分析】

Student 类作为存储学生信息的数据结构，并没有特别的有关算法的方法，除了关注方法，基本都是有关学生信息的 setXXX、getXXX 方法，这里 XXX 表示某个类数据成员值。

15.4.2 数据库操作有关工具类

完成 Student 类之后，我们还需要一个工具类，用来进行数据库的相关操作，这个工具类命名为SQLiteTool。

📝 **范例15-10**　**数据库操作工具类SQLiteTool的构造方法（SQLiteTool.java）**

```
01  import java.sql.Connection;
02  import java.sql.DriverManager;
03  import java.sql.PreparedStatement;
04  import java.sql.ResultSet;
05  import java.util.ArrayList;
06
07  public class SQLiteTool {
08      private String driver = "org.sqlite.JDBC";
09      private String name = "jdbc:sqlite:Student.db";
10
11      private Connection conn = null;
12      private PreparedStatement stmt = null;
```

```
13    // 默认构造方法
14    public SQLiteTool(){
15      try {
16        // 通过 Class.forName() 加载数据库驱动程序
17        Class.forName(driver);
18        // 连接数据库 Student.db
19        conn = DriverManager.getConnection(name);
20        conn.setAutoCommit(false);
21      } catch (Exception e) {
22        System.out.println(e.getMessage());
23      }
24    }
25  }
```

【范例分析】

这里将 Connection 接口实例 conn 定义为 private 类型，并在构造方法中初始化。这样在之后的相关操作方法中，直接使用这个 conn 对象而不需要多次定义。

有关数据库的具体连接过程，前文已经做过详细介绍，这里不再过多强调。

完成构造方法之后，还需要添加用于数据库操作的方法，例如，添加数据、删除数据、查询数据等。

📝 范例15-11　添加新记录的方法（SQLiteTool.java）

```
01  // 添加新记录
02  public boolean insert(Student stu){
03    boolean flag = false;
04    String sql = "INSERT INTO STUDENT VALUES(?, ?, ?, ?, ?, ?);";
05    try {
06      stmt = conn.prepareStatement(sql);
07      stmt.setInt(1, stu.getID());
08      stmt.setString(2, stu.getName());
09      stmt.setString(3, stu.getSex());
10      stmt.setString(4, stu.getClassStr());
11      stmt.setInt(5, stu.getScore());
12      stmt.setString(6, stu.getRemarks());
13      // 执行 SQL 语句，与 Statement 不同的是，3 个更新方法不需要 SQL 语句作为参数
14      // 判断是否添加成功
15      if(stmt.executeUpdate() != 0){
16        flag = true;
17      }
18      stmt.close();
19      conn.commit();
20    } catch (Exception e) {
21      System.out.println(e.getMessage());
22    }
23    return flag;
24  }
```

【范例分析】

SQLiteTool 添加新数据的方法 insert( ) 以 Student 对象作为参数，将 Student 中的数据"放入" SQL 语句。最后执行 executeUpdate( ) 方法执行 SQL 语句完成插入操作。

insert( ) 方法本来可以没有返回值的，但是为了便于其他方法对这个方法的调用，将返回值设置为布尔类型，并定义，成功添加数据时返回 true，失败时返回 false。这是一种比较良好的编程习惯，之后大家就能感觉到它的便利之处。

第 04 行表明的 SQL 语句字符串中，有 6 个问号"？"，这说明有 6 个未知变量。第 07～第12 行，通过 setInt(1, stu.getID())、stmt.setString(2, stu.getName()) 等方法，来补全这个 SQL 语句的未知部分。

第 15 行代码里的 stmt.executeUpdate() != 0 的含义在于：executeUpdate 方法会返回一个 int 类型，表示受影响的行数，当返回 0 时，可以理解为操作失败。因此这里通过一个 if 语句判断是否操作成功，成功时将 flag 标记为 true，最后将这个 flag 作为返回值返回（第 16 行）。最后使用这个方法时，只要判断返回值就可以知道是否操作成功。

第 18 行，SQL 语句被预编译并存储在 PreparedStatement 对象 stmt 中。然后可以使用此对象多次高效地执行该语句。

第 19 行，conn.commit() 将修改的数据提交。这样数据库的数据才会真正得到修改。

接下来，添加一个用于查询学生记录的方法。

范例15-12　添加查询全部学生信息与根据姓名查询学生信息的方法（SQLiteTool.java）

```
01    // 查询所有学生信息
02    public ArrayList<Student> selectAll( ){
03        ArrayList<Student> stuList = null;
04        // 结果集，用来存储与操作查询到的多个结果
05        ResultSet set = null;
06        //SQL 语句，学号与 Java 成绩为变量
07        String sql = "SELECT * FROM STUDENT;";
08        try {
09            stmt = conn.prepareStatement(sql);
10            // 调用 executeQuery 方法，将结果存入 ResultSet 实例中
11            set = stmt.executeQuery();
12            stuList = new ArrayList<>();
13
14            while(set.next()){
15                // 通过 getInt 方法查询结果集中的某条记录的值
16                int id = set.getInt("ID");
17                String name = set.getString("NAME");
18                String sex = set.getString("SEX");
19                String clas = set.getString("CLASS");
20                int score = set.getInt("SCORE");
21                String remark = set.getString("REMARK");
22                stuList.add(new Student(id, name, sex, clas, score, remark));
23            }
24
25            set.close();
26            stmt.close();
27            conn.commit();
28        } catch (Exception e) {
```

```
29          System.out.println(e.getMessage() + "Error");
30       }
31       return stuList;
32    }
33
34    // 通过姓名查询学生记录
35    public ArrayList<Student> selectByName(String nameStr){
36       ArrayList<Student> stuList = null;
37       // 结果集，用来存储与操作查询到的多个结果
38       ResultSet set = null;
39       //SQL 语句，学生姓名为变量
40       String sql = "SELECT * FROM STUDENT WHERE NAME LIKE ?;";
41       try {
42          stuList = new ArrayList<>();
43          //PreparedStatement 接口需要 SQL 语句作为参数
44          stmt = conn.prepareStatement(sql);
45          // "%" 的含义可以理解为任何字符串
46          stmt.setString(1, "%" + nameStr + "%");
47          // 调用 PreparedStatement 实例的 executeQuery 方法，将结果存入 ResultSet 中
48          set = stmt.executeQuery();
49
50          while(set.next()){
51             // 通过 getInt 方法查询结果集中的某条记录的值
52             int id = set.getInt("ID");
53             String name = set.getString("NAME");
54             String sex = set.getString("SEX");
55             String clas = set.getString("CLASS");
56             int score = set.getInt("SCORE");
57             String remark = set.getString("REMARK");
58             stuList.add(new Student(id, name, sex, clas, score, remark));
59          }
60
61          set.close();
62          stmt.close();
63          conn.commit();
64       } catch (Exception e) {
65          System.out.println(e.getMessage());
66       }
67       return stuList;
68    }
```

【范例分析】

这两个方法与上一节中的查询范例基本相同，不同的是，将其返回值设为 Student 类型的 ArrayList 数组。

在第 02 行，在方法 selectAll( ) 的最开始定义一个空的 ArrayList<Student> 实例 stuList。第 12 行，实例化了 stuList 对象，但是其内没有一个元素。

第 14 ~ 第23 行，在 while(set.next()) 循环中，将查询到的记录依次添加到 stuList 中，最后返回 stuList。类

型 ArrayList 是集合，在定义 ArrayList 类型变量时，后面的 <> 中定义泛型，就是用来定义集合中每一个元素的类型，本例代码中的 stuList 对象的每一个元素都是 Student 类型的对象（第 22 行，给出了 stuList 每次增加一个匿名 Student 对象）。

第 31 行，返回 ArrayList<Student> 实例 stuList，如果查询失败，返回的 stuList 将为 null；也就是说，如果没有查询到任何记录返回的 stuList 将为空。

第 35 ~ 第68 行，方法 selectByName( ) 完成与方法 selectAll( ) 类似的功能，不过这个方法仅仅通过学生姓名（NAME）来完成查询。其中，第 40 行所示的 SQL 语句，学生姓名为变量（用问号？表示变量位置），用"LIKE"表示这个查询是个模糊查找。

第 46 行，"%"的含义可以理解为任何字符串，表示变量是个包括某个关键字之外的通配字符串。

其余部分代码和 selectAll( ) 方法类似，不再赘述。

下面，我们再添加一个删除方法，即可完成一个简单的数据库操作工具类。

📝 范例15-13   添加根据学号删除学生记录的方法（SQLiteTool.java）

```
01    // 根据学号删除学生信息
02    public boolean deleteByID(int id){
03        boolean flag = false;
04        String sql = "DELETE FROM STUDENT WHERE ID = ?;";
05        try {
06            stmt = conn.prepareStatement(sql);
07            stmt.setInt(1, id);
08            // 执行 SQL 语句，与 Statement 不同的是，3 个更新方法不需要 SQL 语句作为参数
09            // 判断是否删除成功
10            if(stmt.executeUpdate() != 0){
11                flag = true;
12            }
13            stmt.close();
14            conn.commit();
15        } catch (Exception e) {
16            System.out.println(e.getMessage());
17        }
18        return flag;
19    }
```

【范例分析】

删除方法相对比较简单，就是根据传入方法的 ID 值删除特定学生信息。

第 04 行，SQL 字符串包括一个"？"，这表明删除的记录 ID 是个变量。这个 ID 就是方法 deleteByID(int id) 中的参数。

第 07 行，将 deleteByID 方法中的参数 id，插入到 SQL 中。

第 18 行，与添加学生记录的方法类似，这个删除学生记录的方法，其返回值也定义为布尔类型，这是为了便于后期操作。

到此，有关学生记录的增、删、改、查操作全部设计完毕。

15.4.3 主界面的构造

基础的类构建完毕之后，就可以开始主界面的编写了，主界面的样子已经在上面展示过了，这里将一步

一步地演示这个主界面是如何构建起来的。

主界面类继承自 JFrame，命名为 SQLiteFrame。

首先，分析一下这个界面类的构成，界面构成分析如下图所示。

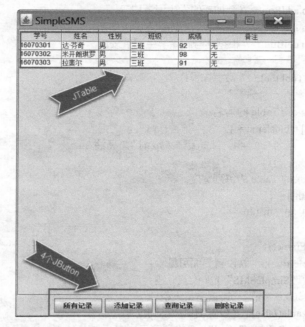

整个窗口类继承自 JFrame。用来显示学生记录的是一个 JTable 组件，该组件用来显示和编辑常规二维单元表。最下面的是 4 个 JButton 组件，依次起到显示所有学生记录、添加新的学生记录、根据姓名模糊查询学生记录以及根据学号删除学生记录的功能。

接下来，我们一起来编写这个界面类的构造方法。

范例15-14　数据库主界面SQLiteFrame的构造方法（SQLiteFrame.java）

```
01  import java.awt.BorderLayout;
02  import java.awt.Panel;
03  import java.awt.event.ActionEvent;
04  import java.awt.event.ActionListener;
05  import java.awt.event.WindowAdapter;
06  import java.awt.event.WindowEvent;
07  import java.util.ArrayList;
08
09  import javax.swing.DefaultCellEditor;
10  import javax.swing.JButton;
11  import javax.swing.JComboBox;
12  import javax.swing.JFrame;
13  import javax.swing.JOptionPane;
14  import javax.swing.JScrollPane;
15  import javax.swing.JTable;
16  import javax.swing.table.DefaultTableModel;
17  import javax.swing.table.TableColumn;
18
19  public class SQLiteFrame extends JFrame implements ActionListener{
```

```
20      private JTable mainTab;    // 显示学生记录的 Table
21      private JButton allBtn;    // 显示所有学生记录按钮
22      private JButton addBtn;    // 添加新的学生记录按钮
23      private JButton findBtn;   // 根据姓名查询学生记录按钮
24      private JButton delBtn;    // 根据学号删除学生记录按钮
25
26      private SQLiteTool tool;   // 数据库操作类实例
27
28      // 显示学生记录的 Table 的列名
29      private String[] tableName = {
30          "学号","姓名","性别","班级","成绩","备注"
31      };
32      // 显示学生记录的 Table 的每列宽度
33      private int width[] = {
34          70, 60, 50, 80, 50, 140
35      };
36      public SQLiteFrame(){
37        this.setVisible(true);    // 设置界面可见
38        this.setTitle( "SimpleSMS" ); // 设置标题
39        this.setSize(500, 570);   // 设置窗口大小
40        this.setResizable(false); // 设置窗口大小固定
41        this.setLocationRelativeTo(null); // 设置窗口居中
42        this.addWindowListener(new WindowAdapter() {
43          public void windowClosing(WindowEvent e) {
44              // 设置关闭窗口时退出程序
45              System.exit(0);
46          }
47        });
48
49        init( );      // 组件初始化方法
50        initLayout( ); // 布局初始化方法
51      }
52  }
```

【范例分析】

根据之前对于界面组件的分析，定义 JTable 与 4 个 JButton 组件。在各个组件初始化之前，先设置界面信息。

第 01 行，导入 BorderLayout 包，根据我们前面学习的知识可知，BorderLayout 是一个布置容器的边框布局，它可以对容器组件进行安排，并调整其大小，使其符合下列 5 个区域：北、南、东、西、中。

第 02 行，导入 Panel 包，这是个不能独立显示的容器，可存放于 JFrame 窗口容器之中。

第 03 ～ 第06 行，导入软件包 java.awt.event 下的几个类。这个包提供处理由 AWT 组件所激发的各类事件的接口和类。事件由事件源所激发。向事件源注册的事件侦听器可接收有关特定事件类型的通知。此包定义了事件和事件侦听器，以及事件侦听器适配器。

第 09 ～ 第17 行，导入 GUI 界面常用的各种组件，包括表格（JTable）、按钮（JButton）、下拉列表框（JComboBox）、窗体（JFrame）等。

需要注意的是，在第 16 行，导入默认表模型，JTable 类只负责显示数据，而不负责储存表格中的数据，数据是由表格模型负责储存。它使用一个 Vector 来存储单元格的值对象，该 Vector 由多个 Vector 组成，其构造方法为 DefaultTableModel(Vector data,Vector columnNames)。

在第 17 行，导入 TableColumn 包，这个包用于表示 JTable 中列的所有属性，如宽度、大小可调整性、最小和最大宽度。此外，TableColumn 还为显示和编辑此列中值的渲染器和编辑器提供了位置。

特别强调第 42 行代码，这里添加了一个窗口监听器，当窗口关闭时调用系统方法 System.exit(0) 完成窗口的销毁工作。否则，在 Eclipse 中调试时，直接单击窗口右上角的关闭按钮关闭时，Java 模拟器可能并没有关闭，多次调试后，可能出现内存不足的情况。

第 49 和第 50 行调用了两个用于初始化的方法，分别用来完成组件初始化和布局初始化的工作。将大量的用于初始化的代码放在其他专门用于初始化的方法中，再在构造方法中调用是很有效的方式，至少代码看起来比较简洁。之后将依次编写两个初始化方法。

📋 范例15-15　添加组件初始化与布局初始化的方法（SQLiteFrame.java）

```
01    // 组件初始化方法
02    private void init() {
03        tool = new SQLiteTool();
04        // 初始化 Table
05        ArrayList<Student> stuList = tool.selectAll();
06        mainTab = new JTable();
07        // 调用方法设置 Table 内容
08        setTable(stuList);
09        mainTab.getTableHeader().setReorderingAllowed(false);    // 设置 Table 列不可拖动
10        mainTab.setEnabled(false);        // 设置 Table 不可编辑
11
12        // 初始化按钮
13        allBtn = new JButton(" 所有记录 ");
14        allBtn.addActionListener(this);
15        addBtn = new JButton(" 添加记录 ");
16        addBtn.addActionListener(this);
17        findBtn = new JButton(" 查询记录 ");
18        findBtn.addActionListener(this);
19        delBtn = new JButton(" 删除记录 ");
20        delBtn.addActionListener(this);
21    }
22
23    // 布局初始化方法
24    private void initLayout() {
25        Panel btnPal = new Panel();
26        btnPal.add(allBtn);
27        btnPal.add(addBtn);
28        btnPal.add(findBtn);
29        btnPal.add(delBtn);
30        JScrollPane scroll = new JScrollPane(mainTab);
31        add(scroll, BorderLayout.CENTER);
32        add(btnPal, BorderLayout.SOUTH);
33    }
```

```
34
35    // 将 stuList 数组转变为 Object 的二维数组用于插入 JTable
36    private Object[][] getObject(ArrayList<Student> stuList) {
37        Object[][] objects = new Object[stuList.size()][6];
38        for(int i = 0; i < stuList.size(); i++){
39            for(int j = 0; j < 6; j++){
40                switch (j) {
41                case 0:
42                    objects[i][j] = stuList.get(i).getID();
43                    break;
44                case 1:
45                    objects[i][j] = stuList.get(i).getName();
46                    break;
47                case 2:
48                    objects[i][j] = stuList.get(i).getSex();
49                    break;
50                case 3:
51                    objects[i][j] = stuList.get(i).getClassStr();
52                    break;
53                case 4:
54                    objects[i][j] = stuList.get(i).getScore();
55                    break;
56                case 5:
57                    objects[i][j] = stuList.get(i).getRemarks();
58                    break;
59                default:
60                    break;
61                }
62            }
63        }
64        return objects;
65    }
66
67    // 更新 Table 数据
68    private void setTable(ArrayList<Student> stuList) {
69        Object[][] objects = getObject(stuList);
70        DefaultTableModel model = new DefaultTableModel(objects, tableName);
71        mainTab.setModel(model);
72        // 设置每列宽度
73        for(int i = 0; i < 6; i++){
74            mainTab.getColumnModel().getColumn(i).setPreferredWidth(width[i]);
75        }
76    }
```

【范例分析】

　　组件初始化相对比较容易，将 JTable 与 4 个 JButton 初始化即可。JTable 组件初始化用到了自定义的 setTable 方法，该方法从第 68 行代码开始。将学生信息的数组作为参数传入方法，即可完成对 JTable 数据的更新操作。

第 36 ~ 第63 行，设计一个 getObject( ) 方法，将 stuList 数组转变为 Object 的二维数组用于插入 JTable。

JTable 组件的数据需要是 Object 对象的二维数组结构，因此在第 36 行定义了一个用于数据转化的方法，将学生信息的数组转换为 Object 的二维数组结构。

初始化 4 个 JButton 时，为每个 JButton 添加了一个 addActionListener(this) 方法，具体按钮功能的实现将通过 ActionListener 接口实现，具体实现方法将在后文介绍。

最后再调用布局初始化方法就完成了主界面的初始化工作。

下面将介绍 4 个 JButton 组件的点击事件是如何实现的。

📝 范例15-16　　通过ActionListener接口实现按钮单击事件（SQLiteFrame.java）

```
01      @Override
02      public void actionPerformed(ActionEvent e) {
03        if(e.getSource().equals(allBtn)){
04          // 显示所有学生信息
05          setTable(tool.selectAll());    // 查询所有学生信息，并在 Table 中显示出来
06        } else if(e.getSource().equals(addBtn)){
07          //添加新的学生记录
08          InsertDialog insertDialog = new InsertDialog(); // 自定义输入学生信息的对话框
09          //showInsertDialog 方法显示对话框，并将输入的学生信息返回
10          Student stu = insertDialog.showInsertDialog();
11          if(stu != null){        // 判断输入的学生信息是否有效
12            // 调用工具类的 insert 方法插入新的学生信息，并判断是否成功
13            if(tool.insert(stu)){
14              setTable(tool.selectAll());
15            } else {
16              JOptionPane.showMessageDialog(null, " 数据添加失败！ ");
17            }
18          }
19        } else if(e.getSource().equals(findBtn)){
20          // 通过姓名查询学生记录
21          //弹出对话框让用户输入学生姓名
22          String nameStr = JOptionPane.showInputDialog(" 请输入查询学生的姓名：");
23          ArrayList<Student> stuList = tool.selectByName(nameStr);
24          // 根据学生姓名查询学生记录，并将查询到的学生记录显示到 Table 中
25          setTable(stuList);
26        } else {
27          // 通过学号删除学生记录
28          try {
29            // 若输入的不为纯数字将发生异常，通过显示错误提示解决异常
30            int id = Integer.parseInt(JOptionPane.showInputDialog(" 请输入删除学生的学号："));
31            // 调用工具类的 deleteByID 方法删除学生信息，并判断是否成功
32            if(tool.deleteByID(id)){
33              JOptionPane.showMessageDialog(null, id + " 删除成功 ");
34              setTable(tool.selectAll()); // 若删除成功，Table 加载新的学生记录
35            } else {
36              JOptionPane.showMessageDialog(null, " 未找到学号：" + id);
37            }
```

```
38                } catch (Exception e2) {
39                    JOptionPane.showMessageDialog(null, "学号应为纯数字！");
40                }
41            }
42        }
```

【范例分析】

需要特别注意的是，我们是用 SQLiteFrame 类实现了 ActionListener 接口。

public class SQLiteFrame extends JFrame implements ActionListener

也就是说，在 SQLiteFrame 类中，也继承了 ActionListener 方法。在本例中，主要演示的是被覆写的方法 actionPerformed ()，该方法用于接收操作事件的侦听器接口。对处理操作事件感兴趣的类可以实现此接口，而使用该类创建的对象，可使用组件的 addActionListener 方法向该组件注册。在发生操作事件时，调用该对象的 actionPerformed 方法。

第 03 行使用了 getSource()，获取发生 Event 事件的对象，然后用 equals( ) 比较是不是添加按钮对象 addBtn。通过这种比较方式，来判断用户点击了哪个按钮。

如果用户单击的是显示所有学生记录的按钮，这个实现相对来说较为简单，只要调用数据库操作工具类的 selectAll() 方法，并将返回的学生记录显示到 Table 中即可，调用之前写的 setTable() 方法即完成所有操作。

如果用户单击的是添加学生记录按钮，那么这个单击，将会触发显示一个自定义的对话框，让用户输入学生信息，对话框的构建将在后文介绍。调用对话框的 showInsertDialog() 就可以显示一个对话框，并且在对话框关闭时将用户输入的学生信息返回。通过接收到的学生信息，调用数据库操作工具类的 insert( ) 方法完成学生记录添加功能。Insert( ) 方法的返回值为布尔类型，以此可以判断是否添加成功，根据成功与否决定下一步操作是刷新新的学生数据还是提示用户添加失败。

如果用户单击的是查询学生记录按钮，那么将调用输入对话框 JOptionPane.showInputDialog()，会显示一个输入对话框，并返回用户的输入值，根据用户的输入值调用工具类的 selectByName 方法查询学生信息，并将查询到的学生信息显示到 Table 中。

最后是删除学生记录按钮的点击事件，同样调用输入对话框获取用户输入的学号信息。这里用到了 try-catch 语句。因为不确定用户输入的学号信息是否为纯数字，因此直接将用户输入值转换为 int 类型存在错误的可能，发生错误时，意味着用户输入不为纯数字，并显示相应提示。

这是系统容错性的一种体现，程序中有适量的容错性代码可以提高程序的健壮性，实际开发中，更是良好代码风格的一种体现。

最后添加 main 方法，这是程序的执行入口。

```
01    public static void main(String[] args){
02        SQLiteFrame frame = new SQLiteFrame();
03        frame.show();
04    }
```

15.4.4 用于输入新数据的对话框实现

到目前为止，系统基本已经构建完毕，但是还不能运行。因为添加学生信息按钮的单击事件调用的自定义对话框还没有实现，最后编写这个自定义对话框。

对话框构成分析如下图所示。

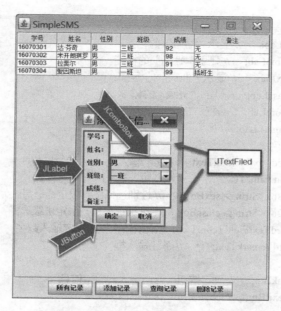

对话框由 JLable、JTextField、JComboBox 以及 JButton 构成，需特别强调的是用于输入学号和成绩的对话框为 JTextField 组件的子类 JFormattedTextField，这个组件可以控制输入内容必须是纯数字。

范例15-17　用于输入学生信息的自定义对话框（InsertDialog.java）

```java
01   import java.awt.BorderLayout;
02   import java.awt.Color;
03   import java.awt.Dimension;
04   import java.awt.GridLayout;
05   import java.awt.Panel;
06   import java.awt.event.ActionEvent;
07   import java.awt.event.ActionListener;
08   import java.awt.event.WindowAdapter;
09   import java.awt.event.WindowEvent;
10   import java.text.NumberFormat;
11   import java.text.ParseException;
12
13   import javax.swing.JButton;
14   import javax.swing.JComboBox;
15   import javax.swing.JDialog;
16   import javax.swing.JFormattedTextField;
17   import javax.swing.JLabel;
18   import javax.swing.JOptionPane;
19   import javax.swing.JTextField;
20   import javax.swing.text.MaskFormatter;
21
22   public class InsertDialog extends JDialog{
23       private Student stu;      // 存储用户输入的学生信息
24
```

```
25      private JLabel idLab;        // 显示"学号"的标签
26      private JLabel nameLab;      // 显示"姓名"的标签
27      private JLabel sexLab;       // 显示"性别"的标签
28      private JLabel classLab;     // 显示"班级"的标签
29      private JLabel scoreLab;     // 显示"成绩"的标签
30      private JLabel remarkLab;    // 显示"备注"的标签
31
32      private JFormattedTextField idText;    // 学号输入框，限定输入数字
33      private JTextField nameText;           // 姓名输入框
34      private JComboBox<String> sexBox;      // 性别选择框，限定选择男 / 女
35      private JComboBox<String> classBox;    // 班级选择框，限定班级选择
36      private JFormattedTextField scoreText; // 成绩输入框，限定输入数字
37      private JTextField remarkText;         // 备注输入框
38
39      private JButton okBtn;       // 确定按钮，返回输入的学生信息
40      private JButton exitBtn;     // 取消按钮，返回空值
41      // 构造方法
42      public InsertDialog(){
43          init();        // 调用组件初始化方法
44          initLayout();  // 调用布局方法
45      }
46
47      // 组件初始化方法
48      public void init(){
49          // 窗口初始化
50          this.setTitle(" 添加学生信息 ");       // 设置窗口标题
51          this.setSize(210, 250);              // 设置窗口大小
52          this.setLocationRelativeTo(null);    // 设置窗口居中
53          this.setModal(true);    // 设置静态
54          this.setBackground(Color.WHITE);
55          this.addWindowListener(new WindowAdapter() {
56              public void windowClosing(WindowEvent e) {
57                  setVisible(false); // 关闭对话框
58              }
59          });
60
61          // 控件初始化
62          idLab = new JLabel(" 学号："); 
63          nameLab = new JLabel(" 姓名："); 
64          sexLab = new JLabel(" 性别："); 
65          classLab = new JLabel(" 班级："); 
66          scoreLab = new JLabel(" 成绩："); 
67          remarkLab = new JLabel(" 备注："); 
68
69          try {
70              // 限制输入内容必须为 8 位数字
```

```
71        MaskFormatter formatter = new MaskFormatter("########");
72        idText = new JFormattedTextField(formatter);
73    } catch (ParseException e1) {
74        e1.printStackTrace();
75    }
76    idText.setPreferredSize(new Dimension(120, 25));
77    nameText = new JTextField();
78    nameText.setPreferredSize(new Dimension(120, 25));
79    String[] sexList = {" 男 ", " 女 "};
80    sexBox = new JComboBox<>(sexList);
81    sexBox.setPreferredSize(new Dimension(120, 25));
82    String[] classList = {" 一班 ", " 二班 ", " 三班 ", " 四班 "};
83    classBox = new JComboBox<>(classList);
84    classBox.setPreferredSize(new Dimension(120, 25));
85    // 限制输入内容必须为数字
86    scoreText = new JFormattedTextField(NumberFormat.getIntegerInstance());
87    scoreText.setPreferredSize(new Dimension(120, 25));
88    remarkText = new JTextField();
89    remarkText.setPreferredSize(new Dimension(120, 25));
90
91    okBtn = new JButton(" 确定 ");
92    okBtn.addActionListener(new ActionListener() {
93        @Override
94        public void actionPerformed(ActionEvent arg0) {
95            if(idText.getText().equals("")
96            || nameText.getText().equals("")
97            || scoreText.getText().equals("")) {
98                JOptionPane.showMessageDialog(null, " 新增学生信息有误！ ");
99                return;
100           }
101           int id = Integer.parseInt(idText.getText());
102           String name = nameText.getText();
103           String sex = sexBox.getSelectedItem().toString();
104           String clas = classBox.getSelectedItem().toString();
105           int score = Integer.parseInt(scoreText.getText());
106           String remark = remarkText.getText();
107           stu = new Student(id, name, sex, clas, score, remark);
108           setVisible(false);      // 关闭对话框
109       }
110   });
111   exitBtn = new JButton(" 取消 ");
112   exitBtn.addActionListener(new ActionListener() {
113       @Override
114       public void actionPerformed(ActionEvent e) {
115           setVisible(false);     // 关闭对话框
116       }
```

```
117          });
118      }
119
120      // 布局方法
121      private void initLayout() {
122          Panel idPanel = new Panel();
123          idPanel.add(idLab);
124          idPanel.add(idText);
125          Panel namePanel = new Panel();
126          namePanel.add(nameLab);
127          namePanel.add(nameText);
128          Panel sexPanel = new Panel();
129          sexPanel.add(sexLab);
130          sexPanel.add(sexBox);
131          Panel classPanel = new Panel();
132          classPanel.add(classLab);
133          classPanel.add(classBox);
134          Panel scorePanel = new Panel();
135          scorePanel.add(scoreLab);
136          scorePanel.add(scoreText);
137          Panel remarkPanel = new Panel();
138          remarkPanel.add(remarkLab);
139          remarkPanel.add(remarkText);
140
141          Panel mainPanel = new Panel();
142          mainPanel.setLayout(new GridLayout(6, 1));
143          mainPanel.add(idPanel);
144          mainPanel.add(namePanel);
145          mainPanel.add(sexPanel);
146          mainPanel.add(classPanel);
147          mainPanel.add(scorePanel);
148          mainPanel.add(remarkPanel);
149
150          Panel southPanel = new Panel();
151          southPanel.add(okBtn);
152          southPanel.add(exitBtn);
153
154          add(mainPanel, BorderLayout.CENTER);
155          add(southPanel, BorderLayout.SOUTH);
156      }
157
158      // 显示对话框并在关闭时返回输入的学生信息
159      public Student showInsertDialog() {
160          setVisible(true);
161          return this.stu;
162      }
163  }
```

【范例分析】

第 01 ~ 第 11 行，导入 java.awt 下属的各个布局、颜色、纬度及事件处理等类包。其中，第 03 行导入 Dimension 类，这个类封装了一个组件的高度和宽度两个纬度的信息。可以看到，第 76、第 78 和第 81 行等都用这个类来控制新声明的组件大小。

第 10 行，导入 java.text.NumberFormat 类，这是一个有关文本的所有数值格式的抽象基类。该类提供了格式化和分析数值的接口。

第 11 行，导入 java.text.ParseException 类，这是字符串转换日期类型异常类，导致该类异常的原因是：字符串的格式与制定的格式不相符。

第 20 行，导入 javax.swing.text.MaskFormatter 类，这是一个文本的掩码格式类。通过掩码，可以控制用户输入的格式，比如在第 71 行，用掩码就限制用户输入内容必须为 8 位数字，而输入字母等其他字符，该文本框是不予响应的，如下左图所示。但是对于成绩则没有做这样的限制（暂时可以认为是一个 BUG），用户可以输入任意字符，但在第 86 行，同样做了必须输入是数字的要求，不过这个判断是在用户的光标离开输入文本框之后触发的，如果用户的输入不合法，则自动清空输入，如下右图所示。

第 92 ~ 第 110 行，为"确定"按钮附加了一个 addActionListener 动作行为监听器。addActionListener 的参数实际上是一个内部类 ActionListener 匿名对象。在 ActionListener 类中，首先判断用户输入的值是否为空（第 94 ~ 第 100 行），如果为空，提示输入有误，并返回。如果不为空，则根据用户的输入，构建一个 Student 类对象，并返回这个对象（第 101 ~ 第 107 行）。

第 121 ~ 第 156 行，主要说明各个组件的布局。

第 160 行，设置对话框可见。

第 161 行返回对话框构成的学生对象。

从【范例 15-9】到【范例 15-17】，这些范例都是一个项目，请读者具有一定的项目全局观，本范例实际上是为【范例 15-16】如下几行代码服务的。

```
08      InsertDialog insertDialog = new InsertDialog();
09      //showInsertDialog 方法显示对话框，并将输入的学生信息返回
10      Student stu = insertDialog.showInsertDialog();
```

当用户单击"添加记录"按钮时，就会触发【范例 15-16】第 08 行的代码，而这行代码就会触发【范例 15-17】的这 160 多行代码为之服务，而【范例 15-17】中的第 161 行代码返回的对象，就被【范例 15-16】中的第 10 行代码所示的 stu 接收。这两个范例之间的关系之所以看起来并不十分明显，是因为这两个类同处于一个包（Package）之类，而同一个 Package 之类的各种类，无需显式的 import 导入操作。

▶ 15.5 MySQL 数据库

　　SQLite 数据库小巧精悍，面对嵌入式或移动端开发非常有优势，但是在应对较大型的应用场景时，如 **Web** 开发等还是需要更为强大的数据库。这时，**MySQL** 数据库就是很合适的选择。

　　对于普通消费者来说，MySQL 数据库最大的优势之一就是它本身是免费的，而且其功能也足够强大。这里仅作 MySQL 数据库的简单介绍，在本书最后的实战章节将使用 MySQL 开发一些项目，届时将做更详尽的说明。下面的讲解内容是假定读者已经成功安装了 MySQL。

15.5.1 MySQL 数据库的基本命令

　　除了一些特殊的命令之外，在 MySQL 的基本操作命令中，基本上都是常见的标准 SQL 语句。接下来进行如下操作。为了操作方法，可以把 MySQL 的 bin 文件夹（本例为：C:\Program Files\MySQL\MySQL Server 5.7\bin）添加到 PATH 的环境变量中。

01 在 CMD 命令行下连接数据库

mysql -u 用户名 -p 密码

　　假设在 C：盘，MySQL 连接的是本地数据库，用户名为"root"，密码为"123456"。在 cmd 命令行中输入：

C:\>mysql –uroot –p123456

　　出现进入数据库提示，如下图所示。

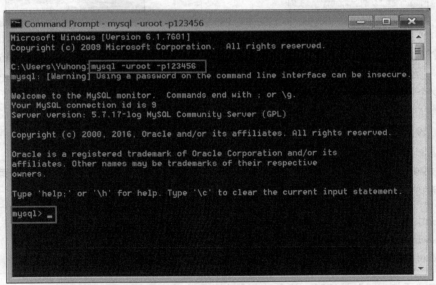

　　这里请注意："-u"和"root"之间是没有空格的。类似地，"-p"和"123"之间也不能有空格。

　　事实上，如果直接启动的是 MySQL 5.7 Command Line Client（命令行客户端），则第一步就更简单，直接输入密码即可。

02 查看全部的数据库

show databases ;

　　如下图所示。

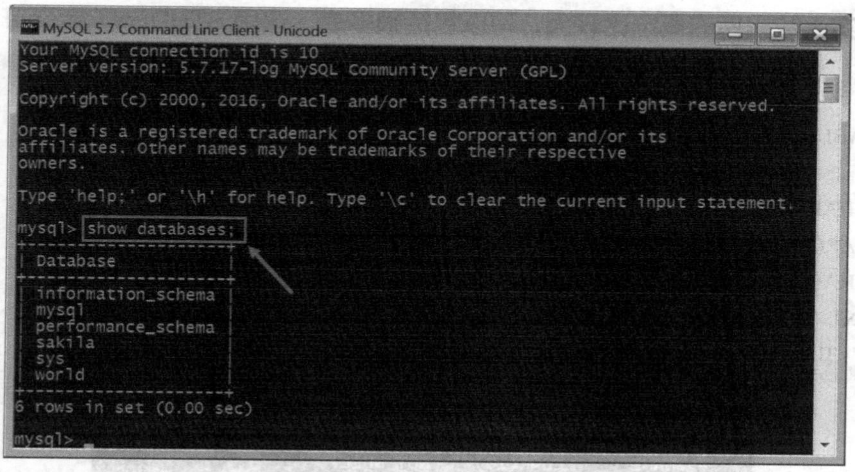

目前我们并没有创建任何自己的数据库，这里显示的数据库仅仅是系统自带的数据库。需要读者注意的是，每一个 SQL 语句都要以分号 ";" 结尾，否则 MySQL 会认为输入"未完待续"，一直持续等待输入。

03 创建数据库（例如数据库名为 Student）

CREATE DATABASE Student；

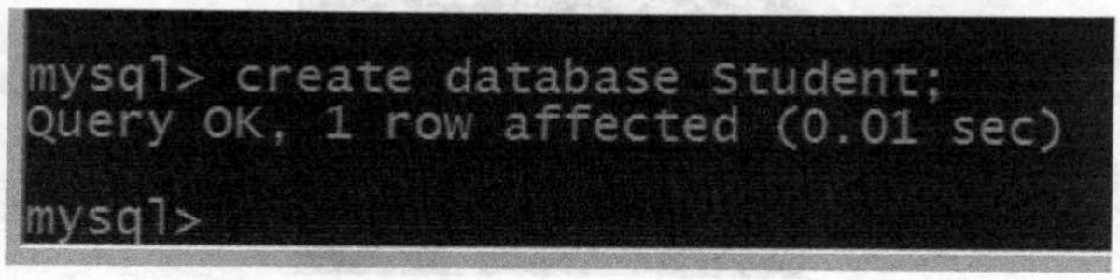

如上图所示的提示信息中：

Query OK：表明 SQL 语句执行成功。

row affected：表示操作只影响数据库中的一行记录。

(0.01 sec)：表明操作执行的时间。

然后我们再次调用显示数据库命令，如下所示。

04 使用数据库（use 数据库名）

USE Student;

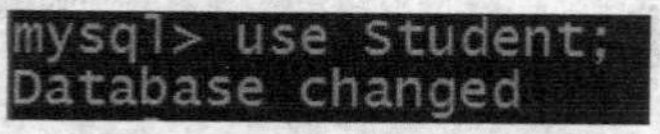

05 查看全部的表

SHOW TABLES；

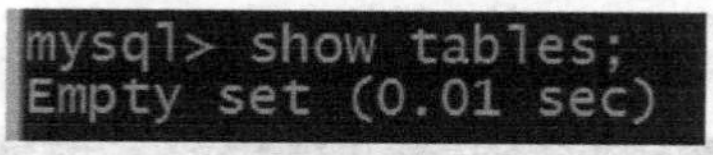

由于目前数据库 Student 还没有一张表，所以集合为空（Empty Set）。

06 创建一张表（例如名为 STUDENT，这里数据库名为 Student，而表名为 STUDENT，容易

造成混淆，事实上数据库的概念比较大，可以包括很多表，这里 STUDENT 完全可以换成其他表名）

```
CREATE TABLE STUDENT (
ID      INT      PRIMARY KEY  NOT NULL,
NAME    CHAR(10)  NOT NULL,
SEX     CHAR(10)  NOT NULL,
CLASS   CHAR(50)  NOT NULL,
SCORE   INT       NOT NULL,
REMARK  CHAR(100));
```

```
mysql> CREATE TABLE STUDENT (
    -> ID        INT          PRIMARY KEY    NOT NULL,
    -> NAME      CHAR(10)     NOT NULL,
    -> SEX       CHAR(10)     NOT NULL,
    -> CLASS     CHAR(50)     NOT NULL,
    -> SCORE     INT          NOT NULL,
    -> REMARK    CHAR(100));
Query OK, 0 rows affected (0.18 sec)

mysql>
```

此时，我们再次运行显示所有表的命令，就会显示刚才我们创建的 Student 表，如下图所示。

```
mysql> show tables;
+-------------------+
| Tables_in_student |
+-------------------+
| student           |
+-------------------+
1 row in set (0.00 sec)

mysql>
```

由上面一系列的输入操作可以看到，在 MySQL 中，命令和表名等都是不区分大小写的。

07 查看数据表结构（DESC 表名称）

```
DESC Student ;
```

```
mysql> desc student;
+--------+-----------+------+-----+---------+-------+
| Field  | Type      | Null | Key | Default | Extra |
+--------+-----------+------+-----+---------+-------+
| ID     | int(11)   | NO   | PRI | NULL    |       |
| NAME   | char(10)  | NO   |     | NULL    |       |
| SEX    | char(10)  | NO   |     | NULL    |       |
| CLASS  | char(50)  | NO   |     | NULL    |       |
| SCORE  | int(11)   | NO   |     | NULL    |       |
| REMARK | char(100) | YES  |     | NULL    |       |
+--------+-----------+------+-----+---------+-------+
6 rows in set (0.00 sec)

mysql>
```

08 插入数据

```
INSERT INTO STUDENT VALUES(16070301,'达·芬奇','男','三班',92,'无');
```

```
mysql> INSERT INTO STUDENT VALUES(16070301, '达·芬奇', '男', '三班', 92, '无');
Query OK, 1 row affected (0.03 sec)

mysql>
```

09 查询数据

SELECT * FROM STUDENT;

```
mysql> SELECT * FROM STUDENT;
+----------+---------+-----+-------+-------+--------+
| ID       | NAME    | SEX | CLASS | SCORE | REMARK |
+----------+---------+-----+-------+-------+--------+
| 16070301 | 达·芬奇  | 男   | 三班   |    92 | 无      |
+----------+---------+-----+-------+-------+--------+
1 row in set (0.01 sec)

mysql>
```

10 查询数据库文件所在位置

有时我们会需要查找自己创建的数据库（例如 Student）所在位置，这时会用到如下全局变量的查找。

show global variables like "%datadir%";

```
mysql> show global variables like "%datadir%";
+---------------+----------------------------------------+
| Variable_name | Value                                  |
+---------------+----------------------------------------+
| datadir       | C:\ProgramData\MySQL\MySQL Server 5.7\Data\ |
+---------------+----------------------------------------+
1 row in set (0.10 sec)

mysql>
```

在查询的结果中，我们就可以找到所创建的数据库文件（这是一个隐藏文件夹，需要显示隐藏文件才能看到），如下图所示。

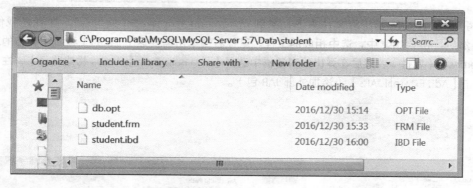

在这个文件夹中，.ibd 是 MySQL 的数据文件，用于存储数据记录，而 .frm 是表定义文件，存储表的结构。

前面的操作，我们使用的都是基于 MySQL Command Line Client（命令行客户端）来进行的数据库操作，虽然灵活、高效，但对于初级用户来说，操作起来是比较困难的，因为需要掌握 SQL 语句。在具体实践中，用户可以通过客户端可视化软件 SQLyog 来创建数据库。SQLyog 是由 Webyog 公司开发的、专门针对 MySQL 数据库的图形化管理工具，感兴趣的读者可以在 Webyog 的官网自行下载。

15.5.2 在 Java 中使用 MySQL 数据库

下面我们回到用 Java 来操作 MySQL 数据库的讨论上来。

（1）我们需要配置驱动程序，MySQL 驱动程序需要从网上单独下载，这个驱动程序本质是一个 jar 包，所以在 Windows 平台下，解压 ZIP 压缩包即可配置使用，如下图所示。

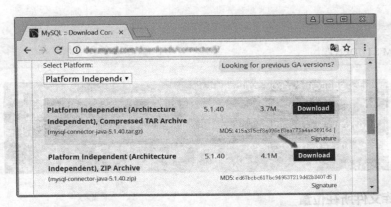

（2）在单击"Download"链接后，在出现的页面选择"No thanks, just start my download（不，谢谢，仅仅开始我的下载）"链接，如下图所示。

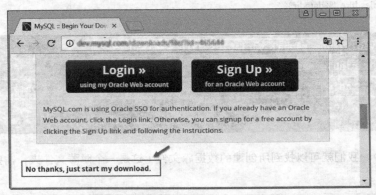

（3）将 ZIP 文件解压到任意文件夹下，找到 mysql-connector-java-5.1.40-bin.jar，这就是我们要加载的 JDBC 驱动。然后，在 Eclipse 中，选中相应的工程，鼠标右键单击需要这个 Jar 的工程，在弹出的对话框中，选择【Properties】（属性），然后在弹出的对话框中选择【Java Build Path】（Java 构建路径），在【Libraries】（库）中单击【Add External JARs】（添加外部 JAR 包）。

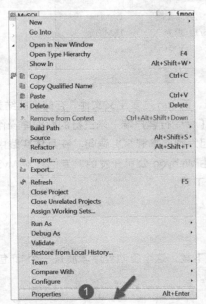

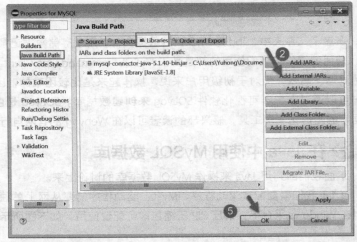

然后，找到放置 mysql-connector-java-5.1.21-bin.jar 的路径，单击【Open】（打开）按钮（如下左图所示），

然后再返回单击上图右图中的【OK】按钮确定，最后会在所在项目的 Referenced Libraries（所引用的库）中看到这个 Jar 包，如下右图所示。

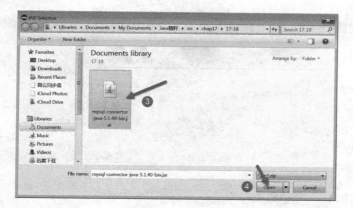

　　至此连接 MySQL 数据库的准备工作完毕，现在我们通过 Java 代码来分析一下如何操作 MySQL 数据库。

范例15-18　运用Java连接MySQL数据库（JDBCMySQL.java）

```
01   import java.sql.Connection;
02   import java.sql.DriverManager;
03   import java.sql.PreparedStatement;
04   import java.sql.SQLException;
05   public class JDBCMySQL
06   {
07     // public static final String DBDRIVER = "org.gjt.mm.mysql.Driver";
08     public static final String DBDRIVER = "com.mysql.jdbc.Driver";
09     // 连接地址是由各个数据库生产商单独提供的，所以需要单独记住
10     public static final String DBURL = "jdbc:mysql://localhost:3306/Student
11                   ?useUnicode=true&characterEncoding=utf-8&useSSL=false";
12     // 连接数据库的用户名
13     public static final String DBUSER = "root";
14     // 连接数据库的密码
15     public static final String DBPASS = "123456";
16     public static void main(String[] args) throws Exception
17     {
18       Connection conn = null;  // 表示数据库的连接对象
19       PreparedStatement pstmt = null;    // 表示数据库的更新操作
20       String sql = "INSERT INTO STUDENT VALUES(?, ?, ?, ?, ?, ?);";
21       // 1. 使用 Class 类加载驱动程序
22       try{
23         Class.forName(DBDRIVER);
24       }catch(ClassNotFoundException e){
25         System.out.println(" 找不到驱动程序类，加载驱动失败！ ");
26         e.printStackTrace() ;
27       }
28       // 2. 连接数据库
29       try{
30         conn = DriverManager.getConnection(DBURL, DBUSER, DBPASS);
```

```
31
32          if(conn != null){
33              System.out.println(" 连接数据库成功！ ");
34          }else{
35              System.out.println(" 连接数据库失败！ ");
36          }
37      }catch(SQLException se){
38          se.printStackTrace() ;
39      }
40
41      // 增加一条记录的内容
42      int ID = 16070303;
43      String Name = " 爱因斯坦 ";
44      String Sex =" 男 ";
45      String Class =" 三班 ";
46      int Score = 96;
47      String Remarks = " 留学生 ";
48
49      // 3. PreparedStatement 接口需要通过 Connection 接口进行实例化操作
50      try {
51      pstmt = conn.prepareStatement(sql);// 使用预处理的方式创建对象
52      pstmt.setInt(1, ID);        // 确定第 1 个? 号的内容
53      pstmt.setString(2, Name);   // 确定第 2 个? 号的内容
54      pstmt.setString(3, Sex);
55      pstmt.setString(4, Class);
56      pstmt.setInt(5, Score);
57      pstmt.setString(6, Remarks);
58      // 4. 执行 SQL 语句，更新数据库
59      pstmt.executeUpdate();
60          if (pstmt != null)  pstmt.close(); // 5. 关闭声明
61          if (conn != null)  conn.close();    // 6. 关闭连接对象
62      } catch (Exception e) {
63          System.out.println(e.getMessage());
64      }
65  }
66  }
```

保存并运行程序，结果如下图所示。

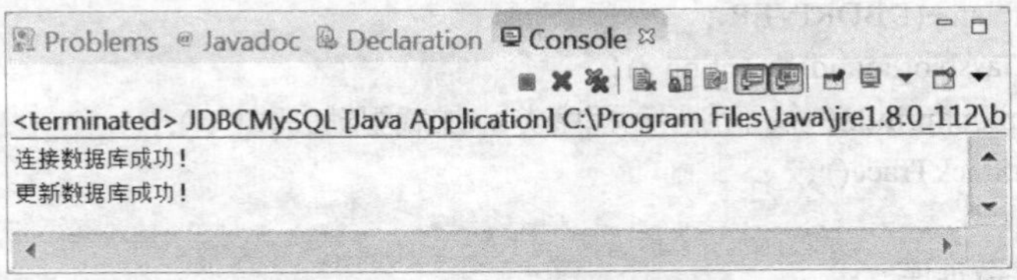

在运行本范例之前，只有两条记录，运行本范例之后，数据库添加了一条记录，如下图所示。

【代码详解】

第 01 ～ 第 04 行，导入 SQL 相关的各种包，其实可以"偷懒"地将这 4 句代码合并为如下一行代码。

import java.sql.*;

第 07 和第 08 行，是 JDBC 驱动器的名称。事实上，这两个语句任意一个，都能正确运行本程序，但二者的区别在哪里呢？ org.gjt.mm.mysql.Driver 是比较好用的 MySQL JDBC 驱动器，但不是 MySQL 公司开发的，后来 MySQL 将 org.gjt.mm.mysql.Driver 的 JDBC 驱动收为己有，变为官方的 JDBC 驱动，所以将驱动的名称也修改为"com.mysql.jdbc.Driver"，但为了兼容，还保留了 org.gjt.mm.mysql.Driver 这个路径的引用。所以，这两个驱动器其实是一回事，但"com.mysql.jdbc.Driver"显得更官方，使用起来也更简单，推荐使用这个。

第 10 ～ 第 11 行，提供 JDBC 连接的 URL 和参数。我们要详细解析这个 URL 的含义。连接 URL 定义了连接数据库时的协议、子协议、数据源标识。

jdbc:mysql://localhost:3306/Student?useUnicode=true&characterEncoding=utf-8&useSSL=false

URL 书写形式：协议：子协议：数据源标识

协议：在 JDBC 中总是以 jdbc 开始。

子协议：是连接的驱动程序或是数据库管理系统名称，这里是"mysql"。

数据源标识：标记找到数据库来源的地址与连接端口。这里是"//localhost:3306/Student"。这里，由于数据库在本例，所以用"//localhost"代替，3306 是 MySQL 的默认端口，在我们安装 MySQL 时，已经说明采用这个默认值。"/Student"表示本地的数据库名称为 Student。

问号"？"之后的标识，就是访问这个数据库的参数。useUnicode=true 表示使用 Unicode 字符集。characterEncoding=utf-8 表示字符编码为 UTF-8 方式，useSSL=false 表示暂时不用 SSL（Secure Sockets Layer，安全套接层）连接，这么设置是为了避免出现提示警告信息，对于安全性要求较高的数据库访问，这个值应该设置为 true。

第 13 ～ 第15 行输入连接数据库的用户名 root 和密码 123456。

这些参数搭配好之后，后面访问数据库的流程和前面讲到的 SQLite 的访问流程基本都是一致的。

（1）第 22 ～ 第27 行，调用 Class.forName() 方法加载驱动程序。

（2）第 29 ～ 第30 行，调用 DriverManager 对象的 getConnection() 方法，获得一个 Connection 对象 conn。

（3）第 51 行，创建一个 PreparedStatement 对象，PreparedStatement 对象是预编译的 SQL 语句构建的对象，第 20 行中出现的 5 个问号"？"，代表 5 个未知量，分别在第 52 ～ 第57 行。

（4）第 59 行，调用 executeUpdate() 等方法执行 SQL 语句，不返回 ResultSet 对象的结果。这个语句默认的是自动提交（commit），所以无需再次使用"conn.commit()"。如果想自主可控地控制提交节点，可以在第 59 行之前，将自动提交关闭，使用"con.setAutoCommit(false)"即可。

（5）第 60 行，关闭声明。

（6）第 61 行，关闭连接对象。

其中，第（5）和第（6）步，主要是为了 JDBC 释放资源。

▶15.6　高手点拨

1.MySQL 的用户创建

在调试 MySQL 等数据库程序的时候，要注意使用的数据库用户，区分系统管理员和一般用户，建议创建并使用一般用户，而不是数据库内置的管理员用户。一般情况下，数据库系统管理员用户不能从远程登录，使得你的程序在连接本地（当前机器）数据库时可用，但连接远程数据库会出错。创建和使用一般用户，建议通过数据库的 GUI 或命令行客户端，创建后使用该用户登录，在给定数据库中完成常见的 select、insert 和 update 等操作，保证各项权限正常，再去测试 Java 程序。

2.Statement 和 PreparedStatement 的区别

（1）PrepareStatement 预编译，预编译指的是数据库的编译器会对 SQL 语句提前编译。然后将预编译的结果缓存到数据库中，下次执行时替换参数直接执行编译过的语句。

而 Statement 就是每次都需要数据库编译器编译的，这就比较费时。

（2）Statement 会直接执行 SQL 语句（容易被 SQL 注入攻击）。而 PreparedStatement 是先将 SQL 预编译后再执行，所以 PreparedStatement 安全性更好，故此建议使用 PreparedStatement 代替 Statement。

▶15.7　实战练习

1. 尝试自己动手安装 SQLite 数据库及 MySQL 数据库，并通过 Java 进行连接。

2. 仿照本章给出的简易学生信息管理系统，开发出一个 MySQL 版的系统，并扩充管理系统的各种功能。

第 **16** 章

Java Web 初步

通常前面的学习，相信大家对 Java SE（Java 标准版）的相关知识已经有了一定的掌握。Java SE 是整个 Java 家族的基础，掌握好它，意义重大。但在互联网时代，Java EE（Java 企业版）同样值得我们去好好探究一番。在本章，我们简要地介绍有关 JSP 的基础语法，从而为读者开发网络应用程序打下基础。

本章要点（已掌握的在方框中打钩）

□ 掌握 Tomcat 和 MyEclipse 的使用
□ 掌握 JSP 基础语法
□ 掌握 JSP 常用的内置对象

▶16.1 JSP 概述

　　为了提升 Web 页面的图形显示及交互功能，在早期，Sun 公司提供了 Java Applet 开发模式。Applet 是用 Java 语言编写的一些小应用程序（即一些 .class 文件）。在命名规则上，"App"来自于 Application（应用程序）的简写，而词根"let"本身就蕴含"小的"含义。因此，Applet 常被称作"小应用程序"。它在很大程度上提高了 Web 页面的交互能力和动态执行能力。由于 Applet 程序能跨平台、跨操作系统运行，因此，一度风靡一时，在 Internet 和 www 中得到了广泛的应用。

　　但 Applet 有个很大的"痛点"，即它不能单独运行，必须通过 HTML 调入后方能执行。含有 Applet 的网页的 HTML 文件，其代码中带有诸如 <applet> 和 </applet> 这样的一对标记，标记之内嵌套 Java 代码，当支持 Java 的网络浏览器遇到这对标记时，就将下载相应的小应用程序（.class 文件），并在本地计算机上执行该 Applet。

　　Applet 虽然极大提升了 Web 的交互能力，但也面临一个问题：整个页面加载过程中，需要花费更多的时间去传递 *.class 文件，并在客户端上启动 JVM（Java 虚拟机）花费更多的时间。这些额外的"花费"，导致 Applet 的执行速度相对较慢，在以"响应时间"为体验用户最高标准的（移动）互联时代，这套 Applet 规范，已经渐行渐远了。

　　后来，由 Sun 公司倡导、许多公司参与一起建立了一种新的动态网页技术标准——JSP（Java Server Pages），JSP 是当今 Web 开发中最重要的部分之一。对于构建企业级网站来说，JSP 显得尤其重要。

　　在 HTML 文件中，以特定的规则，加入 Java 程序代码，就构成了 JSP 网页。Web 服务器在遇到访问 JSP 网页的请求时，首先执行其中的 Java 程序代码，然后将执行结果以 HTML 形式返回给客户端。Java 代码的解析在服务器端（也称为后端），客户端（也称为前端）只用于显示。

▶16.2 JSP 的运行环境

　　在着手开发动态 Web 之前，我们首先需要有一个 Web 容器。对于 Web 容器，支持 JSP 的有很多，比如说 Tomcat、WebLogic、WebSphere。下面我们主要讲解常用的 Web 容器——Tomcat。Tomcat 是由 Apache 基金组织开发的一款免费开源的 Web 应用服务器，属于轻量级应用服务器，在中小型系统和并发访问用户不是很多的场合下被普遍使用。对于初学者来说，更为重要的是，它是开发和调试 JSP 程序的首选服务器。

16.2.1 安装 Tomcat

　　在安装 JSP 的运行环境之前，首先需要安装 JDK（Java 的开发、运行环境），这个过程在前面的章节中，我们已经有详细的介绍，这里不再赘述。接下来要下载并安装 Tomcat。Apache 的官网提供 Tomcat 服务器的下载。读者可以根据自己使用的操作系统，下载对应的版本。本书使用 Windows 64 位版本，版本号为 8.5.16，如下图所示。

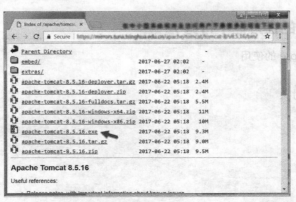

当下载下来 Tomcat 之后，通过双击安装包，按照安装流程，直接一步一步安装即可。

 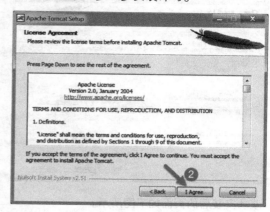

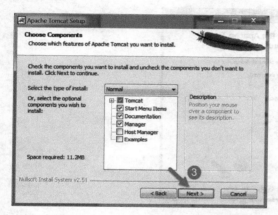 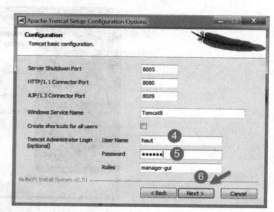

在安装编号④和⑤所示的过程中，其他配置采用默认值即可，只需增加一个管理员的用户名和密码，比如说账号为 haut，密码为 123456（也可以现在不添加，后期补上）。

由于 Tomcat 是用 Java 编写的，所以它的运行，需要 Java 运行时环境的支持，这里需要配置 Java 的安装路径。这个路径，通常 Tomcat 会自动找到，如果找不到的话，则需要用户自己单击有小点的按钮，手动配置，如下图所示。

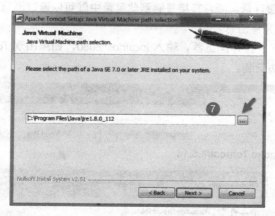

接下来，我们来设置 Tomcat 的安装目录，通常采用默认路径即可，如果选择其他路径，可以单击【Browse】按钮，手动配置目录，然后是安装过程，如下图所示。

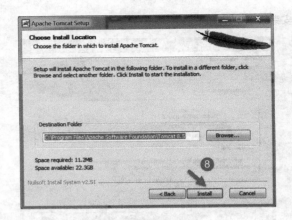 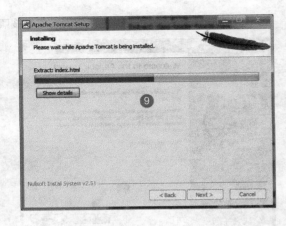

成功安装后的页面如下图所示。

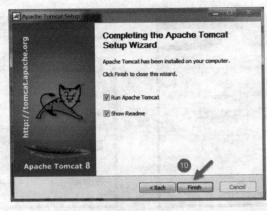

当 Tomcat 安装完成之后会在其安装目录中出现以下文件夹。

● bin：这个文件夹存储了所有的可执行程序，比如说，在这里可以找到 Tomcat 的启动程序。

● conf：保存 Tomcat 的配置文件信息。

● lib：是一个 CLASSPATH 路径，可以将开发过程中所需要的 jar 文件保存在此目录中。

● logs：保存所有的日志信息。

● webapps：服务的热部署目录，项目直接复制到此目录中就可以通过浏览器来访问该项目。

● work：保存所有的临时文件信息。

保证服务器打开的前提下，打开浏览器，输入 localhost:8080，如果出现 Tomcat 的主页，也就是下图所示的页面，则说明 Tomcat 成功安装。

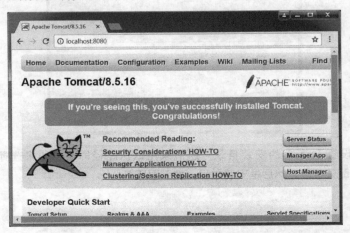

16.2.2 配置虚拟目录

在 Tomcat 中有个虚拟目录的概念，它与 Eclipse 中的工作区的作用相似，都是为了让我们更加方便地管理项目。我们在浏览器地址栏输入想要访问的某个网站的路径，其实这并不是服务器的真实路径，而是通过映射关系，对应服务器的某个具体文件夹。

假设我们在浏览器中输入的路径是：http://localhost:8080/webdemo/，其中 http://localhost 代表的是本地计算机，当我们有真实的域名时，这个部分可以用诸如 sina.com 或 amazon.com 等地址来代替。而 8080 就是这个服务器的端口号。如果读者对端口号不太理解，就可想象一下，前面的部分就好比一个学校的地址，但这个地址太大，如何才能快速地找到这个学校的某个学生呢？于是，我们就给每个同学编个学号，假设某个学生的学号是 8080，然后，我们就用"xxx 大学：8080"，来快速定位某个大学的这位学生，而这个学生的学号，就可以理解为计算机的端口号，这个学生本身就好比某个应用或服务。

常用的服务和其对应的端口号：SOCKS 代理协议服务器端口号为 1080，FTP（文件传输）协议代理服务器端口号为 21，SSH（安全登录）、SCP（文件传输）默认的端口号为 22，HTTP 协议代理服务器常用端口号有 80/8080/8081 等。

http://localhost:8080/ 在整体上可理解为本机的 HTTP 服务，而其后的"/webdemo"可视为 HTTP 服务器下的子文件夹。而这个路径"http://localhost:8080/webdemo/"是给用浏览器访问的客户端看的，这个子文件夹"/webdemo"，在服务器中有个与之对应的绝对路径，这就是创建虚拟目录。

假设我们有一个绝对路径为"C:\Users\Yuhong\Documents\WebDemo"，在这个文件夹里，存放了服务器的所有文件。

然后，我们在这个路径下添加配置文件 web.xml。每一个项目都需要有一个配置文件 web.xml 与之对应，这个配置文件在 Tomcat 安装目录"/webapps/ROOT/WEB-INF"文件夹中。我们要把整个 WEB-INF 文件夹复制到 WebDemo 目录下，注意是整个 WEB-INF 文件夹，而非单个 web.xml 文件，因为配置文件必须在 WEB-INF 下，否则，Tomcat 无法找到这个配置文件。

接着，我们要修改配置虚拟路径。这里需要修改两个文件。

（1）server.xml

打开 Tomcat 安装目录"/conf/server.xml"文件进行配置。

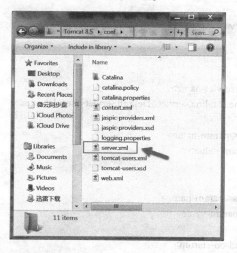

打开 Tomcat 目录下的"/conf/server.xml"文件，在标签 <Host>…</Host> 之内加入下面部分的内容，如下图所示。

```
<Context path="/webdemo" docBase="C:\Users\Yuhong\Documents\WebDemo"/>
```

这里解释一下这两个参数的含义。

● path：表示浏览器中的访问路径。假设本例的 path 设置为 "/webdemo"，那么通过浏览器地址栏输入的访问地址就是 http://localhost:8080/webdemo。当访问这个目录下的文件时，实则访问 docBase 目录下的文件。

● docBase：表示了真实的文件目录所在位置。浏览器地址栏输入的访问地址就是 http://localhost:8080/webdemo。实际访问的是 docBase 设置的 "文档大本营"，在 C:\Users\Yuhong\Documents\WebDemo 目录下面。浏览器地址栏的地址，和实际访问的服务器本地目录有着一一对应的关系。

特别需要读者注意的有两点：① 由于这里示范的目录位于 C 盘，这是一个系统盘，在修改某些重要的文档内容时，可能需要管理员权限，而且这个网站在服务器上的真实目录不能是只读（readonly）属性。如果是在 Mac 或 Linux 下，则可能需要获取 root 用户的权限；② path 设置的路径是区分大小写的，例如，如果在 server.xml 文件中，设置为 path="/WebDemo"，那么在地址栏里就需要输入 http://localhost:8080/WebDemo，否则 Tomcat 是不 "答应" 的，读者朋友可以试试看。

（2）web.xml

打开 Tomcat 目录下的 /conf/web.xml，把 listings 的属性值从默认的 false，改为 true（下面代码段的第 10 行），并保存。

```
01  <servlet>
02      <servlet-name>default</servlet-name>
03      <servlet-class>org.apache.catalina.servlets.DefaultServlet</servlet-class>
04      <init-param>
05          <param-name>debug</param-name>
06          <param-value>0</param-value>
07      </init-param>
08      <init-param>
09          <param-name>listings</param-name>
10          <param-value>true</param-value>
11      </init-param>
12      <load-on-startup>1</load-on-startup>
13  </servlet>
```

修改上述配置文件后，需要重启 Tomcat。这时有两个办法，一个是在命令行方式下完成（按【Win+R】组合键，在弹出的对话框中输入 CMD），进入 Tomcat 的安装目录的可执行子文件 bin 下，输入如下两条指令（批处理指令）。

C:\Program Files\Apache Software Foundation\Tomcat 8.5\bin>shutdown.bat
C:\Program Files\Apache Software Foundation\Tomcat 8.5\bin>startup.bat

第一指令是关闭 Tomcat（在 Mac/Linux 系统中，该命令为 shutdown.sh），第二指令是开启 Tomcat（在 Mac/Linux 系统中，该命令为 startup.sh）。这样一关一开，就完成了一次 Tomcat 的重启。

第二种办法是，在 Windows 可视化窗口模式下，还是进入 Tomcat 的可执行文件目录 bin，找到 Tomcat8w.exe，双击该文件执行，如果当前状态是开启（started），则单击【Stop】按钮，在 Tomcat 停止执行后，再单击【start】按钮，如下图所示，这样就完成了一次 Tomcat 的重启。

最后，在浏览器中输入路径"localhost:8080/webdemo/"，如果出现如下图所示的页面，则说明虚拟目录配置成功。

16.2.3 编写第一个 JSP 程序

现在我们已经具备了开发 JSP 的条件了。接下来用一个简单程序来演示如何创建，并且在浏览器上访问 JSP 文件。首先我们在虚拟目录（C:\Users\Yuhong\Documents\WebDemo）所在的路径下建立一个 hello.jsp 的文件。其代码如下。

📝 **范例 16-1　第一个JSP程序（hello.jsp）**

```
01  <%@ page contentType="text/html; charset=UTF-8" %>
02  <html>
03  <head>
04          <title>JSP</title>
05          <meta charset="UTF-8">
06  </head>
07  <body>
08          <%
09                  out.println("<h1>Hello World</h1>") ;
10          %>
11  </body>
12  </html>
```

这段代码的作用是页面中显示出 Hello World。在浏览器输入 hello.jsp 文件对应的路径 "localhost:8080/

webdemo/hello.jsp"。

【代码详解】

第 01 行使用 page 定义了这个页面的类型和编码格式。

第 02～第07 行和第 11～第12 行是 HTML 的代码，其中定义了页面头部和主题。第 04～第05 行定义了 HTML 页面的标题，编码格式。有关具体 HTML 的用法，请读者查阅 HTML 相关书籍。

第 08～第10 行使用 out 对象将 println() 中的字符串，写到生成的 HTML 文件中的对应位置，也就是生成的 HTML 文件中的 <body></body> 标签之间。

【范例分析】

所谓的 JSP 就是在 HTML 代码里面嵌入了一系列的 Java 程序，而 Java 程序要编写在"<%...%>"之间，同时还需要注意的是，JSP 可以输出 HTML 与 JavaScript 代码。所有的 out.println() 输出结果，最终都是输出 HTML 代码。

有一点需要说明的是，在 JSP 学习初期，我们并不提倡读者直接安装高效的集成开发环境 MyEclipse。MyEclipse 的大包大揽，的确可以提高我们的开发效率，但对于初学者来说，这或许并非好事，只有当初学者经历了开发过程中的"磕磕绊绊"，才能更加体会到 JSP 的要义。在本章，我们就用"小米加步枪"——Nodepad++（一种文本编辑器）和浏览器，来完成所示范例的学习。等读者对 JSP 有了较为深入的理解，再用上诸如 MyEclipse 的集成开发环境，才能达到锦上添花的效果。

16.2.4 Tomcat 执行流程

当用户向浏览器发出一个请求，也就是在浏览器的地址栏中键入某一个链接，或者单击某一个链接时，服务器会根据这个链接找到对应的 JSP 文件，并由这个 JSP 生成一个 Java 文件，然后将 Java 文件编译成 Class 文件，再执行这个 Class 文件，最后再将执行后的结果返回给用户，其流程如下图所示。

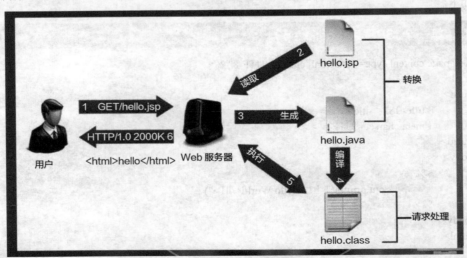

▶16.3　基础语法

千里之行，始于足下，下面我们开始学习 JSP 的基础语法。需要说明的是，想成为一名合格的 **Java Web 工程师，需要学习很多知识，远不是这一个章节能完成的。本章的目的在于，让读者对 JSP 开发有个初步的了解。**

JSP 本意就是 Java 服务器页面，它是 Java Web 的核心。在【范例 16-1】所示的做第一个 Java Web 小程序时，我们已经初步接触了 JSP 文件。JSP 文件由 Java 代码和 HTML 代码组成。因此，下面的语法介绍，通常会涉及这两个层面的知识。

16.3.1　显式注释与隐式注释

首先，我们来了解 JSP 文件中的注释。在 JSP 文件中，可以使用两类不同的注释形式。

显式注释：HTML 风格的注释，格式为：<!-- 注释内容 -->，有时我们希望注释生成的 HTML 文件中的内容，则需用到此类注释。在显式注释中，注释部分可以使用表达式，因为显式注释会被 JSP 引擎解释。

隐式注释：有 Java 风格的注释和 JSP 自己的注释两种，其格式为：<% // 注释内容 %> 和 <% /* 注释内容 */ %>。Java 风格的注释在 JSP 生成 Java 文件时，也会带入到 Java 文件中。以上两个注释都将由浏览器忽略，只会存在于 JSP 文件中。

📝 **范例 16-2**　　JSP的两种注释风格（comment.jsp）

```
01  <%@ page contentType="text/html; charset=UTF-8" %>
02  <html>
03    <head>
04      <title>JSP 的注释演示 </title>
05      <meta charset="UTF-8">
06    </head>
07    <body>
08      <!-- 这里是 HTML 风格的注释示例，会出现在客户端源代码中 -->
09      <%
10        // 开始写 JSP 代码，这里的单行注释也不会出现在客户端源代码中！
11        out.print("<p align=center>JSP 注释测试 !<br><br> 下面的注释将不会出现在页面中 <br>");
12        /*
13        这里是 Java 风格的多行注释，
14        我是多行注释
15        */
16      %>
17    </body>
18  </html>
```

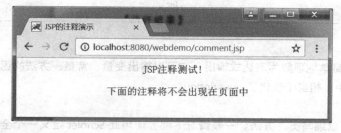

在显示的界面，单击鼠标右键，单击查看网页源代码，如下图所示。从图中可知，Java 风格的隐式注释，都没有在客户端中显示出，代码显得更加简洁。

```
1
2  <html>
3     <head>
4        <title>JSP的注释演示</title>
5        <meta charset="UTF-8">
6     </head>
7     <body>
8        <!一这里是HTML风格的注释示例, 会出现在客户端源代码中一>
9        <p align=center>JSP注释测试!<br><br>下面的注释将不会出现在面
  中<br>
10     </body>
11 </html>
12
13
```

16.3.2 代码段

JSP 的本质，就是在 HTML 代码之中插入 Java 代码，为了区分 Java 代码和 HTML 代码，需要使用一些特殊的标记来标记 Java 代码段。在 JSP 中，大部分都是由脚本小程序组成，所谓的脚本小程序，就是里面直接包含了 Java 代码。

Scriptlet（代码段）就是用来标记 Java 代码的标志（这里 Script 就是"脚本"的意思，而 "let" 作为后缀，表示"小的"）。服务器在解析 JSP 文件时会识别 Scriptlet，并在 Java 代码段生成一个 Java 文件。JSP 中有 3 种常用的 Scriptlet 标记。

（1）<% %>

这种 Scriptlet 主要功能是定义局部变量和程序语句。我们可以在这个标记中写入要执行的 Java 代码，由于 JSP 最终都要转换为 Java 程序文件，而在 Java 文件里面只有方法可以定义局部变量。而所有的程序语句也只能够出现在方法之中。

<% %> 中的代码在生成 Java 文件后，位于生成的类中的处理请求的方法中。在这个标签中写代码等于在 Java 类中的处理请求方法中写代码。该类 Scriptlet 可以支持的定义结构：局部变量、程序语句、逻辑操作，这种 Scriptlet 比较常用。下面是关于此类 Scriptlet 操作的范例。

两个 Scriptlet	合并为一个 Scriptlet

<%
　　　int num = 10 ;　　　　　　　　　// 局部变量
%>
<%　　// 可以将这两个 Scriptlet 写为一个
　　if (num > 10) {
　　　　out.println("\<h1\>" + num ++ + "\</h1\>") ;
　　} else {
　　　　out.println("\<h1\>error\</h1\>") ;
　　}
%>
	<%
	　　　int num = 10 ;　　　　　　　　　　// 局部变量
	// 现在合并为一个 Scriptlet
	　　if (num > 10) {
	　　　　out.println("\<h1\>" + num ++ + "\</h1\>") ;
	　　} else {
	　　　　out.println("\<h1\>error\</h1\>") ;
	　　}
	%>

（2）<% = %>

此类 Scriptlet 可以简单地理解为表达式输出，它可以输出变量、常量、方法的返回值，并将变量的值输出并生成到 HTML 文件中，相当于替代了 out.println()。

（3）<%!%>

定义全局变量，可以编写类、方法。一般情况下都会使用此 Scriplet 定义一个全局变量，全局变量是无论怎么刷新，都只声明一次，只有很少的情况下才会用此语句去定义一个方法。

范例 16-3　测试scriptlet的用法（scriptlet.jsp）

```
01  <%@ page contentType="text/html; charset=UTF-8" %>
02  <html>
03    <head>
04      <title>Scriplet 应用 </title>
05      <meta charset="UTF-8">
06    </head>
07    <body>
08      <%!           // 全局常量
09      public static final String MSG = "Hello World!" ;
10      %>
11      <%
12      int num = 0 ;    // 局部变量
13      for (int i = 0; i < 10; i++)
14      {
15        num += i;
16      }
17      %>
18      <h3><%=MSG%></h3>
19      <h2>0+1+2+...+9 的和为：<%= num %></h2>
20    </body>
21  </html>
```

【代码详解】

这段代码的功能是，先显示一个常量字符串"Hello World！"，并计算0+1+2+…+9的和，显示在网页上。

第 08 ~ 第10 行，使用第 3 种 Scriptlet<%!%> 定义了一个字符串常量 MSG。

第 11 ~ 第17 行，使用第 1 种 Scriptlet<%%>，创建了一个变量 num 和一个 for 循环，用来计算 0 ~ 9 的和，并将结果保存到 num 中。

第 18 和第 19 行，使用第 2 种 Scriptlet<%=%>，来分别读取 MSG 和 num 的值，并分别以标题 3 和标题 2 的格式，写入到生成的网页中。

【范例分析】

对于第 2 种 Scriptlet，读者可能会疑惑，到底是使用 out.println()，还是使用 <%=%> 呢？要知道，JSP 中使用 out.println() 输出和 "<%=%>" 输出，最终的 Java 输出效果完全是一样的。对于这个问题，这里只能给出一个经验之谈，利用 "<%=%>" 输出模式，比较适合于设计工具调整，而且输出的代码也有缩进。但是也有缺点，Scriptlet 太多了。通常，很少有人在代码中使用 out.println() 输出。

现在小结一下，所谓 Scriptlet，就是 JSP 中编写 Java 代码的区域。在这个区域内，通常使用 <%...%> 区域定义局部变量、编写逻辑代码。在 "<%!...%>" 区域都是定义全局常量。通常使用 "<%=…%>" 替代 out.println() 语句。

16.3.3 Page 指令

JSP 中的 Page 就好比 java.lang.Object 类的作用一样，表示的是整个页面，可以使用 Page 指令来定义页面属性。Page 指令有许多的选项，下面以常用的页面乱码解决、MIME 风格展示、导包操作等选项，分别进行简介。

01 pageEncoding

pageEncoding 用于指定 .jsp 文件的编码格式。有时候用这个指令解决中文乱码的问题，例如，假设我们将【范例 16-2】中的有关 "UTF-8" 字样的语句删除（第 01 和第 05 行），运行的结果就如下图所示，也就是说中文部分出现了乱码。所谓乱码，其实就是编码和解码不一致所致。jsp 页面文件默认的字符编码是 ISO-8859-1，这套编码通常也叫 Latin-1，主要包括所有西方拉丁语系的字符，并不包含汉字，如果在 JSP 输出汉字时，将导致无法用这个编码进行解析，自然就会出现乱码。

通常，我们将文件编码格式设为 "UTF-8"，就能来解决中文乱码问题。使用格式如下。

```
<%@page pageEncoding="UTF-8"%>
<h1>JSP 中文乱码问题解决方案 </h1>
```

02 contentType

这个 page 属性用于指定 .jsp 文件生成的文件的内容类型及其编码方式，让浏览器知道什么格式，什么编码去解析。一般指定格式 "text/html"。编码格式按需采取。例如，设置生成的文件格式为 " text/html"，设置生成的文件编码格式为 "UTF-8"，如下。

```
<%@ page contentType="text/html; charset=UTF-8" %>
```

03 import

JSP 文件最后会生成 Java 程序，有时在生成的 Java 程序实现某一功能时需要导入相关的包，这时就会用到 import 来导入包。下面是一个使用 import 导入相关包，在浏览器中输出一个时间的一段简单的代码。

📝 **范例 16-4   page指令中的import属性的使用（import.jsp）**

```
01    <%@ page pageEncoding="UTF-8" import="java.util.*" %>
02    <%@ page import="java.text.*.java.util.regex.*"%>
03    <html>
04      <head>
05        <title>page 指令的 import 属性 </title>
06        <meta charset="UTF-8">
07      </head>
08      <body>
09        <%
10        String str = "2018-5-23 11:11:11" ;
11        Date date = new SimpleDateFormat("yyyy-MM-dd HH:mm:ss").parse(str) ;
12        %>
13        输出日期 <%= str %><br>
14        <h3><%= date %></h3>
15      </body>
16    </html>
```

【代码详解】

这段代码的作用是将字符串 "2018-5-23 11:11:11" 转化成日期，并以日期格式输出。其中要使用到 "java.util.*"，"java.text.*"，"java.util.regex.*" 3 个包。

第 01 ~ 第 02 行，导入要使用的 3 个包，可以看出 page 指令既可以分开写多个 page 指令，也可以包含在一条 page 指令中。

第 10 行，创建一个日期字符串的对象。

第 11 行，利用字符串使用指定的格式创建出一个日期对象。

第 13 行，将字符串的值写到生成的 html 文件，以显示在客户端。

第 14 行，将生成的日期写到生成的 html。

04 language

设置解释该 JSP 时采用的语言。默认开发语言为 Java。

<%@page language="java" %>

05 session

该属性指定 JSP 页面是否使用 HTTP 的 session 会话对象。它的属性值是 Boolean 类型的，可选择 true 或 false。默认值为 true。如果设置为 false，则当前 JSP 页面将无法使用 session 会话对象。

<%@page session="false" %>

session 是 JSP 内置对象之一，后面的章节还会介绍这个内置对象。

06 contentType

在网络开发时，我们有时需要设置文档的"内容类型（contentType）"，常用于设置网络文件的类型和网页的编码，决定文件接收方将以什么形式、什么编码读取这个文件，这就是经常看到一些 JSP 网页，单击的结果却是下载到的一个文件或一张图片的原因。

在设置"内容类型"时，会涉及一个概念 MIME。所谓的 MIME (Multipurpose Internet Mail Extensions)，就是多用途互联网邮件扩展类型。它是设定某种扩展名的文件用一种应用程序来打开的方式类型，当该扩展名文件被访问的时候，浏览器会自动使用指定应用程序来打开。多用于指定一些客户端自定义的文件名，以及一些媒体文件打开方式。用在 JSP 开发上，MIME 类型实质上指的就是当前的 JSP 页面到底按照什么样的风格显示。

例如，如果是一个网页文件，后缀为 *.htm 或者为 *.html 是完全一样的，因为这两个的 MIME 类型相同，我们可以在 Tomcat 的安装目录中打开 conf/web.xml 文件查看。

```
01    <mime-mapping>
02      <extension>htm</extension>
03      <mime-type>text/html</mime-type>
04    </mime-mapping>
```

```
05      <mime-mapping>
06          <extension>html</extension>
07          <mime-type>text/html</mime-type>
08      </mime-mapping>
```

通过分析可以发现，*.htm 与 *.html 两个文件的 MIME 映射处理类型完全相同。实际上每一个 JSP 页面，默认的显示风格也是 html。

在开发中，我们还可以利用 contentType 设置文档的编码。

```
<%@ page contentType="text/html;charset=UTF-8"%>
```

16.3.4 包含指令

在很多的项目开发之中，往往会出现一个页面有多个模块，一个模块被多个页面使用的情况。比如，在一个项目中可能有多个页面都有相同的头部信息、工具栏和尾部信息，但是每个页面的具体内容的展示方式不同。面对这种情况，有两种解决方案。

方案一：把每一个页面的头部信息、尾部信息、工具栏和具体内容的代码都写入到一个文件中，如下图所示。

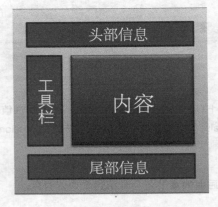

方案二：将头部信息、尾部信息、工具栏单独定义到一个独立的文件之中，在需要头部信息、尾部信息、工具栏的代码的页面中导入这个独立的文件，如下图所示。

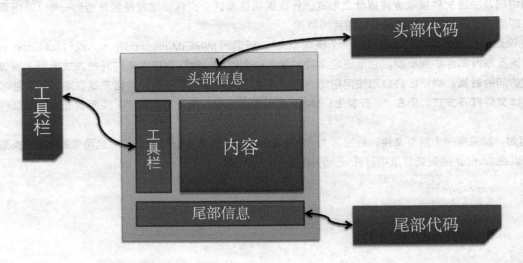

　　第一种方案的缺陷十分明显。如果要修改头部信息、尾部信息、工具栏的代码，就要修改每一个页面的代码，如果这样的页面非常多，做这样重复性的工作，显然是非常麻烦的。在方案二中，由于头部信息、尾部信息、工具栏都单独定义到一个独立的文件之中，在修改的时候只需修改头部信息、尾部信息、工具栏对应的独立的文件就行了。

　　由此可见，第二种方案更利于代码的维护。但这样的操作形式需要导入的命令完成，而导入的操作有两种方式：静态导入、动态导入。

01 静态导入

如果要想进行静态导入操作，使用如下语法：

```
<%@ include file=" 路径 "%>
```

这个语法和 page 指令类似，里面要设置一个 file 的属性，表示要加载的路径。

假设已经有三个设计好的文件（为了方便起见，每个文件只有一行代码），如下表所示。

info.html	info.txt	info.inc
<h1>info.htm</h1>	<h1>info.txt</h1>	<h1>info.inc</h1>

下面再单独定义一个文件，导入以上的三个内容，如下所示。

```
<%@ page pageEncoding="UTF-8"%>
<%@ include file="info.htm"%>
<%@ include file="info.txt"%>
<%@ include file="info.inc"%>
<h1> 好好学习 </h1>
```

这样就实现了预先设计好页面的导入。

02 动态导入

动态导入要用到 JSP 中的包含指令：jsp:includepage。针对传递参数与否，在使用中有两类语法。

（1）针对普通静态页面（包括文本文件、htm 或 jsp 文件等），这里页面不需要传递参数，所以形式相对简单。

```
<jsp:include page=" 导入路径 "/>
```

范例：实现静态导入的操作。

```
<%@ page pageEncoding="UTF-8"%>
<jsp:include page="info.htm"/>
<jsp:include page="info.jsp"/>
```

（2）针对动态页面（jsp），要想被导入的 jsp 文件传递参数，格式相对复杂，下面是包含指令的格式。

```
<jsp:include page=" 导入路径 ">
  <jsp:param name=" 参数名称 " value=" 参数内容 "/>
  <jsp:param name=" 参数名称 " value=" 参数内容 "/>
  ...
  <jsp:param name=" 参数名称 " value=" 参数内容 "/>
</jsp:include>
```

　　其中 jsp:param 中就是要传递的参数，name 指的是传递的参数的名字，value 指的是传递的参数的值。在被插入的页面可以通过被传递参数的名字"name"的值来找到传递的参数的值"value"。而被导入的页面，可以使用 request.getParameter() 来接收传递的参数内容。

然后，在另外一个页面（假设文件名为 param.jsp），这个页面负责接收参数，其代码形式为：

```jsp
<%@ page pageEncoding="UTF-8"%>
<h1> 参数一： <%=request.getParameter("vara")%></h1>
<h1> 参数二： <%=request.getParameter("varb")%></h1>
```

这个时候在运行页面（比如说 testInclude.jsp）中会将所需要的内容传递到被包含页面。如果此时没有传递对应的参数，那么被包含页面中的参数将是 null。但如果说要向被包含页面传递变量，那么就必须利用表达式输出的 Scriptlet 格式 <%=%> 来进行处理。

范例 16-5   包含指令的演示（testInclude.jsp）

```jsp
01  <%@ page pageEncoding="UTF-8" contentType="text/html" %>
02  <html>
03    <head>
04      <title>JSP 包括指令的使用 </title>
05      <meta charset="UTF-8">
06    </head>
07    <body>
08      <%
09        String msg = "WORLD" ;
10      %>
11      <jsp:include page="include_no_param.jsp"/>
12      <hr>
13      <jsp:include page="include_param.jsp">
14        <jsp:param name="var1" value="HELLO"/>
15        <jsp:param name="var2" value="<%=msg%>"/>
16      </jsp:include>
17    </body>
18  </html>
```

【代码详解】

第 08 ~ 第 10 行，定义一个字符串变量 msg，用以给其他被导入的页面赋值。

第 11 行，静态导入页面 staticInclude.jsp。第 12 行，用一个分割线把前后两个导入的页面分隔开（此处仅作演示，非必需）。

第 13 ~ 第 16 行，动态导入页面 dynamicInclude.jsp，可以看到，它们都是以 <jsp:include page=" 某某导入页面名 .jsp" 开始，但静态导入以 "/>" 结束导入，而动态导入（带有参数）以 " </jsp:include>" 结束导入。这里的参数赋值是指，当前页面的某个变量值，赋值给被导入到本页面的外部变量。

第 14 行，给 var1 赋值，赋值的内容为 "HELLO"。第 05 行给 var2 赋值，赋值的内容是当前 testInclude.jsp 文件中定义的字符串 msg 的值，注意此处用到了 Scriptlet 的 <%=%> 来读取某一对象的值。

变量 var1 和 var2 都是来自 include_param.jsp，在这个 jsp 文件被赋值后，就显示出相应的提示，并把显示的页面，整体打包成为 testInclude.jsp 页面的一部分。

范例 16-6　在不传递参数时被包含的页面（include_no_param.jsp）

```
01  <%@ page pageEncoding="UTF-8" contentType="text/html" %>
02  <html>
03  <head>
04      <title>JSP</title>
05      <meta charset="UTF-8">
06  </head>
07  <body>
08      <h3> 我是没有参数的包含 </h3>
09  </body>
10  </html>
```

范例 16-7　在传递参数时被包含的页面（include_param.jsp）

```
01  <%@ page pageEncoding="UTF-8" contentType="text/html" %>
02  <html>
03  <head>
04      <title>JSP</title>
05      <meta charset="UTF-8">
06  </head>
07  <body>
08      <h3> 我是有参数的包含 </h3>
09      接受到的第一个参数：<%=request.getParameter("var1")%><br>
10      接受到的第二个参数：<%=request.getParameter("var2")%>
11  </body>
12  </html>
```

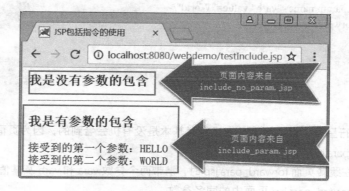

【代码详解】

第 09 ~ 第10 行，使用 <%=request.getParameter(" 参数名 ")%> 来获取传递的参数 var1 和 var2。事实上，获取外部 jsp 文件传递过来的参数，仅用 request.getParameter(" 参数名 ") 就够了。但如果还想把这个参数显示出来，就要用到 Scriptlet 的表达式输出 "<%=…%>"，它的功能就是用来替代 out.println() 语句的。

16.3.5 跳转指令

我们在上网的时候经常会看到某个页面显示提示正在跳转。JSP 中可以由一个页面自动跳转到另外一个页面，这就是跳转指令。使用的语法如下。

```
<jsp:forward page=" 导入路径 ">
    <jsp:param name=" 参数名称 " value=" 参数值 "/>
    <jsp:param name=" 参数名称 " value=" 参数值 "/>
            ...
    <jsp:param name=" 参数名称 " value=" 参数值 "/>
</jsp:forward>
```

跳转指令中的 jsp:param 和包含指令中的用法是类似的。其中，name 指的是传递参数的名字，value 指的是传递参数的值。被跳转之后的页面，通过被传递参数的名字"name"一一匹配，接收各个参数的值"value"。当然，在跳转指令中也可以不传递任何参数。

下面是一个用来演示跳转指令的小例子。使用跳转指令跳转到另一个页面，并将当前页面的值传递给跳转后的页面中。

范例 16-8　当前页面包含有跳转页面（mainForward.jsp）

```
01  <%@ page pageEncoding="UTF-8" contentType="text/html" %>
02  <html>
03    <head>
04      <title>JSP 跳转指令演示 </title>
05      <meta charset="UTF-8">
06    </head>
07    <body>
08      <h1>*****************************</h1>
09      <jsp:forward page="forward_para.jsp">
10        <jsp:param name="vara" value="Hello"/>
11        <jsp:param name="varb" value="World"/>
12      </jsp:forward>
13    </body>
14  </html>
```

【代码详解】

第 08 行，显示一行星号，但这行星号在运行时基本是没有机会看到的，因为页面很快就跳转到第 09 行所指引的页面 forward_para.jsp。

第 09 ~ 第12 行，在跳转页面 forward_para.jsp 时，携带两个参数 vara 和 varb 及其值"Hello"和"World"，这两个值将会传递给 forward_para.jsp 页面中的同名参数。

范例 16-9   跳转的页面 (forward_para.jsp)

```
01  <%@ page pageEncoding="UTF-8" contentType="text/html" %>
02  <html>
03    <head>
04      <title>JSP 跳转指令演示 </title>
05      <meta charset="UTF-8">
06    </head>
07    <body>
08      <h1> 这是跳转后的页面 </h1>
09      <h1> 参数一： <%=request.getParameter("vara")%></h1>
10      <h1> 参数二： <%=request.getParameter("varb")%></h1>
11    </body>
12  </html>
```

【代码详解】

第 09 ~ 第10 行，使用 <%=request.getParameter(" 参数名 ") %> 来接收参数并显示之。在浏览器的地址栏中可以看到访问的是定义的第一个页面，也就是跳转前的页面，但是显示的内容是跳转后的页面中的内容。由此可见完成了跳转。

事实上，forward_para.jsp 这个跳转的页面，是可以独立运行的，但如果没有接受来自 mainForward.jsp 页面传递过来的参数，在第 09 ~ 第10 行显示参数的地方，就会显示 null，如下图所示。

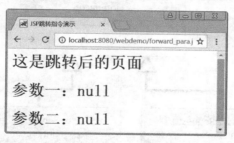

▶ 16.4 内置对象

Java 在 JSP 中，充当脚本语言的作用。凭借 Java，JSP 将具有强大的对象处理能力，并且可以动态创建 Web 页面的内容。但是，按照 Java 语法的规定，任何一个对象在使用之前，需要先实例化这个对象，而实例化对象是一个比较繁琐的事情。

为了简化 JSP 的开发，JSP 的设计者们，提出了内置对象的概念。内置对象，又叫隐含对象，即不需要预先声明就可以在脚本代码和表达式中随意使用的对象。这些内置对象起到简化页面的作用，不需要由开发人员进行实例化，它们由容器实现和管理。

比如，在前面范例中出现的语句 request.getParameter(" 参数 ")，其中，request 就是一个内置对象，getParameter () 本身是一个方法，但是现在能够调用方法的在 Java 中只有对象，所以 request 就属于一个对象。但是这个对象并没有 new 过，因为它是一个内置对象，所谓的内置指的就是容器帮助用户提供好的可以直接使用的对象，并且对象的名字是固定的。

在整个 JSP 之中一共存在有 9 个内置对象。这 9 个内置对象如下表所示。在下面的章节里，我们挑选 2 个来做详细说明，更多使用方法，需要读者自行查阅文献。

编号	对象名称	类型
1	request	javax.servlet.http.HttpServletRequest 接口
2	response	javax.servlet.http.HttpServletResponse 接口
3	session	javax.servlet.http.HttpSession 接口
4	application	javax.servlet.ServletContext 接口
5	pageContext	javax.servlet.jsp.PageContext 类
6	config	javax.servlet.ServletConfig 接口
7	out	javax.servlet.jsp.JspWriter 类
8	exception	java.lang.Throwable 类
9	page	java.lang.Object 类

16.4.1　request 对象

对于动态 Web 而言，交互性是其重要特点，而在整个交互性的处理里面，服务器端必须能够接收客户端的请求参数，而后才可以针对数据进行处理，而服务器端只能够通过 request 对象接收客户端发送的所有内容。

request 是 javax.servlet.http.HttpServletRequest 接口的实例化对象，而现在来观察此接口的定义结构。

---

public interface HttpServletRequest extends ServletRequest

由此可以发现，HttpServletRequest 有一个父接口 ServletRequest，而且 ServletRequest 接口中也只有一个 HttpServletRequest 子接口，这样设计的目的是方便日后新协议的扩充。

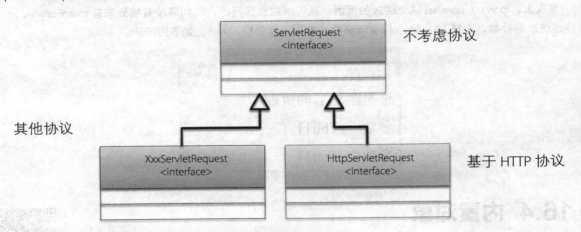

以后如果发现程序代码里面出现的是 ServletRequest，从这个图中就可以知道，它可直接向下转型为 HttpServletRequest。

对于 request 对象，在前面的范例中，其实我们已经使用过多次了。我们常用 request 对象来接受请求信息中的参数。比如在跳转指令和包含指令中使用 request 对象，从而在跳转和被包含页面中获取参数。实际上，页面在跳转或者被包含时，会向服务器发送请求信息，服务器将请求信息封装到 request 对象中，然后使用 request 对象获取请求信息，也就是传递参数。

事实上，我们还可以使用 request 对象来获取用户提交的表单信息，然后对用户使用表单提交的信息进行处理。下面是一个使用 request 对象将表单信息显示出来的一个程序。

📝 范例16-10　定义表单页面（input.html）

```
01  <%@ page contentType="text/html; charset=UTF-8"%>
02  <html>
03    <head>
04      <title>Request 使用范例 </title>
05      <meta charset="UTF-8">
06    </head>
07    <body>
08      <form action="input_do.jsp" method="post">
09        <!-- id 是给 JavaScript 使用的、name 是给 JSP 使用的 -->
10        请输入信息：<input type="text" name="msg" id="msg">
11      <input type="submit" value=" 发送 ">
12      </form>
13    </body>
14  </html>
```

可以通过访问该 JSP 文件的方式访问 HTML 页面。

【代码详解】

第 01 行使用 page 定义了这个页面的类型和编码格式。需要说明的是，对于 html 文件而言，本行代码并不是必需的，有些浏览器（如 Chrome）可能会有编码解析问题而直接在页面显示这行源代码。

第 04 ~ 第05 行定义了 HTML 页面的标题，编码格式。

第 08 ~ 第12 行定义了一个表单（用法请查阅 HTML 相关资料），其中第 08 行使用 action 定义了处理这个表单信息的页面为 input_do.jsp。也就是说这个表单中的信息提交后会交给 input_do.jsp 来处理。使用 method 定义的该表单的提交方式为 post。

第 10 行定义了一个输入框，type 定义了输入框要输入的内容为文本（text），name 定义了这个文本框的名字，使得处理登录信息的 jsp 文件可以通过 name 的值来取得该文本框中的值。id 是这个文本框的唯一编号（类似于身份证号码），这个 id 在有些场所是非常有用的，例如，通过 id 中的值可以使有些脚本程序如 JavaScript 来控制对应的输入框。

第 11 行定义了一个提交按钮。

下面是 input_do.jsp 页面代码，我们再看看另外一个页面是如何获取这些提交的数据的。

范例16-11   定义input_do.jsp页面

```
01  <%@ page contentType="text/html; charset=UTF-8"%>
02  <html>
03    <head>
04      <title>JSP</title>
05      <meta charset="UTF-8">
06    </head>
07    <body>
08      <%
09      request.setCharacterEncoding("UTF-8");
10      String msg = request.getParameter("msg") ;
11      out.println("<h1> 输入内容为：" +msg+"</h1>") ;
12      %>
13    </body>
14  </html>
```

【代码详解】

第 09 行使用了 request 对象，通过调用 request 对象的 setCharacterEncoding() 方法，将信息的传输编码格式设为 UTF-8。JSP 传输数据的默认编码是 ISO-8859-1，但该编码格式不支持中文。如果要传输中文，则需要将生成的 html 文件的编码格式改为 "UTF-8"，并且将 request 解析请求时所使用的译码格式也设为相应的格式。

第 10 行，通过 request 对象的 getParameter() 方法，获取参数 msg 的值，而 msg 在 input.html 中代表表单的 name（也就是用户输出文本框）。通过 msg 来获取在表单中对应的表格的数据，并将其值赋给 msg。

第 11 行，将 msg 的值写到生成的 HTML 文件中。

其他的内容，前面范例已有介绍，在此不再赘述。

【范例分析】

在 ServletRequest 接口里面提供有接收参数的方法。

● 接收参数：public String getParameter(String name)。

这个方法可以接收的参数来源有以下 3 种。

● "<jsp:include>" "<jsp:forward>" 标签里面可以利用 "<jsp:param>" 传递参数。

● 利用表单实现参数的传递，接收的是表单控件中的 name 的内容。

● 利用地址重写传递参数。

在使用 getParameter() 操作的时候如果没有传递参数内容，那么返回的结果就是 null，但是有些时候如果是通过表单提交，但是表单没有输入数据，那么内容就是空字符串 """"，所以，在判断是否有参数内容的时候往往会两个一起判断。

getParameter() 只能够接收单一的请求参数。所以如果要想接收一组的参数，则需要更换方法。

● 接收一组参数：public String[] getParameterValues(String name)

在 request 对象之中，虽然接收参数是其主要的目的，但是也可以取得或设置一些其他信息，其主要方法如下所示（详细用法需要用户自己参阅文献）。

isUserInRole(String role)：判断认证后的用户是否属于逻辑的 role 中的成员。

getAttribute(String name)：返回由 name 指定的属性值，若不存在则为空。

getAttributes()：返回 request 对象的所有属性的名字集合，其结果是一个枚举的实例。

getCookies()：返回客户端的所有 Cookie 对象，结果是一个 Cookie 数组。

getCharacterEncoding()：返回请求中的字符编码方式。

getContentLength()：返回请求的 Body 的长度，如果不确定长度，返回 -1。

getHeader(String name)：获得 HTTP 协议定义的文件头信息。

getHeaders(String name)：返回指定名字的 request Header 的所有值，其结果是一个枚举的实例。

getHeaderNames()：返回所有 request Header 的名字，其结果是一个枚举实例。

getInputStream()：返回请求的输入流，用于获得请求中的数据。

getMethod()：获得客户端向服务器端传送数据的方法，如 GET，POST，HEADER，TRACE 等。

getParameterNames()：获得客户端传送给服务器端的所有参数名字，其结果是一个枚举的实例。

getParameterValues(String name)：获得指定参数的所有值。

getProtocol()：获取客户端向服务器端传送数据所依据的协议名称。

getQueryString()：获得查询字符串，该字符串是由客户端以 GET 方式向服务器端传送的。

getRequestURI()：获取发出请求字符串的客户端地址。

getRemoteAddr()：获取客户端 IP 地址。

getRemoteHost()：获取客户端名字。

getSession([Boolean create])：返回和请求相关的 session。create 参数是可选的。当有参数 create 且这个参数值为 true 时，如果客户端还没有创建 session，那么将创建一个新的 session。

getServerName()：获取服务器的名字。

getServletPath()：获取客户端所请求的脚本文件的文件路径。

getServerPort()：获取服务器的端口号。

removeAttribute(String name)：删除请求中的一个属性。

setAttribute(String name, java.lang.Object obj)：设置 request 的参数值。

16.4.2 response 对象

response 对象和 request 对象的功能正好相反。request 对象的特点主要是服务器端取得客户端所发来的信息，而 response 主要是服务器端对客户端的回应，在 JSP 页面中的所有内容输出都表示的是回应。实现过程中，response 内置对象对应的类型是 javax.servlet.http.HttpServletResponse 接口的实例，如下图所示。

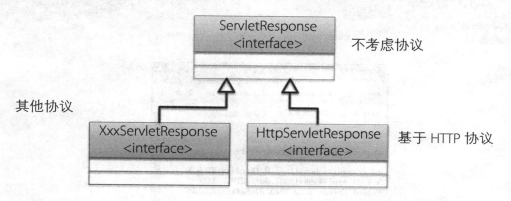

ServletRequest、ServletResponse 的设计完全都是针对不同协议请求回应标准的设计。那么也就是说在现阶段 ServletResponse 完全可以直接向 HttpServletResponse 转型。

在前面的章节中，我们讲解 JSP 的 page 指令中，曾提到使用过一个 "contentType" 属性，这个属性可以设置回应的 MIME 类型，而这样的功能，response 也有支持设置的方法：public void setContentType(String type)。

同样，在 response 里面也可以设置请求编码：public void setCharacterEncoding(String charset)。

在 response 对象里面除了以上的操作之外，十分重要的使用还有三点：设置头信息、请求重定向和操作

Cookie。

01 设置头信息

在一般的请求和回应过程之中，除了关心表单以及请求参数之外，如果要想正常进行沟通，还需要有一些附加的信息，那么这些附加的信息就称为头信息，所有的头信息都会随着用户的每次请求，发送到服务器端。通过 respone 对象，可以设置 HTTP 响应报头，其中常用的功能有禁用缓存、定时跳转网页和设置自动刷新页面等。

在 HttpServletRequest 接口里面定义有如下的可以接收头信息的操作方法。

● 得到头信息的名字：public Enumeration getHeaderNames()。

● 取得头信息的内容：String getHeader(String name)。

范例16-12   取得请求的头信息（httpHead.jsp）

```
01  <%@ page contentType="text/html; charset=UTF-8"%>
02  <%@ page import="java.util.*"%>
03  <html>
04    <head>
05      <title>Respone 对象 </title>
06      <meta charset="UTF-8">
07    </head>
08    <body>
09      <%
10        Enumeration<String> enu = request.getHeaderNames() ;
11        while (enu.hasMoreElements()) {
12          String headName = enu.nextElement() ;
13      %>
14        <h3><%=headName%> = <%=request.getHeader(headName)%></h3>
15      <%
16        }
17      %>
18    </body>
19  </html>
```

【代码详解】

第 10 行，通过 request 对象的 getHeaderNames() 方法，获得 HTTP 协议定义的文件头信息，返回的结果是一个字符串枚举。

第 11 ~ 第16 行，利用 while 循环，逐个将文件头部信息输出。

【范例分析】

这个范例，本质上，还是属于 request 对象的应用，这里举例的目的在于，文件头部信息比较多。但实际上，头部信息常用的功能并不多，定时刷新是比较常用的功能之一。使用 refresh 刷新头信息，如果要想设置头信息，就要使用 HttpServletResponse 接口里面的方法：public void setHeader(String name, String value)。

范例16-13   设置定时刷新（refresh.jsp）

```
01  <%@ page contentType="text/html; charset=UTF-8"%>
02  <%@ page import="java.util.*"%>
03  <html>
04    <head>
05      <title> 设置页面自动刷新 </title>
06      <meta charset="UTF-8">
07    </head>
08    <body>
09      <%@ page pageEncoding="UTF-8"%>
10      <%!
11        int num = 1 ;
12      %>
13      <%
14        response.setHeader("refresh","2") ;
15      %>
16      <h1> 现在是第 <%=num++%> 次刷新 ...</h1>
17    </body>
18  </html>
```

【代码详解】

第 14 行，实现了页面的定时（每 2 秒）刷新操作。自然，刷新的频率越高，越有可能造成负载过重的情况。一般情况下的刷新，往往都会使用 2 秒的间隔。

我们也可以将刷新进一步修改，变为 5 秒后跳转，核心代码如下例所示。

范例16-14   设置定时跳转（jump.jsp）

```
01  <%@ page contentType="text/html; charset=UTF-8" %>
02  <%@ page import="java.util.*"%>
03  <html>
04    <head>
05      <title> 设置页面自动刷新 </title>
06      <meta charset="UTF-8">
07    </head>
08    <body>
09    <%
10      response.setHeader("refresh","5; URL=hello.jsp") ;
11    %>
12    <h1> 登录成功，5 秒后跳转到首页！ </h1>
13    <h1> 如果没有跳转，请按 <a href="hello.jsp"> 这里 </a>！ </h1>
14    </body>
15  </html>
```

跳转前界面

跳转后界面（范例 16-1）

【代码详解】

第 10 行，通过 setHeader( ) 方法，设置了 5 秒后跳转的页面。此时，跳转后的地址栏发生了改变，所以属于客户端跳转。

02 操作 Cookie

Cookie 的本意是"小甜饼"，然而在互联网上，只能用其寓意了，它指的是在客户端电脑上保存的浏览器最爱"吃"的小段文本。这段文本，在网络服务器上生存，并发给浏览器。可以通过 Cookie，识别用户身份，记录用户名和密码，跟踪重复用户等。浏览器将 Cookie 通过键值对（Key/Value）的形式，保存到客户端的某个指定的目录之中。但需要注意的是，Cookie 的安全性并不高，但很便利。通常便利都是牺牲安全换来的。

在 JSP 中，有一个专门的 Cookie 的操作类，在这个类中定义有如下的操作方法。

● 构造方法：public Cookie(String name, String value)。
● 取得 Cookie 的名字：public String getName()。
● 取得 Cookie 的内容：public String getValue()。
● 修改 Cookie 的内容：public void setValue(String newValue)。
● 设置 Cookie 的保存路径：public void setPath(String uri)。

如果要想将 Cookie 加入到客户端，则可以使用 response 对象的方法。

● 保存 Cookie：public void addCookie(Cookie cookie)。

有一点需要说明的是，在使用 Cookie 时，应确保客户端允许使用 Cookie。如果使用的是 IE 浏览器，则选择【Internet Options】（Internet 选项）命令，单击【Private】（隐私）按钮，设置为"中（Medium）"，单击【Advanced】（高级）按钮，在打开对话框中勾选"Override automatic cookie handling（替代自动 cookie

处理）"，勾选"Always allow session cookies（总是允许会话 Cookie）"，最后单击【OK】按钮确定，这样浏览器的 Cookie 功能就启用了，如下图所示。

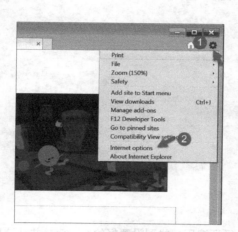
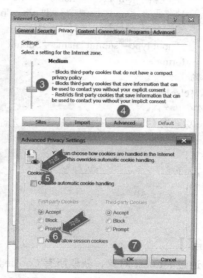

范例16-15　通过Cookie保存并读取用户的登录信息（login.jsp）

```jsp
01  <%@ page contentType="text/html; charset=UTF-8" pageEncoding="UTF-8"%>
02  <html>
03    <head>
04      <meta http-equiv="Content-Type" contentType="text/html; charset=UTF-8">
05      <title>Cookie 使用范例 </title>
06    </head>
07    <body>
08    <%
09      Cookie[] cookies = request.getCookies();
10      String user = "";
11      String pwd = "";
12      String date = "";
13      if (cookies != null)
14      {
15        for (int i = 0; i < cookies.length; i++)
16        {
17          if(cookies[i].getName().equals("uid"))
18            user = cookies[i].getValue();
19          if(cookies[i].getName().equals("password"))
20            pwd = cookies[i].getValue();
21          if(cookies[i].getName().equals("date"))
22            date = cookies[i].getValue();
23        }
24      }
25      if ("".equals(user) || "".equals(date)){
26    %>
27    游客您好，欢迎您的到来！请您注册。
28      <form name="form1" method="post" action="cookieDeal.jsp">
```

```
29          用户名：<input       name="name" type="text" id="name" style="width: 120px"><br>
30          密　码：<input name="pwd" type="password" id="pwd" style="width: 120px"> <br>
31          <br>
32          <input type="submit" name="Submit" value=" 提交 ">
33       </form>
34    <%
35       }else{
36    %>
37       欢迎您 [<b><%=user%></b>] 再次光临 <br>
38       您注册时间是： <%=date%>
39    <%}%>
40    </body>
41 </html>
```

【代码详解】

第 09 行，通过 request 对象，获取所有 Cookie。

第 13 行，如果 Cookie 集合不为空，则通过 for 循环遍历，找到设置好的 Cookie。并从这些 Cookie 中获取用户名、密码及注册时间，再根据获取的结果，显示不同的提示信息。

第 25 行，如果用户名 user 为空并且注册时间 date 也为空，则显示第一次注册的界面。这里需要注意的是，在 Java 中，空字符串依然是个对象，可以用方法 equals()。

第 27 ~ 第33 行，一个普通 HTML 表单，用以提示用户注册。

如果用户名 user 不为空并且注册时间 date 也不为空，则执行第 37 ~ 第38 行，说明用户是老用户。

【范例分析】

那么所有的 Cookie 都是随着头信息一起发送给服务器端的。所以要想取得 Cookie，那么一定要通过 request 对象完成，由于 Cookie 属于 HTTP 协议范畴，所以可以使用 HttpServletRequest 接口中的方法。

取得 Cookie 的方法是：public Cookie[ ] getCookies()，以对象数组的形式返回 Cookie 的信息。

📝 范例16-16　向Cookie中写入信息（cookieDeal.jsp）

```
01 <%@ page contentType="text/html; charset=UTF-8" pageEncoding="UTF-8"%>
02 <%@ page import="java.util.*"%>
03 <%@ page import="java.text.*"%>
04 <html>
05    <head>
06       <meta charset="UTF-8">
07       <title> 写入 Cookie</title>
08    </head>
09    <body>
10    <%
11    String datetime=new SimpleDateFormat("yyyy-MM-dd").format(Calendar.getInstance().getTime());
12       request.setCharacterEncoding("UTF-8");
13       String user = request.getParameter("name");
14       String pwd = request.getParameter("pwd");
15       Cookie c1 = new Cookie("uid",user) ;
```

```
16      Cookie c2 = new Cookie("password",pwd) ;
17      Cookie c3 = new Cookie("date",datetime) ;
18      response.addCookie(c1) ;
19      response.addCookie(c2) ;
20      response.addCookie(c3) ;
21      c1.setMaxAge(60*60*24*10);
22      c2.setMaxAge(60*60*24*10);
23      c3.setMaxAge(60*60*24*10);
24      %>
25      <script type "text/javascript">window.location.href="login.jsp"</script>
26      </body>
27  </html>
```

第一次运行的结果

第二次运行的结果

【代码详解】

第 11 行，获取当前的系统时间。

第 12 行，设置 request 对象的编码方式。

第 13 ~ 第14 行，获取 login.jsp 传递过来的参数值。

第 15 ~ 第17 行，创建 3 个 Cookie 对象，第 18 ~ 第20 行，通过 response 对象的 addCookie() 方法，添加 3 个 Cookie 对象，用来保存客户端的用户信息。

第 25 行，利用 JavaScript 语句，在添加了 3 个 Cookie 对象后，自动换回登录界面 login.jsp。

▶16.5 Servlet

16.5.1 Servlet 简介

使用传统的 JSP 直接进行开发，的确可以完成程序功能，但是其最终的结果是，Java 代码与 HTML 完全混合在一起，这种高耦合，使得程序的逻辑结构不甚清晰，这对后期的程序维护，是非常不便的。所以，从现实的开发来讲，既然是 Java 代码，建议写在 Java 程序里面，而非 Scriptlet（代码段）中。这时就会用到 Servlet 开发技术。

Java 的程序划分有两个开发模式。

● Application：即普通的 Java 程序，使用主方法 main() 执行。

● Applet（应用小程序）：嵌入在网页中的 Java 小程序，它不使用主方法运行。这里的 "let" 表示 "小程序" 的含义。

Servlet=Server+Applet，指的就是服务器（server）端小程序（let）。Servlet 程序，严格来讲是使用 Java 程序实现的 CGI 开发。前文已经提到，CGI 指的是公共网关接口标准，理论上，可以使用任何的编程语言实现，但是传统 CGI 有一个较为严重的问题：它采用了重量级的多进程的方式进行处理，而 Servlet 与传统 CGI 的主要区别在于，它使用了轻量级多线程的方式处理。

从整个技术发展历史来讲，Servlet 程序是在 JSP 之前产生的，但是最早的 Servlet 程序有以下问题。

● 最早的时候 Servlet 必须利用 out.println() 来输出 HTML 代码。

● Servlet 的配置复杂，不适合刚刚接触的人群。

● 后来 SUN 公司的开发人员，受到了微软推出的 ASP 技术的启发，也改进了自己的 JSP 技术，使 JSP 与 Servlet 互相合作，实现更为便捷的开发模式。

Servlet 的主要优势在于，它是由 Java 编写的，不仅继承了 Java 语言的优点，还进一步对 Web 的相关应用，进行了一定程度上的封装和扩充。因此，无论在功能、性能还是安全等方面，都比早期的 JSP 更为出色。

16.5.2 第一个 Servlet 程序

在 Java 中，通常所说的 Servlet 是指 HttpServlet 对象，即在声明一个 Servlet 对象时，需要继承 HttpServlet 类。HttpServlet 类是 Servlet 接口的一个实现类，在继承此类后，就可以重写 HttpServlet 类中的方法，对 HTTP 请求进行深度处理。

Servlet 的创建十分简单，主要有两种创建方法。第一种方法为创建普通的 Java 类，使这个类继承 HttpServlet 类，再通过手动配置 web.xml 文件，来注册 Servlet 对象。此方法操作比较繁琐，在快速开发中通常不被采纳。第二种方法是直接通过 IDE 集成开发工具进行创建，这里，我们建议读者先用第一种方式折腾一番，这种折腾更能让你了解 Servlet 的开发流程，等有一定的感性认知后，再用 IDE 环境开发，提高效率。

如果是第一种方式，Servlet 的开发编写，使用记事本（或 Notepad++、Vim 等）手工编写，然后用浏览器调试即可。这时，就需要配置 servlet-api.jar 包到 CLASSPATH 之中（在本书中，这个 jar 的位置在 C:\Program Files\Apache Software Foundation\Tomcat 8.5\lib\servlet-api.jar，这个路径根据读者安装 Tomcat 位置不同而有变化），在 Tomcat 中还存在有一个 jsp-api.jar，这里面包含了 JSP 相关的类库。

下面我们利用第一种方式，来快速演示一下一个简单的 Servlet 程序是如何运行起来的。

（1）建立一个项目目录树

项目名称可以自拟（建议不要将这个目录放置于 Tomcat 安装路径下，比如说 C:\Users\Yuhong\Documents\ServletDemo），然后在 ServletDemo 目录下创建 WEB-INF 和 src 等两个子文件夹，在 WEB-INF 文件夹下创建子文件夹 classes。请注意，WEB-INF 和 classes 文件夹的名称是不能任意的，Tomcat 服务器就是靠这些固定的文件名，来感知系统的配置文件和类（.class）文件，其结构如下图所示。

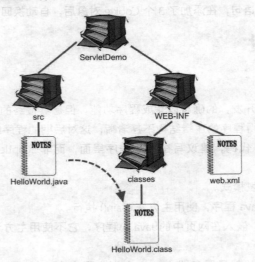

（2）编写一个名为 HelloWorld.java 的 Servlet 程序

把该程序 HelloWorld.java 放置于 src 目录下。在这个程序中，其功能尽量简单，就是在页面上实现输出一个字符串"Hello World!"。

范例16-17　第一个Servlet程序（HelloServlet.java）

```
01  import java.io.*;
02  import javax.servlet.*;
03  import javax.servlet.http.*;
04  public class HelloServlet extends HttpServlet
05  {
06     public void doGet(HttpServletRequest request, HttpServletResponse response)
07     throws IOException, ServletException
08     {
09        response.setContentType("text/html");
10        PrintWriter out = response.getWriter();
11        out.println("<html>");
12        out.println("<head>");
13        out.println("<title>Hello Servlet!</title>");
14        out.println("</head>");
15        out.println("<body>");
16        out.println("<h1>Hello World!</h1>");
17        out.println("</body>");
18        out.println("</html>");
19        out.close() ;
20     }
21  }
```

【代码详解】

第 01 行，导入有关输入输出的包。第 02 ~ 第03 行，导入有关 HTTP 和 Servlet 相关的包。

第 04 行，说明了 HelloServlet 继承了 HttpServlet，所以这是一个 Servlet 程序。

第 06 行，处理 get 请求操作，实现信息的输出（HTML 代码）。

第 09 ~ 第18 行，用 out 对象的 println() 方法，输出 HTML 代码。

第 19 行，关闭输出流。

【运行程序】

在命令行模式下（在运行窗口使用 CMD 命令进入），假设我们的当前路径为 "C:\Users\Yuhong\Documents\ServletDemo"，在命令行下输入如下指令（安装路径不同，下面命令的参数也会有所不同）。

javac -cp "C:\Program Files\Apache Software Foundation\Tomcat 8.5\lib\servlet-api.jar" -d .\WEB-INF\classes .\src\HelloWorld.java

这里解释一下上面命令行参数的含义。

● -cp（或 - classpath）：指定参与编译的 jar（已经发布的类文件）的路径。这里是 "C:\Program Files\
Apache Software Foundation\Tomcat 9.0\lib\servlet-api.jar"，之所以还用引号（""）把这个路径括起来，是因
为这个路径里有空格，为了避免编译器把路径中的空格，当作另外一个参数变量，就用引号把路径括起来。

● -d：这里指定编译通过后，生成的 .class 类文件放在何处。这里是 ".\WEB-INF\classes"。这里给出了相
对路径，"." 代表是当前路径，这里的当前路径就是 "C:\Users\Yuhong\Documents\ServletDemo"。需要说明
的是，这是一个约定俗成的路径，不能更改。

最后一个参数给出的是 Java 源文件的所在地，这里给出的也是相对路径： ".\src\HelloWorld.java"。

【范例分析】

因为没有 main 方法，上面程序即使编译通过了，也是不能直接运行的。本质上，Servlet 是一个 Java 的
CGI 程序。如果要想 Servlet 对象能正常运行，还需要进行适当的配置，以告知 Web 容器，哪一个请求调用哪
一个 Servlet 对象处理。这有点类似于 Windows 中的注册表，需要先对 Servlet 进行一个 "登记造册"。而这
个 "册" 就是 web.xml 文件。

（3）创建 web.xml

web.xml 是一个部署描述文件（deployment descriptor，DD），把它放置在 WEB-INF 目录下。

📝 范例16-18　　web.xml配置文件

```
01  <web-app xmlns="http://xmlns.jcp.org/xml/ns/javaee"
02    xmlns:xsi="http://www.w3.org/2001/XMLSchema-instance"
03    xsi:schemaLocation="http://xmlns.jcp.org/xml/ns/javaee
04              http://xmlns.jcp.org/xml/ns/javaee/web-app_4_0.xsd"
05    version="4.0">
06    <servlet>
07      <servlet-name>servletDemo</servlet-name>
08      <servlet-class>HelloWorld</servlet-class>
09    </servlet>
10    <servlet-mapping>
11      <servlet-name>servletDemo</servlet-name>
12      <url-pattern>/hello.do</url-pattern>
13    </servlet-mapping>
14  </web-app>
```

【代码详解】

在 web.xml 文件中，第 01 ~ 第05 行是 XML 本身的一些配置，我们暂时不需要去关注这个。在第 06 ~ 第
13 行，才是需要我们专注的。

在第 06 ~ 第09 行，首先通过 <servlet> 和 </servlet> 标签，来声明一个 Servlet 对象 servletDemo。这个标
签名用于把一个特定的 Servlet 对象，绑定到随后的 <servlet-mapping> 元素上。

在 <servlet> 标签下，包括两个主要子元素，分别为 <servlet-name>（第 07 行）和 <servlet-class>（第 08
行）。其中 <servlet-name> 元素用于指定 Servlet 的名称，这个名称对服务器端是可以自定义的，且对客户端
的用户是不可见的。<servlet-class> 元素用于指定 Servlet 的包名和类名（注意不要带 .class 后缀名）。需要注
意的是，第 08 行类名要和【范例16-17】中所示的 Java 代码生成的类名，保持一致。

接下来，在声明了 Servlet 对象之后，我们还需要把这个对象，映射到 Servlet 的 URL 上。这样，用户可
以通过浏览器，访问到这个对象。这个操作在 <servlet-mapping> 和 </servlet-mapping> 标签中完成（第 10 ~
第13 行）。<servlet-mapping> 标签下包括两个子元素，分别为 <servlet-name> 和 <url-pattern>。

需要注意的是，在 <servlet-mapping> 标签下的 <servlet-name>（第 11 行）和 <servlet> 标签下的
<servlet-name>（第 07 行），必须保持一致，不可随意命名。如果要随意，也要一起随意。

<url-pattern> 是给终端用户看到（并使用）的 Servlet 名称，但这是一个虚构的名字，并不是具体的 Servlet 类的名字。而且这个元素还可以使用通配符，比如说星号（*）。

（4）修改 server.xml

在 C:\Program Files\Apache Software Foundation\Tomcat 8.5\conf 路径下，修改服务器配置文件 server.xml。在 <Host> 标签下添加子标签 Context，其内容如下。

```
<Context path="/servdemo" docBase="C:\Users\Yuhong\Documents\ServletDemo"/>
```

配置文件内容如下图所示，需要注意的是，修改 server.xml 可能需要管理员（Administrator）权限，因此在修改该文件前切换为管理员模式（对于 Notepad++ 编辑器，当保存修改文件时，会自动提示切换角色）。

```
145                 resourceName="UserDatabase"/>
146        </Realm>
147
148    <Host name="localhost"  appBase="webapps"
149          unpackWARs="true" autoDeploy="true">
150
151        <Context path="/webdemo" docBase="C:\Users\Yuhong\Documents\WebDemo"/>
152        <Context path="/servdemo" docBase="C:\Users\Yuhong\Documents\ServletDemo"/>
153
154        <Valve className="org.apache.catalina.valves.AccessLogValve" directory="logs"
155              prefix="localhost_access_log" suffix=".txt"
156              pattern="%h %l %u %t &quot;%r&quot; %s %b" />
157
158    </Host>
159    </Engine>
160    </Service>
161  </Server>
```

通过这个设置，在浏览器地址栏中：localhost:8080/servdemo/ 就是这个 Web 应用的根，再结合【范例 16-18】所示的 web.xml 中第 12 行的设置，那么在浏览器访问这个 Web 应用的地址就是：localhost:8080/servdemo/hello.do。

（5）重启 Tomcat 服务器

由于每次部署 Servlet 类或更新部署描述文件（如 web.xml 和 server.xml），都必须重启 Tomcat 服务器，所以在 C:\Program Files\Apache Software Foundation\Tomcat 8.5\bin 下，双击 Tomcat8w.exe，如果 Tomcat 是关闭状态，再开启即可。如果 Tomcat 是开启状态，则需要先关闭后启用，总之，让 Tomcat 重新加载配置好的文件。

（6）运行 Web

成功运行结果图

查看客户端源代码

在浏览器中查看源代码，可以看到，在客户端输出的 HTML 代码，和【范例 16-17】所示的 Java 程序想输出的一样。

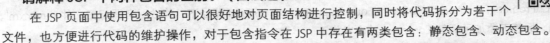

▶ 16.6 高手点拨

请解释 JSP 中两种包含的区别。（面试题）

在 JSP 页面中使用包含语句可以很好地对页面结构进行控制，同时将代码拆分为若干个文件，也方便进行代码的维护操作，对于包含指令在 JSP 中存在有两类包含：静态包含、动态包含。

静态包含：先将代码包含进来，而后一起进行编译的处理，但是这样容易造成包含页与被包含页面的定义结构冲突，例如，变量相同。

|- 语法：<%@include file=" 包含的路径 "%>；

动态包含：如果包含的是静态页面，那么会按照静态包含的方式来处理，只是将内容简单地包含进来，而如果包含的是动态页面，那么会采用先分别处理页面程序，而后将显示结果汇总到一起进行显示。

|- 语法：

    |- 只包含不传递参数：<jsp:include page=» 包含的路径 »/>；

    |- 包含的同时传递参数：   <jsp:include page=» 包含路径 »>

                                        <jsp:param name=» 参数名称 »

value=» 参数内容 »/>

                                                              </jsp:include>

▶ 16.7 实战练习

用 JSP 编写一个用户登录检测程序，当用户输入的用户名和密码正确时，显示欢迎页面，当用户名和密码不匹配时，页面重定向到错误页面，并显示 10 秒钟，然后重新返回用户登录界面。

第 **17** 章

常用设计框架

本章简要介绍 Java 开发中的三个主流框架，包括表现层框架 Struts，业务层框架 Spring，持久层框架 Hibernate 等。这三个框架能帮助开发人员更加高效地开发 Java 应用程序。

本章要点（已掌握的在方框中打钩）

□ 掌握 Struts 的开发基础和框架配置
□ 掌握 Spring 的开发基础和框架配置
□ 掌握 Hibernate 的开发基础和框架配置

▶ 17.1　框架的内涵

　　所谓的框架，可以这样理解，就是把一些比较常用、通用问题的解决方案抽象出来，由一些资深 Java 开发者把它们实现了，并加以标准化和流程化，然后让普通 Java 开发者稍加配置即可使用的解决程序模块。

　　Rickard Oberg(WebWork 和 JBoss 的创造者) 曾经说："框架的强大之处，不是源自它能让你做什么，而在于它不能让你做什么。" 言外之意，使用框架进行开发，可以让我们遵循标准化流程，从而避免无序 JSP 开发带来的混乱。

　　目前，SSH（Struts，Spring，Hibernate）成为主流的框架开发模式，其中 Struts 主要负责流程控制，Spring 负责业务流转，而 Hibernate 则负责数据库操作的封装。

　　在下面章节里，我们分别来简单介绍这三大框架。但需要说明的是，第一，技术总是向前发展的，今日所谓流行的框架，很可能在不久的将来，就会被取而代之，掌握前面章节介绍的基础性知识，似乎更为重要。第二，限于篇幅，本章仅仅是对三大框架进行概略性的介绍，目的是给读者一些感性认知，倘若想对三大框架有更为深入的理解，还需要读者查阅更多的文献。

▶ 17.2　Struts 开发基础

17.2.1　Struts 简介

　　Struts 这个名字，来源于在建筑和旧式飞机中使用的金属支架。它最初是 Jakarta 项目中的一个子项目，并在 2004 年 3 月成为 ASF 的顶级项目。它通过采用 Java Servlet/JSP 技术，实现了基于 Java EE Web 应用的 MVC 设计模式的应用框架。

　　Struts 1 是第一个广泛流行的 MVC 框架。但随着技术的不断发展，尤其是 JSF、AJAX 等技术的兴起，Struts 1 已显露疲态，跟不上时代的步伐，其本身在设计上的一些硬伤，也阻碍了它的发展。

　　同时，大量新的 MVC 框架（如 Spring MVC）开始涌现，尤其是 WebWork，非常抢眼。WebWork 是 OpenSymphony 组织开发的（遗憾的是，OpenSymphony 在完成一系列伟大开源产品后，其网站已经关闭了）。WebWork 实现了更加优美的设计，更加强大而易用的功能。

　　后来，Struts 和 WebWork 两大社区决定合并两个项目，完成 Struts 2。事实上，Struts 2 并不是 Struts 1 的升级版，它是以 WebWork 为核心开发的，更加类似于 WebWork 框架，其技术和 Struts 1 相差甚远。在 WebWork 框架中，Action 对象不再与 Servlet API 相耦合，而且 WebWork 还提供了自己的 IoC（Inversion of Control，控制反转）容器，从而增加了程序的灵活性，通过 IoC，也使得程序的测试变得更加简单。

　　Struts 2 是 Struts 的下一代产品，它以 WebWork 为核心，采用拦截器的机制来处理用户的请求，这样的设计也使得业务逻辑控制器能够与 Servlet API 完全脱离开，所以 Struts 2 可以理解为 WebWork 的更新产品。

　　倘若想要高效地进行 Java Web 开发，自然离不开各种工具的支持。这里我们需要轻量级 Web 应用服务器——Tomcat，此外，我们还需要一个好用的 IDE（集成开发环境），这里我们推荐使用 Eclipse EE（企业版），我们假设读者已经将这两个工具安装完毕，并在 Eclipse 中部署了 Tomcat。

　　我们知道，框架可以大大提高我们的开发效率。但由于框架是一种主动式的设计，所以我们使用框架时，必须遵守框架制定好的开发流程。Struts 2 是遵循 MVC 设计理念的开源 Web 框架，下面我们来介绍一下 MVC 的基本概念。

17.2.2 MVC 的基本概念

MVC 是 3 个单词的缩写，分别对应模型（Model）、视图（View）和控制器（Controller）。MVC 模式的目的就是实现 Web 系统的高效职能分工，如下图所示。

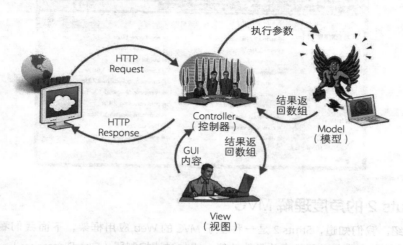

- 模型（Model）：负责封装应用的状态，并实现应用的功能。通常又分为数据模型和业务逻辑模型，数据模型用来存放业务数据，比如订单信息、用户信息等；而业务逻辑模型包含应用的业务操作，比如订单的添加或者修改等。
- 视图（View）：用来将模型的内容展现给用户，用户可以通过视图来请求模型进行更新。视图从模型获得要展示的数据，然后用自己的方式展现给用户，相当于提供界面来与用户进行人机交互；用户在界面上操作或者填写完成后，会单击提交按钮或是以其他触发事件的方式，来向控制器发出请求。
- 控制器（Controller）：用来控制应用程序的流程和处理视图所发出的请求。当控制器接收到用户的请求后，会将用户的数据和模型的更新相映射，也就是调用模型来实现用户请求的功能；然后控制器会选择用于响应的视图，把模型更新后的数据展示给用户。

Model 层实现系统中的业务逻辑，通常可以用 JavaBean 或 EJB 来实现。

View 层用于与用户的交互，通常用 JSP 来实现。

Controller 层是 Model 与 View 之间沟通的桥梁，它可以分派用户的请求并选择恰当的视图以用于显示，同时它也可以解释用户的输入并将它们映射为模型层可执行的操作。

17.2.3 下载 Struts 2 类库

本书采用的 Struts 2 开发包的版本是 Struts 2.3.31，读者可以自行下载该版本，如下图所示，需要说明的是，不同的版本，网址稍有不同，将后面的版本号变更一下即可。还有就是不要盲目追求"最新"版本，因为经验告诉我们，最新的版本可能和其他配套的软件（如 Eclipse）配合的并不是那么"融洽"，从而导致配置失败。

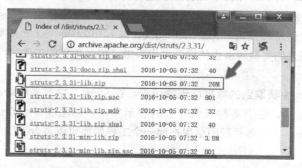

单击 struts-2.3.31-lib.zip 下载。下载成功后，将压缩包解压到自定义的文件夹下。解压后文件夹下的所有 jar 包就是开发 Struts 项目所必需的。我们现在把所有 jar 包添加到项目的 CLASSPATH 路径下。通常情况下，这些 jar 包并不是都需要添加到工程中，而是按需所取。

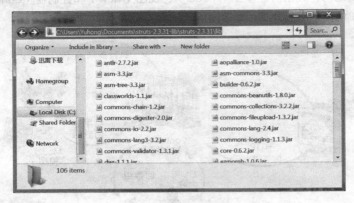

17.2.4 从 Struts 2 的角度理解 MVC

从前面的介绍，我们知道，Struts 2 是一种基于 MVC 的 Web 应用框架，下面我们看看 Struts 2 类库和 MVC 的对应关系，其中一些名词所代表的具体功能，比如过滤控制器（FilterDispatcher）、动作（Action）、结果（Result）等。

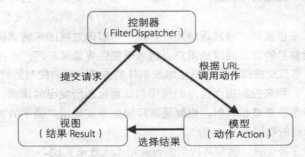

（1）控制器——FilterDispatcher

FilterDispatcher 负责根据用户提交的 URL 和 struts.xml 中的配置，来选择合适的动作（Action），让这个 Action 来处理用户的请求。FilterDispatcher 其实是一个过滤器（Filter，是 Servlet 规范中的一种 Web 组件），它是 Struts 2 核心包里已经开发好的类，不需要用户自行去开发，只是要在项目的 web.xml 中配置一下即可使用。FilterDispatcher 体现了 J2EE 核心设计模式中的前端控制器模式。

（2）动作——Action

在经过 FilterDispatcher 之后，用户请求被分发到了不同的动作 Action 对象。Action 负责把用户请求中的参数组装成合适的数据模型，并调用相应的业务逻辑进行真正的功能处理，获取下一个视图展示所需要的数据。相比于其他 Web 框架的动作处理，Struts 2 中的 Action 更加彻底地实现了与 Servlet API 的解耦，使得 Action 里面不需要再直接去引用和使用 HttpServletRequest 与 HttpServletResponse 等接口。因而使得 Action 的单元测试更加简便，而且强大的类型转换也使得开发者少做了很多重复的工作。

（3）视图——Result

视图结果用来把 Action 中获取到的数据展现给用户。在 Struts 2 中有多种结果展示方式，例如，常规的 JSP，模板 Freemarker、Velocity，还有各种其他专业的展示方式，如图表 JFreeChart、报表 JasperReports、将 XML 转化为 HTML 的 XSLT 等。而且各种视图结果在同一个工程里面可以混合出现。

通过上面的介绍，相信读者大致了解到 Struts 2 的运行机理，接下来，我们通过一个简单的案例，来说明如何使用 Struts 2。

17.2.5 第一个 Struts 2 实例

在前面小节中，我们介绍 Struts 2 的基础理论知识和开发工具的准备，在本节将演示 Struts 2 实例开发的全过程，让读者有一个更感性的认识。

我们当前的目标是，构建一个简单的用户密码验证功能，如果验证正确，则显示欢迎界面（显示："登录成功！<用户账号名>"）。如果验证失败，则显示失败界面（显示："登录失败！<用户账号名>"）。麻雀虽小，五脏俱全，通过这个简单的界面，我们将讲解 Struts 2 中的 MVC 思想。

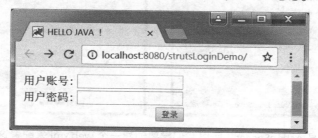

为了达到上述目标，我们需要完成以下 4 个步骤。

① 创建一个类来存储欢迎、错误等信息（模型，Model）。

② 创建 3 个服务器页面（index.jsp、success.jsp 和 error.jsp）来显示欢迎或错误等信息（视图，Views）。

③ 创建一个 Action（行为）类（LoginAction.java），来控制用户、模型和视图的交互（控制，Controller）。

④ 创建一个映射（如 struts.xml、web.xml），来实现 Action 类和视图之间的对应关系。

下面我们一步一步来完成这些工作（我们假设读者已经安装了 Tomcat 服务器）。

（1）前期准备 -1：创建 Struts 工程 StrutsDemo

首先，创建一个工程 StrutsDemo。打开 Eclipse，依次单击 Eclipse 菜单中的【File】➤【New】选项，然后在弹出的选项菜单中单击【Dynamic Web Project】，单击【Next】按钮，如下图所示。

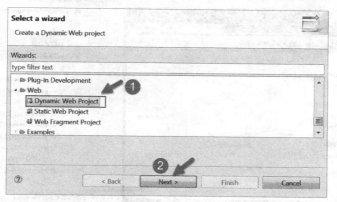

然后，弹出【New Dynamic Web Project】对话框，在【Project name】文本框输入"strutsLoginDemo"，单击【Next】按钮接受所有默认设置，直到出现"Generate Web.xml deployment descriptor"选项，选中它，并单击【Finish】按钮，如下图所示。

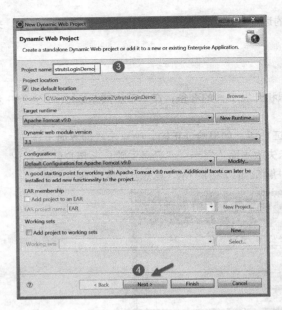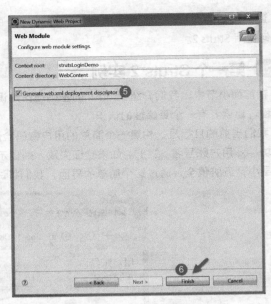

因为 Struts 的入口点是 ActionServlet，所以我们需要创建一个 web.xml 来配置这个 Servlet。

（2）前期准备 -2：在 Eclipse 中部署 Struts 开发包

接下来，我们在 Eclipse 中部署 Struts 开发包，其步骤如下。

在前面小节中，我们下载了 Struts 库包，在 Struts 2 的 lib 中，选择性地将如下 jar 包复制到当前工程的 lib 路径下（本书为 C:\Users\Yuhong\Documents\struts-2.3.31-lib\struts-2.3.31\lib\）即可（这里列出了常用的 jar 包，事实上，在本范例中有些 jar 包是用不上的）。

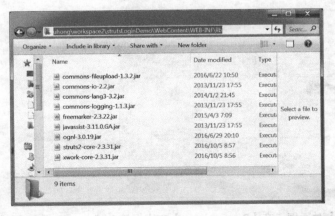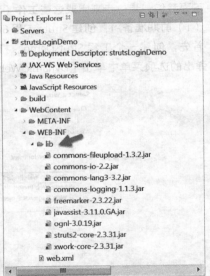

然后在 Eclipse 中，在 WebContent、WEB-INF\lib 展开，就可以看到这些库包，如果没有出现，则可以按【F5】刷新即可。

01 创建模型类

首先我们创建一个包（名为：com.demo.model），然后创建一个名为 MessageStore 的类，如下图所示。在这个简易的模型中，把信息的存取分为两类，成功返回和错误返回，分别给出了相应的 getter 方法和 setter 方法。

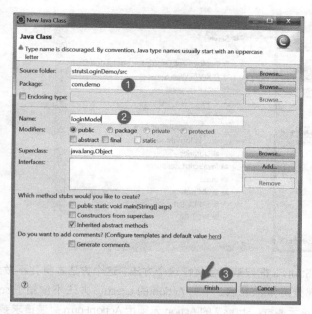

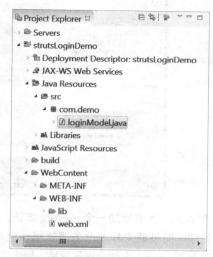

📝 **范例 17-1**　**模型类（loginModel.java）**

```
01  public class loginModel {
02     private String msgSuccess;
03     private String msgError;
04
05     public loginModel(String success, String error){
06             this.msgSuccess = success;
07             this.msgError = error;
08     }
09     public String getSuccessMessage() {
10        return msgSuccess;
11     }
12     public void setSuccessMessage(String message) {
13        this.msgSuccess = message;
14     }
15     public String getErrorMessage() {
16        return msgError;
17     }
18     public void setErrorMessage(String message) {
19        this.msgError = message;
20     }
21  }
```

02 创建行为（Action）类

　　Struts2 框架中的 Action 是一个 POJO，直接使用 Action 来封装 HTTP 请求参数，因此 Action 类应该包含与请求相对应的属性，并为该属性提供对应的 setter 和 getter 方法。我们在包 com.demo 里创建一个 Action 类 loginAction，如下图所示。

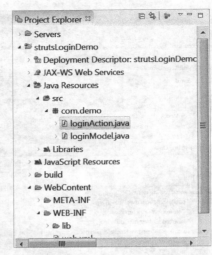

在 Action 类里增加一个 execute 方法，因为 Struts 2 框架默认会执行这个方法。这个方法本身并不做业务逻辑处理，而是调用其他业务逻辑组件完成这部分工作。Struts 2 中的 Action 的 execute 方法不依赖于 servlet API，改善了 Struts 1 中耦合过于紧密，极大方便了单元测试。Struts 2 的 Action 无须用 ActionForm 封装请求参数。

📝 **范例 17-2**　Action类文件（loginAction.java）

```
01  package com.demo;
02  import com.opensymphony.xwork2.ActionSupport;
03
04  public class loginAction extends ActionSupport
05  {
06      private static final long serialVersionUID = 1L;
07      private String userName; // action 属性
08      private String password; // action 属性
09      private loginModel loginMsg; // action 属性
10
11      public String execute() throws Exception {
12          loginMsg = new loginModel(" 登录成功！ "," 登录失败！ ") ;
13          if (userName.equals("HAUT") && password.equals("123456")) {
14          return "success"; // 如果账号密码正确，跳到 success.jsp 页面
15      } else {
16          return "error"; // 如果账号密码不正确，跳到 error.jsp 页面
17      }
18  }
19  public String getUserName() {  // getter 方法
20      return userName;
21  }
22  public void setUserName(String userName) {   // setter 方法
23      this.userName = userName;
24  }
25  public String getPassword() {  // getter 方法
26      return password;
27  }
28  public void setPassword(String password) {    // setter 方法
```

```
29        this.password = password;
30    }
31    public loginModel getLoginMsg() {   // getter 方法
32        return loginMsg;
33    }
34    public void setLoginMsg(loginModel loginMsg) {   // setter 方法
35        this.loginMsg = loginMsg;
36    }
37 }
```

【代码详解】

Action 类返回一个标准的字符串，该字符串是一个逻辑视图名，该视图名对应实际的物理视图。Struts 2.x 的动作类是从 com.opensymphony.xwork2.ActionSupport 类继承而来，从上面的代码可以看出，动作类一个典型的特征，就是要覆盖 execute() 方法（第 11 ~ 第 18 行），该方法返回一个字符串，不同的字符串，代表不同的结果，拦截这样的字符串，就可以执行不同动作。

在本例中，提供用户名、密码和登录提示对象等 3 个属性。

如果用户密码正确，返回字符串："success"，否则返回"error"。返回不同的字符串，我们要找对应 URL（网页视图）来处理，这里就需要 struts.xml 来做对应的配对映射（下文即将介绍）。

代码第 09 行，把模型 loginModel 引入到 Action 类中，在第 12 行，实例化 loginModel 类对象 loginMsg。第 19 ~ 第 37 行，第 07 ~ 第 09 行所示的 3 个 action 属性，分别实现其 getter() 和 setter() 方法。这是为后面读取或设置在 JSP 视图页面的 Action 值栈中的属性服务的。

03 创建视图

下面要创建视图部分。在项目浏览器的 WebContent 文件下，选择【New】➤【JSP File】，分别创建前端页面 index.jsp、success.jsp 和 error.jsp。

在下图所示的 strutsLoginDemo 工程下的 WebContent 节点下创建文件 index.jsp，如下图所示。

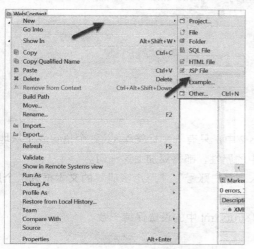 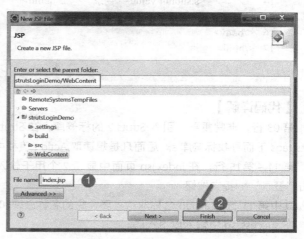

类似的流程，在 WebContent 节点下创建 success.jsp 和 error.jsp（截图省略），如下图所示（需要注意的是，这 3 个 .jsp 文件是在 WebContent 文件下，而不是在 WEB-INF 文件下）。

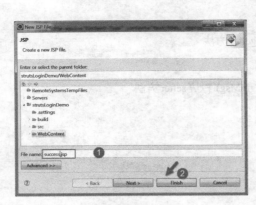
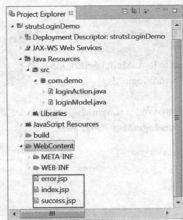

下面分别改写这 3 个视图文件的代码如下。

范例 17-3   视图文件index.jsp

```
01  <%@ page language="java" contentType="text/html; charset=UTF-8"
02     pageEncoding="UTF-8"%>
03     <%@taglib prefix="s" uri="/struts-tags"%>
04  <!DOCTYPE html PUBLIC "-//W3C//DTD HTML 4.01 Transitional//EN" "http://www.w3.org/TR/html4/loose.dtd">
05  <html>
06  <head>
07  <meta http-equiv="Content-Type" content="text/html; charset=UTF-8">
08  <title>Struts Demo！  </title>
09  </head>
10  <body>
11          <s:form action="login">
12          <s:textfield name="userName" label=" 用户账号 "></s:textfield>
13          <s:textfield name="password" label=" 用户密码 "></s:textfield>
14          <s:submit value=" 登录 "></s:submit>
15          </s:form>
16  </body>
17  </html>
```

【代码详解】

第 03 行，非常重要，引入 Struts 2 的标签库，在 Struts 2 中，只有一个标签库 s。这个语句表示从地址 /struts-tags 下面寻找标签库 s。后面凡是想读取 Action 值栈中的属性，都需要加上这一句。

第 11 ~ 第 15 行，在 index.jsp 页面中显示 2 个用于输入"用户账号""用户密码"的文本框和 1 个用于单击"登录"的提交按钮。

其中第 11 行的 action 名称非常重要，它的名称必须和 struts.xml 中的设置保持一致。

在 success.jsp 中输入以下代码。

范例 17-4　页面视图success.jsp

```
01  <%@ page language="java" contentType="text/html; charset=UTF-8"
02     pageEncoding="UTF-8"%>
03  <%@ taglib prefix="s" uri="/struts-tags" %>
04  <!DOCTYPE html PUBLIC "-//W3C//DTD HTML 4.01 Transitional//EN" "http://www.w3.org/TR/html4/
loose.dtd">
05  <html>
06  <head>
07  <meta http-equiv="Content-Type" content="text/html; charset=UTF-8">
08  <title> 登录成功 </title>
09  </head>
10  <body>
11  <h2><s:property value="loginMsg.getSuccessMessage()"/> 欢迎  <s:property value="userName"/></h2>
12  </body>
13  </html>
```

【代码详解】

在这个 JSP 文件中，只有第 03 和第 11 行代码是需要我们自己添加的。第 03 行的作用前面已经介绍，这里不再赘言。

下面我们重点解释第 11 行的含义。在前面，我们介绍了，运行本程序，需要导入 ognl-x.y.z.jar，在这个 jar 中，ognl 表示是 "Object Graph Navigation Language"（对象图导航语言），这种表达式，能协助我们访问 Action 值栈值（其前提是，要有这些属性值的 getter 或 setter 方法）。常见的格式有：

访问 Action 值栈中的普通属性：

<s:property value="attrName"/>

访问值栈中对象属性的方法：

<s:property value="obj.methodName()"/>

第 11 行，loginMsg 和 userName 都是 Action 类 loginAction 的属性。其中 loginMsg 是对象，要获取对象中的属性值，需要调用其对应的方法。

在 error.jsp 中输入以下代码。

范例 17-5　页面视图error.jsp

```
01  <%@ page language="java" contentType="text/html; charset=UTF-8"
02     pageEncoding="UTF-8"%>
03  <%@ taglib prefix="s" uri="/struts-tags" %>
04  <!DOCTYPE html PUBLIC "-//W3C//DTD HTML 4.01 Transitional//EN" "http://www.w3.org/TR/html4/
loose.dtd">
05  <html>
06  <head>
07  <meta http-equiv="Content-Type" content="text/html; charset=UTF-8">
08  <title> 登录失败 </title>
09  </head>
10  <body>
11     <h2><s:property value="loginMsg.getErrorMessage()"/></h2>
12  </body>
13  </html>
```

【代码分析】

类似于 success.jsp，只有第 03 和第 11 行代码是需要我们自己添加的。其含义都是类似的，这里不再赘述。

04 编写工程配置文件

（1）web.xml

任何 MVC 框架都需要与 Web 应用整合，这就不得不借助于 web.xml 文件，只有配置在 web.xml 文件中 Servlet 才会被应用加载。由于在前面，我们已经让系统自动创建这个文件，所以在 StrutsDemo 工程下的 WEB-INF 节点，我们能找到这个 web.xml。如果没有提前创建，也可以选中 StrutsDemo 工程下的 WEB-INF 节点，新建该文件。

打开 web.xml，在 Source 区域的 <web-app> 和 </web-app> 区域增加如下具体核心的配置信息。

📝 范例 17-6　　配置文件 web.xml

```
01    <welcome-file-list>
02      <welcome-file>index.jsp</welcome-file>
03    </welcome-file-list>
04    <filter>
05      <filter-name>struts2</filter-name>
06      <filter-class>
07        org.apache.struts2.dispatcher.ng.filter.StrutsPrepareAndExecuteFilter
08      </filter-class>
09    </filter>
10
11    <filter-mapping>
12      <filter-name>struts2</filter-name>
13      <url-pattern>/*</url-pattern>
14    </filter-mapping>
```

【代码详解】

第 01 ~ 第 03 行，指定了默认的欢迎页面 index.jsp。

第 04 ~ 第 09 行，定义了过滤器的信息，其中有两个子项，filter-name 给出了过滤器的名称为 struts2（第 05 行），第 03 行，给出了过滤器类 filter-class 为："org.apache.struts2.dispatcher.ng.filter.StrutsPrepareAndExecuteFilter"，这是 Struts 2 推荐使用的过滤器类。

第 11 ~ 第 14 行，定义了 Struts 2 的过滤器映射，其中子项 filter-name 给出了过滤器拦截的名称（这个要与第 02 行的名称保存一致），子项 url-pattern 给出了过滤器拦截 URL 的模式，这里给出的值是 "/*"，这是一个通配符，表明该过滤器拦截所有的 HTTP 请求。

（2）编写 struts.xml

编写 struts.xml，是为了和 Action 类相匹配，这个文件是基于 Struts 2 框架开发利用率最高的文件。在 Web 项目的源代码 src 文件夹下，创建 struts.xml 文件，如下图所示。

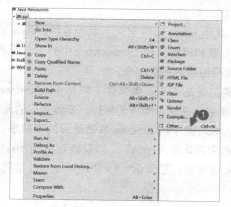
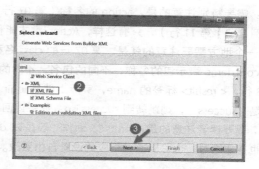

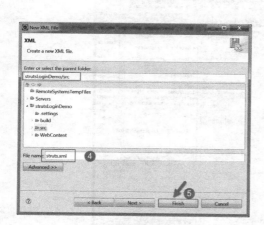

打开 struts.xml 文件，输入如下代码。

📑 范例 17-7　　配置文件struts.xml

```xml
01  <?xml version="1.0" encoding="UTF-8" ?>
02  <!DOCTYPE struts PUBLIC
03     "-//Apache Software Foundation//DTD Struts Configuration 2.5//EN"
04     "http://struts.apache.org/dtds/struts-2.5.dtd">
05  <struts>
06    <package name="default" namespace="/" extends="struts-default">
07      <action name="login" class="com.demo.loginAction">
08        <result name="success">/success.jsp</result>
09        <result name="error">/error.jsp</result>
10      </action>
11    </package>
12  </struts>
```

【代码详解】

第 05 ~ 第12 行，属于 <struts> 的配置区，在这个标签下，有不同的子元素或子标签。其中，子标签 <package> 是声明一个包（package），这里 package 名称是 default，当然也可以是自定义的名称，并通过 extends 属性，指定此包继承于 struts-default 包（第 06 行）。

第 07 ~ 第10 行，子标签 <action> 定义了动作对象，其中 name 属性定义了动作名称，class 属性定义了动作类名。需要特别注意的是，action 的名称（第 07 行）要和视图文件（index.jsp）中的 action 名称保持一致（【范例 17-3】第 11 行），只有这样，Action 类才能和视图部分关联起来。

还有一个地方需要注意的就是，第 07 行的 class 名称，就是 Action 类文件（即 loginAction.java）名称，其中前面 com.demo 表示包的名称，不同的包名，不同的类名，在这个地方的名称，要做相应的调整。

第 08 行，< result> 标签的 name，实际上就是 loginAction 类中的 execute 方法返回的字符串，如果字符串返回的是 "success"，则跳转到 success.jsp；如果返回的字符串是 "error"，则跳转到 error.jsp。

最后，需要读者注意的是，Struts 1.x 动作一般是以 .do 结尾的，而 Structs 2.x 都是以 .action 结尾。事实上，此后缀名也并非绝对，也可以通过相应的设置自由更改。

17.2.6 运行测试 StrutsDemo 工程

在前面这几小节中，创建好了 StrutsDemo 工程，下面来测试看是否成功。选择工程中的 strutsLoginDemo 节点，右击，在弹出的快捷菜单中依次选择【Run As】➤【Run on Server】命令，如下图所示。

打开【Run on Server】对话框，最后单击【Finish】按钮，如下图所示。

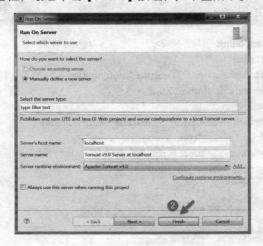

运行结果如下图所示（① 表示初始界面，② 表示输入账号密码，③ 表示登录成功界面，④ 表示如果在 ②中输入错误后的界面）。

17.2.7 小节

本节介绍了 Struts 2 框架的基础知识，关于 MVC 思想，Web 服务器的应用，以及 Struts 2 项目开发的一个实践，通过这些，让读者对 Struts 2 有了一个初步的了解。读者应重点理解 MVC 思想的基本概念，Tomcat 服务器的应用，Struts 2 项目开发的基本流程。

MVC 思想是现在软件开发的一个主流思想，Struts 2 框架的架构就是 MVC 思想的实现。MVC 思想将软件开发的繁冗复杂变得更为简洁，各层之间各司其职，耦合度低，极大地简化了程序员的工作，也对软件的可维护性起到了极大简化的作用。

▶17.3 Spring 快速上手

从本节开始，我们将简要介绍业务层框架 Spring，该框架是一个企业应用开发的轻量级应用框架，因其强大的功能以及卓越的性能，受到众多开发人员的喜爱。又因其所具有的整合功能，使得 Spring 框架能够与其他框架进行结合使用，从而为开发人员进行企业级的应用开发提供了一个一站式的解决方案。

17.3.1 Spring 基本知识

Spring Framework 创 始 人 Rod Johnson， 在 2002 年 编 著 的《*Expert one to one J2EE design and development*》一书中，对 Java EE 正统框架臃肿、低效、脱离现实的种种现状提出了质疑，并积极寻求探索革新之道。以此书为指导思想，Johnson 编写了 interface21 框架，这是一个从实际需求出发，着眼于轻便、灵巧，易于开发、测试和部署的轻量级开发框架。Spring 框架即以 interface21 框架为基础，经过重新设计，于 2004 年 3 月 24 日，发布了 1.0 正式版。

Spring 是一个开源的基于控制反转（Inversion of Control，IOC）和面向切面（AOP）技术的容器框架，它的主要目的是简化企业开发。控制反转就是应用本身不负责依赖对象的创建及维护，依赖对象的创建及维护是由外部容器负责的。这样控制权就由应用转移到了外部容器，控制权的转移就是所谓的反转。依赖注入（Dependency Injection，DI）是指，在运行期间，由外部容器动态地将依赖对象注入到组件中。

17.3.2 Spring 开发准备

本节将介绍 Spring 开发框架的开发包的获取以及 Spring 框架的配置过程。这些内容是我们使用 Spring 开发实际项目的前期准备工作，是必不可少的。下面我们下载 Spring 开发包和 commons-logging 包，这两个包是基于 Spring 开发的必不可少的依赖包。

（1）下载 Spring 开发包

Spring 官方网站改版后，建议通过 Maven 和 Gradle 下载。

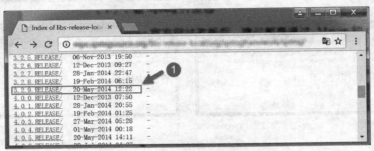

在点开的链接中，下载 spring-framework-3.2.9.RELEASE-dist.zip。

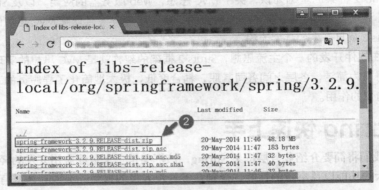

我们选择当前应用广泛的 spring-framework-3.2.9（爱追"新"的读者可以尝试下载 4.x 版本自行折腾一下），下载完成后，再将下载的压缩包解压缩到自定义的文件夹中。

（2）下载 commons-logging 包

登录站点，单击 commons-logging-1.1.1-bin.zip 超链接，进行压缩包下载，如下图所示。

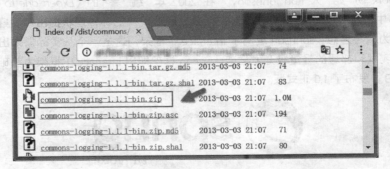

commons-logging 包下载完成后，再将下载的压缩包解压缩到自定义文件夹中。

17.3.3 Spring 框架配置

在下载完 Spring 框架开发所需要的开发包后，下面来介绍 Spring 框架的配置。

❶ 打开 Spring 开发包解压缩目录下的 libs 文件夹，可以看到 Spring 开发所需的 jar 包，如下图所示。这些包各自对应着 Spring 框架的某一模块，选择所有包，将其复制到自定义文件夹下，此处将其复制到名为 SpringJar 的文件夹下。

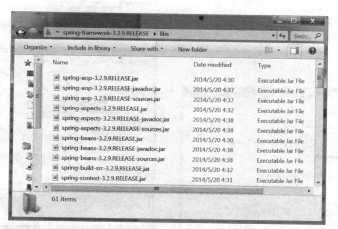

❷ 打开 commons-logging 压缩包解压缩目录，可以看到其所有文件，如下图所示。

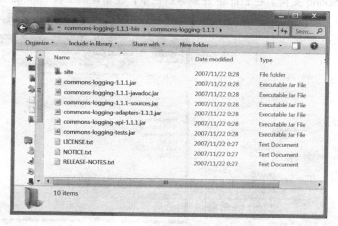

❸ 将 commons-logging-l.l.l 目录下的所有 jar 文件，也复制到 SpringJar 文件夹中，实现两处 Jar 的合并，这样所有 Spring 开发所需的包就组织好了。

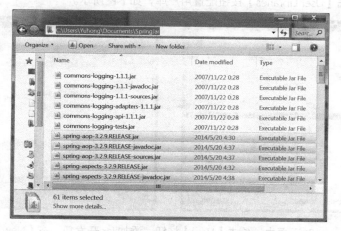

❹ 打开 Eclipse EE，新建一个 Java Project 工程，名为 SpringDemo，如下图所示。

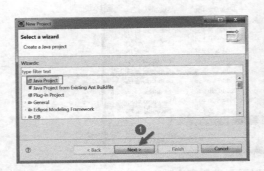

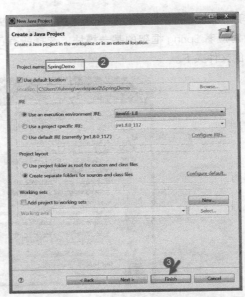

❺ 下面为项目添加 Spring 支持。在 Eclipse 左侧导航栏中，在新建的工程 SpringDemo 上右击，在弹出的快捷菜单中选择【Build Path】➤【Configure Build Path】菜单项，单击【Add Library】按钮，操作过程如下图所示。

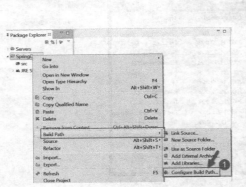

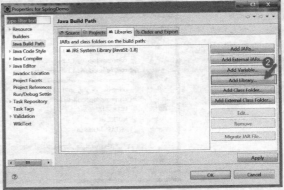

❻ 在弹出的【Add Library】对话框中，选择【User Library】选项，单击【Next】按钮进入下一步，在【User Library】对话框中，单击【User Libraries】按钮配置用户库，如下图所示。

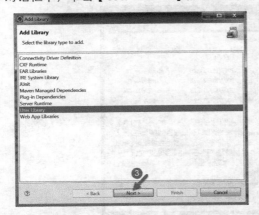

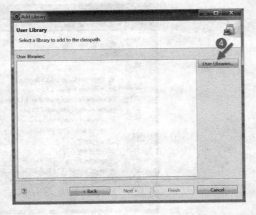

❼ 在弹出的 Preference 对话框中，单击【New】按钮，添加 jar 开发包，在【New User Library】对话框中，输入库自定义的名称（如 SpringJar），单击【OK】按钮进入下一步，如下图所示。

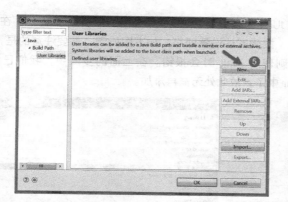

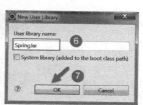

❽ 在 Preference 对话框中，选择 "SpringJar" 选项，单击右侧的【Add External JARs】按钮，选择刚才建好的文件夹 SpringJar 中的所有 jar 包，单击【Open】按钮，添加 jar 包，如下图所示。

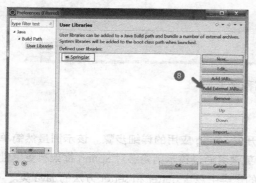

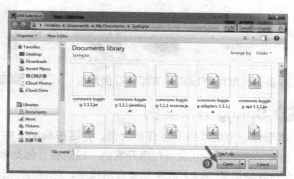

❾ 在 Preferences 对话框中，单击【OK】按钮，可以看到添加进来的所有 jar 包，如下图所示。

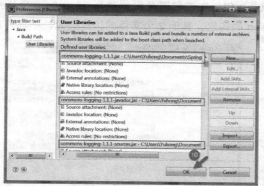

❿ 在 jar 包添加完成后，就可以看到 Eclipse 左侧导航栏 SpringDemo 项目中出现了 Spring 开发库，现在，Spring 开发框架所依赖的库就配置好了，以后每个项目都可以使用该用户库，下面就可以开始编写程序了。

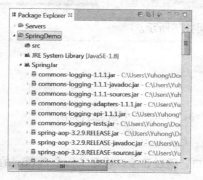

⓫ 为了方便程序的测试，还可以加入 JUnit 来辅助测试。Eclipse 本身自带 JUnit，因此，在 Add Library 对话框中加入 JUnit 即可，单击【Next】按钮，接受默认设置即可，如下图所示。需要注意的是，使用 JUnit 时一定要添加 common-logging 的 jar 包，否则使用 JUnit 时会报错。在上面的步骤中，我们已经把 common-logging-1.1.1 的 jar 包添加到用户库 SpringJar 中了，故此处无需再添加。

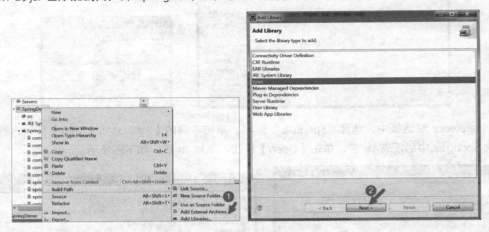

准备工作都做好以后，下面可以使用 Spring 框架编写程序了。

17.3.4 Spring 开发实例

本节以一个简单的 Java 应用为例，介绍在 Eclipse 中开发 Spring 应用的详细步骤。该示例虽然简单，但是它包含了使用 Spring 进行程序开发的一般流程，因此希望读者通过该示例能够对 Spring 框架有更感性的认识。Spring 使用了 JavaBean 来配置应用程序。JavaBean 指的是类中包含 getter 和 setter 方法的 Java 类。

下面通过本实例来介绍 Spring 框架程序的一般构建方式。

❶ 在 SpringDemo 工程的 src 目录下创建 com.bean 包，在该包下分别创建 Person.java、ChineseImpl.java 和 AmericanImpl.java 3 个文件（下图给出了接口 Person 的构建，其他 2 个文件的构建类似，不再赘言）。

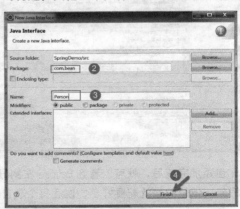

打开 Person.java 文件，编辑代码如下所示。

```
01  package com.bean;
02
03  public interface Person
04  {
05          public void Speak(); // 接口中包含一个 Speak() 方法
06  }
```

上面代码定义了一个 Person 接口，通过该接口规定了一个 Person 的规范。

❷ ChineseImpl 类是 Person 接口的实现。在写代码时建议将接口与其实现相分离。打开 ChineseImpl.java 文件，编辑代码如下。

```
01  package com.bean;
02
03  public class ChineseImpl implements Person
04  {
05          private String name;
06          private int age;
07
08          public String getName()
09          {
10                  return name;
11          }
12          public void setName(String name)
13          {
14                  this.name = name;
15          }
16          public int getAge()
17          {
18                  return age;
19          }
20          public void setAge(int age)
21          {
22                  this.age = age;
23          }
24          @Override
25          public void Speak()
26          {
27                  System.out.println("I'm Chinese, My name is " + this.name + ", I'm " + this.age + " years old!");
28          }
29  }
```

ChineseImpl 类有两个属性：name 和 age。当调用 Speak() 方法时，这两个属性的值被打印出来。那么在 Spring 中应该由谁来负责调用 SetName() 和 SetAge() 方法，从而设置这两个属性值呢？回答之前我们先来看 Person 接口的另一个实现类 AmericanImpl。

❸ 打开 AmericanImpl.java 文件，编辑代码如下。

```
01  package com.bean;
02
03  public class AmericanImpl implements Person
04  {
05          private String name;
06          private int age;
07
08          public String getName()
09          {
10                  return name;
11          }
12          public void setName(String name)
13          {
14                  this.name = name;
15          }
```

```
16          public int getAge()
17          {
18                  return age;
19          }
20          public void setAge(int age)
21          {
22                  this.age = age;
23          }
24          @Override
25          public void Speak()
26          {
27                  System.out.println("I'm American, My name is " + this.name + ", I'm " + this.age + "years
old!");
28          }
29    }
```

AmericanImpl 也实现了 Person 接口，同样有两个属性 name 和 age。当调用 Speak() 方法时，这两个属性的值也会被打印出来。现在 AmericanImpl 类也面临了和 ChineseImpl 类同样的问题，即其 SetName() 和 SetAge() 方法应该由谁来调用。

在 Spring 中，显然应该让 Spring 容器来负责调用这两个类的 setter 方法，以设置实例中属性的值。这在 Spring 中是如何实现的呢？根据前面的经验我们可以想到应该使用 XML 配置文件来实现。下面我们在 Spimg 中使用配置文件 applicationContext.xml 来告知容器该如何对 AmericanImpl 类和 ChineseImpl 类进行配置。

❹ 鼠标右键单击工程名 SpringDemo，选择【New】➤【Others】，在 src 目录下创建 applicationContext.xml 文件，如下图所示。

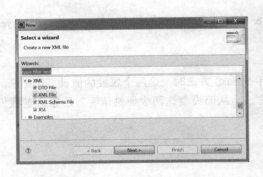
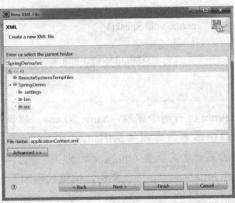

打开编辑代码如下。

```
01   <?xml version="1.0" encoding="UTF-8"?>
02   <beans
03          xmlns="http://www.springframework.org/schema/beans"
04          xmlns:xsi="http://www.w3.org/2001/XMLSchema-instance"
05          xmlns:p="http://www.springframework.org/schema/p"
06          xmlns:aop="http://www.springframework.org/schema/aop"
07          xsi:schemaLocation="http://www.springframework.org/schema/beans
08                  http://www.springframework.org/schema/beans/spring-beans-3.0.xsd
09                  http://www.springframework.org/schema/aop
10                  http://www.springframework.org/schema/aop/spring-aop-3.0.xsd">
11          <bean id="chinese" class="com.bean.ChineseImpl">
12                  <property name="name">
13                          <value> 小明 </value>
```

```
14                    </property>
15                    <property name="age">
16                            <value>10</value>
17                    </property>
18          </bean>
19          <bean id="american" class="com.bean.AmericanImpl">
20                    <property name="name">
21                            <value>Tom</value>
22                    </property>
23                    <property name="age">
24                            <value>15</value>
25                    </property>
26          </bean>
27   </beans>
```

上面的 XML 文件，在 Spring 容器中，声明了一个 ChineseImpl 实例 Chinese 和一个 AmericanImpl 实例 american，并将"小明"赋值给 Chinese 的 name 属性，将"Tom"赋值给 american 的 name 属性。为了更进一步理解配置文件的含义，下面对 XML 文件的细节解释一下。

上述 XML 文件中的 <beans> 是根元素，同时也是任何 Spring 配置文件的根元素。<bean> 元素用来在 Spring 容器中定义一个类以及该类的相关配置信息。配置 <bean> 元素时通常会指定其 id 属性和 class 属性。例如，配置文件中第一个 <bean> 元素的 id 属性表示 Chinese Bean 的名字，class 属性表示 Bean 的全限定类名。

而 <bean> 元素的子元素 <property> 则用来设置实例中属性的值，而且是通过调用实例中的 setter 方法来设置其各个属性的值的。在这个例子中使用 <property> 元素分别设置了 ChineseImpl 实例和 AmericanImpl 实例各自的 name 值和 age 值，并在实例化 ChineseImpl 和 AmericanImpl 时传递了属性值。

下面的代码片段展示了当使用 applicationContext.xml 文件来实例化 ChineseImpl 实例时，Spring 容器做的工作。

```
01   ChineseImpl Chinese = new ChineseImpl();
02   Chinese. setName (" 小明 ");
03   Chinese.setAge(10);
```

上面的工作都做完以后，最后一个步骤就是建立一个类来创建 Spring 容器并利用它来获取 ChineseImpl 实例和 AmericanImpl 实例。

❺ 在 src 目录下创建包 com.spring，在该包下创建 Test.java 文件。

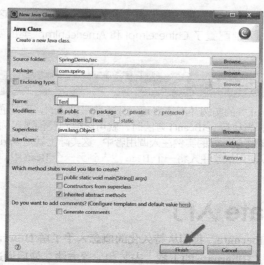

打开编辑代码如下。

```
01   package com.spring;
02
03   import org.springframework.context.ApplicationContext;
04   import org.springframework.context.support.ClassPathXmlApplicationContext;
05   import com.bean.Person;
06
07   public class Test
08   {
09           public static void main(String[] args)
10           {
11                   ApplicationContext context=new ClassPathXmlApplicationContext("applicationContext.xml");    //
创建 Spring 容器
12
13                   Person person=(Person)context.getBean("chinese"); // 获取 ChineseImpl 实例的引用
14                   person.Speak();                  // 调用 ChineseImpl 实例的 Speak() 方法
15
16                   person=(Person)context.getBean("american");    // 获取 AmericanImpl 实例的引用
17                   person.Speak();                  // 调用 AmericanImpl 实例的 Speak() 方法
18           }
19   }
```

上面程序中第 11 行代码用来创建 Spring 容器。将 applicationContext.xml 文件装载进容器后，调用其
getBean() 方法来获得对 ChineseImpl 实例和 AmericanImpl 实例的引用。然后容器使用这两个引用来调用各自
的 setter 方法，这样，在 ChineseImpl 实例和 AmericanImpl 实例中的属性就在 Spring 容器的作用下被赋值了。
当分别调用这两个实例的 Speak() 方法时就可以正确地打印出各自的属性值。

❻ 选择左侧导航栏中的 Testjava，右击【Run As】➤【Java Application】，运行该程序，可在控制台看到
输出结果，如下图所示。

```
Problems @ Javadoc Declaration  Console ⊠              ■ ✕ ✖ |  ⭡ ⭳ |  ▾ ⛶ ▾ ⛶ ▾ ⬚
<terminated> Test [Java Application] C:\Program Files\Java\jre1.8.0_112\bin\javaw.exe (2017年1月13日 上午
INFO: Pre-instantiating singletons in org.springframework.beans.factory.supp
I'm Chinese,  My name is 小明, I'm 10 years old!
I'm American, My name is Tom, I'm 15 years old!
```

在上面的 SpringDemo 工程中，创建了 ChineseImpl 类和 AmericanImpl 类，这两个类都实现了 Person 接口，
在 applicationContext.xml 文件中分别配置了 ChineseImpl 和 AmericanImpl 类的实例，最后从测试类 Test 中的
main() 方法来执行整个程序。

> 🖎注意

　　ChineseImpl 和 AmericanImpl 类的实例并不是由 main() 方法来创建的，而是通过将 applicationContext.xml 文
件加载后，交付给 Spring 框架，当执行 getBean() 方法时，就可以得到要创建实例的引用，因此，调用者并没有
创建实例，而是通过 Spring 框架将创建好的实例注入调用者中 . 这实际上就是 Spring 的核心机制：依赖注入，而
Spring 强大的地方就在于它可以使用依赖注入将一个 Bean 注入到另一个 Bean 中。

▶ 17.4 Hibernate 入门

**本小节介绍持久层框架 Hibernate。我们从持久化的概念入手了解 Hibernate，在掌握了
持久层的相关概念以后，再介绍 Hibernate 的下载、安装和配置方法。最后通过实例详解使用**

Hibernate 进行持久层开发的全过程。

17.4.1 Hibernate 开发基础

Hibernate，本意就是"冬眠"，这里对于对象来说就是"持久化"。所谓持久化（Persistence），就是把数据（如内存中的对象）保存到可永久保存的存储设备中（如磁盘）。持久化的主要应用是将内存中的对象存储在关系型的数据库中，当然也可以存储在磁盘文件中、XML 数据文件中等。持久化是将程序数据在持久状态和瞬时状态间转换的机制。JDBC 就是一种持久化机制。文件 IO 也是一种持久化机制。

对象 - 关系映射（Object/Relation Mapping，ORM），是随着面向对象的软件开发方法发展而产生的。面向对象的开发方法是当今企业级应用开发环境中的主流开发方法，关系数据库是企业级应用环境中永久存放数据的主流数据存储系统。

面向对象是从软件工程基本原则（如耦合、聚合、封装）的基础上发展起来的，而关系数据库则是从数学理论发展而来的，两套理论存在显著的区别。为了解决这个不匹配的现象，对象关系映射技术应运而生。

ORM 的作用就是在关系型数据库和对象之间做了一个映射。从对象（Object）映射到关系（Relation），再从关系映射到对象。这样，我们在操作数据库的时候，不需要再去和复杂 SQL 打交道，而是只要像操作对象一样操作它就可以了（把关系数据库的字段在内存中映射成对象的属性）。将关系数据库中的数据转化成对象，这样，开发人员就可以以一种完全面向对象的方式来实现对数据库的操作。

一般而言，Java 对象的数据要存入数据库，就需要通过 JDBC 进行繁琐的转换，反之亦然。对比而言，ORM 框架，比如说 Hibernate，就是将这部分工作进行了封装，简化了我们的操作。

17.4.2 Hibernate 开发准备

使用 Hibernate 开发之前，先要下载 Hibernate 开发包，然后将 Hibernate 类库引入到项目中。为了简化项目开发，还可以使用 Hibernate 的相关插件来辅助开发。下面就介绍使用 Hibernate 开发前需要做的一些准备工作。

01 下载 Hibernate 开发包

本书使用的 Hibernate 的版本是 3.6.7.Final，有关代码也是基于该版本测试通过的。读者可以登录 http://hibernate.org/orm/downloads/ 下载 Hibernate 的发布版（读者可以下载更新的版本尝试）。

下载后对压缩包 hibernate-distibution-3.6.7.Final 解压，解压后的文件夹下包含 Hibernate3.jar，它是 Hibernate 中主要的 jar 包，包含了 Hibernate 的核心类库文件。

将 Hibernate3.jar 复制到需要使用 Hibernate 的应用中，如果需要使用第三方类库，还需要复制相关的类库，这样就可以使用 Hibernate 的功能了。

02 在 Eclipse 中部署 Hibernate 开发环境

在 Eclipse 中使用 Hibernate 时，可以借助于一些插件来辅助开发，如 Synchronizer、Hibernate Tools 等。使用插件可以提高开发人员的开发效率。

下面以 Hibernate 官方提供的 Hibernate Tools 为例，介绍在 Eclipse 中如何进行 Hibernate 开发。Hibernate Tools 是由 JBoss 推出的一个 Eclipse 集成开发工具插件，该插件提供了一些 project wizard，可以方便构建 Hibernate 所需的各种配置文件，同时支持 mapping 文件、annotation 和 JPA 的逆向工程及交互式的 HQL/JPA-QL/Criteria 的执行，从而简化 Hibernate、JBoss Seam、EJB3 等的开发工作。Hibernate Tools 是 JBoss Tools 的核心组件，也是 JBoss Developer Studio 的一部分。

Hibernate Tools 插件可以进行在线安装和离线安装。在线安装适合网络环境比较好的用户且可以选择最新版本进行安装，手动安装则需要先下载 Hibernate Tools 的安装包，并确保下载的插件版本与 Eclipse 版本能够兼容。

（1）运行 Eclipse，选择主菜单【Help】➤【Install New Software】选项，弹出【Install】对话框，单击【Add】按钮，弹出【Add Repository】对话框，如下图所示。

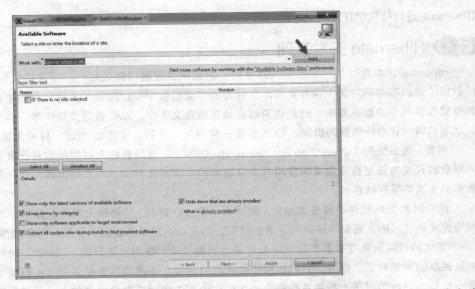

（2）在该对话框的【Name】文本框中输入插件名，该名字是任意的，主要起标识作用，此处命名为jbosstools。在【Location】文本框中输入插件所在的网址，此处选择 Jboss Tools 3.3 的里程碑版 (M4)，将它的地址粘贴到【Location】文本框中，然后单击【OK】按钮。需要说明的是，前面下载地址最后部分的"luna"，表示的是当前 Eclipse 的版本号。如果读者朋友的 Eclipse 不是这个版本号（比如说 juno），请将自己的版本号替换即可。

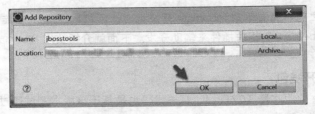

（3）之后将返回下图所示对话框，等待一会儿，就会在空白处显示插件的所有可安装的功能列表，根据需要选择相关功能。此处勾选【Abridged JBoss Tools】下的【Hibernate Tools】选项，单击【Next】按钮，并接受协议，开始安装，安装完毕后会提示重新启动 Eclipse，如下图所示。

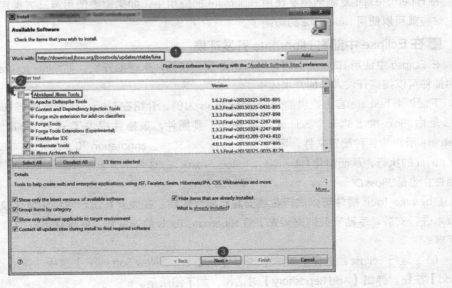

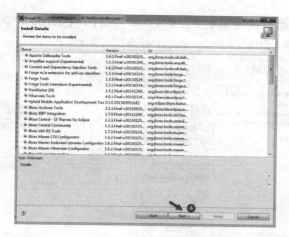

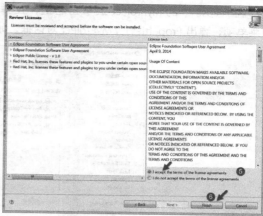

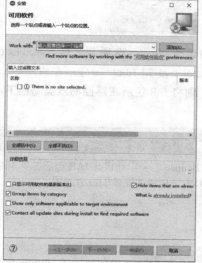

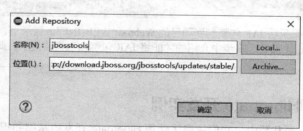

03 安装部署 MySQL 驱动

下载 MySQL JDBC 驱动 mysql-connector-java-5.1.18.zip，然后在 Eclipse 的项目中安装部署该驱动。具体步骤如下。

❶ 将下载后的 mysql-connector-java-5.1.21.zip 压缩包解压，将解压后获得的 mysql-connector-java-5.1.18-bin.jar 包复制到需要连接 MySQL 数据库的项目的 Webroot\WEB-INF\lib 目录下。同时，在 Web App Libraries 文件夹下面也会出现新添加的 JAR 包。下图显示了为 MyProject 项目添加 MySQL 驱动后的结构。

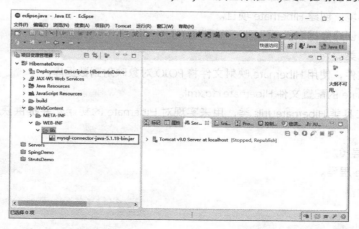

❷ 在 Eclipse 中的 MyProject 上单击右键，在弹出的快捷菜单中选择【Build Path】➤【Configure Build Path】菜单项，弹出 Properties for MyProject 对话框，如下图所示。

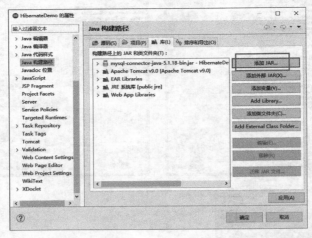

❸ 在 Properties for MyProject 对话框的 Java Build Path 界面中选择 Libraries 选项卡，单击 Add External JARs 按钮，弹出 JAR Selection 对话框。在该对话框中指定 mysql-connector-java-5.1.18-bin.jar 包所在的位置，单击"打开"按钮，返回 Properties for MyProject 对话框。单击 OK 按钮，则将 JAR 包所在路径写入类路径下。此时，就在 Eclipse 的项目中成功安装部署了 MySQL 的驱动。

> **注意**
>
> 如果只将 JAR 包复制到项目的 Webroot\WEB-INF\lib 目录下，Eclipse 不会自动将此 JAR 包添加到类路径中，必须通过上面②、③步中介绍的才能将 JAR 包添加到类路径中，此时 JAR 包才能被项目所使用。

17.4.3 Hibernate 开发实例

在前面几节中，我们讲解了使用 Hibernate 开发的基础知识，并在 Eclipse 中配置好了 Hibernate 的开发环境，本节将通过具体的开发实例来介绍 Hibernate 框架的开发流程。

在本节中我们将开发第一个 Hibernate 项目，这个项目使用 Hibernate 向 MySQL 数据库中插入一条用户记录。介绍使用 Hibernate 开发项目的完整流程，在现阶段，读者应该将注意力放到项目的具体开发过程上，而不要过多地关注 Hibernate 中的细节知识。

01 开发 Hibernate 项目的完整流程

使用 Hibernate 开发项目，需要完成下面几步。

（1）准备开发环境，创建 Hibernate 项目。

（2）在数据库中创建数据表。

（3）创建持久化类。

（4）设计映射文件，使用 Hibernate 映射文件将 POJO 对象映射到数据库。

（5）创建 Hibernate 的配置文件 Hibernate.cfg.xml。

（6）编写辅助工具类 HibernateUtils 类，用来实现对 Hibernate 的初始化并提供获得 Session 的方法，此步可根据情况取舍。

（7）编写 DAO 层类。

（8）编写 Service 层类。

（9）编写测试类。

02 创建 HibernateDemo 项目

在 Eclipse 中创建一个项目，名称为 HibernateDemo，创建的详细步骤如下。

❶ 使用前面小节中介绍过的 Eclipse 创建 Dynamic Web Project 的方法，新建一个名为 HibernateDemo 的项目。

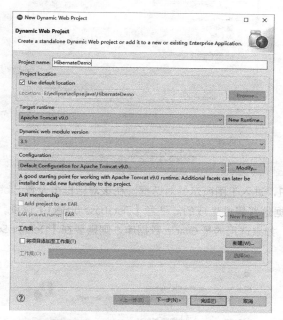

❷ 使用前面小节中介绍的方法将 MySQL 驱动部署在 HibernateDemo 项目中。

❸ 将 Hibernate tools 引入项目。在 HibernateDemo 项目中右击，在快捷菜单中选择【新建】➤【其他】，弹出选择向导对话框。在该对话框中单击 Hibernate 节点前的 "+" 号，展开 Hibernate 节点，该节点下有 4 个选项，如下图所示。

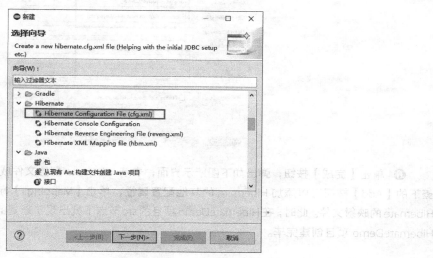

❹ 选择【Hibernate Configuration File (cfg.xml)】选项，单击【下一步】按钮，进入如下图所示的新建配置文件对话框。【输入或选择父文件夹】文本框用于设置配置文件的保存位置，常常保存在 src 文件夹下，在【文件名】对话框中输入配置文件的名字，一般使用默认的 hibernate.cfg.xml 即可。

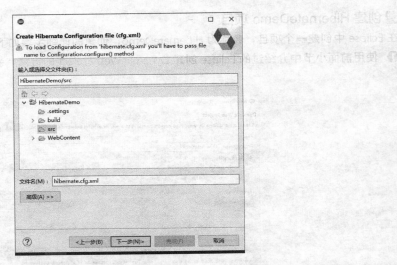

❺ 单击【下一步】按钮，进入下图所示的对话框。在该对话框中设置 Hibernate 配置文件的各项属性，hibernate.cfg.xml 文件就是根据这些属性生成的。注意【Database dialect】选项，它指的是数据库方言，即项目中所选用的是何种数据库。如果选用的是 Oracle 数据库，则需要在【Default Schema】对话框中输入对应的 Schema 值。

❻ 单击【完成】按钮，弹出如下图所示界面，表示 Hibernate 配置文件成功创建。单击【Properties】标签下的【Add】按钮可以添加 Hibernate 的其他配置属性，单击【Mappings】标签下的【Add】按钮可以添加 Hibernate 的映射文件。此时，在 HibernateDemo 项目的 src 节点下就出现了新建的 hibernate.cfg.xml 文件。至此，HibernateDemo 项目创建完毕。

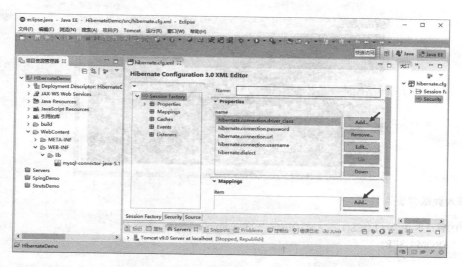

03 创建数据表 USER

假定有一个名为 mysqldb 的数据库，该数据库中有一张表名为 USER 的数据表。这张表有 4 个字段，分别为 USER_ID、NAME、PASSWORD 和 TYPE，其中主键为 USER_ID。

各个字段的含义如下所示。

（1）在 MySQL 中创建 USER 表的语句

```
CREATE TABLE USER
(
USER_ID INT   PRIMARY KEY   NOT NULL,
NAME VARCHAR(20),
PASSWORD VARCHAR(12),
TYPE VARCHAR(6)
);
```

如下图所示。

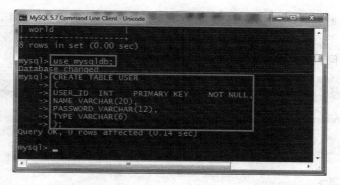

（2）查看数据表结构（DESC 表名称）

```
DESC USER ;
```

如下图所示。

（3）插入数据并查询数据

```
INSERT INTO USER  VALUES(1, 'YANGQING', '123', 'admin');
SELECT * FROM USER;
```

04 编写 POJO 映射类 User.java

持久化类是应用程序中的业务实体类。这里的持久化指的是类的对象能够被持久化，而不是指这些对象处于持久状态（一个持久化类的对象也可以处于瞬时状态或托管状态）。持久化类的对象会被持久化（保存）到数据库中。

Hibernate 使用普通的 Java 对象（Plain Old Java Objects），即 POJO 的编程模式来进行持久化。一个 POJO 类不用继承任何类，也无须实现任何接口 POJO 类中包含与数据库表中相对应的各个属性，这些属性通过 getter 和 setter 方法来访问，对外部隐藏了内部的实现细节。

📝 **范例 17-8   用户User的持久化映射类（User.java）**

```
01  package org.hibernate.entity;
02
03  public class User
04  {
05  // User 类的属性
06  private int id;         // 用户 ID
07  private String name;      // 用户姓名
08  private String password; // 用户密码
09  private String type;      // 用户类型
10
11  //默认构造方法
12  public User()
13  {
```

```
14  }
15
16  // 完整构造方法
17  public User(int id, String name, String password, String type)
18  {
19          this.id = id;
20          this.name = name;
21          this.password = password;
22          this.type = type;
23  }
24  // 获得属性
25  public int getId()
26  {
27          return this.id;
28  }
29  public void setId(int id)
30  {
31          this.id = id;
32  }
33
34  public String getName()
35  {
36          return this.name;
37  }
38  public void setName(String name)
39  {
40          this.name = name;
41  }
42
43  public String getPassword()
44  {
45          return this.password;
46  }
47  public void setPassword(String password)
48  {
49          this.password = password;
50  }
51
52  public String getType()
53  {
54          return this.type;
55  }
56  public void setType(String type)
57  {
58          this.type = type;
59  }
60  }
```

【范例分析】

持久化类遵循以下 4 个主要规则。

（1）所有的持久化类都需要拥有一个默认的构造方法。只有这样，Hibernate才能运用Java的反射机制，调用java.lang.reflect.Constructor.newInstance()方法来实例化持久化类。为了使Hibernate能够正常地生成动态代理，建议默认构造方法的访问权限至少定义为包访问权限。

（2）持久化类中应该提供一个标识属性。该属性用于映射到底层数据库表中的主键列，其类型可以是任何基本类型。如User类中的id属性就是该持久化类的标识属性。

（3）建议不要将持久化类声明为final。这是由于Hibernate的延迟加载要求定义的持久化类或者是非final的，或者是该持久化类实现了某个接口。如果确实需要将一个持久化类声明为final，且该类并未实现某个接口，则必须禁止生成代理，即不采用延迟加载。

（4）为持久化类的各个属性声明getters方法和setters方法。Hibernate在加载持久化类时，需要对其进行初始化，即访问各个字段并赋值。Hibernate可以直接访问类的各个属性，但默认情况下它访问的是各个属性的getXXX和setXXX方法。为了实现类的封装性，建议为持久化类的各个属性添加getXXX和setXXX方法。

05 编写映射文件 User.hbm.xml

为了完成对象到关系数据库的映射，Hibernate需要知道持久化类的实例应该被如何存储和加载，可以使用XML文件来设置它们之间的映射关系。在HibernateDemo项目中，创建了User.hbm.xml映射文件，在该文件中定义了User类的属性如何映射到USER表的列上。

范例 17-9　映射文件User.hbm.xml

```xml
01 <?xml version="1.0" encoding="UTF-8"?>
02 <!DOCTYPE hibernate-mapping PUBLIC "-//Hibernate/Hibernate Mapping DTD 3.0//EN"
03 "http://hibernate.sourceforge.net/hibernate-mapping-3.0.dtd">
04 <hibernate-mapping>
05    <class name="org.hibernate.entity.User" table="USER">
06
07    <id name="id" type="java.lang.Integer" column="USER_ID">
08       <generator class="increment" />
09    </id>
10
11    <property name="name" type="java.lang.String">
12          <column name="NAME" length="20"></column>
13    </property>
14
15    <property name="password" type="java.lang.String" >
16    <column name="PASSWORD" length="12"></column>
17    </property>
18
19    <property name="type" type="java.lang.String" >
20    <column name="TYPE" length="6"></column>
21    </property>
22
23    </class>
24 </hibernate-mapping>
```

【范例分析】

通过映射文件可以告诉Hibernate，User类被持久化为数据库中的USER表。User类的标识属性id映射到USER_ID列，name属性映射到NAME列，password属性映射到PASSWORD列，type属性映射到TYPE列。

根据映射文件，Hibernate可以生成足够的信息以产生所有SQL语句，即User类的实例进行插入、更新、删除和查询所需的SQL语句。

按照上面给出的内容创建一个 XML 文件，命名为 User.hbm.xml，将这个文件同 User.java 放到同一个包 org.hibernate.entity 中。hbm 后缀是 Hibernate 映射文件的命名惯例。大多数开发人员都喜欢将映射文件与持久化类的源代码放在一起。

06 编写 hibernate.cfg.xml 配置文件

由于 Hibernate 的设计初衷是能够适应各种不同的工作环境，因此它使用了配置文件，并在配置文件中提供了大量的配置参数。这些参数大都有直观的默认值，在使用时，用户所要做的是，根据特定环境，修改配置文件中特定参数的值。

Hibernate 配置文件主要用来配置数据库连接以及 Hibernate 运行时所需要的各个属性的值。Hibernate 配置文件的格式有两种：一种是 properties 属性文件格式的配置文件，使用键值对的形式存放信息，默认文件名为 hibernate.properties。还有一种是 XML 格式的配置文件，默认文件名为 hibernate.cfg.xml。两种格式的配置文件是等价的，具体使用哪个可以自由选择。

XML 格式的配置文件更易于修改，配置能力更强。当改变底层应用配置时不需要改变和重新编译代码，只修改配置文件的相应属性就可以了。而且它可以由 Hibernate 自动加载，而 properties 格式的文件则不具有这个优势。下面介绍如何以 XML 格式来创建 Hibernate 的配置文件。

前面我们已经使用 Hibernate 的配置文件向导，生成了一个 Hibernate 的配置文件 hibernate.cfg.xml。我们将该文件列在下面，除了向导中生成的与数据库连接相关的属性外，文件中还增加了其他的一些属性。配置文件如下。

范例17-10　配置文件hibernate.cfg.xml

```
01  <?xml version="1.0" encoding="UTF-8"?>
02  <!DOCTYPE hibernate-configuration PUBLIC
03          "-//Hibernate/Hibernate Configuration DTD 3.0//EN"
04          "http://hibernate.sourceforge.net/hibernate-configuration-3.0.dtd">
05  <hibernate-configuration>
06    <session-factory>
07      <property name="hibernate.connection.driver_class">com.mysql.jdbc.Driver</property>
08      <property name="hibernate.connection.username">root</property>
09      <property name="hibernate.connection.password">123456</property>
10      <property name="hibernate.connection.url">jdbc:mysql://localhost:3306/mysqldb</property>
11
12      <property name="hibernate.dialect">org.hibernate.dialect.MySQLDialect</property>
13      <property name="connection.pool_size">1</property>
14      <!-- 配置数据库方言 -->
15      <property name="dialect">org.hibernate.dialect.MySQLDialect</property>
16      <!-- 输出运行时生成的 SQL 语句 -->
17      <property name="show_sql">true</property>
18      <!-- 列出所有的映射文件 -->
19      <mapping resource="org/hibernate/entity/User.hbm.xml"/>
20
21    </session-factory>
22  </hibernate-configuration>
```

在 hibernate.cfg.xml 配置文件中设置了数据库连接的相关属性以及其他一些常用属性。

07 编写辅助工具类 HibernateUtil.Java

如果要启动 Hibernate，需要创建一个 org.hibernate.SessionFactory 对象。org.hibernate.Session Factory 是一个线程安全的对象，只能被实例化一次。使用 org.hibernate.SessionFactory 可以获得 org.hibernate.Session 的一

个或多个实例。

本小节将创建一个辅助类 HibernateUtil，它既负责 Hibernate 的启动，也负责完成存储和访问 SessionFactory 的工作。使用 HibernateUtil 类来处理 Java 应用程序中 Hibernate 的启动是一种常见的模式。下面是 HibernateUtil 类的基本实现代码。

范例17-11   辅助工具类HibernateUtil.java

```java
01    package org.hibernate.entity;
02
03    import org.hibernate.*;
04    import org.hibernate.cfg.*;
05
06    public class HibernateUtil
07    {
08    private static SessionFactory sessionFactory;
09    private  static Configuration configuration = new Configuration();
10    // 创建线程局部变量 threadLocal，用来保存 Hibernate 的 Session
11    private static final ThreadLocal<Session> threadLocal = new ThreadLocal<Session>();
12    // 使用静态代码块初始化 Hibernate
13    static
14    {
15            try
16            {
17                    Configuration cfg=new Configuration().configure();
18                    sessionFactory=cfg.buildSessionFactory();
19            }
20            catch (Throwable ex)
21            {
22            throw new ExceptionInInitializerError(ex);
23            }
24    }
25    // 获得 SessionFactory 实例
26    public static SessionFactory getSessionFactory()
27    {
28            return sessionFactory;
29    }
30    // 获得 ThreadLocal 对象管理的 Session 实例 .
31    public static Session getSession() throws HibernateException
32    {
33            Session session = (Session) threadLocal.get();
34            if (session == null || !session.isOpen())
35            {
36                    if (sessionFactory == null)
37                    {
38                            rebuildSessionFactory();
39                    }
40                    // 通过 SessionFactory 对象创建 Session 对象
41                    session = (sessionFactory != null) ? sessionFactory.openSession(): null;
42                    // 将新打开的 Session 实例保存到线程局部变量 threadLocal 中
43                    threadLocal.set(session);
44            }
45            return session;
46    }
47    // 关闭 Session 实例
48    public static void closeSession() throws HibernateException
49    {
```

```
50     // 从线程局部变量 threadLocal 中获取之前存入的 Session 实例
51              Session session = (Session) threadLocal.get();
52              threadLocal.set(null);
53              if (session != null)
54                  {
55                          session.close();
56                  }
57     }
58     // 重建 SessionFactory
59     public static void rebuildSessionFactory()
60     {
61              try
62              {
63              configuration.configure("/hibernate.cfg.xml");// 读取配置文件 hibernate.cfg.xml
64              sessionFactory = configuration.buildSessionFactory();        // 创建 SessionFactory
65              }
66              catch (Exception e)
67              {
68                      System.err.println("Error Creating SessionFactory ");
69                      e.printStackTrace();
70              }
71     }
72     // 关闭缓存和连接池
73     public static void shutdown()
74     {
75              getSessionFactory().close();
76     }
77     }
```

【代码详解】

在 HibernateUtil 类中，首先编写了一个静态代码块来启动 Hibernate，这个块只在 HibernateUtil 类被加载时执行一次。在应用程序中第一次调用 HibernateUtil 时会加载该类，建立 SessionFactory。

有了 HibernateUtil 类，无论何时想要访问 Hibernate 的 Session 对象，都可以从 HibernateUtil. getSessionFactory().openSession() 中很轻松地获取到。

08 编写 DAO 接口 UserDAO.java

DAO 指的是数据库访问对象，J2EE 的开发人员常常使用 DAO 设计模式将底层的数据访问逻辑和上层的业务逻辑隔离开，这样可以更加专注于数据访问代码的编写工作。

DAO 模式是标准的 J2EE 设计模式之一，一个典型的 DAO 实现需要下面几个组件。

● 一个 DAO 接口。

● 一个实现 DAO 接口的具体类。

● 一个 DAO 工厂类。

数据传递对象或称值对象，这里主要指 POJO。

DAO 接口中定义了所有的用户操作，如添加、修改、删除和查找等操作。由于是接口，因此其中定义的都是抽象方法，还需要 DAO 实现类去具体地实现这些方法。

DAO 实现类负责实现 DAO 接口，当然就实现了 DAO 接口中所有的抽象方法，在 DAO 实现类中是通过数据库的连接类来操作数据库的。

可以不创建 DAO 工厂类，但此时必须通过创建 DAO 实现类的实例来完成对数据库的操作。使用 DAO 工厂类的好处在于，当需要替换当前的 DAO 实现类时，只需要修改 DAO 工厂类中的方法代码，而不需要修改所有操作数据库的代码。

　　有了 DAO 接口后，用户不需要关心底层的具体实现细节，只需要操作接口就足够了。这样就实现了分层处理且有利于代码的重用。当用户需要添加新的功能时，只需要在 DAO 接口中添加新的抽象方法，然后在其对应的 DAO 实现类中实现新添加的功能即可。

　　在该项目中我们会创建 DAO 接口及其对应的实现类。下面代码创建了用于数据库访问的 DAO 接口。

📝 范例17-12　　DAO接口（UserDAO.java）

```
01  package org.hibernate.dao;
02
03  import java.util.List;
04  import org.hibernate.entity.User;
05
06  public interface UserDAO    // 创建 UserDAO 接口
07  {
08    void save(User user);              // 添加用户
09    User findById(int id);  // 根据用户标识查找指定用户
10      void delete(User user);  // 删除用户
11    void update(User user);  // 修改用户信息
12  }
```

　　上面这段代码通过 DAO 模式对各个数据库对象进行了封装，这样就对业务层屏蔽了数据库访问的底层实现，使得业务层仅包含与本领域相关的逻辑对象和算法，对于业务逻辑的开发人员（以及日后专注于业务逻辑的代码阅读者）而言，面对的就是一个简洁明快的逻辑实现结构，使得业务层的开发和维护变得更加简单。

09 编写 DAO 层实现类

　　完成了持久化类的定义及配置工作后，下面开始编写 DAO 层实现类 UserDAOImpl.java。

📝 范例17-13　　DAO层实现类（UserDAOImpl.Java）

```
01  package org.hibernate.dao;
02
03  import org.hibernate.*;
04  import org.hibernate.entity.*;
05  public class UserDAOImpl implements UserDAO
06  {
07  // 添加用户
08  public void save(User user)
09  {
10        Session session= HibernateUtil.getSession(); // 生成 Session 实例
11        Transaction tx = session.beginTransaction(); // 创建 Transaction 实例
12        try
13        {
14        session.save(user); // 使用 Session 的 save 方法将持久化对象保存到数据库
15        tx.commit();// 提交事务
16        }
17        catch(Exception e)
18        {
19                e.printStackTrace();
20                tx.rollback();  // 回滚事务
21        }
22        finally
```

```
23                {
24                        HibernateUtil. closeSession();          // 关闭 Session 实例
25                }
26    }
27    // 根据用户标识查找指定用户
28    public User findById(int id)
29    {
30            User user=null;
31            Session session= HibernateUtil.getSession(); // 生成 Session 实例
32            Transaction tx = session.beginTransaction(); // 创建 Transaction 实例
33            try
34            {  // 使用 Session 的 get 方法获取指定 id 的用户到内存中
35                    user=(User)session.get(User.class,id);
36                    tx.commit(); // 提交事务
37            } catch(Exception e)
38            {
39            e.printStackTrace();
40            tx.rollback(); // 回滚事务
41            }
42            finally
43            {
44                    HibernateUtil. closeSession();                      // 关闭 Session 实例
45            }
46            return user;
47    }
48    // 删除用户
49    public void delete(User user)
50    {
51            Session session= HibernateUtil.getSession(); // 生成 Session 实例
52            Transaction tx = session.beginTransaction(); // 创建 Transaction 实例
53            try
54            {
55                    session.delete(user);           // 使用 Session 的 delete 方法将持久化对象删除
56                    tx.commit(); // 提交事务
57            }
58            catch(Exception e)
59            {
60                    e.printStackTrace();
61                    tx.rollback(); // 回滚事务
62            }
63            finally
64            {
65                    HibernateUtil. closeSession();                      // 关闭 Session 实例
66            }
67    }
68    // 修改用户信息
69    public void update(User user)
70    {
71            Session session= HibernateUtil.getSession(); // 生成 Session 实例
72            Transaction tx = session.beginTransaction(); // 创建 Transaction 实例
73            try
74            {
75                    session.update(user);// 使用 Session 的 update 方法更新持久化对象
76                    tx.commit(); // 提交事务
77            }
```

```
78              catch(Exception e)
79              {
80                      e.printStackTrace();
81                      tx.rollback(); // 回滚事务
82              }
83              finally
84              {
85                      HibernateUtil. closeSession();        // 关闭 Session 实例
86              }
87   }
88   }
```

在 UserDAOImpl 类中分别实现了 UserDAO 接口中定义的 4 个抽象方法，实现了对用户的添加、查找、删除和修改操作。

10 编写测试类 UserTest.java

在软件开发过程中，需要有相应的软件测试工作。依据测试的目的不同可以将软件测试划分为单元测试、集成测试和系统测试。其中单元测试尤为重要，它在软件开发过程中进行的是最底层的测试，易于及时发现问题并解决问题。

JUnit 就是一种进行单元测试的常用方法，下面简单介绍 Eclipse 中 JUnit 4 的用法，便于读者自己进行方法测试。这里要测试的 UserDAOImpl 类中有 4 个方法，我们以 save( ) 方法为例，对 save 方法完成测试的步骤如下：

❶ 建立测试用例。将 JUnit 4 单元测试包引入项目中。在项目节点上单击右键，在弹出的快捷菜单中选择【Properties】菜单项，弹出属性窗口，如下图所示。在属性窗口左侧的节点中选中 Java 构建路径节点，在右侧对应的 Java 构建路径栏目下选择【库】选项卡，然后单击右侧的【Add Library】按钮，弹出【添加库】对话框。最后在【添加库】对话框中选中【JUnit】并单击【下一步】按钮。

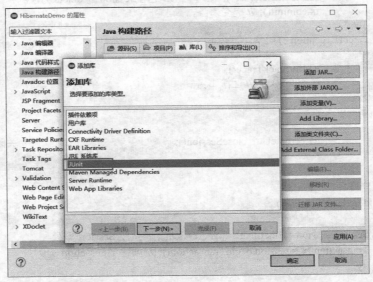

❷ 在【添加库】对话框中选择 JUnit 的版本，如下图所示，此处我们选择【JUnit 4】。单击【完成】按钮退出并返回到属性窗口，在属性窗口中单击【确定】按钮，则 JUnit 4 包便引入到项目中了。

❸ 在使用 JUnit 4 测试时，不需要 main 方法，可以直接用 IDE 进行测试。在 org.hibernate.test 包上单击右键，在弹出的快捷菜单中选择【新建】➤【JUnit 测试用例】菜单项，如下图所示，弹出【创建 JUnit 测试用例】窗口。

❹ 在【JUnit 测试用例】窗口的【名称】文本框中填写测试用例的名称，此处填写"UserTest"，在【正在测试的类】文本框中填写要进行测试的类，此处填写"org.hibernate.dao.UserDAOImpl"，其他采用默认设置即可，如下图所示。单击【完成】按钮进行下一步配置。

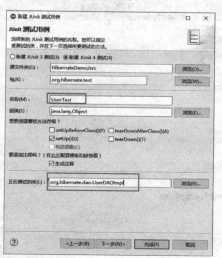

❺　该步骤进行测试方法的选择，在下图中选择 UserDAOImpl 节点下需要测试的方法，此处选择
save(User) 方法。单击【完成】按钮完成配置。

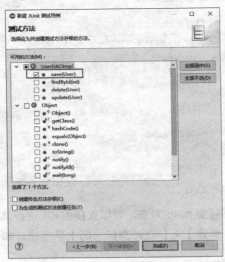

❻　配置完成后，系统会自动生成类 UserTest 的框架，里面包含一些空的方法，我们将 UserTest 类补充
完整即可。

📝 **范例17-14　测试用例（UserTest.java）**

```
01    package org.hibernate.test;
02
03    import org.hibernate.dao.*;
04    import org.hibernate.entity.User;
05    import org.junit.Before;
06    import org.junit.Test;
07
08    public class UserTest
09    {
10    @Before
11    public void setUp() throws Exception
12    {
13    }
```

```
14    @Test                        // test 注释表明该方法为一个测试方法
15    public void testSave()
16    {
17            UserDAO userdao=new UserDAOImpl();
18        try
19            {
20            User u=new User();              // 创建 User 对象
21
22            u.setId(20);         //设置 User 对象中的各个属性值
23            u.setName("Yancy");
24            u.setPassword("789");
25            u.setType("admin");
26
27            userdao.save(u);                // 使用 userdaoimpl 的 save 方法将 User 对象存入数
据库
28        }
29            catch(Exception e)
30            {
31            e.printStackTrace();
32        }
33    }
34    }
```

【代码详解】

在 UserTest.java 中包含 @Before、@Test 等字样，它们称为注解。在测试类中，并不是每个方法都用来测试的，我们可以使用注解 @Test 来标明哪些方法是测试方法。如此处的 testSave() 方法为测试方法。@Before 注解的 setup 方法为初始化方法，该方法为空。

在 testSave() 方法中使用 User 类的 setters 方法设置了 user 对象的各个属性值，然后调用 UserDAOImpl 类（ UserDAOImpl 类实现了 UserDAO 接口）中的 save() 方法将该 user 对象持久化到数据库中。

❼ 在 UserTest.java 节点上单击右键，在弹出的快捷菜单中选择【 Run As 】➤【 Junit Test 】选项来运行测试。

❽ 测试结果如下图所示。进度条为绿色表明结果正确，如果进度条为红色则表明发现错误。

```
Hibernate: select max(USER_ID) from USER
Hibernate: insert into USER (NAME, PASSWORD, TYPE, USER ID) values (?, ?, ?, ?)
```

至此，我们使用 Junit4 完成了 UserDAOImpl 类中 save 方法的测试，在 UserTest 类中还可以完成 UserDAOImpl 类中其他 3 个方法的测试，其他方法的测试读者可类似处理。

测试程序执行后，在 MySQL 数据库中查询 USER 表中的数据，结果如下图所示。

由下图可见，新记录已经成功地插入到 USER 表中了。

```
mysql> select * from user;
+---------+----------+----------+-------+
| USER_ID | NAME     | PASSWORD | TYPE  |
+---------+----------+----------+-------+
|       1 | YangQing | 123      | admin |
|       2 | YuHong   | 456      | admin |
|       3 | Yancy    | 789      | admin |
+---------+----------+----------+-------+
3 rows in set (0.00 sec)

mysql>
```

▶ 17.5 高手点拨

1. 对 MVC 的理解

MVC 是一种设计模式，它强制性地把应用程序的输入、处理和输出分开。MVC 中的模型、视图、控制器它们分别担负着不同的任务。

● 视图：视图是用户看到并与之交互的界面。视图向用户显示相关的数据，并接受用户的输入。视图不进行任何业务逻辑处理。

● 模型：模型表示业务数据和业务处理。相当于 JavaBean。一个模型能为多个视图提供数据。这提高了应用程序的重用性。

● 控制器：当用户单击 Web 页面中的提交按钮时，控制器接受请求并调用相应的模型去处理请求。然后根据处理的结果调用相应的视图来显示处理的结果。

● MVC 的处理过程：首先控制器接受用户的请求，调用相应的模型来进行业务处理，并返回数据给控制器。控制器调用相应的视图来显示处理的结果。并通过视图呈现给用户。

2. Struts 2 框架的大致处理流程

浏览器发送请求，例如，请求 /mypage.action、/reports/myreport.jsp 等。核心控制器 FilterDispatcher 根据请求决定调用合适的 Action。Struts 2 的拦截器链自动对请求应用通用功能，例如 workflow、validation 或文件上传等功能。

回调 Action 的 execute() 方法，该 execute 方法先获取用户请求参数，然后执行某种数据库操作，既可以是将数据保存到数据库，也可以从数据库中检索信息。实际上，因为 Action 只是一个控制器，它会调用业务逻辑组件来处理用户的请求。

Action 的 execute 方法处理结果信息将被输出到浏览器中，可以是 HTML 页面、图像，也可以是 PDF 文档或者其他文档。

3. 对 Spring 的理解

Spring 框架的核心思想可以用两个字来描述，那就是"解耦"。应用程序的各个部分之间（包括代码内部和代码与平台之间）尽量形成一种松耦合的结构，使得应用程序有更多的灵活性。应用内部的解耦主要通过一种称为控制反转（IOC）的技术来实现。

控制反转的基本思想，就是本来由应用程序本身来主动控制的调用等逻辑，转变成由外部配置文件来被动控制。对 Spring 来说，就是由 Spring 来负责控制对象的生命周期和维护对象间的关系。

▶ 17.6 实战练习

编写在 JSP 页面输出"HelloWorld"的 Struts 2 的程序，回顾一下使用 Struts 2 的开发流程。

思路：配置好 myStruts2 项目，先编写实现输出的 HelloWorld.jsp，接着编写控制器 HelloWorld.java，然后编写 Struts 2 配置文件 struts.xml 和 struts.properties，再编写 myStruts2 项目目录结构 web.xml 文件，最后运行这个示例。

第

18

章

Android 编程基础

本章讲解 Android 编程基础，包括 Android 系统简介和开发环境搭建、创建第一个 Android 项目、Android 常见控件的使用，以及四种基本布局方式。本章是 Android 开发的基础介绍，读者如果对 Android 开发感兴趣，可以在学习完本章后继续深入学习 Android 的其他知识。

本章要点（已掌握的在方框中打钩）

☐ 掌握 Android 开发环境搭建
☐ 掌握创建第一个 Android 项目
☐ 掌握 Android 常用控件
☐ 掌握 4 种基本布局方式

▶ 18.1 Android 简介

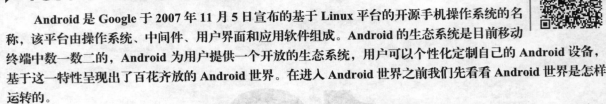

　　Android 是 Google 于 2007 年 11 月 5 日宣布的基于 Linux 平台的开源手机操作系统的名称，该平台由操作系统、中间件、用户界面和应用软件组成。Android 的生态系统是目前移动终端中数一数二的，Android 为用户提供一个开放的生态系统，用户可以个性化定制自己的 Android 设备，基于这一特性呈现出了百花齐放的 Android 世界。在进入 Android 世界之前我们先看看 Android 世界是怎样运转的。

　　从 Beta 版本到目前的 7.0（Nougat），Android 共布了二十几个版本。谷歌一直致力于建立完整的 Android 生态体系。用户、开发者、手机厂商之间相互依存，共同推进着 Android 生态的蓬勃发展。开发者就是整个生态系统的建筑工人，再优秀的操作系统，如果没有开发者来制作丰富的应用程序，也难以得到大众用户的喜爱。

　　那我们就站在一个 Android 开发者的角度，去了解这个操作系统吧。下面我们简要介绍 Android 相关知识。这些知识体系和后面的开发工作息息相关。

18.1.1 Android 系统架构

　　为了在后续开发中能够更好地理解相关内容，我们先看一下 Android 的系统架构。它大致可以分为 4 层架构，5 块区域。

01 Linux 内核层

Android 平台的基础是 Linux 内核。它提供了一个抽象层次之间的设备硬件和它包含所有必要的硬件驱动程序，如摄像头、键盘、显示器等。除此之外，还包括 Linux 内核处理网络和设备驱动程序。

02 系统运行库层

在这一层通过 C/C++ 库来为 Android 系统提供主要的接口支持，比如为小型关系数据库 SQLite、WebKit 库等，提供了浏览器内核支持等。

同时这一层还有 Android 运行时库 Android Runtime（ART）。ART 是为了通过执行 DEX 文件在低内存设备上运行多个虚拟机，DEX 文件是一种专为 Android 设计的字节码格式，经过优化，使用的内存很少。

03 应用框架层

这一层提供了应用程序可能用到的各种 API。这些 API 全部通过 Java 语言编写，用户可以在构建自己的应用程序时调用这些 API。比如可以通过调用 android.app.Activity 来构建一个自定义的活动（Activity）。

04 应用层

Android 系统上所有应用程序都属于这一层，包括系统自带应用和用户自己安装的应用。

18.1.2 Android 应用开发特色

　　Android 系统给我们提供了四大组件活动（Activity）、服务（Service）、广播接收器（Broadcast Receiver）和内容提供器（Content Provider）。

　　其中活动是应用程序的展示层，所有我们能看到的东西都要由活动展示。服务是一直默默工作在后台的进程，即使应用程序退出了服务仍然可以运行。广播接收器可以应用接收来自各处的广播消息，比如电话、短信等，当然我们的应用同样也可以向外发出广播消息。内容提供器则为应用程序之间共享数据提供了可能。比如，如果我们想要读取系统电话簿中的联系人，就需要通过内容提供器来实现。

　　另一方面，Android 提供丰富的系统组件供开发者使用，并且还提供轻量级关系数据库 SQLite。同样 Android 在地理位置信息和多媒体、传感器方面有着很好的支持。

▶18.2　搭建开发环境

工欲善其事，必先利其器。接下来我们就一步步地搭建起我们的 **Android** 开发环境。

18.2.1 ## 准备所需要的软件

Java 基础是 Android 程序员必须掌握的技能，因为 Android 程序都是使用 Java 语言编写的。如果读者没有完成前面章节的 Java 基础部分学习，那阅读本章节应该会有一定困难，建议读者回到本书前面的章节，学会 Java 的基本语法和特性。如果读者已经掌握 Java 的基本用法，下面我们就看一看开发 Android 程序需要准备哪些工具。

● JDK：JDK 是 Java 语言的软件开发工具包，它包含了 Java 的运行环境、工具集合、基础类库等内容。需要注意的是，本书中的 Android 程序必须使用 JDK 8 或以上版本才能进行开发。

● Android SDK：Android SDK 是谷歌提供的 Android 开发工具包，在开发 Android 程序时，我们需要通过引入该工具包来使用 Android 相关的 API。

● Android Studio：在早期，开发 Android 项目的 IDE 环境都是 Eclipse。而自 2013 年起，谷歌推出了一款官方的 IDE 工具 Android Studio，由于不再是以插件的形式存在，Android Studio 在开发 Android 程序方面要远比 Eclipse 强大和方便。但是，由于早期版本的 Android Studio 并不是特别稳定，所以 Android Studio 的市场占有率并不高，但是随着不断地完善和修复，现在的 Android Studio 已经成为开发 Android 程序的首选。

18.2.2 ## 搭建开发环境

到谷歌中国的 Android 官网，读者就可以下载最新版的开发工具 Android Studio，选择【DOWNLOAD ANDROID STUDIO】选项，如下图所示。

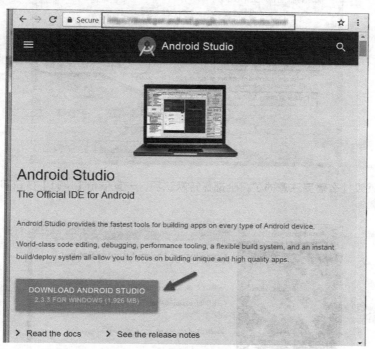

❶ 在接受谷歌的许可协议后，即可下载安装包。之后的安装过程非常简单，选择默认安装选项就可以了（即一直单击【Next】按钮），其中选择安装组件时建议全部选择，如下图所示。

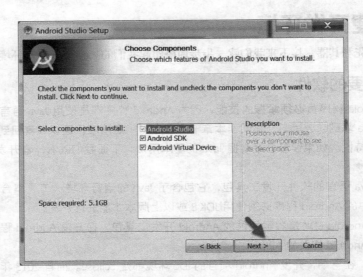

❷ 接下来的安装过程，会让用户选择 Android Studio 的安装目录和 Android SDK 的安装目录，需要注意的是，Android SDK 安装路径中是不能带有空格的，这些地址根据自己个人习惯和自己电脑的实际情况选择就行了，不想改动就保持默认，如下图所示。

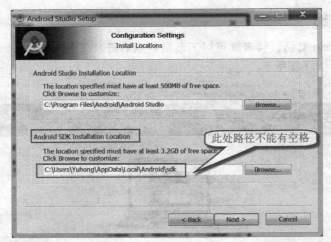

❸ 继续往后，就没什么需要注意的了，全部保持默认项，一直单击【Next】按钮即可完成安装，如下图所示。

❹ 完成安装后，可以选择单击【Finish】按钮启动 Android Studio，第一次启动，会让读者选择是否导入之前的 Android Studio 版本的配置，由于这是我们首次安装，这里选择不导入就可以了，如下图所示。

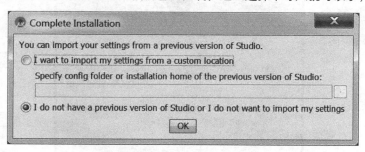

❺ 单击【OK】按钮进入 Android Studio 的配置界面，如下图所示。

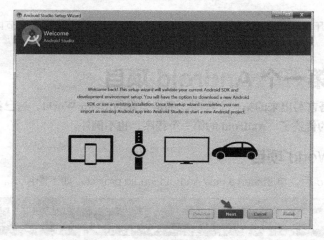

❻ 单击【Next】按钮开始配置具体的配置，如下图所示。这里我们可以选择 Android Studio 的安装类型，它有 Standard（标准版）和 Custom（定制版）两种类型。Standard 类型表示一切都使用默认的配置选项，比较方便；Custom 则可以根据用户特殊的需求进行自定义。简单起见，这里我们选择Standard，继续单击【Next】按钮完成配置工作，如下图所示。

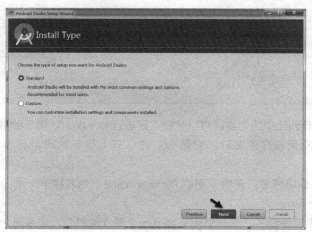

❼ 单击【Next】按钮后，会出现配置信息的预览页面，如果希望修改安装类型或者配置信息可以选择【Previous】按钮，回退到上一步操作。如果希望完成安装单击【Finish】按钮，就会进入 Android Studio 的欢迎界面，如下图所示。

目前为止，Android 开发环境就已经全部搭建完成了。那么现在就继续下一节内容，开始我们的第一个 Android 项目吧。

▶18.3 创建第一个 Android 项目

基本上，任何编程语言写出来的第一个程序，都是经典的 **Hello World**，这已经是 20 世纪 70 年代以来一个不变的传统了。**Android** 的第一个程序，也不例外。

18.3.1 创建 HelloWorld 项目

在运行 Android Studio 后，单击 Start a new Android Studio project，如下图所示。

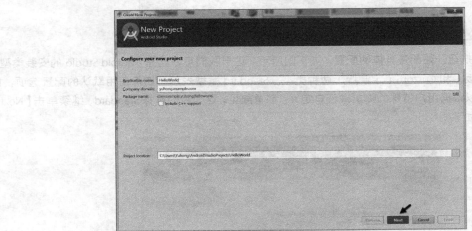

下面我们一一介绍项目创建中的内容。可以参照下图进行 HelloWorld 项目的填写。

● Application name：应用程序的名称。它是 App 在设备上显示的应用程序名称，也是 Android Studio Project 的名称。

● Company Domain：公司域名。影响下面的 Package name（包名称）。默认为电脑主机名称，当然我们也可以单独设置 Package name。

● Package name：应用程序包名。每一个 App 都有一个独立的包名，如果两个 App 的包名相同，Android 会认为它们是同一个 App。因此，需要尽量保证，不同的 App 拥有不同的包名。

● Project location：Project 存放的本地目录。

单击下一步进入 Android 运行设备参数选项页面，如下图所示。

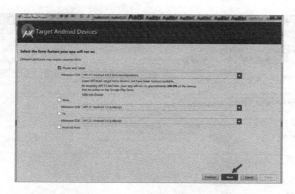

在这里，读者可以自己设置 Project 中 Module 的类型以及支持的最低版本。

● Phone and Tablet：表示 Module 是一个手机和平板项目。

● TV：表示 Module 是一个 Android TV 项目。

● Wear：表示 Module 是一个可穿戴设备（如手表）项目。

● Glass：表示 Module 是一个 Google Glass 项目。

这里，我们选择开发一个手机应用，最小 SDK 版本是选择开发的应用会在最小 API 版本上运行，目前一般选择 API 15 即可。然后单击【Next】按钮进入下一页面，如下图所示。

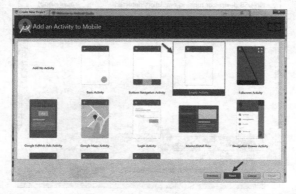

这里让我们选择要创建的应用程序的模板，可以看到 Android Studio 给我们提供了很多模板，这里我们选择创建一个空模板（Empty Activity），单击【Next】按钮进入下一步。

然后，在新出现的界面中，我们填写 Activity Name 为默认的 MainActivity，填写 Layout Name 为默认的 activity_main，这里读者无需知道这两个内容是什么意思，我们会在后续的章节中进行讲解。然后单击【Finish】按钮完成 HelloWorld 的创建，如下图所示。

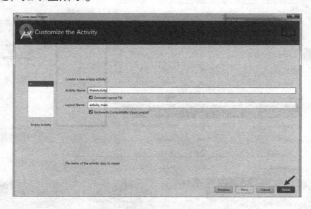

至此，我们已经完成了 HelloWorld 工程的创建，待 Android Studio 完成工作后出现如下界面，则表明我们已经顺利地构建好了第一个 Android 应用。

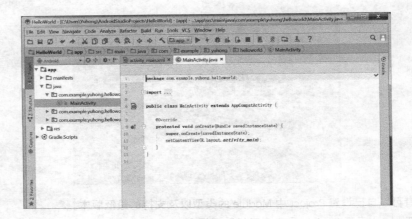

18.3.2 运行 HelloWorld 项目

前面我们已经顺利地搭建好了 HelloWorld 项目。下面让我们一起来将它运行起来吧。在 Android Studio 主界面的顶部菜单栏选择【Run】➤【Run'App'】选项，弹出运行设备选择框如下图所示。

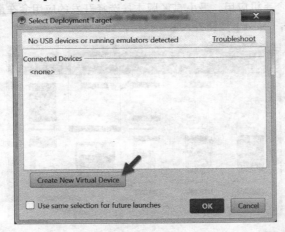

然后选择【Create New Virtual Device】新建一个 Android 虚拟机。

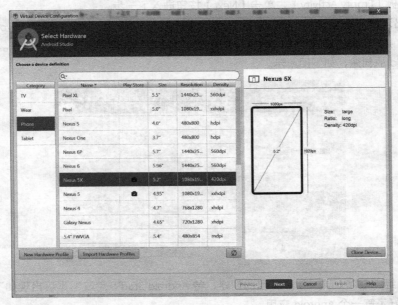

　　这里选择创建手机类型的虚拟机，依次选择 Phone（手机类型），然后单击【Next】按钮，然后在弹出界面，选择 Nougat，这是 Android 7.0 的系统镜像，单击 "Download" 下载，完毕后单击【Next】按钮，跳转后直接选择【Finish】按钮即可。这里需要说明的是，Recommended 标签会列出推荐的系统映像。其他标签包含更完整的列表。x86 映像在模拟器中运行得非常快。

　　完成后会在设备选择对话框中有一个 Nexus API 24 的设备，单击【OK】按钮，使用该虚拟设备运行我们的 HelloWorld 程序。下图是 HelloWorld 在虚拟设备上的运行结果。

18.3.3　解析第一个 Android 程序

　　既然我们已经成功地运行 HelloWorld 项目，接下来，就来认识整个 HelloWorld 项目的文件结构。读者可以在 Android Studio 的主界面左边看到如下图内容，这里展示了整个 HelloWorld 工程的文件目录结构。

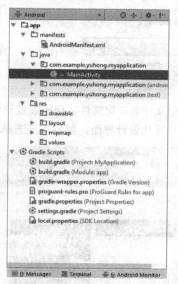

下面我们一一介绍文件的用途。

- app/manifests AndroidManifest.xml：配置文件目录。
- app/java：源码目录。
- app/res：资源文件目录。
- Gradle Scripts gradle：编译相关的脚本。

我们再具体来看 AndroidManifest.xml 文件。AndroidManifest.xml 是每个 Android 程序中必须的文件，它位于

整个项目的根目录，它是 Android 应用的入口文件，它描述了 package 中暴露的组件（如 activities, services 等），各种能被处理的数据和启动位置等。打开 AndroidManifest.xml 文件，从中可以找到如下代码。

```
01  <activity android:name=".MainActivity">
02      <intent-filter>
03        <action android:name="android.intent.action.MAIN" />
04        <category android:name="android.intent.category.LAUNCHER" />
05      </intent-filter>
06  </activity>
```

【代码详解】

这段代码表示对 MainActivity 这个活动进行注册，没有在 AndroidManifest.xml 里注册的活动是不能使用的。其中 intent-filter 里的两行代码非常重要，<action android:name= "android.intent.action.MAIN" /> 和 <category android:name="android.intent.category.LAUNCHER" /> 表示 MainActivity 是这个项目的主活动，在手机上单击应用图标，首先启动的就是这个活动。

介绍完项目文件结构之后，我们再来看看 HelloWorld 是怎样显示出来的，找到 app/java/android.helloworld.MainActivity 以及 app/res/layout/activity_main.xml 这两个文件，如下图所示。

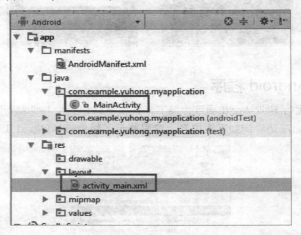

我们先查看 activity_main.xml，这个文件是布局文件，用来设置显示 HelloWorld 的布局格式。打开后可看到如下图内容，这是 Android Studio 的可视化设计界面，我们直接选择左下角的 Text 切换到源码模式。

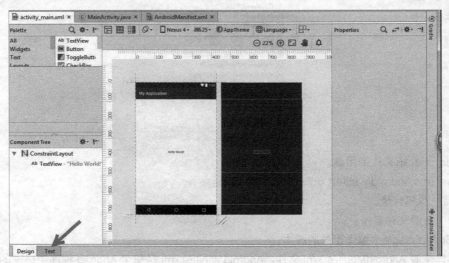

切换到源码模式后看到如下代码。

```
01  <?xml version="1.0" encoding="utf-8"?>
02  <RelativeLayout xmlns:android=http://schemas.android.com/apk/res/android
03  xmlns:tools=http://schemas.android.com/tools
04      android:id="@+id/activity_main"
05      android:layout_width="match_parent"
06      android:layout_height="match_parent"
07      android:paddingBottom="@dimen/activity_vertical_margin"
08      android:paddingLeft="@dimen/activity_horizontal_margin"
09      android:paddingRight="@dimen/activity_horizontal_margin"
10      android:paddingTop="@dimen/activity_vertical_margin"
11      tools:context="android.helloworld.MainActivity">
12
13      <TextView
14          android:layout_width="wrap_content"
15          android:layout_height="wrap_content"
16          android:text="Hello World!" />
17  </RelativeLayout>
```

这里我们可以看到 Android 布局设计师使用的 xml 文件，在根节点下有 RelativeLayout 节点，这是一个相对布局，我们会在后面详细讲解。在根节点下面有一个 TextView，这是 Android 用来显示文字内容的控件，我们看到的 "Hello World！" 就是通过这个控件中的 text 属性显示出来（第 16 行）。

了解完布局管理我们再看看 MainActivity.java，应用程序启动时会首先启动 MainActivity，因为我们在 AndroidManifest.xml 中已经声明过。MainActivity.java 的代码如下所示。

```
01  package android.helloworld;
02
03  import android.support.v7.app.AppCompatActivity;
04  import android.os.Bundle;
05
06  public class MainActivity extends AppCompatActivity {
07
08      @Override
09      protected void onCreate(Bundle savedInstanceState) {
10          super.onCreate(savedInstanceState);
11          setContentView(R.layout.activity_main);
12      }
13  }
```

首先可以发现，MainActivity 继承自 AppCompatActivity（第 09 行），并且覆写了 onCreate 方法，Android 启动一个活动时，会首先调用 onCreate 方法，在 onCreate 方法中我们能看到 setContentView(R.layout.activity_main) 这样一行代码，它用来将 MainActivity 与 activity_main 这个布局文件进行绑定。

HelloWorld 项目介绍到这里就基本上差不多了，请读者试试，看能否写出一个应用程序显示自己的名字。

▶ 18.4　详解基本布局

　　Android 系统给我们提供了丰富的 **UI** 控件，那么这些控件需要怎样排布呢？其实这个问题之前已经看到过解决方案。**Android** 除了提供丰富的控件，还提供了布局管理器。在前面，我们在 **XML** 文档中看到的 **LinearLayout** 和 **RelativeLayout**，它们均是 **Android** 的基本布局。

　　布局管理器就相当于一个大容器用来盛装各种各样的 UI 控件和子容器。Android 中有六大布局，分别是：LinearLayout(线性布局)，RelativeLayout(相对布局)，TableLayout(表格布局)，FrameLayout(帧布局)，AbsoluteLayout(绝对布局)，GridLayout(网格布局)。通过下图可以看到 Android 中各个布局管理器之间的关系。

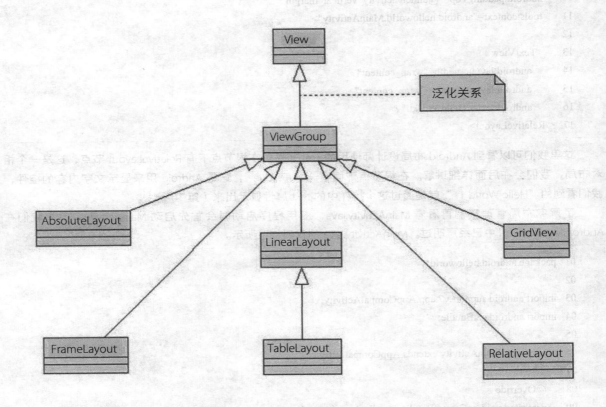

18.4.1　线性布局

　　LinearLayout 又称作线性布局，是一种非常常用的布局。正如它的名字所描述的一样，这个布局将它所有的控件在线性方向上依次排列。

　　既然是线性排列，那么就不仅只有一个方向，那如何修改线性布局的排列方向呢？在布局文件中的 LinearLayout 中有 android:orientation 属性，该属性有两个值 vertical 和 horizontal，vertical 代表线性布局中的全部控件均以垂直方向线性排列，horizontal 则是水平方向排列。设置该属性后控件就会以特定的方向排列。下面我们来实战一下，新建一个 Android Studio 项目，单击【File】➤【Close Project】回到 Android Studio 欢迎界面。新建项目 LinearLayoutDemo，如下图所示。

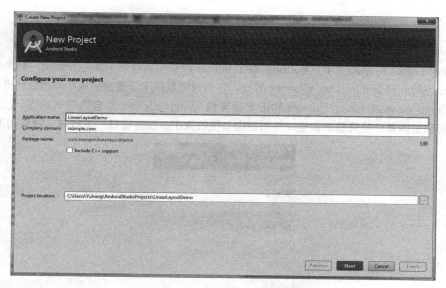

修改 activity_main.xml 中的代码，如下所示。

```
01  <LinearLayout xmlns:android="http://schemas.android.com/apk/res/android"
02      android:layout_width="match_parent"
03      android:layout_height="match_parent"
04      android:orientation="vertical">
05
06      <Button
07          android:id="@+id/button_1"
08          android:layout_width="wrap_content"
09          android:layout_height="wrap_content"
10          android:text="Button 1" />
11
12      <Button
13          android:id="@+id/button_2"
14          android:layout_width="wrap_content"
15          android:layout_height="wrap_content"
16          android:text="Button 2" />
17
18      <Button
19          android:id="@+id/button_3"
20          android:layout_width="wrap_content"
21          android:layout_height="wrap_content"
22          android:text="Button 3" />
23
24      <Button
25          android:id="@+id/button_4"
26          android:layout_width="wrap_content"
27          android:layout_height="wrap_content"
```

```
28        android:text="Button 4" />
29   </LinearLayout>
```

我们在 LinearLayout 中添加了 4 个 Button，每个 Button 的长和宽都是 wrap_content，每个空间和布局都有 android:layout_width 和 android:layout_height 属性，它们分别是用来设置空间或布局的长和宽的，可以给这两个属性设置 wrap_content、match_parent 和固定像素值，wrap_content 是自适应长或宽，match_parent 是充满父容器，而固定像素值就只显示该空间为指定像素值的大小。现在运行一下程序，效果如下图所示。

然后我们修改一下 LinearLayout 的排列方向，如下代码所示。

```
01   <LinearLayout xmlns:android="http://schemas.android.com/apk/res/android"
02       android:layout_width="match_parent"
03       android:layout_height="match_parent"
04       android:orientation="horizontal">
05   </LinearLayout>
```

将 android:orientation 的属性值改成了 horizontal，这就会使 LinearLayout 中的控件在水平方向排列。如果不指定 android:orientation 属性的值，默认的排列方向就是 horizontal，重新运行程序，效果图如下所示。

这里需要注意的是，如果 LinearLayout 的排列方向是 horizontal，则内部控件的 android:layout_width 属性

值，不能指定为 match_parent。因为如果这样的话，单独一个控件就会将整个水平方向占满，其他的控件就没可放的位置了。同样的道理，LinearLayout 的排列方向是 vertical，内部控件的 android:layout_height 就不能指定为 match_parent。

　　下面，我们来看 android:layout_gravity 属性，它用于指定控件在布局中的对齐方式。android:layout_gravity 的可选值比较多，这里不展开介绍，但需要注意的是，LinearLayout 的排列方向是水平时，只有垂直方向的对齐方式才会生效，因为此时水平方向上的长度固定，每添加一个控件，水平方向上的长度都会改变，因此无法知道该方向上的对齐方式。同样道理，当 LinearLayout 排列方式为垂直方向时，只有水平方向对齐方式才会生效。我们修改 activity_main.xml，如下代码所示。

```
01 <LinearLayout xmlns:android="http://schemas.android.com/apk/res/android"
02     android:layout_width="match_parent"
03     android:layout_height="match_parent"
04     android:orientation="horizontal">
05
06     <Button
07         android:id="@+id/button_1"
08         android:layout_width="wrap_content"
09         android:layout_height="wrap_content"
10         android:layout_gravity="top"
11         android:text="Button 1" />
12
13     <Button
14         android:id="@+id/button_2"
15         android:layout_width="wrap_content"
16         android:layout_height="wrap_content"
17         android:layout_gravity="center"
18         android:text="Button 2" />
19
20     <Button
21         android:id="@+id/button_3"
22         android:layout_width="wrap_content"
23         android:layout_height="wrap_content"
24         android:layout_gravity="bottom"
25         android:text="Button 3"/>
26
27     <Button
28         android:id="@+id/button_4"
29         android:layout_width="wrap_content"
30         android:layout_height="wrap_content"
31         android:layout_gravity="center_vertical"
32         android:text="Button 4" />
33 </LinearLayout>
```

　　由于目前 LinearLayout 排列方式为水平，因此，我们只能指定垂直方向的排列方向才会生效。将 Button 1 的对齐方式指定为 top，Button 2 的对齐方式指定为 center，Button 3 的对齐方式设置为 bottom，Button 4 的对齐方式设置为 center_vertical，效果如下图所示。

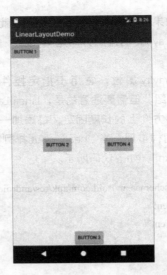

这时，我们会发现 Button 2 和 Button 4 是一样的效果，这是因为 center 包含了水平和垂直方向的居中，由于水平方向的值不会生效，因此垂直居中和 Button 4 效果一样。

接下来我们学习 LinearLayout 另外一个重要的属性 android:layout_weight，这个属性允许我们使用比例的方式来指定控件的大小。比如我们编写一个模拟消息发送界面，需要一个文本编辑框和一个发送按钮，修改 activity_main.xml 中的代码，如下所示。

```
01  <LinearLayout xmlns:android="http://schemas.android.com/apk/res/android"
02      android:layout_width="match_parent"
03      android:layout_height="match_parent"
04      android:orientation="horizontal">
05
06      <EditText
07          android:id="@+id/et_input"
08          android:layout_width="0dp"
09          android:layout_height="wrap_content"
10          android:layout_weight="2" />
11
12      <Button
13          android:id="@+id/btn_send"
14          android:layout_width="0dp"
15          android:layout_height="wrap_content"
16          android:layout_weight="1"
17          android:text=" 发送 "/>
18  </LinearLayout>
```

这里将宽度属性值设置为 0dp，这是一种比较规范的写法，然后将 android:layout_weight 设置为自己想要的值，其意就是通过设置控件的权重值来规定控件在排列方向上的比例，这里我们将输入框的权重设置为 2，发送按钮的权重设置为 1，那么会将整个水平方向平均分为 3 部分，输入框占 2/3 部分。

18.4.2　相对布局

RelativeLayout 又称作相对布局，也是一种非常常用的布局。和 LinearLayout 的排列规则不同，RelativeLayout 显得更加随意一些，它可以通过相对定位的方式让控件出现在布局的任何位置。也正因为如此，

RelativeLayout 中的属性非常多，不过这些属性都是有规律可循的，其实并不难理解和记忆。

我们还是通过实践来体会一下，新建 RelativeLayoutDemo 项目，修改 activity_main.xml 中的代码，如下所示。

```
01  <RelativeLayout xmlns:android="http://schemas.android.com/apk/res/android"
02      android:id="@+id/activity_main"
03      android:layout_width="match_parent"
04      android:layout_height="match_parent">
05
06      <Button
07          android:id="@+id/button_1"
08          android:layout_width="wrap_content"
09          android:layout_height="wrap_content"
10          android:layout_alignParentLeft="true"
11          android:layout_alignParentTop="true"
12          android:text="Button 1" />
13
14      <Button
15          android:id="@+id/button_2"
16          android:layout_width="wrap_content"
17          android:layout_height="wrap_content"
18          android:layout_alignParentRight="true"
19          android:layout_alignParentTop="true"
20          android:text="Button 2" />
21
22      <Button
23          android:id="@+id/button_3"
24          android:layout_width="wrap_content"
25          android:layout_height="wrap_content"
26          android:layout_centerInParent="true"
27          android:text="Button 3" />
28
29      <Button
30          android:id="@+id/button_4"
31          android:layout_width="wrap_content"
32          android:layout_height="wrap_content"
33          android:layout_alignParentLeft="true"
34          android:layout_alignParentBottom="true"
35          android:text="Button 4" />
36
37      <Button
38          android:id="@+id/button_5"
39          android:layout_width="wrap_content"
40          android:layout_height="wrap_content"
41          android:layout_alignParentRight="true"
42          android:layout_alignParentBottom="true"
```

```
43        android:text="Button 5" />
44   </RelativeLayout>
```

以上代码比较简单就不做过多解释，我们让 Button 1 和父布局的左上角对齐，Button 2 和父布局的右上角对齐，Button 3 居中显示，Button 4 和父布局的左下角对齐，Button 5 和父布局的右下角对齐。虽然 android:layout_alignParentLeft、android:layout_alignParentTop、android:layout_alignParentRight、android:layout_alignParentBottom、android:layout_centerInParent，这几个属性我们之前都没接触过，可是它们的名字已经完全说明了它们的作用。重新运行程序，效果如下图所示。

上面例子中的每个控件都是相对于父布局进行定位的，那控件可不可以相对于控件进行定位呢？当然是可以的，修改 activity_main.xml 中的代码，如下所示。

```
01   <RelativeLayout xmlns:android="http://schemas.android.com/apk/res/android"
02       android:id="@+id/activity_main"
03       android:layout_width="match_parent"
04       android:layout_height="match_parent">
05
06       <Button
07           android:id="@+id/button_3"
08           android:layout_width="wrap_content"
09           android:layout_height="wrap_content"
10           android:layout_centerInParent="true"
11           android:text="Button 3" />
12       <Button
13           android:id="@+id/button_1"
14           android:layout_width="wrap_content"
15           android:layout_height="wrap_content"
16           android:layout_above="@id/button_3"
17           android:layout_toLeftOf="@id/button_3"
18           android:text="Button 1" />
19
20       <Button
```

```
21        android:id="@+id/button_2"
22        android:layout_width="wrap_content"
23        android:layout_height="wrap_content"
24        android:layout_above="@id/button_3"
25        android:layout_toRightOf="@id/button_3"
26        android:text="Button 2" />
27
28
29
30    <Button
31        android:id="@+id/button_4"
32        android:layout_width="wrap_content"
33        android:layout_height="wrap_content"
34        android:layout_below="@id/button_3"
35        android:layout_toLeftOf="@id/button_3"
36        android:text="Button 4" />
37
38    <Button
39        android:id="@+id/button_5"
40        android:layout_width="wrap_content"
41        android:layout_height="wrap_content"
42        android:layout_below="@id/button_3"
43        android:layout_toRightOf="@id/button_3"
44        android:text="Button 5" />
45    </RelativeLayout>
```

    这次的代码稍微复杂一点，不过仍然是有规律可循的。android:layout_above 属性可以让一个控件位于另一个控件的上方，需要为这个属性指定相对控件 id 的引用，这里我们填入了 @id/button3，表示让该控件位于 Button 3 的上方。其他的属性也都是相似的，android:layout_below 表示让一个控件位于另一个控件的下方，android:layout_toLeftOf 表示让一个控件位于另一个控件的左侧，android:layout_toRightOf 表示让一个控件位于另一个控件的右侧。注意，当一个控件去引用另一个控件的 id 时，该控件一定要定义在引用控件的后面，不然会出现找不到 id 的情况。重新运行程序，效果如下图所示。

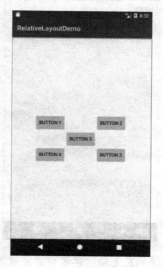

RelativeLayout 中还有另外一组相对于控件进行定位的属性，android:layout_alignLeft 表示让一个控件的左边缘和另一个控件的左边缘对齐，android:layout_alignRight 表示让一个控件的右边缘和另一个控件的右边缘对齐，还有 android:layout_alignTop 和 android:layout_alignBottom，道理都是一样的，不再赘言。这几个属性就留给读者自己去尝试一下。

18.4.3 帧布局

FrameLayout 相比于前面两种布局，就显得简单多了，因此它的应用场景也少了很多。这种布局没有任何的定位方式，所有的控件都会摆放在布局的左上角，让我们通过例子来看一看吧。新建 FrameLayoutDemo 并修改 activity_main.xml 中的代码，如下所示。

```
01  <FrameLayout xmlns:android="http://schemas.android.com/apk/res/android"
02      android:id="@+id/activity_main"
03      android:layout_width="match_parent"
04      android:layout_height="match_parent">
05
06      <Button
07          android:id="@+id/button"
08          android:layout_width="wrap_content"
09          android:layout_height="wrap_content"
10          android:text="Button"
11          />
12      <ImageView
13          android:id="@+id/image_view"
14          android:layout_width="wrap_content"
15          android:layout_height="wrap_content"
16          android:src="@mipmap/ic_launcher"
17          />
18  </FrameLayout>
```

FrameLayout 中只是放置了一个按钮和一张图片，重新运行程序，效果如下图所示。

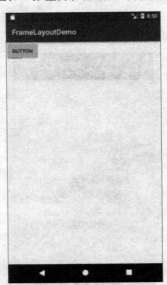

可以看到，按钮和图片都是位于布局的左上角。读者可能会觉得，这个布局能有什么作用呢？确实，它

的应用场景并不多,不过在使用碎片的时候,我们还是可以用到它的。本书就不再展开讲解碎片的相关内容。

▶18.5　常见控件的使用方法

在本章的前面两节我们学习了如何新建一个 **Android** 工程和 **Android** 中的布局管理器,接下来这一节,我们通过一个登录页面的编写来实际学习 **Android** 中的 UI 控件。在 **Android Studio** 中选择【 **File** 】▷【 **New** 】▷【 **New Project** 】选项,新建一个名为 **LoginDemo** 的工程。

18.5.1　TextView

在登录页面中用户需要输入账户、密码。 Android 提供了 TextView 控件用来向用户展示信息,在 LoginDemo 中我们在 activity_main.xml 中编写登录界面。

首先,界面中间显示一个 "LoginDemo" 的字样,配置信息如下所示。

```
01  <RelativeLayout xmlns:android="http://schemas.android.com/apk/res/android"
02      android:id="@+id/activity_main"
03      android:layout_width="match_parent"
04      android:layout_height="match_parent">
05
06  <TextView
07      android:id="@+id/tv_logo"
08      android:layout_width="match_parent"
09      android:layout_height="wrap_content"
10      android:layout_margin="20dp"
11      android:background="@color/colorPrimary"
12      android:gravity="center_horizontal"
13      android:text="LoginDemo"
14      android:textColor="#FFFFFF"
15      android:textSize="30sp" />
16
17  </RelativeLayout>
```

这里我们添加了一个 TextView,用来当做登录界面的 Logo。运行效果如下。

有关 RelativeLayout 的知识，在前面一节已经详细介绍过，这里不再赘述。在 TextView 中我们使用 android:id 给当前控件定义了一个唯一标识符。然后使用 android:layout_width 指定了控件的宽度，使用 android:layout_height 指定了控件的高度。Android 中所有的控件都具有这 2 个属性，可选值有 3 种：match_parent、fill_parent 和 wrap_content，其中 match_parent 和 fill_parent 的意义相同，现在官方更加推荐使用 match_parent。match_parent 表示让当前控件的大小和父布局的大小一样，也就是由父布局来决定当前控件的大小。wrap_content 表示让当前控件的大小能够刚好包含住里面的内容，也就是由控件内容决定当前控件的大小。所以上面的代码就表示让 TextView 的宽和父布局一样宽，高度自适应。也就是手机屏幕的宽度，让 TextView 的高度足够包含住里面的内容就行。

当然，除了使用上述值，我们也可以对控件的宽和高指定一个固定的大小，但是这样做有时会在不同手机屏幕的适配方面出现问题。接下来我们通过 android:text 指定 TextView 中显示的文本内容。

仔细观察就会发现，上面的 TextView 的宽并未占满整个手机屏幕的宽，这是因为我们这里设置了 android:layout_margin 属性值，这个值的作用是让该控件上下左右 4 个方向距离其他控件为相应值的距离，我们这里设置了 20dp。我们还使用 android:gravity 来指定文字的对齐方式，可选值有 top、bottom、left、right、center 等，可以用 "|" 来同时指定多个值，这里我们指定的 "center"，效果等同于 "center_vertical" 和 "center_horizontal"，表示文字在垂直和水平方向都居中对齐。

除了上面介绍的属性外，我们还设置了 android:textSize 字体大小属性和 android:textColor 属性，android:textColor 属性是用来设置字体颜色的属性，通过给其指定 RGB 颜色值就可改变字体颜色。android:background 属性，是该控件的背景属性，可以设置为颜色值，也可设置为一个图片资源。

18.5.2 EditText

前面我们介绍了，如何在屏幕上显示一个 "LoginDemo" 的字样，接下来，我们要给登录页面设置账号、密码输入框。在 Android 系统中提供 EditText 用作接收用户输入，从面向对象的角度来说 EditText 继承自 TextView，所以 EditText 有 TextView 所有的属性。我们继续在 activity_main.xml 中完成登录界面。如下所示代码。

```
01    <RelativeLayout xmlns:android="http://schemas.android.com/apk/res/android"
02        android:id="@+id/activity_main"
03        android:layout_width="match_parent"
04        android:layout_height="match_parent">
05
06            ......
07
08        <LinearLayout
09            android:id="@+id/layout_input"
10            android:layout_width="match_parent"
11            android:layout_height="wrap_content"
12            android:layout_below="@+id/tv_logo"
13            android:layout_marginLeft="10dp"
14            android:layout_marginRight="10dp"
15            android:orientation="vertical">
16
17            <EditText
18                android:id="@+id/et_username"
19                android:layout_width="match_parent"
20                android:layout_height="wrap_content"
```

```
21              android:hint=" 请输入账号 " />
22
23         <EditText
24              android:id="@+id/et_password"
25              android:layout_width="match_parent"
26              android:layout_height="wrap_content"
27              android:hint=" 请输入密码 "
28              android:inputType="textPassword" />
29
30      </LinearLayout>
31
32  </RelativeLayout>
```

在这里，为了更加方便地进行空间操作，我们在账号密码输入框外面嵌套一层垂直布局的 LinearLayout，并通过 android:layout_below="@+id/tv_logo" 将 LinearLayout 设置为在 id 为 tv_logo 的下方。通过 android:hint 为输入框设置提示信息，这样便于提示用户输入信息。在密码输入框中通过设置 android:inputType 属性来将这个输入框设置为文本密码输入框。接下来我们要在 MainActivity.java 中定义两个 TextView 并将其与之绑定。

```
01  private TextView et_ username;
02  private TextView et_ password;
03
04  @Override
05  protected void onCreate(Bundle savedInstanceState) {
06      super.onCreate(savedInstanceState);
07      setContentView(R.layout. activity_main);
08
09      et_ username = (TextView) findViewById(R.id.et_username);
10      et_ password = (TextView) findViewById(R.id.et_password);
11
12  }
```

其实学习到这里，读者应该可以总结出 Android 控件的使用规律了，基本上用法都很相似，给控件定义一个 id，再指定下控件的宽度和高度，然后再适当加入些控件特有的属性就差不多了。所以使用 XML 来编写界面其实一点都不难，完全可以不用借助任何可视化工具来实现。现在重新运行一下程序，EditText 就已经在界面上显示出来了，并且我们是可以在里面输入内容的，如下图所示。

18.5.3 Button

　　Button 是程序用于和用户进行交互的一个重要控件，相信读者对这个控件已经比较熟悉了，因为我们在上一节的案例中大量使用了 Button 控件。它可配置的属性和 TextView 是差不多的。

　　在前面，我们已经完成了账号密码输入框的设计，接下来我们就应该为登录界面添加登录按钮了，继续在 activity_main.xml 中修改代码。

```
01  <RelativeLayout xmlns:android="http://schemas.android.com/apk/res/android"
02      android:id="@+id/activity_main"
03      android:layout_width="match_parent"
04      android:layout_height="match_parent">
05
06      ……
07      <LinearLayout
08          android:id="@+id/layout_login_button"
09          android:layout_width="match_parent"
10          android:layout_height="wrap_content"
11          android:layout_below="@+id/layout_input"
12
13          android:gravity="center_horizontal"
14          android:orientation="horizontal">
15
16          <Button
17            android:id="@+id/btn_login"
18            android:layout_width="wrap_content"
19            android:layout_height="wrap_content"
20            android:layout_marginRight="50dp"
21            android:text=" 登录 " />
22
23          <Button
24            android:id="@+id/btn_register"
25            android:layout_width="wrap_content"
26            android:layout_height="wrap_content"
27            android:layout_marginLeft="50dp"
28            android:text=" 注册 " />
29      </LinearLayout>
30
31  </RelativeLayout>
```

　　加入 Button 之后的界面可在 Design 模式下看到下图界面。

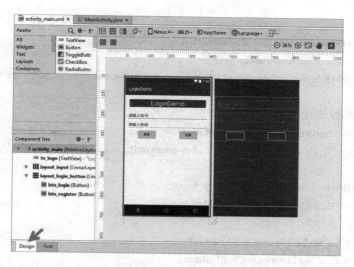

　　我们在界面中添加了两个按钮，但是到目前为止，我们还未对按钮进行任何操作，所以运行程序后单击按钮无任何反应，接下来我们就要给按钮添加点击事件监听器，以便于按钮能在被点击时做出相应的反应。

　　在 MainActivity.java 中，我们将 Button 对象与 UI 界面中的按钮进行绑定，然后给按钮添加监听事件，当点击的是登录按钮时我们将用户名和密码打印出来。

```
01   public class MainActivity extends AppCompatActivity {
02
03       // 定义两个 TextView
04       private TextView et_username;
05       private TextView et_password;
06       // 定义两个 Button
07       private Button btn_login;
08       private Button btn_register;
09       // 声明一个事件监听器并实现 View.OnClickListener 接口
10       private View.OnClickListener onClickListener = new View.OnClickListener() {
11           @Override
12           public void onClick(View view) {
13               // 取得 view 的 ID 号
14               int id = view.getId();
15               // 通过 switch 判断是哪一个控件被点击了，并执行相应的动作
16               switch (id) {
17                   case R.id.btn_login:
18                       String username = et_username.getText().toString();
19                       String password = et_password.getText().toString();
20                       Log.d("Username:", username);
21                       Log.d("Password:", password);
22                       break;
23                   case R.id.btn_register:
24                       break;
25               }
26           }
27       };
28
```

```
29      @Override
30      protected void onCreate(Bundle savedInstanceState) {
31          super.onCreate(savedInstanceState);
32          setContentView(R.layout.activity_main);
33
34          // 将 UI 控件进行绑定
35          et_username = (TextView) findViewById(R.id.et_username);
36          et_password = (TextView) findViewById(R.id.et_password);
37
38          btn_login = (Button) findViewById(R.id.btn_login);
39          btn_register = (Button) findViewById(R.id.btn_register);
40          // 给按钮设置单击事件监听器
41          btn_login.setOnClickListener(onClickListener);
42          btn_register.setOnClickListener(onClickListener);
43
44      }
45
46  }
```

程序运行结果如下图所示。

在账号和密码输入框中输入内容时，可以看到，在密码输入框中的文字会自动显示点点点（……），这就是通过设置输入框的 inputType 后的效果。然后单击登录按钮。系统会打印日志提示，可以通过单击 Android Studio 左下角的 Android Monitor 显示日志界面，可以看到如下图所示的结果。

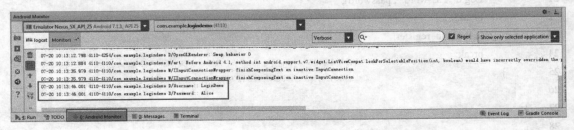

这里我们可以看到系统已经打印出来输入的用户名和密码。

18.5.4 ImageView

ImageView 是用于在界面上展示图片的一个控件，通过它可以让我们的程序界面变得更加丰富多彩。学习这个控件需要提前准备好一些图片，由于目前 mipmap 文件夹下已经有一张 ic_launcher.png 图片了，那我们就先在界面上展示这张图吧，修改 LoginDemo 的 activity_main.xml，如下所示。

```
01  <?xml version="1.0" encoding="utf-8"?>
02  <RelativeLayout xmlns:android="http://schemas.android.com/apk/res/android"
03      android:id="@+id/activity_main"
04      android:layout_width="match_parent"
05      android:layout_height="match_parent">
06          ……
07      <ImageView
08          android:layout_width="wrap_content"
09          android:layout_height="wrap_content"
10          android:layout_below="@+id/layout_login_button"
11          android:layout_centerHorizontal="true"
12          android:src="@mipmap/ic_launcher" />
13
14  </RelativeLayout>
```

可以看到，这里使用 android:src 属性给 ImageView 指定了一张图片，并且由于图片的宽和高都是未知的，所以将 ImageView 的宽和高都设定为 wrap_content，这样保证了不管图片的尺寸是多少，都可以完整地展示出来。重新运行程序，效果如下图所示。

我们还可以在程序中通过代码动态地更改 ImageView 中的图片。通过调用 ImageView 的 setImageResource() 方法改变显示的图片。

▶18.6 Activity 详细介绍

通过前面的介绍，我们已经学习了如何创建 **Android** 应用程序、基本布局以及常用控件的使用。不过，仅仅满足于此显然是不够的。下面我们将介绍有关活动（**Activity**）的知识。

活动（Activity）是一个非常容易吸引到用户的地方，它是一种可以包含用户界面的组件，主要用于和用户进行交互。一个应用程序中可以包含零个或多个活动，不包含任何活动的应用程序很少见，毕竟，谁也不想让自己的应用永远无法被用户看到。

18.6.1 ▶ Activity 生命周期

掌握活动的生命周期对任何 Android 开发者来说都非常重要，只有当我们深入理解活动的生命周期之后，才有可能写出更加连贯流畅的程序，并在如何合理管理应用资源方面，做到游刃有余，我们的应用程序将会拥有更好的用户体验。

经过前面几节的学习，可以感知到一点，Android 中的活动是可以层叠的。每启动一个新的活动，就会覆盖在原活动之上，然后单击【Back】键会销毁最上面的活动，下面的一个活动就会重新显示出来。

其实 Android 是使用任务（Task）来管理活动的，一个任务就是一组存放在栈里的活动的集合，这个栈也被称作返回栈（Back Stack）。栈是一种后进先出的数据结构，在默认情况下，每当我们启动了一个新的活动，它会在返回栈中入栈，并处于栈顶的位置。而每当我们按下 Back 键或调用 finish() 方法去销毁一个活动时，处于栈顶的活动会出栈，这时前一个入栈的活动就会重新处于栈顶的位置。系统总是会显示处于栈顶的活动给用户。如下示意图展示了返回栈是如何管理活动入栈出栈操作的。

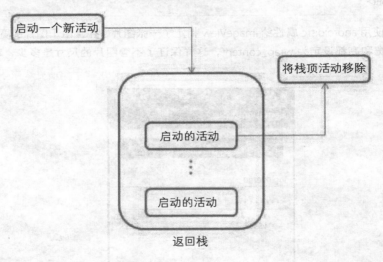

返回栈

18.6.2 ▶ Activity 状态

每个活动在其生命周期中最多可能会有 4 种状态。

01 运行状态

当一个活动位于返回栈的栈顶时，这时活动就处于运行状态。Android 系统可能最不愿意回收的，就是处于运行状态的活动，因为这会带来非常差的用户体验。

02 暂停状态

当一个活动不再处于栈顶位置，但仍然可见时，这时活动就进入了暂停状态。我们可能会觉得既然活动已经不在栈顶了，还怎么会可见呢？这是因为并不是每一个活动都会占满整个屏幕的，比如对话框形式的活动只会占用屏幕中间的部分区域，很快就会在后面看到这种活动。处于暂停状态的活动仍然是完全存活着的，系统也不愿意去回收这种活动（因为它还是可见的，回收可见的东西都会在用户体验方面有不好的影响），只有在内存极低的情况下，系统才会去考虑回收这种活动。

03 停止状态

当一个活动不再处于栈顶位置，并且完全不可见的时候，就进入了停止状态。系统仍然会为这种活动保存相应的状态和成员变量，但是这并不是完全可靠的，当其他地方需要内存时，处于停止状态的活动有可能会被系统回收。

04 销毁状态

当一个活动从返回栈中移除后就变成了销毁状态，系统会倾向于回收处于这种状态的活动，从而保证手机的内存充足。

18.6.3 Activity 启动模式

在实际项目中，我们应该根据特定的需求为每个活动指定恰当的启动模式。启动模式一共有 4 种，分别是 standard、singleTop、singleTask 和 singleInstance，可以在 AndroidMainfest.xml 中通过给 <activity> 标签指定 android:launchMode 属性来选择启动模式。下面我们来逐个给予简单解释。

standard 是活动默认的启动模式，在不进行显式指定的情况下，所有活动都会自动使用这种启动模式。因此，到目前为止我们写过的所有活动都是使用的 standard 模式。经过上一节的学习，我们已经知道了 Android 是使用返回栈来管理活动的，在 standard 模式（即默认情况）下，每当启动一个新的活动，它就会在返回栈中入栈，并处于栈顶的位置。对于使用 standard 模式的活动，系统不会在乎这个活动是否已经在返回栈中存在，每次启动都会创建该活动的一个新的实例。

在有些情况下，我们可能会觉得 standard 模式不太合理。活动明明已经在栈顶了，为什么再次启动的时候，还要创建一个新的活动实例呢？这只是系统默认的一种启动模式而已，我们完全可以根据自己的需要进行修改，比如说使用 singleTop 模式。当活动的启动模式指定为 singleTop，在启动活动时如果发现返回栈的栈顶已经是该活动，则认为可以直接使用它，不会再创建新的活动实例。

使用 singleTop 模式可以很好地解决重复创建栈顶活动的问题，但是正如我们在上一节所看到的，如果该活动并没有处于栈顶的位置，还是可能会创建多个活动实例的。那么有没有什么办法可以让某个活动在整个应用程序的上下文中只存在一个实例呢？这就要借助 singleTask 模式来实现了。

当活动的启动模式指定为 singleTask，每次启动该活动时系统首先会在返回栈中检查是否存在该活动的实例，如果发现已经存在则直接使用该实例，并把在这个活动之上的所有活动统统出栈，如果没有发现，就会创建一个新的活动实例。

singleInstance 模式应该算是 4 种启动模式中最特殊也最复杂的一个了，我们也需要多花点功夫来理解这个模式。不同于以上 3 种启动模式，指定为 singleInstance 模式的活动会启用一个新的返回栈来管理这个活动（其实如果 singleTask 模式指定了不同的 taskAffinity，也会启动一个新的返回栈）。

那么这样做有什么意义呢？想象以下场景，假设我们的程序中有一个活动是允许其他程序调用的，如果我们想实现其他程序和我们的程序可以共享这个活动的实例，应该如何实现呢？使用前面 3 种启动模式肯定是做不到的，因为每个应用程序都会有自己的返回栈，同一个活动在不同的返回栈中入栈时必然是创建了新的实例。而使用 singleInstance 模式就可以解决这个问题，在这种模式下会有一个单独的返回栈来管理这个活动，不管是哪个应用程序来访问这个活动，都共用的同一个返回栈，也就解决了共享活动实例的问题。

▶ 18.7　高手点拨

　　Android 应用程序开发的学习是一个循序渐进的过程，当我们掌握了 Java 基础后自己寻找一个合适的小项目，以项目驱动型 Android 学习方式，会让自己在学习途中更有动力和成就感。通过不断地阅读别的开源代码会加速自己的学习步伐。在 Android 开发学习初期，读者需要系统地了解四大组件、基本布局、常用控件等。当我们对这些内容有一定了解后，就可以以项目为导向，练习Android 应用程序开发了。

▶ 18.8　实战练习

　　编写程序，设计完成一个简易的 Android 计算器。

第 **IV** 篇

项目实战

第

19

章

Android 项目实战

——智能电话回拨系统

通过前面对 Android 基础的学习，本章以智能电话回拨系统为案
例，深入学习基于 Android 的应用程序开发。本章内容包括系统需求分
析方法、系统开发步骤、Android 界面设计、Android 多线程等知识。通
过本章的学习，读者将对开发一个 Android 应用程序的开发流程有一定
了解，并且熟练掌握 Android 界面设计。

本章要点（已掌握的在方框中打钩）

- ☐ 掌握 Android 应用程序开发的需求分析方法
- ☐ 掌握 Android 应用程序开发流程
- ☐ 熟练使用 Android 控件进行界面设计

▶ 19.1　系统概述

本系统是一个教学案例，请勿投入商业运行。读者可以先试运行本书提供的源码，以对需要开发的程序的功能有一个大致的了解。

19.1.1　背景介绍

智能电话目前已经成为人们生产生活中必不可少的通信工具。中国手机用户量巨大，但国内手机资费并不算便宜。而且，在手机最初普及时，手机通话是双向收费，即拨打电话要进行收费，接听电话也要进行收费。最近几年手机单向收费基本普及，即只有拨打电话才收费，而接听电话不会收费。Android 网络电话就是利用手机，将拨打电话的行为，变成接听电话，让通话免费，从而达到节省电话费的目的。

19.1.2　运行程序

首先，我们导入本书给出的源码，在 Android Studio 中选择【File】➤【Open】选项，找到本书给出的源码项目（chb），单击【OK】按钮，如下图所示。

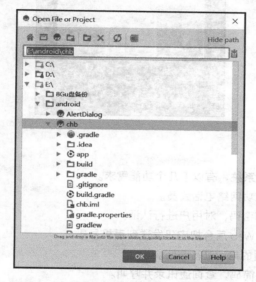

等待 Gradle 加载完成后，单击 Android Studio 菜单栏的【Run】➤【Run 'app'】选项，弹出模拟器选择界面，如下图所示。

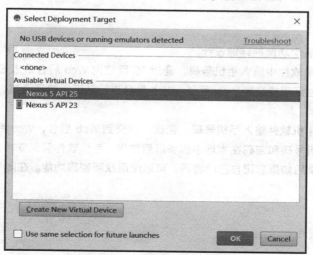

　　上图演示的是有两个版本的 Android 模拟器，这里我们选择 API 为 23 的模拟器，然后单击【OK】按钮启动模拟器，待模拟器启动后应用程序自动执行。执行结果如下图所示。

19.1.3 系统需求分析

　　Android 智能网络电话回拨系统，有以下几个功能需求。

A. 注册：通过软件注册成功网络电话会员。

B. 登录：输入用户账号和密码，对用户进行认证。

C. 找回密码：输入账号，Web 后台把密码发送到手机号码。

D. 呼叫电话：输入要呼叫的电话进行呼叫。

E. 通讯录查询：输入用户简码，查询通讯录并呼叫。

F. 通话记录：记录每次通话，可以查看通话记录并呼叫。

G. 意见反馈：录入意见，提交反馈信息。

19.1.4 详细功能设计

　　下面，我们分别给出各个功能的详细设计。

　　●用户注册：手机终端软件中输入手机号码，通过 3G 网络向 Web 后台请求短信验证码，手机收到短信验证码后，把手机号码和验证码提交到 Web 后台，Web 后台进行认证，验证通过，注册成功，用户账号为手机号码，密码与验证码相同。

　　●用户登录：用户在手机软件输入手机号码、密码，提交到 Web 后台，Web 后台收到后进行验证，验证通过后，手机软件记录手机号码和密码在本地手机备以后使用，手机软件登录成功，可以开始使用呼叫业务。

　　●找回密码：用户登录后如果忘记自己的密码，可以使用找回密码功能。在账号中输入自己的手机号码，提交到 Web 后台，后台收到后对账号有效性进行判断，如果账号存在，会把密码通过短信发送到手机号码。

●拨号盘：登录手机软件成功后，进入主界面，第一项为拨号盘。拨号盘的功能为进行拨号并呼号。在拨号过程中，会去查询手机联系人的手机，如果有符合条件的联系人，会显示出来供用户选择并呼叫。

●通话记录：呼叫成功后，号码会被记录在通话记录中，供以后查询后呼叫。

●账户信息：查询并显示账户信息。账户信息包括手机号码、余额、软件版本号、帮助等信息。

●清除通话记录：清空通话记录。

●信息反馈：用户在使用过程中如果有好的意见建议，可以把建议提交到后台。

●修改密码：用户可以输入自己的当前密码，进行密码修改。

▶19.2 系统实现

整个程序实现了上面的全部功能，但由于处于测试状态，为了方便测试，跳过了注册和登录页面，直接跳转到主页面，注册和登录页面不再做介绍。

19.2.1 主界面

应用程序是以拨打电话为主，那么在主界面我们选择将拨号功能放置在用户较容易看到的地方，在主页面使用了一个 TabHost 作为其他控件的父容器。

主程序的顶部使用TabWidget 设置4个部分，并且将拨号、通话记录、联系人、账户信息设置为4个标签。

核心代码如下所示。

📋 范例 19-1   主界面核心代码（mainform.java）

```
01  public void getdata2()
02  {
03          if (callededit.getText().length() < 4)
04                  return;
05
06          dataarray_bh.clear();
07
08          String jm = callededit.getText().toString();
09
10          ContentResolver cr = getContentResolver();
11          Cursor phone = cr.query(ContactsContract.CommonDataKinds.Phone.CONTENT_URI, null,
ContactsContract.CommonDataKinds.Phone.NUMBER + " like '" + jm + "%' ", null, "_id ASC LIMIT 20 OFFSET
0");
12          while (phone.moveToNext())
13          {
14                  // 取得联系人的号码
15                  int numberIndex = phone.getColumnIndex(ContactsContract.CommonDataKinds.
Phone.NUMBER);
```

```
16                    String number = phone.getString(numberIndex);
17
18                    // 取得联系人 ID
19                    numberIndex = phone.getColumnIndex(ContactsContract.CommonDataKinds.Phone.
CONTACT_ID);
20                    String id = phone.getString(numberIndex);
21
22                    String name = "";
23                    Cursor cursor = cr.query(ContactsContract.Contacts.CONTENT_URI, null,
ContactsContract.Contacts._ID + "=" + id, null, "sort_key_alt LIMIT 1 OFFSET 0");
24                    if (cursor.moveToFirst())
25                    {
26                        numberIndex = phone.getColumnIndex(ContactsContract.
CommonDataKinds.Phone.DISPLAY_NAME);
27                        name = phone.getString(numberIndex);
28                    }
29                    cursor.close();
30
31                    HashMap<String, String> map = new HashMap<String, String>();
32                    map.put( "ItemTitle", name);
33                    map.put( "ItemText", number);
34                    dataarray_bh.add(map);
35                }
36            phone.close();
37
38            Adapter_bh.notifyDataSetChanged();
39    }
```

【代码详解】

因为在 Android 系统里面，数据库是私有的。一般情况下，外部应用程序没有权限读取其他应用程序的数据。如果想公开自己的数据，设计者有两个选择：一是可以创建自己的内容提供器（一个 ContentProvider 子类）；二是可以给已有提供器添加数据。

第 10 行，外界的程序通过 ContentResolver 接口可以访问 ContentProvider 提供的数据，在 Activity 当中，通过 getContentResolver() 可以得到当前应用的 ContentResolver 实例，这个实例的 query() 方法，可以提供查询数据（第 11 行）。

第 38 行，notifyDataSetChanged 方法，通过一个外部的方法来控制如下情况，如果适配器的内容改变时，需要强制调用 getView 来刷新每个 Item 的内容。

19.2.2 修改密码

在 Android Studio 的 Design 模式中查看修改密码界面如下图所示。

软件中通过两次输入读取用户修改的密码，以达到验证用户输入密码的正确性。具体实现如下所示。

范例 19-2　　修改密码的核心代码（changepasswordform.java）

```
// 由于版面有限，导包部分代码省略，可在配套源码中查看
01  public class changepasswordform extends Activity
02  {
03  private EditText password11;
04  private EditText password22;
05
06  private Handler handler;
07  private String info;
08  private ProgressDialog progressDialog;
09
10  @Override
11  public void onCreate(Bundle savedInstanceState)
12  {
13          super.onCreate(savedInstanceState);
14          setContentView(R.layout.changpasswordform);
15
16          password11 = (EditText) findViewById(R.id.password11);
```

```
17                 password22 = (EditText) findViewById(R.id.password22);
18
19                 Button loginbtn = (Button) findViewById(R.id.loginbtn);
20                 loginbtn.setOnClickListener(onlogin);
21
22                 initHandler();
23      }
24
25   private OnClickListener onlogin = new OnClickListener()
26   {
27                 public void onClick(View v)
28                 {
29                         if ((password11.getText().length() == 0) || (password22.getText().length() == 0))
30                         {
31                                 showinfo(" 密码不能为空 ");
32                                 return;
33                         }
34
35                         if (!(password11.getText().toString().equals(password22.getText().toString())))
36                         {
37                                 showinfo(" 两次输入的密码不相同 »);
38                                 return;
39                         }
40
41                         progressDialog = ProgressDialog.show(changepasswordform.this, «», « 正在处理,
请稍候 ...», true, false);
42                         new Thread()
43                         {
44                                 public void run()
45                                 {
46                                         info = userlogin();
47                                         handler.sendEmptyMessage(2000);
48                                 }
49                         }.start();
50
51              }
52   };
53   // 由于版面有限省略部分代码
54   }
```

【代码详解】

第 01 行，关键字 extends 是继承的意思，表明我们设计的子类 changepasswordform 是继承了父类 activity，从父类中继承的方法，如果需要改写，通常加上注解标识符号 "@Override"，例如，第 10 行加上该标识，说明第 11 行的 OnCreate 方法，在 changepasswordform 类中需要改写。onCreate 的方法是在 Activity 创建时被系统调用，是一个 Activity 生命周期的开始。onCreate 方法的参数 saveInsanceState，是一个 Bundle 类型的参数。Bundle 类型的数据与 Map 类型的数据相似，都是以 key-value 的形式存储数据的。

第 25 行，OnClickListener 处理的是点击事件的接口。

第 42 ~ 第 49 行，创建一个新的线程。

19.2.3 意见反馈

在意见反馈模块，我们需要配置 feedbackform.xml，其主要代码如下。

范例 19-3　　意见反馈模块的配置文件（feedbackform.xml）

```
01  <?xml version="1.0" encoding="utf-8"?>
02  <LinearLayout xmlns:android="http://schemas.android.com/apk/res/android"
03      android:layout_width="fill_parent"
04      android:layout_height="fill_parent"
05      android:background="@drawable/bkgcolor"
06      android:orientation="vertical" >
07      <LinearLayout
08          android:layout_width="fill_parent"
09          android:layout_height="fill_parent"
10          android:gravity="center"
11          android:orientation="vertical"
12          android:padding="6dip" >
13          <EditText
14              android:id="@+id/feedbackedit"
15              android:layout_width="fill_parent"
16              android:layout_height="fill_parent"
17              android:layout_weight="1"
18              android:gravity="top"
19              android:maxLength="200"
20              android:text="" />
21          <LinearLayout
22              android:layout_width="fill_parent"
23              android:layout_height="wrap_content"
24              android:gravity="center"
25              android:orientation="horizontal"
26              android:padding="6dip" >
27              <Button
28                  android:id="@+id/feedbackbtn"
29                  android:layout_width="120dip"
30                  android:layout_height="wrap_content"
```

```
31              android:text=" 提交 "
32              android:textSize="18sp" />
33          <Button
34              android:id="@+id/closebtn"
35              android:layout_width="120dip"
36              android:layout_height="wrap_content"
37              android:text=" 取消 "
38              android:textSize="18sp" />
39          </LinearLayout>
40      </LinearLayout>
41  </LinearLayout>
```

在配置 XML 文件后，下面我们给出意见反馈模块的主要源代码，如下所示，由于版面有限，导包部分代码省略，可在配套资源中查看全部代码。

范例 19-4　意见反馈模块核心代码（feedbackform.java）

```
01  public class feedbackform extends Activity
02  {
03  private EditText mobilenum;
04  private EditText password1;
05  private Handler handler;
06  private String info;
07  private ProgressDialog progressDialog;
08  @Override
09  public void onCreate(Bundle savedInstanceState)
10  {
11          super.onCreate(savedInstanceState);
12          setContentView(R.layout.feedbackform);
13          mobilenum = (EditText) findViewById(R.id.feedbackedit);
14
15          Button postbtn = (Button) findViewById(R.id.feedbackbtn);
16          postbtn.setOnClickListener(onpostfeed);
17
18          Button closebtn = (Button) findViewById(R.id.closebtn);
19          closebtn.setOnClickListener(onclose);
20          initHandler();
21  }
22  private OnClickListener onclose = new OnClickListener()
23  {
24          public void onClick(View v)
25          {
26                  feedbackform.this.finish();
27          }
28  };
29  private OnClickListener onpostfeed = new OnClickListener()
30  {
```

```
31              public void onClick(View v)
32              {
33                      if (mobilenum.getText().length() == 0)
34                      {
35                              showinfo(" 请填写意见和建议 ");
36                              return;
37                      }
38                      progressDialog = ProgressDialog.show(feedbackform.this, "", " 正在处理，请稍候 ",
true, false);
39                      new Thread()
40                      {
41                              public void run()
42                              {
43                                      info = getregcode();
44                                      handler.sendEmptyMessage(2000);
45                              }
46                      }.start();
47              }
48      };
49      private String getregcode()
50      {
51              try
52              {
53                      String usernum = ReadIni("usernum");
54                      String memo = mobilenum.getText().toString();
55                      try
56                      {
57                              memo = URLEncoder.encode(mobilenum.getText().toString(), "UTF-8");
58                      }
59                      catch (Exception e)
60                      {
61                              e.printStackTrace();
62                      }
63                      String uri = getString(R.string.serverip).toString() + "?info=107%7C" + usernum +
"%7C" + memo;
64                      functionLib.showmsg(" 意见 URL： " + uri);
65                      String Ret = functionLib.HttpGet(uri);
66                      if (Ret.length() < 2)
67                              info = " 网络通讯错误 ";
68                      else
69                      {
70                              info = Ret;
71                      }
72                      return info;
73              }
74              finally
75              {
```

```
76                  }
77    }
78    private void initHandler()
79    {
80              handler = new Handler()
81              {
82                       @Override
83                       public void handleMessage(Message msg)
84                       {
85                            switch (msg.what)
86                            {
87                                case 2000:
88                                     if (info.indexOf(" 感谢 ") >= 0)
89                                     {
90                                          feedbackform.this.finish();
91                                     }
92                                     showinfo(info);
93                                     break;
94                            }
95                       }
96              };
97    }
98    public boolean WriteIni(String fvar, String fvalue)
99    {
100             try
101             {
102                      SharedPreferences store = getSharedPreferences("curr_usernum", MODE_
PRIVATE);
103                      SharedPreferences.Editor editor = store.edit();
104                      editor.putString(fvar, fvalue);
105                      editor.commit();
106                      return true;
107             }
108             catch (Exception e)
109             {
110                      Log.e("lwp", " 写文件错误： " + e.getMessage());
111                      return false;
112             }
113    }
114          public String ReadIni(String fvar)
115          {
116             try
117             {
118                      SharedPreferences store = getSharedPreferences("curr_usernum", MODE_
PRIVATE);
119                      return store.getString(fvar, "");
120             }
```

```
121                        catch (Exception e)
122                        {
123                                e.printStackTrace();
124                                return "";
125                        }
126                }
127        private void showinfo(String flog)
128        {
129                if ((progressDialog != null) && (progressDialog.isShowing()))
130                        progressDialog.dismiss();
131                Toast.makeText(this, flog, Toast.LENGTH_LONG).show();
132        }
133        @Override
134        protected void onResume()
135        {
136                super.onResume();
137        }
138        @Override
139        protected void onPause()
140        {
141                super.onResume();
142        }
143        @Override
144        protected void onStop()
145        {
146                super.onStop();
147        }
148 }
```

【代码详解】

第 12 行，使用 setContentView 方法，可以在 Activity 中动态切换显示的 View，这样，不需要多个 Activity 就可以显示不同的界面，因此不再需要在 Activity 间传送数据，变量可以直接引用。

第 13 行，由于 Android 的用户界面一般需要使用配置文件（XML 文件），而对应的 XML 文件在 layout 包下，如果 XML 里放了个按钮，在 Activity 中要获取该按钮，就用 findViewById（R.id.xml 文件中对应的 id）。

第 80 行，在 Android 中，当某个应用程序启动时，会开启一个主线程（也就是 UI 线程），由它来监听用户点击、响应用户并分发事件等。所以，一般在主线程中不要执行比较耗时的操作，如联网下载数据等，否则出现 ANR 错误。所以就将这些操作放在子线程中，但是由于 AndroidUI 线程是不安全的，所以只能在主线程中更新 UI。Handler 就是用来将子线程和创建 Handler 的线程进行通信的。第 80 行，就是创建一个 Handler 对象。

Handler 的使用分为两部分：一部分是创建 Handler 实例，重载 handleMessage 方法，来处理消息（第 83 行）。另一部分是分发 Message 或者 Runable 对象到 Handler 所在的线程中，一般 Handler 在主线程中。

▶ 19.3 项目功能用到的知识点讲解

19.3.1 读取通讯录

在 Android 开发中，读取手机通讯录中的号码是一种基本操作，但是由于 Android 的版本众多，所以手机通讯录操作的代码比较纷杂。Android 1.5 是现在的 Android 系统中最低的版本，首先来说一下适用于 Android 1.5 及以上版本（含 2.X，3.X）的代码实现。

📝 范例 19-5   读取通讯录核心代码（Android 1.5版本）

```
01    // 获得所有的联系人
02    Cursor cur = context.getContentResolver().query(
03        Contacts.People.CONTENT_URI, null, null, null,
04        Contacts.People.DISPLAY_NAME +" COLLATE LOCALIZED ASC");
05    // 循环遍历
06    if (cur.moveToFirst()) {
07      int idColumn = cur.getColumnIndex(Contacts.People._ID);
08      int displayNameColumn = cur.getColumnIndex(Contacts.People.DISPLAY_NAME);
09      do {
10          // 获得联系人的 ID 号
11          String contactId =cur.getString(idColumn);
12          // 获得联系人姓名
13          String disPlayName =cur.getString(displayNameColumn);
14          // 获取联系人的电话号码
15          CursorphonesCur = context.getContentResolver().query(
16            Contacts.Phones.CONTENT_URI,null,
17            Contacts.Phones.PERSON_ID+ "=" + contactId, null, null);
18              if (phonesCur.moveToFirst()) {
19                do {
20                    // 遍历所有的电话号码
21                    StringphoneType = phonesCur.getString(phonesCur
22                    getColumnIndex(Contacts.PhonesColumns.TYPE));
23                    String phoneNumber =phonesCur.getString(phonesCur
24                    getColumnIndex(Contacts.PhonesColumns.NUMBER));
25                    // 自己的逻辑处理代码
26                }while(phonesCur.moveToNext());
27            }
28      }while (cur.moveToNext());
29  }
30  cur.close();
```

【代码详解】

第 06 行，利用 cur.moveToFirst() 方法，指向查询结果的第一个位置。一般通过判断 cur.moveToFirst() 的值为 true 或 false 来确定查询结果是否为空。

第 07 ~ 第08 行，getColumnIndex 方法的功能是，根据参数联系人的名称，获得它的列索引，因为后面使用的 getstring，getint 等方法需要的是列索引。

第 28 行，cur.moveToNext() 是用来做循环的，一般这样来用：while(cursor.moveToNext()){ }cur.moveToPrevious() 是指向当前记录的上一个记录，是和 moveToNext 相对应的。

【范例分析】

使用这段代码可以在各种版本的 Android 手机中，读取手机通讯录中的电话号码，而且可以读取一个姓名下的多个号码，但是由于使用该代码在 2.x 版本中的效率不高，读取的时间会稍长一些，而且 2.x 现在是 Android 系统的主流，至少占有 80% 以上的 Android 手机份额，所以可以使用高版本的 API 进行高效的读取。适用于 Android 2.0 及以上版本的读取通讯录的代码如下所示。

范例 19-6　读取通讯录核心代码（Android 2.0以上版本）

```
01  //读取手机本地的电话
02  ContentResolver cr =context.getContentResolver();
03  //取得电话本中开始一项的光标，必须先 moveToNext()
04  Cursor cursor =cr.query(ContactsContract.Contacts.CONTENT_URI,null, null, null, null);
05  while(cursor.moveToNext()){
06  //取得联系人的名字索引
07  int nameIndex =cursor.getColumnIndex(PhoneLookup.DISPLAY_NAME);
08  String name = cursor.getString(nameIndex);
09  //取得联系人的 ID 索引值
10  String contactId =cursor.getString(cursor.getColumnIndex(ContactsContract.Contacts._ID));
11  //查询该位联系人的电话号码，类似的可以查询 email，photo
12  //第 1 个参数是确定查询电话号，第 3 个参数是查询具体某个人的过滤值
13  Cursor phone =cr.query(ContactsContract.CommonDataKinds.Phone.CONTENT_URI, null,
14    ContactsContract.CommonDataKinds.Phone.CONTACT_ID+ " = "+ contactId, null, null);
15  //一个人可能会有几个号码
16  while(phone.moveToNext()){
17  String phoneNumber =phone.getString(phone.getColumnIndex
18    (ContactsContract.CommonDataKinds.Phone.NUMBER));
19          listName.add(name);
20          listPhone.add(phoneNumber);
21      }
22      phone.close();
23  }
24  cursor.close();
```

【代码详解】

从 Android 2.0 SDK 开始，有关联系人 provider 的类变成了 ContactsContract，虽然老的 android.provider. Contacts 仍然能用，但在 SDK 中，已经标记为 deprecated，也就是说，将被放弃不推荐的方法。

从 Android 2.0 及 API Level 为 5 开始，新增了 android.provider.ContactsContract 来代替原来的方法（第 14 行）。

ContactsContract 的子类 ContactsContract.Contacts 是一张表，代表了所有联系人的统计信息。比如联系人 ID(_ID)，查询键（LOOKUP_KEY），联系人的姓名 (DISPLAY_NAME_PRIMARY)，头像的 id（PHOTO_ID）以及群组的 id 等。

我们可以通过如下方法取得所有联系人的表的 Cursor 对象。

（1）获取 ContentResolver 对象，查询在 ContentProvider 里定义的共享对象。

ContentResolver contentResolver=getContentResolver();

（2）根据 URI 对象 ContactsContract.Contacts.CONTENT_URI 查询所有联系人。

Cursor cursor=contentResolver.query(ContactsContract.Contacts.CONTENT_URI, null, null, null, null)；

从 Cursor 对象里我们关键是要取得联系人的 _id。通过它，再通过 ContactsContract.CommonDataKinds 的各个子类，查询该 _id 联系人的电话（ContactsContract.CommonDataKinds.Phone），email(ContactsContract. CommonDataKinds.Email) 等。

📝 范例 19-7　读取SIM卡信息

如果需要读取 SIM 卡里面的通讯录内容，则可以使用 "content://icc/adn" 进行读取，代码如下。

```
01  try{
02      Intent intent = new Intent();
03      intent.setData(Uri.parse("content://icc/adn"));
04      Uri uri = intent.getData();
05      ContentResolvercr = context.getContentResolver();
06      Cursor cursor =context.getContentResolver().query(uri, null, null, null, null);
07      if (cursor != null) {
08        while(cursor.moveToNext()){
09          // 取得联系人的名字索引
10          int nameIndex  = cursor.getColumnIndex(PhoneLookup.DISPLAY_NAME);
11          String name = cursor.getString(nameIndex);
12        // 取得联系人的 ID 索引值
13      String contactId =cursor.getString(cursor.getColumnIndex(ContactsContract.Contacts._ID));
14          // 查询该位联系人的电话号码，类似的可以查询 email，photo
15        Cursor phone =cr.query(ContactsContract.CommonDataKinds.Phone.CONTENT_URI, null,
16        ContactsContract.CommonDataKinds.Phone.CONTACT_ID+ "= " + contactId, null, null);
17          // 第一个参数是确定查询电话号，第三个参数是查询具体某个人的过滤值
18          // 一个人可能有几个号码
19          while(phone.moveToNext()){
20            String phoneNumber =phone.getString(phone.getColumnIndex
21            (ContactsContract.CommonDataKinds.Phone.NUMBER));
22            // 自己的逻辑代码
23          }
24          phone.close();
```

```
25          }
26          cursor.close();
27      }
28  }catch(Exception e){}
```

【代码详解】

第 02 行，创建一个 Intent 对象，Intent 负责对应用中一次操作的动作、动作涉及数据、附加数据进行描述，Android 则根据此 Intent 的描述，负责找到对应的组件，将 Intent 传递给调用的组件，并完成组件的调用。

第 03 行，intent.setData() 方法表示获取数据，被系统用来寻找匹配目标组件。Uri.parse() 返回的是一个 URI 类型，通过这个 URI 可以访问一个网络上或者是本地的资源。其中数据来源是 "content://icc/adn"（SIM）。这里解释一下 "adn" 的含义。

URI 匹配可以得到 3 种类型的号码。

- AND（Abbreviated dialing number）：就是常规的用户号码，用户可以存储 / 删除。
- FDN（Fixed dialer number）：固定拨号，固定拨号功能让用户设置话机的使用限制，当用户开启固定拨号功能后，只可以拨打存储的固定拨号列表中的号码。固定号码表存放在 SIM 卡中。能否使用固定拨号功能取决于 SIM 卡类型以及网络商是否提供此功能。
- SDN（Service dialing number）：系统拨叫号码，网络服务拨号，固化的用户不能编辑。

19.3.2　读取联系人头像

在日常 Android 手机的使用过程中，有时候会需要根据电话号码获得联系人头像。读取联系人头像的代码如下所示。

📋 范例 19-8　读取联系人图像

如果需要读取 SIM 卡里面的通讯录内容，则可以使用 "content://icc/adn" 进行读取，代码如下。

```
01  private Bitmap getContactHead(long contactId)
02  {
03          Bitmap bitmap = null;
04          try
05          {
06                  ContentResolver cr = callingform.this.getContentResolver();
07                  Uri uri = ContentUris.withAppendedId(Contacts.CONTENT_URI, contactId);
08                  InputStream input = Contacts.openContactPhotoInputStream (callingform.this.
    getContentResolver(), uri);
09                  if (input != null)
10                  {
11                          bitmap = BitmapFactory.decodeStream(input);
12                  }
13                  else
```

```
14                    {
15                        bitmap = BitmapFactory.decodeResource(callingform.this.getResources(),
R.drawable.head);
16                    }
17                }
18            catch (Exception e)
19            {
20                bitmap = BitmapFactory.decodeResource(callingform.this.getResources(), R.drawable.
head);
21                e.printStackTrace();
22            }
23            return bitmap;
24    }
```

【范例分析】

根据电话号码获得联系人头像，主要流程如下。

首先，通过 ContentProvider，可以访问 Android 中的联系人等数据（第 06 行）。

然后，提供了根据电话号码获取 data 表数据，返回一个数据集。再通过数据集获得该联系人的 contact_id，根据 contact_id 打开头像图片的 InputStream（第 08 行，打开头像图片的 InputStream），最后，用 BitmapFactory.decodeStream() 获得联系人的头像（第 20 行，从 InputStream 获得联系人的位图图像）。

19.3.3 读取短信

读取手机短信也是常见的功能，其实现代码如下所示。

📝 **范例 19-9　　读取短信**

```
01   public String getSmsInPhone() {
02       final String SMS_URI_ALL = "content://sms/";
03       final String SMS_URI_INBOX = "content://sms/inbox";
04       final String SMS_URI_SEND = "content://sms/sent";
05       final String SMS_URI_DRAFT = "content://sms/draft";
06       final String SMS_URI_OUTBOX = "content://sms/outbox";
07       final String SMS_URI_FAILED = "content://sms/failed";
08       final String SMS_URI_QUEUED = "content://sms/queued";
09       StringBuilder smsBuilder = new StringBuilder();
10
11       try {
12         Uri uri = Uri.parse(SMS_URI_ALL);
13         String[] projection = new String[] { "_id", "address", "person", "body", "date", "type" };
14         Cursor cur = getContentResolver().query(uri, projection, null, null, "date desc");
15         // 获取手机内部短信
16         if (cur.moveToFirst()) {
17           int index_Address = cur.getColumnIndex("address");
18           int index_Person = cur.getColumnIndex("person");
```

```
19        int index_Body = cur.getColumnIndex("body");
20        int index_Date = cur.getColumnIndex("date");
21        int index_Type = cur.getColumnIndex("type");
22
23        do {
24           String strAddress = cur.getString(index_Address);
25           int intPerson = cur.getInt(index_Person);
26           String strbody = cur.getString(index_Body);
27           long longDate = cur.getLong(index_Date);
28           int intType = cur.getInt(index_Type);
29
30           SimpleDateFormat dateFormat = new SimpleDateFormat("yyyy-MM-dd hh:mm:ss");
31           Date d = new Date(longDate);
32           String strDate = dateFormat.format(d);
33
34           String strType = "";
35           if (intType == 1) {
36              strType = " 接收 ";
37           } else if (intType == 2) {
38              strType = " 发送 ";
39           } else {
40              strType = "null";
41           }
42
43           smsBuilder.append("[ ");
44           smsBuilder.append(strAddress + ", ");
45           smsBuilder.append(intPerson + ", ");
46           smsBuilder.append(strbody + ", ");
47           smsBuilder.append(strDate + ", ");
48           smsBuilder.append(strType);
49           smsBuilder.append(" ]\n\n");
50        } while (cur.moveToNext());
51
52        if (!cur.isClosed()) {
53           cur.close();
54           cur = null;
55        }
56     } else {
57        smsBuilder.append("no result!");
58     } // end if
59
60     smsBuilder.append("getSmsInPhone has executed!");
61
62  } catch (SQLiteException ex) {
63     Log.d("SQLiteException in getSmsInPhone", ex.getMessage());
64  }
65
```

```
66        return smsBuilder.toString();
67    }
68 }
```

【代码详解】

第 02 ~ 第08 行，说明了在 Android 系统中获取短信的常见 URI。

- content://sms/：所有短信。
- content://sms/inbox：收件箱。
- content://sms/sent：已发送。
- content://sms/draft：草稿。
- content://sms/outbox：发件箱。
- content://sms/failed：发送失败。
- content://sms/queued：待发送列表。

第 09 行，创建一个面向短信的 StringBuilder 对象 smsBuilder，这个对象主要是解决对字符串做频繁修改操作时的性能问题，它通常先分配好一定的内存，在字符串长度达到上限之前，全部在此内存中操作，不涉及内存的重新分配和回收。

▶ 19.4 高手点拨

在实际开发中，一个良好的开发习惯以及一个规范，可能会让开发者少走很多弯路，也在一定程度上提高了代码的可读性，可维护性和可扩展性。当随着需求不断变更，需要维护项目的时候，当随着项目代码量的提升，需要重构的时候，开发人员就会明白一个好的开发规范的重要性。

代码良好的可读性可体现在方法或变量的命名上。例如，在定义成员变量时，可使用 m 为前缀，因为 m 为 "member" 的前缀。类似地，类静态（static）变量可以用前缀 s，诸如此类。

同样的，对控件变量命名也建议采用这种自我注释（self-documenting）的风格。例如，在定义按钮（button）控件名称时，可利用 "btn" 作为变量的前缀，如 "btn_submit"，这样其他人在看到这个名称时，就能 "八九不离十" 地猜测到这是一个有关 "提交（submit）" 按钮的名称。类似的，文本框（textview）可用 "txw" 做变量前缀，列表框（listview）可用 "lsw" 做变量前缀等。良好的编码习惯，将让阅读代码的人（可能就是你团队的合作者）感到愉悦和便利。

▶ 19.5 实战练习

结合所学的 Android 知识，请尝试编写一个简易的音乐播放器 App。要求播放器具备调节音量大小、循环播放、随机播放、歌曲按歌名（歌手或专辑等）排序、显示歌词等功能。

第 **20** 章

Java Web 项目实战
——我的饭票网

前面为大家介绍了有关 Java Web、数据库连接 JDBC 等知识，在本章中，将综合前面所学的各种基础知识以及高级开发技巧来开发一个有关招聘信息的 Java Web 项目——我的饭票网（招聘信息系统）。

通过本章的学习，相信读者将对 Java Web 与 JDBC 的有关知识和操作有更深入的认识。跟随本章的思路一步一步走，读者也将对开发一个 Java 项目的具体流程有一定的了解。

本章要点（已掌握的在方框中打钩）

☐ 掌握数据库系统设计的需求分析方法
☐ 掌握 Java 项目开发的具体流程
☐ 熟悉 Java 数据库的连接方法
☐ 熟悉 Java 数据库连接的相关类
☐ 熟悉 MySQL 数据库的应用

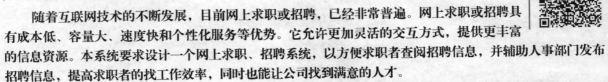

▶ 20.1 系统分析

随着互联网技术的不断发展，目前网上求职或招聘，已经非常普遍。网上求职或招聘具有成本低、容量大、速度快和个性化服务等优势。它允许更加灵活的交互方式，提供更丰富的信息资源。本系统要求设计一个网上求职、招聘系统，以方便求职者查阅招聘信息，并辅助人事部门发布招聘信息，提高求职者的找工作效率，同时也能让公司找到满意的人才。

"我的饭票网"项目是本公司与××公司签订的待开发项目，项目性质为人才招聘网络管理类型，可以方便求职者对招聘信息进行匹配，同时人力资源部门对求职信息进行管理。

本项目开发环境的操作系统为：

- 操作系统：Window 7 及以上版本。
- IDE 开发工具：Eclipse EE。
- Web 服务器：Tomcat 9.0。
- 数据库：MySQL 5.1。

▶ 20.2 系统设计

系统功能设计

本项目是一个简易版的招聘信息系统，是一个包括普通应聘用户与企业用户的双用户系统。普通应聘用户登录后可查看所有企业用户发布的招聘信息，并针对招聘信息提交申请；企业用户可以发布招聘信息，并查看所有关于企业的岗位申请。其功能结构图如下所示。

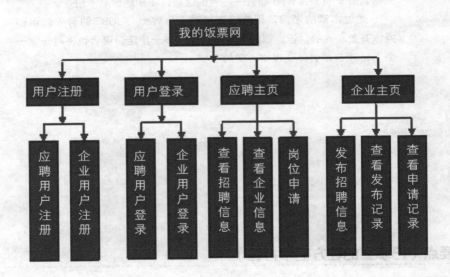

本项目平台设计简单，适合作为初学者入门项目。本章内容向读者详细阐述 Java 项目的开发流程，在实战中向读者展示 Java Web 与数据库的有关操作，给读者留有足够的自由发挥空间。

本章节项目需使用 Tomcat 服务器与 MySQL 数据库，有关 Tomcat 服务器与 MySQL 数据库的安装和配置在前面已有所介绍，请读者参阅这两章中的有关知识，并建立起系统所需的 Tomcat 与 MySQL 环境。

▶20.3 数据库设计

本小节将从项目需求分析出发，向读者展示软件工程项目的数据库设计方法。

20.3.1 功能分析

根据本系统的功能设定，需完成企业招聘信息发布、应聘岗位申请等基本功能。因此本系统设定 3 个实体：应聘人员、企业与岗位。

应聘人员实体为具体的某个待就业者，具有一个普通人的全部属性，加上系统的招聘信息平台的设定，需要加上与就业有关的信息，例如工种、职称、工龄、专业、学历等。因此对于应聘人员实体而言，其具有的全部属性为：应聘人员账户、应聘人员账户密码、应聘人员编号、姓名、性别、出生年月、工作类别、职称、工作年限、专业以及学历。

企业实体需要具备一个企业的全部属性，同时其本身还作为平台的企业登录账号，因此一个企业实体的全部属性应该包括：企业账号、企业密码、企业编号、企业名称、企业性质、联系人姓名以及联系电话。

岗位实体是一个企业发布的招聘信息的载体，包含一个工作岗位的全部需求，同时还包含作为一条招聘信息所具备的属性，例如招聘人数、最低工资等。因此一个岗位实体的全部属性包括：岗位编号、岗位名称、学历要求、职称要求、工种、工龄限制、招聘人数、最低工资等。

除了实体的包含属性外，一个数据库设计还需要考虑实体之间的联系。在本系统中，应聘人员与岗位之间的申请关系应该是多对多的关系，这意味着，一个应聘人员可以申请多个就业岗位，同样的一个岗位也能被许多应聘人员申请。

但是企业与岗位的需求关系应该是一对多的关系，一个企业可以发布多个岗位需求，但是每个岗位需求只对应一个企业。

应聘人员、企业与岗位三者之间存在一个上岗关系，由上面的应聘人员与岗位、企业与岗位的关系分析可得，这个上岗关系应该是 1:1:1。三个实体之间的关系如下图所示。

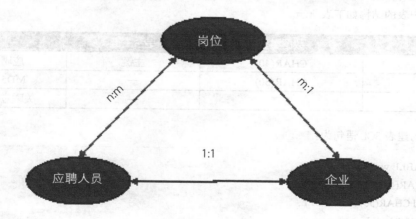

20.3.2 基本表设计

针对以上的分析，本系统设计 8 张基本表用来存储有关数据。

首先是与应聘人员账户有关的基本表，共两个，包括存储应聘人员账户信息的应聘人员账户表，以及存储应聘人员个人信息的应聘人员表。

（1）worker（应聘人员表）

应聘人员表表结构如下表所示。

字段名称	数据类型	是否主键	说明
wID	INT	主键	自动编号
wName	CHAR(20)	—	应聘人员姓名
sex	CHAR(2)	—	应聘人员性别
birth	DATE	—	出生年月
wType	CHAR(50)	—	工作类别
title	CHAR(30)	—	职称
years	SMALLINT	—	工作年限
major	CHAR(30)	—	专业
education	CHAR(30)	—	学历

worker 表的建表 SQL 语句为：

```
CREATE TABLE worker
    (wID INT PRIMARY KEY AUTO_INCREMENT,
    wName CHAR(20) NOT NULL,
    sex CHAR(2) NOT NULL,
    birth DATE NOT NULL,
    wType CHAR(50) NOT NULL,
    title CHAR(30) NOT NULL,
    years SMALLINT NOT NULL,
    major CHAR(30) NOT NULL,
    education CHAR(30) NOT NULL);
```

（2）workuser（应聘人员账户表）

应聘人员账户表的结构如下表所示。

字段名称	数据类型	是否主键	说明
wuser	CHAR(40)	主键	应聘人员账号
wpassword	CHAR(50)	—	MD5 加密存储
wID	INT	—	关联应聘人员编号

workuser 表的建表 SQL 语句为：

```
CREATE TABLE workuser
    (wuser CHAR(40) PRIMARY KEY,
    wpassword CHAR(50) NOT NULL,
    wID INT NOT NULL,
    FOREIGN KEY(wID) REFERENCES worker(wID));
```

同样，与企业账户有关的基本表也有两个，分别是存储企业账户信息的企业账户表，以及存储企业有关信息的企业表。

（3）company（企业表）

企业表的结构如下表所示。

字段名称	数据类型	是否主键	说明
cID	INT	主键	自动编号
cName	CHAR(30)	—	企业名称
cType	CHAR(30)	—	企业性质
leader	CHAR(20)	—	联系人姓名
tel	VARCHAR(11)	—	联系电话

company 表的建表 SQL 语句为：

```
CREATE TABLE company
    (cID INT PRIMARY KEY AUTO_INCREMENT,
    cName CHAR(30) NOT NULL,
    cType CHAR(30) NOT NULL,
    leader CHAR(20) NOT NULL,
    tel VARCHAR(11) NOT NULL);
```

（4）companyuser（企业账户表）

企业账户表结构如下表所示。

字段名称	数据类型	是否主键	说明
cuser	CHAR(40)	主键	企业账号
cpassword	CHAR(50)	—	MD5 加密存储
cID	INT	—	关联企业编号

companyuser 表的建表 SQL 语句为：

```
CREATE TABLE companyuser
    (cuser CHAR(40) PRIMARY KEY,
    cpassword CHAR(50) NOT NULL,
    cID INT NOT NULL,
    FOREIGN KEY(cID) REFERENCES company(cID));
```

与岗位有关的基本表也有两个，分别是存储岗位信息的岗位表，以及存储企业招聘信息的需求表。

（5）job（岗位表）

岗位表的结构如下表所示。

字段名称	数据类型	是否主键	说明
jID	INT	主键	自动编号
jName	CHAR(30)	—	岗位名称
educationReq	CHAR(30)	—	学历要求
titleReq	CHAR(30)	—	职称要求
jType	CHAR(30)	—	工种限制
yearsReq	SMALLINT	—	工作年限

job 表的建表 SQL 语句为：

```
CREATE TABLE job
    (jID INT PRIMARY KEY AUTO_INCREMENT,
```

```
jName CHAR(30) NOT NULL,
educationReq CHAR(30) NOT NULL,
titleReq CHAR(30) NOT NULL,
jType CHAR(30) NOT NULL,
yearsReq SMALLINT NOT NULL);
```

（6）need（需求表）

需求表的结构如下表所示。

字段名称	数据类型	是否主键	说明
jID	INT	主键	岗位编号
cID	INT	主键	企业编号
putDate	DATE	—	发布日期
people	SMALLINT	—	需求人数
payment	INT	—	最低薪酬

need 表的建表 SQL 语句为：

```
CREATE TABLE need
  (jID INT,
  cID INT,
  putDate DATE NOT NULL,
  people SMALLINT NOT NULL,
  payment INT,
  PRIMARY KEY(jID, cID),
  FOREIGN KEY(jID) REFERENCES job(jID),
  FOREIGN KEY(cID) REFERENCES company(cID));
```

另外，还有存储应聘人员与岗位申请关系的申请表。

（7）apply（申请表）

申请表的结构如下表所示。

字段名称	数据类型	是否主键	说明
applyNum	INT	主键	自动编号
wID	INT	—	申请应聘人员的编号
jID	INT	—	所申请岗位的编号
applyDate	DATE	—	申请日期
other	CARCHAR(100)	—	特别要求

apply 表的建表 SQL 语句为：

```
CREATE TABLE apply
  (applyNum INT PRIMARY KEY AUTO_INCREMENT,
  wID INT NOT NULL,
  jID INT NOT NULL,
  applyDate DATE NOT NULL,
  other VARCHAR(100),
```

```
FOREIGN KEY(wID) REFERENCES worker(wID),
FOREIGN KEY(jID) REFERENCES job(jID));
```

最后还有一个存储应聘人员、企业与岗位三者之间上岗关系的基本表，称为上岗表。

（8）pair（上岗表）

上岗表的结构如下表所示。

字段名称	数据类型	是否主键	说明
wID	INT	主键	应聘人员编号
jID	INT	主键	岗位编号
cID	INT	主键	企业编号
pairDate	DATE	—	上岗日期

pair 表的建表 SQL 语句为：

```
CREATE TABLE pair
  (wID INT,
  jID INT,
  cID INT,
  pairDate DATE NOT NULL,
  PRIMARY KEY(wID, jID, cID),
  FOREIGN KEY(wID) REFERENCES worker(wID),
  FOREIGN KEY(jID) REFERENCES job(jID),
  FOREIGN KEY(cID) REFERENCES company(cID));
```

到这里，就把本项目需要的数据库设计完毕了，读者可根据自己的理解和需要对数据库的基本表进行适当的修改和调整。

▶20.4 用户注册模块设计

饭票网设计为应聘人员用户与企业用户双系统登录，因此注册模块也需要两套。由于篇幅限制，这里着重为读者示范应聘人员账户的注册模块设计，企业账户的注册模块设计与之基本相同，读者可参考应聘人员账户的注册模块自行设计完成企业账户的注册模块。

在正式开始之前，读者需参考前一小节的内容，完成数据库的构建。

20.4.1 用户注册模块概述

下面将介绍应聘人员账户的注册模块的设计。应聘人员账户的注册涉及应聘人员表与应聘人员账户表，由于应聘人员表的主键应聘人员编号为自动编号，因此注册时，需先将应聘人员信息写入应聘人员表，成功向应聘人员表写入应聘人员信息后，再将新写入的应聘人员记录编号与用户输入的账户和密码信息写入应聘人员账户表。

特别说明的是，出于账户安全考虑，应聘人员账户表记录的密码信息为经过 MD5 加密处理后的密文，因此每次涉及应聘人员账户的密码字段操作时，都需要将用户输入密码字段信息经过同样的 MD5 加密算法处理后再与数据库的数据进行比对。

20.4.2 与用户注册有关的数据库连接及操作类

创建名称为 Worker 与 Workuser 的类，用于封装应聘人员个人信息与账号信息，关键代码如下。

首先创建 Worker 类，用于封装个人信息。

范例 20-1   Worker类（Worker.java）

```
01  package com.lyq.bean;
02
03  import java.util.Date;
04
05  public class Worker {
06      private int wID;          // 应聘人员编号字段
07      private String wName;     // 应聘人员姓名字段
08      private String sex;       // 性别字段
09      private Date birth;       // 出生年月字段
10      private String wType;     // 工种字段
11      private String title;     // 职称字段
12      private int years;        // 工龄字段
13      private String major;     // 专业字段
14      private String education; // 学历字段
15
16      // 应聘人员编号字段的 get 方法
17      public int getwID() {
18          return wID;
19      }
20
21      // 应聘人员编号字段的 set 方法
22      public void setwID(int wID) {
23          this.wID = wID;
24      }
25
26      // 其余字段的 get 和 set 方法请自行补充
27  }
```

之后创建 Workuser 类，用于封装应聘人员账户信息。

范例 20-2   Workuser类（WorkUser.java）

```
01  package com.lyq.bean;
02
03  public class WorkUser {
04      private String wUser;      // 应聘人员账户名字段
05      private String wPassword;  // 应聘人员账户的密码字段
06      private int wID;           // 关联应聘人员编号字段
07
08      // 应聘人员账户名字段的 get 方法
09      public String getwUser() {
10          return wUser;
11      }
12
13      // 应聘人员账户名字段的 set 方法
```

```
14    public void setwUser(String wUser) {
15        this.wUser = wUser;
16    }
17
18    // 其余字段的 get 和 set 方法请自行补充
19 }
```

　　由于应聘人员账户表中的密码字段存储的是经过 MD5 加密后的密文，因此，除了上述两个用于封装应聘人员个人信息与应聘人员账户信息的类之外，还需要一个工具类，用来将用户输入的密码字段信息转换为经过 MD5 加密后的密文。下面创建名称为 MD5Util 的类。

范例 20-3　MD5Util的类（MD5Util.java）

关键代码如下。

```
01 package com.lyq.bean;
02
03 import java.security.MessageDigest;
04
05 public class MD5Util {
06    public static String md5Encode(String inStr) throws Exception{
07        MessageDigest md5 = null;
08        //MessageDigest 对象接收任意大小的数据，并输出固定长度的哈希值
09        try   {
10            md5 = MessageDigest.getInstance("MD5");
11            // 对 getInstance 对象初始化，设定为 MD5 算法
12        } catch(Exception e) {
13            System.out.println(e.toString());
14            e.printStackTrace();
15            return "";  // 失败时返回空字符串
16        }
17        byte[] byteArray = inStr.getBytes("UTF-8");
18        // 将需要加密的字段转换为字节数组，指定 UTF-8 编码格式
19        byte[] md5Bytes = md5.digest(byteArray);
20        // 使用填充式操作完成哈希计算
21        StringBuffer hexValue = new StringBuffer();
22        // 定义一个 StringBuffer 来存储加密字符
23        for(int i = 0; i < md5Bytes.length; i++){
24            int val = ((int) md5Bytes[i]) & 0xff;
25            if(val < 16){
26                hexValue.append("0");
27            }
28            hexValue.append(Integer.toHexString(val));
29            // 转换为十六进制存储到 StringBuffer 中
30        }
31        return hexValue.toString();
32        // 返回经过 MD5 加密后的密文
33    }
34 }
```

　　上述代码为 MD5 加密的经典算法，主要使用 MessageDigest 类对象完成计算，MessageDigest 类为应用程序提供信息摘要算法的功能，如 MD5 或 SHA 算法。信息摘要是安全的单向哈希函数，它接收任意大小的数据，并输出固定长度的哈希值。

　　完成这些准备工作之后，就可以开始编写数据库连接及操作的类了。

　　首先是操作存储应聘人员个人信息的 woker 表的类 WorkerDAO。

📝 范例 20-4　操作存储应聘人员个人信息的woker表的类（WorkerDAO.java）

```java
01  package com.lyq.bean;
02
03  import java.io.IOException;
04  import java.sql.CallableStatement;
05  import java.sql.Connection;
06  import md.sql.DriverManager;
07  import java.sql.PreparedStatement;
08  import java.sql.ResultSet;
09  import java.sql.SQLException;
10  import java.util.ArrayList;
11  import java.util.Date;
12  import java.util.List;
13
14  public class WorkerDAO {
15      // 获取数据库连接，返回一个 Connection 对象的实例
16      public Connection getConnection(){
17          Connection connection = null;  // 声明 Connection 对象的实例
18          try {
19              Class.forName("org.gjt.mm.mysql.Driver");
20              // 装载数据库驱动，若连接报错，可尝试将参数替换为 "com.mysql.jdbc.Driver"
21              String url = "jdbc:mysql://localhost:3306/work?characterEncoding=gbk";
22              //"characterEncoding=gbk 为指定数据库连接的编码格式，防止写入时中文乱码
23              String username = "root";
24              String password = "";       // 账号密码信息根据自己 MySQL 系统的设定填写
25              connection = DriverManager.getConnection(url, username, password);
26              // 建立与数据库的连接
27          } catch (ClassNotFoundException e) {
28              e.printStackTrace();
29          } catch (SQLException e) {
30              e.printStackTrace();
31          }
32          return connection; // 返回 Connection 对象实例
33      }
34
35      // 添加一条待就业应聘人员记录，返回一个 boolean，根据返回值确实是否添加成功
36      public boolean insertWorker(Worker worker){
37          Connection connection = getConnection();   // 获取数据库连接
38          boolean flag = false;
39          try {
40              String sql = "insert into worker(wName, sex, birth, wType, title, years,"
41                  + " major, education) value(?, ?, ?, ?, ?, ?, ?, ?)";
42              // 这里不需要填写 wID 字段，因为该字段为自动编号，数据库系统将自动添加编号
43              PreparedStatement pStatement = connection.prepareStatement(sql);
44              pStatement.setString(1, worker.getwName());
```

```
45          // 向 PreparedStatement 对象添加数据
46          pStatement.setString(2, worker.getSex());
47          java.util.Date date = worker.getBirth();
48          // 由于 sql 有关的日期类为 java.sql.Date 类
49          // 而本地获取的为 java.util.Date 类，因此需要转换
50          java.sql.Date sqlDate = new java.sql.Date(date.getTime());
51          pStatement.setDate(3, sqlDate);
52          pStatement.setString(4, worker.getwType());
53          pStatement.setString(5, worker.getTitle());
54          pStatement.setInt(6, worker.getYears());
55          pStatement.setString(7, worker.getMajor());
56          pStatement.setString(8, worker.getEducation());
57          int row = pStatement.executeUpdate();  // 添加数据
58          if(row > 0){
59              // 返回值为成功添加记录的条数，当返回值大于 0 时，表示添加成功
60              flag = true;
61          }
62          pStatement.close(); // 关闭 PreparedStatement 对象实例
63          connection.close(); // 关闭 Connection 对象实例
64      } catch (Exception e) {
65          e.printStackTrace();
66      }
67      return flag;
68  }
69
70  // 通过性别与出生年月查询应聘人员编号
71  public int findWorkerID(String name, Date birth){
72      List<Worker> list = new ArrayList<Worker>();
73      // 用来存储查询记录
74      Connection connection = getConnection();
75      try {
76          CallableStatement cStatement = connection.prepareCall
77              ("{call findWorkerByNameAndBirth(?, ?)}");
78          // 调用存储过程，存储过程写法将在后文提到
79          cStatement.setString(1, name); // 添加数据
80          java.sql.Date sqlDate = new java.sql.Date(birth.getTime());
81          cStatement.setDate(2, sqlDate);
82          ResultSet resultSet = cStatement.executeQuery();
83          while(resultSet.next()){
84              Worker worker = new Worker();
85              worker.setwID(resultSet.getInt("wID"));
86              worker.setwName(resultSet.getString("wName"));
87              worker.setSex(resultSet.getString("sex"));
88              worker.setBirth(resultSet.getDate("birth"));
89              worker.setwType(resultSet.getString("wType"));
90              worker.setTitle(resultSet.getString("title"));
91              worker.setYears(resultSet.getInt("years"));
92              worker.setMajor(resultSet.getString("major"));
93              worker.setEducation(resultSet.getString("education"));
94              list.add(worker);  // 从 ResultSet 对象中读取值
95          }
```

```
96            connection.close();
97            cStatement.close();
98            resultSet.close();  // 释放资源
99        } catch (Exception e) {
100           e.printStackTrace();
101       }
102       if(list == null || list.size() < 1){
103           // 判断是否查询成功
104           return 0;
105       } else {
106           // 若查询成功，则将 list 中的第一个值的 wID 字段返回
107           return (list.get(0).getwID());
108       }
109   }
110 }
```

【代码详解】

由于应聘人员个人信息与应聘人员账户信息分别存储在 worker 与 workuser 表中，因此添加一条应聘人员记录，需要首先向 worker 表中添加一条应聘人员个人信息记录，添加成功后再通过姓名与出生日期的组合查询获得其应聘人员编号，之后再向 workuser 表中添加应聘人员账户记录，因此，WorkerDAO 类中除了必需的用于添加一条应聘人员信息记录的 insertWorker 方法以外，还需要一个通过应聘人员姓名与出生日期查询应聘人员编号的 findWorkerID 方法。

在 findWorkerID 方法中的第 76 行和 77 行有这样的代码：

CallableStatement cStatement = connection.prepareCall ("{call findWorkerByNameAndBirth(?, ?)}");

这行代码中使用到了 CallableStatement 类，CallableStatement 类对象提供了一种以标准形式调用已存储过程的方法，调用形式为：

{call <procedure-name>[(<arg1>, <arg2>,···)]}

第 76 行代码中的 findWorkerByNameAndBirth 即为事先写入数据库系统的存储过程，它有两个参数，用 (?, ?) 表示。而存储过程是在大型数据库系统中，一组为了完成特定功能的 SQL 语句类，存储在数据库中，经过第一次编译后再次调用不需要再次编译，用户通过指定存储过程的名字并给出参数来执行它，一个设计良好的数据库应用程序应当使用到存储过程。这里用到的存储过程 findWorkerByNameAndBirth 的具体定义如下。

```
01  DELIMITER $$
02  CREATE PROCEDURE findWorkerByNameAndBirth(name CHAR(20), birth DATE)
03  BEGIN
04      SELECT * FROM worker WHERE worker.wName = name AND worker.birth = birth;
05  END $$
06  DELIMITER;
```

除了 WorkerDAO 类，还需要一个完成应聘人员账户表 workuser 的连接与操作功能，即 WorkUserDAO 类。

范例 20-5   WorkUserDAO类（WorkUserDAO.java）

```java
01  package com.lyq.bean;
02
03  import java.sql.CallableStatement;
04  import java.sql.Connection;
05  import java.sql.DriverManager;
06  import java.sql.PreparedStatement;
07  import java.sql.ResultSet;
08  import java.sql.SQLException;
09  import java.util.ArrayList;
10  import java.util.List;
11
12  public class WorkUserDAO {
13      // 获取数据库连接
14      public Connection getConnection(){
15          Connection connection = null;  // 声明 Connection 对象的实例
16          try {
17              Class.forName("org.gjt.mm.mysql.Driver");
18              // 装载数据库驱动，若连接报错，可尝试将参数替换为 "com.mysql.jdbc.Driver"
19              String url = "jdbc:mysql://localhost:3306/work?characterEncoding=gbk";
20              //"characterEncoding=gbk 为指定数据库连接的编码格式，防止写入时中文乱码
21              String username = "root";
22              String password = "";     //账号密码信息根据自己 MySQL 系统的设定填写
23              connection = DriverManager.getConnection(url, username, password);
24              // 建立与数据库的连接
25          } catch (ClassNotFoundException e) {
26              e.printStackTrace();
27          } catch (SQLException e) {
28              e.printStackTrace();
29          }
30          return connection; // 返回 Connection 对象实例
31      }
32
33      //添加一条待业应聘人员账户记录
34      public boolean insertWorkUser(WorkUser workUser){
35          Connection connection = getConnection();   // 获取数据库连接
36          boolean flag = false;
37          try {
38              String sql = "insert into workuser"
39                  + "(wuser, wpassword, wID) value(?, ?, ?)";
40              PreparedStatement pStatement = connection.prepareStatement(sql);
41              pStatement.setString(1, workUser.getwUser());
42              String password = MD5Util.md5Encode(workUser.getwPassword());
43              //对用户输入的密码字段信息进行 MD5 加密处理，workuser 表的密码字段存储密文
44              pStatement.setString(2, password);
45              pStatement.setInt(3, workUser.getwID());
```

```
46           int row = pStatement.executeUpdate();
47           if(row > 0){
48               // 判断是否添加成功, 若 row 为 0, 则表示添加失败
49               flag = true;
50           }
51       } catch (Exception e) {
52           e.printStackTrace();
53       }
54       return flag;
55   }
56 }
```

由于 workuser 表中存储的密码字段为密文, 因此在代码第 42 行对用户输入的密码字段进行 MD5 加密处理, 使用到的 MD5 加密算法为之前所写的工具类 MD5Util 的 md5Encode 方法。

到这里, 与应聘人员用户注册模块有关的数据库连接及操作类就设计完成了。

20.4.3 用户注册界面设计

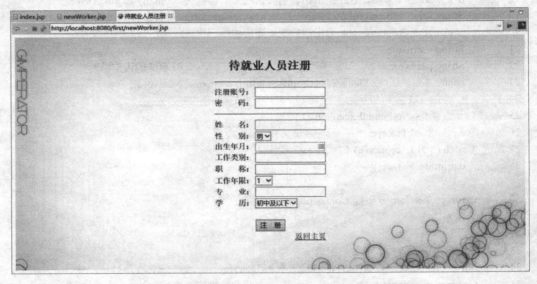

本小节同样只演示应聘人员用户的注册界面设计, 企业用户的注册界面与之基本相同, 读者可自行设计编码。应聘人员用户注册界面如下图所示。

界面用 JSP 编写, 应聘人员注册页面的代码是 newWorker.jsp 文件, 关键代码如下所示。

📋 范例 20-6   应聘人员注册页面(newWorker.jsp)

```
01 <body>
02   <div style="background-image: url('images/backmm.jpg');">
03     <form action="addWorker.jsp" method="post">
04       <table align="center">
05         <tr>
06           <td align="center" colspan="2">
```

```
07            <h2>
08              <b><br> 应聘人员注册 </b>
09            </h2>
10            <hr>
11          </td>
12        </tr>
13        <tr>
14          <td align="right"> 注册账号： </td>
15          <td><input type="text" name="wuser"></td>
16        </tr>
17        <tr>
18          <td align="right"> 密      码： </td>
19          <td><input type="password" name="wpassword"></td>
20        </tr>
21        <tr>
22          <td align="center" colspan="2"><hr></td>
23        </tr>
24        <tr>
25          <td align="right"> 姓      名： </td>
26          <td><input type="text" name="wName"></td>
27        </tr>
28        <tr>
29          <td align="right"> 性      别： </td>
30          <td><select name="sex" size="1">
31            <option value=" 男 "> 男 </option>
32            <option value=" 女 "> 女 </option>
33          </select></td>
34        </tr>
35        <tr>
36          <td align="right"> 出生年月： </td>
37          <td><input name="birth" class="Wdate"
38            onfocus="WdatePicker({dateFmt:'yyyy-MM-dd',readOnly:true})">
39          </td>
40        </tr>
41        <tr>
42          <td align="right"> 工作类别： </td>
43          <td><input type="text" name="wType"></td>
44        </tr>
45        <tr>
46          <td align="right"> 职      称： </td>
47          <td><input type="text" name="title"></td>
48        </tr>
49        <tr>
50          <td align="right"> 工作年限： </td>
51          <td><select name="years" size="1">
52            <%
53                for (int i = 0; i < 20; i++) {
```

```
54                      %>
55                      <option value="<%=i + 1%>"><%=i + 1%></option>
56                      <%
57                      }
58                      %>
59              </select></td>
60           </tr>
61           <tr>
62              <td align="right">专      业：</td>
63              <td><input type="text" name="major"></td>
64           </tr>
65           <tr>
66              <td align="right">学      历：</td>
67              <td><select name="education" size="1">
68                  <option value=" 初中及以下 "> 初中及以下 </option>
69                  <option value=" 高中 "> 高中 </option>
70                  <option value=" 专科 "> 专科 </option>
71                  <option value=" 本科 "> 本科 </option>
72                  <option value=" 硕士研究生 "> 硕士研究生 </option>
73                  <option value=" 博士研究生 "> 博士研究生 </option>
74              </select></td>
75           </tr>
76           <tr>
77              <td><br></td>
78           </tr>
79           <tr>
80              <td align="center" colspan="2"><input type="submit"
81              value=" 注      册 "></td>
82           </tr>
83           <tr>
84              <td align="right" colspan="2"><a href="index.jsp"> 返回主页 </a></td>
85           </tr>
86           <tr>
87              <td><br> <br> <br></td>
88           </tr>
89          </table>
90         </form>
91       </div>
92    </body>
```

【代码详解】

代码核心是一个 form 表单，提交后，在 addWorker.jsp 页面完成相关的添加工作。需要特别强调的是，代码第 38 行中使用了开源项目 My97DatePicker，这是一个 js 项目，可以将 input 变为一个日期选择器。使用该组件需先将 My97DatePicker 文件复制到项目中，读者可自行搜索该项目文件。复制到项目中后，需要添加以下代码。

```
<script language="javascript" type="text/javascript"
    src="My97DatePicker/WdatePicker.js"></script>
```

src 中的路径为 My97DatePicker 文件的路径，读者可根据自己的情况做出相应的修改。

代码第 02 行中的 url 参数为背景图片地址，读者可以根据自己的喜好添加其他背景图片。

代码第 52 ~ 第58 行为 Java 代码与 HTML 代码结合的形式，可以实现循环向下拉框填充数据，修改 for 循环条件，可添加不同的数据。

20.4.4　用户注册事件处理页面

在用户注册页面输入用户信息之后，单击注册按钮，将跳转到addWorker.jsp页面进行相关的数据库操作。关键代码如下。

范例 20-7　用户注册页面（addWorker.jsp）

```
01  <body>
02    <%
03    SimpleDateFormat sdf = new SimpleDateFormat("yyyy-MM-dd");
04    Worker worker = new Worker();   //用于存储用户输入信息
05    worker.setwName(new String(request.getParameter("wName").getBytes("iso-8859-1"), "gbk"));
06    //设计编码格式问题，将从 newWorker.jsp 页面中提取到的数据转码为 gbk 格式
07    worker.setSex(new String(request.getParameter("sex").getBytes("iso-8859-1"), "gbk"));
08    worker.setBirth(sdf.parse(request.getParameter("birth")));
09    worker.setwType(new String(request.getParameter("wType").getBytes("iso-8859-1"), "gbk"));
10    worker.setTitle(new String(request.getParameter("title").getBytes("iso-8859-1"), "gbk"));
11    worker.setYears(Integer.parseInt(request.getParameter("years")));
12    worker.setMajor(new String(request.getParameter("major").getBytes("iso-8859-1"), "gbk"));
13    worker.setEducation(new String(request.getParameter("education").getBytes("iso-8859-1"), "gbk"));
14    if (worker.getwName().equals("") || worker.getwType().equals("")
15        || worker.getTitle().equals("") || worker.getMajor().equals("")
16        || worker.getEducation().equals("")) {
17      //判断是否存在空字段，若存在空字段则提示错误
18    %>
19      所有个人信息不能放空！
20    <a href="newWorker.jsp"> 重新填写注册信息 </a>
21    <%
22    } else {
23      boolean flag = new WorkerDAO().insertWorker(worker);
24      //首先写入应聘人员个人信息表，成功后再写入应聘人员账户表
25      if (flag) {
26        WorkUser workUser = new WorkUser();
27        workUser.setwUser(new String(request.getParameter("wuser").getBytes("iso-8859-1"), "gbk"));
28        workUser.setwPassword(new String(request.getParameter("wpassword").getBytes("iso-8859-1"),
"gbk"));
```

```
29        workUser.setwID(new WorkerDAO().findWorkerID(worker.getwName(), worker.getBirth()));
30        // 从应聘人员表中查询得到其应聘人员编号
31        boolean userFlag = new WorkUserDAO().insertWorkUser(workUser);
32        // 写入应聘人员账户表
33        if (flag) {
34            out.print(" 应聘人员注册成功！您的应聘人员编号为 :" + workUser.getwID());
35            } else {
36                out.print(" 应聘人员注册失败！ ");
37            }
38        } else {
39            out.print(" 添加数据失败！ ");
40        }
41    %>
42    <a href="index.jsp"> 返回主页 </a>
43    <%
44        }
45    %>
46 </body>
```

　　应聘人员用户注册事件处理页面主要为 Java 代码，调用相应的数据库连接及操作类完成添加功能。在添加记录之前，需要对用户输入的数据进行验证，防止有空字段或不合法字段。验证成功后才可以进行添加操作。

▶20.5 用户登录模块设计

用户登录模块主要由登录页面 index.jsp 与登录验证页面 checkup.jsp 组成。由于系统存在应聘人员账户与企业账户两套登录机制，因此登录验证时，需根据用户的账户类型选项分别验证。

　　登录部分涉及应聘人员与企业用户，但前面只介绍了应聘人员用户的注册模块设计，因此需读者自行参照应聘人员用户的注册模块完成企业用户的注册模块设计。

20.5.1 用户登录模块概述

　　下面介绍用户登录模块的设计。登录的具体流程是：用户在登录页面 index.jsp 输入账户与密码信息，通过 form 表单将输入的账号与密码字段数据提交到用户登录验证页面 checkup.jsp 中，通过账号字段信息查询应聘人员账户表或企业账户表，将查询到的密码字段信息与用户输入的密码字段信息进行比对，验证账户及密码是否有效。验证成功后，跳转到相应的主页。

　　读者需特别注意，应聘人员账户表与企业账户表中存储的密码字段为经过 MD5 加密处理后的密文，因此验证时也需要将用户输入的密码字段信息经过同样的 MD5 加密算法处理后再进行比对。Java 的字符串比对不能使用 "=="，必须使用对象方法 equals( ) 进行比对。

20.5.2 与用户登录有关的数据库连接及操作类

　　与前一小节用户注册模块介绍相同，这里只介绍与应聘人员账户登录有关的数据库连接及操作类，企业账户登录与之基本相同，读者可参考应聘人员账户登录模块自行设计企业账户登录的数据库连接及操作类。

与应聘人员账户登录有关的数据库连接及操作类为 WorkUserDAO，这个类在前面介绍过了，这里将把与应聘人员用户登录有关的方法添加到 WorkUserDAO 类中。关键代码如下。

范例 20-8 用户登录有关的数据库连接及操作（WorkUser.java）

```
01    // 通过应聘人员账户名查询应聘人员账号
02    public WorkUser findWorkUserByID(String user){
03      List<WorkUser> list = new ArrayList<WorkUser>();
04      // 用来暂存查询结果的数组
05      Connection connection = getConnection();
06      // 获取数据库连接
07      try {
08        CallableStatement cStatement = connection.prepareCall
09          ("{call findWorkUserByID(?)}");
10        // 调用数据库存储过程 findWorkUserByID，参数为应聘人员账户名字段
11        cStatement.setString(1, user); // 添加参数
12        ResultSet resultSet = cStatement.executeQuery();
13        // 执行查询语句
14        while(resultSet.next()){
15          WorkUser workUser = new WorkUser();
16          workUser.setwUser(resultSet.getString("wuser"));
17          workUser.setwPassword(resultSet.getString("wpassword"));
18          workUser.setwID(resultSet.getInt("wID"));
19          list.add(workUser);
20          // 将查询结果存储到 list 中
21        }
22        connection.close(); // 关闭数据库连接
23        cStatement.close();
24        resultSet.close();
25      } catch (Exception e) {
26        e.printStackTrace();
27      }
28      if(list == null || list.size() < 1){
29        // 判断是否查询成功
30        return null;
31      } else {
32        // 若查询成功则将结果从 list 中取出并返回
33        return list.get(0);
34      }
35    }
```

为 WorkUserDAO 添加的是一个通过应聘人员账户名字段，从应聘人员账户表中查询应聘人员账户信息的方法。代码第 8 行使用了数据库存储过程 findWorkUserByID，其 SQL 语句如下。

```
01  DELIMITER $$
02  CREATE PROCEDURE findWorkUserByID(user CHAR(40))
03  BEGIN
```

```
04    SELECT * FROM workuser WHERE workuser.wuser = user;
05   END $$
06   DELIMITER;
```

企业账户的数据库连接及操作类对应的方法与之相同，请读者自行编写。

20.5.3 用户登录界面设计

应聘人员账户登录与企业账户登录共用一套登录界面。登录界面如下图所示。

用户登录页面为 index.jsp 文件。在界面上用户可选登录的用户类型是应聘人员还是企业，同时下方提供应聘人员注册链接和企业注册链接。index.jsp 的关键代码如下。

范例 20-9   用户登录界面（index.jsp）

```
01  <body>
02    <div
03      style="background-image: url('images/backmm.jpg');
04      width: 100%; height: 100%;">
05    <form action="checkup.jsp" method="post">
06       <table align="center">
07          <tr>
08            <td colspan="2">
09              <div style="height: 155px;"></div>
10            </td>
11          </tr>
12          <tr>
13            <td><img alt="" src="images/haha.jpg"></td>
14            <td>
15                      
16            </td>
17            <td>
18              <table align="center">
```

```
19                    <tr>
20                        <td align="center" colspan="3"><h2>
21                            <b> 用户登录 </b></h2><hr>
22                        </tr>
23                        <tr>
24                            <td align="right"> 账     户： </td>
25                            <td colspan="2">
26                                <input type="text" name="user">
27                            </td>
28                        </tr>
29                        <tr>
30                            <td align="right"> 密     码： </td>
31                            <td colspan="2">
32                                <input type="password" name="password">
33                            </td>
34                        </tr>
35                        <tr>
36                            <td colspan="3"><hr></td>
37                        </tr>
38                        <tr>
39                            <td align="right"> 用户类型 :</td>
40                            <td><select name="usertype" size="1">
41                                <option value=" 应聘人员 "> 应聘人员 </option>
42                                <option value=" 企业 "> 企业 </option>
43                            </select></td>
44                            <td align="right">
45                                <input type="submit" value=" 登　录 ">
46                            </td>
47                        </tr>
48                        <tr>
49                            <td colspan="3"><br></td>
50                        </tr>
51                        <tr>
52                            <td></td>
53                            <td align="center">
54                                <a href="newWorker.jsp"> 应聘人员注册 </a>
55                            </td>
56                            <td align="right">
57                                <a href="newCompany.jsp"> 企业注册 </a>
58                            </td>
59                        </tr>
60                    </table>
61                </td>
62            </tr>
63            <tr>
64                <td colspan="2"><div style="height: 160px;"></div></td>
```

```
65          </tr>
66        </table>
67      </form>
68    </div>
69  </body>
```

【代码详解】

主要通过一个 form 表单将用户输入的账户名与密码信息提交到用户登录验证页面。

代码第 03 行的 url 参数为背景图片，读者可根据自己的喜好更换。代码第 13 行的 src 参数为登录框左侧配图，也可随意更换，但是需要注意图片大小，图片过大或过小都会造成页面的不和谐。代码第 40 行设置了用户类型选项，本质是一个下拉框，登录验证页面是通过这个下拉框的参数决定登录类型验证的。

20.5.4 用户登录验证处理页面

应聘人员账户登录验证与企业账户登录验证均放在 checkup.jsp 页面中处理。该页面涉及企业账户数据库链接及操作类的方法，读者可参照应聘人员账户数据库连接及操作类自行设计，两者基本相同。checkup.jsp 的关键代码如下。

📋 范例20-10　用户登录验证处理页面（checkup.jsp）

```
01  <body>
02    <%
03    String user =
04        new String(request.getParameter("user").getBytes("iso-8859-1"),"gbk");
05    String password =
06        new String(request.getParameter("password").getBytes("iso-8859-1"),"gbk");
07    password = MD5Util.md5Encode(password);
08    String type =
09        new String(request.getParameter("usertype").getBytes("iso-8859-1"),"gbk");
10    if(user == null || user.equals("")
11        || password == null || password.equals("")){
12    %>
13      账号或密码不能为空!
14    <a href="index.jsp"> 返回登录页面 </a>
15    <%
16    } else {
17      if(type.equals(" 应聘人员 ")){
18        WorkUser workUser =
19            new WorkUserDAO().findWorkUserByID(user);
20        if(workUser == null){
21      %>
22      未找到该账号!
```

```
23      <a href="index.jsp"> 返回登录页面 </a>
24      <%
25      } else if(password.equals(workUser.getwPassword())){
26          %>
27          应聘人员编号：<%=workUser.getwID() %><br> 登录成功！
28      <a href="home.jsp?workerPage1=<%=workUser.getwID() %>"> 进入主页 </a>
29      <%
30      } else {
31          %>
32          账号或密码错误！
33      <a href="index.jsp"> 返回登录页面 </a>
34      <%
35      }
36          } else {
37              CompanyUser companyUser =
38                  new CompanyUserDAO().findCompanyUserByID(user);
39              if(companyUser == null){
40                  %>
41          未找到该账号！
42      <a href="index.jsp"> 返回登录页面 </a>
43      <%
44      } else if(password.equals(companyUser.getcPassword())){
45          %>
46          企业编号：<%=companyUser.getcID() %><br> 登录成功！
47      <a href="cHome.jsp?workerPage2=<%=companyUser.getcID() %>"> 进入主页 </a>
48      <%
49      } else {
50          %>
51          账号或密码错误！
52      <a href="index.jsp"> 返回登录页面 </a>
53      <%
54      }
55          }
56      }
57  %>
58  </body>
```

【范例分析】

算法实质是一组 if…else 条件判断语句的组合。首先判断用户输入字段是否合法，即是否存在空字段，之后根据用户选择的用户类型分别从应聘人员账号表或企业账户表中使用用户输入的账户名查询用户账号密码字段信息，最后将用户输入的密码字段经过 MD5 加密处理后与查询到的密码字段比对。需要注意的是 Java 的字符串比对不能用 "=="，而需要用对象的 equals() 方法进行比对。

验证成功后，提供连接让用户进入各自主页，同时将用户的应聘人员或企业编号作为参数传到主页中，使主页可根据不同的用户进行不同的操作。

▶20.6 用户主页面模块设计

用户登录时可选应聘人员账户登录或企业账户登录，因此针对不同的登录账户类型需要提供不同的主页面。出于篇幅限制，本节只演示应聘人员账户主页面的设计，企业用户主页面的设计与之基本相同，读者可参考应聘人员账户主页面自行设计企业用户主页面。

项目主页面功能设计简单，便于初学者模仿学习，读者阅读完本节内容后可根据自己的理解与喜好自行修改和设计主页面样式与功能。

20.6.1 用户主页面模块概述

本节内容介绍应聘人员用户的主页面设计。应聘人员用户主页面提供查看与检索岗位信息、查看所有企业信息以及提交岗位申请的功能。其中应聘人员用户查看的岗位信息由企业用户发布，读者可自行设计企业用户主界面及岗位招聘信息发布功能，或参考配套资源中本章项目资料的 cHome.jsp 文件。

20.6.2 与用户主页面有关的数据库连接及操作类

应聘用户主页面提供查看与检索岗位信息、查看所有企业信息以及提交岗位申请的功能，涉及岗位表 job、需求表 need、企业表 company 以及申请表 apply。出于篇幅限制，本节只介绍查看与索引岗位信息的功能。

其余功能读者可参照本节内容自行设计，或参考本书配套资源中本章节项目资料。

首先建立 Job 类，用来封装岗位信息。Job 类的关键代码如下。

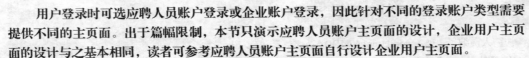

范例20-11   用户主页面有关的数据库连接及操作（Job.java）

```
01   package com.lyq.bean;
02
03   public class Job {
04       private int jID;              // 存储岗位编号字段
05       private String jName;         // 存储岗位名称字段
06       private String educationReq;  // 存储岗位学历要求字段
07       private String titleReq;      // 存储岗位职称要求字段
08       private String jType;         // 存储岗位工种限制字段
09       private int yearsReq;         // 存储岗位工龄限制字段
10
11       // 岗位编号字段的 get 方法
12       public int getjID() {
13           return jID;
14       }
15
16       // 岗位编号字段的 set 方法
17       public void setjID(int jID) {
18           this.jID = jID;
19       }
20
21       // 其余 get 与 set 方法请自行补充
22   }
```

还需要一个 Need 类用来封装企业需求信息。Need 类的关键代码如下。

范例20-12　企业需求信息类（Need.java）

```
01  package com.lyq.bean;
02
03  import java.util.Date;
04
05  public class Need {
06      private int jID;           // 存储岗位编号字段
07      private int cID;           // 存储企业编号字段
08      private String jName;      // 存储岗位名称字段
09      private String cName;      // 存储企业名称字段
10      private String educationReq;  // 存储岗位学历要求字段
11      private String titleReq;   // 存储岗位职称要求字段
12      private String jType;      // 存储岗位工种限制字段
13      private int yearsReq;      // 存储岗位工龄限制字段
14      private Date putDate;      // 存储需求发布日期字段
15      private int people;        // 存储需求人数字段
16      private int payment;       // 存储最低薪酬字段
17      private String leader;     // 存储企业负责人姓名字段
18      private String tel;        // 存储企业联系电话字段
19
20      // 岗位编号的 get 方法
21      public int getjID() {
22          return jID;
23      }
24
25      // 岗位编号的 set 方法
26      public void setjID(int jID) {
27          this.jID = jID;
28      }
29
30      // 其余 get 与 set 方法请自行补充
31  }
```

之后，开始编写数据库连接与操作类。首先是 job 表的连接与操作类 JobDAO。根据需求，该类应该提供查询所有工作岗位与通过最低工资条件限制查询工作岗位的方法。关键代码如下。

范例20-13　数据库连接与操作类(JobDAO.java)

```
01  package com.lyq.bean;
02
03  import java.io.IOException;
04  import java.sql.CallableStatement;
05  import java.sql.Connection;
```

```java
06    import java.sql.DriverManager;
07    import java.sql.PreparedStatement;
08    import java.sql.ResultSet;
09    import java.sql.SQLException;
10    import java.util.ArrayList;
11    import java.util.List;
12
13    import javax.swing.JPanel;
14
15    public class JobDAO {
16        // 获取数据库连接
17        public Connection getConnection(){
18            Connection connection = null;   // 声明 Connection 对象的实例
19            try {
20                Class.forName("org.gjt.mm.mysql.Driver");
21                // 装载数据库驱动，若连接报错，可尝试将参数替换为 "com.mysql.jdbc.Driver"
22                String url = "jdbc:mysql://localhost:3306/work?characterEncoding=gbk";
23                //"characterEncoding=gbk 为指定数据库连接的编码格式，防止写入时中文乱码
24                String username = "root";
25                String password = "";        // 账号密码信息根据自己 MySQL 系统的设定填写
26                connection = DriverManager.getConnection(url, username, password);
27                // 建立与数据库的连接
28            } catch (ClassNotFoundException e) {
29                e.printStackTrace();
30            } catch (SQLException e) {
31                e.printStackTrace();
32            }
33            return connection;  // 返回 Connection 对象实例
34        }
35
36        // 查询所有岗位信息
37        public List<Need> findAllJob() throws IOException{
38            List<Need> list = new ArrayList<Need>();
39            // 用来存储查询结果
40            Connection connection = getConnection();
41            // 获取数据库连接
42            try {
43                CallableStatement cStatement =
44                    connection.prepareCall("{call findAllJob()}");
45                // 调用数据库存储过程 findAllJob
46                ResultSet resultSet = cStatement.executeQuery();
47                while(resultSet.next()){
48                    Need need = new Need();
49                    need.setjID(resultSet.getInt("jID"));
```

```
50        need.setjName(resultSet.getString("jName"));
51        need.setcName(resultSet.getString("cName"));
52        need.setEducationReq(resultSet.getString("educationReq"));
53        need.setTitleReq(resultSet.getString("titleReq"));
54        need.setjType(resultSet.getString("jType"));
55        need.setYearsReq(resultSet.getInt("yearsReq"));
56        need.setPutDate(resultSet.getDate("putDate"));
57        need.setPeople(resultSet.getInt("people"));
58        need.setPayment(resultSet.getInt("payment"));
59        need.setLeader(resultSet.getString("leader"));
60        need.setTel(resultSet.getString("tel"));
61        list.add(need);
62        // 将结果添加到 list 中
63      }
64      connection.close(); // 释放数据库连接
65      cStatement.close();
66      resultSet.close();
67    } catch (Exception e) {
68      e.printStackTrace();
69    }
70    return list;   // 返回查询结果
71  }
72
73  // 通过最低工资查询所有工作岗位
74  public List<Need> findAllJobByPay(int min) throws IOException{
75    List<Need> list = new ArrayList<Need>();
76    Connection connection = getConnection();
77    // 获取数据库连接
78    try {
79      CallableStatement cStatement =
80        connection.prepareCall("{call findAllJobByPay(?)}");
81      // 调用数据库存储过程 findAllJobByPay
82      cStatement.setInt(1, min); // 添加查询参数
83      ResultSet resultSet = cStatement.executeQuery();
84      while(resultSet.next()){
85        Need need = new Need();
86        need.setjID(resultSet.getInt("jID"));
87        need.setjName(resultSet.getString("jName"));
88        need.setcName(resultSet.getString("cName"));
89        need.setEducationReq(resultSet.getString("educationReq"));
90        need.setTitleReq(resultSet.getString("titleReq"));
91        need.setjType(resultSet.getString("jType"));
92        need.setYearsReq(resultSet.getInt("yearsReq"));
93        need.setPutDate(resultSet.getDate("putDate"));
```

```
94                need.setPeople(resultSet.getInt("people"));
95                need.setPayment(resultSet.getInt("payment"));
96                need.setLeader(resultSet.getString("leader"));
97                need.setTel(resultSet.getString("tel"));
98                list.add(need); // 将查询结果添加到 list 中
99            }
100           connection.close(); // 释放数据库连接
101           cStatement.close();
102           resultSet.close();
103       } catch (Exception e) {
104           e.printStackTrace();
105       }
106       return list;   // 返回查询结果
107    }
108 }
```

　　JobDAO 类查询结果通过 Need 类对象存储，因为显示时需要显示的数据较多，Job 类对象不足以存储所有数据，故设计 Need 类来存储所有要显示的字段信息。

　　代码第 43 行调用了数据库存储过程 findAllJob，这是一个涉及多表查询的存储过程。首先通过需求表中的岗位编号字段与企业编号字段查询出相应的岗位信息与企业信息，再将查询到的结果返回。存储过程 findAllJob 的 SQL 语句如下。

```
01  DELIMITER $$
02  CREATE PROCEDURE findAllJob()
03  BEGIN
04     SELECT need.jID, job.jName, company.cName, job.educationReq,
05        job.titleReq, job.jType, job.yearsReq, need.putDate,
06        need.people, need.payment, company.leader, company.tel
07     FROM company, job, need
08     WHERE need.jID = job.jID
09        AND need.cID = company.cID
10        ORDER BY jID ASC;
11  END $$
12  DELIMITER;
```

　　代码第 79 行使用了数据库存储过程 findAllJobByPay，该存储过程与 findAllJob 存储过程基本相同，区别在于多添加了一个最低薪酬的限制条件，其 SQL 语句如下。

```
01  DELIMITER $$
02  CREATE PROCEDURE findAllJobByPay(min INT)
03  BEGIN
04     SELECT need.jID, job.jName, company.cName, job.educationReq,
05        job.titleReq, job.jType, job.yearsReq, need.putDate,
06        need.people, need.payment, company.leader, company.tel
07     FROM company, job, need
```

```
08    WHERE need.jID = job.jID
09       AND need.cID = company.cID
10       AND need.payment > min
11       ORDER BY jID ASC;
12 END $$
13 DELIMITER;
```

到这里，查看和索引岗位信息功能所需的数据库连接与操作类就编写完毕了。

20.6.3 用户主页面界面设计

本节只介绍应聘用户界面的岗位信息查看与检索功能，其基本界面如下图所示。

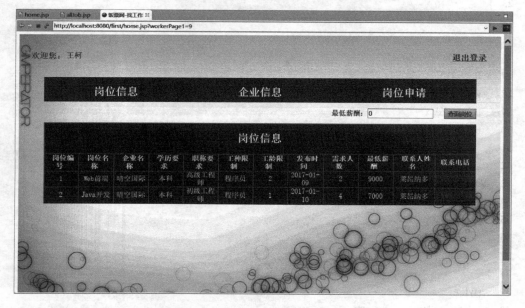

应聘用户主页面在 home.jsp 文件中，岗位信息显示界面在 allJob.jsp 文件中。

home.jsp 的关键代码如下。

范例20-14　用户主页面（home.jsp）

```
01 <head>
02 <meta http-equiv="Content-Type" content="text/html; charset=ISO-8859-1">
03 <title> 饭票网 - 找工作 </title>
04 <style type="text/css">
05 #content {
06     width: 1200px;
07     height: 620px;
08     text-align: center;
09 }
10
11 #tab_bar {
12     width: 1200px;
13     height: 70px;
```

```
14      float: left;
15      color: white;
16  }
17
18  #tab_bar ul {
19      padding: 0px;
20      margin: 0px;
21      height: 20px;
22      text-align: center;
23  }
24
25  #tab_bar li {
26      list-style-type: none;
27      float: left;
28      width: 400px;
29      height: 70px;
30      background-color: orange;
31  }
32
33  .tab_css {
34      width: 1200px;
35      height: 620px;
36      display: none;
37      float: left;
38  }
39  </style>
40  <script type="text/javascript">
41  var myclick = function(v) {
42      var llis = document.getElementsByTagName("li");
43      for (var i = 0; i < llis.length; i++) {
44          var lli = llis[i];
45          if (lli == document.getElementById("tab" + v)) {
46              lli.style.backgroundColor = "#FF0099";
47          } else {
48              lli.style.backgroundColor ="orange";
49          }
50      }
51
52      var divs = document.getElementsByClassName("tab_css");
53      for (var i = 0; i < divs.length; i++) {
54
55          var divv = divs[i];
56
57          if (divv == document.getElementById("tab" + v + "_content")) {
```

```
58              divv.style.display = "block";
59          } else {
60              divv.style.display = "none";
61          }
62      }
63  }
64  </script>
65  </head>
66  <body>
67    <div
68      style="background-image: url('images/backmm.jpg');
69      width: 100%; height: 100%;">
70  <%
71  String idStr = request.getParameter("workerPage1");
72  int id = Integer.parseInt(idStr);
73  Worker worker = new WorkerDAO().findWorkerByID(id);
74  %>
75  <div style="color: orange;">
76    <br>
77      <table style="width: 95%; margin-left: 30px;">
78        <tr>
79          <td align="left"><h3>
80              <b> 欢迎您： <%=worker.getwName()%></b></h3></td>
81          <td align="right">
82              <a href="index.jsp"><h3><b> 退出登录 </b></h3></a></td>
83        </tr>
84      </table>
85    </div>
86
87      <div align="center" style="margin-top: 20px">
88        <div id="content">
89          <div id="tab_bar">
90            <ul>
91              <li id="tab1" onclick="myclick(1)"
92              style="background-color: #FF0099;"><h2> 岗位信息 </h2></li>
93              <li id="tab2" onclick="myclick(2)"><h2> 企业信息 </h2></li>
94              <li id="tab3" onclick="myclick(3)"><h2> 岗位申请 </h2></li>
95            </ul>
96          </div>
97          <div class="tab_css" id="tab1_content" style="display: block"
98            align="center">
99            <div><%@include file="allJob.jsp"%></div>
100         </div>
101         <div class="tab_css" id="tab2_content" align="center">
```

```
102            <div><%@include file="allCompany.jsp"%></div>
103        </div>
104        <div class="tab_css" id="tab3_content" align="center">
105            <div><%@include file="newApply.jsp"%></div>
106        </div>
107      </div>
108    </div>
109  </div>
110 </body>
```

【代码详解】

代码第 05 ~ 第38 行为 div 的样式。通过一段 js 代码实现 3 个单击框，通过选择来显示不同的页面，3 个页面分别是 allJob.jsp、allCompany.jsp 以及 newApply.jsp，读者可在本书配套资源的本章项目资料中获得这 3 个文件。

▶ 20.7 高手点拨

经过本章的学习，相信读者对 Java Web 项目的开发有了一定的认识，同时能更加深入地学习 MySQL 数据库的连接与操作。用户可根据自身能力和兴趣对本章的项目加以改进和完善，在实战中提高自己的编程水平，假以时日一定能成为一名编程高手。

▶ 20.8 实战练习

1. 尝试改进和完善本章的项目，模仿本章对应聘用户的设计，自行设计企业用户部分功能。

2. **开发一个网页版雇员照片管理系统，实现对企业的雇员的照片以网页方式进行管理，照片与雇员详细信息统一放置。**

第 **21** 章

大数据项目实战
——Hadoop 下的数据处理

我们已经进入大数据时代。海量的数据，亟需处理。只有从大数据中挖掘出有意义的信息，数据才有价值。而大量数据的处理，需要利器，这个利器就是 Hadoop，在这个大数据处理框架下，Java 是使用最为广泛的大数据编程语言。

通过本章的学习，读者可以对大数据的处理有个初步的认识，并对大数据的挖掘算法（如 K-means）有一定的理解。

本章要点（已掌握的在方框中打钩）

☐ 掌握 Hadoop 的安装
☐ 掌握 Hadoop 项目开发的具体流程
☐ 理解 K-means 算法

▶ 21.1 认识 Hadoop

Hadoop 是 Apache 基金会下一个分布式的开源计算平台，也是 Apache 顶级项目之一。Hadoop 可使用户在不了解分布式底层细节的情况下，使用简单的编程模型（MapReduce）通过廉价 PC 的集群处理海量数据。Hadoop 最初来源于 Apache Lucence 开源搜索引擎下的子项目 Nuth，该项目的负责人是道格·卡丁（Doug Cutting）。

目前，Hadoop 已成为 Apache 软件基金会旗下的一个开源分布式计算平台。以 Hadoop 分布式文件系统（Hadoop Distributed File System，HDFS）和 MapReduce（Google MapReduce 的开源实现）为核心的 Hadoop，为用户提供了系统底层细节透明的分布式基础架构。

对于 Hadoop 的集群而言，其节点可分成两大类角色：Master（主节点）和 Salve（从节点）。一个 HDFS 集群是由一个 NameNode（名称节点）和若干个 DataNode（数据节点）构成的。其中 NameNode 作为主服务器，管理文件系统的命名空间和客户端对文件系统的访问操作；集群中的 DataNode 管理存储的数据。

MapReduce 和 HDFS 是 Hadoop 体系结构的两大核心部件。其中 HDFS 是"基础设施"，它在集群上实现分布式文件系统。在 MapReduce 任务管理过程中，HDFS 提供了基础性的文件操作和分布式存储支持。

基于 HDFS，MapReduce 框架实现了工作调度（分发、跟踪、执行等）、分布式计算、负载均衡、容错处理以及网络通信等复杂问题，并把处理过程高度抽象为两类函数：map 和 reduce，其中 map 负责把任务分解成多个任务，reduce 负责把分解后多任务处理的结果汇总起来。

Hadoop 2.0 以后引入了资源管理系统 YARN。YARN 在总体上采用主 / 从（master/slave）架构，其中，master 被称为 ResourceManager（资源管理器，RM），slave 被称为 NodeManager（节点管理器，NM），RM 负责对各个 NM 上的资源进行统一管理和调度。

在 YARN 架构中，一个全局的 RM 以后台守护进程的形式运行，它通常在专用机器（称为 NameNode）上运行，在各个相互竞争资源的应用程序之间，仲裁可用的集群资源。

当用户提交一个应用程序时，一个称为 ApplicationMaster（AM）的轻量级进程实例会启动，以协调应用程序内所有任务的执行。例如，AM 会向 RM 申请资源，并要求启动 NM 和占用一定资源的容器（Container）。Container 是 YARN 中的资源抽象，它封装了某个节点上的多维度资源，如内存、CPU、磁盘、网络等，如下图所示。

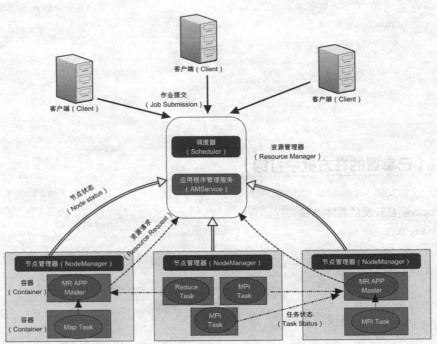

▶ 21.2　理解 MapReduce 编程范式

通过前面的介绍，我们知道，Hadoop 中的 MapReduce 框架，实际上是对 Google MapReduce 的一个开源实现，旨在利用大规模的服务器集群解决大数据量处理的问题。因此，了解 MapReduce 的基本框架和工作流程，对基于 Hadoop 的编程大有裨益。

MapReduce 核心思想，一言蔽之："分而治之"。说具体点就是"任务的分解与结果的汇总"。再讲详细点，就是将 HDFS 上的海量数据，切分成为若干小块，然后将每个小块的数据（通常允许 3 倍冗余），分发至集群中的不同节点上实施计算，然后再通过整合各节点的中间结果，得到最终的计算结果。

有一段来自网络的"史上最简短"的 MapReduce 介绍，则比较形象地阐述了 MapReduce 的概念。

> 假设，我们要数图书馆中的所有书。你数 1 号书架，我数 2 号书架。这就是"Map"。我们人越多，数书就越快。
>
> 然后，我们会合到一起，把所有人的统计数合并加在一起。这就是"Reduce"。

在 MapReduce 模型里，Map 和 Reduce 均为抽象接口，具体实现由用户决定。在实践中，MapReduce 把一个任务划分为若干个 Job（作业），每个 Job 又分为 Map（映射）和 Reduce（规约）两个阶段。Map 和 Reduce 处理（包括输入和输出）的都是 K-V（键值对）数据，Map 阶段的输出数据是 Reduce 阶段的输入数据。MapReduce 的工作流如下图所示。

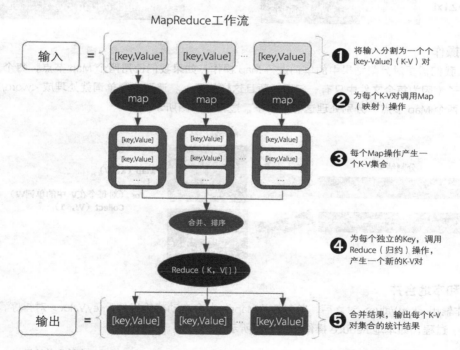

在 MapReduce 中，每个 Map 节点对划分的数据进行并行处理，根据不同的输入结果，会产生相应的中间结果；每个 Reduce 节点也同样负责各自的中间结果的处理；在进行 Reduce 操作之前，必须等待所有的 Map 节点处理完；汇总所有的 Reduce 中间结果，即得到最终结果。

▶ 21.3　第一个 Hadoop 案例——WordCount 代码详解

对于初学者而言，不论是学习哪种语言，首次接触到的范例程序，可能都是"Hello World"。在 Hadoop 中，也有一个类似于 Hello World 的程序——它就是 WordCount（单词计数），即读取多个文件，统计文件中的每个单词出现的次数。假如有两个文件 File1.txt 和 File2.txt，其内包含单词分别如下。

File1.txt: Hello World Bye World

File2.txt: Hello Hadoop Bye Hadoop

对上述文件进行处理之后，最终输出结果为：Hello:2; World:2;Bye:2;Hadoop:2。

接下来我们将从 MapReduce 的基本流程，WordCount 的代码详解等方法，详细介绍 WordCount 是如何实现的。

21.3.1　WordCount 基本流程

01　数据分割

前面我们说过，MapReduce 编程范式的核心即为"分而治之"。在这个案例中，MapReduce 框架首先会将输入的文件分割成较小的块，形如 <K,V> 的形式，如下图所示。

02　Map 操作

接下来，我们需要对分割结果中的单词进行 Map 操作。如果我们使用两个 Map 节点，每个 Map 节点负责处理一个句子（因为每个文件中只有一句话，暂且这样处理）。遇到一个单词就处理成 <word,1> 的格式，如果我们使用两个 Map 节点，分别处理这两个句子，过程如下图所示。

03　排序和本地合并

Map 操作输出 <Key,Value> 对之后，映射方（Mapper）会自动将输出的 <Key,Value> 对排序，然后执行合并（Combine）过程，即本地 Reduce 操作，如下图所示。

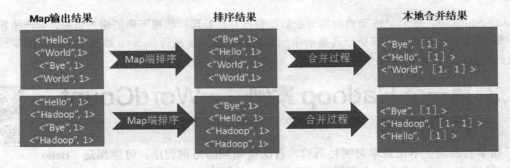

04　Reduce 操作

最后，归约方（Reducer）会先将合并的结果实施排序，并将具有相同 Key 的 Value 形成一个列表（List）

集合，最后通过用户自定义的 Reduce 方法输出结果，如下图所示。

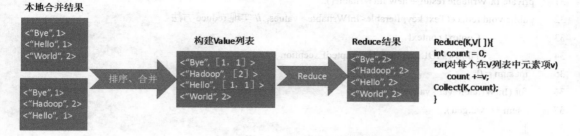

21.3.2 WordCount 代码详解

在前一节，我们已经介绍了 Hadoop 下的 WordCount 的基本思路。我们有必要对 WordCount 的代码进行详细解释。本书使用的实验操作系统为 CentOS 7，Hadoop 版本为当前的最新稳定版本 2.7.3。Hadoop 的安装请参考本书附录。假设我们已经成功部署了 Hadoop，那么 WordCount 的源码在：/share/hadoop/mapreduce/sourceshadoop- mapreduce-examples-2.7.3-sources.jar 里可以找到。

该程序的源代码如下。

```
01   package org.apache.hadoop.examples;
02   import java.io.IOException;  // 导入必要的 package
03   import java.util.StringTokenizer;
04   import org.apache.hadoop.conf.Configuration;
05   import org.apache.hadoop.fs.Path;
06   import org.apache.hadoop.io.IntWritable;
07   import org.apache.hadoop.io.Text;
08   import org.apache.hadoop.mapreduce.Job;
09   import org.apache.hadoop.mapreduce.Mapper;
10   import org.apache.hadoop.mapreduce.Reducer;
11   import org.apache.hadoop.mapreduce.lib.input.FileInputFormat;
12   import org.apache.hadoop.mapreduce.lib.output.FileOutputFormat;
13   import org.apache.hadoop.util.GenericOptionsParser;
14
15   public class WordCount {
16     public static class TokenizerMapper
17          extends Mapper<Object, Text, Text, IntWritable> {
18       private final static IntWritable one = new IntWritable(1);
19       private Text  word = new Text(); // 定义一个 text 对象，用来充当中间变量，存储单词
20       public void map(Object key, Text value, Context context //key 即行偏移量，根据 value 进行拆分
21                ) throws IOException, InterruptedException {
22         StringTokenizer itr = new StringTokenizer(value.toString());
23         while (itr.hasMoreTokens()) {  // 返回是否还有分隔符，判断是否还有单词
24           word.set(itr.nextToken());
25           context.write(word, one);  //map 输出诸如 ("Hello",1) 等（K，VList）对
26         }
27       }
28     }
29     public static class IntSumReducer  // 定义 reduce 类，把它们 <K, VList> 中的 Vlist 值全部相加
```

```
30          extends Reducer<Text,IntWritable,Text,IntWritable> {
31      private IntWritable result = new IntWritable();
32      public void reduce(Text key, Iterable<IntWritable> values, // 实现 reduce 方法
33              Context context
34              ) throws IOException, InterruptedException {
35        int sum = 0;
36        for (IntWritable val : values) {
37          sum += val.get();
38        }
39        result.set(sum);
40        context.write(key, result); // 将输入中的 key 复制到输出数据的 key 上，并输出
41      }
42    }
43
44    public static void main(String[] args) throws Exception {
45      Configuration conf = new Configuration();   // 加载配置并解析参数
46      String[] otherArgs = new GenericOptionsParser(conf, args).getRemainingArgs();
47      if (otherArgs.length < 2) { // 判断参数输入的格式是否小于 2
48        System.err.println("Usage: wordcount <in> [<in>...] <out>");
49        System.exit(2);
50      }
51      Job job = Job.getInstance(conf, "word count"); // 实例化 Job 类
52      job.setJarByClass(WordCount.class); // 设置主类名称
53      job.setMapperClass(TokenizerMapper.class); // 指定使用自定义的 Map 类
54      job.setCombinerClass(IntSumReducer.class);// 指定开启 Combiner 类
55      job.setReducerClass(IntSumReducer.class); // 指定使用自定义的 Reducer 类
56      job.setNumReduceTasks(Integer.parseInt(args[2])); // 指定 Reduce 个数
57      job.setOutputKeyClass(Text.class);       // 设置 Reduce 类输出的 <K,V>，K 类型
58      job.setOutputValueClass(IntWritable.class); // 设置 Reduce 类输出的 <K,V>，V 类型
59      for (int i = 0; i < otherArgs.length - 1; ++i) {   // 设置输入目录
60        FileInputFormat.addInputPath(job, new Path(otherArgs[i]));
61      }
62      FileOutputFormat.setOutputPath(job,       // 设置输出目录
63        new Path(otherArgs[otherArgs.length - 1]));
64      System.exit(job.waitForCompletion(true) ? 0 : 1); // 提交任务并监控任务状态
65    }
66  }
```

【代码详解】

下面我们开始针对这个 WordCount.Java 做"代码阅读理解"，第 02 ~ 第13 行主要是导入一下必要的包（package），核心代码分析从 Map 方法开始。

Hadoop MapReduce 操作的是基于键值（Key-Value）对，但这些键值对并不是 Integer、String 等标准的 Java 类型。为了让键值对可以在集群上便捷移动，Hadoop 提供了一些实现 WritableComparable 接口的基本数据类型，以便用这些类型定义的数据可以被序列化（Serialization）进行网络传输、文件存储与大小比较。

键（Key）：在 Reduce 阶段排序时需要进行比较，故只能实现 WritableComparable 接口。

值（Value）：仅会被简单地传递，必须实现 Writable 或 WritableComparable 接口。

下表是 8 个预定义的 Hadoop 基本数据类型，它们均实现了 WritableComparable 接口。

类	描述
BooleanWritable	标准布尔型数值
ByteWritable	单字节数值
DoubleWritable	双字节数
FloatWritable	浮点数
IntWritable	整型数
LongWritable	长整型数
Text	使用 UTF8 格式存储的文本
NullWritable	当 <key,value> 中的 key 或 value 为空时使用

MapReduce 仅仅是个宏观的计算框架，每个不同的分布式计算，都需要根据具体问题，设计独特的 map 方法。因此，我们需要自定义一个 map 类——专用于字符分割的 TokenizerMapper，它继承自 org.apache. hadoop.mapreduce. Mapper 类，并需要覆写（override）该类的 map 方法，在该方法中，提供了 Map 阶段的逻辑代码，这个基类 Mapper 是一个泛型类，有 4 个泛型参数：Object，Text，Text，IntWritable，分别对应输入的 <key、value> 的类型和输出的 <key、value> 的类型。

针对 WordCount 程序，在 MapReduce 流程中，前两个参数 <key，value>，作为 Map 操作的输入，然后经本地混排（shuffle sort）后，形成 <key，value-list> 输出，作为 Reduce 的输入源，提交给 Reduce。

默认情况下，key 值为该行的首字母相对于文本文件首地址的偏移量。而输入的 value 为文件的每一行文本（以回车符为行结束标记）。之所以有 (0, "Hello World Bye World ")，因为数据仅仅为 1 行，其起始偏移位置为 0，value 就是这行字符串。

如果文本多于 1 行，第 2 个数据分片（也就是第 2 行）的 key 就不会再为 0 了。Map 输出的 key 为该行的所有单词，事实上，它们并不见得都是严格意义上的单词，只是根据按照空白字符分割的子字符串而已，例如，这个程序就把"(thousand"当作一个单词了，其原因就是"("和"thousand"没有用空白字符隔开。

map 方法的第 2 个参数类型 Text，它对应于 Java 中的 String 类，但相比于 String 类，其网络传输性能更好，所以这里选择的数据类型是 Text，而非 String。

出于相同的考虑，Map 方法的第 4 个参数类型，选用 IntWritable，它相当于 Java 中的 int 类型。事实上，Mapper 方法中的参数类型 IntWritable 和 Text，均是 Hadoop 实现的用于封装 Java 数据类型的类，如前所述，这些类实现了 WritableComparable 接口，都能够被对象序列化，从而便于在分布式环境中实施数据交换。

Map 的主要功能是将输入字符串切分成若干个单词（key），并加上单词出现的次数（value），并输出（key，value）对。其中 StringTokenizer 是 Java 工具包中的一个类，用于将字符串进行拆分——默认情况下使用空格作为分隔符进行分割，将每一行拆分成为一个个的单词，并将 <word,1> 作为 map 方法的结果输出，其余的工作都交由 MapReduce 框架处理。

具体说来，第 22 行代码，就是要构造一个使用空白字符作为分隔符的 StringTokenizer 对象 itr。在 Java 中，默认的分隔符是"空格（" "）""制表符 ('\t')""换行符 ('\n')"和"回车符 ('\r')"。

```
StringTokenizer itr = new StringTokenizer(value.toString());
```

第 23 ~ 第 26 行代码实现的功能是，如果还有下一个标记（单词），就取出来输出，并返回从当前位置到下一个分隔符的字符串。

```
while (itr.hasMoreTokens()) { // 返回是否还有分隔符
    word.set(itr.nextToken());
    context.write(word, one); // write 方法将 ( 单词 ,1) 这样的二元组存入 context 中
}
```

接下来是 Reduce 阶段的分析。与 Map 类类似，Reducer 类也需要继承 org.apache.hadoop.mapreduce. Reducer 类，并覆写 reduce 方法，在其中提供 Reduce 阶段的逻辑代码。

该类的 4 个泛型参数，同样是输入、输出的 key、value 的类型。其中该阶段输入的 key 和 value 类型必须和 Map 阶段输出的 key 和 value 类型一致，这并不难理解，因为 Map 阶段的输出经过合并排序后，就成了 Reduce 阶段的输入了。

我们知道，Reduce 阶段的核心目的在于，遍历所有的 values 集合，并求和输出。需要说明的是，这里的 values 是一个迭代器的形式：Iterable<IntWritable> values（见第 30 行），也就是说 reduce 的输入是一个 key，对应一组的值的 value，reduce 方法中也有参数 context，它和 map 的 context 作用一致。Reduce 的核心代码如第 36 ~ 第38 行所示。

```
// 将该单词的出现次数相加，计算出现的总次数
int sum = 0;
for (IntWritable val : values) {
sum += val.get();
}
result.set(sum); // 输出计算结果
context.write(key, result);
```

至此，Map 和 Reduce 都已经写完了，但这还没完！我们还需要针对这个任务进行一些特殊的设置。

运行 MapReduce 程序前，都要做初始化配置（Configuration）（如第 51 行所示），Configuration 类主要是读取 MapReduce 系统配置信息，这些信息包括 Hadoop 分布式文件系统（HDFS）及 MapReduce 计算框架信息，也就是安装 Hadoop 时候的配置文件，例如，core-site.xml、hdfs-site.xml 和 mapred-site.xml 等文件里的信息。

需要说明的是，在 MapReduce 计算框架中，一个完整的业务（如单词计数）叫做作业（Job），而分解到具体的 map 和 reduce 运算，就叫任务（task）。如果我们要构建一个作业，需要有两个参数，一个是作业的配置变量 conf，一个是这个作业本身的名称（第 51 行）。

然后就要加载用户编写好的程序，例如，这里的用户自己设计的类名就是 WordCount（第 52 行）。然后再装载 Map 类——TokenizerMapper（第 53 行）和 Reduce 函数实现类——IntSumReducer（第 55 行）。

这里，我们需要解释一下 Combiner 是干什么的（第 54 行），第 54 行代码的功能是装载 Combiner 类，这个类和 mapreduce 运行机制有关。事实上，这个 Combiner 是一个本地的 Reducer 方法，它用以完成中间结果的合并。

我们知道，在集群环境中，带宽是个珍贵的资源。通常在执行全局 Reduce 之前，需要先将本地 map 所处理的数据，实施本地 Reduce（也就是所谓的 Combine），然后再将结果传给集群其他节点进行处理。这样设计的好处是，可以节省集群的带宽使用率，很显然，传递计算结果的数据量，总比传递所有中间数据的数据量要少得多。

Combiner 这样做还有一个好处就是，分布式计算的优势就是"分而治之"，这就要求每个计算节点都要承担一定的计算工作，如果把所有节点的中间结果都汇总到单个节点计算，分布式计算的理念何以体现呢？

最后，就是构建输入的数据文件（第 60 行）和构建输出的数据文件（第 62 行），如果整个作业成功运行，那么 Mapreduce 程序就会正常退出（第 64 行）。

到此，整个 WordCount 程序解释完毕。

21.3.3 运行 WordCount

在运行 WordCount 之前，我们需要先启动 Hadoop 集群，对 Hadoop 集群的搭建，读者可参阅附录学习。下面的操作是基于我们已经成功启动了 Hadoop 集群。

下面我们在全分布模式下运行 WordCount 程序。在运行这个程序之前，我们还要完成如下几个方面的准备工作。

（1）在 Hadoop 的安装目录下，创建名一个为 HelloData 的文件夹。

```
[root@master hadoop]# mkdir HelloData
```

（2）在 HelloData 文件夹下创建 file1.txt 和 file2.txt 文件，并将测试语句 "Hello World Bye World" 写入 file1. txt，将 "Hello Hadoop Bye Hadoop" 写入 file2.txt。

```
cd  HelloData/                       # 进入 HelloData
echo  "Hello World Bye World" > file1.txt    # 用 echo 命令创建文本文件 file1.txt
echo  "Hello Hadoop Bye Hadoop" > file2.txt  # 用 echo 命令创建文本文件 file2.txt
```

这里使用了 echo 命令。echo 会将输入的字符串送往标准输出，这里的"标准输出"可以是屏幕，也可以是文件。">"是定向输出符号，故此双引号引起来的字符串就会定向输出到">"之后指定的文件中。如果定向输出的文件（如 file1.txt 或 file2.txt）不存在，则会创建这个文件。这里仅仅是针对单行字符输入至文件的权宜之计，更为复杂的字符输入，还是要借助 vim 或 gedit 等专业编辑器。

（3）使用 hdfs 命令在 HDFS（Hadoop 分布式文件系统）中创建名为"InputData"的文件夹（当然，这个文件夹取名为其他亦可）。在命令终端输入以下命令：

```
hdfs  dfs  -mkdir  -p  /InputData
```

其中参数 dfs 表示的是运行一个基于 Hadoop 文件系统（HDFS）的命令，-mkdir 表示在 HDFS 中创建一个目录（注意：前面有横杠"-"），类似 Linux 命令 mkdir 中参数"-p"的含义，这里也表示一次性可以创建多级目录。上面的命令中，"hdfs"也可以用 hadoop 代替（请注意作为命令时，hadoop 需要小写），但"hadoop"命令已过时，在新版本的 Hadoop 中，取而代之的是命令"hdfs"，下同。

下面我们简要地列出在 hdfs 命令下常用的基于文件系统的命令（如下命令参数，均需先使用 dfs 参数项），其含义和 Linux 系统的 Shell 命令基本类似，如下表所示。

参数项	含义
-ls	列出目录及文件信息
-put	将本地文件系统文件复制到 HDFS 文件系统中的目录下
-get	将 HDFS 中的文件复制到本地文件系统中，与 -put 命令相反
-cat	查看 HDFS 文件系统里文件的内容
-rm	从 HDFS 文件系统删除文件，rm 命令也可以删除空目录
-cp	将文件从某处复制到目的地
-du PATH	显示 PATH 目录中每个文件或目录的大小
-help ls	查看某个命令（如 ls）的帮助文档

然后，我们需要将本地文件夹 HelloData 文件夹内的文件（file1.txt 和 file2.txt），上传至 HDFS 下 InputData 文件夹之中，虽然 CentOS 已经提供了文件系统，但是 Hadoop 为了分布式计算方便，创建了 Hadoop 专用的分布式文件系统 HDFS，HDFS 与 CentOS 的文件系统并不相容，所以需要特别的命令，架起两个文件系统之间的数据传输。这时，在命令终端，我们需要借助 "-put"参数项，将 CentOS 本地文件系统中的数据，复制到 HDFS 文件系统的"管辖区"。

```
hdfs dfs -put HelloData/* /InputData
```

上面命令中的符号"*"是通配符，代表本地文件系统中的 HelloData 文件夹里的所有文件（即 file1.txt 和 file2.txt），发送到 Hadoop 文件系统中的"/InputData"文件夹中。然后，我们可以借助"-ls"参数项，查看"/InputData"文件夹内是否已有 file1.txt 和 file2.txt 这两个文件，如下图所示。

```
[root@master hadoop]# hdfs dfs -ls /InputData
17/07/22 21:48:13 WARN util.NativeCodeLoader: Unable to load native-hadoop library f
or your platform... using builtin-java classes where applicable
Found 2 items
-rw-r--r--   3 root supergroup         21 2017-07-22 21:45 /InputData/file1.txt
-rw-r--r--   3 root supergroup         24 2017-07-22 21:45 /InputData/file2.txt
[root@master hadoop]#
```

（4）配置 MapReduce 的编译环境

观察 WordCount 的源代码可以发现，第 01～第 13 行导入很多 Hadoop 的专属类库。由于它们不是 Java 的标准库，在编译过程中，编译器 javac 并不知道它们"身处何方"，因此会出现编译错误。解决编译出错的办法通常有两个：① 用 "-cp" 参数项，在命令行告知编译器所需类库的具体位置，这样编译命令非常冗长，而且难以复用；② 设置这些类库的环境变量。显然后者更加便捷高效，所以下面我们来演示如何配置 Hadoop 类库的环境变量。在附录里，我们解释过一种理念：环境变量尽量要"专项专用"，也就是在 /etc/profile.d/ 目录下创建一个新的 hadoop.sh 文件，然后在这个文件中增删环境变量。

```
01  export HADOOP_HOME=/usr/local /hadoop
02  export PATH=$PATH:$HADOOP_HOME/bin:$HADOOP_HOME/sbin
03  export HADOOP_COMMON_LIB_NATIVE_DIR=$HADOOP_HOME/lib/native
04  export HADOOP_OPTS="-Djava.library.path=$HADOOP_HOME/lib"
05  export CLASSPATH=$CLASSPATH:$HADOOP_HOME/share/hadoop/common/hadoop-common-2.7.1.jar
06  export CLASSPATH=$CLASSPATH:$HADOOP_HOME/share/hadoop/mapreduce/hadoop-mapreduce-client-core-2.7.1.jar
07  export CLASSPATH=$CLASSPATH:$HADOOP_HOME/share/hadoop/common/lib/common-cli-1.2.jar
```

这里简单解释一下，第 01 行是 Hadoop 的安装路径，如果与读者的安装路径不同，做对应修改就好。第 02 行，将 Hadoop 的可执行文件路径添加到环境变量"PATH"中，这样做的好处在于，在命令行输入诸如"hadoop、hdfs"等命令时，不再需要输入它们的绝对路径。第 03和第 04 行指定 Hadoop 的本地（NATIVE）编译选项，以免出现编译警告。第 05～第 07 行，才是我们要讲的重点，它们告知编译器 javac 从哪里可以找到特定的类库。

修改完毕 hadoop.sh，如果想让环境变量生效，可以重启 shell 机器，使之重新加载这个 hadoop.sh，或者在命令行使用"source hadoop.sh"来更新环境变量。

（5）编译 WordCount.java

在 /usr/local/hadoop-2.7.3/ 创建文件夹 projects（事实上，在其他路径创建该文件夹亦可），在 projects 下存放 WordCount.java，编译该源代码的参数如下所示。

```
[root@master projects]# javac -encoding gbk WordCount.java
```

我们简单介绍一下这个编译命令。这里之所以用"-encoding gbk"编译选项，是因为代码中有中文注释。"gbk"选项表明源代码采用的是双字节编码方案。如果没有这个编译选项，就会报错。在编译之后，可以用"ls"命令来查看生成的类文件，如下所示。

```
[root@master projects]# ls
WordCount$IntSumReducer.class WordCount$TokenizerMapper.class WordCount.class
```

从上面的结果可以看到，除了有主类 WordCount.class，还有两个带有"$"符号的类，这两个类是主类 WordCount.class 下属的静态子类。接下来，我们要把这些类用"jar"命令打包。打包后的"jar"文件，才能被"hadoop"解释执行，如下图所示。

```
jar -cvf WordCount.jar ./*.class
```

　　这里简要介绍一下，jar包是Java中所特有一种打包文档，读者可以把它理解为常见的".zip"包。所不同的是，这个jar包中还包含一个META-INF\MANIFEST.MF文件，它描述了jar文件的很多元信息（比如指定jar运行的主类、创建时间等），在生成jar包时这个文件自动生成。

　　在打包过程中，有很多选项，例如，"-c"表示创建一个jar包，，"-x"表示解压jar包，"-f"表示指定jar包的文件名，"-v"表示生成jar包的详细信息。此外，还需要注意的是，要把当前路径下（用"./"表示）的所有".class"文件一起打包，因此命令中使用了"*"这个通配符，代表了所有以".class"结尾的Java类。

　　需要说明的是，这个打包过程其实也可以在Windows平台下，利用专业的集成开发环境（如Eclipse、IntelliJ IEDA等）完成。然后将这个jar包远程复制到Hadoop集群之中。

　　在打包完成后，我们就可以利用"yarn（或者hadoop）"命令运行这个jar文件，在命令终端输入如下命令：

```
yarn jar WordCount.jar WordCount /InputData /OutputData 3
```

　　这里解释一下，"yarn"执行jar包的程序，随后的"jar"参数项表明后面运行的是一个jar包——WordCount.jar。后面"WordCount"则是这个jar包的主类。再后面的"/InputData"是HDFS中的数据输入目录，"/OutputData"是HDFS中的输出目录（这个目录并不需要提前创建，Hadoop系统会自动创建一个，如果提前创建了则必须删除，否则程序无法运行），最后的数字"3"表明最后有3个Reduce任务来执行"归约"数据的工作。因此会在输出目录"/OutputData"产生3个结果文件（part-r-00000 ~ part-r-00002），运行过程如下图所示。

```
[root@master src]# yarn jar WordCount.jar WordCount /InputData /OutputData 3
17/07/23 14:59:48 WARN util.NativeCodeLoader: Unable to load native-hadoop library f
or your platform... using builtin-java classes where applicable
17/07/23 14:59:48 INFO client.RMProxy: Connecting to ResourceManager at master/10.1.
26.47:8032
17/07/23 14:59:49 WARN mapreduce.JobResourceUploader: Hadoop command-line option par
sing not performed. Implement the Tool interface and execute your application with T
oolRunner to remedy this.
17/07/23 14:59:50 INFO input.FileInputFormat: Total input paths to process : 2
17/07/23 14:59:54 INFO mapreduce.JobSubmitter: number of splits:2
17/07/23 14:59:55 INFO mapreduce.JobSubmitter: Submitting tokens for job: job_150062
9376436_0009
17/07/23 14:59:55 INFO impl.YarnClientImpl: Submitted application application_150062
9376436_0009
17/07/23 14:59:55 INFO mapreduce.Job: The url to track the job: http://master:8088/p
roxy/application_1500629376436_0009/
17/07/23 14:59:55 INFO mapreduce.Job: Running job: job_1500629376436_0009
17/07/23 15:00:01 INFO mapreduce.Job: Job job_1500629376436_0009 running in uber mod
e : false
17/07/23 15:00:01 INFO mapreduce.Job:  map 0% reduce 0%
```

　　（6）查看程序执行后的输出信息。

　　上述程序执行完毕后，会将结果输入到/OutputData目录中。如前所述原因，不能直接在CentOS的文件系统中查看运行结果，可使用hdfs命令中的"-ls"参数项来查看。

```
hdfs dfs -ls /OutputData
```

　　在HDFS的输出路径"/OutputData"下，有4个文件，其中"/OutTest/_SUCCESS"表示Hadoop执行成功，这个文件大小为0，文件名就告知了Hadoop作业的执行状态。随后的3个文件才（part-r-00000 ~ part-r-00002）是运行结果，如下图所示。

```
[root@master src]# hdfs dfs -ls /OutputData
17/07/23 15:05:07 WARN util.NativeCodeLoader: Unable to load native-hadoop library f
or your platform... using builtin-java classes where applicable
Found 4 items
-rw-r--r--   3 root supergroup          0 2017-07-23 15:00 /OutputData/_SUCCESS
-rw-r--r--   3 root supergroup          8 2017-07-23 15:00 /OutputData/part-r-00000
-rw-r--r--   3 root supergroup          6 2017-07-23 15:00 /OutputData/part-r-00001
-rw-r--r--   3 root supergroup         17 2017-07-23 15:00 /OutputData/part-r-00002
[root@master src]#
```

（7）在命令终端利用 "-cat" 参数项查看文件内容。

hdfs dfs -cat /OutputData /*

请注意，这里通过使用通配符 "*"，实际上输出的是 /OutputData 文件夹下的 part-r-00000 ~ part-r-00002 这 3 个文件的汇总结果，如下图所示。

```
[root@master src]# hdfs dfs -cat /OutputData/*
17/07/23 15:06:41 WARN util.NativeCodeLoader: Unable to load native-hadoop library f
or your platform... using builtin-java classes where applicable
Hello    2
Bye      2
Hadoop   2
World    2
[root@master src]#
```

当然，我们也可以使用 "-get" 命令，把 HDFS 文件系统中的输出数据，反向复制至本地操作系统中（如 CentOS），如下所示。

hdfs dfs -get / OutputData/* ~/output

这里的 "~" 表示用户的家目录，"/output" 则表示在这个路径下的输出目录，这个目录要提前创建好。反向复制完毕后，在本地操作系统中就可以使用常规方法来查看（如 cat 命令或使用 vim 编辑器等）。

由上面输出的结果可以看出，这个程序达到了预期的目的：就是统计每个单词出现的次数，并输出统计结果。

在运行这个小程序过程中，或许读者会觉得这个过程有点慢。这是因为我们只在一个单机上执行了统计两个文件总共 4 个单词的计数任务，这可谓是 "杀鸡用牛刀"，因为 Hadoop 的准备工作所带来的开销（overheads），远远比实际计算来得多。

在这里，运行这个 "WordCount" 小程序，仅仅是证明了我们搭建的 Hadoop 全分布集群可以正常工作了！这至少为我们开启大数据处理的征途，迈出了第一步。

▶ 21.4 面向 K-Means 聚类算法的 Hadoop 实践

很多大数据的处理问题，最终都会落到机器学习和数据挖掘的算法上来。K-Means 就是其中最常用的聚类算法之一。

21.4.1 K-Means 聚类算法简介

聚类分析在模式识别、机器学习以及图像分割领域有着重要作用。K-Means（即 K- 均值）算法是一种重要的聚类算法。由于算法的时间复杂度较低，K-Means 被广泛应用在各类的数据信息挖掘业务中。K-Means 算法是 J. B. MacQueen 在 1967 年提出来的，时至今日，它仍然是很多改进版聚类模型的基础所在。聚类算法的最终目的之一，就是把集合划分为若干个簇。那么，到底什么是聚类呢？

01 聚类的基本概念

俗语有云："人以群分，物以类聚。"简单来说，聚类指的是将物理或抽象对象的集合分成由类似的对象组成的多个类的过程。从这个简单的描述中可以看出，聚类的关键是如何度量对象间的相似性。较为常见的用于度量对象的相似度的方法有距离、密度等。由聚类所生成的簇（cluster）是一组数据对象的集合，这些对象的特性是，同一个簇中的对象彼此相似，而与其他簇中的对象相异，且没有预先定义的类（聚类属于非监督学习的范畴），如下图所示。

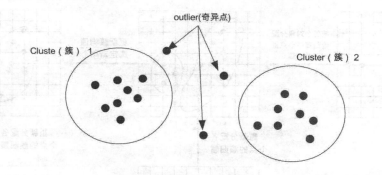

02 簇的划分

在聚类过程中，我们规定同一簇特征相似，有别于其他簇。那么簇的划分一定是直观可见的吗？在左下图中，我们可以很直观地看出有 2 个簇，在右下图中，我们也可以明显看出有 4 个簇。

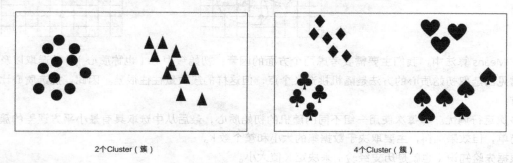

2个Cluster（簇）　　　　　　　　　　　　　　4个Cluster（簇）

但是，当簇的特征不是那么明显时，就无法显而易见地看出来，如下图所示。这时，我们就需要一个算法来帮助我们划分簇，K-Means 就是其中十分常用的一种。

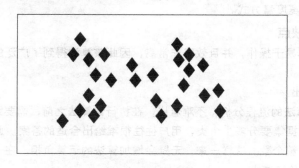

多少个Cluster（簇）？

03 K-Means 算法核心

K-Means 算法的目的在于，给定一个期望的聚类个数 K 和包括 N 个数据对象的数据集合，将其划分为满足距离方差最小的 K 个类。

K-Means 算法的基本流程为：首先选取 K 个点作为初始 K 个簇的中心，然后将其余的数据对象按照距离簇中心最近的原则，分配到不同的簇。当所有的点均被划分到一个簇后，再对簇中心进行更新。更新的依据是根据每个聚类对象的均值，计算每个对象到簇中心对象距离的最小值，直到满足一定的条件才停止算法。满足的条件一般为函数收敛（比如前后两次迭代的簇中心足够接近）或计算达到一定的迭代次数。K-Means 算法的核心如下图所示。

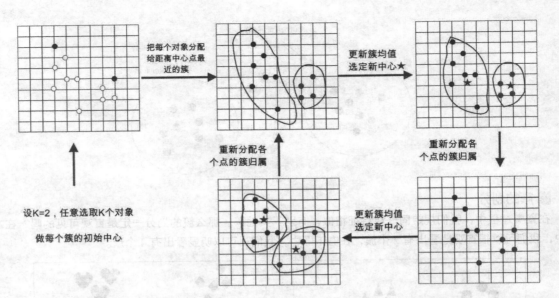

在 K-Means 算法中，我们主要需要考虑两个方面的因素：初始簇中心（也称质心）K 的选取以及距离的度量。常见的选取初始质心的方法是随机挑选 K 个点，但这样的簇质量往往很差。因此，挑选质心比较常用的方法有：

● 多次运行调优。即每次使用一组不同的随机的初始质心，最后从中选取具有最小平方误差的簇集。这种策略简单，但效果难料，主要取决于数据集的大小和簇个数 K。

● 根据先验知识（也就是历史经验）来决定 K 值大小。

对于另一个因素——如何确定对象之间的距离。根据问题场景不同，其度量方式也是不同的。在欧式空间，我们可以通过欧几里得距离来度量两个数据之间的距离，而对于非欧式空间，可以有 Jaccard 距离、Cosine 距离或 Edit 距离等距离度量方式。

04 K-Means 算法优缺点

由于 K-Means 算法简单易于操作，并且效率非常高，因此该算法得到了广泛的应用，但它也有其自身的不足，大体上有以下 4 点。

● K 值需要用户事先给出。

通过对 K-Means 聚类算法的流程分析，不难看出，在执行该算法之前，需要给出聚类个数。然而，在实际工作场景中，对给定的数据集要分多少个类，用户往往很难给出合适的答案。此时，人们不得不根据经验或其他算法的协助来给出类簇个数。这样一来，无疑会增加算法的运算负担。在一些场景下，获取类簇 K 的值，要比算法本身付出的代价还要大。

● 聚类质量对初始聚类中心的选取有很强的依赖性。

在 K-Means 运行的开始阶段，要从数据集中随机地选取出 K 个数据样本，作为初始聚类中心，然后通过不断的迭代得出聚类结果，直到所有样本点的簇归宿不再发生变化。K-Means 聚类算法的收敛评估法则通常采用最小化距离平方和函数，这是一个非凸型函数，往往会导致聚类出现很多局部最小值，这就导致聚类会陷入局部距离最小而非全局最小的局面。显然这样的聚类结果，是难以令人满意的。

● 对噪音点比较敏感，聚类结果容易受噪音点的影响。

在 K-Means 聚类算法中，需要通过对每个类簇所属的数据点求均值来获得簇中心。如果数据集合中存在噪音数据，那么在计算簇中心的均值点时，会导致均值点远离样本密集区域，甚至出现均值点向噪音数据靠近的现象。这样得出的聚类效果是不甚理想的。

● 只能发现球形簇，对于其他任意形状的簇，K-means 无能为力。

K-Means 聚类算法常采用欧式距离来度量不同点之间的距离，这样只能发现数据点分布较均匀的球形簇。

采用距离平方和的评估函数，会导致在聚类过程中，为了满足准则函数能够取到极小值，会把数据集合较大的类分成一些较小的类，这也会导致聚类效果不理想。

21.4.2 基于 MapReduce 的 K-Means 算法实现

通过前面的描述，我们已经对 K-Means 的基本原理及其运用场景有所了解。下面我们步入实战阶段，使用 MapReduce 实现 K-Means 聚类算法。

用 MapReduce 实现 K-Means 主要分以下 3 步。

（1）扫描原始数据集合中的所有点，并从集合中随机选取 K 个点作为初始的簇中心。

（2）各个 Map 节点读取本地存储的数据集，使用前文提及 K-Means 算法，产生新的聚类集合。在 Reduce 阶段，用若干聚类集合产生新的全局聚类中心，重复次操作，直到产生的聚类点满足 K-Means 算法中提及的相应条件（直到所有的簇心基本不再变化或达到指定的迭代次数）。

（3）根据第（2）步迭代运算出的"最佳"簇中心，对所有数据点重新划分聚类。

21.4.3 编写 K-Means

在前面编译运行 WordCount 时，我们采用"纯手工"的打包方式。"他山之石，可以攻玉。"现在，我们可以利用一些专业的开发工具来提升自己的开发效率。在本小节，我们介绍利用 Eclipse 的 Hadoop 插件来编译打包与运行 K-Means。

在 Windows 下开发 Hadoop 程序，我们还需要把 Hadoop 下载到本地，并将压缩包解压即可。这样做的目的在于，我们需要 Hadoop 中的若干 jar 包提供编译环境，否则无法正确编译 Hadoop 程序。事实上，如果我们明确知道所需的jar包名称，也可以通过配置 Maven 的 pop.xml，让 Maven 自动下载我们所需相关的jar 包。这种方式并不在本书的讨论范围之内，请读者朋友自行查阅相关资料。

01 安装 Hadoop 插件

在 Eclipse 中开发 MapReduce 程序，比较便捷的方式是借助 Hadoop 插件。这里需要说明的是，我们需要下载与 Hadoop 集群版本相匹配的插件，由于本书的实体 Hadoop 集群使用的仍然是 2.7.1 版本，因此下载的插件是"hadoop-eclipse-plugin-2.7.1.jar"，读者下载与自己 Hadoop 集群版本相匹配的插件即可，不必拘泥于和本书完全一致。然后，将网络中下载的插件复制到Eclipse 安装路径下的"plugins"文件夹之中，如下图所示。

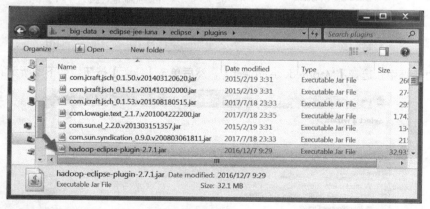

随后，打开 Eclipse，在 Eclipse 菜单栏依次找到【Window】➤【Preferences】➤【Hadoop Map/Reduce】，单击【Browse】按钮，找到 Hadoop 的安装路径，然后先后单击【Apply】和【OK】按钮即可，如下图所示。这里特别需要注意的有两点，一是在这个安装路径中，文件名或文件夹不能有任何空格，否则 Eclipse 会解析失败；二是这个路径指定到"\bin"的上一级目录即可。

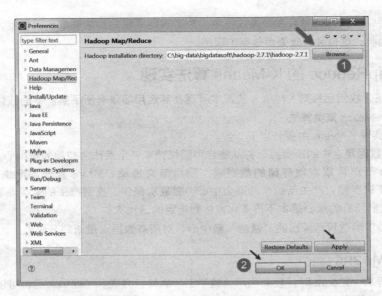

然后，单击 Eclipse 的【File】菜单栏，单击【New】，在展开的菜单栏中，单击【Project】，如下图所示。

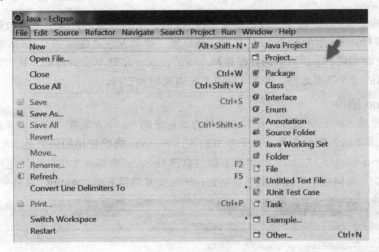

在弹出的对话框中，选择【Map/Reduce Project】，然后单击【Next】按钮，如下图所示。

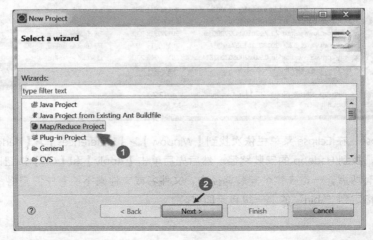

接着，在弹出的对话框中，输入工程名称（Project name）KMeans，然后单击【Finish】按钮完成 MapReduce 工程的创建。

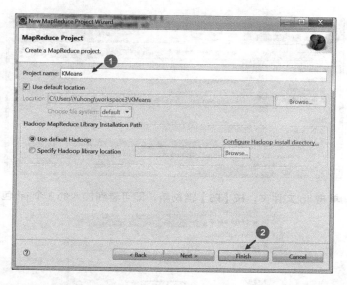

至此，KMeans 工程已经创建完毕，但是如果我们想构建基于"MapReduce"计算框架的业务，比较方便的方法是，把相关的类库导入到这个工程。具体操作流程是，首先我们在 KMeans 工程上，单击鼠标右键选择【New】，在弹出的对话框中选择【Folder】，然后在新弹出的对话框中创建一个名为"lib"的文件夹（这个名字可以任意取，达到望文生义的效果就好），如下图所示。

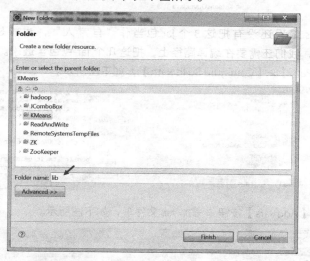

类似于前面讲到的 WordCount 工程，我们暂时导入三个基础 jar 包（如果开发其他程序，还可以导入对应的类库）。假设 HADOOP_HOME 是我们的 Hadoop 安装路径，我们所需的三个 jar 包分别在如下路径。

HADOOP_HOME/share/hadoop/common/hadoop-common-2.7.1.jar
HADOOP_HOME/share/hadoop/mapreduce/hadoop-mapreduce-client-core-2.7.1.jar
HADOOP_HOME/share/hadoop/common/lib/common-cli-1.2.jar

在找到目标 jar 复制（Ctrl+C）后，有两种常用的方式来将外部的 jar 包"粘贴"到本工程中：一种方式是在 Eclipse 中，在"lib"文件上单击鼠标右键，选择"Paste"；另一种方式是直接找到 KMeans 工程的"老家"，在本例中，其路径是"C:\Users\Yuhong\workspace3\KMeans\lib"，然后像普通文件复制（Ctrl+C）、粘贴（Ctrl+V）一样，将目标 jar 文件粘贴至此，如下图所示。

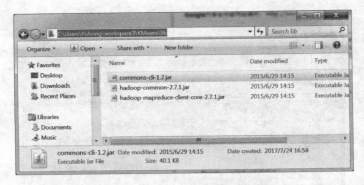

然后在 Eclipse 中，单击 lib 文件夹，按【F5】键刷新，即可看到加入的 3 个 jar 包，如下图所示。

但即使这样，KMeans 工程还没有把这 3 个 jar 包当作"自家人"，也就是说 Eclipse 还是无法解析 MapReduce 的类库。这时，我们还需要在编译路径上，把这几个 jar 包包含进来。选中"KMeans"工程，单击鼠标右键，选择【Build Path】➤【Configure Build Path】，如下图所示。

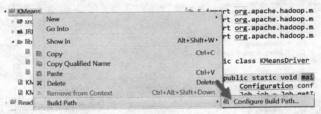

在弹出的对话框单击【Add Jars】按钮（添加 Jar 文件），如下图所示。

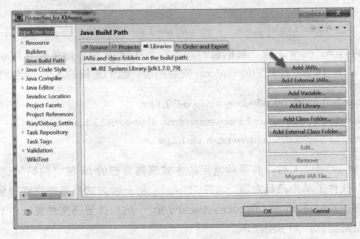

然后在弹出的对话框中，找到 KMeans 的 lib 文件夹，连续选中所需的 3 个文件，如下图所示。

然后单击【OK】按钮，这才完成相关 jar 包的正确导入。

02 编写 K-Means 代码

在安装完毕 MapReduce 插件之后，我们就可以通过新建菜单提供的向导来新建 Mapper、Reducer、MapReduce Driver 三大部件，如下图所示。

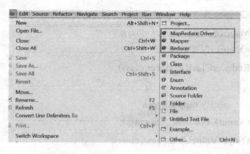

事实上，任何一个 MapReduce 程序大致都包括这三部分。其中 Mapper 和 Reducer 分别对应 Map（映射）和 Reduce（规约）操作，而 MapReduce Driver 对应为配合 Mapper 和 Reducer 操作而做的一些配置工作。下面进行简要介绍。

选中 KMeans 工程的 src 文件夹，然后依次单击【File】➤【New】➤【MapReduce Driver】，在弹出的对话框中输入"KMeansDriver"，这个名称通常是根据具体的业务来取名的，达到见名识意就好。MapReduce 插件会为"KMeansDriver"自动导入相关类包，如 org.apache.hadoop.mapreduce.Mapper、org.apache.hadoop.mapreduce.Reducer 等，如下图所示。

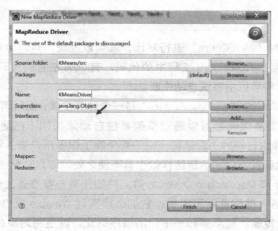

在单击【Finish】按钮后，可以看到，即使我们没有写入一行代码，Eclipse 已在 KMeansDriver.java 中导入很多代码，如下所示。

```
01  import org.apache.hadoop.conf.Configuration;
02  import org.apache.hadoop.fs.Path;
03  import org.apache.hadoop.io.Text;
04  import org.apache.hadoop.mapreduce.Job;
05  import org.apache.hadoop.mapreduce.Mapper;
06  import org.apache.hadoop.mapreduce.Reducer;
07  import org.apache.hadoop.mapreduce.lib.input.FileInputFormat;
08  import org.apache.hadoop.mapreduce.lib.output.FileOutputFormat;
09
10  public class KMeansDriver {
11
12          public static void main(String[] args) throws Exception {
13                  Configuration conf = new Configuration();
14                  Job job = Job.getInstance(conf, "JobName");
15                  job.setJarByClass(KMeansDriver.class);
16                  // TODO: specify a mapper
17                  job.setMapperClass(Mapper.class);
18                  // TODO: specify a reducer
19                  job.setReducerClass(Reducer.class);
20
21                  // TODO: specify output types
22                  job.setOutputKeyClass(Text.class);
23                  job.setOutputValueClass(Text.class);
24
25                  // TODO: specify input and output DIRECTORIES (not files)
26                  FileInputFormat.setInputPaths(job, new Path("src"));
27                  FileOutputFormat.setOutputPath(job, new Path("out"));
28
29                  if (!job.waitForCompletion(true))
30                          return;
31          }
32  }
```

将上述代码和前面提及的"WordCount"进行对比，就可以发现，这部分代码和"WordCount"的 main 方法中的语句十分相似！事实上 WordCount 工程中的代码，有 70% 左右的代码都是 MapReduce 计算范式的模板"套话"，也就是说，它们可以由系统自动生成。

其实，这也体现了"框架"的含义。"MapReduce"是一个计算框架，而所谓框架就是一个工程的半成品，很多基础代码都是一样的，很多代码都可以通过框架系统自动添加的（前面章节提及的 Struts、Spring 和 Hibernate 框架也是依据这个理念行事的）。这样一来，就免除了很多用户输入标准化操作代码的麻烦，用户只需要关注撰写具体的业务代码就可以了。但这样做也有不便之处，即自动化创建的代码不够灵活。

在编写 Mapper、Reducer 和 MapReduce Driver 之前，我们还有一些准备工作要做。因为在 Hadoop 节点间传输重要数据，为确保这些关键信息高可用性，它们必须实现 Writable 接口或 WritableComparable 接口，以便被序列化（Serialization）传输。简单解释一下，所谓序列化，就是将对象的状态信息转换为便于存储或传输的形式。

　　针对 KMeans 工程，第一个需要传输的重要基础数据就是各个点。在 Java 中，一切皆对象！所以对这些点对象的操作和初始化，也需要设计一个类，这里取名为 Instance。基于前面提及的序列化原因，这个新设计的类 Instance 需要实现 Writable 接口。

　　此时，在 Eclipse 创建 Instance 类时，在弹出的新建类（New Java Class）窗口中，单击【Add】按钮添加它的父类 org.apache.hadoop.io.Writable，如下图所示。

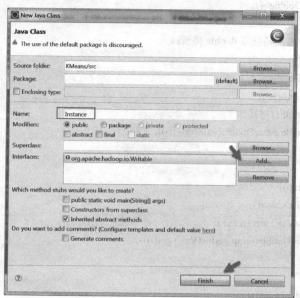
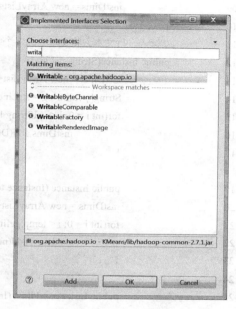

　　利用工具添加 Instance 父类的好处在于，它会自动帮我们添加继承自 Writable 接口的两个接口方法，它们必须在 Instance 类被覆写，否则 Instance 类将无法使用。单击【OK】按钮之后，系统会自动生成如下代码。

```
01        @Override
02        public void write(DataOutput arg0) throws IOException {
03                // TODO Auto-generated method stub
04                }
05        }
06        @Override
07        public void readFields(DataInput arg0) throws IOException {
08                // TODO Auto-generated method stub
09                }
10        }
```

　　作为 KMeans 算法中的某个点，每个点的实例（Instance）其实是有很多维特征的，为了存储这个特征，我们需要在这个 Instance 类设置一个 ArrayList 变量。

　　ArrayList 是一个数组队列，可以视为动态数组。与 Java 中的普通数组相比，它的容量能动态增长，且类型是可调整的。此外，ArrayList 实现 java.io.Serializable 接口，这意味着它是支持序列化的，能通过序列化进行传输。

　　Instance 作为 "数据点" 的定义，还需要支持一些基本的操作，比如说实现构造各种类型、添加或更新某个点对象，点位置的放大（对应乘法）与缩小（对应除法）等方法，具体代码如下所示。

```
01   import java.io.DataInput;
02   import java.io.DataOutput;
```

```java
03  import java.io.IOException;
04  import java.util.ArrayList;
05  import org.apache.hadoop.io.Writable;
06  public class Instance implements Writable {
07          private ArrayList<Double> instDims;  // 实例的多维度特征值
08                  public Instance(){
09                          instDims = new ArrayList<Double>();
10          }
11      // 读入一行文本，将文本中的各个维度的特征以 double 类型读入
12          public Instance(String strLine){
13                          instDims = new ArrayList<Double>();
14                          String[] valString = strLine.split(",");
15                          for(int i = 0; i < valString.length; i++){
16                                  instDims.add(Double.parseDouble(valString[i]));
17                          }
18          }
19                  public Instance (Instance temp){
20                          instDims = new ArrayList<Double>();
21                          for(int i = 0; i < temp.getInstVal().size(); i++){
22                                  instDims.add(new Double(temp.getInstVal().get(i)));
23                          }
24          }
25                  public Instance addInst (Instance inst){
26                          if (instDims.size() == 0){
27                                  return new Instance(inst);
28                          }
29                          else if (inst.getInstVal().size() == 0){
30                                  return new Instance(this);
31                          }
32                          else if (instDims.size() != inst.getInstVal().size()){
33                                  try {
34                                          throw new Exception("Add point failure: dimensions not compatible, "
35                                                  + instDims.size() + ","+ inst.getInstVal().size());
36                                  } catch (Exception e) {
37                                          e.printStackTrace();
38                                          return null;
39                                  }
40                          }
41                          else {
42                                  Instance temp  = new Instance();
43                                  for (int i = 0; i < instDims.size(); i++){
44                                          temp.getInstVal().add(instDims.get(i) + inst.getInstVal().get(i));
45                                  }
46                                  return temp;
47                          }
48          }
```

```java
49              public Instance multiply(double times){
50                      Instance temp = new Instance();
51                      for(int i = 0; i < instDims.size(); i++){
52                              temp.getInstVal().add(instDims.get(i) * times);
53                      }
54                      return temp;
55              }
56                      public Instance divide(double times){
57                      Instance temp = new Instance();
58                      for(int i = 0; i < instDims.size(); i++){
59                              temp.getInstVal().add(instDims.get(i) / times);
60                      }
61                      return temp;
62              }
63              public String toString(){     // 输出对象时，自动转换为相应的字符串值
64                      String str = new String();
65                      for(int i = 0;i < instDims.size() - 1; i++){
66                              str += (instDims.get(i) + ",");
67                      }
68                      str += instDims.get(instDims.size() - 1);
69                      return str;
70              }
71              @Override
72              public void readFields(DataInput arg0) throws IOException {
73                      // TODO Auto-generated method stub
74                      int size = arg0.readInt();
75
76                      instDims = new ArrayList<Double>();
77                      if(size != 0 ){
78                              for (int i = 0; i < size; i++){
79                                      instDims.add(arg0.readDouble());
80                              }
81                      }
82              }
83              @Override
84              public void write(DataOutput arg0) throws IOException {
85                      // TODO Auto-generated method stub
86                      arg0.writeInt(instDims.size()); // 写入维度的大小
87                      for(int i = 0; i < instDims.size(); i++) {
88                              arg0.writeDouble(instDims.get(i));
89                      }
90              }
91              public ArrayList<Double> getInstVal() {
92                      return instDims;
93              }
94              public void setInstVal(ArrayList<Double> instDims) {
```

```
95                    this.instDims = instDims;
96            }
97  }
```

在 K-Means 算法中，每一个 Cluster（簇）都是由多个点构成的。当有关点的类——Instance 设计完成后，下面就需要完成 Cluster 类的设计。

设计这个类的目的在于，保存一个簇的基本信息，包括簇的编号（clusterID）、属于该簇的点的数量（numOfPoints）以及簇的中心点（center），如下所示。

```
private int clusterID;        // 该 cluser 的编号
private long numOfPoints;    // 归属于该 cluser 的点数量
private Instance center;      // 该 cluser 的中心点信息
```

类似的，Cluster 对象作为聚类操作的重要数据，也需要在 Hadoop 网络中传输，这意味着它也需要继承 Writable 接口。在 Eclipse 的操作类似于 Instance 类的设计，添加它的父类"org.apache.hadoop.io.Writable"，如下图所示。

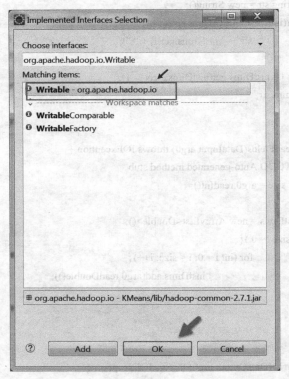

单击【OK】按钮后，系统会为我们加载"标准化"的代码，如下所示。

```
01  import java.io.DataInput;
02  import java.io.DataOutput;
03  import java.io.IOException;
04  import org.apache.hadoop.io.Writable;
05
06  public class Cluster implements Writable {
07          @Override
08          public void readFields(DataInput arg0) throws IOException {
```

```
09                      // TODO Auto-generated method stub
10              }
11              @Override
12              public void write(DataOutput arg0) throws IOException {
13                      // TODO Auto-generated method stub
14              }
15      }
```

然后，我们根据 K-Means 算法的具体业务流程添加我们"个性化"的代码，如下所示。

```
01  import java.io.DataInput;
02  import java.io.DataOutput;
03  import java.io.IOException;
04  import org.apache.hadoop.io.Writable;
05  public class Cluster implements Writable {
06          private int clusterID;
07          private long numOfPoints;
08          private Instance center;
09          public Cluster(){
10                  this.setCenter(new Instance());
11                  this.setClusterID(-1);
12                  this.setNumOfPoints(0);
13          }
14              public Cluster(int clusterID,Instance center){
15              this.setClusterID(clusterID);
16              this.setNumOfPoints(0);
17              this.setCenter(center);
18          }
19              public Cluster(String line){
20              String[] value = line.split(",",3);
21              clusterID = Integer.parseInt(value[0]);
22              numOfPoints = Long.parseLong(value[1]);
23              center = new Instance(value[2]);
24          }
25              public String toString(){
26              String  result = String.valueOf(clusterID) + ","
27                                  + String.valueOf(numOfPoints) + "," + center.toString();
28              return result;
29          }
30          public void observeInstance(Instance instance){
31                  try {
32                          Instance sum = center.multiply(numOfPoints).addInst(instance);
33                          numOfPoints++;
34                          center = sum.divide(numOfPoints);
35                  } catch (Exception e) {
36                          // TODO Auto-generated catch block
```

```
37                              e.printStackTrace();
38                      }
39              }
40              @Override
41              public void readFields(DataInput arg0) throws IOException {
42                      // TODO Auto-generated method stub
43                      clusterID = arg0.readInt();
44                      numOfPoints = arg0.readLong();
45                      center.readFields(arg0);
46              }
47              @Override
48              public void write(DataOutput arg0) throws IOException {
49                      // TODO Auto-generated method stub
50                      arg0.writeInt(clusterID);
51                      arg0.writeLong(numOfPoints);
52                      center.write(arg0);
53              }
54              public int getClusterID() {
55                      return clusterID;
56              }
57              public void setClusterID(int clusterID) {
58                      this.clusterID = clusterID;
59              }
60              public long getNumOfPoints() {
61                      return numOfPoints;
62              }
63              public void setNumOfPoints(long numOfPoints) {
64                      this.numOfPoints = numOfPoints;
65              }
66              public Instance getCenter() {
67                      return center;
68              }
69              public void setCenter(Instance center) {
70                      this.center = center;
71              }
72  }
```

这里我们简要介绍一下在后面常用的一个构造方法 public Cluster(String line)（第 19 ~ 第24 行）。要明白这个构造方法，就需要明白每个簇的存储结构，簇通常以某一行文本来表达，假设某个簇的结构如下所示。

2, 3, 5, 2, 0, 3, 1, 3

在这里，第一个数字"2"表示簇的编号，第二个数字"3"表示 2 号簇中有"3"个数据点，其余数据为这个簇的中心点，这里假设每个点有"6"个特征值，它们分别是"5, 2, 0, 3, 1, 3"。第 20 行使用了 split() 方法，这个方法的第一个参数表明，分割字符串是逗号","，第二个参数表明，分割的部分为 3 块，这样一来，对上述簇就可以分割为以下形式。

2	#该簇的编号
3	#该簇的点个数
5, 2, 0, 3, 1, 3	#该簇的中心位置

由于这些信息的原始存储形式都是字符串，如果想要使用它们，还必须通过一些方法将其转换为可用的数据类型，如 21 行的 "Integer.parseInt(value[0])"，就是把字符串 "2" 转换为整型 "2"，依次类推。需要说明的是，存储簇的数据结构不同，处理的方式自然也是不同的。读者朋友不必拘泥与本书完全一致。

在前面的基础工作完毕后，我们要完成初始 K 个簇中心的选取。在这里，我们仅仅随机地选取 K 个点，其流程为：（1）将簇中心集合设置为空，然后扫描整个数据集合。（2）如果当前的中心簇集合大小小于 K，那么将扫描到的点顺序加入到中心簇集合当中。如果中心簇的集合大小已经为 K，那么将以 1/(k+1) 的概率替换掉中心簇的一个点。（3）将产生的中心簇信息写入到第一个簇 Cluster-0 的目录下，然后将该目录作为全局共享信息，供下一轮计算簇中心所用。

具体到操作层面，我们把簇中心的信息加入 MapReduce 的分布式共享缓存（Distributed Cache）之中。DistributedCache 主要用于 Mapper 和 Reducer 之间共享数据。DistributedCacheFile 缓存在本地文件，在 Mapper 和 Reducer 中都可使用本地 Java I/O 的方式读取它。但需要注意的是，DistributedCacheFile 是只读的，在任务运行前，TaskTracker 会从 JobTracker 文件系统复制中心簇文件，到本地磁盘作为缓存，这是单向的复制，是不能回写的。

为了实现随机选取若干个点作为初始的中心点。为此，我们需要创建一个 RandomClusterGenerator 类来完成这个工作。由于把这个类没有什么可继承的意义，因此可以用 "final" 关键字限制，如下图所示。

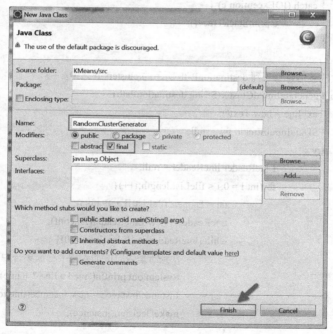

具体的代码如下所示。

```
01  import java.io.IOException;
02  import java.net.URI;
03  import java.util.ArrayList;
04  import java.util.Random;
05  import org.apache.hadoop.conf.Configuration;
```

```
06   import org.apache.hadoop.fs.FSDataInputStream;
07   import org.apache.hadoop.fs.FSDataOutputStream;
08   import org.apache.hadoop.fs.FileStatus;
09   import org.apache.hadoop.fs.FileSystem;
10   import org.apache.hadoop.fs.Path;
11   import org.apache.hadoop.io.Text;
12   import org.apache.hadoop.util.LineReader;
13   public final class RandomClusterGenerator {
14           private int k;
15           private FileStatus[] fileList;
16           private FileSystem fs;
17           private ArrayList<Cluster> kClusters;
18           private Configuration conf;
19           public RandomClusterGenerator(Configuration conf,String filePath,int k){
20                   this.k = k;
21                   try {
22                           fs = FileSystem.get(URI.create(filePath),conf);
23                           fileList = fs.listStatus((new Path(filePath)));
24                           kClusters = new ArrayList<Cluster>(k);
25                           this.conf = conf;
26                   } catch (IOException e) {
27                           e.printStackTrace();
28                   }
29           }
30           // 将初始的簇信息写入到 destinationPath 所示的 clusters-0 之中。
31           public void generateInitialCluster(String destinationPath){
32                   Text line = new Text();
33                   FSDataInputStream fsi = null;
34                   try {
35                           LineReader lineReader = null;
36                           for(int i = 0;i < fileList.length;i++){
37                                   fsi = fs.open(fileList[i].getPath());
38                                   lineReader = new LineReader(fsi,conf);
39                                   while(lineReader.readLine(line) > 0){
40                                           // 判断是否应该加入到中心簇集合中去
41                                           System.out.println("read a line:" + line);
42                                           Instance instance = new Instance(line.toString());
43                                           makeDecision(instance);
44                                   }
45                           }
46                           lineReader.close();
47                   } catch (IOException e) {
48                           e.printStackTrace();
49                   } finally {
50                           try {
```

```
51                              fsi.close();
52                          } catch (IOException e) {
53                              e.printStackTrace();
54                          }
55                      }
56                  writeBackToFile(destinationPath);
57              }
58          public void makeDecision(Instance instance){
59              if(kClusters.size() < k){
60                  Cluster cluster = new Cluster(kClusters.size() + 1, instance);
61                  kClusters.add(cluster);
62              }else{
63                  int choice = randomChoose(k);
64                  if(!(choice == -1)){
65                      int id = kClusters.get(choice).getClusterID();
66                      kClusters.remove(choice);
67                      Cluster cluster = new Cluster(id, instance);
68                      kClusters.add(cluster);
69                  }
70              }
71          }
72          public int randomChoose(int k){
73              Random random = new Random();
74              if(random.nextInt(k + 1) == 0){
75                  return new Random().nextInt(k);
76              }else
77                  return -1;
78          }
79          public void writeBackToFile(String destinationPath){
80              Path path = new Path(destinationPath + "cluster-0/clusters");
81              FSDataOutputStream fsi = null;
82              try {
83                  fsi = fs.create(path);
84                  for(Cluster cluster : kClusters){
85                      fsi.write((cluster.toString() + "\n").getBytes());
86                  }
87              } catch (IOException e) {
88                  e.printStackTrace();
89              } finally {
90                  try {
91                      fsi.close();
92                  } catch (IOException e) {
93                      e.printStackTrace();
94                  }
95              }
```

```
96              }
97   }
```

为了方便求两个数据点之间的距离，所以我们还得继续做些铺垫工作，设计一个求距离的接口 Distance，在默认的包单击鼠标右键，选择【New】➤【Interface】，如下图所示。

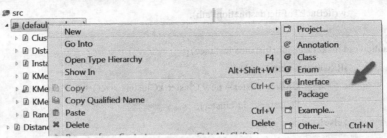

在弹出的对话框中，输入接口的名称 "Distance"，如下图所示。

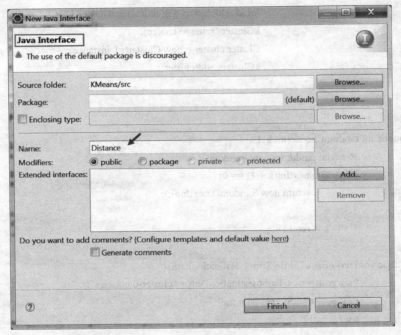

之所以使用接口（Interface）而不是直接使用类（class），主要是出于未来软件的可扩展性考虑。因为虽然本例暂时使用欧式距离来求两点间的距离，但未来还可能使用海明距离、Jaccard 距离等。

在 Distance 的接口中，我们仅仅给出距离的框架，每个点都有很多属性（或称特征），所以参数选用了 List 的泛型，如下所示。

```
01   import java.util.List;
02   public interface Distance<T> {
03             double getDistance(List<T> a,List<T> b) throws Exception;
04   }
```

然后，我们设计一个具体能求欧几里得距离的类 EuclideanDistance，它继承了 Distance 接口，在 Eclipse 中添加父类接口的方法如下图所示。

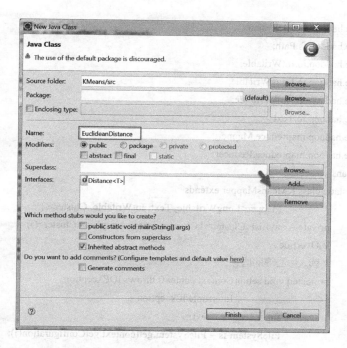

具体代码如下所示。

```
01  import java.util.List;
02  public class EuclideanDistance<T extends Number> implements Distance<T> {
03          @Override
04          public double getDistance(List<T> a, List<T> b) throws Exception {
05                  if(a.size() != b.size())
06                          throw new Exception("两点的特征维度大小不兼容！");
07                  else{
08                          double sum = 0.0;
09                          for(int i = 0;i < a.size();i++){
10                                  sum += Math.pow(a.get(i).doubleValue() - b.get(i).doubleValue(), 2);
11                          }
12                          sum = Math.sqrt(sum);
13                          return sum;
14                  }
15          }
16  }
```

在前面的"基础设施"铺垫完毕之后，下面我们就可以开展关于"KMeans"的 Mapper 和 Reducer 的设计了。首先我们创建一个 KMeans 类，在这个类中，让其包括 Mapper 和 Reducer 这两个静态子类，代码如下所示。

```
01  import java.io.BufferedReader;
02  import java.io.IOException;
03  import java.io.InputStreamReader;
04  import java.util.ArrayList;
05  import org.apache.hadoop.fs.FSDataInputStream;
06  import org.apache.hadoop.fs.FileStatus;
```

```
07   import org.apache.hadoop.fs.FileSystem;
08   import org.apache.hadoop.fs.Path;
09   import org.apache.hadoop.io.IntWritable;
10   import org.apache.hadoop.io.LongWritable;
11   import org.apache.hadoop.io.NullWritable;
12   import org.apache.hadoop.io.Text;
13   import org.apache.hadoop.mapreduce.Mapper;
14   import org.apache.hadoop.mapreduce.Reducer;
15   public class KMeans {
16          public static class KMeansMapper extends
17                          Mapper<LongWritable, Text, IntWritable, Cluster> {
18              private ArrayList<Cluster> kClusters = new ArrayList<Cluster>();
19              @Override
20              // 读入中心簇的信息
21              protected void setup(Context context) throws IOException,
22                          InterruptedException {
23                  super.setup(context);
24                  FileSystem fs = FileSystem.get(context.getConfiguration());
25                  FileStatus[] fileList = fs.listStatus(new Path(context
26                                  .getConfiguration().get("clusterPath")));
27                  BufferedReader in = null;
28                  FSDataInputStream fsi = null;
29                  String line = null;
30                  for (int i = 0; i < fileList.length; i++) {
31                      if (!fileList[i].isDirectory()) {
32                          fsi = fs.open(fileList[i].getPath());
33                          in = new BufferedReader(new InputStreamReader(fsi, "UTF-8"));
34                          while ((line = in.readLine()) != null) {
35                              System.out.println("read a line:" + line);
36                              Cluster cluster = new Cluster(line);
37                              cluster.setNumOfPoints(0);
38                              kClusters.add(cluster);
39                          }
40                      }
41                  }
42                  in.close();
43                  fsi.close();
44              }
45              @Override
46              // 读取一行然后寻找离该点最近的簇发射 (clusterID,instance)
47              public void map(LongWritable key, Text value, Context context)
48                          throws IOException, InterruptedException {
49                  Instance instance = new Instance(value.toString());
50                  int id;
51                  try {
52                      id = getNearest(instance);
```

```
53                              if (id == -1)
54                                  throw new InterruptedException("id == -1");
55                              else {
56                                  Cluster cluster = new Cluster(id, instance);
57                                  cluster.setNumOfPoints(1);
58                                  System.out.println("The current cluster is:"
59                                      + cluster.toString());
60                                  context.write(new IntWritable(id), cluster);
61                              }
62                          } catch (Exception e) {
63                              e.printStackTrace();
64                          }
65                      }
66          // 返回离 instance 最近的簇的 ID
67          public int getNearest(Instance instance) throws Exception {
68              int id = -1;
69              double distance = Double.MAX_VALUE;
70              Distance<Double> distanceMeasure = new EuclideanDistance<Double>();
71              double newDis = 0.0;
72              for (Cluster cluster : kClusters) {
73                  newDis = distanceMeasure.getDistance(cluster.getCenter()
74                      .getInstVal(), instance.getInstVal());
75                  if (newDis < distance) {
76                      id = cluster.getClusterID();
77                      distance = newDis;
78                  }
79              }
80              return id;
81          }
82          public Cluster getClusterByID(int id) {
83              for (Cluster cluster : kClusters) {
84                  if (cluster.getClusterID() == id)
85                      return cluster;
86              }
87              return null;
88          }
89      }
90      public static class KMeansCombiner extends
91              Reducer<IntWritable, Cluster, IntWritable, Cluster> {
92          public void reduce(IntWritable key, Iterable<Cluster> value,
93                  Context context) throws IOException, InterruptedException {
94              Instance instance = new Instance();
95              int numOfPoints = 0;
96              for (Cluster cluster : value) {
97                  numOfPoints += cluster.getNumOfPoints();
98                  System.out.println("Cluster is :" + cluster.toString());
```

```
99                                            instance = instance.addInst(cluster.getCenter().multiply(
100                                                          cluster.getNumOfPoints()));
101                                      }
102                              Cluster cluster = new Cluster(key.get(),
103                                                instance.divide(numOfPoints));
104                              cluster.setNumOfPoints(numOfPoints);
105                              System.out.println("Combiner emit cluster :" + cluster.toString());
106                              context.write(key, cluster);
107                      }
108              }
109
110      public static class KMeansReducer extends
111                      Reducer<IntWritable, Cluster, NullWritable, Cluster> {
112              public void reduce(IntWritable key, Iterable<Cluster> value,
113                      Context context) throws IOException, InterruptedException {
114                      Instance instance = new Instance();
115                      int numOfPoints = 0;
116                      for (Cluster cluster : value) {
117                              numOfPoints += cluster.getNumOfPoints();
118                              instance = instance.addInst(cluster.getCenter().multiply(
119                                              cluster.getNumOfPoints()));
120                      }
121                      Cluster cluster = new Cluster(key.get(),
122                                        instance.divide(numOfPoints));
123                      cluster.setNumOfPoints(numOfPoints);
124                      context.write(NullWritable.get(), cluster);
125              }
126      }
127  }
```

这里简要地介绍一下代码。KMeansMapper 类继承自父类框架 Mapper。计算框架 Mapper 拥有 4 个参数，分别代表（KeyIn，ValueIn）和（KeyOut， ValueOut），但这 4 个类型都是泛型，它们可以根据具体的业务指定具体的类型，这里分别是 <LongWritable, Text, IntWritable, Cluster>。

下面我们解释一下为什么是这四种数据类。由于这是 KMeans 的简易测试程序，因此样本点数据非常简单，并以文本文件的形式给出，部分样本数据如下所示。

```
0,2,5,0,2,2
2,1,4,5,4,3
4,1,4,3,3,2
0,3,2,2,0,1
1,0,2,1,0,4
1,4,3,4,3,1
3,2,3,0,2,5
5,3,2,2,1,3
```

Map 的主要工作就是分割并分发数据到不同计算节点。从样本点数据的形式，很容易设计 Mapper 方法的前两个参数（KeyIn，ValueIn），它们分别是 LongWritable 和 Text。其中 LongWritable 代表行号，对于单一文本文件，由于行号是唯一的，因此可以作为输入的 Key，而 Text 表示行号对应的数据。比如第 0 行：KeyIn = 0（长整型），ValueIn = "0,2,5,0,2,2"（字符串）。但是需要注意的是，Java 中的整型或字符串类型并不直接适用于网络传输，为此 Hadoop 分别提供了 LongWritable 和 Text 类型，分别取代 Java 中的 "long int" 和 "String"。

在了解 KMeans 中 Mapper 中的前两个参数的含义后，下面我们再分析一下 Mapper 的输出参数（KeyOut, ValueOut）的含义。很明显，KMeans 算法的本质，就是要判断每个数据点距离哪个中心簇最近，也就是说要输出某个中心簇的 ID（整型）和簇的具体信息（Cluster 类型），而出于序列化的需求，它们分别对应 IntWritable 和 Cluster。在前面设计 Cluster 类时，我们已经让其继承了 Writable 接口，并覆写了其中的 readFields() 和 write() 方法，因此可以直接使用。

在每个 Map 任务开始之前，需要调用 setup 方法，借此读入分布式缓存中的初始化中心簇的信息（第 21～第44 行）。在第 49 行，从文本中读取一行数据，实际就是某个实例点的信息。在 map 方法中的第 52 行，调用了 getNearest() 方法，它返回距离当前数据点最近的中心簇编号。这个方法设计在第 67～第81 行，这里使用了简单的欧几里得距离来计算当前节点和各个中心点的距离，然后返回最近簇的编号（ID）。

第 56 行，将中心簇编号和这个点实例的信息存储起来。第 60 行，把当前中心簇的 ID 号，第 60 行输出的 Cluster 存储在 MapReduce 的上下文（context）中，这个上下文提供了 Reducer 的输入信息。现在我们在 Cluster 类中观察一下完成第 56 行任务的实现代码，也就是构造方法 Cluster(int clusterID,Instance center) 的代码，如下所示。

```
01        public Cluster(int clusterID,Instance center){
02                this.setClusterID(clusterID);
03                this.setNumOfPoints(0);
04                this.setCenter(center);
05        }
```

为什么要观察这个代码呢？这是因为它的设计与下面的 Mapper 和 Reducer 的输出格式密切相关。因为 Mapper 的输出就是 Reducer 的输入。为了方便讨论，假设我们就有两个簇（即 K=2），针对前文给出的样本数据，map 操作后，在 context 可能会有如下表所示的结果。

	ClusterID（中心簇 ID）	NumOfPoints（簇中点的个数）	Cluster Center（簇中心点）
map 1	0	0	0,2,5,0,2,2
	1	0	4,1,4,3,3,2
	1	0	2,1,4,5,4,3
map 2	0	0	3,2,3,0,2,5
	0	0	0,3,2,2,0,1
	1	0	1,4,3,4,3,1
	1	0	5,3,2,2,1,3

显然，当前的计算结果，并不是我们想要的。因为每个中心簇隶属的点的个数都是 0，而且每个点的中心簇都是本身。事实上，我们需要的结果可能如下表所示。

ClusterID（中心簇 ID）	NumOfPoints（簇中点的个数）	Cluster Center（簇中心点）
0	1+1+1=3（汇总中心簇 0 的点实例个数）	0,2,5,0,2,2 3,2,3,0,2,5 0,3,2,2,0,1 （由这些点的均值计算簇中心）
1	1+1+1+1=4（汇总中心簇 1 的点实例个数）	4,1,4,3,3,2 2,1,4,5,4,3 1,4,3,4,3,1 5,3,2,2,1,3 （由这些点的均值计算簇中心）

为了达到如上表所示的结果，我们需要统计每一个临时中心簇的所有点信息，而这个工作就需要

Reducer 来完成。事实上，为了减轻网络数据传输的开销，常见的办法是，对每个 Map 端产生的结果做局部性的 Reduce，这就是 Combiner（局部合并）方法的由来（KMeans 类的第 90~第108 行）。

需要注意的是，Combiner 输出的键（key）和值（value）类型必须和 Map 输出的"键值对"类型完全一致。因为 Combiner 的启用与否，还取决于 Hadoop 的计算负载情况，在负载较轻时，或许 Combiner 压根不被采用，此时 Mapper 的输出直接送到 Reducer 端计算。

假设有两个 Map 参与运算，而 Combiner 也参与局部规约合并的话，那么 Map 端的输出如下表所示。

	ClusterID（中心簇 ID）	NumOfPoints（簇中点的个数）	Cluster Center（簇中心点）
Combiner 1	0	1（汇总中心簇 0 的点实例个数）	0,2,5,0,2,2（由这些点计算临时簇中心 0）
	1	1+1=2（汇总中心簇 1 的点实例个数）	4,1,4,3,3,2 2,1,4,5,4,3（由这些点计算临时簇中心 1）
Combiner 2	0	1+1=2（汇总中心簇 0 的点实例个数）	3,2,3,0,2,5 0,3,2,2,0,1（由这些点计算临时簇中心 0）
	1	1+1=2（汇总中心簇 1 的点实例个数）	1,4,3,4,3,1 5,3,2,2,1,3（由这些点计算临时簇中心 1）

由于 KMeansCombiner（第 90~第108 行）完成的工作和 KMeansReducer（第 110~第 126 行）的工作几乎一样，所以它们的父类也都是 Reducer。所不同的是，KMeansReducer 是在 KMeansCombiner 的基础上做了进一步的归并处理而已。

KMeans 程序写到这里，似乎快完工了，但其实不然。这里有两个方面的原因：一是上述 Map 和 Reduce 过程，其本质工作是找最佳簇中心。这是个多次迭代过程，每次迭代，都要调用上面的 Map 和 Reduce 方法。迭代的终止条件是，要么通过比较前后两次簇中心的差异度，如果差异度足够小，就认为达到收敛条件，停止迭代，要么是达到一定的迭代次数，强行停止。

另一个方面的原因是，在抵达收敛条件满足后，输出的结果（即最佳簇中心）还不是我们想要的最终结果。我们所需的最终结果是，根据最后"尘埃落定"的簇中心，再对输入文件中的所有点实例进行划分簇，然后把所有实例点按照诸如（实例点，所属簇 id）这样的格式写进最后的结果文件。这个过程依然是个 Map 和 Reduce 过程，所不同的是，这个过程的迭代次数为 1。

有了前面的分析基础，最后的一次 Map 就非常简单，因为二者基本相同。为此，我们创建一个 KMeansCluster 类来完成这项工作，具体代码如下所示。

```
01  import java.io.BufferedReader;
02  import java.io.IOException;
03  import java.io.InputStreamReader;
04  import java.util.ArrayList;
05  import org.apache.hadoop.fs.FSDataInputStream;
06  import org.apache.hadoop.fs.FileStatus;
07  import org.apache.hadoop.fs.FileSystem;
08  import org.apache.hadoop.fs.Path;
09  import org.apache.hadoop.io.IntWritable;
10  import org.apache.hadoop.io.LongWritable;
11  import org.apache.hadoop.io.Text;
12  import org.apache.hadoop.mapreduce.Mapper;
13  public class KMeansCluster {
```

```
14          public static class KMeansClusterMapper extends
15                      Mapper<LongWritable, Text, Text, IntWritable> {
16              private ArrayList<Cluster> kClusters = new ArrayList<Cluster>();
17              @Override
18              protected void setup(Context context) throws IOException,
19                              InterruptedException {
20                  super.setup(context);
21                  FileSystem fs = FileSystem.get(context.getConfiguration());
22                  FileStatus[] fileList = fs.listStatus(new Path(context
23                              .getConfiguration().get("clusterPath")));
24                  BufferedReader in = null;
25                  FSDataInputStream fsi = null;
26                  String line = null;
27                  for (int i = 0; i < fileList.length; i++) {
28                          if (!fileList[i].isDirectory()) {
29                              fsi = fs.open(fileList[i].getPath());
30                              in = new BufferedReader(new InputStreamReader(fsi, "UTF-8"));
31                                  while ((line = in.readLine()) != null) {
32                                      System.out.println("read a line:" + line);
33                                      Cluster cluster = new Cluster(line);
34                                      cluster.setNumOfPoints(0);
35                                      kClusters.add(cluster);
36                                  }
37                          }
38                  }
39                  in.close();
40                  fsi.close();
41              }
42              @Override
43              public void map(LongWritable key, Text value, Context context)
44                          throws IOException, InterruptedException {
45                  Instance instance = new Instance(value.toString());
46                  int id;
47                  try {
48                          id = getNearest(instance);
49                          if (id == -1)
50                                  throw new InterruptedException("id == -1");
51                          else {
52                                  context.write(value, new IntWritable(id));
53                          }
54                  } catch (Exception e) {
55                          // TODO Auto-generated catch block
56                          e.printStackTrace();
57                  }
58              }
```

```
59              public int getNearest(Instance instance) throws Exception {
60                      int id = -1;
61                      double distance = Double.MAX_VALUE;
62              Distance<Double> distanceMeasure = new EuclideanDistance<Double>();
63                      double newDis = 0.0;
64                      for (Cluster cluster : kClusters) {
65                          newDis = distanceMeasure.getDistance(cluster.getCenter()
66                              .getInstVal(), instance.getInstVal());
67                              if (newDis < distance) {
68                                  id = cluster.getClusterID();
69                                  distance = newDis;
70                              }
71                      }
72                      return id;
73              }
74      }
75  }
```

需要注意的是，在这个 KMeansCluster 类中，是没有 Reducer 的。因为它不再需要 Mapper 之后的统计工作。

前面的 Map 和 Reduce 框架基本搭建完毕，现在需要运行它们了，这时还需要一个"统帅"来调配它们。这个"统帅"就是 MapReduce Driver，在前面的小节中，我们已经通过 Hadoop 插件产生过这个类，它自动生成了很多"标准化"代码，但并不够，还需要我们添加一些个性化的配置，具体代码如下所示。

```
01  import org.apache.hadoop.conf.Configuration;
02  import org.apache.hadoop.fs.Path;
03  import org.apache.hadoop.io.Text;
04  import org.apache.hadoop.io.IntWritable;
05  import org.apache.hadoop.io.NullWritable;
06  import org.apache.hadoop.mapreduce.Job;
07  import org.apache.hadoop.mapreduce.lib.input.FileInputFormat;
08  import org.apache.hadoop.mapreduce.lib.output.FileOutputFormat;
09  import java.io.IOException;
10
11  public class KMeansDriver {
12          private int k;
13          private int iterationNum;
14          private String sourcePath;
15          private String outputPath;
16          private Configuration conf;
17          public KMeansDriver(int k, int iterationNum, String sourcePath, String outputPath, Configuration conf){
18                  this.k = k;
19                  this.iterationNum = iterationNum;
20                  this.sourcePath = sourcePath;
21                  this.outputPath = outputPath;
22                  this.conf = conf;
```

```
23                        }
24              public void clusterCenterJob() throws IOException, InterruptedException, ClassNotFoundException{
25                        // 循环迭代寻找 "最佳" 簇中心点
26                            for(int i = 0;i < iterationNum; i++){
27                                    Job clusterCenterJob = Job.getInstance(conf);
28                                    clusterCenterJob .setJobName("clusterCenterJob" + i);
29                                    clusterCenterJob .setJarByClass(KMeans.class);
30              clusterCenterJob.getConfiguration().set("clusterPath", outputPath + "/cluster-" + i +"/");
31                                    clusterCenterJob.setMapperClass(KMeans.KMeansMapper.class);
32                                    clusterCenterJob.setMapOutputKeyClass(IntWritable.class);
33                                    clusterCenterJob.setMapOutputValueClass(Cluster.class);
34                                    clusterCenterJob.setCombinerClass(KMeans.KMeansCombiner.class);
35                                    clusterCenterJob.setReducerClass(KMeans.KMeansReducer .class);
36                                    clusterCenterJob.setOutputKeyClass(NullWritable.class);
37                                    clusterCenterJob.setOutputValueClass(Cluster.class);
38                                    FileInputFormat.addInputPath(clusterCenterJob, new Path(sourcePath));
39              FileOutputFormat.setOutputPath(clusterCenterJob, new Path(outputPath + "/cluster-" + (i + 1) +"/"));
40                                    if (!clusterCenterJob.waitForCompletion(true))
41                                            return;
42                                    System.out.println("Center clusters found!");
43                            }
44                    }
45              public void KMeansClusterLast() throws IOException, InterruptedException, ClassNotFoundException{
46                            Job kMeansClusterJob = Job.getInstance(conf);
47                            kMeansClusterJob.setJobName("KMeansClusterJob");
48                            kMeansClusterJob.setJarByClass(KMeansCluster.class);
49              kMeansClusterJob.getConfiguration().set("clusterPath", outputPath + "/cluster-" + (iterationNum - 1) +"/");
50                            kMeansClusterJob.setMapperClass(KMeansCluster.KMeansClusterMapper.class);
51                            kMeansClusterJob.setMapOutputKeyClass(Text.class);
52                            kMeansClusterJob.setMapOutputValueClass(IntWritable.class);
53                            kMeansClusterJob.setNumReduceTasks(0);
54                            FileInputFormat.addInputPath(kMeansClusterJob, new Path(sourcePath));
55              FileOutputFormat.setOutputPath(kMeansClusterJob, new Path(outputPath + "/clusteredInstances" + "/"));
56                            if (!kMeansClusterJob.waitForCompletion(true))
57                                    return;
58                            System.out.println("All done!");
59                    }
60              public void generateInitialCluster(){
61              RandomClusterGenerator generator = new RandomClusterGenerator(conf, sourcePath, k);
62                            generator.generateInitialCluster(outputPath + "/");
63                    }
64              public static void main(String[] args) throws Exception {
65                            Configuration conf = new Configuration();
66                            System.out.println("Clustering...");
67                            int k = Integer.parseInt(args[0]);          // 获取聚类的个数
68                            int iterationNum = Integer.parseInt(args[1]); // 迭代的次数
```

```
69                    String sourcePath = args[2];        // 数据点文件路径
70                    String outputPath = args[3];        // 输出（数据点，簇ID）文件路径
71            KMeansDriver driver = new KMeansDriver(k, iterationNum, sourcePath, outputPath, conf);
72                    driver.generateInitialCluster();
73                    System.out.println("Initialization Done");
74                    driver.clusterCenterJob();
75                    driver.KMeansClusterLast();
76                }
77            }
```

21.4.4 在 Hadoop 集群运行 KMeans

在前面的代码编写完毕后，下面的工作就是将 KMeans 工程打成 jar 包，然后复制到 Hadoop 集群解释执行。打包的过程如下所示。首先选中 "KMeans" 工程，然后单击【File】，选择【Export】菜单，接着在弹出的对话框中，选择 "JAR file"，如果不方便找到，可以在上面的对方框中，输入 "jar" 来查询，如下图所示。

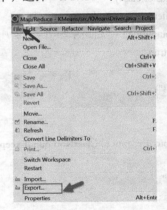
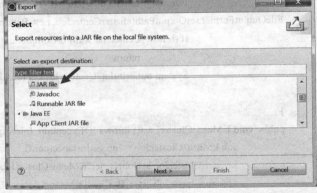

找到 "JAR file" 之后，单击【Next】按钮，出现如下图所示的对话框。单击【Browse】按钮可以指定 "JAR" 文件的存放路径。

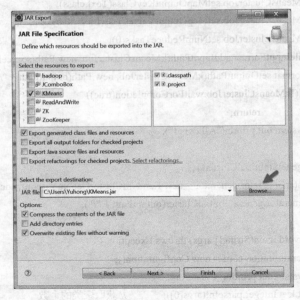

配置好"JAR"文件的输出路径后，单击【Next】按钮，进入如左下图所示界面。然后单击【Browse】按钮指定这个 JAR 文件的主类（Main class）。因为这个工程中会产生多个类，这样明确指定运行的主类，在后期 Hadoop 集群运行时，就不需要手动指定主类了。

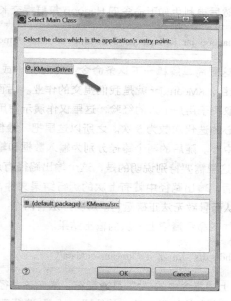

然后，我们可以借助 WinSCP 或 Xmanager 来远程登录 Hadoop 集群。这样做的目的在于，可以非常方便地在 Windows 和 Linux 之间传递文件。这里我们使用的是 WinSCP。利用 WinSCP 登录 Hadoop 集群之后，在WinSCP 的左边窗口找到所需上传的文件 KMeans.jar 和 Instance.txt（这是一个点对象样本文件，如左下图所示），然后通过拖拉的方式，把这两个文件复制到 Linux 的指定文件夹，如右下图所示。

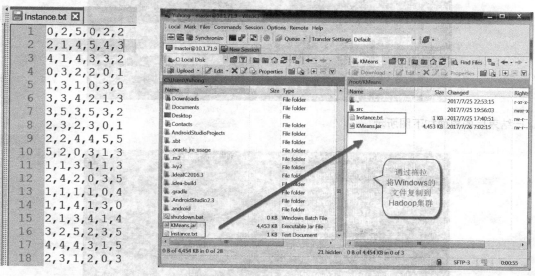

然后，我们通过 Putty 或 Xshell 等远程登录软件，以命令行的模式登录 Hadoop 集群。然后利用如下命令在 HDFS 上创建两个文件目录。

```
hdfs dfs -mkdir /kmeans-indata
hdfs dfs -mkdir /kmeans-outdata
```

假设我们已在 Instance.txt 文件所处的路径下，然后利用如下命令将该文件复制到 HDFS 的 kmeans-indata

路径下。

```
hdfs dfs -put Instance.txt /kmeans-indata
```

然后再利用如下命令向 Hadoop 集群提交 KMeans.jar 任务。

```
hadoop  jar KMeans.jar  3  5  /kmeans-indata  /kmeans-outdata
```

  这里简单解释一下这条命令：hadoop（或 yarn）是作业提交命令，其后的 jar 参数表明提交的作业是一个 jar 包，KMeans.jar 就是我们提交的作业。后面的数字"3"表示这个 KMeans 的簇大小 K=3，这个值的准确判定取决于用户个人的经验，这里仅作演示使用，不做深层次讨论。再后面的数字"5"表示，寻找"最佳"簇中心的迭代次数为 5 次。之所以这里把"最佳"打上引号，是因为事实上很难通过迭代次数找到真正最佳的簇中心。随后的两个路径分别为输入数据和输出数据的路径。

  这里需要特别说明的是，这个输出路径有点讲究，它是"一次性"的，也就是说，在成功运行一次聚类任务后，输出路径中就有上次的运行结果文件，而新的作业在输出结果时，没有权限覆盖它们，所以就会报错，从而导致无法正确运行。解决办法有两个：（1）新建一个输出路径，然后在运行参数上做对应修改。（2）使用如下命令清空上一次的输出结果。

```
hdfs dfs  -rm  -r  -f / kmeans-outdata/*
```

  上述指令中的"*"是通配符，表示该路径下的所有文件（夹）。"-r"选项表示递归处理，将指定目录下的所有文件与子目录一并处理。"-f"选项表示强制删除文件或目录。

  提交作业任务的界面如下图所示。

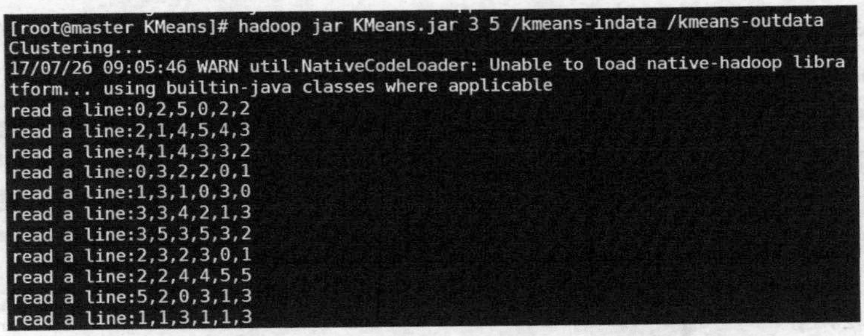

```
[root@master KMeans]# hadoop jar KMeans.jar 3 5 /kmeans-indata /kmeans-outdata
Clustering...
17/07/26 09:05:46 WARN util.NativeCodeLoader: Unable to load native-hadoop libra
tform... using builtin-java classes where applicable
read a line:0,2,5,0,2,2
read a line:2,1,4,5,4,3
read a line:4,1,4,3,3,2
read a line:0,3,2,2,0,1
read a line:1,3,1,0,3,0
read a line:3,3,4,2,1,3
read a line:3,5,3,5,3,2
read a line:2,3,2,3,0,1
read a line:2,2,4,4,5,5
read a line:5,2,0,3,1,3
read a line:1,1,3,1,1,3
```

  运行结束后的界面如下图所示。

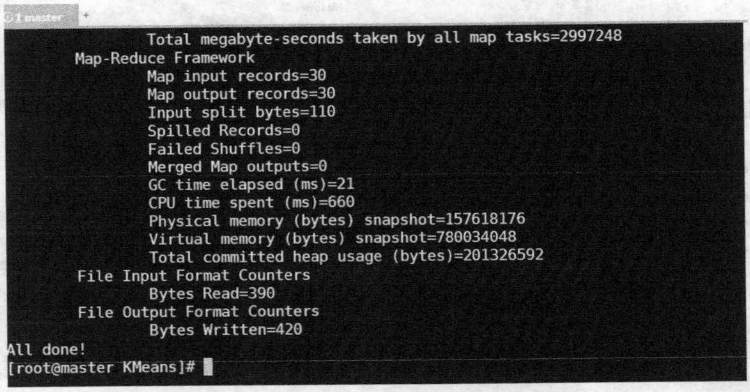

```
                          Total megabyte-seconds taken by all map tasks=2997248
            Map-Reduce Framework
                          Map input records=30
                          Map output records=30
                          Input split bytes=110
                          Spilled Records=0
                          Failed Shuffles=0
                          Merged Map outputs=0
                          GC time elapsed (ms)=21
                          CPU time spent (ms)=660
                          Physical memory (bytes) snapshot=157618176
                          Virtual memory (bytes) snapshot=780034048
                          Total committed heap usage (bytes)=201326592
            File Input Format Counters
                          Bytes Read=390
            File Output Format Counters
                          Bytes Written=420
All done!
[root@master KMeans]#
```

  在聚类作业运行过程中，我们也可以在 Web 浏览器上输入"IP 地址:8088"来查看运行情况，如下图所示。

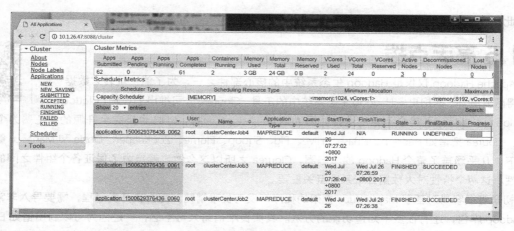

在运行完毕后，我们可以通过如下命令在输出目录查看输出结果。

hdfs dfs -ls /kmeans-outdata

```
[root@master KMeans]# hdfs dfs -ls /kmeans-outdata
17/07/26 09:20:06 WARN util.NativeCodeLoader: Unable to load native-hadoop library for your
 platform... using builtin-java classes where applicable
Found 7 items
drwxr-xr-x   - root supergroup          0 2017-07-26 09:05 /kmeans-outdata/cluster-0
drwxr-xr-x   - root supergroup          0 2017-07-26 09:06 /kmeans-outdata/cluster-1
drwxr-xr-x   - root supergroup          0 2017-07-26 09:06 /kmeans-outdata/cluster-2
drwxr-xr-x   - root supergroup          0 2017-07-26 09:06 /kmeans-outdata/cluster-3
drwxr-xr-x   - root supergroup          0 2017-07-26 09:07 /kmeans-outdata/cluster-4
drwxr-xr-x   - root supergroup          0 2017-07-26 09:07 /kmeans-outdata/cluster-5
drwxr-xr-x   - root supergroup          0 2017-07-26 09:07 /kmeans-outdata/clusteredInstanc
es
[root@master KMeans]#
```

最终数据点的划分的簇信息存储在"/kmeans-outdata/clusteredInstances"文件下，可以利用如下命令查看。

hdfs dfs -ls /kmeans-outdata/clusteredInstances

```
[root@master KMeans]# hdfs dfs -ls /kmeans-outdata/clusteredInstances
17/07/26 09:23:52 WARN util.NativeCodeLoader: Unable to load native-hadoop library for your
 platform... using builtin-java classes where applicable
Found 2 items
-rw-r--r--   3 root supergroup          0 2017-07-26 09:07 /kmeans-outdata/clusteredInstanc
es/_SUCCESS
-rw-r--r--   3 root supergroup        420 2017-07-26 09:07 /kmeans-outdata/clusteredInstanc
es/part-m-00000
[root@master KMeans]#
```

如果目录中有 SUCCESS 字样，代表我们的任务运行成功。

下面我们通过如下指令显示运行结果。

hdfs dfs -cat /kmeans-outdata/clusteredInstances/*

```
[root@master KMeans]# hdfs dfs -cat /kmeans-outdata/clusteredInstances/*
17/07/26 09:26:49 WARN util.NativeCodeLoader: Unable to load native-hadoop library for your
 platform... using builtin-java classes where applicable
0,2,5,0,2,2      3
2,1,4,5,4,3      1
4,1,4,3,3,2      1
0,3,2,2,0,1      3
1,3,1,0,3,0      3
3,3,4,2,1,3      2
3,5,3,5,3,2      1
2,3,2,3,0,1      3
2,2,4,4,5,5      1
5,2,0,3,1,3      2
1,1,3,1,1,3      3
2,4,2,0,3,5      2
1,1,1,1,0,4      3
1,1,4,1,3,0      3
```

至此，我们看到所有的点对象都有了它们的"最佳"簇中心，也就是 KMeans 分类成功！

▶ 21.5 高手点拨

1. Apache Hadoop 仅仅是 Hadoop 生态系统中的核心部件之一，为了能"玩转大数据"，读者还得敞开胸怀，拥抱更多 Hadoop 生态系统中的工具。Clourera 公司推出的 CDH（Cloudera's Distribution for Hadoop）是个不错的选择。同 Apache Hadoop 一样，CDH 也是完全开源的，免费为个人和商业使用。Clourea 把诸如 Hadoop、HBase、Hive、Pig、Sqoop、Flume、ZooKeeper、Oozie 和 Mahaout 等部件均纳入麾下，几乎涵盖了整个 Hadoop 的生态圈，Clourea 之所以这么做，就是为了保证各个组件之间的兼容性和稳定性。这两个特性对大数据分析系统至关重要。

2. 初学者很容易对基于 MapReduce 框架的程序开发有畏难情绪。因为在开发过程，需要导入非常多不熟悉的 Hadoop 库包，还有很多不知道功能的方法。其实畏难情绪大可不必，一是因为可以利用诸如 Eclipse 和 IntelliJ IDEA 等集成开发环境，在必要的配置之后，大部分难记或难用的类库都可以自动导入。二是开发程序就是一个熟练活。所谓的高手，不过是"无他，但手熟尔。"多开发几次 MapReduce 框架的程序，就会发现，很多代码都"长得"差不多，一些包或方法用熟悉了，你就会信手拈来。

3. Mahout 是 Apache Software Foundation（ASF）旗下的一个开源项目。它提供一些机器学习领域的经典算法实现，旨在帮助开发人员更加方便快捷地开发数据挖掘的应用程序。Mahout 中包括了聚类、分类、推荐过滤、频繁子项挖掘等诸多算法的实现。所以，除了学习的初级阶段，为了理解数据挖掘算法，可以自己动手写一些算法。在实用阶段，读者就没有必要一定"亲力亲为"，采用更加成熟的大数据算法库，开发效率会更加高效。

21.6 实战练习

K 近邻算法（K Nearest Neighbors，KNN）也是非常流行的机器学习算法。KNN 的基本思想是，给定一个训练数据集，对新的输入实例，在训练数据集中找到与该实例最邻近的 K 个实例（也就是所谓的 K 个邻居），这 K 个实例的多数属于某个类，就把这个输入实例分类到这个类中。请尝试设计基于 MapReduce 计算框架实现 KNN 算法。

附录：全分布式 Hadoop 集群的构建

Hadoop 最早就是在 Linux 平台上开发的，因此建议读者在 Linux 上安装 Hadoop。本书采用的操作系统为 CentOS 7.2，其他的 Linux 发行版本也可参照配置。同时考虑到很多读者身边并没有真实的服务器集群可供实验，我们利用虚拟机（VMware Workstation 12）来模拟一个集群，让读者对搭建 Hadoop 集群有个感性认识，有条件的读者可以使用真实的集群环境进行实验。

▶ 安装 CentOS 7

社区企业操作系统（Community Enterprise Operating System，CentOS）是 Linux 主要发行版之一，它由 "红帽企业 Linux（Red Hat Enterprise Linux，RHEL）" 依照开放源代码规定而释出的源代码编译而成。

安装 CentOS 7，首先需要从 CentOS 7 官网下载所需的版本（对于搭建简单的 Hadoop 集群而言，下面 3 个版本均可完成目的），如下图所示。

对于学习 Hadoop 而言，使用 Minimal 版本完全可以满足需求，这样能有效地控制虚拟机（或实体服务器）的安装体积，但是 Minimal 版本只提供核心的安装包，必要时需要用户多次手动下载所需要的软件，为方便起见，我们使用相对完整的 ISO 安装文件。

ISO 安装文件下载好之后，启动虚拟机软件 VMware，单击菜单【文件】➤【新建虚拟机】，在出现的界面选择【典型（推荐）】选项，然后单击【下一步】按钮，如下图所示。

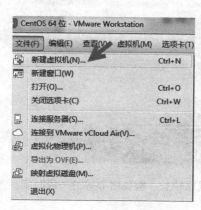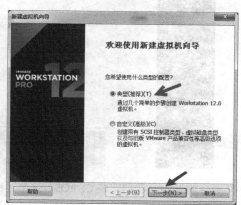

单击【浏览】按钮，找到 CentOS 7 的 ISO 安装镜像文件，填写 "简易安装信息"，也就是提前填写 Linux 系统中的全名、用户名、密码，然后在后续的安装中，VMware 就接管了整个安装过程，无需用户盯守。单击【下一步】按钮，在出现的界面中填写虚拟机名称及其存储位置，如下图所示。

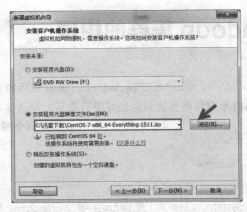
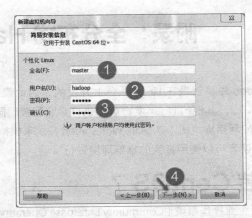

然后单击【下一步】按钮，配置虚拟机所占磁盘空间大小，默认为20GB，通常够用了，再单击【下一步】按钮，出现虚拟机的配置信息，如下图所示。

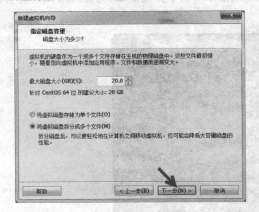
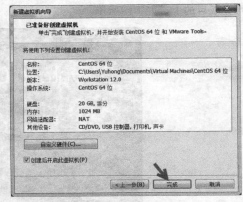

单击【完成】按钮，VMware就开始为我们安装CentOS，此时我们选择【Install CentOS 7】。在安装过程中，我们可以配置root密码，同样可以新建一个用户，如下图所示。

接下来，VMware就开始为我们安装CentOS，这个过程比较长，需要耐心等待一段时间。

▶ 安装 Java 并配置环境变量

由于Hadoop等很多大数据组件都是由Java编写的，它们的运行需要有Java运行环境来支撑，所以我们需要下载并安装Java。为了安装Java，首先，在Oracle官网上下载最新的Java安装包，打开网址出现如下图所示的界面，选择 jdk-8u141-linux-x64.rpm。

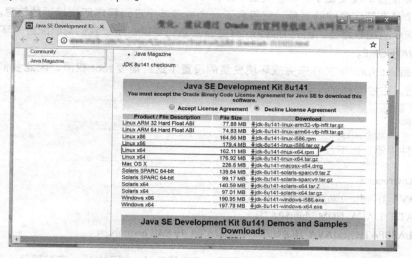

选择【Accept License Agreement（接受许可协议）】之后，选择与本机系统对应的版本即可下载（64 位 Linux 选择 jdk-8u141-linux-x64.rpm，32 位 Linux 选择 jdk-8u141-linux-i586.rpm）。

需要说明的是，凡是以 jdk-8u 开头的软件包都表示 Java 8，其后面的子版本号越大，表示版本越新，但对于支持稳定版本的 Hadoop 2.x 而言，其实影响并不大，根据 Hadoop 的官方信息，使用 Java 7（甚至 Java 6）也是足够用的，所以，读者无需"执着"于非要下载 Java 的最新版本（比如说，为了和其他软件兼容，作者使用的集群，Java 版本就是 Java 7）。

在 JDK 的 rpm 安装包下载完毕之后，读者可按照实际情况将 JDK 复制到任意文件夹中。这里我们就放在下载的默认目录：/home/hadoop/Downloads，其中 hadoop 为当前用户名，请注意，不同的用户名，默认的下载目录有所不同，读者不必拘泥于这里的用户名"hadoop"，用自己创建的用户名就好。

为了避免权限控制，下面我们先把用户角色切换到根用户（使用命令 su root），然后再使用 yum 安装命令。

```
yum -y install jdk-8u141-linux-x64.rpm
```

参数"install"表示安装软件包，而"-y"则表示在安装过程中，如果遇到询问，一律默认选择【是（Yes）】。当结果显示为"Complete！"字样，即表示安装完毕，如下图所示。

```
                          root@master:/usr/hadoop/Downloads          -  □  ×
 File  Edit  View  Search  Terminal  Help
extras/7/x86_64/primary_db                         | 190 kB    00:00
updates/7/x86_64                                   | 3.4 kB    00:00
updates/7/x86_64/primary_db                        | 7.8 MB    00:01

Dependencies Resolved

================================================================================
 Package        Arch        Version              Repository              Size
================================================================================
Installing:
 jdk1.8.0_141   x86_64      2000:1.8.0_141-fcs    /jdk-8u141-linux-x64    269 M

Transaction Summary
================================================================================
Install  1 Package

Total size: 269 M
Installed size: 269 M
Downloading packages:
Running transaction check
Running transaction test
Transaction test succeeded
Running transaction
  Installing : 2000:jdk1.8.0_141-1.8.0_141- [###########             ] 1/1
```

接下来就是要配置环境变量了。环境变量（Environment variables）是指操作系统运行环境的一些参数，这些参数是一个个具有特定名字的对象，它包含了一个或者多个应用程序所使用到的信息。例如 PATH 环境变量包含了用户指令的加载路径。因为 Hadoop 需要 Java 运行环境，所以我们需要配置的环境变量有 PATH、CLASSPATH 和 JAVA_HOME。

我们需要编辑 /etc/profile 文件来完成环境变量的设置（这里需要 root 权限，因此我们需要提前使用 su root 命令），然后，在控制台 (Console) 中输入如下指令。

vim /etc/profile

在 profile 文件中添加以下几行语句。

```
01  #set java environment
02  export JAVA_HOME=/usr/java/ jdk1.8.0_141
03  export PATH=$JAVA_HOME/bin:$PATH
04  export CLASSPATH=.:$JAVA_HOME/lib/dt.jar:$JAVA_HOME/lib/tools.jar
```

读者可根据下载的版本不同和安装的位置不同，相应修改第 02 行的 Java 安装路径（这里再次需要说明的是，读者不必一定要安装 Java 8，Java 7 亦可。为什么这里要提及版本号的问题呢？原因很简单。开源软件的优点是免费，但问题可能就是各类开源软件的版本难以兼容，所以一味追求某个软件版本的最新性，有时却是问题所在）。

修改 profile 文件中的 Java 环境变量之后。如果要让其生效，有两种方式，一种是重新开启终端，再次加载这个 "/etc/profile" 文件。还有一种简单的方法，就是使用 source 命令使配置文件立即生效。

source /etc/profile

之后，我们再用 "java -version" 命令，就可以检测 Java 的版本号码，间接验证 Java 是否安装成功（需要注意的是，在 Windows 系统中，控制台命令大小写无关紧要，但在 Linux 中，有关 Java 的命令通常都是小写，否则会因不识别该命令而报错），如下图所示。

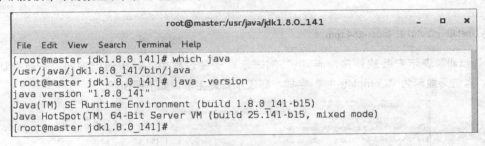

▶ 安装 Hadoop

前面的铺垫工作，就是为了顺利安装 Hadoop，下面开始安装 Hadoop。

下载 Hadoop 包

首先，我们需要在官网选择合适的 Hadoop 版本进行下载，这里选择当前的稳定版本 2.7.3（binary，可执行版本），如下图所示。

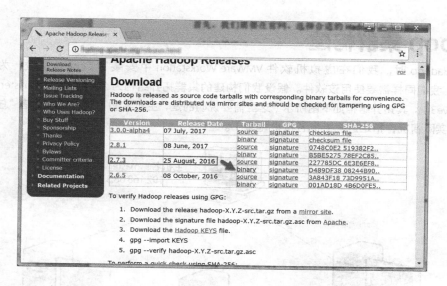

安装 Hadoop

　　Hadoop 和 Java 开发常用的 IDE 开发工具——Eclipse，无需安装，下载后解压即可使用。将 Hadoop 解压到 /usr/local 或者 /opt 目录，这里以解压到 /usr/local 为例，需要在 Hadoop 安装包所在目录下打开控制台，输入如下命令（需要 root 权限）。

```
tar -zxvf hadoop.x.y.x.tar.gz –C /usr/local
```

　　请注意，上面的"-C"参数并不常用，后面添加 dir（目录）参数，其作用在于改变解压的工作目录。否则，就会在当前目录解压。

Hadoop 的运行模式

01 本地模式（local mode）

　　在这种模式下（也称为独立模式，standalone），Hadoop 没有守护进程（Daemon），所有程序都运行在单个 JVM（Java 虚拟机）上。这种模式没有分布式文件系统（因为用不上），而是直接读写本地操作系统的文件系统。事实上，本地模式也非常有用，因为在这种模式下，Hadoop 的应用程序非常容易调试。本地模式通常用于开发初期。

02 伪分布模式（pseudo-distributed model）

　　在这种模式下，Hadoop 已拥有 MapReduce 计算框架的所有功能，但事实上，它使用了不同的 Java 进程模拟了分布式运行中的各类结点(NameNode、DataNode、JobTracker、TaskTracker 和 SecondaryNameNode 等)。所有的这些守护进程都在本地计算机上运行，也就是说，在这种模式下，用一台计算机模拟了一个"麻雀虽小，五脏俱全"的分布式集群。这对没有足够的硬件资源搭建集群，又想学习或调试 Hadoop 程序的用户来说，也是非常有用的。

03 全分布模式（fully distributed model）

　　全分布模式和伪分布模式有类似之处，即该有的守护进程二者都有，但不同之处在于，这些守护进程不再是模拟出来的，而是实实在在地运行在不同的机器上的，也就是说，全分布模式才是 Hadoop 数据分析的常态模式。

　　这三种运行模式，在 Hadoop 的软件层面是没有区别的。它们的差别主要体现在运行时的配置选项不同（通常是在一些 .xml 中修改），感性兴趣的读者可参阅其他参考文献查询，下面的教程主要讲解全分布模式的配置。

▶ Hadoop 集群构建

在安装 Hadoop 时，我们在虚拟机软件 VMWare Workstation 中安装了 CentOS 系统，为了构建一个 Hadoop 集群，我们同样需要使用该软件。假设我们构建的集群拓扑结构为 1 个主节点（master）和 3 个从节点（slave1~slave3），其拓扑结构如下图所示（这里需要说明的是，主机名和 IP 地址都是作者"任意"指定的，读者可以根据实际情况，指定这些主机名和 IP 地址）。

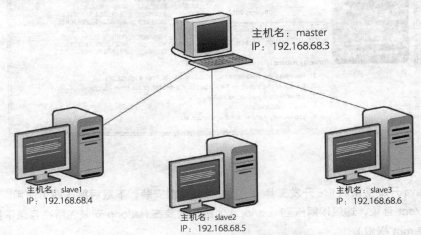

有两种策略来完成 Hadoop 集群的构建。第一种策略是按部就班地分别创建 4 个虚拟机，然后在每一台机器上分别安装 Java、Hadoop 以及编辑配置文件，后面两类行为也可以在一台机器完成后，然后利用 scp 命令，远程复制到其他节点当中去。

另外一种策略是，将复制的粒度放大，克隆整台虚拟机。显然，第二种策略更加便捷，因为当一台"母机"做好后（即安装好 Java、Hadoop 以及编辑好配置文件等），就可以克隆若干台一模一样的虚拟机，然后在克隆的虚拟机中稍加修改（例如主机名称等），即可使用。下面我们介绍第二种策略——如何克隆虚拟机。

设置静态 IP 地址

为了让主节点和从节点之间的通信可控，这里我们还需要为各个节点配置静态 IP。这就需要修改相应的配置文件，CentOS 7 和 CentOS 6 及以前版本对应的配置文件并不相同。

对于 CentOS 7 而言，对应的配置文件在 "/etc/sysconfig/network-scripts" 路径下，配置文件名为以 "ifcfg-en" 开头的文件（CentOS 的版本不一样，这个文件的名称可能也不一样，本例中是 ifcfg-ens33），可用 vim 编辑这个文件，如下图所示。

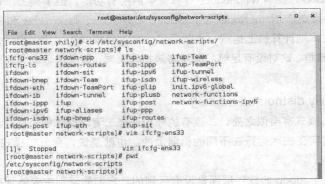

这里需要修改的地方如下所示。

BOOTPROTO=dhcp 改成 BOOTPROTO=static

ONBOOT=no 改成 ONBOOT=yes（如果已为 yes 则不需要修改，表明开机启动网卡）

需要添加的地方有如下部分几行设置。

IPADDR=IP 地址
GATEWAY= 网关
NETMAST= 子网掩码

不习惯纯文字修改网络配置信息的读者，也可以在命令中输入"nmtui"命令，使用文字版的图形界面（如下图所示），选择网卡"ens33"来配置网络信息，具体如何操作，还请读者自行"折腾"一下。

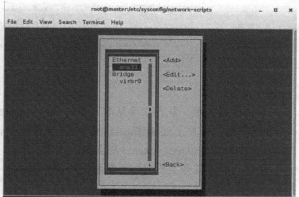

假设我们设定的 IP 地址分别为：主机 master 是 192.168.68.3，3 个从属节点 slave1 到 slave3 的 IP 地址依次是 192.168.68.4、192.168.68.5 和 192.168.68.6。这样的 IP 地址分配并非"任性所为"，而是要保证和虚拟机 VMware 的网络配置信息一致。

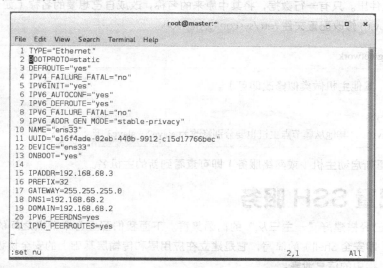

这里简单解释一下这个文件的配置。

第 2 行表明，使主机以静态方式（static）获取 IP；第 11 行配置了主机的 UUID。UUID 的含义是通用唯一识别码（Universally Unique Identifier），UUID 的设计目的在于，让分布式系统中的所有元素，都能有唯一的辨识身份（有点类似于我们的身份证号码）。

第 15 行设置主机的 IP 为 192.168.68.3；从节点 slave1~slave3 在这一行分别改为 192.168.68.4|5|6。第 17 行和第 19 行分别设置了主机的子网掩码和网关。

这里需要说明的是，在 Windows 系统中，虚拟机所在的网关和网段等信息可以在 VMware Workstation 软件中查看，在 VMware 上部菜单栏中选择【编辑】➤【虚拟网络编辑器】，弹出界面，然后按照图中标号所示的先后顺序，先选择 VMnet8，然后选择【更改设置】，这时需要有管理员权限，在获取权限后，单击【NAT 设置】按钮、【子网 IP】及【子网掩码】按钮就可用，也就是说可以修改它们之中的参数了。

修改 hosts 文件

为了操作方便，我们通常将 IP 地址和一个好记的主机域名关联起来，DNS 服务器通常为我们做这件事。但是在这里，我们采用修改 hosts 文件的方法，来协助用户便捷地访问各个节点。

在 Linux 操作系统中，hosts 文件的绝对路径在 "/etc/hosts"。我们可以用编辑软件（如 vim 等）打开，在文件最下面添加四行，每一行都是一个 IP 地址和对应的主机名，它们中间用空格（或 Tab 键）隔开。

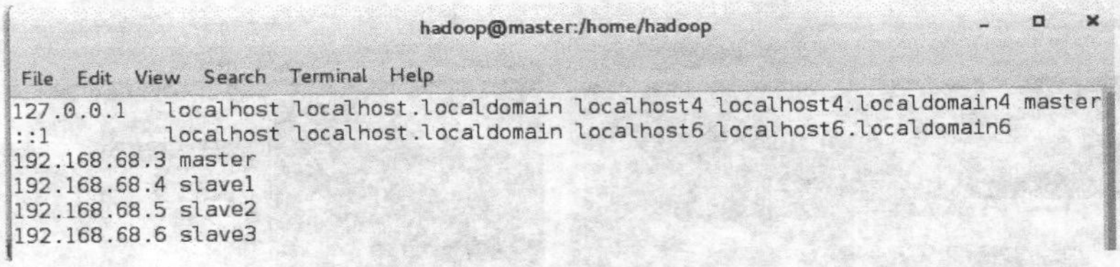

```
                          hadoop@master:/home/hadoop            -  □  ×

File  Edit  View  Search  Terminal  Help
127.0.0.1     localhost localhost.localdomain localhost4 localhost4.localdomain4 master
::1           localhost localhost.localdomain localhost6 localhost6.localdomain6
192.168.68.3 master
192.168.68.4 slave1
192.168.68.5 slave2
192.168.68.6 slave3
```

需要注意的是，其他 3 个从属节点（slave1~slave3），都要有内容一致的 hosts 文件。依次登录 slave1~slave3 服务器，重复上述操作。当然，为了方便起见，我们也可以在 master 节点配置好 hosts 文件之后，利用 scp 命令同步到 slave1~ slave3 服务器。

然后，如果其他主机名称不是我们规定的 slave1~ slave3，我们还需要修改主机名。下面演示如何修改主机名。

（1）修改主机名，需要编辑文件 "/etc/hostname"。

vim /etc/hostname

在 hostname 文件里。只有一行数据，将其中原来的名称，改成自己想要的名称（如 slave1 等）即可。

（2）然后，用 vim 修改配置文件 /etc/sysconfig/network。

vim /etc/sysconfig/network

添加如下内容（其他主机做类似修改即可）。

NETWORKING=yes
HOSTNAME=slave1　// 其他从属节点主机也要分别修改为 slave2、slave3 等

修改完毕后，重新启动主机（或网络服务）即可查看到新的主机名。

▶ 安装和配置 SSH 服务

我们假设读者已经搭建好 "一主三从" 的简易集群。下面我们配置各个节点之间的 SSH 免密码登录。SSH 为 Secure Shell（即安全 Shell）的简写，它是建立在应用层和传输层基础上的安全协议。利用 SSH 协议可有效防止远程管理过程中的信息泄露。

为什么需要设置 SSH 免密码登录呢？这是因为，Hadoop 的基础是分布式文件系统 HDFS，HDFS 集群有两类节点以管理者 - 工作者的模式运行，即一个 namenode（名称节点，管理者）和多个 datanode（数据节点，工作者）。在 Hadoop 启动以后，namenode 通过 SSH 来启动和停止各个节点上的各种守护进程，这时就需要在这些节点之间执行指令，采用无需输入密码的认证方式，因此，我们需要将 SSH 配置成使用无需输入用户密码的密钥文件认证方式。

安装 SSH

首先用"rpm -qa|grep ssh"查询一下 SSH 是否已经安装，如果显示含有 ssh 字样的安装包，则说明 CentOS 7 已经都替我们安装好了。为了不至于混淆，我们说明一下，下图中的 hadoop 为这台主机的用户名，而 master 为主机名。

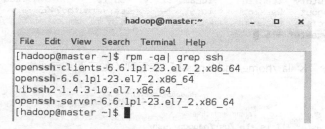

如果系统没有默认安装，也可以使用 yum 安装。

yum -y install openssh
yum -y install openssh-server
yum -y install openssh-clients

安装好 SSH 之后，下面就可以配置 SSH 免密码登录。

SSH 免密码登录

接下来，切换回普通用户（这里的用户名为 master），执行命令 ssh-keygen，生成 master 服务器密钥。

ssh-keygen –t rsa –P ''

现在解释一下这条指令，"ssh-keygen"是生成密钥文件和私钥文件的命令，参数"-t"表示密钥的类型（type），而"-P"表示密码（Password），密码的内容用两个单引号引起来，注意这里的两个单引号中间什么都没有（包括空格都不能有），表示密码为空。回车后，会出现如下图所示内容。

```
[hadoop@master ~]$ ssh-keygen -t rsa -P ''
Generating public/private rsa key pair.
Enter file in which to save the key (/home/hadoop/.ssh/id_rsa):
Created directory '/home/hadoop/.ssh'.
Your identification has been saved in /home/hadoop/.ssh/id_rsa.
Your public key has been saved in /home/hadoop/.ssh/id_rsa.pub.
The key fingerprint is:
ba:28:cc:af:2c:fe:94:c1:2b:0c:63:fa:77:f7:e6:02 hadoop@master
The key's randomart image is:
+--[ RSA 2048]----+
|                 |
|                 |
|                 |
|   .             |
|o. o   S         |
|=.  + E.         |
|.= + ..          |
|.o* ....o .      |
|.o=*o... =o      |
+-----------------+
[hadoop@master ~]$
```

这时，在"~/.ssh"文件夹下，会同时生成两个文件（这里"~"代表家（home）目录），即 id_rsa.pub 和 id_rsa。其中，id_rsa.pub 即为公匙，这个公匙将会复制至其他 Hadoop 节点，而 id_rsa 为私匙。这两个文件都有用，其中公钥用于加密，私钥用于解密。命令中间的 rsa 表示算法为 RSA 算法。需要注意的是，在 Linux 中，以"."开头的文件或文件夹表示隐藏类型的文件或文件夹，单纯用"ls"是无法显示此类文件的，用"ls -a"则可以列出（list）所有（all）文件，如下图所示。

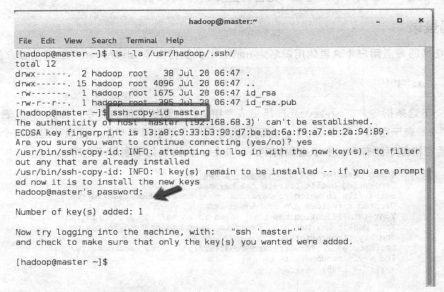

接下来，可通过命令 "ls -la /home/hadoop/.ssh" 查看到（如下图所示）。

```
                                hadoop@master:~                        _  □  ×
  File  Edit  View  Search  Terminal  Help
[hadoop@master ~]$ ls -la /usr/hadoop/.ssh/
total 12
drwx------.  2 hadoop root    38 Jul 20 06:47 .
drwx------. 15 hadoop root  4096 Jul 20 06:47 ..
-rw-------.  1 hadoop root  1675 Jul 20 06:47 id_rsa
-rw-r--r--.  1 hadoop root   395 Jul 20 06:47 id_rsa.pub
[hadoop@master ~]$
```

之后，我们要把这个公共密钥复制到每一个需要访问的机器上去（包括生存这个密钥的主机）。执行命令 ssh-copy-id master，将 master 服务器公钥复制至 master 服务器本身，如下图所示。

```
                                hadoop@master:~                        _  □  ×
  File  Edit  View  Search  Terminal  Help
[hadoop@master ~]$ ls -la /usr/hadoop/.ssh/
total 12
drwx------.  2 hadoop root    38 Jul 20 06:47 .
drwx------. 15 hadoop root  4096 Jul 20 06:47 ..
-rw-------.  1 hadoop root  1675 Jul 20 06:47 id_rsa
-rw-r--r--.  1 hadoop root   395 Jul 20 06:47 id_rsa.pub
[hadoop@master ~]$ ssh-copy-id master
The authenticity of host 'master (192.168.68.3)' can't be established.
ECDSA key fingerprint is 13:a8:c9:33:b3:90:d7:be:bd:6a:f9:a7:eb:2a:94:89.
Are you sure you want to continue connecting (yes/no)? yes
/usr/bin/ssh-copy-id: INFO: attempting to log in with the new key(s), to filter
out any that are already installed
/usr/bin/ssh-copy-id: INFO: 1 key(s) remain to be installed -- if you are prompt
ed now it is to install the new keys
hadoop@master's password:

Number of key(s) added: 1

Now try logging into the machine, with:   "ssh 'master'"
and check to make sure that only the key(s) you wanted were added.

[hadoop@master ~]$
```

第一次连接 master 时，需要输入 yes 来确认建立授权的主机名访问，并需要输入 hadoop 用户密码（在这里 hadoop 是用户名）来完成公钥文件传输。在公钥复制完成后，可以在 master 服务器上直接执行命令 ssh master，查看是否可以免密登录 master 服务器。

[hadoop@master ~]$ ssh master　　　　#master 用户，登录本机网络地址

Last login: Thu Jul 20 06:09:51 2017

[hadoop@master ~]$ exit　　　　　　#退出本次登录

logout

Connection to master closed.

然后，执行命令 ssh-copy-id slave1，将 master 服务器公钥复制至 slave1 服务器。第一次连接 slave1 时，需要输入 yes 来确认建立授权的主机名访问，并需要输入对方主机用户（假设其他主机的用户名也是

hadoop）密码，以完成公钥文件传输。

　　然后，我们依照同样的方式将公钥复制至 slave2 和 slave3 服务器。

　　需要注意的是，为了实现主机间的互访，这个动作，必须在每两个主机之间都要这么做，而且是双向的。例如，有 A 和 B 两个主机，A 对 B 做上述操作，可以实现 A 免密码访问 B，但如果想实现 B 免密码访问 A，也要在 B 主机上实现上述动作。

　　读者很容易发现，这个过程比较繁琐，配置 ssh 免密码的次数是 Hadoop 集群数量的平方倍数。如果集群的主机数量不多，手工操作勉强还能接受。如果数量较多，这个过程几乎难以承受。好在大数据工程师们从来都不会"亏待"自己，他们已经有了成熟的解决方案，即可利用 Ambari（一种基于 Web 的工具，支持 Apache Hadoop 集群的供应、管理和监控）来协助自己搭建大数据集群。限于篇幅，这里就不赘述，请读者自行查询相关资料。

虚拟机的配置文件同步

　　由于 Hadoop 的配置文件有点繁琐，我们可以先配置好一个"母"机，然后再克隆此虚拟机，这样其他被克隆的虚拟机中的配置也就大致就完成了，免去了重复配置的麻烦。

　　当然，也可以使用下面的方法，先在一台虚拟机上配置好，然后使用 scp 命令将一台虚拟机中 Hadoop 安装包（包括配置文件），远程复制到其他 3 台虚拟机上，scp 命令的使用格式为如下指令格式。

scp 源文件路径 用户名 @ 主机名 : 目标文件路径

　　举例来说，利用 scp 命令同步 master 和 slave1 之间安装包，其命令如下所示。

scp –r /usr/local/hadoop-2.7.3　root@slave1:/usr/local/hadoop-2.7.3

　　这条命令的功能是，把"urs/local"目录下的 hadoop-2.7.3 文件及其下面所有文件（包括其中的文件夹），全部远程复制至目标机器 slave1 的"/usr/local/hadoop-2.7.3"文件夹之下（之所以在目标机器选择登录的用户名为 root，是因为一开始在路径"/usr/local"下，只有 root 有写权限）。以上命令在使用过程中，都需要输入对应账户的密码（如已经配置好 SSH 免密码登录，则无需输入密码）。

　　在远程同步 Hadoop 文件夹时，需要注意以下 3 点。

　　（1）如果指定其他用户，需要确保该用户在目标位置有写权限（w）。

　　（2）如果使用 root 账号，同步过后，记得修改配置文件的所有者（使用 chown 命令），如下范例命令含义就是把"/usr/local/hadoop-2.7.3"的所有者设为 hadoop，所有组设为 Hadoop（这里的 hadoop 是一个用户名，而 Hadoop 是一个用户组），其中参数"-R"表示递归地设置该文件夹下所有文件的所有者和所有组（这条命令在所有从节点上都要做类似的操作）。

chown -R　hadoop:Hadoop /usr/local/hadoop-2.7.3

　　（3）如果需要远程复制的内容包括目录，那么 scp 命令需要添加 -r 参数。

▶ 全分布模式下配置 Hadoop

　　接下来，我们就开始使用全分布模式安装 Hadoop。其实，所谓的 Hadoop 安装，不过是修改一些必要的环境变量和配置文件，让 Hadoop 获取运行所必需的参数。

配置 Hadoop 环境变量

　　在配置环境变量时，人们通常选择修改全局配置文件"/etc/profile"。但本书不建议修改这个文件，而是去修改 /etc/profile.d/ 目录下的文件。这样做的目的，主要是为了方便未来环境变量的升级和维护。细心的读者在"/etc/profile"文件的头部注释部分，就可以注意到这样建议的原因所在。

二者的区别主要体现在两点：（1）这两个文件都是设置环境变量的，但 /etc/profile 是永久性的环境变量，属于全局变量。相比而言，/etc/profile.d/ 下的文件，是设置给特定软件的环境变量。（2）/etc/profile.d/ 下的配置文件比 /etc/profile 好维护。如果用户不再需要某个环境的环境变量，直接删除 /etc/profile.d/ 下对应的 shell 脚本即可，而不用像 /etc/profile 需要改动此文件，一旦修改错误，则影响其他用户。

如同在程序设计时，我们不鼓励使用太多的全局变量一样，因为稍有不慎，就会影响全局多个用户。而更为安全的方法，也就是"/etc/profile.d"提供的办法，专事专办——把环境变量私有化。我们可以在该目录下创建一个新的脚本（例如名为 hadoop.sh），把专用于 Hadoop 的环境变量添加到那个文件中。

在 /etc/profile.d 文件夹里，只要新创建的文件以".sh"结尾，有读权限就行，并不需要执行权限，新创建的 .sh 文件会在系统启动时自动加载。

```
vim  /etc/profile.d/hadoop.sh
```

我们需要在"/etc/profile.d"下创建一个新的脚本（名称自拟，例如名为 hadoop.sh），添加如下内容。

```
export HADOOP_HOME=/usr/local/hadoop-2.7.3    #Hadoop 的安装路径
export PATH=$HADOOP_HOME/bin:$HADOOP_HOME/sbin:$PATH
export HADOOP_COMMON_LIB_NATIVE_DIR=$HADOOP_HOME/lib/native
export HADOOP_OPTS="-Djava.library.path=$HADOOP_HOME/lib"
```

这里需要说明的是，在 /etc/profile.d 文件夹里，凡是新建文件以 ".sh" 结尾，且有读的权限，文件会在系统启动时自动加载。

修改完毕一个主机上的 hadoop.sh，还需要利用 scp 复制到其他节点上，如下所示。

```
[root@master profile.d]# scp /etc/profile.d/hadoop.sh slave1:/etc/profile.d/
[root@master profile.d]# scp /etc/profile.d/hadoop.sh slave2:/etc/profile.d/
[root@master profile.d]# scp /etc/profile.d/hadoop.sh slave3:/etc/profile.d/
```

这里需要说明的是，由于前面我们配置了 ssh 的免密码登录，因此在这个 scp 过程，不会让用户再次输入密码。

接下来的工作，就是 Hadoop 配置文件的编写，Hadoop 的配置文件均在 $HADOOP_HOME/etc/hadoop 目录下，如下图所示。

配置 hadoop-env.sh

在 hadoop-env.sh 文件中，主要是配置 Java 的安装路径 JAVA_HOME。这是因为 Hadoop 是有 Java 编写的，它需要 Java 来支撑它的运行。Hadoop 的其他参数采用默认选项即可。在文件中，添加含有"JAVA_HOME"字样的一行内容（通常在第 25 行左右），如下所示。

```
export  JAVA_HOME=${JAVA_HOME}
```

换成如下具体的 Java 安装路径。

```
export JAVA_HOME=/usr/java/jdk1.8.0_141
```

这里假设当前的 Java 版本为 1.8.0_141，如果安装其他版本的 Java 或 Java 安装在其他路径，则修改对应 JAVA_HOME 等号右边的值即可。其他主机节点（slave1~slave3）也分别要做相同的修改（当然，也可以用 scp 命令，将这个修改后的文件远程复制到其他主机节点上）。

配置 HDFS 的主节点（core-site.xml）

core-site.xml 是 Hadoop 的核心配置文件，主要用于 HDFS 和 MapReduce 常用的 I/O 设置，包括很多配置项，但实际上，大多数配置项都有默认值，也就是说，很多配置项即使不配置，也无关紧要，只是在特定场合下，有些默认值无法工作，这时候再找出来配置特定值，下面我们仅仅挑选两个参数项来说明。

这个文件中，一开始 <configuration> 和 </configuration> 之间是没有任何配置信息。编辑文件 "/usr/local/hadoop-2.7.3/etc/hadoop/core-site.xml"，将 如 下 内 容 嵌 入 此 文 件 里 最 后 两 行 的 <configuration></configuration> 标签之间。

```
<property>
    <name>hadoop.tmp.dir</name>
    <value>/usr/local/hadoop-2.7.3/temp</value>
<description>namenode 上本地的 hadoop 临时文件夹 </description>
</property>
<property>
    <name>fs.defaultFS </name>
<value>hdfs://master:8020</value>
<description>HDFS 的 URI，文件系统 ://namenode 标识 : 端口 </description>
</property>
```

这里需要说明的是，第一个属性（property）是指定 namenode 上本地的 hadoop 临时数据文件夹，要确保 Hadoop 对这个路径有写权限。其中 <description>…</description> 是对这个属性的描述，相当于 Java 中的注释，建议保留以增强可读性，但删除之并不影响 Hadoop 主节点的启动。

第二个属性比较关键，主要是设置 Hadoop 文件系统（HDFS）的 URI——fs.defaultFS。URI 是 Uniform Resource Identifier（统一资源标识符）的简称，是一个用于标识某一网络资源名称的字符串。该种标识允许用户对任何（包括本地和互联网）的资源通过特定的协议进行交互操作。

然后，将这个修改后的 hdfs-site.xml 用 scp 命令，同步复制到其他服务器节点，如下所示。

```
scp /usr/local/hadoop-2.7.3/etc/hadoop/core-site.xml  slave1:/usr/local/hadoop-2.7.3/etc/hadoop/
scp /usr/local/hadoop-2.7.3/etc/hadoop/core-site.xml  slave2:/usr/local/hadoop-2.7.3/etc/hadoop/
scp /usr/local/hadoop-2.7.3/etc/hadoop/core-site.xml  slave3:/usr/local/hadoop-2.7.3/etc/hadoop/
```

接下来，我们来启动 HDFS（Hadoop 分布式文件系统）。为了启动 HDFS，我们首先利用如下命令在 master 服务器上格式化主节点。

```
hdfs namenode -format
```

执行上述命令后，会出现 "Exiting with status 0" 字样，这就表示 Hadoop 的文件系统正确格式化，如下图所示。

配置 slaves

配置文件中还有一个有关从属节点主机名的配置文件 slaves，该文件与诸如 core-site.xml 等配置文件，同处于同一个文件夹 "$HADOOP_HOME/hadoop-2.7.3/etc/hadoop" 之下，在这个文件中，添加所有 slave 节点主机名。每一个主机名占一行，如下所示。

```
slave1
slave2
slave3
```

需要说明的有两点：从属节点的主机名并不必然是 slave1~slave3 等字样的主机，这个只要和前面设置自定义主机名，对应一致即可；在 slaves 文件中，有一个默认值：localhost，需要加以删除，并添加各个从属节点的主机名。

下面在主机节点 master 上统一启动 HDFS，进入 Hadoop 的安装目录，然后在 sbin 路径下找到启动 HDFS 的命令文件 start-dfs.sh，在命令行运行它即可，如下所示。

```
cd /usr/local/hadoop-2.7.3/etc/hadoop/
sbin/start-dfs.sh
```

这里的 $HADOOP_HOME 指的是 Hadoop 的安装路径，输入指令时，要换成具体的路径。

然后，我们就可以通过查看进程的方式验证 HDFS 启动成功。查看的方法很简单，分别在 master、slave1~3 四台机器上执行 jps 命令。

```
[root@master sbin]# jps          #jps 查看 Java 进程信息
```

若 HDFS 启动成功，在 master 上会看到类似如下 NameNode 和 SecondaryNameNode 等 Java 进程的信息。

在上图中，数字为进程编号，后面为 Java 进程名称。由于 jps 本身也是一个 Java 进程，所以它也会显示出来。

而在 slave1、slave2、slave3 等主机节点上会看到类似的如下信息。

```
510 Jps
406 DataNode
```

配置 yarn-site.xml

在确定 HDFS 已经启动之后，接下来我们来配置 YARN 的启动文件 yarn-site.xml。YARN 是"另一种资源协调者（Yet Another Resource Negotiator）"的缩写。它是一个通用资源管理系统，可为上层应用提供统一的资源管理和调度。

为了配置该文件，我们需要编辑文件"/usr/local/hadoop-2.7.3/etc/hadoop/yarn-site.xml"，将如下内容嵌入此文件里 <configuration> 与 </configuration> 标签之间即可。

```
<property>
    <name>yarn.resourcemanager.hostname</name>
    <value>master</value>
</property>
<property>
    <name>yarn.nodemanager.aux-services</name>
    <value>mapreduce_shuffle</value>
</property>
```

这里简单说明一下，yarn-site.xml 是 YARN 守护进程重要的配置文件。如上所示的第一个属性，配置了 ResourceManager 的主机名。第二个属性配置了节点管理器运行的附加服务 mapreduce_shuffle，只有这样才可以运行 MapReduce 程序。

在 master 机上操作完毕后，还需要把配置好的 YARN 配置文件复制至 slave1~ slave3 之上（可通过 scp 命令，前面已经讲解这个命令的用法，这里不再赘述）。

如果 YARN 配置无误，下面我们就可以用如下命令启动 YARN。

```
start-yarn.sh
```

这里之所以没有使用 start-yarn.sh 的绝对路径，原因很简单，就是因为前面我们在 hadoop.sh 中，将 start-yarn.sh 路径写入了环境变量 PATH 之中。

运行上述命令后，可分别在 4 台机器上执行如下命令，查看 YARN 服务是否已启动。

```
[root@master ~]# jps      #jps 查看 Java 进程
```

如果在 master 节点上看到类似如下信息，则表明在 master 节点成功启动 ResourceManager，它负责整个集群的资源管理分配，是一个全局的资源管理系统，如下图所示。

```
1297 ResourceManager
```

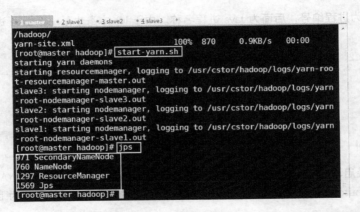

而在 slave1、slave2、slave3 节点上看到类似如下图所示的 NodeManager 信息，则表明从节点的 YARN 也被启动起来了。

NodeManager 是每个节点上的资源和任务管理器，它是管理这台机器的代理，负责该节点程序的运行，以及该节点资源的管理和监控。YARN 集群每个节点都运行一个 NodeManager。

其实，Hadoop 还提供了更加可视化的 Web 界面。当前的 Windows 机器和 Hadoop 在同一个网段，在浏览器地址栏输入 master 的 IP 地址和端口号 8088（例如，10.1.26.47:8088），即可在 Web 界面看到 YARN 相关信息，如下图所示（需要说明的是，这个截图来自作者的实体 Hadoop 集群，和前面配置的基于虚拟机的集群的 IP 有所不同，但对于说明问题其实影响并不大）。

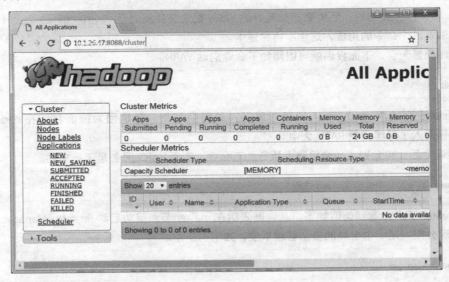

配置 mapred-site.xml

如果我们想在 Hadoop 集群上运行 MapReduce 程序，还需要配置 mapred-site.xml 文件。这个文件是有关 MapReduce 计算框架的配置信息，它可以指定在 YARN 上运行 MapReduce 任务。如果这个文件不存在，可以在 /usr/local/hadoop-2.7.3/etc/hadoop 路径下，通过复制模版的方式来创建它。

```
cp  mapred-site.xml.template  mapred-site.xml
```

然后用 vim 编辑相应的配置信息（vim mapred-site.xml），并将如下内容嵌入此文件的 configuration 标签间。

```
<property>
<name>mapreduce.framework.name</name>
<value>yarn</value>
</property>
```

如下图所示。

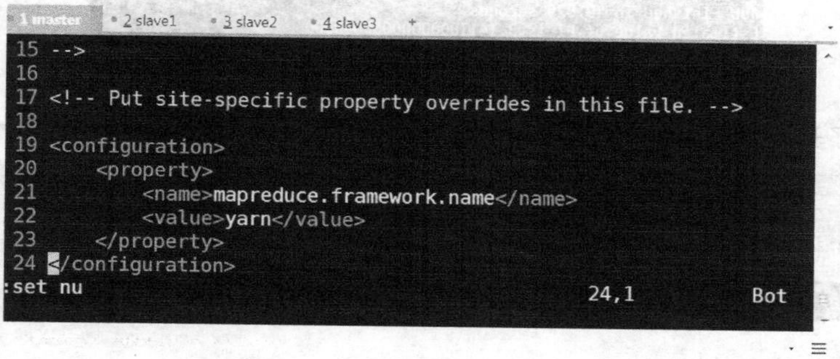

```
15 -->
16
17 <!-- Put site-specific property overrides in this file. -->
18
19 <configuration>
20     <property>
21         <name>mapreduce.framework.name</name>
22         <value>yarn</value>
23     </property>
24 </configuration>
:set nu                                          24,1          Bot
```

最后，将 master 主机上的文件 mapred-site.xml，利用 scp 命令远程复制到 slave1~slave3 上，如下图所示。

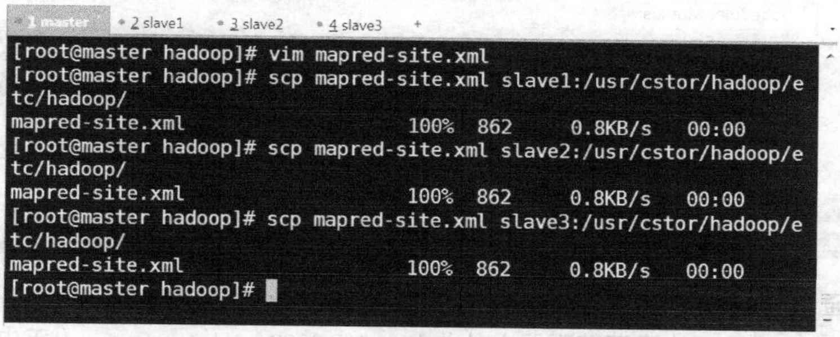

```
[root@master hadoop]# vim mapred-site.xml
[root@master hadoop]# scp mapred-site.xml slave1:/usr/cstor/hadoop/e
tc/hadoop/
mapred-site.xml                  100%  862    0.8KB/s   00:00
[root@master hadoop]# scp mapred-site.xml slave2:/usr/cstor/hadoop/e
tc/hadoop/
mapred-site.xml                  100%  862    0.8KB/s   00:00
[root@master hadoop]# scp mapred-site.xml slave3:/usr/cstor/hadoop/e
tc/hadoop/
mapred-site.xml                  100%  862    0.8KB/s   00:00
[root@master hadoop]#
```

至此，我们简易的 Hadoop 搭建完毕。下面运行一下 Hadoop 提供的范例程序，来验证 Hadoop 集群是否能正确运行 MapReduce 程序。

验证全分布模式

我们在任意节点提交 PI Estimator 任务。Monte Carlo 是一种用随机数估算圆周率的方法，读者可以自行查阅相关方法。首先进入 Hadoop 安装目录：/usr/local/hadoop-2.7.3/，然后用 "hadoop" 命令提交任务。

```
hadoop jar share/hadoop/mapreduce/hadoop-mapreduce-examples-2.7.3.jar pi 20  10000
```

现在我们解释一下这条命令的含义。

hadoop 命令：它是运行 MapReduce 任务的指令。它在 Hadoop 安装路径 "/bin" 目录下。这里之所以不用给出全路径，是因为我们在前面提到 hadoop.sh 中配置了环境变量。

jar：这表明 MapReduce 的任务是以一个 Java 编写的 jar 包。

hadoop-mapreduce-examples-2.7.3.jar：这是 Hadoop 的范例程序的汇总 jar 包，里面有很多不同的案例。因此，要运行某个具体的范例，就需要指定这个范例的主类。

pi：它是利用 Monte Carlo 方法计算圆周率的主类。

20：主类的命令行参数，指定运行 map 的次数，这里是 20 次，当然也可以指定为其他参数。

10000：主类的命令行参数，指定每个 map 任务，即取样的个数。而最后两数相乘即为总的随机取样数。

运行的结果如下图所示。

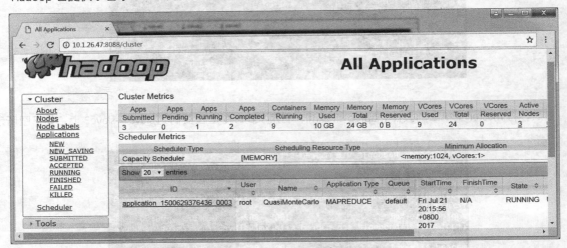

Hadoop 也提供了基于 Web 的管理工具。在浏览器也可以看到这个 MapReduce 的运行情况，如下图所示。

此外，还可以通过 Web 查看其他信息。访问的格式是：http://IP: 端口号。例如，Namenode 的 URL 为 http://IP:50070，ResourceManager（资源管理器）的为 http://IP:8088/，HistoryServer（历史服务器）的为 http://IP:19888/。读者可以自行测试一下。

▶ 默认配置文件所在位置

在前文中，基于最小配置原则，我们已经尽可能少地配置了诸如 core-site.xml、yarn-site.xml 等文件，让 Hadoop 运行起来。但实际上，Hadoop 的配置项种类繁多，为何我们仅仅做了最小配置，Hadoop 还能运行起来呢，这就要归功于 Hadoop 的默认配置文件。

如果想查看上述那些配置文件，可在 "$HADOOP_HOME/share/doc/hadoop" 路径下，找到默认配置文档所在的文件夹。在这个路径下的文件，都是有关 Hadoop 的文档。因为默认配置选择繁多，所以基本不可能有某本书把所有的配置选项及其作用，和对应的参数都写出来，因此，这些文档可以起到查询手册的作用。

▶ 关闭 Hadoop

关闭 Hadoop，依次执行如下命令即可。

```
stop-yarn.sh
stop-dfs.sh
```